Digitales Marketing – Erfolgsmodelle aus der Praxis

Meike Terstiege
(Hrsg.)

Digitales Marketing – Erfolgsmodelle aus der Praxis

Konzepte, Instrumente und Strategien im Kontext der Digitalisierung

Springer Gabler

Hrsg.
Meike Terstiege
@DOCMARKETEER
Düsseldorf, Deutschland

ISBN 978-3-658-26194-8 ISBN 978-3-658-26195-5 (eBook)
https://doi.org/10.1007/978-3-658-26195-5

Die Deutsche Nationalbibliothek verzeichnet diese Publikation in der Deutschen Nationalbibliografie; detaillierte bibliografische Daten sind im Internet über http://dnb.d-nb.de abrufbar.

Springer Gabler

Springer Gabler ist ein Imprint der eingetragenen Gesellschaft Springer Fachmedien Wiesbaden GmbH und ist ein Teil von Springer Nature.
Die Anschrift der Gesellschaft ist: Abraham-Lincoln-Str. 46, 65189 Wiesbaden, Germany

Vorwort

Die Digitalisierung ist kein Trend. Sie ist vielmehr sowohl eine Herausforderung als auch eine Chance für uns alle – für Gesellschaft, Politik und Wirtschaft. Und sie fordert einen erheblichen Wandel in unserem Denken und Handeln.

Nahezu alle Unternehmen und Gesellschaften befinden sich aufgrund der Digitalisierung in Umwandlungsprozessen. Dabei bilden das Umsetzen von agilem Arbeiten und Change Management, die Suche nach Online-Experten und eine digitale Agenda den Schwerpunkt der Wandlungen und Veränderungen.

Unternehmen können in diesem Kontext nur erfolgreich sein, werden und bleiben, wenn sie sich den Neuerungen der Digitalisierung proaktiv stellen und diese als Chance sehen. Auf sich ständig verändernde Kundenerwartungen und -ansprüche muss flexibel eingegangen werden. Zugleich müssen zukünftige Marktentwicklungen strategisch antizipiert und für den eigenen Wettbewerbsvorteil sowie Unternehmenserfolg genutzt werden. Unternehmen müssen sich der Bedeutung von Social Media und Social Networks, von Bloggern und Influencern, von Content, Storytelling und Thought Leadership sowie von Multi- bis Omnichannel-Optionen im Bereich Marketing und Sales bewusst sein, genauso wie der sich damit weiter und schneller entwickelnden Ansprüche und Erwartungen von Kunden und Konsumenten. Diese digitalen Themen sind längst nicht mehr „Kür", sie sind mittlerweile Marketing-Standard und somit „Pflicht".

Um der digitalen Gesellschaft und dem digitalen Konsumenten Rechnung zu tragen, ist es an der Zeit, in der Marketingkommunikation neue Wege zu ebnen und zu beschreiten. Das heutige und zukünftige Marketing von Unternehmen muss daher ständig auf der Suche nach adäquaten Instrumenten sein, um bestehende und neue Zielgruppen über innovative Kanäle und mit neuartigen Inhalten zu gewinnen und zu binden. Das aktive Finden, proaktive Schaffen und vor allem souverän-selbstverständliche Beherrschen digitaler Marketing-Tools zur Kundengewinnung und -bindung wird in Zukunft ausnahmslos alle Marketingexperten als beherrschendes Thema fordern.

Die Möglichkeiten des Digital Marketing sind nicht nur vielversprechend und verheißungsvoll, sie wirken aktuell noch selbst für manchen Experten verwirrend und viel zu sehr wie eine „Black Box". Das Thema Digital Marketing wirkt auf manchen wenig greifbar, kaum transparent – und doch müssen sich Unternehmen, Marketing- und

Sales-Experten damit auseinandersetzen. Was also ist Digital Marketing, was bietet und wie nutzt man es?

Zahlreiche Marketingexperten auf Unternehmens-, Beratungs- und Agenturseite versuchen sich an digitalen Instrumenten und Inhalten sowie deren integrativer Verknüpfung – ad hoc und/oder strategisch. Das äußerst dynamische Marketing- und Kommunikationsumfeld des digitalen Marketings bietet immensen Raum für innovative, kreative und unique Marketingkonzepte aller Branchen. So lassen sich mittlerweile Erfolgsgeschichten und entsprechende Handlungsempfehlungen für digitale Marketingkommunikation darstellen, die seitens Unternehmen, Beratungen und Agenturen zielgruppenadäquat und erfolgreich umgesetzt wurden.

Anhand eben solcher Erfolgsgeschichten aus dem Bereich Digital Marketing bietet der vorliegende Sammelband im ersten Teil eine umfassende Darstellung des aktuellen Status quo sowie der zukünftigen Trends und branchenübergreifenden Möglichkeiten im digitalen Marketing.

Im praxisorientierten zweiten Teil des Bandes werden detailliert und anschaulich Best-Practice-Beispiele aus verschiedenen Branchen geschildert, die zeigen, wie erfolgreiches Digital und Online-Marketing konzipiert, umgesetzt und gemessen werden kann. Für diese vielfältige und inspirierende Darstellung von Best Practices haben Führungskräfte aus unterschiedlichen Branchen, Unternehmensberater sowie Kommunikationsexperten ihre spezifischen Erfahrungen und Expertisen eingebracht. Beleuchtet werden hierbei vor allem die Nutzung und Entwicklung digitaler Marketing-Tools, die Herausforderungen digitaler und integrierter Marketingkommunikation und -inhalte sowie die Zukunft einer zunehmend digitalen 360°-Kommunikation.

Die vorgestellten Digital-Marketing-Erfolgsbeispiele sind vielfältig und geprägt durch unterschiedliche Herangehensweisen. Dabei steht der Kunde und Konsument, der heute analog und digital kommuniziert, hybrid agiert und sich 24/7 informiert, stets im Mittelpunkt aller Marketingaktivitäten. Die sinnvolle Kombination digitaler Medienkanäle und -inhalte bietet Konsumenten und Kunden die einzigartige und möglichst individuelle Möglichkeit, sich digital, virtuell und interaktiv auszutauschen und beraten zu lassen. Wie genau das Marketingexperten unterschiedlichster Branchen erfolgreich umgesetzt haben – und was Manager daraus für sich und ihr Unternehmen ableiten können –, ist der Schwerpunkt dieses Buches.

Die Bündelung von Best Practices aus unterschiedlichen Branchen hat dabei zum Ziel, wirkungsvolle Digital-Marketing-Strategien und -Konzepte zu veranschaulichen – als Anschauungsbeispiele für Manager aus den Bereichen Marketing und Sales. Diese finden hier nachvollziehbare Ansätze und Inspiration für die Entwicklung und Umsetzung eigener digitaler Marketingkonzepte. Im Fokus stehen dabei konkrete Handlungsempfehlungen und Checklisten für ein erfolgreiches, effizientes und effektives Entwickeln und Umsetzen digitaler Marketingstrategien und -konzepte.

Vor diesem Hintergrund bedanke ich mich herzlich bei allen Autorinnen und Autoren für die detailliert ausgearbeiteten, anschaulichen und vor allem mitreißenden Beiträge. Mein Dank gilt selbstverständlich und ausdrücklich ebenfalls Frau Angela Meffert, die als Lektorin die Autoren und mich hervorragend unterstützt hat. Allen Leserinnen und Lesern wünsche ich eine inspirierende Lektüre, die digitales Marketing als großartige Chance für Wettbewerbsvorteile und Unternehmenserfolg zeigt sowie ein kreatives Sprungbrett für eigene digitale Marketing-Konzepte bietet!

Meike Terstiege

Inhaltsverzeichnis

Konzepte des digitalen Marketings

Omnichannel-Retailing – Kundenorientierte Verknüpfung der Online- und Offline-Kanäle . . . 3
Rebecca Zimmermann und Arne Westermann

DSGVO im Digitalen Marketing – heutige und künftige Herausforderungen für den CMO . . . 17
Julia Behrens

Der GWA Effie Award – Erfolgsfaktoren effizienter analoger und digitaler Marketingkommunikation . . . 43
Stephanie Cordesmeyer, Fabian Degen und Meike Terstiege

Instrumente des digitalen Marketings

Influencer-Marketing – Digitale Einflussnahme auf Zielgruppen . . . 61
Laura Bartels und Meike Terstiege

Weiter Denken durch Mindfracking . . . 79
Stefan Max Garzarolli und Michael Kiel

Employer Branding im digitalen Marketingkontext . . . 101
Ann-Christine Brockhaus und Meike Terstiege

YouTube als aufstrebendes Marketingvehikel für mittelständische B2B- und B2C-Unternehmen – Ein Best-Practice-Vergleich . . . 123
Caroline Altemeyer und Meike Terstiege

Digitale Markensouveränität – Wie man Marken vor Angriffen schützt . . . 139
Klaus Beiermann

Digitales Marketing – Herkunft, Zukunft und Trends . . . 151
Sarah von Rüden, Pia Toller und Meike Terstiege

DigitalBarometer Deutschland – Consumer Insights und Marketing im Kontext der digitalen Transformation . . . 179
Meike Terstiege

Die Bedeutung von Social Media für das digitale Marketing am Beispiel Facebook . . . 187
Janina Steen und Meike Terstiege

Best Practices

Goldenes Fitting – Oder wie Geberit auf Social Media ein Jubiläum feiert . . . 203
Olaf Grewe und Lamya Kabbesch

Chancen in der Gesundheitskommunikation durch Influencer-Strategien . . . 213
Nadine Dusberger und Judith Christina Pierau

Diversifizierter E-Commerce in der Brauwirtschaft . . . 223
Fabian O. Veltins

Digitale Geschäftsmodelle für Stadtwerke und Kommunalversorger . . . 237
Steve Kirchhoff, Tamara Schulz, Sascha Mull und Alexander Bohnet

Digital-Marketing, Sportsponsoring und E-Sports – Warum E-Sports ein Blue Ocean ist . . . 259
Toan Nguyen und Lukas Galinski

Das Geschäftsmodell der Zukunft – der klassische Automobil-Retail in einer Online-Sales-getriebenen Wirtschaftswelt . . . 279
Christian Budde, Tim Charly Schmacke und Meike Terstiege

Zielgruppenorientierte Kundenansprache anhand digitalen Marketings in der deutschen Automobilbranche . . . 297
Fabian Degen, Tim Charly Schmacke und Meike Terstiege

Online-Marketing in der Handelsblatt Media Group . . . 313
Thorsten Giersch

Was wir tun und was wir wollen – Context-driven Insights als Input für digitale Beziehungen . . . 331
Uwe H. Lebok und Florian Klaus

PwC goes Social Media – Beschäftigte der Wirtschaftsprüfungs- und Beratungsgesellschaft als Markenbotschafter eines Weltmarktführers . . . 343
Angelika Yuki Köhler

Digitale Transformation braucht einen Herzschlag 359
Marina Sverdel

Digital kommunizieren und User kompetent erreichen 371
Hanns-Ferdinand Müller

Wie Content-Marketing die Werbewelt verändert 385
Patrick Holtkamp und Michelle Bange

Probleme sind die neue Kreativität 405
Gordon Euchler, Nils Haseborg und Nils Liedtke

Ökonomisierung des Customer-Experience-Managements mit dem „Return-on-Experience"-Ansatz 417
Claudia Masuch, Fabian Nguyen, Anja Stolz und Christian von Thaden

Der Einfluss disruptiver Geschäftsmodelle von InsurTechs auf das digitale Marketing von Versicherungen 437
Frauke Feess

Erratum zu: Probleme sind die neue Kreativität E1
Gordon Euchler, Nils Haseborg und Nils Liedtke

Über die Herausgeberin

Prof. Dr. Meike Terstiege lehrt und forscht in den Bereichen digitales und strategisches Marketing an der International School of Management sowie international an europäischen Universitäten wie Valencia/Spanien und Porto/Portugal. Als @DOCMARKETEER Consultant und Trainerin berät sie das Management von Mittelstandsunternehmen zur strategischen Digitalisierung, mit den Schwerpunkten Marketing und Vertrieb, sowie zu Agenturkooperationen, Agenturübernahmen und digitalen Dienstleistern. Sie ist seit über 20 Jahren im strategischen Marketing tätig – in Führungspositionen auf Unternehmensseite (Henkel Cleaners & Detergents, Generali Holding und Allied Domecq Spirits & Wines) und auf Agenturseite (BBDO, Ogilvy, McCann und Edelman). Zuvor studierte sie Wirtschaftspsychologie an der Universität Mannheim und promovierte mit „summa cum laude“ am Marketing-Lehrstuhl der TU Dortmund.

Konzepte des digitalen Marketings

Omnichannel-Retailing – Kundenorientierte Verknüpfung der Online- und Offline-Kanäle

Rebecca Zimmermann und Arne Westermann

Inhaltsverzeichnis

1 Einleitung 3
2 Einfluss digitaler Kanäle auf das Kundenverhalten 4
3 Integration als Erfolgsfaktor 9
4 Omnichannel-Exzellenz-Modell 12
Literatur 14

1 Einleitung

Die digitale Disruption verändert den Handel bereits seit dem Beginn des Jahrtausends massiv. Waren zunächst vor allem begrenzte Produktgruppen wie Software, Musik und Bücher von den Änderungen im Käuferverhalten betroffen, spielen digitale Kanäle mittlerweile für fast alle Produkte und auch Dienstleistungen eine zentrale Rolle. Die Beobachtung des sich ändernden Käuferverhaltens führte bis vor wenigen Jahren zu der Annahme, dass der digitale den stationären Handel perspektivisch weitgehend ersetzen würde. Doch sowohl die wissenschaftliche Forschung wie auch die praktischen Erfahrungen im Retail-Sektor lassen vermuten, dass diese radikale These nicht zutreffend sein dürfte: Vielmehr zeigt sich, dass trotz der fortschreitenden Digitalisierung auch der stationäre Handel durch seine spezifischen Stärken wie den Erlebnischarakter

R. Zimmermann (✉) · A. Westermann
ISM International School of Management, Dortmund, Deutschland
E-Mail: rebecca.zimmermann@ism.de

A. Westermann
E-Mail: arne.westermann@ism.de

M. Terstiege (Hrsg.), *Digitales Marketing – Erfolgsmodelle aus der Praxis*,
https://doi.org/10.1007/978-3-658-26195-5_1

und die soziale Interaktion weiterhin von zentraler Bedeutung für den Erfolg von Handelsunternehmen sein wird – allerdings mit einer veränderten Rolle in einem komplexen Gesamtsystem: dem Omnichannel-Retailing, verstanden als Konzept, bei dem alle verfügbaren Kanäle eines Unternehmens für den Verkauf genutzt werden, sodass das kanalübergreifende Kundenerlebnis über die Kanäle optimiert wird (Verhoef et al. 2015). Wirtschaftlicher Erfolg im Handel, so die zugrunde liegende Überlegung, hängt von einer an den Kundenwünschen orientierten Verknüpfung aller digitalen und physischen Kanäle ab, um den Kunden ein nahtloses Einkaufserlebnis zu ermöglichen.

Dieser Beitrag erläutert, welche Dimensionen für Omnichannel-Retailing relevant sind und welche strategischen Implikationen sich hieraus für die strategische Umsetzung von Omnichannel-Konzepten ergeben.

2 Einfluss digitaler Kanäle auf das Kundenverhalten

Die Nutzung von digitalen Kanälen im Kaufprozess führt zu einer massiven Veränderung des Konsumentenverhaltens. So ist der Online-Handel in den vergangenen zehn Jahren um ca. 12 % p. a. durchschnittlich gewachsen, während der stationäre Handel lediglich ein jährliches durchschnittliches Wachstum von 0,2 % aufweist (Mehn und Wirtz 2018). Zentrale Vorteile der digitalen Kanäle sind die große Auswahl an Produkten, der geringe Zeitaufwand, uneingeschränkte zeitliche Verfügbarkeit (keine Öffnungszeiten) sowie die Transparenz von Informationen. Abb. 1 zeigt wesentliche Unterschiede zwischen dem stationären Handel und dem Online-Vertrieb (Westermann et al. 2018).

Trotz dieser Entwicklungen besitzt der stationäre Store als Vertriebskanal nach wie vor eine große Bedeutung für Konsumenten – jedoch mit einer sich verändernden Rolle. Kunden schätzen am physischen Store vor allem die Möglichkeit, die Produkte live zu erleben, sich mit anderen Kunden oder Store-Mitarbeitern persönlich auszutauschen sowie eine persönliche fachkundige Beratung zu erhalten. Diese Eigenschaften machen den Offline-Store im Vergleich zu digitalen Kanälen einzigartig. Unternehmen stehen jedoch gleichzeitig vor der Herausforderung, die Barrieren im Vergleich zum Online-Handel durch eine entsprechende Ausgestaltung des Stores zu kompensieren, um so den physischen Store für Kunden als Einkaufskanal attraktiv zu halten. Auch dabei kommen oft digitale Technologien wie zum Beispiel interaktive Screens oder mobile Bezahlmöglichkeiten zum Einsatz. Neben den digitalen Kanälen stellt somit die Digitalisierung des physischen Point of Sale eine weitere wichtige Dimension der Digitalisierung dar.

Entscheidend für die Akzeptanz dieser Technologien und ihren strategischen Wert im Kaufprozess ist dabei der Interaktionsgrad zwischen Verkäufer, Kunde und genutzter Technologie: Sie muss sich mehrwertstiftend in den Interaktionsprozess einfügen.

Digitale Kanäle sind dabei nicht nur als Vertriebskanal von zentraler Bedeutung: Konsumenten nutzen immer häufiger digitale Kanäle, um sich im Vorfeld über Produkte zu informieren. Kaufentscheidungen werden somit immer öfter durch das Internet als Informationsquelle beeinflusst. Auch soziale Medien spielen in diesem Zusammenhang

	STATIONÄRER HANDEL	ONLINE-VERTRIEB
Unterhaltung/soziale Interaktion	hoch	niedrig – mittel
Möglichkeit der (Kauf-)Beratung	hoch	niedrig – mittel
Lieferzeit/Lieferkosten	keine	in der Regel vorhanden
(Daten-)Sicherheit	mittel – hoch	niedrig – mittel
Haptik	ausgeprägt	nicht vorhanden
Sortimentsauswahl	begrenzt	unbegrenzt
Zeitaufwand	hoch	gering
Zeitliche Verfügbarkeit (z.B. durch Öffnungszeiten, räumliche Distanz)	begrenzt	unbegrenzt

Abb. 1 Unterschiede stationärer Handel und Online-Vertrieb. (Quelle: In Anlehnung an Westermann et al. 2018)

eine wichtige Rolle. In sozialen Netzwerken haben Konsumenten die Möglichkeit, direkt mit Unternehmen, aber auch mit anderen Kunden in Kontakt zu treten. Positive Kommentare und Bewertungen von zufriedenen Kunden in sozialen Medien stellen für Unternehmen wertvolle Referenzen dar. Unzufriedene Kunden hingegen nutzen soziale Medien häufig, um Produkte zu kritisieren. Für Unternehmen ist es somit entscheidend, die Social-Media-Kanäle sorgfältig zu managen und aktiv und aufmerksam auf Kundenfeedback zu reagieren. Abb. 2 zeigt wie sowohl Konsumenten als auch Unternehmen soziale Medien nutzen (Westermann et al. 2018).

Es zeigt sich somit, dass digitale Kanäle eine zunehmende Relevanz im gesamten Einkaufsprozess besitzen und einen enormen Einfluss in allen Phasen ausüben: Während im klassischen Kaufprozess der Point of Sale und der Point of Decision in der Regel identisch sind, führt die große Anzahl der verfügbaren Kanäle mit jeweils spezifischen Eigenschaften nun dazu, dass der Kaufprozess als komplexer und vor allem mehrstufiger Entscheidungsprozess definiert werden kann (Westermann et al. 2018).

Alle Kontaktpunkte (Touchpoints) zwischen Konsument und Unternehmen, die in ihrer sequenziellen Abfolge die Customer Journey darstellen, werden dabei von digitalen Technologien beeinflusst. Für eine effektive Analyse der Customer Journey ist entscheidend, dass die gesamte Interaktionskette zwischen Konsument und Händler betrachtet wird (Esch und Knörle 2016). Zu den einzelnen Phasen der Customer Journey gibt es in der wissenschaftlichen Literatur unterschiedliche Auffassungen und Definitionen – grundsätzlich ist eine Differenzierung der nachfolgenden Phasen sinnvoll:

Pre Purchase Diese Phase enthält sämtliche Interaktionspunkte zwischen Kunde und Händler vor einer Transaktion, wie die Bedarfserkennung, Kaufabsicht, Recherche nach Produkten sowie Kauferwägung (Mehn und Wirtz 2018).

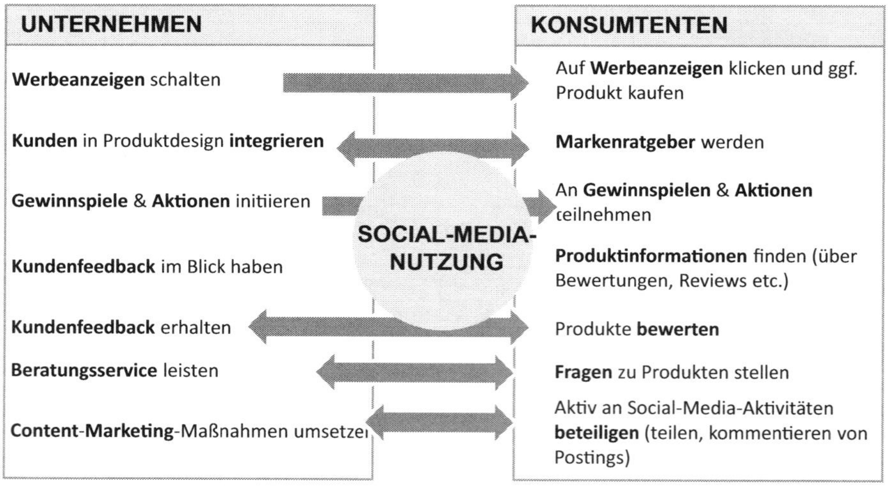

Abb. 2 Social-Media-Nutzung. (Quelle: In Anlehnung an Westermann et al. 2018)

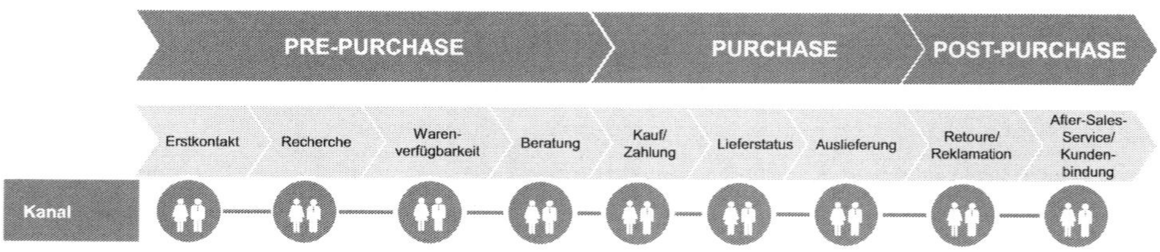

Abb. 3 Einfache Customer Journey. (Quelle: Westermann et al. 2018, S. 48)

Purchase Die Purchase-Phase umfasst alle Kontaktpunkte zwischen Kunde und Unternehmen während des Kaufs selbst (Mehn und Wirtz 2018).

Post Purchase Diese Phase bezieht sich auf die Interaktion zwischen Kunde und Händler nach dem Kauf während der Produktnutzung. Relevant sind hier beispielsweise Service-Aktivitäten des Händlers, gegebenenfalls die Rückgabeabwicklung sowie das Customer Engagement (Mehn und Wirtz 2018).

Abb. 3 zeigt eine einfache Customer Journey mit einem Kanal.

Durch den Mehrkanalvertrieb wird zum einen die Anzahl der möglichen Kontaktpunkte zwischen Kunde und Händler erhöht, zudem ist der Kunde in der Lage, sich während des Kaufprozesses crossmedial zu bewegen, das heißt mehrere Kanäle miteinander zu kombinieren sowie den Kanal zu wechseln. Je nach Präferenz wählen Konsumenten daher auf jeder Stufe des Kaufprozesses denjenigen Kanal, der am besten zu ihnen passt, und können den Kaufprozess somit flexibler gestalten (Westermann et al. 2018). Viele

Konsumenten bevorzugen – insbesondere für zum Beispiel technisch anspruchsvolle Produkte – den Kauf im stationären Store, um dort eine persönliche Fachberatung eines Store-Mitarbeiters zu erhalten. Bei der Recherche im Vorfeld hingegen kommen häufig digitale Kanäle zum Einsatz, da sie für die Informationsbeschaffung aus Konsumentensicht ein ideales Medium darstellen. Sind Kunden dann mit der Beratung im Store und ihrem erworbenen Produkt zufrieden, nutzen sie oft Social-Media-Präsenzen der Unternehmen, um ihre Bewertung abzugeben. Auch Serviceanfragen erfolgen immer häufiger über soziale Medien.

Derartige Kanalwechsel während des Kaufprozesses werden als „Channel-Hopping" bezeichnet. Abb. 4 zeigt eine beispielhafte Customer Journey im Omnichannel-Kontext.

Omnichannel-Vertriebssysteme fokussieren genau auf die sogenannten „Channel-Hopper", das heißt jene Kunden, die innerhalb der Customer Journey zwischen Kanälen wechseln (vgl. Abb. 4) (Trenz 2015; Westermann et al. 2018). Die Herausforderung für Händler besteht somit darin, auf das Kaufverhalten dieser Omnichannel-Kunden zu reagieren, indem sie ihre Kanäle effizient miteinander verknüpfen, um Kunden so ein nahtloses Einkaufserlebnis zu ermöglichen (Emrich 2008). Omnichannel-Kunden weisen die nachfolgend dargelegten, spezifischen Eigenschaften auf, aufgrund derer sie für Händler eine wichtige Zielgruppe darstellen, diese gleichzeitig aber auch vor große Herausforderungen stellen (Trenz 2015; Emrich 2008; Westermann et al. 2018; Heinemann 2011).

Omnichannel-Kunden kaufen mehr und öfter

In der Regel weisen Kunden, die in mehreren verschiedenen Kanälen aktiv sind, ein größeres Kaufvolumen sowie eine höhere Kauffrequenz im Vergleich zu „Ein-Kanal-Kunden" auf. Zudem neigen sie zum kanalübergreifenden Cross-Selling und Up-Selling, indem sie (Händler-)Vorschlägen folgen und passende Zusatzprodukte oder höherwertige Produktversionen erwerben, wenn sie beispielsweise ihre Online-Bestellungen im stationären Store abholen (Westermann et al. 2018).

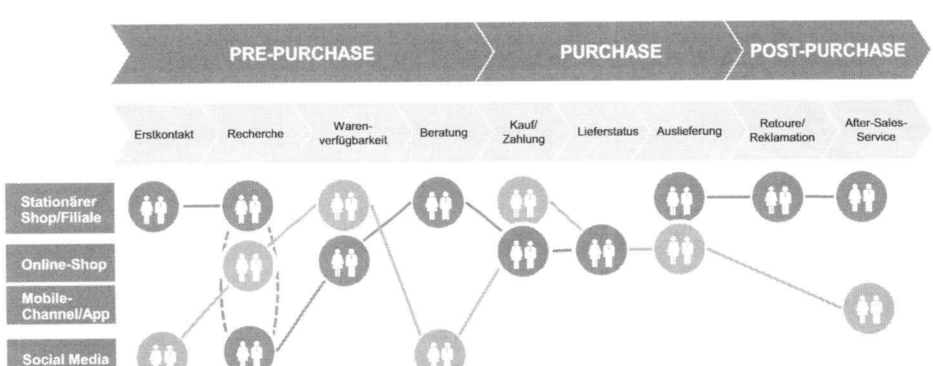

Abb. 4 Customer Journey im Omnichannel-Vertrieb. (Quelle: Westermann et al. 2018, S. 49)

Omnichannel-Kunden sind loyaler

Die Vielzahl der Kanäle führt zu einer gestiegenen Händlerpräsenz. So ermöglichen insbesondere digitale Kanäle wie soziale Medien, Kunden direkt und schnell mit Unternehmen in Kontakt zu treten. Auf diese Weise wird zum einen die Kundenzufriedenheit, zum anderen aber auch die Loyalität gegenüber dem Händler gefördert (Westermann et al. 2018).

Omnichannel-Kunden haben grundsätzlich das Bedürfnis nach einem integrierten und konsistenten Einkaufserlebnis. Die Fähigkeit eines Unternehmens, sein Vertriebssystem so zu gestalten, dass dieses Bedürfnis optimal befriedigt wird, setzt einen Perspektivwechsel voraus: Unternehmen müssen in der Lage sein, sich in ihre Kunden hineinzuversetzen, um deren Gewohnheiten und Wünsche zu erkennen. Diese Forderung ist theoretisch alles andere als neu, jedoch wird sie im Kontext des Omnichannel-Retailings zu einer Bedingung für den Erfolg. Eine umfassende Analyse der Customer Journey leistet dabei einen wesentlichen Beitrag und kann dem Unternehmen helfen, wichtige Informationen über das Einkaufsverhalten seiner Kunden zu erhalten. Entscheidend ist dabei, dass die gesamte Interaktionskette berücksichtigt wird. Eine separate Analyse von Kundendaten aus verschiedenen Kanälen ist dabei nicht zielführend – vielmehr sollten Kundendaten über alle Kanäle hinweg erfasst und miteinander verknüpft werden, um die Dynamik der Interaktion zwischen Kunde und Händler abzubilden (Westermann et al. 2018).

Dazu müssen zunächst sämtliche Kontaktpunkte im Rahmen der Customer Journey identifiziert und hinsichtlich ihrer Bedeutung priorisiert werden, da verschiedene Interaktionspunkte eine unterschiedlich hohe Relevanz für die Kaufentscheidung des Kunden besitzen. Anschließend sollte eine integrierte Betrachtung der Kontaktpunkte erfolgen, indem deren Zusammenspiel analysiert wird, um herauszufinden, wie Kunden die verschiedenen Kanäle kombinieren und wie effektiv vor diesem Hintergrund die unternehmensseitige Verknüpfung ist (Westermann et al. 2018).

Technologische Entwicklungen ermöglichen Händlern prinzipiell, Customer Journeys zu verfolgen, da zumindest im digitalen Bereich an jedem Kontaktpunkt individuelle Kundendaten generiert werden, die einen wertvollen Pool an Kundeninformationen zu unter anderem Kundenpräferenzen und Einkaufsverhalten bilden. Sofern Unternehmen in der Lage sind, diese Datenmassen effizient zu aggregieren und über verschiedene Kanäle hinweg zu verknüpfen, können Kunden anschließend mit individualisierten Marketingmaßnahmen proaktiv und zielgenau angesprochen werden. Im Fokus stehen somit vor allem der Aufbau und Erhalt langfristiger Beziehungen zwischen Kunde und Unternehmen. Das effektive Management dieser Kundenbeziehungen ist somit entscheidend für den Omnichannel-Erfolg. Kurzum: Die Qualität der Kundenbeziehungen und die Kundenzufriedenheit im Omnichannel-Handel hängen stark von der Verknüpfung der einzelnen Kanäle untereinander ab. Neben der Ausgestaltung der Vertriebskanäle ist daher vor allem der Integrationsgrad entscheidend (Westermann et al. 2018; Heinemann 2011).

3 Integration als Erfolgsfaktor

Im Omnichannel-Kontext ist die simultane Nutzung unterschiedlicher Vertriebskanäle charakteristisch, sodass keine allgemeingültigen Aussagen darüber getroffen werden können, welchen Kanal Konsumenten auf welcher Stufe des Kaufprozesses überwiegend nutzen. Vielmehr gestalten Konsumenten den Kaufprozess individuell und ihren Bedürfnissen entsprechend optimal, kombinieren verschiedene Kanäle und lassen sich somit immer weniger einzelnen Kanälen zuordnen. Die Kenntnis und Analyse der generellen Mediennutzung und des Kaufverhaltens in der Zielgruppe im Sinne der zuvor beschriebenen Customer Journey sind somit zentrale Erfolgsfaktoren.

Die hier gewonnenen Erkenntnisse müssen dann in der Folge genutzt werden, um die Integration der Kanäle optimal zu gestalten. Diese Integration muss sowohl *nach außen* in Bezug auf die Befriedigung der Kundenbedürfnisse als auch hinsichtlich der Prozesse und Aktivitäten *innerhalb* des Unternehmens erfolgen (vgl. Abb. 5) (Westermann et al. 2018).

Integation der Kanäle

Für Unternehmen stellt sich die Frage, wie sie ihr Omnichannel-Vertriebssystem optimal gestalten müssen, um das Kundenbedürfnis nach „Channel-Hopping" zu bedienen und dem Kunden ein nahtloses Einkaufserlebnis zu ermöglichen. Abb. 6 zeigt exemplarisch verschiedene Verhaltensweisen und Bedürfnisse von Omnichannel-Kunden, die insbesondere eine Verknüpfung der Online- und Offline-Kanäle erfordern (Micha und Koppers 2016).

Durch die unterschiedlichen Eigenschaften von physischen und digitalen Kanälen kann die konsistente und nachhaltige Integration der Kanäle als eine der größten Herausforderungen für Omnichannel-Händler angesehen werden – für Kunden ist die Qualität der Kanalintegration jedoch von zentraler Bedeutung und wird zugleich vorausgesetzt

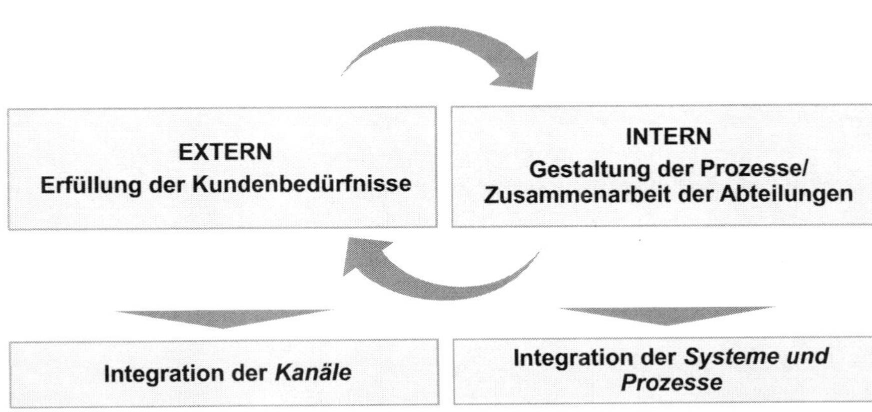

Abb. 5 Omnichannel-Erfolgsfaktor Integration. (Quelle: In Anlehnung an Westermann et al. 2018)

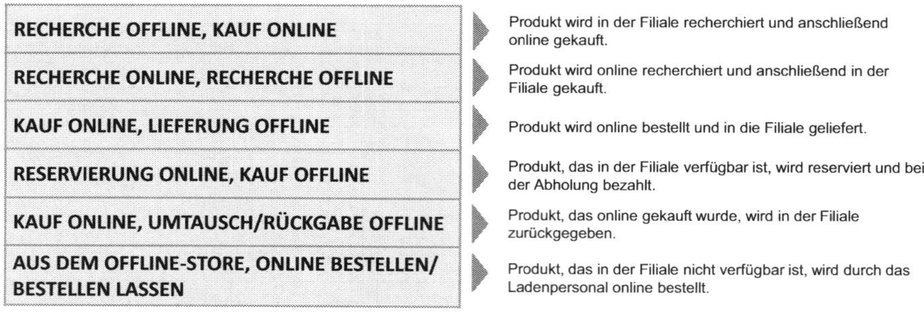

Abb. 6 „Channel-Hopping"-Verhalten. (Quelle: In Anlehnung an Westermann et al. 2018)

(Piotrowicz und Cuthbertson 2014; Trenz 2015; Mehn und Wirtz 2018). Unternehmen sollten entsprechend in eine effektive Integration ihrer Kanäle investieren, statt nur auf die Performance in einzelnen Kanälen zu fokussieren. Auf diese Weise steigt zwar die Komplexität des Vertriebssystems, gleichzeitig werden jedoch die Kundenzufriedenheit und damit die Qualität der Kundenbeziehung erhöht (Pantano und Viassone 2015; Mehn und Wirtz 2018). Dabei sind die nachfolgend beschriebenen Dimensionen von Bedeutung.

Gestaltung des Markenauftritts und der Kommunikation

Bezüglich der kundenseitigen Wahrnehmung des Händlers ist vor allem eine einheitliche *Gestaltung des Markenauftritts und der Kommunikation* in den einzelnen Kanälen entscheidend. Alle Kommunikations- und Marketingmaßnahmen sollten in den Kanälen identisch und aufeinander abgestimmt sein und lediglich an kanalspezifische Eigenschaften und Anforderungen angepasst werden. Ebenso sollte der Markenauftritt, das heißt Farbgebung, Logopräsenz und Corporate Design, einheitlich gestaltet werden. Auf diese Weise werden kundenseitige Anpassungs- und Orientierungsschwierigkeiten beim spontanen Kanalwechsel minimiert (Westermann et al. 2018).

Sortiments- und Preisgestaltung

Auch hinsichtlich *Sortiments- und Preisgestaltung* sollte grundsätzlich Einheitlichkeit angestrebt werden, um Konkurrenz- und Kannibalisierungseffekte zwischen den einzelnen Kanälen zu vermeiden. Abweichungen können hier jedoch unter Umständen sinnvoll sein, wenn diese strategisch begründet sind, also beispielsweise der Umsatz in einem bestimmten Kanal gefördert werden soll (zum Beispiel „Special Online-Weeks") (Westermann et al. 2018).

Service

Ebenfalls erfolgskritisch ist die Integration von *Service- und Dienstleistungsangeboten* in den einzelnen Kanälen. Aus Kundensicht ist hier besonders wichtig, dass sie diese in allen Kanälen gleichermaßen in Anspruch nehmen können und zwar unabhängig davon, in welchem Kanal sie letztendlich gekauft haben, denn sowohl beim Kauf als auch bei der Informationssuche gewinnen Convenience und Flexibilität zunehmend an Relevanz. So beeinflusst die wahrgenommene Servicequalität u. a. durch ein effektives Zusammenwirken der verschiedenen Kanäle die Kaufabsicht der Kunden positiv (Vgl. Pantano und Viassone 2015, S. 106–112). Der Service sollte somit eine Querschnittsfunktion einnehmen.

Daneben sind Liefer- und Zahlungsbedingungen sowie Umtausch- bzw. Rücksende- und Reklamationsvereinbarungen kanalübergreifend einheitlich zu gestalten (Westermann et al. 2018).

Integration der Systeme und Prozesse

Um diese extern wahrnehmbare Integration realisieren zu können, werden entsprechend hohe Anforderungen an die Aktivitäten und Prozesse innerhalb des Unternehmens gestellt. Die Transformation der internen Systemlandschaft ist eine komplexe Aufgabenstellung, deren Schwierigkeit exponentiell mit der Anzahl der prozessseitig miteinander zu verknüpfenden Kanäle ansteigt. Für eine kanalübergreifende Systemgestaltung und -nutzung (zum Beispiel im Bereich Warenwirtschaft, Content-Management oder Customer-Relationship-Management) sind die vollständige Koordination und Abstimmung der verschiedenen Kanäle untereinander zentrale Voraussetzungen.

Im Omnichannel-Kontext ist aufgrund der starken Kundenorientierung die Implementierung eines kanalübergreifenden Customer-Relationship-Management-Systems (CRM-System) ein wichtiger Erfolgsfaktor. Zentrale Aufgaben des CRM-Systems sind die Verwaltung sämtlicher Kundendaten sowie die Bereitstellung von Kundeninformationen zum Kaufverhalten ex-post und ex-ante. Im Unterschied zum klassischen, eher kurzfristig transaktionsorientierten Massenmarketing ist das wesentliche Ziel des CRM-Systems der Aufbau und die nachhaltige Pflege der für den Omnichannel-Handel so wichtigen Kundenbeziehungen, um so den Wert des einzelnen Kunden zu steigern (Heinemann 2011; Pauwels und Neslin 2015; Westermann et al. 2018). Das System ist dabei die Voraussetzung für individuelle Marketingmaßnahmen, mit denen dem richtigen Kunden das richtige Angebot zur passenden Zeit unterbreitet werden kann.

Die im Omnichannel-Handel generierten Datenmengen sind groß und komplex und erfordern daher eine zentrales CRM-System, das kanalübergreifend arbeitet und sämtliche kundenbezogenen Informationen speichert, verwaltet und bei Bedarf bereitstellt (Anderl et al. 2016; Ernst & Young GmbH 2014). Für eine Harmonisierung der Datenmengen können beispielsweise Data-Warehouse-Technologien eingesetzt werden (Graf von Arnim 2016). Die generierten Kundendaten können dann als Basis für umfangreiche Kundenprofile innerhalb des CRM-Systems und somit für eine kundenzentrierte Ansprache genutzt werden. Abb. 7 zeigt beispielhaft, welche Informationen sinnvollerweise in einem solchen Kundenprofil enthalten sind.

Im Kundendatenmanagement sind selbstverständlich datenschutzrechtliche Aspekte zu beachten und, falls nötig, ist die kundenseitige Zustimmung für Datensammlung und -verarbeitung erforderlich. Dies kann zum Beispiel über Kundenkarten bzw. Loyalty-

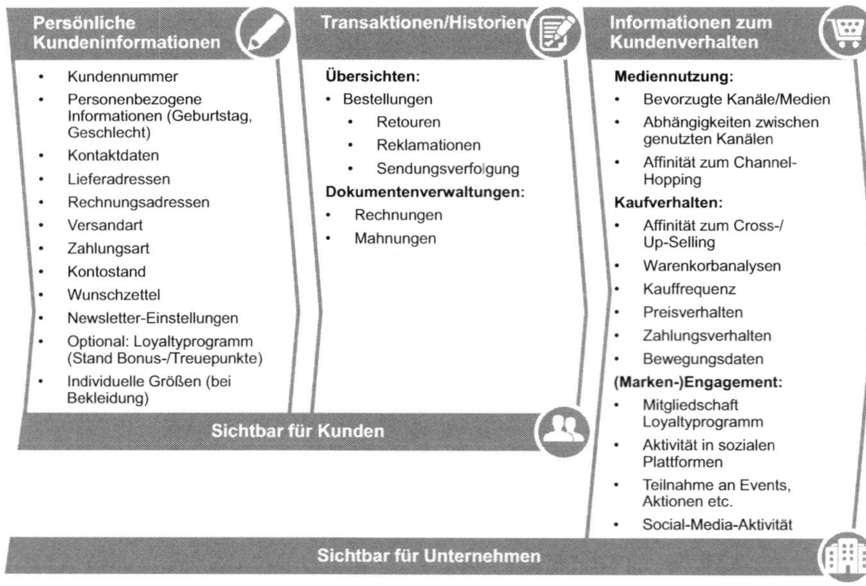

Abb. 7 Informationen eines Kundenprofils. (Quelle: Westermann et al. 2018, S. 58)

Programme erfolgen. Entscheidend ist anschließend, dass allen Kanälen und auch den relevanten Mitarbeitern die gleichen Daten zur Verfügung gestellt werden. Kunden profitieren insofern davon, als sie ihre Kundenkarten uneingeschränkt und bei spontanen Kanalwechseln während des Kaufprozesses kanalübergreifend nutzen können, was zu einer guten Customer Experience beiträgt und somit die Kundenzufriedenheit erhöht (Westermann et al. 2018).

Für Insellösungen im Hinblick auf die Prozess- und Systemlandschaft des Unternehmens und Silodenken in einzelnen Abteilungen ist im Rahmen eines gelungenen Mehrkanalvertriebs somit kein Platz mehr. In vielen Unternehmen stellt dies eine der zentralen Barrieren dar. Erfolgsentscheidend ist jedoch eine kanal- und abteilungsübergreifende Denkweise. In der Konsequenz bedeutet dies, dass zunächst vor allem eine markt- und kundenorientierte Ausrichtung der Unternehmensstrategie und Unternehmenskultur sowie insgesamt eine Neugestaltung der Organisations- und Prozessstruktur erfolgen müssen.

4 Omnichannel-Exzellenz-Modell

Abschn. 3 zeigt, dass Integration im Omnichannel-Kontext einen wesentlichen Erfolgsfaktor darstellt. Sowohl im Bereich der Prozesse und Systeme im Hintergrund als auch in jenen Bereichen, welche Kunden direkt und bewusst wahrnehmen, spielt die kanalübergreifende Verknüpfung eine entscheidende Rolle, um als Unternehmen einen exzellenten Mehrkanalvertrieb zu betreiben.

Doch was bedeutet eigentlich Omnichannel-Exzellenz? Und was sind die notwendigen Schritte für Unternehmen, um diesen Zustand zu erreichen?

Diesen Fragen sind Westermann et al. (2018) nachgegangen und haben ein Modell als Strukturierungsrahmen für Omnichannel-Vertriebssysteme entwickelt, das sämtliche Unternehmensbereiche, die von Omnichannel-Aktivitäten berührt werden, inklusive der jeweils zentralen Kriterien, abbildet (Abb. 8).

Im Fokus steht dabei stets der Kunde. Eine Beobachtung entsprechender Trends im Einkaufsverhalten durch kontinuierliche Desktop-Research und eigene Marktforschung ist Grundvoraussetzung und bereits der strategischen Entscheidung für oder gegen eine Omnichannel-Strategie vorgelagert. Während des Aufbaus eines Mehrkanalvertriebssystems sind in der Folge alle kundenbezogene Aspekte, insbesondere bezüglich der Mediennutzung und des Kaufverhaltens, bei strategischen, taktischen und operativen Entscheidungen zu berücksichtigen (Westermann et al. 2018).

So erfolgt nach der Grundsatzentscheidung zunächst eine Anpassung der *Unternehmensstrategie.* Anschließend müssen auf taktischer Ebene im Rahmen der konkreten *Omnichannel-Strategie* passende, von den Unternehmenszielen abgeleitete Ziele definiert werden. Operativ erfolgen dann die konkrete *Ausgestaltung* der verschiedenen

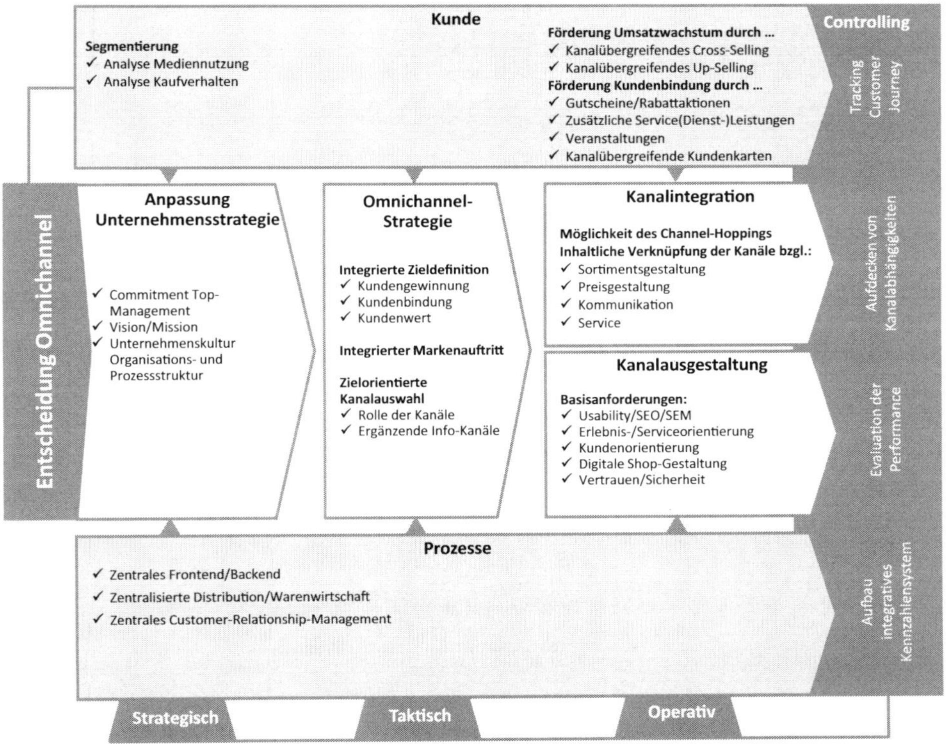

Abb. 8 Omnichannel-Exzellenz-Modell. (Quelle: Westermann et al. 2018, S. 66)

Kanäle und deren *Integration.* Neben diesem vertikalen Einfluss der kundenbezogenen Aspekte findet auch ein Einfluss in horizontaler Richtung statt. So wirken Anpassungen der Unternehmensstrategie auf die Konkretisierung der Omnichannel-Strategie, welche wiederum maßgeblich für die Ausgestaltung und Integration der Kanäle ist. Die *Systemlandschaft* des Unternehmens bildet alle prozessualen Aspekte der Omnichannel-Aktivitäten ab und unterstützt alle Ebenen. Die Überprüfung und Evaluation des Erfolgs aller Omnichannel-Aktivitäten mithilfe qualitativer und quantitativer Maßnahmen werden im Rahmen eines umfassenden *Controllings* umgesetzt. Das Controlling dient nicht nur der Überprüfung des Erfolgs der Strategie und einzelner Maßnahmen, sondern insbesondere auch als Steuerungselement für kontinuierliche Anpassungen und Nachjustierungen sowohl auf strategischer, taktischer als auch operativer Ebene. So werden hier alle zuvor genannten Bereiche zusammengeführt, was erneut den integrativen Charakter des Gesamtsystems widerspiegelt. Die hier generierten Erkenntnisse bezüglich des Erfolgs oder Misserfolgs einzelner Bereiche ermöglichen eine kontinuierliche Überwachung des Systems, wodurch gegebenenfalls Anpassungen vorzunehmen sind. Diese Anpassungen unterscheiden sich in ihrem zeitlichen Horizont und können kurz-, mittel- oder langfristiger Natur sein.

Kurzfristige Anpassungen werden in den Bereichen der Kanalausgestaltung und -integration durchgeführt. Mittelfristige Maßnahmen beziehen sich auf die konkrete Omnichannel-Strategie, während langfristige Maßnahmen die Unternehmensstrategie tangieren. Die hier gewonnenen Erkenntnisse können unter Umständen sogar dazu führen, dass das Unternehmen seine Entscheidung für eine Omnichannel-Strategie noch einmal überdenkt.

Literatur

Anderl, E., Schumann, J. H., & Kunz, W. (2016). Helping firms reduce complexity in multichannel online data. A new taxonomy-based approach for customer journeys. *Journal of Retailing, 92*(2), 185–203. https://doi.org/10.1016/j.jretai.2015.10.001.

Emrich, C. (2008). *Multi-Channel-Communications- und Marketing-Management.* Wiesbaden: Gabler. http://dx.doi.org/10.1007/978-3-8349-9685-5. Zugegriffen: 2. Dez. 2017.

Ernst & Young GmbH (Hrsg.). (2014). Cross Channel. Revolution im Lebensmittelhandel. https://www.ey.com/Publication/vwLUAssets/EY_Studie_Cross_Channel_-_Die_Revolution_im_Lebensmittelhandel/$FILE/EY-Cross-Channel-Die-Revolution-im-Lebensmittelhandel.pdf. Zugegriffen: 15. Nov. 2016.

Esch, F.-R., & Knörle, C. (2016). Omni-Channel-Strategien durch Customer Touchpoint-Management erfolgreich realisieren. In L. Binckebanck & R. Elste (Hrsg.), *Digitalisierung im Vertrieb* (S. 123–137). Wiesbaden: Springer Gabler.

Graf von Arnim, P. (2016). Lösungsansätze für ein Multi-Channel Controlling. In M. Buttkus, A. Neugebauer, & A. Kaland (Hrsg.), *Controlling im Handel* (S. 75–90). Wiesbaden: Springer Gabler.

Heinemann, G. (2011). *Cross-Channel-Management. Integrationserfordernisse im Multi-Channel-Handel* (3. Aufl.). Wiesbaden: Gabler. http://dx.doi.org/10.1007/978-3-8349-6484-7.

Mehn, A., & Wirtz, V. (2018). Stand der Forschung – Entwicklung von Omnichannel-Strategien als Antwort auf neues Konsumentenverhalten. In I. Böckenholt, A. Mehn, & A. Westermann (Hrsg.), *Konzepte und Strategien für Omnichannel-Exzellenz* (S. 3–35). Wiesbaden: Springer Gabler.

Micha, M. A., & Koppers, S. (2016). Digital Adoption Retail – Hat der Onlline-Handel eine Vision? In G. Heinemann (Hrsg.), *Digitale Transformation oder digitale Disruption im Handel. Vom Point-of-Sale zum Point-of-Decision im Digital Commerce* (S. 49–78). Wiesbaden: Springer Gabler.

Pantano, E., & Viassone, M. (2015). Engaging consumers on new integrated multichannel retail settings. Challenges for retailers. *Journal of Retailing and Consumer Services, 25,* 106–114. https://doi.org/10.1016/j.jretconser.2015.04.003.

Pauwels, K., & Neslin, S. A. (2015). Building with bricks and mortar. The revenue impact of opening physical stores in a multichannel environment. *Journal of Retailing, 91*(2), 182–197. https://doi.org/10.1016/j.jretai.2015.02.001.

Piotrowicz, W., & Cuthbertson, R. (2014). Introduction to the special issue information technology in retail. toward omnichannel retailing. *International Journal of Electronic Commerce, 18*(4), 5–16. https://doi.org/10.2753/jec1086-4415180400.

PricewaterhouseCoopers AG Wirtschaftsprüfungsgesellschaft (PwC). (2018). *Von A wie Amazon bis Z wie Zustellung*. Frankfurt a. M.: PricewaterhouseCoopers AG Wirtschaftsprüfungsgesellschaft (PwC).

Trenz, M. (2015). *The blurring line between electronic and physical channels: Reconceptualising multichannel commerce*. ECIS 2015 Completed Research Papers. Paper 184.

Verhoef, P. C., Kannan, P. K., & Jeffrey Inman, J. (2015). From multi-channel retailing to omni-channel retailing. *Journal of Retailing, 91*(2), 174–181. https://doi.org/10.1016/j.jretai.2015.02.005.

Westermann, A., Zimmermann, R., & Wirtz, V. (2018). Ein theoriebasierter Ansatz zur Erlangung von Exzellenz im Omnichannel-Vertrieb. In I. Böckenholt, A. Mehn, & A. Westermann (Hrsg.), *Konzepte und Strategien für Omnichannel-Exzellenz* (S. 37–70). Wiesbaden: Springer Gabler.

Rebecca Zimmermann, M.Sc. ist wissenschaftliche Mitarbeiterin am Brand & Retail Management Institute @ ISM, dem hochschuleigenen Institut für Marken- und Handelsmanagement an der International School of Management (ISM) in Dortmund. Als wissenschaftliche Mitarbeiterin ist sie verantwortlich für die Konzeption und Durchführung von quantitativen und qualitativen Studien insbesondere in den Bereichen Retail, Omnichannel und Consumer Behaviour. Vor ihrer Zeit an der ISM war sie als Projektassistentin in einer mittelständischen Unternehmensberatung in Bochum tätig. Ihre akademische Ausbildung absolvierte sie an der Ruhr-Universität Bochum. Das Studium der Wirtschaftswissenschaft mit den Schwerpunkten Unternehmensforschung und quantitative Methoden/Statistik schloss sie 2013 mit einem Master of Science ab.

Prof. Dr. Arne Westermann ist Professor für Communications and Marketing an der International School of Management (ISM) in Dortmund und Leiter des Brand & Retail Management Institute @ ISM, des hochschuleigenen Instituts für Marken- und Handelsmanagement an der ISM. Zudem ist er Leiter des Marketingdepartments und verantwortlich für den Master Strategic Marketing Management. Zuvor war er Professor für Communication Management an der Quadriga in Berlin, wo er den MBA „Communication & Leadership" aufgebaut hat. Er ist Autor zahlreicher Bücher, Aufsätze und Studien zu unterschiedlichen Themen im Bereich Corporate Communications und regelmäßig als Reviewer für die DGPuK (Deutsche Gesellschaft für Publizistik und Kommunikationswissenschaft; German Association of Mass Communication Researchers) tätig. Neben seiner akademischen Karriere hat er umfassende praktische Erfahrungen als Berater in den Bereichen Corporate bzw. Brand Communications gesammelt, speziell auch in der Krisenkommunikation, der Change-Kommunikation und der internen Kommunikation.

DSGVO im Digitalen Marketing – heutige und künftige Herausforderungen für den CMO

Julia Behrens

Inhaltsverzeichnis

1 DSGVO als Chance, nicht als Risiko verstehen . . . 18
2 Realitäts-Check . . . 20
2.1 Operative Handlungsempfehlungen . . . 21
2.2 Praxisbeispiele . . . 25
3 Way to go – Strategische Adjustierung des (digitalen) Marketings . . . 28
3.1 Technische Basis . . . 29
3.2 Die erweiterte Rolle des CMO . . . 32
3.3 Kundenzentriertheit ohne Kompromisse – DSGVO-Wertschöpfungskreislauf . . . 34
3.4 Strategische Implikationen für die Unternehmensorganisation . . . 38
4 Wert für Unternehmen . . . 40
Literatur . . . 41

Haftungsausschluss: Die in diesem Beitrag dargestellten Beispiele und Handlungsempfehlungen stellen keine Rechtsberatung dar. Jede sich auf Basis dieses Beitrags ergebende Handlung muss auf Konformität mit geltender nationaler und internationaler Gesetzgebung durch geeignete Stellen (zum Beispiel Datenschutzbeauftragter, Jurist) geprüft werden. Jegliche Haftung der Autorin, Herausgeberin, deren aktuellen und vergangenen Arbeitgebern sowie anderer, nicht explizit genannter Instanzen aufgrund von Schadensfällen auf Basis der folgenden Handlungsempfehlungen ist ausgeschlossen.

J. Behrens (✉)
Accenture Interactive, Hamburg, Deutschland
E-Mail: julia.behrens@accenture.com

M. Terstiege (Hrsg.), *Digitales Marketing – Erfolgsmodelle aus der Praxis*,
https://doi.org/10.1007/978-3-658-26195-5_2

1 DSGVO als Chance, nicht als Risiko verstehen

Im Mai 2018 ist die Datenschutz-Grundverordnung (DSGVO) in Kraft getreten, mit der die EU beabsichtigt, den Schutz der Daten von Individuen zu erhöhen und die Rechtslage in den EU-Staaten zu vereinheitlichen. Daraus resultieren strengere Vorschriften für die Erhebung, Speicherung und Verarbeitung personenbezogener Daten (pbD, engl. PII) von EU-Bürgern für Unternehmen, ganz gleich, wo das Unternehmen selbst sitzt. Letzteres zeigt die Auswirkung auf jegliche Organisation, auch außerhalb der EU.

Personenbezogene Daten sind laut Gesetz jegliche Informationen, die sich mit einem „Datensubjekt", einer natürlichen Person, verbinden lassen (vgl. Art. 4 (1) DSGVO). Das schließt demnach nicht nur die E-Mail-Adresse eines jeden, sondern darüber hinaus auch marketingrelevante Informationen wie Standortdaten (zum Beispiel über Mobiltelefon), Marketingpräferenzen, Feedback auf der Website oder in Social Media oder Kampagnen- und Kaufhistorien ein.

Die Strafen für einen Verstoß gegen die DSGVO sind erheblich und belaufen sich bei besonders schweren Fällen auf bis zu 20 Mio. EUR bzw. bis zu 4 % des „gesamten weltweit erzielten Jahresumsatzes des vorangegangenen Geschäftsjahres", je nachdem, welcher der beiden Beträge der höhere ist (vgl. Art. 83 (5) DSGVO).

Vor allem in Deutschland ist nicht erst seit dem Aufkommen von Debatten rund um den „gläsernen Bürger", die Vorratsdatenspeicherung oder die NSA-Überwachungsaffäre die Wachsamkeit und Empfindlichkeit der Öffentlichkeit und jedes Einzelnen geschärft, wenn es um die Verwendung von personenbezogenen Daten geht.

Innerhalb der Bevölkerung können drei Typen identifiziert werden, wenn es um die Freigiebigkeit mit Daten geht. Diese erlauben in Verbindung mit Modellen wie Personas (wenn sie tatsächliche Kundenprofile repräsentieren) oder anderen Marketingwerkzeugen ein Clustering der eigenen Kunden, um eine realistische Annäherung an das Verhältnis von noch marketingfähigen Kontakten und nicht mehr adressierbaren Kunden zu finden (siehe auch Abschn. „Die goldene Mitte finden – Maßnahmen für die MVC"):

- *Gen Z* – „Ich bin always on – aber solange ich in der Hand habe, wer was wann wie und warum über mich erfährt, ist alles ok."
- *Refusenik* – „Meine Daten gehören mir allein, und ich teile sie schon gar nicht über das Internet."
- *Erkenner* – „Es ist ein Geben und Nehmen; wenn ich einen Nutzen darin sehe, ‚zahle' ich mit meinen Daten dafür."

Abgrenzungen zwischen diesen drei Typen werden teilweise durch Generationszugehörigkeit markiert (Jeschke 2018), teilweise können sie am Grad der Informationsverfügbarkeit und der Technikkenntnis festgemacht werden. Derjenige, dem sich nicht erschließt, welche Trackingmöglichkeiten es gibt, wird die technischen Möglichkeiten weiterhin als „Black Box" sehen. Es gilt, Berührungsängste zu nehmen und den persönlichen Nutzen des Endkunden in den Vordergrund zu stellen.

Andererseits gibt es paradoxe Gegenbeispiele. So ist beispielsweise der durchschnittliche US-Amerikaner eher bereit, für einen kostenlosen Donut oder Kaffee Privatunternehmen Zugriff auf sein Smartphone zu geben und damit verbunden die Möglichkeit, Textnachrichten zu verfassen oder zu ändern (Kossman 2014), als der US-Regierung Daten freiwillig zugänglich zu machen (Smith 2017).

Die Prämissen, um mit den genannten Gruppen umzugehen und Vertrauen aufzubauen, lauten daher

- größtmögliche Transparenz gegenüber Kunden bezüglich der Verwendung ihrer Daten,
- Stärkung der Vorteilskommunikation gegenüber dem Kunden,
- Schaffung von Mitspracherecht und Selbstverwaltungsmöglichkeit,
- systemseitig „sauberer" Umgang mit Daten, Bildung eines „Golden Records" zur Etablierung eines hohen Qualitätsstandards à la „Made in Germany" für den Umgang mit personenbezogenen Daten (FZI Forschungszentrum Informatik 2016).

Diese Grundvoraussetzungen sind nicht nur ab sofort noch stärker vom Gesetzgeber in der DSGVO verankert worden, sondern sollten auch durch Unternehmen im Eigeninteresse verfolgt werden.

Customer Golden Record
Kundenstammdaten werden mit Verhaltensdaten zu einem umfassenden Profil zusammengeführt. Dabei wird die redundante Datenhaltung beseitigt (keine gleichen oder ähnlichen Daten aus mehreren Quellen) und die Bezugsquelle zu einer „Master"-Datenbank zusammengefasst. Zum Teil können bisherige Datenbanken als „Datenerheber" beibehalten werden, lediglich Referenzen zu einem einheitlichen Bezugspunkt, dem Stammdatensatz, werden umgelegt. Zum Teil ist empfehlenswert, mit neuen Trends im Marketing auch auf einen neuen Stand der Technik umzurüsten – mehr zum Thema Technische Basis in Abschn. 3.1. Über alle Datenbanken hinweg gibt es meist einen „Unique Identifier" (UID), eine persönliche Komponente wie die E-Mail-Adresse, die intern verwendet wird, um alle anderen Datensätze darauf zu referenzieren. Dieses UID-Prinzip wenden auch Advertiser wie Facebook an, die mittels fremder CRM-Listen von Werbetreibenden (das heißt Ihrem Unternehmen) einen Abgleich mit den eigenen Bestandsdaten herbeiführen und Kunden auf Facebook identifizieren (siehe auch Abb. 1).

Daten als Währung und Handelsgut zu verstehen (Zitat: „Data is the New Oil" von Clive Humby (Palmer 2006)) und eine hochwertige Datengüte vorweisen zu können, erfordert unternehmensweites Umdenken auf allen Ebenen und den Willen, etwas zu verändern. In den meisten Fällen wird dies mit signifikanten Investitionen in die IT-Infrastruktur einhergehen.

Vielfach behandeln Publikationen zum noch jungen Thema DSGVO generelle Anforderungen der neuen Gesetzestexte und bemühen sich, diese in eine eingängigere Sprache zu übersetzen. Nur wenig ist bislang über Strategien zur Kundengewinnung und -bindung oder Auswirkungen auf die Unternehmensorganisation vor dem Hintergrund der EU-weiten Änderungen gesprochen worden.

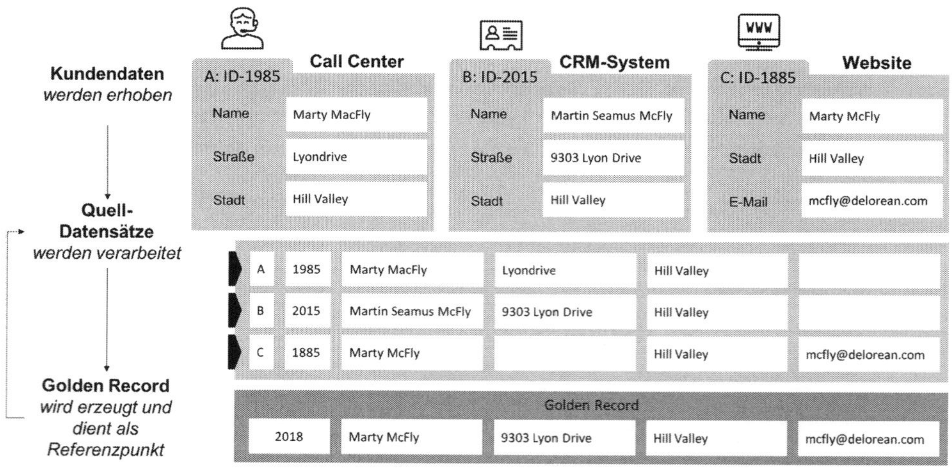

Abb. 1 Golden Record. (Quelle: In Anlehnung an Martin 2014)

Neben Restriktionen und Stolpersteinen für Unternehmen geben die folgenden Kapitel daher zum einen Denkanstöße, wie mit aktuellen Restriktionen im Marketing auf operativer Ebene umgegangen werden könnte. Zum anderen zeigen sie auf, wie eine Adjustierung oder Neuausrichtung im Kundenkontakt strategisch erfolgen sollte, um zukunftssicher agieren zu können und Kundenkontakt und -bindung zu intensivieren.

2 Realitäts-Check

Die neuen Regelungen der DSGVO sind oftmals (noch) nicht praktikabel, nicht genau definiert oder müssen durch künftige Rechtsprechung detailliert werden, um konkrete Handlungsempfehlungen ableiten zu können. Der Realitäts-Check zeigt mittels Beispielen aus der Praxis auf, inwiefern eine positive Customer Experience dazu beitragen könnte, Vertrauen und Glaubwürdigkeit aufzubauen, und in welchen Anwendungsfällen es ratsam sein kann, diese auf noch geltendes Recht überprüfen zu lassen. Kurzfristige Handlungsempfehlungen zur Herstellung einer „Minimum Viable Compliance" (siehe Abschn. 2.1) werden ebenfalls aufgeführt, um eine nach außen gerichtete Konformität mit rechtlichen Rahmenbedingungen zu schaffen.

Beispielsweise werden Konsumenten bei diversen Telefon-Hotlines gebeten, nach dem Gespräch mit dem Callcenter-Agenten am Apparat zu bleiben (telefonischer Kontakt mit DFV Deutsche Familienversicherung AG im Jahr 2018), um die vollständigen Datenschutzhinweise hören zu können. Andere Anbieter weisen vorab darauf hin, dass persönliche Daten des Anrufers bei Inanspruchnahme des telefonischen Services auch in Drittländer mit möglicherweise nicht angemessenem Datenschutzniveau übertragen werden könnten. Alternative: Verbindung beenden (telefonischer Kontakt mit Marriott International, Inc. im Jahr 2018).

Auch für TV-Geräte mit Internetfunktion (Smart TVs) ist das neue Gesetz anzuwenden. Dies mündet im Falle des TV-Senders ProSieben in einem Opt-out-Verfahren, das umständlich über die reguläre Fernbedienung erfolgt (ProSiebenSat.1 Digital GmbH 2019), welches an vier verschiedenen Stellen die Möglichkeit gibt (Stand Januar 2019), das Einverständnis zum Tracking für die jeweilig verwendeten Fremddienstleister zu widerrufen.

Hintergrundinformation
Ein *Opt-out* beschreibt den Widerruf einer im Ausgangszustand stillschweigenden Einwilligung. Der Werbetreibende darf also, wie im Falle von Postsendungen unter bestimmten Voraussetzungen zulässig (Vgl. § 7 UWG), seinen Kunden ohne weiteres Einverständnis Postwurfsendungen schicken. Der aktive Part des Kunden liegt in der Verweigerung.

Im Gegensatz dazu steht der *Opt-in* für Werbehandlungen – ausgegangen wird vom Zustand „nicht genehmigt", das heißt, der Kunde muss zum Beispiel der Aktivierung von Cookies für Werbezwecke aktiv zustimmen. Es wird auch von einer positiven Willenserklärung gesprochen. Alle Einwilligungen müssen darüber hinaus nachgewiesen werden, siehe auch Nachweispflicht der Einwilligung in Art. 7 (1) DSGVO.

Ideal ist die Speicherung der jeweiligen Willenserklärung mit Wortlaut nebst Datum und Uhrzeit („timestamp"). Der Wortlaut selbst könnte gesondert zentral dokumentiert, aber im Customer Record zumindest referenziert werden. So kann zweifelsfrei nachgewiesen werden, welcher Nutzer welcher Version zugestimmt hat. Für Newsletter hat sich das Double-Opt-in-Verfahren (DOI) bewährt, bei dem erst bei der zweiten Willenserklärung aus der versendeten Mail heraus zweifelsfrei nachgewiesen werden kann, dass der Adressinhaber oder eine berechtigte Person diese abgegeben hat.

Vielfach im Einsatz sind mittlerweile auch Consent Management Providers (CMPs), das heißt der Einsatz einer Plattform, die als Whitelabel-Lösung in die Website integriert wird. Insbesondere für die Nutzung in der Werbeindustrie gibt es bereits eine vom Internet Advertising Bureau herausgegebene Liste (IAB Europe 2018a), die in Verbindung mit einem standardisierten Framework die technische Basis schafft, Consent Management DSGVO-konform abzubilden und mit anderen Werbetreibenden auszutauschen, sollte das erforderlich sein (IAB Europe 2018b).

Diese wenig verbraucherfreundlichen Beispiele sollen nicht rechtlich bewertet werden, jedoch ist fraglich, ob den Anforderungen nach Transparenz ausreichend nachgekommen wird. Spätestens mit dem Inkrafttreten der E-Privacy-Verordnung wird voraussichtlich erneut Handlungsbedarf entstehen.

Je simpler, transparenter und kundenfreundlicher die User Experience ist, desto mehr Vertrauen dürften die Endverbraucher dem jeweiligen Händler bzw. Dienstleister schenken.

2.1 Operative Handlungsempfehlungen

Was also ist zu tun, um das Kundenerlebnis positiver zu gestalten und gleichzeitig regelkonform zu agieren? In der Praxis hat sich, sowohl in den zwei Jahren vor dem Inkrafttreten des Gesetzes als auch in der ersten Phase danach ab Juni 2018, herausgestellt, dass eine vollumfängliche Compliance eher Ambition statt Realität ist.

Einer Outside-in-Analyse, der Betrachtung eines Unternehmens durch Außenstehende, halten einige Firmen mittlerweile stand. Die häufigsten Handlungsfelder vor dem 25. Mai 2018 waren die sogenannten „Cookie Bars“ und die Verhinderung des Trackings zu Werbezwecken „per default“ (siehe auch „Privacy by default“ in Abschn. 3.1), bevor der Nutzer durch einen Klick zugestimmt hat, und die Umformulierung bzw. Aufteilung von Datenschutzhinweisen und Tracking-Richtlinien als Hinweise auf der/den eigenen Website(s). Diese Tätigkeiten gehören jedoch nur zum kleinen Einmaleins – die Beratungsbranche spricht analog zu einem „Minimum Viable Product“ (MVP) von „Minimum Viable Compliance“ (MVC).

Dazu zählt auch das Unterlassen möglicher risikobehafteter Verfahren, die für Außenstehende leicht ersichtlich sind. Das können Marketingkampagnen sein, denen seit Inkrafttreten die rechtliche Grundlage fehlt – beispielsweise die Vermarktung von Produkten an bestimmte Personenprofile ohne die jetzt erforderliche Einwilligungserklärung (EWE) (ergo die Verwendung personenbezogener Daten bar jeglicher Rechtsgrundlage).

Die von Rechts wegen gegebenenfalls erforderliche Verfahrensdokumentation („Verzeichnis von Verarbeitungstätigkeiten“, vgl. Art. 30 DSGVO) stellt daher auch einen Audit dar. Dies ist eine rechtliche Bewertung, die über eine bloße Bestandsaufnahme aller Anwendungsfälle (Use Cases), die im Marketing mit personenbezogenen Daten zu tun haben, hinausgeht.

▶ Daher gilt: Eine saubere Datenhaltung ist der Schlüssel zum Erfolg, nicht nur hinsichtlich der EU-Datenschutz-Grundverordnung.

Um auch in der Inside-out-Analyse einen ausreichenden Status zu erreichen, empfehlen sich die folgenden beiden Ansatzpunkte.

Die goldene Mitte finden – Maßnahmen für die MVC

Ein MVC-Ansatz ist der, die goldene Mitte zwischen den folgenden beiden Extremen zu verfolgen (siehe Abb. 2).

- **Re-Qualifizierung:** Hierunter wird die an den Kunden gerichtete Abfrage einer weiterhin gültigen Einwilligung (Opt-in) mit einer aktualisierten und DSGVO-konformen Formulierung für den Empfang von Werbung verstanden.
- **Löschung und erneute Anlage:** Ein grundsätzlicher Neuaufbau einer CRM-Datenbank steht der Re-Qualifizierung entgegen. Bei diesem Ansatz werden keinerlei vermarktungsfähige oder nicht vermarktbare Kontakte aus dem bereits bestehenden CRM genutzt, die

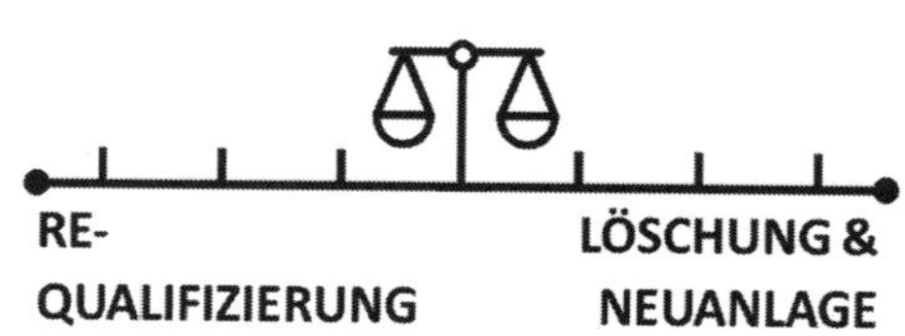

Abb. 2 Die Goldene Mitte finden

vor der Gesetzesänderung zur Anwendung gekommen ist. Durch einen Neuaufbau der „Kundenkartei“ wird nicht nur ein Flickenteppich ausgebessert (das heißt Erweiterungen zur bestehenden, möglicherweise nicht optimal geeigneten Datenbank geschaffen). Es bietet sich vielmehr die Möglichkeit, den technischen Rahmen so zu gestalten, dass gemäß dem Grundsatz der sauberen Datenhaltung optimale Bedingungen geschaffen werden. Dazu gehört auch, den Golden Record (siehe auch Golden Record, Abb. 1) in der IT-Infrastruktur so anzulegen, dass die CRM-Datenbank möglichst in Echtzeit mit anderen Systemen verknüpft ist, keine redundanten Datentöpfe vorhanden sind oder lose Enden von einer Synchronisierung abgekapselt sind und so fehlerhafte personenbezogene Daten im System verbleiben. Eine solche Maßnahme kann jedoch ein größeres Unterfangen sein, auf das in Abschn. 3.4 gesondert eingegangen wird.

Um ein ausgewogenes Verhältnis zwischen Aufwand und Nutzen zu erreichen, sollten folgende Fragestellungen (Taherian 2018) geklärt werden:

- Bei welchen Kontakten muss die Einwilligungserklärung (EWE) erneuert werden? Die Bestände verschiedenster Datenbanken sollten hier möglichst vollständig überprüft werden. In manchen Fällen ist eine fortgeführte Ansprache ohne EWE erlaubt, was durch entsprechende interne oder externe Datenschutz- oder juristische Stellen geprüft werden sollte.
- Welche der Kontakte sind wertvoll genug, um sie zu re-qualifizieren? Idealerweise werden dazu weitere Daten des Kundenprofils hinzugezogen und Forecasts abgegeben, wie sich der Umsatz oder eine sonstige Wertkategorie weiterentwickelt.
- Wie werden diese Kontakte angeschrieben? Der richtige Kanal zur richtigen Zeit mit der richtigen Botschaft ist entscheidend. Es sollten dabei nach Möglichkeit Testfälle erstellt und je nach Rücklauf Strategien angepasst werden, wenn festgelegte KPIs nicht wie erwartet erfüllt werden.
- Werden tatsächlich nur Kontakte angeschrieben, bei denen „vor“ der DSGVO eine EWE zur Kontaktaufnahme vorlag? Alle weiteren dürfen nach wie vor nicht zu Marketingzwecken kontaktiert werden.
- Ist sichergestellt, dass alle übrigen Kontakte, die nicht für Marketingzwecke re-qualifiziert werden können und für die demnach die Rechtsgrundlage zur Verarbeitung fehlt, gelöscht werden? Eine Datenbankbereinigung ist unerlässlich, wenn die Daten für keinen weiteren Zweck in den betreffenden (Marketing-) Datenbanken liegen.

Zum einen ist es utopisch, alle Bestandskunden zu re-qualifizieren, zum anderen kann nicht einfach die gesamte CRM-Datenbank zurückgesetzt werden. Wie viele Kontakte anteilig verloren gehen könnten, kann anhand der drei in Abschn. 1 beschriebenen Typen „Gen Z“, „Refusenik“ und „Erkenner“ und dem Vergleich mit der eigenen Kundendatenbank grob abgeschätzt werden, sofern Personas oder andere Typisierungshilfen zur Verfügung stehen. Daher kann es sinnvoll sein, den Faden an beiden Enden des Marketing Funnels aufzunehmen:

- Im Upper Funnel können gezielte Aktionen zur *Neukundengewinnung* gestartet werden, sofern die bereits genannten technischen Rahmenbedingungen erfüllt werden.
- Parallel dazu ist der Aufruf an *Bestandskunden* sinnvoll, eine aktualisierte Einwilligungserklärung abzugeben, die es auch nach neuer Rechtslage erlaubt, Werbung zu empfangen.
- Für die Bestandskunden, die nicht zurückgewonnen werden können, bleibt immer noch die *Ansprache über den Postweg,* um mögliche Reichweiteneinbrüche zu vermeiden. Personalisierte Kommunikation per Post an bestehende Kunden bedarf in der Regel nur eines Opt-outs (siehe auch Info zu Opt-in/Opt-out, Abschn. 2), eine gute Möglichkeit, gezielte Produkthinweise auch „offline" zu geben. Der höheren Investition für Postwurfsendungen steht eine in der Regel erhöhte Aufmerksamkeit über mehrere Tage hinweg im gesamten Haushalt gegenüber und kann eine realistische Alternative sein.

Um die Datenverwaltung zu vereinfachen und Mitarbeiter zu entlasten, sollten einige Aufgaben im Sinne der sauberen Datenhaltung dem Kunden selbst überantwortet werden, wodurch gleich mehrere der in Abschn. 1 angeführten Grundsätze adressiert werden.

- Die *Einrichtung* einer Selbstverwaltungszentrale stärkt sein *Mitspracherecht,* zum Beispiel durch eine *Mitteilungszentrale:* Eine Verwaltung von Benachrichtigungen über E-Mail, SMS, WhatsApp oder andere Kanäle spart Arbeit, zum Beispiel im Hinblick auf Automatisierung: Dabei werden Regeln auf Basis der persönlichen Präferenzen vom Nutzer selbst festgelegt und ein A/B- oder multivariates Testing zur Häufigkeit von Aussendungen oder den optimalen Kanal fallen somit geringer aus oder entfallen gänzlich.
- Die Möglichkeit der *Verwaltung persönlicher Daten und deren Freigabe zur Vermarktung* (gegebenenfalls für einzelne Daten gesondert) schafft *Transparenz* und bietet die Möglichkeit, zeitraubende Datenpflege auszulagern und an den Nutzer selbst zu überantworten.

Auch daran zeigt sich, dass ein CRM-System gegenüber beispielsweise einem Abrechnungssystem durchaus eine Berechtigung hat, als Quelle des Golden Records in der technischen Infrastruktur verankert zu werden.

Vor dem Hintergrund der zu optimierenden User Experience hat sich bewährt, die Vervollständigung dieser Daten nicht auf einmal zu erzwingen, sondern peu à peu abzufragen und an thematisch passenden Stellen Hinweise zu geben. So sollte es für den Endkunden eines Retailers mit Online-Shop kein Muss sein, ein komplettes Kundenprofil mit postalischer Adresse zu erstellen, um lediglich eine Wunschliste an Artikeln anlegen zu können.

▶ Freiwillig geben Kunden Daten vergleichsweise gern preis, wenn demgegenüber ein empfundener oder realer Nutzen gestellt werden kann – das kann von Zeitersparnis über die Relevanz von Angeboten für den Kunden bis hin zu monetären Vorteilen eine ganze Bandbreite dessen abdecken.

Die zwingende Erstellung eines Kundenprofils für einen Bestellvorgang wirkt hingegen eher abschreckend. Daher hat sich beispielsweise bewährt, am Ende eines Order-Prozesses als „Gast" (ohne vorherigen Login als Bestandskunde oder Anlage eines Kundenprofils) die Erstellung eines Profils mit nur einem Klick anzubieten und die Vorteile dessen klar aufzuzeigen.

Damit wird der Einstieg in den Sales-Prozess vereinfacht und steigert die Chance auf einen Abverkauf, ohne die Möglichkeit zu schmälern, Daten auch für die Zukunft speichern und verwenden zu dürfen, denn in beiden Szenarien – erzwungene und freiwillige Profilerstellung – ist der Werbe-Opt-in für den Endkunden lediglich optional und darf nicht an weitere Bedingungen geknüpft werden (Vgl. Art. 7 DSGVO).

Vorbereitung auf den Ernstfall – Rechtsstreit
Der zweite Bestandteil kurzfristiger Maßnahmen, um eine Absicherung gegen rechtliche Risiken zu erwirken, ist eine gründliche Vorbereitung auf den Ernstfall.

Falls ein Rechtsstreit unvermeidlich wird, sollten in enger Abstimmung mit Corporate Finance oder ähnlichen Abteilungen regelmäßig Rückstellungen vom Marketing-Budget gebildet werden, sofern rechtlich möglich. Aufgrund der abteilungsübergreifenden Anforderungen und Auswirkungen deutet sich bereits hier an, welche strategischen Implikationen dies für die Rolle des Chief Marketing Officers (CMO) mit sich bringt (siehe auch Abschn. 3).

Um es nicht erst so weit kommen zu lassen, empfiehlt sich der in Abschn. 2.1 angeführte Audit. Auf Basis der zusammengetragenen Use Cases und der Risikobewertung durch einen Juristen ist es möglich, nicht allein für das Marketing *Gerichtsstrategien* zu entwickeln, um im Falle eines Rechtsstreits möglichst gut vorbereitet zu sein. So hat eine Marketing-Abteilung dabei zum einen die Aufgabe, Informationen über alle (digitalen) Marketingaktivitäten zuzuliefern, zum anderen in enger Zusammenarbeit mit unternehmenseigenen Juristen, Datenschützern und der PR-Abteilung kundengerichtete, verständliche *Kommunikationsmaßnahmen* zu entwerfen, um mögliche negative Berichterstattung abzuschwächen und dieser entgegenzuwirken.

2.2 Praxisbeispiele

Die folgenden Anwendungsfälle der Nutzung personenbezogener Daten im digitalen Marketing sollen helfen, ein Gespür dafür zu entwickeln, welche Fallstricke es geben könnte.

- **Newsletter-Anmeldung**
  Ausgangssituation & Anwendung: Bei einer Bestellung und gleichzeitiger Konto-Einrichtung in einem Online-Shop soll die zur Anmeldung genutzte E-Mail-Adresse auch gleichzeitig zu den Newsletter-Empfängern hinzugefügt werden.

Voraussetzungen & Problematik: Während des Sign-up-Prozesses oder des Bestellvorgangs als Gast eine E-Mail-Adresse für den Newsletter-Versand generieren zu wollen, ist gängige Praxis. In der Regel darf dies aber nur geschehen, wenn die Einwilligung ohne Zwang erfolgt, denn es herrscht ein Kopplungsverbot (vgl. Art. 7 DSGVO). Das heißt, die Bestellung darf nicht an die Bedingung geknüpft sein, dass Werbung empfangen wird – auch wenn der gleichzeitige Hinweis erfolgt, dass diese jederzeit abbestellbar ist. Umsetzbar ist diese Voraussetzung zum Beispiel mit einer standardmäßig nicht markierten Checkbox im Verlauf des Bestellprozesses, das Anklicken des Kästchens stellt in dem Falle die Willenserklärung dar (vgl. Erwägungsgrund 32, Art. 25 DSGVO). Darüber hinaus sei darauf hingewiesen, dass ein DOI zur Verifizierung der E-Mail-Adresse ebenfalls berücksichtigt werden muss (vgl. Info zu Opt-in/Opt-out in Abschn. 2).

- **E-Mails zum Geburtstag**
  Ausgangssituation & Anwendung: Zum Zwecke der Kundenbindung soll eine Geburtstags-E-Mail versendet werden, in der ein Rabatt von 15 % auf den nächsten Einkauf gewährt wird. Diese E-Mail soll am Geburtstag des jeweiligen Empfängers versendet werden.
  Voraussetzungen & Problematik: Der Kunde müsste dafür zunächst in seinem Werbeprofil sein Geburtsdatum angegeben haben. Zusätzlich müsste er das Opt-in, die explizite Erlaubnis, dafür erteilt haben, Angebote zu erhalten, die auf Basis dieses personenbezogenen Datums individuell für ihn erstellt werden. Das schließt nach Auffassung vieler Juristen den häufig angebotenen Gutschein ein, der als Rabatt auf Waren oder Dienstleistungen als „Geschenk" angeboten wird.
  Falls in einem marketingfähigen E-Mail-Profil keine Möglichkeit zur Angabe von weiteren Daten besteht (zum Beispiel aufgrund technischer Rahmenbedingungen), diese aber mittels eines Abgleichs von E-Mail-Adresse oder Vorname-Name-Kombination aus anderen internen Datenbanken erlangt werden könnten, so ist dies unter Umständen nur erlaubt, wenn auch hier eine explizite Erlaubnis (Opt-in) zur Zusammenführung von Daten und die werbliche Nutzung dieses Gesamtprofils vorliegt (vgl. unter anderem Art. 7 DSGVO).
  Zusätzlich gelten für die Speicherung dieser Einwilligung(en) besondere Anforderungen, die ebenfalls erfüllt werden müssen (vgl. Info zu Opt-in/Opt-out in Abschn. 2).
- **Personalisierung der Homepage und des restlichen Web-Angebots**
  Ausgangssituation & Anwendung: Die Startseite eines Online-Shops soll für alle registrierten Benutzer personalisiert werden, auch wenn sie nicht eingeloggt sind. Beispielsweise sollen zuletzt angesehene, jedoch nicht gekaufte Artikel und komplementäre, das heißt passende Artikel zu bereits getätigten Käufen im Sinne einer Upselling-Möglichkeit angezeigt werden.
  Voraussetzungen & Problematik: Neben der technischen Machbarkeit des geschilderten Use Cases ist vor allem der Opt-in zur Personalisierung für Marketing-Zwecke mit der Verknüpfung von anonymen Daten mit CRM-Daten eine rechtliche Hürde und stellt besondere Anforderungen an die Speicherung (vgl. Info zu Opt-in/Opt-out Abschn. 2).

- **Kundenbindungsprogramme**
  Ausgangssituation & Anwendung: Das eigene Kundenbindungsprogramm soll ausgebaut und attraktiver gestaltet werden. Dazu werden externe Kooperationspartner als Drittparteien eingebunden, deren Produkte nun, je nach Interessenlage des einzelnen Kunden, individuell angeboten werden. Beispielhaft ist denkbar, dass eine E-Mail an den Kunden zur Prämieneinlösung von gesammelten Treuepunkten einen Werbebanner enthält. In diesem werden im Shop erhältliche Küchengeräte beworben, deren Hersteller der neue Kooperationspartner ist. Der Werbebanner passt zum bisherigen Kaufverhalten des Kunden.
  Voraussetzungen & Problematik: Schon eine bloße Datenweitergabe könnte ohne Opt-in bzw. ohne – aus juristischer Sicht – berechtigtes, wirtschaftliches Interesse (vgl. Art. 6 DSGVO) problematisch sein, wenn der Kooperationspartner die passenden Kunden selbst segmentieren möchte. Auch ein White-Label-Versand von personalisierten Werbe-Mails *durch* den Partner wirft Fragen nach der Art der Kooperation auf („Joint Controllership" vs. Auftragsverarbeitung, vgl. Art. 26, 28 DSGVO), die geklärt werden müssen.
  Alternativ kann die komplette Abwicklung der Unterbreitung personalisierter, werblicher Angebote des Partners mittels *eigener* Marketingmaßnahmen durchgeführt werden. Ob diese Alternative durchführbar ist, muss ebenfalls geprüft werden, insbesondere wenn nach der Opt-in-Einholung weitere Partner dazukommen, die gegebenenfalls nicht in der Einwilligungserklärung erwähnt werden, die der Kunde abgegeben hat.
  Besonderes Augenmerk sollte auf Kooperationspartnern liegen, die nicht in der EU ansässig sind. Zwar gibt es Länder wie die Schweiz mit anerkanntem Datenschutzniveau. Eine individuelle Absicherung durch einen Rechtsbeistand ist aber in jedem Falle ratsam.
- **Zusammenarbeit mit Agenturen**
  Ausgangssituation & Anwendung: Einige der Marketingaktivitäten werden an Agenturen ausgelagert, zum Beispiel im Falle von Google Ads, Newsletter-Versand oder Programmatic Advertising. Dabei besitzt die Agentur Zugang zum jeweiligen (Werbe-)Konto oder hat eventuell sogar selbst eines angelegt.
  Voraussetzungen und Problematik: Da die Agentur in dieser Konstellation vermutlich die Rolle eines Auftragsverarbeiters innehat (vgl. Art. 28 DSGVO), müsste zunächst eine entsprechend lautende Vereinbarung zwischen Auftraggeber und Auftragnehmer bestehen. Darin ist unter anderem festzulegen, welche Personen der Agentur in welchem Umfang Zugang zu den betreffenden Konten oder Systemen haben. Ein entsprechendes Rollen-Rechte-Konzept für die eigenen Systeme sollte wie die genaue Kenntnis darüber vorliegen, wie lange gegebenenfalls personenbezogene Daten bei Dritten gespeichert werden. Falls es dazu kommt, dass Agenturen oder andere Dienstleister außerhalb der EU Daten verarbeiten, muss der Endverbraucher darüber informiert werden.

Eine weitere Komplikation in dem Zusammenhang ist die grundsätzliche Frage, wem die durch Marketingaktivitäten generierten Daten gehören. Häufig werden Media-Agenturen ihren Kunden anbieten, beispielsweise Re-Marketing-Daten in ihren Datenbanken zu hosten, was auch sinnvoll erscheint, wenn das Unternehmen selbst keine Data Management Platform (DMP) hat. Allerdings wird dadurch ein nicht kontrollierbares Datensilo geschaffen und die Hürde, ein ganzheitliches Kundenprofil zusammenzusetzen, steigt. Es ist erkennbar, dass sowohl im Sinne der Transparenz als auch für eine Selbstverwaltungsmöglichkeit durch den Verbraucher in dieser Konstellation zusätzliche Hürden existieren, die zum Teil komplexe Prozesse erfordern, um das individuelle Recht auf Auskunft oder Löschung personenbezogener Daten durchzusetzen.

3 Way to go – Strategische Adjustierung des (digitalen) Marketings

Eine unzureichende, nicht nahtlose User Experience, mit der sich Kunden konfrontiert sehen, ist jedoch lediglich die Spitze des DSGVO-Eisberges, wenn es um Transparenz, Beauskunftung, Löschung und Co. geht. Die kompromisslose Kundenzentriertheit fußt auf einer Organisationsstruktur, die Silos aufbricht, statt sie aufzubauen oder Prozesse einzuschränken. Das schließt Datentöpfe genauso ein wie ein ineinandergreifendes Operating Model. Ideal ist es daher, Brücken zwischen Abteilungen zu bauen und die Organisationsstruktur langfristig so konstruieren, dass ein End-to-End-Kundenprozess tatsächlich von A bis Z betreut werden kann. Diese Betreuung kann zum Beispiel durch einen einzigen Service-Mitarbeiter erfolgen, der einen Prozess nicht mehr zum Back Office in die Buchhaltung durchreichen muss, wenn er ein vollumfängliches Dashboard mit dem kompletten Kundenprofil bereits während des ersten Kundenanrufs vor sich hat. Das spart nicht nur beim betroffenen Mitarbeiter wertvolle Zeit und steigert die Effizienz, sondern schont ebenfalls anderweitige Ressourcen wie die jeweils folgenden Service-Instanzen (2nd Level Support).

Zeiten, in denen Marketing, Sales und Service getrennt budgetiert werden und zum Teil gegensätzliche Interessen verfolgen (kommerziell wie auch politisch), sollten der Vergangenheit angehören.

Daher bietet sich die Chance, die langfristig notwendigen DSGVO-Anpassungen eng mit einer Restrukturierung in Business und IT zu verzahnen. Diese Aufgaben liegen in der Eisberg-Analogie (siehe auch Abb. 3) unterhalb der Wasseroberfläche und machen den Großteil der Arbeit aus. Für Start-ups und kleine bis mittelständische Unternehmen werden die erforderlichen Anpassungen jedoch ungleich einfacher sein als für historisch gewachsene Großkonzerne, in denen es mehr Prozesse, Strukturen und Datentöpfe geben kann, die nicht mehr zeitgemäß sind.

Im Folgenden werden daher drei mittel- bis langfristig realisierbare Aspekte aufgegriffen: 1) essenzielle Bestandteile für das langfristige MarTech-Setup (Marketing

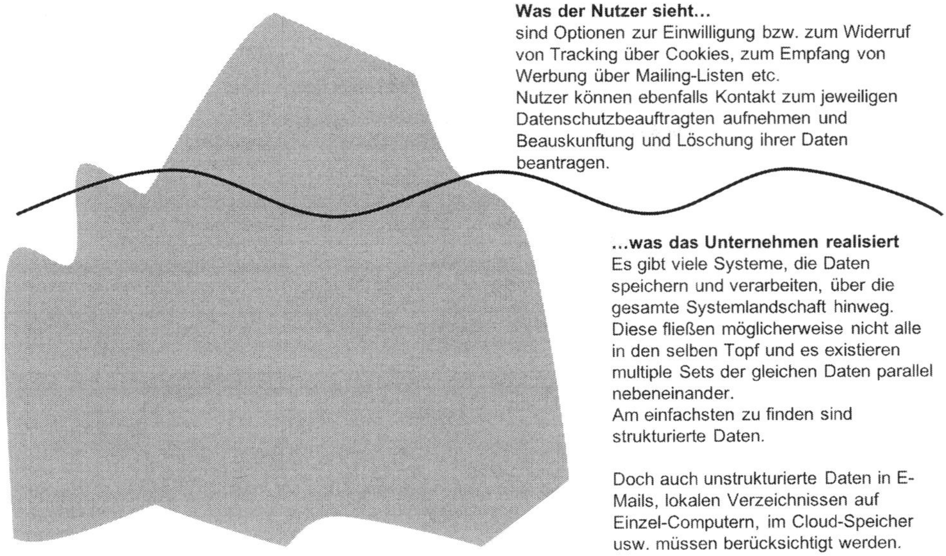

Abb. 3 DSGVO-Handlungsfelder

Technologie) zur Ermöglichung von Personalisierung unter Berücksichtigung von DSGVO-Anforderungen, 2) die sich daraus ergebende, erweiterte Rolle des CMO sowie 3) die strategischen Implikationen für die gesamte Organisation.

3.1 Technische Basis

Zentrale Punkte der DSGVO sind Datenschutz durch Technikgestaltung und datenschutzfreundliche Voreinstellungen. Während sich Letzteres auch kurzfristig umsetzen lässt und zum Teil bereits in den operativen Handlungsempfehlungen aufgegriffen wird (siehe Abschn. 2.1), ist die Technikgestaltung ein tiefgreifendes Thema, bei welchem der Gesetzgeber nun gegebenenfalls Anpassungen fordert.

- **Privacy by default** (Datenschutzfreundliche Voreinstellungen, vgl. Art. 25 (2) DSGVO, Erwägungsgrund 78). Das Gesetz fordert „passende technische und organisatorische Maßnahmen, die sicherstellen, dass durch Voreinstellung nur personenbezogene Daten" verarbeitet werden, die für den verfolgten Zweck erforderlich sind. Nutzer, die nicht über ausreichende IT-Kenntnisse verfügen, um ihre personenbezogenen Daten ausreichend schützen zu können, sollen so entlastet werden. Am Beispiel Website Cookies lässt sich verdeutlichen, dass Speicherung und Verarbeitung von Cookies zu Werbezwecken erst dann zulässig sind, wenn der Nutzer seine aktive Zustimmung gegeben hat, das heißt im vorhandenen Hinweis auf Cookies auf „OK"/ „Einverstanden" o. Ä. geklickt hat.

- **Privacy by design** (Datenschutz durch Technikgestaltung, vgl. Art. 25 (1) DSGVO, Erwägungsgrund 78) beschreibt „geeignete technische und organisatorische Maßnahmen", die Datenschutz erleichtern – übersetzt heißt dies, dass bei der Planung der IT-Infrastruktur bereits Möglichkeiten zur Verschlüsselung, Löschung, Beauskunftung etc. berücksichtigt werden sollen. Genaue Maßnahmen sind jedoch durch das Gesetz nicht definiert, lediglich Pseudonymisierung wird als ein Beispiel angeführt (siehe auch Abschn. 3.1), welche als einzige Schutzmaßnahme allerdings nicht ausreichen dürfte.
  Ein gutes Beispiel, die Anforderungen der beiden genannten Grundsätze zu verdeutlichen, sind Apps. Vor dem Download, also bereits im App Store, sollten Datenschutzhinweise zugänglich gemacht werden. Die App selbst sollte mit ihrer Basisfunktionalität nur auf Funktionen zugreifen und Daten erheben dürfen, die absolut notwendig sind. Jede weitere Datenerhebung und -verwendung sollte vom Nutzer einzeln aktivierbar sein und würde bedingen, dass in diesem Schritt über die jeweilige Speicherdauer und Nutzung sowie die zugriffsberechtigten Stellen informiert würde.

Für die Schaffung der technischen Grundlagen rücken mit Customer Data Platform (CDP) und Customer Relationship Management (CRM) zwei Typen von Datenbanken in den Vordergrund, deren Unterschied es zu verstehen gilt, bevor sie zielgerichtet eingesetzt werden können (siehe Abb. 4). Insbesondere im Marketing können diese Systeme – je nach Zielsetzung einzeln oder parallel zueinander – eingesetzt werden und einen Beitrag dazu leisten, DSGVO-Anforderungen umzusetzen. Natürlich kommt es ebenfalls auf das individuelle, technische Setup an und die im folgenden angeführten Plattformen sind keine alleinige Antwort auf die DSGVO-Erfordernisse; sie können aber dazu beitragen, eine einheitliche Datenbasis zu schaffen, die Rechte des Kunden auf Auskunft und Löschung zu berücksichtigen sowie ein verbessertes Marketing zu betreiben.

- **CDP (Customer Data Platform)**
  „A Customer Data Platform is packaged software that creates a persistent, unified customer database that is accessible to other systems" (CDP Institute 2018). Bei einer CDP handelt es sich um Middleware, die personenbezogene Daten und -freigaben verwaltet sowie ganzheitliche Kundenprofile unter anderem für das Marketing bereitstellt. Das bedeutet, dass dort auch Verhaltensdaten festgehalten werden können, die in einer DMP zu finden wären (zum Beispiel Cookie-Daten) und verschiedene Kundenprofile gesammelt und (etwa auf mehreren Endgeräten) zu einer Person zusammengeführt und konsolidiert werden können.
  Eine CDP selbst kann nicht dazu genutzt werden, mit dem Kunden zu „sprechen", sondern lediglich eine zielgerichtete Ansprache ermöglichen und erleichtern, das heißt, sie muss an andere Systeme wie etwa ein CRM-System angebunden werden. Gegenüber einem CRM hat sie allerdings den Vorteil, dass sich auch unbekannte Kunden („Prospects") verwalten lassen (Nicastro 2018).

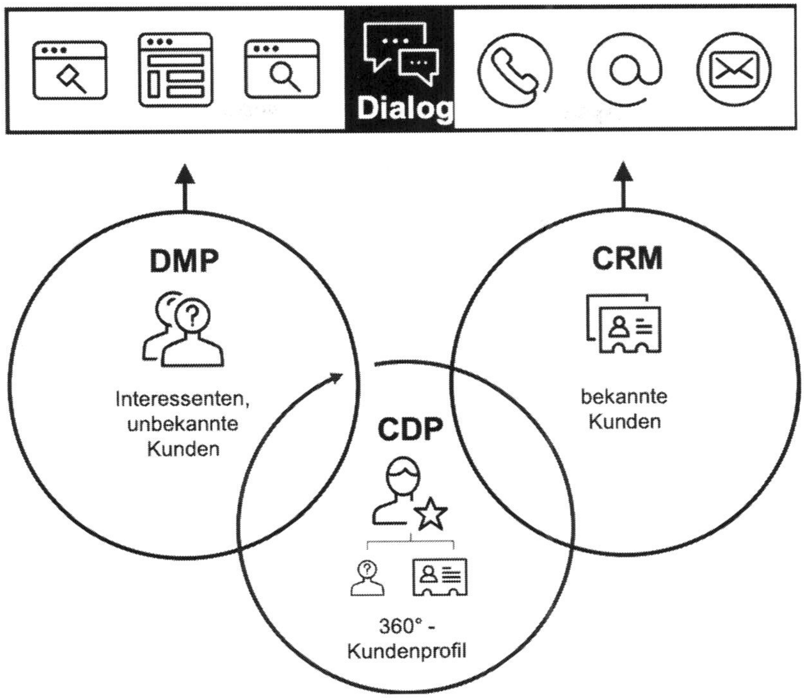

Abb. 4 Zusammenhang DMP, CRM, CDP

- **CRM (Customer Relationship Management)**
  „[T]echnology for managing all your company's relationships and interactions with customers and potential customers" (Salesforce 2018). Zum Funktionsumfang eines CRM-Systems zählt nicht nur das bloße Kontaktmanagement, sondern auch die Realisierung von Interaktionen mit dem Kunden, beispielsweise Akquisetätigkeiten (wie etwa durch E-Mail-Versand), Transaktionsmanagement und der Beitrag zu Produktivitätssteigerungen durch die Verbesserung bzw. Automatisierung interner Prozesse (Nicastro 2018).

Eine CDP ist nicht gleichzusetzen mit *Master Data Management* (MDM). Letzteres umfasst eine Reihe an Prozessen, die im Unternehmen für eine effiziente Datenverarbeitung und einen gemeinsamen Bezugspunkt sorgen. Zwar gibt es Überschneidungen im Funktionsumfang einiger Anbieter, allerdings wurden MDM-Systeme nicht ausschließlich für die Nutzung im Marketing geschaffen, sondern liegen in der Regel in der Verantwortung der IT, während eine CDP klare CMO-Domäne ist (Botibol 2018).

Auch **Data Management Platforms** (DMPs) sind von den genannten Systemen abzugrenzen. Da diese Systeme keine weiteren personenbezogenen Informationen als Marketing-IDs und andere pseudonyme Identifier speichern, können DMPs im Zusammenhang mit einer praktikablen Lösung für die PII-Verwaltung vernachlässigt werden (Botibol 2018).

Pseudonyme vs. anonyme Daten
Wenn von anonymen Daten die Rede ist, lässt sich unter keinen Umständen mehr ein Personenbezug herstellen. Das gilt zum Beispiel für aggregierte Daten in Web Analytics Dashboards, in denen dargestellt wird, dass die an Katzenfutter interessierten Nutzer auf der Website zu 35 % männlich und zu 65 % weiblich sind. Aus dieser Abstraktionsebene geht kein Personenbezug hervor und der Nutzung anonymer Daten, beispielsweise auf einem derart hohen Aggregationslevel, steht unter Beachtung der Informationspflicht (Art. 13 DSGVO) nichts entgegen, sofern ein rechtmäßiger Grund wie berechtigtes wirtschaftliches Interesse vorliegt (vgl. Art. 6 DSGVO).

Dem gegenüber stehen personenbezogene Daten (pbD, engl. Personally Identifiable Information – PII), die genau einem Menschen „im echten Leben" zugeordnet werden können. Das sind klassischerweise Vor- und Nachname, E-Mail- und postalische Adresse. Wenn nun einem Nutzer das Attribut „interessiert an Katzenfutter" hinzugefügt wird, ist dies in der Folge auch Teil des Sets personenbezogener Daten sowie des persönlichen Profils.

Um das gesammelte Wissen aus Cookies, Web-Tracking, CRM und anderen beschreibenden Daten nun in einem größeren analytischen oder werblichen Kontext verwenden zu dürfen, spricht die DSGVO von Pseudonymisierung (Art. 4 DSGVO). Dieser Prozess sieht vor, dass eindeutige pbD unkenntlich gemacht werden, sodass zwar das Profil an sich erhalten bleibt, dieses aber ohne einen Schlüssel („ohne Hinzuziehung zusätzlicher Informationen", Art. 4 DSGVO) nicht mehr einer spezifischen Person zugeordnet werden kann. Eine Referenz wie eine vom CRM-System vergebene ID, die anstelle der eindeutigen pbD an das jeweilige Interessen-Profil in Datenbank A gespeichert wird (im Sinne eines zentralen Golden Records) und mithilfe der ID im CRM-System (Datenbank B) aufgelöst werden kann („gesonderte Aufbewahrung", siehe Art. 4 DSGVO), kann einen solchen Schlüssel darstellen. Entsprechende Verschlüsselungen und Zugriffsberechtigungen werden dabei vorausgesetzt.

Welche dieser Lösungen sich am besten in den bestehenden MarTech Stack einfügt, hängt hauptsächlich von den Bedürfnissen des Unternehmens ab. Wenn mit einem großen, unbekannten Publikum kommuniziert werden soll, Neukundengewinnung sowie Bestandskundenbetreuung betrieben wird, ist vermutlich eine DMP in Kombination mit einer CDP unerlässlich. Für Unternehmen, die hauptsächlich Bestandskunden verwalten und mit diesen kommunizieren, ist ein CRM mit einer CDP im Hintergrund die näherliegende Alternative. Natürlich ist nicht ausgeschlossen, dass alle drei Systeme zum Einsatz kommen (Nicastro 2018).

Alle genannten Datenbanken sind zusammen mit einer passenden Rechteverwaltung geeignet (Opt-in-/Opt-Out Management, Versionierung, Kanalverwaltung zu Werbung, AGB, Datenschutz), die Grundlagen für harmonisierte Datensätze zu legen und dabei gleichzeitig die Datenbasis zu erweitern, um zielgerichtetes Marketing zu ermöglichen. Außerdem schafft eine derartige Orchestrierung auch übergreifende Insights und erleichtert so von technischer Seite die abteilungsübergreifende Zusammenarbeit (siehe Abb. 4).

3.2 Die erweiterte Rolle des CMO

Mit einer möglichen Anpassung der technischen Landschaft einhergehend gibt es auch Indikatoren für eine notwendige Restrukturierung auf Business-Seite für eine crossfunktionale Zusammenarbeit. Divergierende organisatorische Aspekte (im Sinne eines

Operating Models) und die Komplexität der IT-Landschaft sollten überprüft werden. Wenn einige der folgenden Fragen mit „ja" beantwortet werden können, kann es sinnvoll sein, zu handeln.

- **IT-Landschaft:**
  - Gibt es mehrere Datenbanken, die Kundendaten für den gleichen Zweck vorhalten, und bestehen somit Redundanzen?
  - Gibt es keinen eindeutigen Datenfluss, das heißt werden bei einer Löschung von pbD aus System A diese dennoch erneut aus System B eingespielt, weil die pbD dort ebenfalls für den gleichen Zweck gespeichert sind?
  - Könnten diese Daten – rein technisch – nicht miteinander kombiniert werden?
  - Existieren darüber hinaus keine Text-Mining-Werkzeuge, die auch unstrukturierte pbD aufspüren? Das schließt jegliche Tabellenkalkulation, E-Mail-Korrespondenz, Präsentation oder anderes Dokument ein, welches Kundendaten beinhaltet, beispielsweise auf stationären Rechnern von Mitarbeitern, die im Kundenservice arbeiten und Anfragen per E-Mail beantworten.
- **Operating Model:**
  - Sind mehrere interne Abteilungen an der Gewinnung und Bindung eines einzigen Kunden beteiligt? Wenn ja, welche und wie viele?
  - Gibt es eine unterschiedliche Anzahl an Budgets?
  - Gibt es unterschiedliche Zielsetzungen innerhalb der Abteilungen?

Daraus wird deutlich, dass Business und IT nicht nur für die Compliance mit der DSGVO enger zusammenwachsen müssen, sondern ebenfalls für die Optimierung des Marketings. Eine personalisierte, das heißt datenbasierte Ansprache des Kunden ist nur möglich, wenn die genannten Punkte für den *„sauberen" Umgang mit Daten* umgesetzt werden und zugleich organisatorische Maßnahmen getroffen werden, dies in entsprechende Marketingkampagnen und die Verbesserung der UX zu übersetzen.

Die erweiterte Rolle des CMO zeichnet sich bereits in den operativen Handlungsempfehlungen und kurzfristigen Maßnahmen ab. Wie bereits angeführt, werden schon in der Zusammenarbeit mit Juristen und Datenschützern neue Maßstäbe gesetzt und der Einfluss auf bzw. die Mitwirkung an Prozessen in Bereichen wie Datenmanagement und Finance wächst (siehe auch Abschn. „Vorbereitung auf den Ernstfall – Rechtsstreit"). Umgekehrt wachsen die Anforderungen aus den erwähnten Disziplinen an das Marketing.

Der CMO muss künftig noch strategischer und abteilungsübergreifender agieren, um als B2C-gerichteter Händler oder Dienstleister weiterhin erfolgreich am Markt zu bleiben. Im Spannungsfeld zwischen Kundenanforderungen, Wettbewerbsdruck, der Entwicklung neuer Technologien und internen Erwartungen nimmt er verschiedene Rollen zugleich ein. Um in Personalunion Markenbotschafter, Wachstumstreiber, Stimme des Kunden sowie Community Integrator zu sein, muss das Marketing daran arbeiten und als Beispiel vorangehen, das bisherige Operating Model zu reformieren (Forrester Research 2018). Es gilt, cross-funktionale Teams zu bilden und alte Grenzen aufzubrechen. Sowohl innerhalb der

Führungsebene, zum Beispiel wenn es um Governance geht, als auch als Rückendeckung seiner Mitarbeiter wird der CMO gegebenenfalls auf Konfrontationskurs gehen und seinen Kurs verteidigen müssen, um alle Anforderungen erfolgreich zu vereinen. Mit der Unterstützung einer verbesserten IT-Landschaft, die den neuen DSGVO-Anforderungen genügt, ist der CMO außerdem Innovationstreiber.

Der Innovationsgedanke sollte sich auch in erweiterten oder neuen Fähigkeiten von Mitarbeitern widerspiegeln, die Personalisierung und Kundenzentriertheit „leben“. Entlang des Wertschöpfungskreislaufs wird im Folgenden unter anderem dargelegt, welche Fähigkeiten im kundenzentrierten Marketing erforderlich sind.

3.3 Kundenzentriertheit ohne Kompromisse – DSGVO-Wertschöpfungskreislauf

Die konsequente Personalisierung aller Marketingmaßnahmen ist der Schlüssel, um den eigenen Produkten oder Diensten Relevanz für den Kunden zu verleihen und so einen *Mehrwert* zu schaffen. Dabei kann sich das Marketing entlang des Kreislaufs aus fünf Schritten orientieren (siehe Abb. 5): Damit wird verdeutlicht, auf welche Fähigkeiten das Marketing – gegebenenfalls interdisziplinär – zurückgreifen können sollte, um ohne Wenn und Aber kundenzentriert zu agieren und den durch die DSGVO gesteckten Rahmen als Wettbewerbsvorteil auszunutzen.

a) **Rechtssicherheit bei der Datensammlung sicherstellen (Sammeln):** Die Datensammlung nach Inkrafttreten der DSGVO ist nur sinnvoll, wenn erforderliche Erlaubnisse zur Datenspeicherung und -verwendung bereits den rechtlichen Bedingungen entsprechend gespeichert werden.

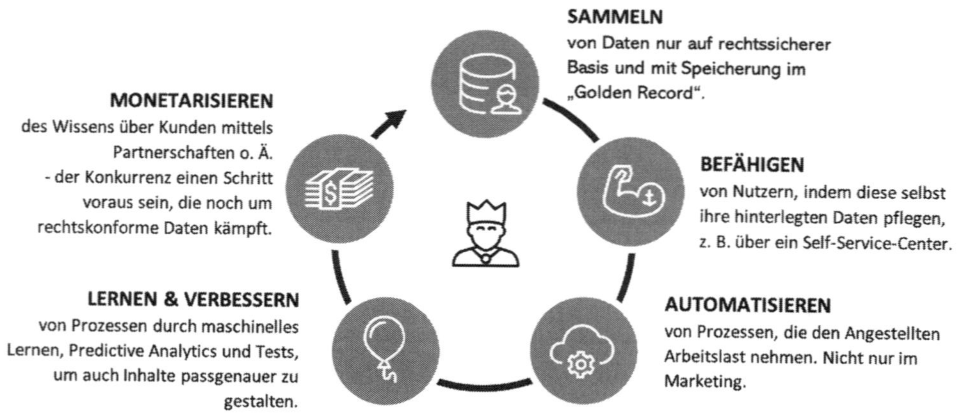

Abb. 5 Steigerung der Kundenrelevanz entlang des DSGVO-Wertschöpfungskreislaufs

Über die Anforderungen eines MVC hinaus, wie in Abschn. 2.1.1 nachzulesen, muss die Technikgestaltung dabei einbezogen werden. Mit einer bloßen Textanpassung mag den rechtlichen Mindestanforderungen zwar Sorge getragen sein, will das Unternehmen allerdings einen Mehrwert generieren, werden die technischen Aspekte ebenfalls überholt, sofern nötig. Nur, wenn dieses Fundament geschaffen ist, lohnt es sich, mehr Budget zu investieren und mit zusätzlichen Maßnahmen darauf aufzubauen. Sei es, weitere Daten für Marketingzwecke durch Kampagnen zu generieren oder mit gekauften 2nd-/3rd-Party-Daten die bestehenden Profile anzureichern etc.

- *Datensammlung bei Neukunden:* Die Datenaufnahme muss unter Umständen angepasst, das heißt es müssten Formulare so gestaltet werden, dass keine nicht mehr zulässigen Verknüpfungen zwischen Einwilligungserklärungen o. Ä. bestehen (siehe auch Abschn. 2.2, Praxisbeispiel „Newsletter-Anmeldung"). Eine Speicherung der EWE sollte rechtlich abgesichert zudem jederzeit nachweisbar sein (siehe auch Info zu Opt-in, Abschn. 2).
- *Datensammlung bei Bestandskunden:* Auch für die bereits bestehende Kundendatenbank sollte bei der Einführung neuer Systeme (siehe Abschn. 3.1) ein Check erfolgen, ob eine Datenmigration in ein neues, führendes System rechtlich möglich ist oder ob eine Re-Qualifizierung aller EWE von Bestandskunden notwendig ist.

b) **Self-Service-Center einrichten (Befähigen):** Dem Nutzer muss eine Selbstverwaltungsmöglichkeit gegeben werden, um persönliche Daten einsehen zu können und deren Nutzung zu kontrollieren. Mittels eines persönlichen Logins können Self-Service-Funktionen bereitgestellt werden. Den sich ständig verändernden Kundenerwartungen kann so Sorge getragen werden, indem der Nutzer selbstbestimmt handeln und sein Profil jederzeit anpassen kann. Die folgenden Dimensionen können Teil eines solchen Centers sein (Kossbiel et al. 2018).

- *Frequenz:* Wie oft möchte der Nutzer vom Unternehmen kontaktiert werden? Ein entsprechendes Regelwerk sollte bei manuellen wie auch automatisierten Kampagnen im entsprechenden Versand-Tool Berücksichtigung finden.
- *Kanäle:* Über welche(n) Kanal/Kanäle möchte der Nutzer kontaktiert werden? Ist der Kunde über WhatsApp besser erreichbar als über E-Mail, weil sein Postfach ohnehin überläuft?
- *Content:* Für welche Art Content interessiert sich der Nutzer? Das können neue Waren im Sortiment, aktuelle Rabatt-/Sonderangebote, Terminerinnerungen, im Fall von Modehäusern eine Präferenz ausschließlich für Kindermode sein usw.
- *Motivation:* Warum ist der Kunde an dieser Art Content interessiert? Plant er gerade einen Winterurlaub und möchte daher Ski-Ausstattung kaufen; steht ein Fest vor der Tür und es wird Ausstattung/festliche Kleidung/ein Geschenk benötigt? Sicher möchte der Kunde nicht auch danach noch das ganze Jahr hindurch mit weiteren Angeboten dieser Art beworben werden, sollte seine Motivation anlassbezogen sein.
- *Interessen:* Was interessiert den Nutzer generell? – Ein Beispiel: Vorschläge für neue Filme in einem Netflix-Account basieren auf Empfehlungsmechanismen und

orientieren sich an bisher selbst geschauten Genres sowie an Nutzern, die ähnliche Interessen haben. Zwar werden sicher auch randomisierte Vorschläge eingestreut, es ist aber schwierig, dem einmal gebildeten Verhaltensmuster und seiner Vorliebe für Action-Filme zu entkommen und eine romantische Komödie zu entdecken, die ebenfalls gefällt. Dafür bieten sich zusätzliche Abfragen an.

- *Weitere Service-Anhaltspunkte:* Im Fall eines Online-Shops sind das beispielsweise Bestellhistorie, aktueller Warenkorb oder vorhandene Gutscheine in einem Loyalty-Programm.
- Ein weiterer Vorteil des Self-Service-Centers ist, dass über das reine Tracking des Verhaltens hinaus Nutzer einfach gefragt werden können, an welchen Themen, Diensten oder Produkten sie abseits ihres bisher gezeigten Verhaltensmusters Interesse haben – mit der gezielten Anreicherung von Wissen kann mit verhältnismäßig wenig Aufwand ein großer Schritt nach vorn gemacht werden.
- Doch Vorsicht! Die Gestaltung der Nutzeroberfläche sollte weiterhin so simpel und übersichtlich sein, dass der Nutzer sich nicht überfordert fühlt und jederzeit klar ist, welche Aktion welche Konsequenzen hat.

c) **Prozesse weitestgehend automatisieren (Automatisieren):** Ergänzend zu den IT-Anforderungen, die durch eine saubere Datenspeicherung und zentrale Datenhaltung in einem Customer Golden Record (siehe Abschn. 1) entstehen, zählt die Prozessautomatisierung zu einem der wichtigsten internen Werkzeuge. Im Idealfall sollten Standardprozesse vollautomatisiert sein oder werden.

   Die Anforderungen der Datenschutz-Grundverordnung in den Bereichen Beauskunftung und Löschung personenbezogener Daten an den Datenschutzbeauftragten des Unternehmens können zu hohem manuellen Aufwand führen, denn die Bereitstellung der Informationen muss innerhalb eines Monats geschehen (vgl. Art. 12 (3) DSGVO). Während eine manuelle Datenzusammenstellung bereits bei einigen wenigen Anfragen durch Verbraucher einen unverhältnismäßigen manuellen (Recherche-) Aufwand in den unternehmenseigenen Systemen darstellt, gibt es einen weitaus interessanteren Aspekt dieser Vorgabe.

   Eine verständliche Aufbereitung der an den Verbraucher gelieferten Daten wird in Art. 12 (1) DSGVO gefordert. Wenngleich auch hierzu unterschiedliche Auslegungen in der Praxis Bestand haben dürften, ist fraglich, ob der kryptische Inhalt von Cookies, die mit persönlichen Daten verknüpft sind, ebenfalls aufgedeckt werden muss. Ebenso wenig ist die Tiefe der Aufbereitung von Informationen zur Profilbildung genauer geregelt. Es wird in Erwägungsgrund 58 zur DSGVO lediglich gefordert, dass die Information in „klarer und einfacher Sprache abgefasst ist“ und gegebenenfalls bebildert sein kann. Google löst diese Herausforderung über ein Dashboard, in dem zum einen darüber aufgeklärt wird, welche Datenarten pro Kategorie erfasst werden. Im Falle von „Geräteinformationen“ werden laut Google Informationen zum „Gerätestatus gespeichert, z. B. Akkustand, Qualität und Dauer von Netzwerkverbindungen, Touchscreen- und Sensormesswerte sowie Absturzberichte“ (Google 2018). Zum anderen lässt sich das Tracking gezielt an- und abschalten sowie löschen.

Dies bietet einerseits die Chance, dem Kunden transparent aufzuzeigen, welches Abbild seiner selbst („digital footprint") beim Unternehmen besteht und sich als „fair player" zu positionieren, andererseits könnten dadurch auch für das Marketing relevante Informationen (beispielsweise die Zugehörigkeit des Verbrauchers zu einer bestimmten Marketing-Persona o. Ä.) preisgegeben werden, wenn ein Profiling auf Basis vorhandener Daten durchgeführt wird.
Automatisierung ist daher neben der Beauskunftung ein für das Marketing relevanter Aspekt, denn idealerweise werden dort Business-Anforderungen und Format der Beauskunftung geregelt, wohingegen die Umsetzung der technischen Anforderungen klar auf der IT-Seite liegen sollte.

Profiling ist laut Art. 4 (4) DSGVO „jede Art der automatisierten Verarbeitung personenbezogener Daten, die darin besteht, dass diese personenbezogenen Daten verwendet werden, um bestimmte persönliche Aspekte, die sich auf eine natürliche Person beziehen, zu bewerten, insbesondere um Aspekte bezüglich Arbeitsleistung, wirtschaftlicher Lage, Gesundheit, persönliche Vorlieben, Interessen, Zuverlässigkeit, Verhalten, Aufenthaltsort oder Ortswechsel dieser natürlichen Person zu analysieren oder vorherzusagen".

d) **Testing als Standard etablieren (Lernen & Verbessern):** Ein zusätzlicher Aspekt maschineller Unterstützung ist die Nutzung Künstlicher Intelligenz. So können nicht nur Tests und daraus resultierende, kontinuierliche Verbesserungen eingeführt werden, die sich für das Marketing zum Beispiel auf den Bereich User Experience erstrecken. Auch relevanter Content und Angebote für den Endnutzer sind Subjekte von A/B- oder multivariaten Tests.
e) **Wissen nutzen und Daten selbst monetarisieren (Monetarisieren):** Als Königsdisziplin der Personalisierung gilt die Monetarisierung der gesammelten Daten. Darunter ist in diesem Zusammenhang eine Weiterverwendung ohne den direkten Verkauf bzw. ohne die Rolle als Datenhändler anzunehmen bzw. die Kundendaten selbst an Dritte weiterzugeben zu verstehen.
Strategische Partnerschaften und andere Kooperationsmöglichkeiten zwischen Unternehmen und Drittpartei(en) können mit einer sicheren Kenntnis der eigenen Kundenbasis zielgerichtet und hochrelevant vermarktet werden. Von einer individuellen, langfristigen Kooperation mit einem oder wenigen handverlesenen Partnern bis zur Automatisierung im Bereich Programmatic Advertising sind zwei verschiedene Stoßrichtungen und jegliche Form von Hybridmodellen vorstellbar. Möglicherweise lassen sich daraus auch gänzlich neue Geschäftsmodelle ableiten.
   – *Voraussetzung:* Für die Datenverwendung sind alle rechtlichen Rahmenbedingungen einzuhalten. Da vermutlich in diesem Verwendungsfall für die Kundendaten kein „berechtigtes wirtschaftliches Interesse" besteht, ist anzunehmen, dass allein die Profile mit Opt-in genutzt werden können, sofern auch in deren EWE entsprechend transparent gemacht wird, wofür die Daten verwendet und/oder an wen sie

gegebenenfalls weitergegeben werden. Damit zeigt sich, dass bereits vor der Sammlung von Opt-ins Klarheit über mögliche, künftige Verwendungszwecke herrschen und eine flexible Anpassungsmöglichkeit der Einwilligungen einbezogen werden sollte.

- *Möglichkeit strategische Partnerschaft:* Dieses Modell sieht vor, den eigenen Kunden über die eigenen Kanäle Angebote des Kooperationspartners zukommen zu lassen. PbD werden nicht weitergegeben, es wird kein Adresshandel betrieben. Klassisch sind das Vorteilsprogramme, die allerdings nicht über alle Kunden gestreut, sondern gezielt unterbreitet werden. Im Rahmen eines Loyalitätsprogramms einer Drogeriekette können zum Beispiel Kunden identifiziert werden, die Produkte mit natürlichen Inhaltsstoffen bevorzugen. Der Kooperationspartner, eine Naturkosmetikmarke, könnte dann einen Sonder-Newsletter durch die Drogerie an diesen Personenkreis versenden lassen. Ebenso ist denkbar, dass gezielt Kunden angesprochen werden, die häufig eine Konkurrenzmarke zu der des Kooperationspartners kaufen. Vorteil ist, dass bei dieser handverlesenen Selektion von Partnern der Brand Fit berücksichtigt werden kann. Nachteil ist ein hoher Zeitaufwand für die jeweils individuelle Betreuung.
- *Möglichkeit Programmatic Marketing:* Sofern die eigene Website eine relevante Werbeplattform ist, können freie Werbeplätze genutzt werden, um automatisierte Werbebanner an Interessierte auszuspielen. Nachteil beim Programmatic Advertising ist allerdings, dass durch den automatisierten Angebots- und Zuschlagsprozess keine volle Kontrolle über die Werbetreibenden möglich ist. Dem gegenüber steht die enorme Zeitersparnis, die diese Möglichkeit bietet, denn nach dem (technischen) Setup muss im Vergleich zu einer strategischen Partnerschaft minimaler Verwaltungs- und Wartungsaufwand betrieben werden.
- Die personenbezogenen Kundendaten selbst bleiben nach wie vor im Unternehmen – genauso wie bei Anbietern wie Amazon, bei dem Werbung auf der Website zwar möglich ist, aber kein Targeting auf konkrete Personen, sondern lediglich auf sehr genaue Profile bzw. Interessen.

3.4 Strategische Implikationen für die Unternehmensorganisation

Um bewerten zu können, wo das jeweilige Unternehmen steht, kann Marketing nicht isoliert betrachtet werden. Wie bereits erwähnt, ist Marketing als eine interdisziplinäre Komponente im Unternehmen zu verstehen und wird vor dem Hintergrund aller vorgegebenen Änderungen durch die DSGVO zu einem Umdenken gezwungen. Dieser auch kulturelle Shift sollte als Chance verstanden werden, eine Re-Adjustierung oder, bei radikalen Änderungen, eine komplette Neuausrichtung von Marketingmaßnahmen und des gesamten Unternehmens voranzutreiben.

Aus der aktuellen Beratungspraxis leiten sich folgende Problemstellungen ab, die einen Platz auf der Transformationsagenda erhalten sollten und mittel- bis langfristig umsetzbar sind (Hartman und Falcone 2018).

- **Kundenzentriertes Operating Model:** Eine Kundefokussierung sollte sich konsequenterweise in den internen Prozessen widerspiegeln. In Silos operierende Marketing-, Partner-, Daten- und IT-Managements mit divergierenden Zielinstanzen und Erfolgskennzahlen sind wenig zielführend, wie die vorangegangenen Ausführungen beschreiben. Eine Einbindung des Data Protection Officers (DPO) in relevante Prozesse, beispielsweise für die in Abschn. 3 beschriebenen IT-Systeme, muss ebenfalls im neuen Zusammenspiel von Abteilungen verankert werden (vgl. Art. 38 (1) DSGVO).
- **Erweiterung der Zuständigkeiten des CMO:** Zudem ist erforderlich, dem CMO eine neue Dimension an Kompetenzen und Zuständigkeitsbereich(en) zuzuweisen. Das Umdenken des CMO und seine Einnahme der Rolle des „Customer Advocats" sollte sich durch alle Instanzen ziehen, vor allem aber in der Führungsriege bemerkbar machen, siehe auch Abschn. 3.2 und Abb. 6.

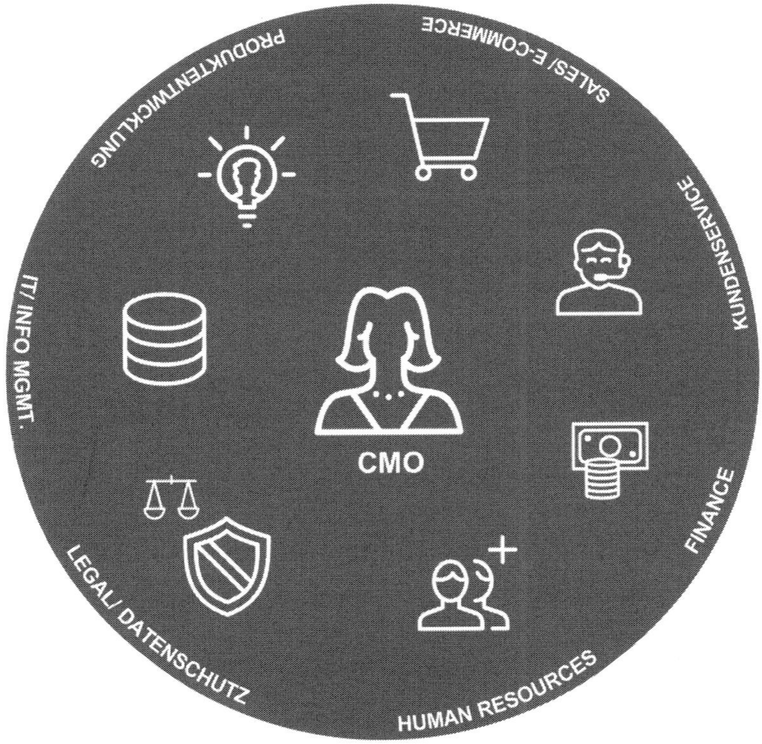

Abb. 6 Querschnittsrolle des CMO

- **Datenhaltung im Golden Record:** Eine zentrale Datenhaltung ist Basis und somit Voraussetzung für den Erfolg jeglicher Marketingmaßnahmen, deren Durchführung sich im Verlauf des Wertschöpfungskreislaufs anbietet. Details werden in Abschn. 3.3 thematisiert. Beispiele technischer und für das Marketing verwendbarer Grundlagen finden sich in Abschn. 3.1.

4 Wert für Unternehmen

Die angeführten Denkanstöße und möglichen Strategien, DSGVO-Anforderungen langfristig im Unternehmen zu handhaben und damit einhergehend Verbesserungen für das Marketing und die Gesamtorganisation herbeizuführen, können in folgenden Wertbeiträgen zusammengefasst werden. Statt Restriktionen durch die DSGVO bieten sich konkret folgende Chancen:

- *Qualitätsvorteile* (Kundenzentriertheit) werden durch personalisierten Kundenservice und durchgängige Kundenorientierung erzeugt (Golden Record und Analysefähigkeiten vorausgesetzt), die sich auch in der Unternehmensorganisation widerspiegeln. Eine effizientere Verwendung von zur Verfügung stehenden Budgets durch gezielte Kundenansprache und ein verbessertes Leistungsversprechen folgen daraus.
- *Kostenvorteile* werden durch eine Automatisierung bei Datenschutzanfragen und/oder bei der Selbstverwaltung personenbezogener Daten durch den Nutzer erzielt (es muss beispielsweise also kein Antrag auf Änderung von Namen/Adressen zum Beispiel nach Hochzeit/Umzug noch manuell bearbeitet werden). Der so reduzierte Aufwand kann als Einsparung ausgewiesen oder in mehr Ressourcen für den Ausbau der Kernkompetenzen investiert werden.
- Die *Differenzierung gegenüber Wettbewerbern* und die Schaffung eines USPs mit *Transparenz* als Gütesiegel schaffen Vertrauen beim Endkunden. Als Folge können die stärkere Kundenbindung, eine Steigerung der Loyalität und „Advocacy", das heißt der Ausbau des hinteren Funnels nach dem Kauf, gezählt werden.
- *Compliance* und Absicherung bei Untersuchungen durch Datenschutz und die Vorbereitung auf einen etwaigen Rechtsstreit sind letztlich ebenfalls Vorteile, die allerdings eher als Hygienefaktoren gewertet werden sollten.

Wenn Bemühungen zur Erreichung von Compliance mit dem Ausbau von Personalisierung der Leistungen oder Produkte und der werblichen Ansprache von Kunden einhergehen, sollte darauf geachtet werden, dass hochpersonalisierte Angebote Stück für Stück aufgebaut werden. Das Vertrauensverhältnis zwischen Kunde und Unternehmen könnte andernfalls leicht beschädigt werden. Viele Konsumenten sind sich aufgrund der umfangreichen Berichterstattung in den Medien zwar der neuen Rechtslage bewusst und dafür sensibilisiert. Längst nicht alle wissen jedoch, wie sie bei welchen Aktionen mit Smartphone, Tablet und Co. bereits getrackt werden, und allzu offensichtliche Angebote sollten allein schon deshalb vermieden werden, um nicht das Gefühl von totaler Überwachung zu verstärken.

Eine weitere Maßnahme zur Prävention von „Überwachung“ seitens des Gesetzgebers wird die E-Privacy-Verordnung sein. Noch ist unklar, wann und mit welchen Inhalten diese kommt. Es zeichnet sich aber bereits eine Verschärfung der durch die DSGVO wirksamen Regelungen ab, zum Beispiel im Bereich Werbe-Einwilligungen; zudem wird es keine Vorlauffrist von zwei Jahren wie bei der DSGVO geben.

Da momentan selbst Cookie-Opt-ins bzw. -Opt-outs, beispielsweise im Bereich E-Commerce, nur unzureichend umgesetzt werden, gibt es nach wie eine große Angriffsfläche für Abmahnungen (Aufgesang GmbH 2018). Umso wichtiger ist es, die kurzfristigen Handlungsempfehlungen – gegebenenfalls mithilfe externer Unterstützung – umzusetzen und für den Ernstfall nicht nur strategisch aufgestellt zu sein, sondern zumindest auch für eine MVC zu sorgen.

Literatur

Aufgesang GmbH. (2018). DSGVO / E-Privacy: Opt-In oder Opt-Out für Cookies & Tracking? – Teil 2 Wie gehen deutsche Online Shops damit um? https://www.aufgesang.de/blog/dsgvo-e-privacy-opt-in-oder-opt-out-fuer-cookies-tracking-teil-2-20248. Zugegriffen: 1. Dez. 2018.

Botibol, A. (2018). How customer data platforms compare to other data management systems. https://www.bluevenn.com/blog/customer-data-platforms-vs-other-data-management-systems. Zugegriffen: 1. Okt. 2018.

CDP Institute. (2018). Customer data platform basics. https://www.cdpinstitute.org/cdp-basics. Zugegriffen: 1. Nov. 2018.

Forrester Research. (2018). Rethink the role of the CMO. https://www.accenture.com/t20181002T182512Z__w__/us-en/_acnmedia/PDF-87/Accenture-Rethink-the-role-of-the-CMO.pdf. Zugegriffen: 9. Dez. 2018.

FZI Forschungszentrum Informatik (Hrsg.). (2016). Datenschutzgrundprinzipien im Diskurs. Eine Veröffentlichung der Fachgruppen „Rechtsrahmen“ und „Sicherheit“ der Smart-Data-Begleitforschung. Die Zukunft des Datenschutzes im Kontext von Forschung und Smart Data. https://www.digitale-technologien.de/DT/Redaktion/DE/Downloads/Publikation/smart-data-broschüre_zukunft_datenschutz.pdf?__blob=publicationFile&v=7. Zugegriffen: 1. Aug. 2018.

Google. (2018). Google Dashboard. https://myaccount.google.com/dashboard. Zugegriffen: 1. Nov. 2018.

Hartman, G., & Falcone, J. (2018). Connecting, collaborating, crushing it. https://www.accenture.com/us-en/insights/digital/connecting-collaborating-crushing-it. Zugegriffen: 1. Nov. 2018.

IAB Europe. (2018a). CMP list. https://advertisingconsent.eu/cmp-list/. Zugegriffen: 9. Dez. 2018.

IAB Europe. (2018b). Consent management providers factsheet. https://advertisingconsent.eu/wp-content/uploads/2018/09/IAB-Europe-TCF-CMP-Factsheet.pdf. Zugegriffen: 9. Dez. 2018.

Jeschke, M. (2018). Datenschutz-Verletzungen und die Folgen für Unternehmen. https://www.searchsecurity.de/news/252452517/Datenschutz-Verletzungen-und-die-Folgen-fuer-Unternehmen Zugegriffen: 14. Nov. 2018.

Kossbiel, K., Schroeder, M., & Taherian, H. (2018). Preference Center. *Marketing in the Age of GDPR. Episode 5*. Accenture GmbH.

Kossman, S. (24. Dezember 2014). Mobile shopping apps raise privacy and security issues. https://www.creditcards.com/credit-card-news/mobile-app-privacy-security-issues-1276.php. Zugegriffen: 1. Okt. 2018.

Martin, W. (13. Januar 2014). Prozesse und Techniken für die Kundenstammdaten – Golden Record: Obermenge der Kundendaten aus allen Quellen. https://www.tecchannel.de/a/prozesse-und-techniken-fuer-die-kundenstammdaten,2050821,3. Zugegriffen: 17. Dez. 2018.

Nicastro, D. (20. September 2018). What's the difference between a CRM and a CDP? And why you should care. https://www.cmswire.com/customer-experience/whats-the-difference-between-a-crm-and-a-cdp-and-why-you-should-care. Zugegriffen: 1. Okt. 2018.

Palmer, M. (3. November 2006). Data is the new oil. https://ana.blogs.com/maestros/2006/11/data_is_the_new.html. Zugegriffen: 1. Okt. 2018.

ProSiebenSat1. Digital GmbH. (2019). *Informationen über die Erhebung, Verarbeitung und Nutzung der Daten.* Unterföhring. Zugegriffen am SmartTv 4. Jan. 2019.

Salesforce. (2018). CRM 101: What is CRM? https://www.salesforce.com/crm/what-is-crm/. Zugegriffen: 1. Nov. 2018.

Smith, A. (26. Januar 2017). Americans and cybersecurity. http://www.pewinternet.org/2017/01/26/1-americans-experiences-with-data-security/#many-americans-lack-trust-in-key-institutions-especially-the-federal-government-and-social-media-sites-to-protect-their-personal-information. Zugegriffen: 1. Sept. 2018.

Taherian, H. (2018). Re-permissioning Campaigns. *Marketing in the Age of GDPR. Episode 2.* Accenture GmbH.

Julia Behrens (M. Sc.) ist Digital Transformation Manager bei Accenture Interactive, dem weltweit größten digitalen Netzwerk (laut AdAge) und unterstützt Unternehmen dabei, einzigartige Kundenerlebnisse zu schaffen und zu verbessern. Zuvor war sie in den Agenturnetzwerken WPP (MediaCom) und Dentsu Aegis Network (Carat) als Digital Media Planner tätig. Mit diesem umfassenden digitalen Footprint in der zielgerichteten Kundenkommunikation ist sie auf den Bereich Marketingpersonalisierung spezialisiert, der nicht erst seit Einführung der DSGVO unvermeidlich mit der Sammlung von Kundendaten und ihrer Verwendung verknüpft ist. Julia Behrens ist seit Beginn ihrer beruflichen Laufbahn branchenübergreifend tätig, unter anderem in den Bereichen Automotive, Home Entertainment, Retail, Aviation, Financial Services und Utilities. An der International School of Management in Hamburg lehrt sie das Fach Mobile Marketing.

Der GWA Effie Award – Erfolgsfaktoren effizienter analoger und digitaler Marketingkommunikation

Stephanie Cordesmeyer, Fabian Degen und Meike Terstiege

Inhaltsverzeichnis

1 Einleitung 43
2 Der Zusammenhang von Kreativität und Effizienz 44
2.1 Die Analyse und Messung von Kreativität 45
2.2 Kreativität als Werbeeffizienztool 48
2.3 Handlungsempfehlungen 51
3 Der Zusammenhang von Sympathie und Effizienz 52
3.1 Die Analyse und Messung von Sympathie und Sympathiesteigerung 53
3.2 Sympathie als Werbeeffizienztool 54
3.3 Handlungsempfehlungen 56
Literatur 56

1 Einleitung

Die Werbebranche in Deutschland verändert sich und gewinnt gleichzeitig zunehmend an Bedeutung – vor allem angesichts der Entwicklungen im digitalen Marketing und entsprechender Budgetverschiebungen. Diese steigende Bedeutung zeigt sich unter anderem

S. Cordesmeyer
Dülmen, Deutschland
E-Mail: s.cordesmeyer@web.de

F. Degen (✉)
Unna, Deutschland
E-Mail: fabian.degen@gmx.de

M. Terstiege
@DOCMARKETEER, Düsseldorf, Deutschland
E-Mail: meike.terstiege@docmarketeer.de

M. Terstiege (Hrsg.), *Digitales Marketing – Erfolgsmodelle aus der Praxis*,
https://doi.org/10.1007/978-3-658-26195-5_3

in den Umsätzen deutscher Werbeagenturen, die im letzten Jahrzehnt stetig zugenommen haben und 2018 ca. 28 Mrd. EUR erreichen (PWC und Statistisches Bundesamt 2017). In Zeiten des digitalen Controllings und transparenter Key Performance Indikatoren (KPI) nimmt die Bedeutung der Effizienz insbesondere in strategischen und kreativen Bereichen wie der integrierten Marketingkommunikation zu, in denen deutliches Potenzial zur Kosten- und Effizienzkontrolle vorhanden ist (Reinartz und Saffert 2013a).

Mit der Analyse der umfassenden Datenbank eines der größten deutschen Werbepreise, des GWA Effies, gelangt nun „Licht ins Dunkel" zum Thema, was wirklich effiziente Werbung ausmacht. Durch die Verwendung der Datenbank des GWA Effie Awards können Cases, Branchen, Marken und Marketingkennzahlen überprüft werden. So ist es möglich, verschiedene Branchen und KPIs miteinander zu vergleichen, um ein tieferes Verständnis für den Kausalzusammenhang zwischen den effizienz- und erfolgsbedingenden Parametern und effizienter integrierter Marketingkommunikation zu erhalten.

Die hier relevanten beschriebenen Faktoren sind Kreativität und Sympathie, welche als Erfolgsfaktoren effizienter Marketingkommunikation identifiziert werden konnten. Im Marketing wird Marketingkommunikation und vor allem kreative Werbung, insbesondere in stagnierenden Märkten, als ein wesentlicher Erfolgsfaktor angesehen (Smith et al. 2007). Zur Messung von Kreativität und Sympathie in der Werbung existieren teils äußerst differenzierte Ansätze, die Erkenntnislage war bislang jedoch eher unzureichend – insbesondere für die Praxis. Die Analyse der GWA Effie-Datenbasis schafft nun erstmals ein transparentes Bild und vor allem Handlungsempfehlungen hinsichtlich des effizienten Einsatzes der Faktoren Werbekreativität und Sympathiesteigerung in verschiedenen deutschen Wirtschaftsbranchen.

2 Der Zusammenhang von Kreativität und Effizienz

Einer der zentralen untersuchten KPIs effizienter und somit erfolgreicher integrierter Marketingkommunikation ist der Faktor Kreativität. Kreativität kann als ein relevanter Faktor effizienter Werbung betrachtet werden. Relevant ist daher die Beantwortung der Frage, mit welchen Mitteln und Inhalten Kreativität im Rahmen analoger und digitaler Marketingkommunikation verstärkt werden kann.

Die Analyse der Kampagnen und die Messung von Kreativität erfolgte anhand der Faktoren Originalität, Flexibilität, Ausarbeitung, Synthese und künstlerischer Wert, die als Dimensionen von Werbekreativität definiert wurden (Reinartz und Saffert 2013b). In der vorliegenden Analyse wurde der Zusammenhang zwischen Kreativität und Effizienz in Bezug auf Absatz und Umsatz für verschiedene Branchen in Deutschland betrachtet. Die Ergebnisse der Analyse zeigen einen positiven Zusammenhang zwischen Werbekreativität und Absatz sowie Umsatz. Diese Werbeeffekte zeigen sich vor allem bei der analogen und digitalen Marketingkommunikation in der Automobil-, Konsumgüter- und Dienstleistungsbranche.

Nach wie vor sind sich die meisten Werbeforscher und Praktiker einig über die Bedeutung von Kreativität als wesentliches Element für den Werbeerfolg. Die Maßnahmen zur Bewertung von Werbekreativität aber haben sich grundlegend geändert (Smith et al. 2007; Reinartz und Saffert 2013b). Zusätzlich gibt es bislang keinen eindeutigen Nachweis hinsichtlich der positiven Auswirkung von Kreativität auf Absatz und Umsatz – weder branchenspezifisch noch branchenunabhängig. In der vorliegenden Untersuchung wurde daher der Einfluss von Werbekreativität auf Absatz und Umsatz in drei relevanten Kernsegmenten der deutschen Wirtschaft analysiert – in der Automobil-, Konsumgüter- und Dienstleistungsbranche. Hierfür wurden zunächst verschiedene Instrumente zur Messung von Kreativität in analogen und digitalen Werbemaßnahmen analysiert.

2.1 Die Analyse und Messung von Kreativität

Das Gewinnen von Auszeichnungen war und ist ein Schlüsselindikator für mess- und nachweisbaren Werbeerfolg. Als Kennzahl und Maßstab verwenden Werbeagenturen und -forscher hierfür überwiegend Auszeichnungen, welche Kampagnen als Indikator für die Kreativität der Werbemaßnahmen gewinnen (Reinartz und Saffert 2013a; IPA und Field 2010). Allerdings entschieden sich 2012 zwei der größten und überdurchschnittlich häufig ausgezeichneten Kommunikationsagenturen in Deutschland, Jung von Matt und Scholz & Friends, nicht mehr um Kreativ- und Werbepreise zu bewerben (Reinartz und Saffert 2013a). Die beiden Agenturen begründeten die Entscheidung einerseits mit steigenden Kosten für die Einreichung von Cases bei derartigen Wettbewerben, andererseits mit einer großen Anzahl sogenannter „Zombie-Kreationen", das heißt Kampagnen, die allein dazu dienen, die Position der Agenturen in Rankings zu stärken – in der Praxis jedoch nicht umgesetzt bzw. veröffentlicht werden (Reinartz und Saffert 2013a).

Als Reaktion auf diese Kritik an der Award-basierten Effizienzmessung leiteten Werbeforscher den Torrance-Test des kreativen Denkens (TTCT) ab. Hierbei handelt es sich um einen Test zur Darstellung der Fähigkeit, abweichend zu denken. Dieser Test wurde zunächst für die Bildungsforschung entwickelt, später für wirtschaftliche Zusammenhänge und anschließend für die Messung der Kreativität von Werbung angepasst (Smith und Yang 2004; Smith et al. 2007).

Reinartz und Saffert (2013b) analysierten den Zusammenhang zwischen Kreativität und Umsatzvolumen, sie stützen sich dabei auf die Kreativitätsdimensionen Originalität, Flexibilität, Elaboration, Synthese und künstlerischer Wert von Smith et al. (2007):

- **Originalität**
  - Die Werbung ist außergewöhnlich.
  - Die Werbung löst sich vom gewohnheitsgebundenen und stereotypischen Denken.
  - Die Werbung ist einzigartig.
- **Flexibilität**
  - Die Werbung enthält Ideen/Konzepte, die von einem Thema zum anderen verschoben wurden.
  - Die Werbung enthält verschiedene Ideen/Konzepte.
  - Die Perspektive der Werbung wechselt von einer zur anderen.

- **Elaboration**
  - Die Werbung enthält zahlreiche Details.
  - Die Werbung entwickelt kommunikative Grundideen weiter, damit diese anspruchsvoller, komplexer und facettenreicher werden.
  - Die Werbung enthält unerwartete Details.
- **Synthese**
  - Die mit der Werbung verbundenen Ideen sind normalerweise nicht miteinander verbunden.
  - Die Werbung enthält ungewöhnliche Verbindungen.
  - Die Werbung bringt ungewöhnliche Elemente zusammen.
- **Künstlerischer Wert**
  - Die Werbung ist visuell/verbal unterscheidungskräftig.
  - Die Werbung enthält künstlerische grafische/verbale Eindrücke oder attraktive Farben oder Formen.
  - Die Werbung wird künstlerisch produziert.

Die Grundlage der vorliegenden Untersuchung zur Wirkung von Werbekreativität waren 1080 zwischen 1983 und 2016 beim GWA Effie Award eingereichte Werbekampagnen (Effie-Award-Finalisten und -Gewinner). Diese Cases beinhalten detaillierte Informationen zu den jeweiligen Werbekampagnen seitens der einreichenden Werbeagenturen und/oder werbenden Unternehmen, um von der GWA Effie-Jury berücksichtigt zu werden – unter anderem Zielsetzung der Marke, Strategie, Ziele sowie Umsetzung und Wirkung der Kampagne. Zur Analyse des Einflusses von Werbekreativität auf die Effizienz von Werbung wurden Veränderungen im Absatz und Umsatz anhand der genannten fünf Dimensionen betrachtet. Insgesamt erfolgte diese Analyse auf der Basis von 199 Kampagnen, die Daten zu Umsatzänderungen enthielten, und von 279 Kampagnen, die Daten zu Änderungen des Absatzvolumens beinhalten. Diese Kampagnen wurden im Hinblick auf deren Originalität, Flexibilität, Elaboration, Synthese und künstlerischen Wert untersucht. Dabei wurden die aufgeführten Definitionen der Begriffe sowie die von Reinartz und Saffert (2013b) angewandte Skala (1 bis 5) genutzt. Hierbei ergab sich seitens der GWA Effie Jury ein Durchschnittswert, der wiederum die Ausprägung der Kreativität der Werbemaßnahmen widerspiegelt.

Der Jurierungsprozess und die entsprechende Bewertung beim GWA Effie erfolgen für die Bereiche B2C, B2B und Health jeweils in zwei Runden. In Runde 1 werden die Finalisten bestimmt, in Runde 2 die diesjährigen Gold-, Silber- und Bronzegewinner. Jede Jury besteht aus Marketingexperten aus Agenturen, Unternehmen, Marktforschung und Wissenschaft. Es gibt zwei Kategorie-Arten: die Zielkategorien und die Disziplinkategorien, die der Jury-Bewertung zugrunde liegen und die im Folgenden beschrieben werden (GWA 2019a, b):

Zielkategorien

- Activation (Aktivierung rund um ein zeitlich begrenztes Angebot – ob Promotion, Aktionswoche oder Wahlkampagne, die Ergebnisse fokussieren auf die Marktleistung in Form von Käufen/Absatz, Teilnahme oder Wählerstimmen)
- Brand Experience & Partnerships (Markenerfahrung jenseits des traditionellen Marketings, also zum Beispiel digitale oder physische Markenplattformen [etwa Messen], Services/Applikationen, Räume, Events, welche die Markenwahrnehmung positiv verändern; erfolgreiche Cases zeigen, dass die Nutzung solcher Angebote einen positiven Einfluss auf die anbietende Marke hat, dabei wird entweder eine dauerhafte Kommunikationsleistung erzielt oder es wird ein neuer Service bzw. eine neue Produktleistung etabliert)
- Brand Image (Markenkampagnen, die nicht unmittelbar Vertriebsziele und den schnell realisierbaren Absatz im Fokus haben, sondern die die Markenbekanntheit, die Profilierung und das Image erhalten, verteidigen oder pflegen sollen)
- Comeback (Wiederbelebung von Marke oder Produkt nach „Kommunikationsabstinenz“, Krise oder Neuausrichtung innerhalb des Teilnahmeberechtigungszeitraums)
- David versus Goliath (Der kleine Marktteilnehmer im direkten Wettbewerb mit den Branchenriesen: lokal gegen national oder regional gegen global; erfolgreiche Cases setzen ihren Kunden in Relation zum scheinbar übermächtigen Wettbewerb, sie vergleichen sich in ihrem Absatzgebiet und zeigen auf, wo und wie es ihnen gelingt, mittels einer differenzierten Marketingkommunikation einen Unterschied zu machen – sowohl Absatz- als auch Kommunikationsleistungen dienen der Beschreibung des Cases)
- Doing Good (Soziale, gesellschaftliche oder kulturelle Aktivitäten von Marken oder Organisationen ohne kommerzielle Absichten, der Fokus liegt in der angestrebten Bewusstseinsveränderung oder Mobilisierung von Menschen, sich zu engagieren)
- Evergreen (Die nachhaltig erfolgreiche kontinuierliche Entwicklung und Pflege einer Marke über einen längeren Zeitraum)
- Highlight (Die sogenannten Einzelmeister, ein Format wie ein Video, ein Plakat oder ein Post, der alleinstehend viel bewirkt hat und nicht unbedingt in eine Kampagne eingebettet war)
- New (Die Neueinführung einer Marke, eines Produktes/Modells oder Services; es muss deutlich werden, dass der Erfolg auch auf Marketingkommunikation beruht)
- Transformation (Kommunikation als Träger und Treiber von Veränderungen zu Anlässen wie Fusion zweier Firmen, Kulturwandel, Internationalisierung, Änderung von Geschäftsmodellen oder generelle Neuausrichtung eines Unternehmens oder auch einer Marke)

Disziplinkategorien

- Content-Marketing (Plattformen, die Inhalte in regelmäßiger Form editieren, um Endnutzer zum wiederholten und vertieften Austausch mit dem werbetreibenden Unternehmen zu motivieren; erfolgreiche Cases zeigen, dass der Konsum der Inhalte

regelmäßig und dauerhaft ist, in einem wirtschaftlichen Verhältnis steht und die Marken-(Produkt-)Wahrnehmung positiv beeinflusst)
- Design (Brand- und Corporate-Design sowie Packaging, der Zusammenhang zwischen wirtschaftlichem Erfolg und Design-Aspekten hinsichtlich Nutzererlebnis in der Filiale oder online, Customer Journey oder Veränderungen an der Usability)
- CRM/Loyalty Program (Langfristige Kundenbindungsaktivitäten, die Loyalität und Kundenwert steigern)
- Media-Innovation (Inszenierungen von neuen Ideen, die für die Zielgruppe relevant sind; Media-Innovationen können einen wesentlichen Beitrag zum Erfolg der Kommunikation beitragen, zum Beispiel in den Bereichen Social Media, Content-Marketing, Smart TV, Apps, Gaming, Digital Out of Home, Native Advertising, Influencer-Marketing, Virtual/Augmented Reality – oder auch Lösungen mit neuen Technologien wie KI sind möglich – das heißt innovative Inszenierungen, die sich durch einen hohen und messbaren Beitrag zur Gesamt-Performance der Kampagne in der Zielgruppe auszeichnen).
- Media Performance (Wirkungsvolle und konvergente Orchestrierung der für die Zielgruppe/n relevanten Kanäle und Plattformen, mit konsistentem und relevantem Content; damit trägt Media wesentlich zur Effektivität von Markenauftritten bei – von der Strategie über die Idee bis hin zur Aussteuerung nach markenrelevanten KPIs; Kommunikationslösungen, die sich über innovative Konzepte und einen hohen Aktivierungsgrad in der Zielgruppe auszeichnen)
- PR (Presse + Öffentlichkeitsarbeit, Investor Relations, Krisenkommunikation)
- User Experience (Zusammenhang zwischen wirtschaftlichem Erfolg und Design-Aspekten – wie gut hält das Design den User/Kunden auf der Seite und führt ihn durch deren Inhalte bzw. durch die Site hin zum CTA)
- Employer Branding und Recruiting (Employer Branding hilft einem Unternehmen dabei, sein Image nachhaltig positiv zu etablieren und so als attraktiver Arbeitgeber aufzutreten, auch interne Kommunikationsmaßnahmen tragen dazu bei)

Wie der Faktor Kreativität im Rahmen von Marketingkommunikation erfolgreich inhaltlich betont und genutzt werden kann, wird im Folgenden dargestellt.

2.2 Kreativität als Werbeeffizienztool

Die Analyse der Werbeeffizienz von Kreativität erfolgte in den folgenden zwei Schritten:

- Messung des Einflusses von Kreativität auf die Werbewirksamkeit im Hinblick auf Absatz (Hypothese 1: Kreativität hat einen positiven Einfluss auf die Absatzentwicklung) bzw. Umsatz (Hypothese 2: Kreativität hat einen positiven Einfluss auf die Umsatzentwicklung)

- Analyse der Beziehung von Werbewirksamkeit und Absatz bzw. Umsatz in unterschiedlichen Branchen: Automobil (1a:), Konsumgüter (1b, 2a), Dienstleistungen (1c, 2b) und sonstige (1d, 2c).

Auf dieser Basis konnten die zuvor anhand von Literaturanalyse und Experteninterviews aufgestellten und im Folgenden beschriebenen Hypothesen zur Effizienz von Kreativität bestätigt werden. Zur Hypothese 1 kann festgestellt werden, dass diese akzeptiert wurde. Es wurde demnach ein positiver Zusammenhang zwischen Werbekreativität und Absatzvolumen im Mittel über alle betrachteten Unternehmen ermittelt. Beispielsweise liegt der Wert für die durchschnittliche Steigerung des Absatzvolumens bei 69 %. Der Durchschnittswert für Kreativität liegt bei 2,43 (von maximal 5), der Wert der durchschnittlichen Originalität bei 2,8, der Wert für Flexibilität bei 2,34, der Wert für Elaboration bei 2,22, der Wert für Synthese bei 2,19 und der Messwert des künstlerischen Werts bei 2,62 (alle von maximal 5). Die entsprechenden Detailergebnisse und Werte der weiteren Untersuchungen sind in Tab. 1 und 2 sowie im Folgenden dargestellt.

Kreativität und Absatz

- **Hypothese 1a:** Kreativität wirkt sich positiv auf das Absatzvolumen aus.
  Bei der Analyse der analogen und digitalen Marketingkommunikation konnte branchenübergreifend ein eindeutig positiver Zusammenhang zwischen Werbekreativität und Absatzvolumen ermittelt werden. (Ein höherer Durchschnittswert für Kreativität korreliert mit höheren Steigerungen des Absatzvolumens.) Der Einsatz kreativer Werbemaßnahmen wirkt sich über alle Branchen hinweg positiv auf den Absatz der werbenden Unternehmen aus.
- **Hypothese 1b:** Kreativität wirkt sich positiv auf das Absatzvolumen in der Automobilbranche aus.

Tab. 1 Detailergebnisse der Analyse – Teil I

Hypothese	Durchschnittliche Steigerung Absatz/Umsatz (%)	Durchschnittswert Originalität	Durchschnittswert Flexibilität
1	69	2,8	2,34
1a	68	3,11	2,65
1b	51	2,46	2,03
1c	80	3,26	2,75
1d	133	3,22	2,75
2	58	3,03	2,54
2a	66	2,96	2,54
2b	38	2,93	2,47
2c	78	3,39	2,67

Tab. 2 Detailergebnisse der Analyse – Teil II

Durchschnittswert Elaboration	Durchschnittswert Synthese	Durchschnittswert künstlerischer Wert	Durchschnittswert Kreativität
2,22	2,19	2,62	2,43
2,51	2,27	2,78	2,67
1,9	1,94	2,44	2,16
2,56	2,51	2,6	2,74
2,78	2,69	3,34	2,96
2,42	2,28	2,62	2,58
2,41	2,28	2,73	2,58
2,29	2,01	2,22	2,39
2,69	2,81	3,14	2,94

Die Analyse der Werbemaßnahmen bestätigt den positiven Zusammenhang zwischen Kreativität und Absatzvolumen in der Automobilindustrie. Der Einsatz kreativer Werbemaßnahmen wirkt sich speziell in der Automobilbranche positiv auf den Absatz aus.

- **Hypothese 1c:** Kreativität wirkt sich positiv auf das Absatzvolumen in der Konsumgüterbranche aus.
  Die Analyse der Werbemaßnahmen bestätigt ebenfalls den positiven Zusammenhang zwischen Kreativität und Absatzvolumen in der Konsumgüterbranche – allerdings zeichnen sich die hier betrachteten Effie-Cases als am wenigsten kreativ und ebenso als am wenigsten einflussnehmend auf das Absatzvolumen, im Vergleich zu den anderen untersuchten Branchen, aus.
- **Hypothese 1d:** Kreativität wirkt sich positiv auf das Absatzvolumen in der Dienstleistungsbranche aus.
  Die Analyse der Werbemaßnahmen bestätigt zudem einen positiven Zusammenhang zwischen der Kreativität und dem Absatzvolumen in der Dienstleistungsbranche. Hier zeigt sich, dass die untersuchten Effie-Cases zu Dienstleistungen sich durch eine überdurchschnittlich stark ausgeprägte Kreativität der Kampagnen und durch eine ebenso überdurchschnittliche Steigerung des Verkaufsvolumens hervorheben.

Kreativität und Umsatz

- **Hypothese 2a:** Kreativität wirkt sich positiv auf das Umsatzvolumen aus.
  Bei der Analyse der analogen und digitalen Marketingkommunikation konnte branchenübergreifend ein eindeutig positiver Zusammenhang zwischen Werbekreativität und Umsatz ermittelt werden. (Ein höherer Durchschnittswert für Kreativität korreliert mit höheren Steigerungen des Umsatzvolumens.) Der Einsatz kreativer Werbemaßnahmen wirkt sich demnach über Branchen hinweg positiv auf den Umsatz

der werbenden Unternehmen aus, insbesondere in den Branchen Automobil, Konsumgüter, Dienstleistungen.

- **Hypothese 2b:** Kreativität wirkt sich positiv auf das Umsatzvolumen in der Konsumgüterbranche aus.
  Die Analyse der Werbemaßnahmen bestätigt ebenfalls den positiven Zusammenhang zwischen Kreativität und Umsatzvolumen in der Konsumgüterbranche. Zu beachten ist hierbei, dass in dieser Branche deutlich weniger Kreativität erforderlich zu sein scheint, um vergleichsweise hohe Umsatzsteigerungen zu erzielen.
- **Hypothese 2c:** Kreativität wirkt sich positiv auf das Absatzvolumen in der Dienstleistungsbranche aus.
  Die Betrachtung der Marketingkommunikation bestätigt den vermuteten positiven Zusammenhang zwischen Kreativität und Umsatz. Der Einsatz kreativer Werbemaßnahmen wirkt sich positiv auf den Umsatz in der Dienstleistungsbranche aus.

2.3 Handlungsempfehlungen

Kreativität als KPI

> Kreativität in der Marketingkommunikation ist entscheidend für den Erfolg von Werbekampagnen!

Da Absatz- und Umsatzsteigerungen – neben der Steigerung von Bekanntheit, Glaubwürdigkeit, Image etc. – das Ziel von Werbekampagnen sind, sollte Kreativität anhand der hier dargestellten fünf Kreativitätsdimensionen (Originalität, Flexibilität, Elaboration, Synthese und künstlerischer Wert) als KPI im Planungsprozess von Kampagnen berücksichtigt werden. Die kreative Umsetzung analoger und digitaler Marketingkommunikation mittels Inhalten mit den kreativen inhaltlichen Schwerpunkten Originalität, Flexibilität, Elaboration, Synthese und/oder künstlerischer Wert, ist daher als entscheidender Einflussfaktor effizienter Werbung zu betrachten.

Dimensionen von Kreativität

Die genannten fünf Dimensionen von Kreativität sollten seitens Marketingentscheidern zudem betont werden, um Werbekampagnen vor dem Launch im Rahmen von Pre-Testings zu bewerten und zu optimieren. Analoge und digitale Werbung sollte im Planungsprozess hinsichtlich der Kreativitätsdimensionen Originalität, Flexibilität, Elaboration, Synthese und künstlerischer Wert hinterfragt und optimiert werden – dies kann beispielsweise mittels Marktforschung oder Expertenbeurteilungen erfolgen. Je stärker diese Dimensionen betont werden, umso ausgeprägter fallen die Kreativität und letztlich die Effizienz der entsprechenden Werbemaßnahme aus.

Branchenrelevanz von Kreativität
Der Wert von Kreativität als einem der Erfolgsfaktoren für effiziente Werbung wurde bislang häufig unterschätzt und war zugleich wenig bis gar nicht fass-, geschweige denn messbar. Als Folge wurden bislang (kreativer) Freiraum und auch (monetäre) Mittel für Werbekreativität häufig aufgrund von Erfahrung, Überzeugung und/oder Bauchgefühl freigegeben. Die hier dargestellten Erkenntnisse zum positiven Einfluss von Kreativität auf den Absatz bzw. Umsatz können somit von Werbern und Managern als Benchmark betrachtet werden – mit dem Ziel, Kreativität als Werbeeffizienzinstrument gezielt einzusetzen.

Die vorliegenden Ergebnisse zeigen, in welchen Branchen kreative Marketingkommunikation ausgeprägt ist – und welchen Einfluss dies auf Absatz und Umsatz der jeweiligen Branche hat. Bei der Analyse der Effie-prämierten Cases aus den Kontrollbranchen, das heißt nicht aus den Branchen Automobil, Konsumgüter oder Dienstleistungen, zeigen sich allerdings noch deutlich höhere Ausprägungen bei der Kreativität der jeweiligen Werbemaßnahme und somit auch erhöhte positive Effekte der Werbemaßnahmen auf Absatz bzw. Umsatz (Hypothesen 1d und 2c) – im Vergleich zu den drei hier detailliert betrachteten Branchen Automobil, Konsumgüter und Dienstleistungen. Für die Branchen Automobil, Konsumgüter und Dienstleistungen gibt es somit noch „Luft nach oben", was den Einsatz kreativer Werbung und die damit verbundene Steigerung der Effizienz der Werbung sowie von Absatz und Umsatz angeht. Vor allem die Dienstleistungsbranche ist hier gefordert: In dieser Branche zeigen sich bislang noch die geringsten Kreativitätswerte und eine damit entsprechend optimierungsfähige Effizienz von Werbung sowie damit verbundene Umsatzsteigerungen.

3 Der Zusammenhang von Sympathie und Effizienz

Ein weiterer zentraler KPI effizienter und somit erfolgreicher integrierter Marketingkommunikation und effizienter Werbung ist der Faktor Sympathie. Von Bedeutung ist daher die Beantwortung der Frage, mit welchen Mitteln und Inhalten Sympathie im Rahmen analoger und digitaler Marketingkommunikation verstärkt werden kann.

Für Unternehmen und Marken bleibt es schwierig, sich gegenüber dem Wettbewerb zu differenzieren (Esch 2005, S. 11–18). Diese Herausforderung wird unter anderem angesichts des globalen Wettbewerbsdrucks, der Digitalisierung und steigenden Zielgruppenansprüchen in Zukunft noch größer. Differenzierung erfolgt kaum über rationale Fakten, sondern überwiegend über Emotionen. Die Sympathie für Marken spielt hierbei eine entscheidende Rolle, die Bedeutung der Markensympathie nimmt für die erfolgreiche Markenführung im sogenannten Hyperwettbewerb stetig zu. Allerdings finden sich zum Thema Markensympathie nur wenige Erkenntnisse zu eindeutigen Erfolgsindikatoren. Wie Sympathie für Marken zustande kommt oder sogar gesteigert werden kann, ist wenig transparent. Dies liegt vor allem an der Bedeutung des Unterbewusstseins als sogenanntem „weichen Faktor" von Marken (Lies 2018), in welchem der Prozess der Sympathiegewinnung stattfindet, der somit schwierig zu analysieren ist.

Zur Analyse der Erfolgsfaktoren effizienter Marketingkommunikation hinsichtlich des Faktors Sympathie wurden erfolgreiche Effie-Werbekampagnen betrachtet. Die Analyse erfolgte anhand von insgesamt zwölf ausgewählten Eigenschaften und deren Auswirkungen auf die Steigerung von Sympathie. Vorwegzunehmen ist, dass sich hier branchenspezifische Unterschiede in der Verwendung der Eigenschaften und unterschiedliche Ausprägungen der Sympathie zeigen, die wiederum die Effizienz der Werbemaßnahme steigern.

3.1 Die Analyse und Messung von Sympathie und Sympathiesteigerung

Für Marketingentscheider war und ist die kreativ-inhaltliche Werbeplanung eine Herausforderung, vieles wird aufgrund von Bauchgefühl entschieden (Scheier und Held 2018). Die Vorhersehbarkeit, ob eine Werbebotschaft erfolgreich die Zielgruppe erreicht und anspricht, ist trotz (teils aufwendiger) Marktforschung relativ gering. Das Risiko, die vorab festgelegten Werbeziele nicht zu erreichen, besteht weiterhin.

Anhand erfolgreicher Cases der analogen und digitalen Werbekommunikation (Effie-Award-Finalisten und -Gewinner) konnten im Rahmen der vorliegenden Analyse sogenannte weiche Erfolgsfaktoren und -muster identifiziert werden (Lies 2018). Diese können Werbeexperten auf Agentur- und Unternehmensseite als Benchmark und Leitfaden für die Kreation effizienter Werbung nutzen. Die Analyse zeigt, welche Eigenschaften von Werbung einen starken branchenspezifischen Einfluss auf die Steigerung der Sympathie als Faktor effizienter Werbung für Marken, Produkte und Services haben. Die hierbei betrachteten Charaktereigenschaften, die zur Steigerung von Sympathie beitragen, sind

- humorvoll vs. seriös
- zukunftsorientiert vs. nostalgisch
- individuell vs. sozial
- ruhig vs. herausfordernd
- rational vs. emotional
- vereinfachend vs. bereichernd

Die Analyse basiert auf 191 analysierten Effie-Cases, die im Zeitraum 1983 bis 2016 einen Effie gewonnen haben oder zu den Effie-Finalisten zählten und zudem Werte für Sympathie aufzeigten. Wie der Faktor Sympathie im Rahmen von effizienter Marketingkommunikation erfolgreich aufgeladen werden kann, wird im Folgenden detailliert dargestellt.

3.2 Sympathie als Werbeeffizienztool

Im Folgenden werden die Ergebnisse zur Analyse des Faktors „Sympathie“ als Instrument effizienter Marketingkommunikation unterteilt nach Branchen und Erfolgsfaktoren detailliert dargestellt:

Branchen
Effiziente Werbung ist durch den Einsatz und die Steigerung von Sympathie gekennzeichnet. In Abhängigkeit der Branche können unterschiedliche inhaltliche Schwerpunkte ausgemacht werden, die im Folgenden beschrieben werden:

- **Automobilbranche**
  Die folgenden sechs Eigenschaften kennzeichnen erfolgreiche Effie-Cases aus der Automobilbranche: Humor, Zukunftsorientierung, Individualität, Herausforderung, Emotionalität und Bereicherung. Gesteigerte Sympathie für eine Marke und die daraus resultierende Effizienz der Marketingkommunikation in der Automobilbranche basieren vor allem auf humorvollen, zukunftsorientierten, individuellen, herausfordernden, emotionalen und bereichernden Inhalten.
- **Konsumgüterbranche**
  Effiziente Werbung in der Non-Food-Konsumgüterbranche ist vorrangig durch den Einsatz von humorvollen und seriösen, zukunftsorientierten, individuellen, ruhigen, rationalen, emotionalen und bereichernden Inhalten geprägt.
  Bei der Food-Konsumgüterbranche sind die dominierenden Eigenschaften effizienter Werbung humorvolle, zukunftsorientierte, soziale, ruhige, emotionale und bereichernde Inhalte.
- **Dienstleistungsbranche**
  Die effizienten Werbemaßnahmen der Branchen Dienstleistungen und Handel sind geprägt durch die Verwendung der folgenden Eigenschaften: humorvoll, zukunftsorientiert, sozial, ruhig, emotional, bereichernd und vereinfachend.
- **Institutionen**
  Die effiziente Werbung im sozialen und institutionellen Bereich ist gekennzeichnet durch Inhalte, die vorrangig seriös, zukunftsorientiert, sozial, herausfordernd bzw. ruhig, rational bzw. emotional sowie bereichernd sind.
- **Finanzdienstleistungsbranche**
  In der Marketingkommunikation von Finanzdienstleistern führen vorrangig seriöse, zukunftsorientierte, individuelle, ruhige, rationale sowie bereichernde Inhalte zu effizienter Werbung.
- **Medienbranche**
  Im Medienbereich sind die folgenden Charakteristika als Faktoren für die Steigerung der Sympathie für Marken und für somit effiziente Werbung relevant: humorvoll, zukunftsorientiert, sozial, herausfordernd, emotional und vereinfachend.

Erfolgsfaktoren

Auf Sympathie für eine Marke beruhende und dadurch effiziente Werbung zeichnet sich branchenübergreifend im analogen und digitalen Kontext durch die folgenden Inhalte aus:

- **Zukunftsorientierung**
  Über alle Branchen hinweg sind die untersuchten erfolgreichen Effie-Cases gekennzeichnet durch zukunftsorientierte Inhalte, die einen Indikator für Sympathiesteigerung und somit für effiziente Werbung darstellen. Die Steigerung zukunftsorientierter Inhalte lässt vermuten, dass Unternehmen sich immer mehr mit der Optimierung von Zukunftsoptionen (zum Beispiel Nachhaltigkeit) beschäftigen – und dies in ihre Marketingkommunikation integrieren.
- **Humor**
  Im Rahmen effizienter Werbung kamen in den betrachteten Effie-Cases vor allem seit dem Millennium vermehrt humorvolle Inhalte zum Einsatz. Zugleich nahm die Verwendung seriöser Inhalte im gleichen Maße ab. Die steigende Tendenz der Verwendung von Humor entspricht den Erkenntnissen, dass humorvolle Werbung ein überdurchschnittlich hohes Maß an Aufmerksamkeit erzielt (Heun 2017, S. 84–85) und unter anderem auf diesem Weg zu einer Steigerung der Effizienz von Werbung führt.
- **Emotionen**
  Die Nutzung emotionaler, nostalgischer und ruhiger Inhalte ist stark gesunken, wohingegen rationale, individuelle und herausfordernde Inhalte deutlich gestiegen sind. Emotionale Botschaften, die leicht verständlich sind, wirken dabei am eindringlichsten und effektivsten – aber nur wenige Agenturen und Unternehmen verwenden bislang leicht verständliche emotionale Botschaften (Speck 2017).
- **Bereicherung**
  Die untersuchten Effie-Cases sind durch bereichernde Inhalte geprägt. Deren Einsatz ist um 10 % gestiegen – die Verwendung von vereinfachenden Inhalten ist dabei gleichzeitig um 10 % gesunken. Der Faktor „Bereicherung" ist somit als ein weiterer Faktor effizienter Werbung zu verstehen.

Sympathiesteigerung

Zusammenfassend haben alle betrachteten Eigenschaften (humorvoll vs. seriös, zukunftsorientiert vs. nostalgisch, individuell vs. sozial, ruhig vs. herausfordernd, rational vs. emotional, vereinfachend vs. bereichernd) einen positiven Einfluss auf die Steigerung von Sympathie. Bei der Betrachtung von branchenspezifischen Unterschieden zeigt sich, dass soziale und institutionelle Werbung die deutlichste Sympathiesteigerung aufgrund der Verwendung der genannten Faktoren erfährt. Ähnlich verhält es sich bei effizienter analoger und digitaler Werbung in der Automobilbranche und bei Finanzdienstleistungen, danach folgen die Branchen Konsumgüter Food, Konsumgüter Non-Food, Dienstleistungen sowie die Branchen Handel und Medien.

3.3 Handlungsempfehlungen

Markensympathie gewinnt im Kontext der Markenkommunikation an Bedeutung, sie ist ein Schlüssel zur erfolgreichen Differenzierung (Gutjahr 2015, S. 52). Agenturen und Unternehmen sollten innerhalb der Markenkommunikation die Bedeutung der Markensympathie adäquat einschätzen. Alle betrachteten Eigenschaften beeinflussen die Sympathie für eine Marke positiv. Die Ergebnisse zeigen Unterschiede in der Verwendung der untersuchten Eigenschaften humorvoll, zukunftsorientiert, individuell, herausfordernd, rational sowie bereichernd und deren unterschiedlichen Auswirkungen auf die Sympathiesteigerung. Bei der Analyse der mit einem Effie ausgezeichneten Werbekampagnen zeigt sich, dass der identifizierte branchenspezifische Einsatz der genannten Faktoren der erfolgreichen Sympathie- und Effizienzsteigerung dient.

Alle zwölf Eigenschaften beeinflussen Werbung positiv hinsichtlich der Sympathie für Marken und steigern so die Effizienz der Werbemaßnahme. Aufgrund der thematischen Unterschiede der Branchen konnten Unterschiede in den Ausprägungen und Kombinationen dieser Eigenschaften beobachtet werden. Der Branchenkontext, in dem die Eigenschaften verwendet werden, ist ausschlaggebend für deren und dementsprechend auch für den Erfolg.

Literatur

Esch, F.-R. (2005). *Moderne Markenführung. Grundlagen – Innovative Ansätze – Praktische Umsetzung* (4. Aufl.). Wiesbaden: Gabler.

Gutjahr, G. (2015). *Markenpsychologie. Wie Marken wirken – Was Marken stark macht* (3. Aufl.). Wiesbaden: Springer Gabler.

GWA. (2019a). Jury. https://www.gwa.de/GWAEffie/Award/Jury. Zugegriffen: 28. März 2019.

GWA. (2019b). Kategorien. https://www.gwa.de/GWAEffie/Award/Kategorien. Zugegriffen: 28. März 2019.

Heun, T. (2017). *Werbung*. Wiesbaden: Springer Gabler.

IPA, & Field, P. (2010). *The Link between creativity and effectiveness*. London: IPA.

Lies, J. (2018). Harte und weiche Faktoren. Gabler Wirtschaftslexikon. Revision vom 14.02.2018. https://wirtschaftslexikon.gabler.de/definition/harte-und-weiche-faktoren-52688. Zugegriffen: 10. Apr. 2018.

PWC, & Statistisches Bundesamt. (2017). Prognostizierte Umsatzentwicklung in der Werbung in Deutschland in den Jahren von 2007 bis 2021 (in Milliarden Euro). https://de.statista.com/statistik/daten/studie/248094/umfrage/prognose-zum-umsatz-in-der-werbung-und-marktforschung-in-deutschland/. Zugegriffen: 23. Mai 2018.

Reinartz, W., & Saffert, P. (2013a). Say goodbye to creativity awards. Harvard Business Review. https://hbr.org/2013/02/say-goodbye-to-creativity-awar. Zugegriffen: 5. März 2018.

Reinartz, W., & Saffert, P. (2013b). Creativity in advertising: When it works and when it doesn't. *Harvard Business Review, 91*(3), 106–111. https://hbr.org/2013/06/creativity-in-advertising-when-it-works-and-when-it-doesnt. Zugegriffen: 7. März 2018.

Scheier, D., & Held, C. (2018). *Wie Werbung wirkt: Erkenntnisse aus dem Neuromarketing* (3. Aufl.). Freiburg: Haufe Lexware.

Smith, R. E., & Yang, X. (2004). Toward a general theory of creativity in advertising. Examining the role of divergence. *Marketing Theory, 4*(1–2), 31–58.

Smith, R. E., MacKenzie, S. B., Yang, X., Buchholz, L. M., & Darley, W. K. (2007). Modeling the determinants and effects of creativity in advertising. *Marketing Science, 26*(6), 819–833.

Speck, A. (2017). Stärkere Werbewirkung durch emotionale Botschaften. Springer Professional. https://www.springerprofessional.de/werbewirkungsforschung/konsumforschung/staerkere-werbewirkung-durch-emotionale-botschaften/12451504. Zugegriffen: 10. Mai 2018.

Stephanie Cordesmeyer (M.A.) hat an der International School of Management den Masterstudiengang Strategic Marketing Management (M.A.) und an der Saxion University of Applied Sciences den Bachelorstudiengang Textile Engineering & Management (B.Sc.) absolviert. In Zusammenarbeit mit dem Gesamtverband der Kommunikationsagenturen (GWA) und der Werbeagentur BBDO wurde die Masterarbeit „Der GWA Effie – eine Analyse der Indikatoren effizienter Marketingkommunikation mit dem Schwerpunkt Sympathiesteigerung anhand inhaltlicher Charaktereigenschaften" verfasst. Erste Erfahrungen in den Bereichen Brand-Management, Online-Marketing & Sponsoring konnte sie durch Praktika in einer Online-Marketing-Agentur und bei Unternehmen in der Textilbranche, wie FILA Europe und Ernsting's family, sammeln.

Fabian Degen (M. Sc., M.A.) ist Consultant bei der auf die Telekommunikations- & Automobilbranche spezialisierten Strategie- und Marketingberatung HPP. Zuvor studierte er an der International School of Management im Masterstudiengang Strategic Marketing Management (M.A) und an der Westfälischen Wilhelms-Universität Münster den Bachelorstudiengang Betriebswirtschaftslehre (B.Sc.). Zusätzlich erlangte er an der Edinburgh Napier University einen Masterabschluss in Management (M. Sc.). Die Masterarbeit mit dem Thema „The GWA Effie – An analysis of marketing communications efficiency indicators" erstellte er in Zusammenarbeit mit der Werbeagentur BBDO und dem Gesamtverband der Kommunikationsagenturen über die Effizienz von Kreativität in der Werbung.

Prof. Dr. Meike Terstiege studierte Wirtschaftspsychologie an der Universität Mannheim und promovierte am Marketing-Lehrstuhl der TU Dortmund. Sie ist seit über 20 Jahren im strategischen Marketing tätig – in Führungspositionen auf Unternehmensseite (Henkel, Generali Holding und Allied Domecq) und auf Agenturseite (BBDO, Ogilvy, McCann und Edelman). Seit 2016 lehrt sie an der International School of Management digitales und strategisches Marketing, entwickelte den Master-Studiengang Digital Marketing und ist als selbstständige Marketing-Beraterin und -Trainerin tätig.

Instrumente des digitalen Marketings

Influencer-Marketing – Digitale Einflussnahme auf Zielgruppen

Laura Bartels und Meike Terstiege

Inhaltsverzeichnis

1 Influencer-Marketing – Entwicklung und Relevanz 61
2 Fallbeispiel ARTDECO cosmetic GmbH – Vorreiter im Influencer-Marketing 63
2.1 Die Marke ARTDECO – Eine analoge und digitale Erfolgsgeschichte. 64
2.2 Die Influencer-Marketing-Strategie von ARTDECO. 64
3 Influencer-Marketing-Leitfaden 67
4 Fazit – Erfolgsindikatoren im Influencer-Marketing 75
Literatur. 76

1 Influencer-Marketing – Entwicklung und Relevanz

Digitale Marketingmaßnahmen sowie Online-Marketing gewinnen immer mehr an Bedeutung. Nicht zuletzt deshalb gelten Influencer als die aktuellen Hoffnungsträger des digitalen Marketingzeitalters (Hilker 2018). Als Influencer werden Personen bezeichnet, die einen hohen Einfluss auf bestimmte Anspruchs- und Zielgruppen haben und deren Meinung beeinflussen. Heute lässt sich kaum noch ein digitaler Kanal ohne Meinungsmacher oder Multiplikator finden (BRANDPUNKT und INREACH 2017).

Da Influencer in sozialen Medien stark präsent sind und über ein hohes Ansehen verfügen, nutzen immer mehr Unternehmen Influencer als Botschafter, um die Bekanntheit

L. Bartels (✉)
Dortmund, Deutschland
E-Mail: laura.bartels@gmx.de

M. Terstiege
@DOCMARKETEER, Düsseldorf, Deutschland
E-Mail: meike.terstiege@docmarketeer.de

M. Terstiege (Hrsg.), *Digitales Marketing – Erfolgsmodelle aus der Praxis*,
https://doi.org/10.1007/978-3-658-26195-5_4

von Marken und Produkten oder Dienstleistungen zu steigern und deren Sichtbarkeit an zentralen Stellen der Customer Journey zielgruppenkonform zu erhöhen (DigitasLBi 2017). Die Customer Journey beschreibt die „Reise" eines potenziellen Kunden über diverse Touchpoints mit einer Marke, einem Produkt oder einer Dienstleistung bis zur Handlungsentscheidung. Diese Touchpoints sind jegliche Kontaktpunkte zwischen der Marke und dem Kunden – von klassischen Werbemitteln (Print, TV, Radio) über Maßnahmen des Online-Marketings (Social Media, E-Mail) bis hin zu Bewertungen von Freunden oder Bewertungsportalen (Pennington 2016).

Influencer-Marketing hat sich in den letzten fünf Jahren zu einer der am meisten diskutierten Vermarktungsmöglichkeiten entwickelt. Insbesondere in der mittelständischen Kosmetikbranche, die seit Jahren versucht, sich signifikant von FMCG-Unternehmen und -Marken (Fast Moving Consumer Goods) abzugrenzen, wird die Integration von Influencer-Marketing in den Marketing-Mix immer bedeutsamer. Aber auch in anderen Branchen ist diese Vermarktungsdisziplin längst angekommen und erweist sich dementsprechend für fast jeden Marketing-Mix als zunehmend wichtiger (Jais 2018). Unternehmen, die Influencer für Marketing- und Kommunikationszwecke einsetzen, zielen darauf ab, sowohl die Glaubwürdigkeit als auch die Wertigkeit der eigenen Markenbotschaft auf Grundlage des Vertrauens der einzelnen Anspruchsgruppen zu den eingesetzten Influencern zu erhöhen. Natürlich lässt sich die Generierung von Sales als ein langfristiges Ziel von Influencer-Marketing identifizieren, im Vordergrund stehen allerdings die Verbreitung der Markenbotschaft, eine stringente Positionierung der Marke sowie die Erhöhung der Markenbekanntheit innerhalb der relevanten Zielgruppe (Hilker 2018). Denn ein konsistentes Markenbild, das es schafft, ein ganzes Unternehmen als Marke in den Köpfen der Stakeholder (zum Beispiel Kunden, Mitarbeiter, Anteilseigner, Öffentlichkeit) zu etablieren, kann im Durchschnitt 50 % des gesamten Unternehmenswertes ausmachen.

Dabei ist es in Zeiten der Digitalisierung nicht mehr ausreichend, eine Unternehmensidentität zu formulieren und diese, gekoppelt an ein definiertes Design und eine sporadische Botschaft, intern und extern zu verbreiten, sondern Marketingmaßnahmen müssen im Sinne des Corporate Brandings eingesetzt werden, um alle Anspruchsgruppen gleichermaßen zu bedienen (Esch 2006). Das Corporate Branding ist in den 1990er Jahren als Weiterentwicklung der Corporate Identity entstanden, denn in dieser Zeit vermischten sich die Bedürfnisse unterschiedlicher Stakeholder zunehmend. So soll das Corporate Branding eine einheitliche Markenpolitik für das gesamte Unternehmen ermöglichen und unterstützen (Balmer 2001).

Auch wenn Influencer-Marketing aktuell bereits seinen absoluten Hochpunkt erlebt und als Marketingmaßnahme in immer mehr unternehmensbezogene Prozesse integriert wird, ist die Idee, Meinungsbildner im Rahmen der Unternehmenskommunikation einzusetzen, keineswegs neu. Bereits um 1800 herum wurden britische und US-amerikanische Persönlichkeiten als Testimonials eingesetzt. Im 19. Jahrhundert entstand der Trend, fiktive Charaktere zu kreieren, die das Image einer Marke unterstützen sollten. Später setzten Marketer verstärkt Prominente ein, um langfristig von deren Popularität zu profitieren (Hilker 2018). Zunächst lag der Fokus der Zusammenarbeit dabei auf klassischen Werbemaßnahmen (zum Beispiel Werbespots oder Printkampagnen). Durch die Entwicklung des Internets und des Web 2.0 entwickelte sich das www zu einer dauerhaft attraktiven (Freizeit-)Beschäftigungsmöglichkeit, Privatpersonen erlangten in sozialen Medien an Bekanntheit und bauten sich eine Community auf, mit der sie in regem sozialem Austausch stehen. Durch ihr hohes Ansehen innerhalb der Community gelten sie ebenfalls als Meinungsmacher und Marketer sehen in ihnen einen Mehrwert für ihre Marken (Scott 2014) (siehe Abb. 1).

2 Fallbeispiel ARTDECO cosmetic GmbH – Vorreiter im Influencer-Marketing

Das deutsche Kosmetikunternehmen ARTDECO zählt in Deutschland und international zu den beliebtesten Marken im Bereich der dekorativen Kosmetik (ARTDECO 2019a). Insbesondere im Bereich Influencer-Marketing und aufgrund der damit verbundenen Erfolge des Unternehmens lässt sich die Marke ARTDECO aktuell als Vorreiter in diesem Marketingbereich der Kosmetikbranche identifizieren.

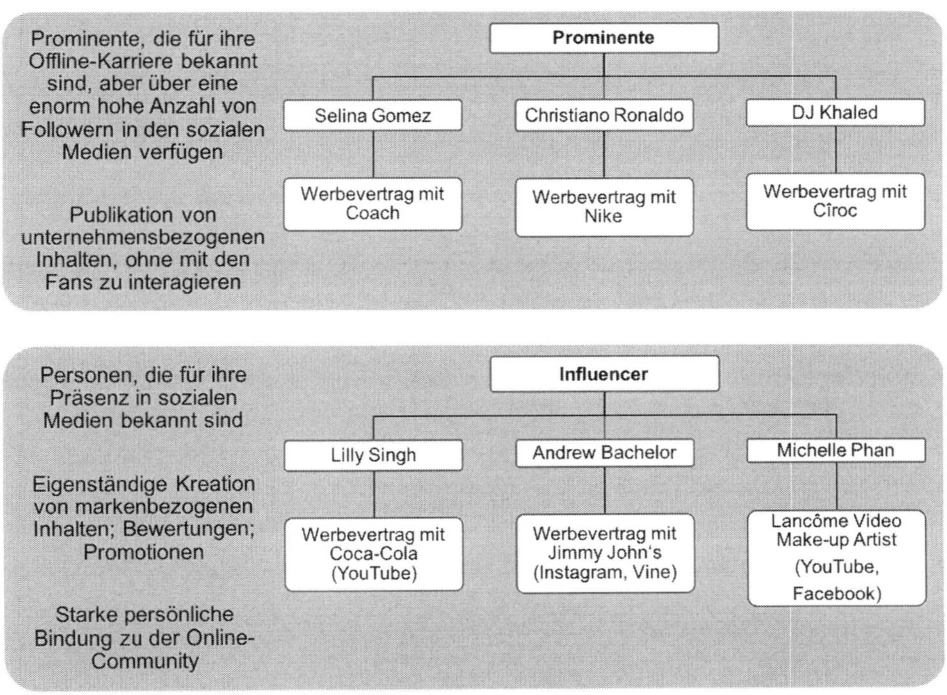

Abb. 1 Entwicklung von Influencer-Marketing. (Quelle: Nach Scott 2014; Hilker 2018)

2.1 Die Marke ARTDECO – Eine analoge und digitale Erfolgsgeschichte

Seit der Gründung 1985 hat sich das deutsche und familiengeführte Kosmetikunternehmen ARTDECO zu einem erfolgreichen, international tätigen Mittelständler entwickelt (siehe Abb. 2). Heute stellt die Firmengruppe den Marktführer im deutschen Fachhandel dar und vertreibt Kosmetika in über 70 Ländern. Dabei distanziert sich die Marke bewusst vom FMCG-Charakter und siedelt sich erfolgreich im mittleren Preissegment an. Bereits 2001 zählte ARTDECO zu den beliebtesten Kosmetikmarken in Deutschland und war Marktführer im deutschen selektiven Markt. Im Jahr 2005 gewann der Gründer Helmut Baurecht den „Beauty World Cup" als Auszeichnung für sein einzigartiges Markenkonzept. Nur zwei Jahre später folgte die Auszeichnung mit dem „A Life of Beauty Award". Nachdem das Unternehmen 2014 den markeneigenen Onlineshop in einem neuen Design relaunchte, investierte das Unternehmen zunehmend in digitale Marketingmaßnahmen und legt seinen Fokus seither auf den Einsatz von Influencern (ARTDECO 2019a).

2.2 Die Influencer-Marketing-Strategie von ARTDECO

Mit dem Einsatz von Influencer Marketing verfolgt das Unternehmen nicht nur eine stringente Markenstrategie und unterstützt eine anspruchsgruppenumfassende Markenpolitik, sondern es erzielt vielmehr mit seinen Influencer-Marketing-Kampagnen einen deutlichen Anstieg der Abverkäufe und sichert so den ökonomischen Erfolg der Marke gewinnbringend (Cosmetic Business 2012).

ARTDECO erkannte bereits frühzeitig den Trend des Influencer-Marketings und vor allem die Relevanz dieses Trends für die Kosmetikbranche. Nicht zuletzt deshalb gilt die Marke in der Kosmetikbranche als Vorreiter in dieser Vermarktungsdisziplin. Innerhalb dieser orientiert sich das Unternehmen an einem intern definierten, strategischen Framework (siehe Abb. 3).

Mittlerweile setzt die Marke stark auf beständige Kooperationspartner und führt große Kampagnen immer wieder mit denselben Influencern durch, hierfür hat das Unternehmen den Kampagnenleitfaden „#ARTDECOBEAUTYSQUAD" entwickelt. Die Influencer, mit denen ARTDECO zusammenarbeitet, sind Teil dieser „Squad" und jegliche Inhalte,

Abb. 2 Die Historie von ARTDECO. (Quelle: Nach ARTDECO 2019a)

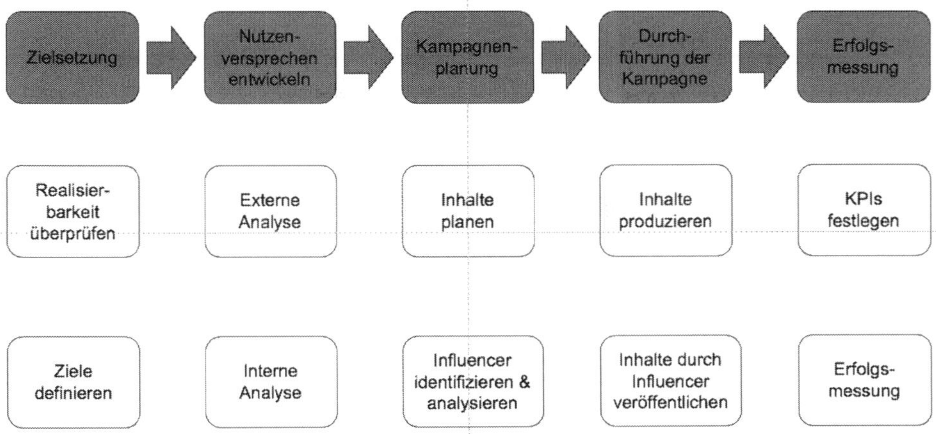

Abb. 3 Influencer-Marketing-Framework von ARTDECO. (Quelle: Nach InfluencerDB 2018)

die im Zusammenhang mit den Kampagnen in sozialen Medien veröffentlicht werden, werden mit diesem Hashtag versehen (ARTDECO 2019b).

Die Marke fokussiert sich dabei auf Makro-Influencer, also Influencer mit sehr großer Reichweite, die auf die Themen Beauty und Fashion spezialisiert sind (ARTDECO 2019c). Bei der Auswahl der Influencer konzentriert sich ARTDECO vorrangig auf den Fit zwischen Influencer und Marke, um das eigene Branding authentisch zu unterstützen und zu fördern. Darüber hinaus wird die Community jedes einzelnen Influencers im Detail analysiert, um sicherzustellen, dass die Communities sich mit der eigenen Zielgruppe decken (siehe Abb. 4).

Die Marke nutzt überwiegend die soziale Plattform Instagram für Influencer-Marketing-Kampagnen, denn Inhalte in Form von Bildern und Kurzvideos haben sich für das Unternehmen als besonders effektiv und werbewirksam erwiesen (ARTDECO 2019a). Auch die starke Interaktion zwischen den Influencern und seinen Followern, die vor allem auf Instagram gegeben ist, unterstützt die Kampagnenziele der Marke maßgeblich.

Die Kampagnen werden mit viel Vorlauf geplant und überwiegend zur Unterstützung von neuen Produkt-Launches oder im Weihnachtsgeschäft eingesetzt, um den Abverkauf zu stärken. Die produzierten Inhalte spiegeln immer das Image der Marke wider und die Kampagnen sind stark auf Storytelling ausgerichtet, um sowohl die Einzigartigkeit als auch die besonderen Merkmale der Produkte hervorzuheben (ARTDECO 2019d). Dementsprechend erfolgt die Planung jeder Kampagne stark angelehnt an die Marke und vor allem an das zu bewerbende Produkt.

Im Rahmen größerer Kampagnen arbeitet die Marke häufig mit Rabattcodes, die Influencer innerhalb ihrer Community teilen. Auf diese Weise kann ARTDECO kontrollieren, welche Sales aufgrund der Kampagne getätigt wurden, die Sales können dabei

Abb. 4 Influencer-Marketing-Erfolgsindikatoren von ARTDECO. (Quelle: Nach ARTDECO 2019d)

darüber hinaus dem jeweiligen Influencer zugeordnet werden (ARTDECO 2019a). Diese Vorgehensweise bietet dem Unternehmen entscheidende Vorteile bei der Erfolgskontrolle und der Bewertung der individuellen Performance der Influencer.

Neben diesen großen Influencer-Marketing-Kampagnen zu Produkt-Launches oder saisonalen Events platziert ARTDECO ganzjährig Produkte in sozialen Medien. Hierzu nutzt die Marke den eigenen Pool an Micro-Influencern und stellt diese Produkte kostenfrei zur Verfügung. Im Gegenzug produzieren die Influencer Inhalte zu den Produkten und veröffentlichen diese auf ihren Kanälen (ARTDECO 2019a). Sich nicht ausschließlich auf Kampagnen mit großen Influencern zu beschränken, birgt für ARTDECO nicht nur finanzielle Vorteile, sondern führt auch zu einer dauerhaften Präsenz in den sozialen Medien, die Kontakte der Zielgruppe mit der Marke werden konstant im Sinne der digitalen Customer Journey erhöht und das Unternehmen kann zudem auf diese Weise verschiedene Zielgruppen adressieren.

Der Erfolg der aktuellen Strategie von ARTDECO lässt sich nicht zuletzt daran erkennen, dass durch einen Influencer im Rahmen einer dieser Kampagnen durchschnittlich Sales von rund 10.000 EUR erzielt werden und die Anzahl der Abverkäufe signifikant ansteigt. Auch die Markenbekanntheit ist um ein Vielfaches angestiegen, seit die Marke verstärkt in den Einsatz von Influencer-Marketing investiert (Tödtmann 2008).

3 Influencer-Marketing-Leitfaden

Für ein erfolgreiches Influencer-Marketing müssen sich Marketer bewusst sein, dass es sich dabei um einen Prozess handelt – und nicht um eine reine Marketingmaßnahme, die einmalig zu signifikanten Werbeerfolgen führt (Hilker 2018). Unternehmen, die – wie ARTDECO – regelmäßig erfolgreich Influencer-Marketing-Kampagnen durchführen, orientieren sich in der Planung, Ausführung und Kontrolle der Kampagne an einem eigenen, auf Marke und Unternehmen abgestimmten strategischen Leitfaden. Grundsätzlich gelten für Unternehmen die folgenden zehn Punkte als Benchmark zur Orientierung, um die für eine Marke definierte Werbebotschaft zu vermitteln (DigitasLBi 2017):

1. **Zielgruppe definieren und mit der Followerschaft der Influencer abgleichen**
   Grundsätzlich muss jede Marketingaktivität eine exakt definierte und homogene Zielgruppe adressieren, um Streuverluste innerhalb der Zielgruppenansprache gering zu halten. Marketer müssen daher die Frage beantworten, wer durch die jeweilige Marketingmaßnahme auf Marke und Produkt aufmerksam gemacht werden soll und welche Merkmale den potenziellen Kunden ausmachen. Beim Influencer-Marketing ist darüber hinaus entscheidend, ob die anvisierte Zielgruppe die Bereitschaft zeigt, sich mit den produzierten Inhalten der Influencer auseinanderzusetzen. Dementsprechend entspricht die Zielgruppe der Kampagne bestenfalls auch der Community der ausgewählten Influencer. Im Falle von ARTDECO ist es beispielsweise perspektivisch nicht sinnvoll, mit Influencern zusammenzuarbeiten, deren Community sehr jung und einkommensschwach ist und dementsprechend nicht die notwendige Kaufkraft aufbringt, da diese keine relevante Zielgruppe für die Marke darstellt.
2. **Dedizierte Budgets und externe Kampagnenkosten planen**
   Influencer-Marketing galt zu Beginn als sehr günstige Marketingmaßnahme. Influencern wurden Produkte oder Dienstleistungen kostenfrei zur Verfügung gestellt, diese wurden wiederum als Gegenleistung für dieses Produkt oder diese Dienstleistung von den Influencern auf ihren Social-Media-Kanälen beworben – ohne weitere Vergütung. Das heutige Influencer-Marketing erfordert eigene Budgets, denn Unternehmen müssen die Kooperation mit Influencern mittlerweile monetär honorieren (Töpfer et al. 2018). Dies ist unter anderem dem starken Wachstum dieser Marketingmaßnahme geschuldet. Influencer lassen sich den Aufwand für die Erstellung des markenbezogenen Contents und die Promotion auf ihren Kanälen aktuell teilweise sehr hoch vergüten. Darüber hinaus fallen Kosten für die Bereitstellung der Produkte oder Dienstleistungen an sowie gegebenenfalls Auslagen für Reisekosten. Insbesondere für Kampagnen, die auf eine große Reichweite ausgerichtet sind und mit hochfrequentierten Influencern durchgeführt werden, sind dedizierte Budgets erforderlich, die sich verstärkt an die Honorare klassischer Testimonials anlehnen. Die Kosten für eine Zusammenarbeit sind dabei von verschiedenen Faktoren abhängig (DigitasLBi 2017):

- Reichweite des Influencers
- Aufwand für die Erstellung des Contents
- Dauer der Marken- oder Produkteinbindung

Die zu zahlenden Honorare sind dabei abhängig von der Anzahl der Aufrufe der Inhalte oder der jeweiligen Interaktionsrate. Sie variieren zwischen zwei- bis dreistelligen Beträgen. Darüber hinaus werden im Rahmen von Kooperationen mit besonders bekannten und reichweitenstarken Influencern Pauschalbeträge für die Zusammenarbeit fällig, die nicht selten im fünfstelligen Bereich liegen. Im Vergleich zu anderen digitalen Marketingmaßnahmen, die oft nach dem relativ günstigen Tausenderkontaktpreis (TKP) vergütet werden, ist der Einsatz von Influencer-Marketing äußerst kostenintensiv (Hilker 2018).

Vor allem kleinere Unternehmen verfügen selten über große Marketingbudgets. Für diese Unternehmen bietet sich die Zusammenarbeit mit Mikro-Influencern (Reichweite unter 10.000) an, da reichweitenschwächere Influencer dementsprechend niedrigere Preise ansetzen. Aber auch für Unternehmen mit großem Marketingbudget hat es sich im Laufe der Zeit als sinnvoll erwiesen, nicht ausschließlich in die Zusammenarbeit mit wenigen großen Influencern zu investieren, sondern das Budget auf mehrere Kampagnen mit sowohl Makro-Influencern (Reichweite über 100.000), Social-Influencern (Reichweite über 10.000) und Mikro-Influencern (Reichweite unter 10.000) aufzuteilen. Dieses Vorgehen im Marketing-Mix kann vor allem bei der Generierung von Langzeiteffekten sowie auch bei Retention-Maßnahmen äußert effektiv sein.

3. **Kampagnenziele definieren und gewünschte Ergebnisse formulieren**

Influencer-Marketing lässt sich von Marketern vielfältig interpretieren und in den Marketing-Mix integrieren, da die Kooperation mit Influencern auf verschiedenste Weise realisiert werden kann. Kampagnen, für die keine festen Ziele definiert werden und die ihre Erwartungshaltung an den Influencer nicht klar kommunizieren, schaden im schlimmsten Falle sowohl dem Markenimage als auch der Glaubwürdigkeit der Marke. Deshalb sollten Unternehmen im Rahmen der Kooperation mit einem Influencer die einzelnen Phasen der Kampagne im Detail durchgehen, die Erwartungen an die Zusammenarbeit klar benennen und die damit verbundenen, gewünschten Ziele definieren. Im Optimalfall werden Influencer im Vorfeld hinsichtlich der Marke ausführlich gebrieft. Influencer erhalten hierfür eine ausführliche Einführung in die bevorstehende Kampagne, werden in die Markenphilosophie eingeführt und über das zu vermarktende Produkt informiert. Folgende Aspekte sollten grundsätzlich Bestandteil eines solchen Briefings sein (Scott 2014):

- Markenphilosophie
- Produktdetails: USP, Produkt-Historie, -Positionierung, -Zielgruppe
- Hintergrund der Kampagne: Welche Geschichte erzählt die Kampagne?
- Aufbau und Roll-out der Kampagne
- Gewünschte Ergebnisse: Wie soll der durch den Influencer produzierte Content aussehen? Was sind strikte No-Gos?

Durch dieses Briefing können Unternehmen vermeiden, dass Influencer entgegen den definierten Zielen arbeiten und Inhalte erneut produziert oder korrigiert werden müssen. Es wird sichergestellt, dass beide Kooperationspartner ein gemeinsames Ziel vor Augen haben.
Je nach Ziel der Kampagne bieten sich dem Unternehmen unterschiedliche Möglichkeiten, von Influencern produzierte Inhalte einzusetzen. Produktbewertungen werden in der Regel auf dem Blog des Influencers veröffentlicht. Der Fokus liegt darauf, dass der Influencer seiner Community einen eigenen Erfahrungsbericht hinsichtlich eines Produktes liefert, der auf einem möglichst neutralen Test basiert. Darüber hinaus bietet gerade die Plattform YouTube die Möglichkeit, dass Influencer in einem Tutorial als Experten agieren und den Umgang mit Produkten zeigen, Anwendungsmöglichkeiten vorstellen und diese kommentieren (Karmasin 2012). Aktuell fokussieren Unternehmen sich am stärksten auf die Möglichkeit der Produktplatzierung auf der sozialen Plattform Instagram. Hier erstellen Influencer Content zu einem Produkt und teilen diesen mit ihrer Community in Form von Bild- und Videomaterial (Bundesverband Digitale Wirtschaft e. V. 2018).

4. **Influencer auf die Kompatibilität mit der Marke überprüfen**
Nachdem Aufbau, Roll-out und Ziele der Kampagne definiert wurden und ein entsprechendes Influencer-Briefing erstellt wurde, sollten die passenden Kooperationspartner identifiziert und überprüft werden.
Je nach Form der ausgewählten Darstellung der Inhalte sollte sich die Suche des Unternehmens auf diejenigen Influencer beschränken, die für diese Darstellung über eine besondere Expertise und eine dementsprechend große Reichweite verfügen. Die Präsenz des digitalen Meinungsmachers in den verschiedenen sozialen Netzwerken spielt im Rahmen der Identifikation des passenden Kooperationspartners eine übergeordnet wichtige Rolle. Influencer, die im Bereich der Bewegbildformate aktiv sind, verfügen nur in den seltensten Fällen auch über das notwendige Know-how für einen Blogbeitrag. Blogger hingegen sind in der Lage, attraktiven Content im Zuge einer Produktplatzierung zu produzieren, sind aber nicht unbedingt für ein YouTube-Tutorial geeignet.
Darüber hinaus hängt die Identifikation des richtigen Influencers von den Themen ab, zu denen dieser regelmäßig Inhalte publiziert und seine Meinung äußert. Der Fit zwischen der Botschaft einer Kampagne und dem Influencer muss gegeben sein, ansonsten verwässert die Botschaft und die Kampagne verliert an Glaubwürdigkeit. Deshalb ist es besonders wichtig, dass Unternehmen prüfen, ob ein potenzieller Influencer zur Marke passt und in der Lage ist, Werte und Botschaft der Marke glaubwürdig zu kommunizieren. Denn nur wenn eine Marke, das zu bewerbende Produkt und der Influencer miteinander harmonieren und eine Schnittmenge aufweisen, ist das Entfalten einer emotionalen Wirkung möglich. Nur so versteht die relevante Zielgruppe die Botschaft der Kooperation. Nur so wird sich der Kontakt der Zielgruppe mit den Inhalten auch in Käufen auswirken (Scott 2014).

5. **Auswahl der Influencer auf Basis von KPIs und Engagement**
   Die umfassende Prüfung der Influencer bezüglich der Kompatibilität mit der eigenen Marke, dem Fit der Zielgruppe sowie der Übereinstimmung der Inhalte grenzt die Auswahl potenzieller Kooperationspartner bereits ein. Anschließend sollten Marketer sich auf klare Kennzahlen und Nachweise der Influencer im Rahmen der weiteren Auswahl fokussieren. Relevante Kennzahlen sind hier vor allem die Anzahl der Follower auf den jeweiligen Plattformen und die durchschnittliche Engagement Rate. Diese gibt das Verhältnis der Reaktionen der Follower und der Gesamtanzahl der Follower an und ist ein Indikator dafür, wie hoch die Reaktionsbereitschaft der Community im Durchschnitt ist (O'Brien 2017).
   Die folgenden Engagement Rates werden als Richtwerte genannt (Tegtmeier 2017):
   - Mikro-Influencer: 25 %
   - Social-Influencer: 10 bis 15 %
   - Makro-Influencer: 8 bis 10 %

   Bei Influencern mit einer kleineren Followerschaft wird eine verhältnismäßig höhere Engagement Rate als Erfolgsindikator angesetzt. Mit steigender Anzahl der Follower sinkt die Engagement Rate, weshalb bei Makro-Influencern eine Engagement Rate von 8 % bereits als sehr hoch gilt. Diese Kennzahlen lassen sich mittels verschiedener Monitoring-Services und Online-Tools ermitteln (DigitasLBi 2017). Für Unternehmen sollte also nicht allein die Reichweite eines Influencers ausschlaggebend sein, sondern vielmehr sowohl seine Interaktion mit der Community als auch die Vernetzung mit der anvisierten Zielgruppe.
   Der Erfolg einer Kampagne basiert auf dem Zusammenspiel der Reichweite des Influencers, seiner Interaktion in den sozialen Medien, der Qualität seiner Inhalte und seines Kanals sowie seiner Expertise für bestimmte Themen und Inhalte.
6. **Agenturen und Netzwerke nutzen**
   Trotz der vorangegangenen, sehr detaillierten Recherche und Auswahl der Influencer ist es für Unternehmen oft eine Herausforderung, mit den gewünschten Influencern in Kontakt zu treten, da diese oft hohe Anforderungen stellen und höchsten Wert darauf legen, als Partner auf Augenhöhe von den Unternehmen angesprochen zu werden. So wird die Vorgehensweise und Ansprache von Unternehmen aufseiten der Influencer häufig als zu forsch wahrgenommen. Hier kommt es auf Kleinigkeiten an: Am häufigsten werden falsche Ansprachen, mangelnde Transparenz und geringe Aussagekraft von den Influencern kritisiert. So kommt es häufig vor, dass unangekündigte Anrufe, das Zusenden von wenig persönlichen Werbeinformationen oder Anfragen zu einem Linkaustausch das Interesse des Influencers an einem werbetreibenden Unternehmen zerstören, bevor dieser sich mit der Kooperation überhaupt auseinandergesetzt hat (Töpfer et al. 2018).
   Damit die Kommunikation zwischen Marketern und Influencern auf Augenhöhe stattfindet, greifen Unternehmen vermehrt auf die Hilfe von Agenturen und professionellen Dienstleistern zurück, die auf die Vermittlung von Kooperationen, PR-Beratung und Influencer-Marketing spezialisiert sind. Dies ist sinnvoll, da sich

insbesondere reichweitenstarke Influencer, die hauptberuflich ihre Karriere in sozialen Medien verfolgen, meistens durch Agenturen und Netzwerke vertreten lassen. Im Zuge der strategischen Planung einer Influencer-Kampagne sollten Unternehmen unbedingt auf solche Anbieter zurückgreifen, da diese aufgrund ihrer fachlichen Expertise einen relevanten Partner innerhalb der digitalen Wertschöpfungskette darstellen. Basierend auf ihren Erfahrungen aus früheren Kooperationen und Kampagnen können Agenturen Unternehmen dabei helfen, die Anforderungen der Influencer zu verstehen, passende Kooperationspartner auszuwählen und die jeweiligen Bedingungen sowie Ziele der Zusammenarbeit festzulegen.

7. **Interaktion der Zielgruppe mit den Inhalten der Influencer prüfen**
   Nachdem die Zielgruppe der Kampagne bereits festgelegt wurde und Influencer ausgewählt wurden, die die Ziele der Kampagne unterstützen, muss im nächsten Schritt das Engagement der Zielgruppe geprüft werden. Dabei sollten Unternehmen im Wesentlichen diese Fragen beantworten:
   - Setzt sich die Community tatsächlich mit den Inhalten des Influencers auseinander?
   - Wie reagieren die Influencer auf die Inhalte?
   - Welche Erfahrungen konnte die Community bereits mit werbenden Inhalten des Influencers machen?
   - Wie hoch ist die Interaktionsrate der Follower mit den Inhalten?
   - Lässt sich diesbezüglich ein Unterschied zwischen organischen und werblichen Inhalten identifizieren?
     Wie viele Follower interagieren wirklich mit den Inhalten im Vergleich zur gesamten Community (Engagement Rate)?

   Ohne eine gewisse Interaktion der Zielgruppe kann eine Kampagne nicht erfolgreich sein. Denn ohne die emotionale Bindung können Marketingziele nicht erreicht werden und der Effekt der Meinungsbildung kann nicht greifen (Esch 2006). Allerdings spielt die Interaktionsrate (Engagement der Zielgruppe) auch bezüglich der Honorare eine ausschlaggebende Rolle. Ist die Interaktionsrate beispielsweise eher gering, sollten Marketer die Preise erneut verhandeln oder aber eine zu erreichende Mindestanzahl von Interaktionen festlegen. In diesem Fall ist es aus Unternehmenssicht sinnvoll, mehrfache Veröffentlichungen von Inhalten oder auch Seeding-Maßnahmen vertraglich aufzunehmen. Dabei sind genaue Absprachen mit den Influencern sowie mit ihren Vertretern essenziell. Werden hier keine genauen Absprachen getroffen, können Preismodelle, die auf der Gesamtreichweite und nicht auf dem Engagement der Community basieren, dazu führen, dass Unternehmen viel Geld in eine Kampagne investieren, ohne einen signifikanten Werbeeffekt innerhalb der Zielgruppe zu erreichen.

8. **Glaubwürdigkeit und Authentizität**
   Das ausschlaggebende Erfolgskriterium von Influencer-Marketing ist die Authentizität. Sie verstärkt die Wirkung kommunikativer Botschaften positiv, denn Rezipienten reagieren eher abgeneigt gegenüber klassischen Werbemaßnahmen mit einer

inszenierten Markenwelt. Inhalte von Influencern wirken in der Regel glaubwürdiger. Influencer sind in der Lage, die Zielgruppe effektiver abzuholen und ihre Interaktion einzubinden. Dementsprechend lässt sich das Vertrauen der Zielgruppe in die Marke vor allem durch Authentizität gewinnen (DigitasLBi 2017). Folglich sollten Influencer sich selbst und ihrer Arbeit treu bleiben und ein stringentes Muster verfolgen. Dieses Muster sollte nicht für ein einziges Werbeversprechen durchbrochen werden. Werbetreibende Unternehmen sollten von Beginn an darauf achten, dass die zu bewerbenden Produkte die Authentizität und Glaubwürdigkeit des Influencers nicht schwächen, sondern dass das Produkt in das gegebene Markenumfeld passt. Wenn der Fit zwischen Marke und Influencer nicht gegeben ist, wird die Produktplatzierung durch die Zielgruppe als störend empfunden und die Glaubwürdigkeit infrage gestellt. Im schlimmsten Fall wird die Kampagne zu einem Bumerang und schadet nicht nur der Reputation des Influencers, sondern auch dem werbetreibenden Unternehmen (Scott 2014).

Um diesem Bumerang-Effekt vorzubeugen und von der Authentizität des Influencers und seiner Glaubwürdigkeit innerhalb der Zielgruppe zu profitieren, sollte das Unternehmen dem Influencer zwar einen klaren Leitfaden bezüglich des gewünschten Inhaltes an die Hand geben, den Influencern sollte allerdings trotzdem eine gewisse Freiheit in der Gestaltung zugesprochen werden, um zu garantieren, dass die Markenbotschaft authentisch und glaubwürdig an die Zielgruppe kommuniziert wird.

9. **Rechtliche Sicherheit wahren**

Insbesondere seit 2017 hat sich die rechtliche Grundlage des Influencer-Marketings zu einem heiß diskutierten Thema entwickelt. Da es hier keinen wirksamen Gesetzesentwurf für Werbetreibende gibt und man sich aktuell in einer Grauzone befindet, überschlagen sich die Ereignisse. Nahezu jeder größere Influencer in Europa und den USA wurde bereits vom Verband sozialer Wettbewerb (VsW) abgemahnt. In den meisten Fällen geht es um sechsstellige Beträge. Die Anzahl der gerichtlichen Verfahren diesbezüglich ist hoch (Verband sozialer Wettbewerb 2018). Deshalb sollte die Zusammenarbeit von Unternehmen und Influencern unbedingt rechtlich abgesichert sein.

Wer Influencer für kommerzielle Zwecke nutzen möchte, muss sich mit den werblichen Anforderungen und der Transparenz innerhalb dieser vertraut machen. Sobald ein Influencer auf Basis einer vertraglichen Vereinbarung oder aufgrund einer wirtschaftlichen Motivation Leistungen in Form von Inhalten für ein Unternehmen erbringt, gilt diese Leistung als Irreführung des Verbrauchers, sofern der Inhalt nicht offensichtlich als Werbung gekennzeichnet wird. Wird eine Leistung nicht als Werbung gekennzeichnet, kann der Wettbewerb sowohl gegen das werbetreibende Unternehmen als auch gegen den betroffenen Influencer rechtlich vorgehen (DigitasLBi 2017). Somit gewährleistet eine klare Kennzeichnung von werblich geprägten Leistungen wettbewerbsrechtliche Sicherheit für beide Parteien. Vor allem bezahlte Inhalte sollten von Influencern als solche gekennzeichnet werden.

10. **Controlling und Erfolgsmessung der Kampagne**
Auf welcher Basis die konkrete Erfolgsmessung durchgeführt wird, ist von den definierten Zielen der Kampagne abhängig. Grundsätzlich wird im Rahmen der Erfolgskontrolle immer die Veränderung der Markenbekanntheit beobachtet. Ist diese angestiegen oder unverändert? Einen weiteren Indikator im Zuge der allgemeinen Erfolgskontrolle stellt die Erwähnung der Marke oder des Produktes in Zusammenhang mit den jeweiligen Inhalten des Influencers dar, die durch Social-Media-Monitoring ermittelt werden kann (O'Brien 2017). Mithilfe von Analytics-Tools sollten zudem detaillierte demografische, soziografische sowie psychografische Merkmale der Personen gesammelt werden, die mit den Inhalten der Influencer in Berührung gekommen sind. Diese Informationen helfen Marketern zu kontrollieren, ob die gewünschte Zielgruppe wirklich erreicht wurde und wie groß die Streuverluste innerhalb der Zielgruppe sind. Darüber hinaus gewinnt das Unternehmen auf diese Weise wertvolle Informationen über die Zielgruppe, die für weitere Marketingmaßnahmen relevant und hilfreich sein können. Wichtig ist auch, dass Unternehmen mittels Analytics-Tools die Verweise auf die beworbene Kampagnenseite untersuchen, denn so gewinnt das Unternehmen Aufschluss darüber, wie viele Personen die unternehmenseigenen Kanäle aufgrund der Kampagne besucht haben. Zusätzlich ist eine dauerhafte Analyse der Einstellung gegenüber der Marke oder des Produktes zu empfehlen, sofern das Unternehmen langfristig mit Influencern arbeiten möchte. So lässt sich feststellen, ob der Einsatz von Influencer-Marketing das positive Gespräch sowie die positive Weiterempfehlung intensiviert hat.
Jede Kampagne sollte auch nach belastbaren Key Performance Indicators (KPIs), wie Interaktionsraten, Verkaufszahlen, die sich auf die Kampagne zurückführen lassen, oder Reichweitenindikatoren, ausgewertet werden. Beispielsweise liegt die Interaktionsrate einer erfolgreichen Kampagne zwischen 5 und 8 % (Scott 2014). Ob und inwiefern die Verkaufszahlen aufgrund der Kampagne ansteigen, hängt immer davon ab, wie reichweitenstark die Kooperationspartner sind und ob mit Rabattcodes für die Zielgruppe gearbeitet wird. Unternehmen, die Influencer-Kampagnen erfolgreich durchführen und umsetzen, generieren nicht selten im Rahmen einer Kampagne Sales in Höhe von fünfstelligen Beträgen (DigitasLBi 2017).
Da Influencer-Marketing ein stetiger und langfristiger Prozess ist, der nicht umgehend seine volle Wirkung entfaltet, ist eine detaillierte Erfolgsmessung unabdingbar, um bewerten zu können, ob die festgesetzten Ziele erreicht wurden, das Budget zielführend eingesetzt wurde und es gegebenenfalls Optimierungspotenzial gibt. Die Evaluation einer Kampagne sollte immer die Grundlage weiterer Kampagnen bilden und Unternehmen aufzeigen, wo die eigenen Stärken und Schwächen in der Vermarktung liegen.

Allgemein lässt sich dieser Leitfaden als ein immer wiederkehrender Prozess identifizieren, der als strategische Grundlage jeder Kampagne zu sehen ist (siehe Abb. 5). Insbesondere das Controlling und die Erfolgskontrolle einer abgeschlossenen Kampagne

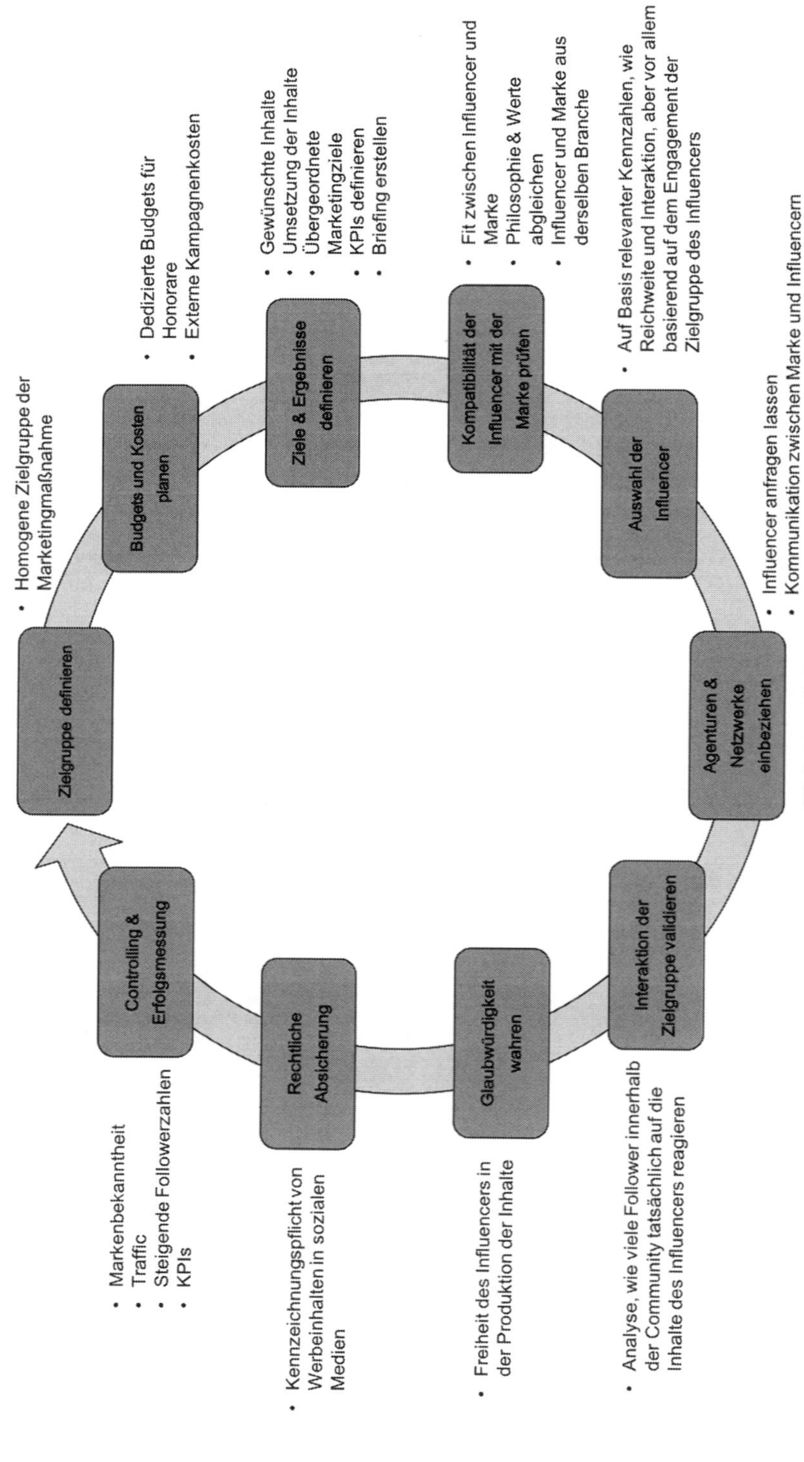

Abb. 5 Prozess einer Influencer-Marketing-Kampagne. (Quelle: Nach DigitasLBi 2017)

sollten als Ausgangspunkt für die Planung weiterer Kampagnen dienen, um die strategische Vorgehensweise und die Umsetzung der Kampagnen stetig zu optimieren und eigene Stärken und Schwächen zielführend zu berücksichtigen.

4 Fazit – Erfolgsindikatoren im Influencer-Marketing

Influencer-Marketing stellt mittlerweile eine äußerst effektive und wirksame Vermarktungsdisziplin dar. Der Einsatz von Influencern ermöglicht es Unternehmen, authentische Werbebotschaften auszusenden und sowohl deren Glaubwürdigkeit als auch die der eigenen Marke zu untermauern. Für nahezu jede Branche hat sich Influencer-Marketing in den letzten Jahren als essenzieller Bestandteil des Marketing-Mixes entwickelt. Die Zusammenarbeit mit Influencern ist kein Selbstläufer, Kampagnen müssen sorgfältig geplant werden. Die folgenden Faktoren lassen sich als die wesentlichen Erfolgsindikatoren von Influencer-Marketing-Kampagnen zusammenfassen:

- **Klar definierte Ziele:** Eine Influencer-Marketing-Kampagne kann nur dann erfolgreich sein, wenn die Marketingziele im Vorfeld deutlich definiert werden. Dabei sollte vor allem die Zielgruppe festgelegt werden, die es zu erreichen gilt, die relevantesten KPIs sollten bestimmt und die zu kommunizierende Werbebotschaft sollte definiert werden.
- **Fit von Marke und Influencern:** Damit die Kooperation mit einem Influencer die gewünschte authentische Werbewirkung erzielt, müssen Influencer und Marke zusammenpassen. Der Influencer muss Interesse an der Marke und den Produkten aufweisen und vertritt bestenfalls ähnliche Werte wie die Marke oder verfolgt eine gleichwertige Philosophie. Deshalb arbeiten Unternehmen im besten Falle mit Influencern zusammen, die auf die Branche spezialisiert sind, aus der das Unternehmen stammt. Wenn die Kompatibilität von Marke und Influencer nicht gegeben ist, kann die Kampagne dem Unternehmen schaden.
- **Übereinstimmung der Community des Influencers mit der eigenen Zielgruppe:** Ein Influencer kann noch so gut in das Markenbild passen – wenn die Followerschaft des Influencers nicht deckungsgleich mit der anzusprechenden Zielgruppe ist, wird keine Werbewirkung eintreten. Bevor sich Marketer auf einen Influencer festlegen, muss dessen Community mit der eigenen Zielgruppe abgeglichen werden.
- **Engagement und Interaktion von Influencern und Followern:** Unternehmen dürfen nicht nur die Reichweite des Influencers als ausschlaggebendes Auswahlkriterium sehen. Viel eher gilt es zu prüfen, wie hoch das Engagement der Follower tatsächlich ist. Eine Kampagne wird in der Regel immer erfolgreicher sein, wenn die Zielgruppe ein hohes Engagement aufweist und eine Reaktion auf die Inhalte zeigt. Deshalb verfügen Influencer mit einer hohen Interaktionsrate über ein erhöhtes Erfolgspotenzial.
- **Dedizierte Budgetplanung:** Das verfügbare Budget für den Einsatz von Influencer-Marketing muss sorgfältig geplant werden. Kampagnen mit großen Influencern sind meistens sehr kostenintensiv. Deshalb ergeben sich Vorteile für Unternehmen,

die nicht nur einige wenige Kampagnen mit sehr großen Influencern durchführen, sondern ihr Budget splitten und sowohl reichweitenstarke Kampagnen mit großen Influencern durchführen, als auch mit Produktplatzierungen durch etwas reichweitenschwächere Influencern arbeiten. Sich nicht auf eine Form des Influencer-Marketings zu fokussieren, sondern die verschiedenen Möglichkeiten divers in den Marketing-Mix zu integrieren, erhöht die Markenpräsenz und erzielt höhere Anstiege der Markenbekanntheit und des Traffics.

Dabei müssen Unternehmen berücksichtigen, dass insbesondere mit dem Start von Influencer-Marketing keine Wunder vollbracht werden und der Einsatz von Influencern eher mittel- bis langfristig zu Erfolgen führt. Das Controlling jedes Einsatzes dient dazu, Schwachstellen zu erkennen und die Faktoren unternehmensspezifisch anzupassen und zu optimieren.

Literatur

ARTDECO. (2019a). Die ARTDECO Story. https://www.artdeco.de/company/ueber-artdeco/wer-wir-sind/story.html. Zugegriffen: 10. Jan. 2019.

ARTDECO. (2019b). ANAJOHNSON und ARTDECO. https://www.artdeco.de/specials/inspiration/anajohnson.html. Zugegriffen: 16. Jan. 2019.

ARTDECO. (2019c). CARMUSHKA und ARTDECO. https://www.artdeco.de/specials/inspiration/carmushka.html. Zugegriffen: 16. Jan. 2019.

ARTDECO. (2019d). NOVALANALOVE und ARTDECO. https://www.artdeco.de/specials/inspiration/novalanalove.html. Zugegriffen: 16. Jan. 2019.

Balmer, J. (2001). Corporate identity, corporate branding and corporate marketing. *European Journal of Marketing, 35*(3/4), 248–291.

BRANDPUNKT und INREACH. (2017). Influencer Marketing. Leitfaden. http://inreach.de/wp-content/uploads/INREACH_Whitepaper.pdf?utm_source=White_paper_download&utm_medium=CPC&utm_campaign=INREACH2017_White_Paper&utm_content=download. Zugegriffen: 8. Jan. 2019.

Bundesverband Digitale Wirtschaft e. V. (2018). Umfrage zur Nutzung von Influencer Marketing. https://www.bvdw.org/fileadmin/user_upload/BVDW_Umfrage_Influencer_Marketing__112018.pdf. Zugegriffen: 12. Jan. 2019.

Cosmetic Business. (2012). ARTDECO cosmetic Group: Helmut Baurecht schreibt die Erfolgsgeschichte fort. http://www.cosmetic-business.com/de/Neuigkeiten/artdeco-cosmetic-group-helmut-baurecht-schreibt-die-erfolgsgeschichte-fort/91497. Zugegriffen: 16. Jan. 2019.

DigitasLBi. (2017). Leitfaden Influencer Marketing. https://www.digitas.com/globalassets/insights/de/leitfaden-influencer-marketing/digitaslbi_leitfaden_influencer_marketing.pdf. Zugegriffen: 7. Jan. 2019.

Esch, F. (2006). *Corporate brand management* (2. Aufl.). Wiesbaden: Gabler.

Hilker, C. (2018). Aktuelle Studien zum Influencer Marketing. https://blog.hilker-consulting.de/aktuelle-studien-zum-influencer-marketing. Zugegriffen: 14. Jan. 2019.

InfluencerDB. (2018). Influencer marketing strategy. https://influencerdb.com/wiki/influencer-marketing/influencer-marketing-strategy/. Zugegriffen: 12. Jan. 2019.

Jais, M. (2018). The state of influencer marketing in fashion, luxury & cosmetics 2018. [PDF] Launchmetrics. https://www.launchmetrics.com/resources/whitepapers/influencer-marketing-report-2018. Zugegriffen: 9 Jan. 2019.

Karmasin, H. (2012). *Produkte als Botschaften*. München: Redline.

O'Brien, C. (2017). 5 Essential KPIs for your influencer marketing campaign. https://digitalmarketinginstitute.com/blog/5-essential-kpis-for-your-influencer-marketing-campaign. Zugegriffen: 12. Jan. 2019.

Pennington, A. (2016). *The customer experience book: How to design, measure and improve customer experience in your business*. Harlow: Pearson Education.

Scott, D. M. (2014). *Die neuen Marketing- und PR-Regeln im Social Web: Wie Sie mit Social Media und Content Marketing, Blogs, Pressemitteilungen und viralem Marketing Ihre Kunden erreichen* (4. Aufl.). Heidelberg: mitp.

Tegtmeier, A. (2017). Micro, Macro, Nano und Mega – Die Unterschiede von Influencern in Reichweite und Einfluß. https://espresso-digital.de/2017/10/12/micro-macro-nano-und-mega-die-unterschiede-von-influencern-in-reichweite-und-einfluss/. Zugegriffen: 13. Jan. 2019.

Tödtmann, C. (2008). Nische gesucht, Marktführer geworden. Handelsblatt. https://www.handelsblatt.com/unternehmen/mittelstand/art-deco-gruppe-nische-gesucht-marktfuehrer-geworden/3017146.html. Zugegriffen: 14. Jan. 2019.

Töpfer, T., Trapp, F., & Nguyen, T. (2018). Inside Influencer – Die neuen Markenbotschafter und was sie bewegt. https://www.brandnew.io/wp-content/uploads/2018/01/20180117_Brandnew-Influencer-Perspective-Study-DE.compressed.pdf. Zugegriffen: 14. Jan. 2019.

Verband sozialer Wettbewerb. (2018). Verband sozialer Wettbewerb – Wir über uns. www.vsw.info/index.html. Zugegriffen: 12. Jan. 2019.

Laura Bartels ist Masterstudentin im Studiengang Strategic Marketing Management an der International School of Management (ISM). Ihren Bachelor absolvierte sie im Studiengang Markenmanagement mit dem Schwerpunkt Markt- und Werbepsychologie, ebenfalls an der ISM. Während ihres Bachelorstudiums war sie als Werkstudentin für die Borussia Dortmund Merchandising GmbH tätig und absolvierte dort ebenfalls ein Praktikum im Marketing. Nach ihrem Bachelor arbeitete sie für die VOK DAMS, eine der führenden Agenturen im Bereich Events und Live-Marketing im Projektmanagement. Im Rahmen ihres Masterstudiums absolvierte sie ein Praktikum in einem jungen Digitalunternehmen, das eine Influencer-Branding Plattform ins Leben gerufen hat, im Bereich Marketing und blieb danach als Werkstudentin angestellt. Mittlerweile ist sie in einer jungen Full-Service Marketing Agentur als Projektmanagerin Digital angestellt.

Prof. Dr. Meike Terstiege studierte Wirtschaftspsychologie an der Universität Mannheim und promovierte am Marketing-Lehrstuhl der TU Dortmund. Sie ist seit über 20 Jahren im strategischen Marketing tätig – in Führungspositionen auf Unternehmensseite (Henkel, Generali Holding und Allied Domecq) und auf Agenturseite (BBDO, Ogilvy, McCann und Edelman). Seit 2016 lehrt sie an der International School of Management digitales und strategisches Marketing, entwickelte den Master-Studiengang Digital Marketing und ist als selbstständige Marketing-Beraterin und -Trainerin tätig.

Weiter Denken durch Mindfracking

Wege zu Innovation und digitaler Produktentwicklung

Stefan Max Garzarolli und Michael Kiel

Inhaltsverzeichnis

1 Innovation – Annäherung an einen vagen Begriff . . . 80
1.1 Motivation und Druck . . . 80
1.2 Disruption . . . 81
1.3 Die Organisation von Innovation . . . 82
1.4 Umwege, Abwege und geistige Kurzschlüsse . . . 82
1.5 Auf dem Weg zu einer Idee . . . 83
1.6 Aus dem Vollen schöpfen . . . 84
2 Sokrates und die Kunst, die richtigen Fragen zu stellen . . . 84
2.1 Sokrates als Influencer . . . 84
2.2 Am Anfang steht immer eine Frage . . . 85
2.3 Wie das Fragen nicht nervtötend wird . . . 85
2.4 Die digitale Relevanz von Sokrates . . . 86
2.5 Der Mehrwert der sokratischen Methode für Digitalisierungsprojekte . . . 87
3 Ein Netz voller Ideen . . . 87
3.1 Simone Giertz oder vom Sinn nutzloser Erfindungen . . . 88
3.2 Es lebe der Fehler! . . . 88
3.3 Wissen teilen und erweitern . . . 89
4 Marx Brothers oder die Kunst, sich nicht anzupassen . . . 89
4.1 Kind sein . . . 91
4.2 Leichtfüßigkeit durch Standpunktwechsel . . . 91

S. M. Garzarolli (✉)
Fleestest-Seevetal, Deutschland
E-Mail: max@mindfracking.com

M. Kiel
Hamburg, Deutschland
E-Mail: michael.kiel@posteo.de

M. Terstiege (Hrsg.), *Digitales Marketing – Erfolgsmodelle aus der Praxis*,
https://doi.org/10.1007/978-3-658-26195-5_5

4.3 Subversion . . . 92
4.4 Wahrhaftigkeit . . . 92
4.5 Noch ein Wort zu Pippi Langstrumpf . . . 92
5 Joël Henry oder eine Reise zur Beiläufigkeit . . . 93
5.1 Die Überwindung des Klischees . . . 93
5.2 Arbeiten gegen die Voreingenommenheit . . . 95
5.3 Augen auf! . . . 95
5.4 Experimentelles Reisen und Power-Workshops . . . 95
5.5 Maximale Inkompetenz als gruppendynamischer Auslöser . . . 96
6 Verfrühtes Outro – Macht was draus! . . . 96
7 Paul Feyerabend oder ein Plädoyer für die Abwegigkeit . . . 96
7.1 Widersprüche? Aber gerne! . . . 97
7.2 Einfach mal das Gegenteil behaupten . . . 97
7.3 Vergesst die Methode! . . . 97
8 Jetzt aber – Das Outro mit der Anti-Methode . . . 97
8.1 Die Anti-Methode . . . 98
8.2 Keine Rezepte für digitale Innovatoren . . . 98
8.3 Der Widersinn der Zweckmäßigkeit . . . 98
8.4 Niedrigschwelligkeit und Aufbruchsmentalität . . . 99
8.5 Optimismus ist angebracht . . . 99
Literatur . . . 99

1 Innovation – Annäherung an einen vagen Begriff

Beim Lesen von Blogs zum Thema digitales Marketing fällt immer wieder ein Bild ins Auge: Die Metapher des alles verschlingenden Weißen Hais, der von unten den ahnungslosen Schwimmer angreift, um ihn zu fressen. Die Botschaft ist binär: Tod oder Innovation! Niemand beschäftigt sich gerne mit dem Tod. Unternehmen sind da nicht anders (vgl. die Überlegungen zu innovativen Unternehmen in Baecker 2007, S. 14–27) …

Doch was steckt eigentlich hinter der Forderung nach Innovation, der sich viele Unternehmen ausgesetzt sehen? Zunächst müssen wir feststellen, dass Innovation ein sehr allgemeiner Begriff, eine leere Worthülse, bestenfalls ein gut gemeinter Wunsch ist. Weil er so unkonkret ist, wird es auch so schwer, ihn zu organisieren. Bevor wir über Lösungen sprechen, lohnt es sich, die konkreten Fragen, die sich Unternehmen im Zusammenhang mit Innovation und digitaler Transformation stellen, genauer zu untersuchen.

1.1 Motivation und Druck

Im Kontext der alle Bereiche durchdringenden Digitalisierung redet man gerne von Innovationsdruck. In den letzten beiden Jahrzehnten haben sich enorme technologische Neuerungen durchgesetzt und diese haben den Rahmen für eine Vielzahl an Innovationen geschaffen. Die Sache ist nicht grundlegend neu, neu sind aber das Tempo der Veränderungen und ihre Marktübergriffigkeit. Wie kommt ein Buchhändler dazu, Raketen ins Weltall zu schießen? Solche Entwicklungen wecken bei etablierten Unternehmen, die vielleicht bisher einen großen Marktanteil hatten, Befürchtungen. Aus einer bisher unbeachteten Nische kann unvermittelt ein neuer Player springen, der die Spielregeln grundlegend verändert. Viele Unternehmen fürchten diesen Kontrollverlust und stellen sich die Frage, ob sie in zehn Jahren noch existieren werden. Unter diesem Gesichtspunkt ist die Sehnsucht nach einer guten digitalen Disruption, die in höchster Not dem Scharfrichter zuvorkommt, gut nachvollziehbar. Druck und Verzweiflung sind aber bei weitem die schlechtesten Mentoren für Innovatoren. Erzwingen lässt sich Innovation nicht. Außerdem gibt es da noch ein weiteres Problem, das damit zusammenhängt, dass Menschen involviert sind: Motivation! Motivation kann nicht verordnet werden, sondern man muss die richtige Atmosphäre und genügend Raum schaffen, damit sie sich entfalten kann. Hier scheitern die meisten Digitalisierungsprojekte schon im Ansatz. Ohne Motivation und ohne die Bereitschaft, das bisherige Konzept wirklich grundsätzlich in Frage zu stellen, kann sich kein neues Denken entfalten.

1.2 Disruption

Intern vs. extern
Geht die Erneuerung zu langsam vorwärts und fühlt man sich im digitalen Zeitalter schlecht aufgestellt, spricht man gerne vom Wunsch nach Disruption. Es muss sich endlich etwas ändern, eine grundlegend neue Idee muss her! Dass es zumindest sehr herausfordernd ist, Organisationen durchzuschütteln und auf Innovation zu trimmen, ist offenkundig. Disruption kommt in der Regel von außen wie der Weihnachtsmann durch den Schornstein. Man denke an die Erschütterung der Hotelbranche durch das Erscheinen und Erstarken von Airbnb. Die andere Seite dieses *Buzz-Words* bringt es mit sich, dass echte Dehnungsstreifen entstehen, dass Bestehendes möglicherweise entwertet wird, dass Einzelne ausgegrenzt werden, dass schwer zu kontrollierende Scherkräfte innerhalb einer Organisation entstehen. Unsere Erfahrung zeigt, dass diejenigen, die sich Disruption wünschen, häufig nicht auf deren Folgen vorbereitet sind.

Zielgerichtet vs. spielerisch
Nicht einmal die ehrliche Absicht, innovativ zu sein, hilft. In möglichst kürzester Zeit auf möglichst direktem Weg zu Neuem zu finden, klappt nicht. Es entstehen Schnellschüsse, zu kurz gedachte Lösungen. Man versucht, die Erneuerung zu erzwingen. Innovation ist ein kreativer Prozess, der geistige Agilität erfordert. Ein krampfhaftes Ringen um digitale Innovation läuft konträr zu der benötigten spielerischen Leichtigkeit und der Gestaltungslust, die dem Schöpferischen innewohnt (vgl. Bertram 2012). Wir sind davon überzeugt, dass man nicht auf direktem Wege in die *„Innovation Lane“* kommt. Innovation ist ein Prozess, für den erst einmal die richtigen Voraussetzungen geschaffen werden müssen. Diese beinhalten vor allem die Schaffung eines Freiraums, der die spielerische Auseinandersetzung, das Experiment und vor allem die Zweckfreiheit ermöglichen soll. Wenn man Innovation schon nicht verordnen kann, muss man sie vielleicht anlocken und herausfordern.

1.3 Die Organisation von Innovation

Eine Organisation auf Innovation zu trimmen, gelingt am besten bei einem Start-up. Bei einem etablierten Unternehmen sieht es ganz anders aus. Es stellt sich die Frage, ob es überhaupt sinnvoll ist, dass innerhalb einer Organisation alle von einem Wandel erfasst werden. Kühe wollen einen erfahrenen Melker, der weiß, was er tut. Das gilt auch für *Cash Cows*. Für etablierte Unternehmen ist es wichtig, die benötigte Kontinuität mit dem Bedarf an Innovation auszubalancieren. Das Management muss dabei sicherstellen, dass Bewahrer und Erneuerer gleichermaßen Wertschätzung erfahren.

Selbst wenn also differenziert und behutsam vorgegangen wird: Innovation will organisiert sein. Wer darf überhaupt mitwirken und wie viel Entscheidungsspielraum und Arbeitszeit stellt man dafür zur Verfügung? Wir beobachten häufig: Bevor man zu viele Mitarbeiter in vermeintlich unproduktive Fragen einbindet, kocht der Chef lieber selbst, man lässt sich die Zukunft von einem externen Berater erklären oder man gründet – Ressourcen vorausgesetzt – gleich eine eigene Abteilung für Innovation. Leider sind diese Bestrebungen häufig der Schaffung eines Umweltschutzressorts nicht unähnlich. Eigentlich liegen die viel größeren Hebel im Wirtschaftsministerium und das neue Ressort hat nur eng bemessene Handlungsspielräume. Es drängt sich der Verdacht auf, dass Umweltschutz als Alibi betrieben werden soll: Durch das eigene Ressort wird der Umweltschutz marginalisiert. Ähnlich ist es oft mit Innovationsabteilungen. Wir haben eine eigene Abteilung für Innovation, also sind wir innovativ. Der Mainstream der Organisation bleibt allerdings unberührt, denn ab jetzt gibt es ja eine eigene Abteilung. Damit gewinnt man an einer Stelle vielleicht Geschwindigkeit und Pointierung, verliert an anderen Stellen aber sehr viel Potenzial. Begrenzt man den Zugang zum Thema, sollte auch den Mitarbeitern außerhalb der Innovationsabteilung das Gefühl vermittelt werden, dass ihre Ideen gebraucht werden.

Fazit: Innovation benötigt Transparenz. Zunächst muss die Haltung der Unternehmensleitung in dieser Frage klar sein. Die Ziele möglichst konkret zu formulieren, reduziert Verunsicherung. Jeder im Unternehmen sollte wissen, wie er am Innovationsprozess teilhaben kann. Schließlich erfordert der Weg Klarheit, Mut und einen langen Atem.

1.4 Umwege, Abwege und geistige Kurzschlüsse

Sind diese Voraussetzungen geschaffen, kann man sich an die eigentliche Arbeit machen: den zunächst leeren Raum, den das Wort Innovation freihält, mit Inhalten zu füllen. Wie geht man an diese Aufgabe heran? Man sollte es sich damit jedenfalls nicht zu einfach machen. Bitte wenden Sie jetzt kein Rezept an. Kaufen Sie Innovation nicht von der Stange.

Verabschieden Sie sich an dieser Stelle von der Idee, dass der Weg zur Innovation geradlinig und effizient sein sollte. Auf diesem Weg sollten Sie bereit sein für Abweichungen,

Sprünge, vielleicht sogar Akrobatik. Stoßen Sie dabei auf ein Wurmloch, nutzen Sie es, ebenso wie eine beliebige Anzahl geistiger Kurzschlüsse. Ja, Sie haben richtig gelesen: Wir empfehlen, sich auf Abwege zu begeben und Inspiration dort zu suchen, wo man sie nicht vermuten würde: in Kunst, Film, Literatur und Science Fiction. Die Herausforderung besteht darin, das Potenzial dieser Genres auf Unternehmenszwecke umzumünzen. Haben Sie sich schon einmal gefragt, wie es sein kann, dass die Drehbuchschreiber von Star Trek mehr Innovationen erdachten als die Innovationsabteilungen aller DAX-Konzerne zusammen? Wie vielen etablierten Unternehmen ist es gelungen, sich zumindest teilweise neu zu erfinden? Nicht sehr vielen. Warum also die Vorbilder für Wandlungsfähigkeit und Innovation nicht an anderer Stelle suchen? Schreiben Sie das Drehbuch ihres Unternehmens neu!

1.5 Auf dem Weg zu einer Idee

Egal, warum man innovativ sein will, egal, mit welcher Organisationsform man der Erneuerung beikommen möchte: Eine Innovation beginnt mit der Idee. Ideen stammen immer noch von Menschen, genauer aus deren Neocortex. Manchmal entstehen Ideen für Innovationen durch gründliches Nachdenken in Abgeschiedenheit. Oft durch beiläufiges Beobachten. Noch öfter durch Verknüpfung bisher getrennter Systeme oder durch Fehler – Fehler als Verstoß gegen die Erwartung. Wie kann man Menschen dazu bringen, gegen Erwartungen zu verstoßen und neue gedankliche Pfade zu betreten? Wie kann man Menschen dazu bringen, im beruflichen Kontext Verrücktes zu denken und sogar auszusprechen? Wie kann man in einem Kontext, der durch Geschichte und Gewohnheiten geprägt ist, eine Tabula rasa erzeugen, die einen Neuanfang erlaubt? Das ist nicht einfach, dass muss uns bewusst sein. In unserer Erziehung, Ausbildung und unserer beruflichen Laufbahn werden wir für lineares, erfolgsorientiertes Denken belohnt. Das wird den digitalen Herausforderungen nicht mehr gerecht. Eine solche Herangehensweise ist nicht frei und wild genug für echte Sprünge nach vorne. Gibt es also eine funktionierende Kur, eine Methode?

Wir fürchten, nein. Aber immerhin gibt es Mindfracking. Die Schöpfer von Mindfracking verfügen über Erfahrungen mit Organisationen verschiedener Größen, sowohl von innen als auch von außen. Sie haben Unternehmen gegründet und sich mit dem Möglichen bis zur Erschöpfung auseinandergesetzt. Um ihr eigenes Denken herauszufordern, wandten sie sich dem Spiel zu und gründeten den Rotor Cyneburg FC – ein Kunstprojekt, das jede Regel außer Kraft zu setzen im Stande ist. Produkt, Digitalisierung, Marketing, alles ist dabei, jederzeit im Fluss. Anregungen für den Rotor Cyneburg FC zogen sie dabei aus jeder erdenklichen Quelle: Kino, Theater, Installationen, Street Performances, Reisen abseits der ausgetretenen Pfade, Teilnahme an ausgefallenen Seminaren. Hinter Mindfracking steht also eine Menge Übung, wie man auf (geistige) Abwege gerät und diese für seine Arbeit nutzbar machen kann.

1.6 Aus dem Vollen schöpfen

Die gerade beschriebene Abwegigkeit ist eines der wichtigsten Prinzipien von Mindfracking. Das bedeutet auch, dass wir Innovatoren dringend abraten, bei ihrer Suche nach neuen Ansätzen den aktuellen digitalen Trends hinterherzulaufen. Der Begriff „hinterherlaufen" ist an sich schon ein Grund für diese Empfehlung. Der zweite liegt darin, dass jede digitale Anwendung immer nur einen Aspekt der Erneuerung berührt. Digitalisierung ist letztendlich ein Werkzeug. Ohne Idee und Strategie wird daraus keine Erfolgsgeschichte. Wer sich in seiner Suche nach neuen Wegen allein auf Technologie fokussiert, vergibt ein gewaltiges Potenzial (vgl. zu einer Kulturökonomie des Neuen Groys 1999, insbesondere S. 9–20). Aus diesem Grund laden wir Sie auf eine Reise ein, die uns anfangs 2500 Jahre in die Vergangenheit führt. Das klingt abwegig, da unser Thema „digitales Marketing" ist. Genau deshalb ist es jedoch eine Möglichkeit, sich einer Innovation anzunähern. Begleiten Sie uns also auf einen Besuch bei inspirierenden Persönlichkeiten und sehen Sie, wie wir sie in unsere Arbeit einbeziehen …

2 Sokrates und die Kunst, die richtigen Fragen zu stellen

2.1 Sokrates als Influencer

Aus heutiger Sicht kann man Sokrates zu Recht als einen der ersten Influencer bezeichnen (siehe Abb. 1). Sokrates hat keine philosophische Lehre verfasst, sondern sich auf den Straßen und Marktplätzen Athens herumgetrieben, um dort mit Menschen ins Gespräch zu kommen. In den Gesprächen vertrat er keinen eigenen Standpunkt, sondern brachte die Leute zum Mitdenken. Ähnlich wie die heutigen Influencer brachte Sokrates die Menschen dazu, ihren Blickwinkel zu erweitern.

Bekannt ist Sokrates auch heute noch für seine spezielle Gesprächstechnik, die er selbst „Geburtshilfe" nannte (vgl. zur sokratischen Hebammenkunst Platon 1981, S. 25–35).

SOKRATES

Lebensdaten: 469 - 399 v. Chr. in Athen, Griechenland

Bekannt für: Philosoph, der keine Lehre aufschrieb, sondern eine besondere Form des Dialogs entwickelte.

Berühmtester Satz: Ich weiß, dass ich nichts weiß.

Werke: Nur bekannt geworden durch die Dialoge, die sein Schüler Platon verfasste.

Mehr Informationen unter: www.wikipedia.org/wiki/Sokrates

Abb. 1 Steckbrief Sokrates

Heute ist diese sehr effektive Methode, Gespräche zu führen, unter dem Namen „sokratische Methode“ in Philosophie und Didaktik weiterentwickelt worden (siehe Abb. 2) (vgl. zur zeitgenössischen Auseinandersetzung und Weiterentwicklung der sokratischen Methode Birnbacher und Krohn 2002, S. 21–105). Die Stärke der Methode liegt darin, dass sie ihren Fokus auf das Stellen von Fragen verlegt und damit verhindert, zu schnell bei einer Antwort anzukommen.

2.2 Am Anfang steht immer eine Frage

Warum überhaupt Fragen stellen? Es gibt doch eine Menge guter Berater, die Antworten haben. So lässt sich auch jede Menge Zeit sparen! Wir von Mindfracking glauben das nicht. Genauer gesagt, wir halten das für eine grundsätzlich falsche Herangehensweise. Sokrates war überzeugt, dass wir immer schon etwas über die Dinge wissen, nach denen wir fragen. Auch unsere eigenen Beobachtungen zeigen: Unsere Kunden wissen über ihre Themen grundsätzlich wesentlich mehr als wir. Das machen wir in unseren sokratischen Dialogen zum Prinzip. Wir stellen die Fragen und halten uns mit Antworten zurück. Das führt dazu, dass unsere Gesprächspartner zu Wort kommen und lernen, mit ihren Kollegen konstruktiv über die Qualitäten der Antworten zu streiten. So gelingt es dann auch, das Wissen zusammenzubringen, zu vertiefen, zu pointieren und in Zusammenhang mit den Möglichkeiten digitaler Strategien zu bringen. „Noch Fragen?“ sollte also nicht am Ende eines Workshops stehen, sondern es gehört an den Anfang.

2.3 Wie das Fragen nicht nervtötend wird

Sokrates wurde letztendlich zum Tode verurteilt, weil er seinen Athener Mitbürgern zu unbequem wurde. So drastisch geht es in unseren Workshops nicht zu. Wir ermöglichen als Gesprächsleiter einen Dialog, der den Dingen auf den Grund geht, ohne dass man sich dabei total verzettelt und am Ende alle genervt sind. Wie bewerkstelligen wir das? Wir stellen mit der sokratischen Methode klare Regeln für Gespräche bereit. So wird aus einem Streitgespräch ein gelungener Dialog. Es bedarf eines erfahrenen Gesprächsleiters, Fragen zu lenken, die Antworten aus den Gesprächsteilnehmern herauszulocken und sie präzise zu formulieren, bis wichtige Aspekte erkennbar werden (siehe Abb. 2). Wichtiges muss nicht immer groß sein. Oft sind es die Details, in denen Wichtiges steckt. Die Grundlagen von Organisation lassen sich beispielsweise sehr präzise aus den Schilderungen unterschiedlicher Methoden für das Packen von Koffern für den Urlaub herauslesen. Oft ist es gerade die Erlaubnis, auch über Alltagserfahrungen zu sprechen, die die Gesprächsteilnehmer motiviert, mit ganzem Einsatz ins Gespräch einzusteigen. Je mehr sich der Gedanke aus den Teilnehmern heraus entwickelt, desto größer wird die Freude am Diskutieren.

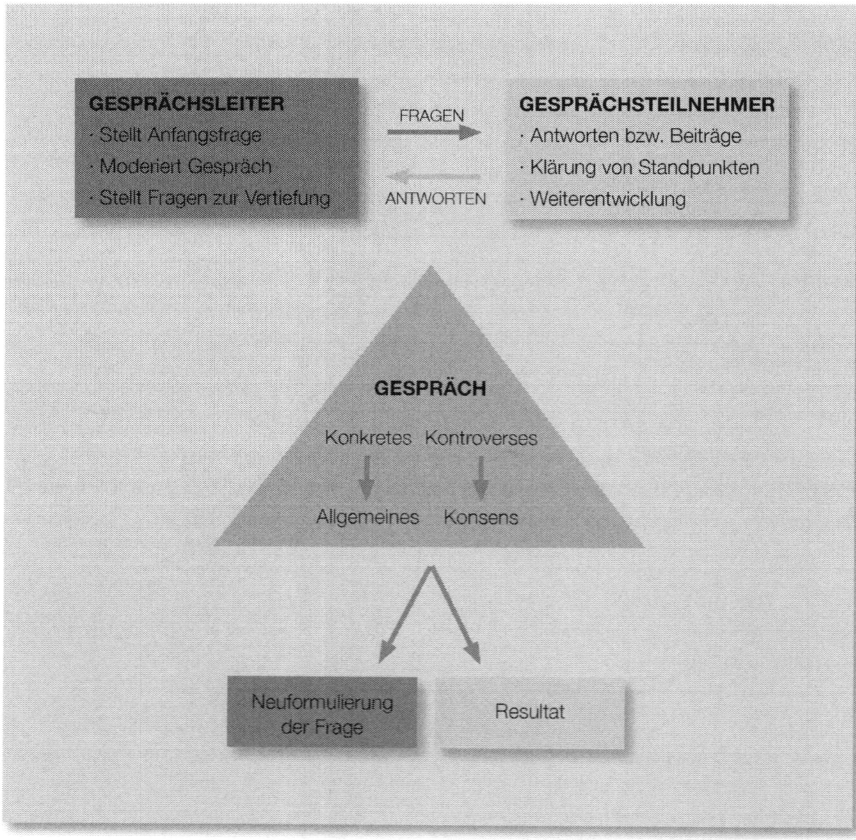

Abb. 2 Verlauf eines Gespräches nach sokratischer Methode

2.4 Die digitale Relevanz von Sokrates

Wenn es um digitale Innovationen geht, dann beobachten wir eine festgefahrene Sprachlosigkeit zwischen Informationstechnologen und Operativen. Bestenfalls gelingt es, ein rudimentäres Einverständnis zum Status quo herzustellen. IT-Experten suchen Vereinfachungen und Standards. Operative versuchen, Freiräume zu erhalten. Meistens trifft man sich irgendwo in der Mitte. Die Debatte ist mühsam, weil sich IT-Experten der Diskussion häufig schnell durch den extensiven Einsatz von Fachbegriffen entziehen und weil es Operativen selten gelingt, in ihrer Sicht der Dinge eine Balance zwischen Details und einer übergeordneten Struktur zu behalten. Oft genug ist nicht einmal hinreichend klar, wie der Einsatz von Ressourcen mit der daraus resultierenden Wertschöpfung verknüpft ist. Eine sokratische Gesprächstechnik ermöglicht, dass beide Parteien zu Wort kommen, Verständnis für den Standpunkt der anderen entwickeln und sicherstellt, dass ein gemeinsames Ziel verfolgt wird. In einem sokratischen Dialog sind alle Teilnehmer gezwungen, auf die Beiträge der anderen Teilnehmer einzugehen und die Erkenntnisse gemeinsam in aller Klarheit herauszuarbeiten. Dass dies nicht ganz reibungsfrei funktioniert, ohne dass alle Beteiligten von geliebten und lange gepflegten Standpunkten abrücken, wollen wir an dieser Stelle nicht verschweigen. Gerade digitale Innovation, insbesondere eine solche, die einen Mehrwert darstellt, kann aber nicht stattfinden ohne eine gemeinsame Linie von IT und Operativen.

2.5 Der Mehrwert der sokratischen Methode für Digitalisierungsprojekte

Sicherzustellen, dass sich Operative und Informationstechnologen nicht missverstehen und aneinander vorbei arbeiten, ist nur ein erster Schritt. Denn es ist noch nicht innovativ, wenn man existierende Tools mit bestehenden Abläufen verknüpft. Spannend wird es erst dann, wenn man die Möglichkeiten digitaler Strategien erkennt und mit dem Wissen und der Erfahrung eines Unternehmens zu einem Ganzen zu verbinden vermag. An diesem Punkt kann etwas radikal Neues entstehen. Zu diesem Punkt kommt man aber nur, wenn man zum Kern der Dinge vordringt. Und genau an dieser Stelle entwickelt die sokratische Methode ihren Mehrwert für Digitalisierungsprojekte.

Eine echte Innovation zu entwickeln, bedeutet, sich auf einen langen Prozess des Fragens, Antwortens und Abwägens einzulassen und die Antwort erst einmal aufzuschieben. Die Kunst, einen sokratischen Dialog zu führen und dadurch zu gut begründeten und durchdachten Resultaten zu kommen, läuft immer gleich und dennoch immer neu ab. Vielleicht ist durch das bisher Skizzierte jetzt auch klar geworden, warum es für Sokrates unmöglich war, aus seiner Philosophie eine Lehre schriftlich zu fixieren. Seine Philosophie waren nicht die Gedanken eines einsamen Denkers, sondern sie brauchte ständigen Anstoß durch den Gesprächspartner. Der Dialog ist es, um den es geht. Nur hier bleibt der Gedanke nicht stecken, sondern wird zum Leben erweckt. Diese Lust am Fragen und Zuhören wollen wir in unseren Workshops und Seminaren erfahrbar machen. Wir begleiten Kunden im Prozess, schenken ihnen eine Büste von Sokrates und verabschieden uns leise, sobald sie die Kunst des Fragenstellens à la Sokrates erlernt und verinnerlicht haben.

3 Ein Netz voller Ideen

Ideen und Anregungen für neue Ansätze im digitalen Marketing finden sich natürlich auch in der Gegenwart und in digitaler Form. Generell: Wir mögen, dass Open Source im wahrsten Sinne des Wortes gelebt wird. Wir mögen, wie viel Freude man im Netz daran findet, Ideen zu teilen und Resonanz darauf zu bekommen. Wir schätzen den kollaborativen Ansatz und ermuntern Unternehmen, sich in ihrer Entwicklung nicht abzuschotten, sondern die Power des Internets für ihre eigenen Zwecke zu nutzen. Das impliziert, auch zurückzugeben, zu teilen und die Menschen, die „da draußen“ online sind, auf Augenhöhe zu sehen.

Naturgemäß eignet sich das Internet, Gleichgesinnte zu finden und Bewegungen zu initiieren. Es muss ja nicht gleich eine virale Dynamik entstehen, die meist auch schnell wieder abebbt. Ein schönes Beispiel einer Community, die nur von der gemeinsamen Leidenschaft zusammengehalten wird, findet sich in Abschn. 5: Die Bewegung des Experimentellen Reisens wächst und gedeiht, ohne zu trenden, über die Jahre. Das Internet ist voll von YouTubern, Bloggern und Crowds, die digitales Marketing nachhaltig anregen können…

3.1 Simone Giertz oder vom Sinn nutzloser Erfindungen

Exemplarisch greifen wir Simone Giertz heraus (siehe Abb. 3). Sie ist eine schwedische Erfinderin und YouTuberin. Sie erfindet nutzlose Dinge und nutzt dabei Open-Source-Hardware. Dabei handelt es sich in der Regel um exzessive Lösungen für nicht wirklich existierende Probleme unter Einsatz von Roboter-Technologie. Simone Giertz vermittelt Kontrollverlust in einer Welt, die nicht mehr exakt vorhersehbar ist. Die Erfindungen von Simone Giertz sind fehleranfällig. Sie verstoßen gegen Erwartungen.

3.2 Es lebe der Fehler!

Aus unserer Sicht sind Fehler eine der wesentlichen Triebfedern für neue Entwicklungen. Perfektioniertes Fehler-Management hat dazu geführt, dass Fehler bereits im Ansatz verhindert wurden. Fehlerkultur beschränkt sich im Wesentlichen darauf sicherzustellen, dass sie nicht wieder passieren, ohne die Schuldigen dabei einen Kopf kürzer zu machen. Bewusst Fehler zu machen, ermöglicht es, die Dinge von ihrer nicht-funktionalen Seite her zu betrachten, sie aus ihrem Kontext zu reißen und dabei

SIMONE GIERTZ

Lebensdaten: *1990 in Schweden

Bekannt für: Sinnlose, fehlerhafte und absurdeste Erfindungen

Berühmteste Erfindung: Der Popcorn-fütternde Helm

Werke: Eigener YouTube-Channel, TED Talk

Mehr Informationen unter: http://www.simonegiertz.com

Abb. 3 Steckbrief Simone Giertz

womöglich unerwartete Entdeckungen zu machen. Diese Sichtweise sollte Teil einer neuen Fehlerkultur werden. Wir nutzen die Ansätze von Simone Giertz, um Teilnehmer unserer Workshops zum bewussten Fehler-Machen anzuleiten. Manchmal setzen wir dabei auf Technologie, manchmal aber einfach auf Buchstabensuppe. Immer geht es darum, bewusst gegen Erwartungen zu verstoßen und die Erkenntnisse daraus zu dokumentieren.

3.3 Wissen teilen und erweitern

Es findet sich eine große Anzahl von inspirierenden Akteuren im Netz. Eine wahre Fundgrube! Open Source fand als schöpferisches Prinzip bereits Erwähnung, daneben gibt es viele Projekte, die es sich zum Ziel setzen, Wissen zu teilen und zu generieren. Wir ziehen unseren Hut beispielsweise vor der Plattform Digital Explorer, die Wissenschaft aus dem akademischen Umfeld löst und dabei nicht nur Wissen an Kinder und Jugendliche vermittelt, sondern im Gegenzug auch zu neuen Erkenntnissen gelangt. Derartige Ansätze eignen sich auch für die Entwicklung von Produkten und Unternehmen.

Ein weiterer Aspekt, den wir in Hinblick auf eine Anwendung in Unternehmen spannend finden, ist das Anliegen, Informationstechnologie anfass- und erlebbar zu machen. Micro: Bit oder Inventor Kit sind gelungene Beispiele dafür, wie man einen niedrigschwelligen Einstieg in die Welt der Mikroelektronik und Programmieren findet – ebenfalls ursprünglich für Kinder und Jugendliche entwickelt. Die Relevanz von Workshops mit dem Inventor Kit liegt vor allem darin, digitale Entwicklungen aus der exklusiven Betrachtung einer IT-Abteilung herauszulösen und in den Mainstream des Unternehmens zu transportieren.

Gemeinsame Sache zu machen, sich große Ziele vorzunehmen und die Welt durch neues Denken und neue Lösungen zu verbessern, gehören zu den schönsten Seiten des Internets. Es ergibt wenig Sinn, diesen lebendigen und sich schnell weiterentwickelnden Content in ein Buch zu sperren. Beginnen Sie selbst mit ihrer Recherche und fangen Sie einfach mal mit einem Suchbegriff wie „crazy inventions“, an. Hören Sie aber nicht gleich wieder auf, wenn Colin Furze mit seiner Renntoilette in Ihrem Bildschirm vorbeirauscht …

4 Marx Brothers oder die Kunst, sich nicht anzupassen

Anpassung ist der Tod der Innovation. Wenn man etwas Neues erreichen will, ist nichts weniger zielführend als das Drehen nach Drehbuch. Wer Innovationen sucht, will ja gerade aus der Norm ausbrechen und eine völlig neue Rolle erfinden. Wie übt man aber Unverfrorenheit? Wie schafft man es, dem Druck nach Anerkennung und damit Anpassung zu entkommen? Ein Maultier kann jedem Esel dabei helfen. Doch gleich mehr dazu …

Es ist hilfreich, an dieser Stelle nach Vorbildern zu suchen. Die Ikonen der krassen Wandel und Brüche, der brüskierenden Unverschämtheiten werden gerade zum wiederholten Mal neu entdeckt: die Marx Brothers (siehe Abb. 4). Die Kinder deutsch-französischer Immigranten wuchsen in einem Armenviertel New Yorks auf und wurden früh von ihrer ehrgeizigen Mutter auf die Bühne geschubst. Zunächst besserten sie mit Gesangseinlagen die schmale Haushaltskasse auf.

Wie es die Legende will, änderte ein entlaufenes Maultier alles. Das soll 1912 passiert sein, über den genauen Schauplatz streiten die Chronisten.

Dem Vernehmen nach verließ das Publikum während der Aufführung den Saal, um sich das Spektakel eines wildgewordenen Maultiers vom Foyer aus anzusehen, was Groucho erboste. Er beschimpfte daraufhin das zurückkehrende Publikum. Dieses reagierte begeistert, denn die Beschimpfungen waren voller Wortwitz und wurden bemerkenswert schlagfertig vorgetragen. Angeblich wurden sich die Marx Brothers in diesem Moment ihres komischen Potenzials bewusst, es war eine Art Erweckungserlebnis. Von nun an wurde Gesang mit einer deftigen Prise Humor garniert.

Mit der Ankunft des Tonfilms fanden die Marx Brothers schließlich ihren Weg auf die Leinwand. 1929 kam „The Cocoanuts" in die Kinos und verschaffte den Brüdern schnell einen hohen Stellenwert in der Branche.

Nicht nur Samuel Beckett, Salvador Dalí, die Beatles oder Eugène Ionesco ließen sich von den Marx Brothers inspirieren, auch Mindfracking hat einige Marx'sche Attribute in seine Arbeitsweise einfließen lassen.

MARX BROTHERS

Lebensdaten: Alle geboren in New York als Kinder jüdischer Immigranten
Leonard Marx („Chico"), 1887-1961
Adolph (ab 1911 Arthur) Marx („Harpo"), 1888-1964
Julius Henry Marx („Groucho"), 1890-1977
Milton Marx („Gummo"), 1892-1977
Herbert Manfred Marx („Zeppo"), 1901-1979

Bekannt für: Anarchie in Filmform

Berühmteste Werke: „Monkey Business" (1931), „Duck Soup" (1933), „A Night at the Opera" (1935)

Mehr Informationen unter:
http://de.wikipedia.org/wiki/Marx_Brothers

Abb. 4 Steckbrief Marx Brothers

4.1 Kind sein

Stefan Kanfer (2000) schrieb einst treffend: „Die Marx Brothers waren Erwachsene, die vorgaben Kinder zu spielen, die wiederum so taten als wären sie Erwachsene." Wir finden die Kombination von kindlichen Freiheitsgraden und Kalkül der Erwachsenen auch für digitale Innovation erstrebenswert und wenden diesen Aspekt in unseren Workshops an. Jeder von uns weiß, wie schwierig es ist, als Erwachsener wieder die Position eines Kindes einzunehmen, die Dinge nicht so ernst zu nehmen und dadurch die Leichtigkeit zurückzugewinnen, die eine Voraussetzung für barrierefreie Kreativität ist (vgl. Lotter 2018, insbesondere S. 9–92). Lotter (2018) nennt als wichtigste Kriterien für Innovation barrierefreies Denken, das Zulassen von Vielfalt und Differenz, Systemstörung und Selbstverwirklichung. Das alles fällt dem Kind noch leicht, dem Erwachsenen jedoch nicht mehr. Wie schlecht erzogene disruptive Kinder lassen wir unsere Probanden Standpunkte und Glaubenssätze auseinandernehmen, wieder zusammensetzen und neu erfinden. Mittel sind Provokation, Entgleisung und natürlich Augenzwinkern. Das ist nicht nur irre komisch, sondern hat beinahe therapeutischen Charakter. Diese anarchische Herangehensweise ist befreiend und wirkt vor allem als Elchtest für jeglichen betrieblichen Imperativ.

4.2 Leichtfüßigkeit durch Standpunktwechsel

In Seminaren üben wir, schnell und unvermittelt Gegenpositionen einzunehmen. Wir trainieren, einen Widersacher aus der Reserve zu locken, ihn zu verblüffen. Während die meisten Manager gut in der Disziplin der Kraft-Ausdauer sind, müssen sie jetzt an Beweglichkeit und Schnellkraft arbeiten. Es gilt, sich jetzt so schnell und leichtfüßig zu bewegen, dass man eine Position gar nicht mehr festmachen kann. Den Probanden wird ein Drehbuch zur Verfügung gestellt, welches spontan verändert und weiterentwickelt wird. Darin gilt es, die eigene Rolle immer wieder neu zu erfinden.

Das Vorbild immer vor Augen: Spannend ist nicht nur die Vielschichtigkeit des Marx Brother'schen Humors, sondern auch die Wendigkeit ihrer Filme. Mal subtil, mal brutal, mal intelligent, mal albern – stets anarchisch und unvorhersehbar. Genau diese virtuose Variabilität in Tonalität oder Tempo brauchen wir für unsere Arbeit. Der Manager muss nicht mehr stringent sein und sich an seinen Worten messen lassen. Groucho Marx: „Those are my principles. If you don't like them I have others." (vgl. Kanfer 2000)

Genau mit dieser Durchlässigkeit von Positionen arbeitet Mindfracking. Haltungen haben etwas Statisches. Wir bevorzugen Agilität. Wir üben mit unseren Coachees, die Bruchstelle von Standpunkten zu testen, sie zu knicken und (neu) zu finden. Dies führt zu einer Neubewertung von Mission Statements, zum Ersetzen von Worthülsen durch Überzeugungen – vor allem entsteht eine Menge geistige Beinfreiheit. Man übt den Ausbruch, trainiert das Überraschungsmoment und handelt das in einer Art ab, die auch noch Sympathien gewinnt.

4.3 Subversion

Essenziell interessiert uns die zersetzende Kraft der Marx-Komik. Der US-amerikanische Filmkritiker A. O. Scott beschreibt es so: „Filme der Marx Brothers sind ein gewalttätiger Anschlag auf alles, was Sinn macht. Es ist ein totaler Krieg gegen Logik und Zusammenhang.“ (Scott 2009)

> „One morning I shot an elephant in my pyjamas. How he got in my pyjamas I don't know.“ Groucho Marx (Marx Brothers 1930)

Kennen Sie das Phänomen vor allem in größeren Organisationen, wenn nur eine Entschuldigung gesucht wird, warum eine Idee oder ein Projekt nicht weiter verfolgt werden kann? Im Zweifel liegen die Barrieren in einer anderen Abteilung und dann wird mit den Augen gerollt und mit den Achseln gezuckt. Das ist das Ende der Sache. Wer für Innovation eintritt, muss genau diese Haltung angreifen und die Statik einer Organisation aushebeln. Innovatoren müssen in der Lage sein, Dinge, die schon früher nicht funktioniert haben, neu zu verhandeln. Dabei gilt es, auch mal die eine oder andere Fachabteilung zu überrumpeln. Im Sinne der digitalen Entwicklung rufen wir zur Subversion auf und die Marx Brothers in den Zeugenstand. Keine Angst: Es geht hier erst einmal um Ideen. Wir haben noch kein Unternehmen auf dem Gewissen, zumindest ist uns das nicht bewusst.

4.4 Wahrhaftigkeit

Die Komik der Marx Brothers wurde als radikal und nihilistisch bezeichnet. Vor allem ist sie wahrhaftig! Groucho Marx verwendet Worte wie Schwerter. Unsere von den Marx Brothers inspirierten Module zielen darauf ab, Political Correctness zu überwinden und die Dinge beim Namen zu nennen. Humor lindert dabei die Schmerzen. Eine Übung besteht beispielsweise darin, einander auf möglichst originelle Art zu beleidigen. Es wird sehr viel gelacht. Und es werden längst notwendige Dinge gesagt.

> „He may look like an idiot and talk like an idiot, but don't let that fool you. He really is an idiot.“ Groucho Marx (Marx Brothers 1933)

Indem wir beginnen, uns selbst nicht zu ernst zu nehmen, spielerisch verschiedene Standpunkte einzunehmen und entwaffnend offen zu sein, schaffen wir eine wichtige Voraussetzung für das wilde anarchische Spielen. Dann kommen wir zu Neuem. Die Marx Brothers leben leider nicht mehr. Wir würden sie jedem Team persönlich vorbeischicken, das Innovation im digitalen Zeitalter vorantreiben will.

4.5 Noch ein Wort zu Pippi Langstrumpf

Ob Astrid Lindgren ein Fan der Marx Brothers war, entzieht sich unserer Kenntnis. Manche Dialoge, die sie aufgezeichnet hat, erinnern jedenfalls stark an die Marx Brothers.

Aber warum ist Pippi Langstrumpf für unsere Arbeit wichtig? Die Geschichten von Pippi sind ein starkes Plädoyer für die Selbstentfaltung von Kindern und den maßvollen Einsatz von Autorität. Ohne den Begriff zu verwenden, schuf Astrid Lindgren mit Pippi eine Ikone der intrinsischen Motivation. Vielen Erwachsenen würde man die Autonomie, das gesunde Selbstverständnis und die Begeisterungsfähigkeit von Pippi wünschen. Vielen Unternehmenslenkern würde man einen souveränen und offenen Umgang mit eigenwilligen, lebensfrohen und bunten Mitarbeitern wünschen.

5 Joël Henry oder eine Reise zur Beiläufigkeit

Sag mir, wie Du reist, und ich sage Dir, wer Du bist: All inclusive? Nach Reiseführer? Oder mit Rucksack und spontan? Unsere Art zu reisen, sagt nicht nur einiges über unsere Persönlichkeit aus, Reisen hat auch eine sehr starke Verbindung zum Entdecken und damit zu Fragen der Innovation und im Speziellen zur digitalen Produktentwicklung. Denn es geht darum, das gewohnte Terrain zu verlassen und Neues zu erleben. Reisen kann viel mehr sein, als Selfies vor Sehenswürdigkeiten zu machen oder seinen Abdruck auf Sandstränden zu hinterlassen. Reisen frischt die Sinne und die Beobachtungsgabe auf. Kaum jemand wusste das besser als Joël Henry (siehe Abb. 5). 1990 rief Monsieur Henry das Projekt Latourex ins Leben, ein Labor für experimentelles Reisen. Wer nach Latourex sucht, sollte gewarnt sein: Mitglieder? Fehlanzeige! Es existiert auch kein geografisches Zentrum, nicht einmal ein Programm. Es ist ein Spiel, wie die Sache selbst.

5.1 Die Überwindung des Klischees

Henrys Motivation für die Gründung von Latourex lag in verschiedenen Beobachtungen begründet: Viele Touristen reisen mit einem sehr geschlossenen Mindset, oft nur interessiert,

JOEL HENRY

Lebensdaten: *1955 in Strasbourg

Bekannt für: Experimental Travelling

Berühmteste Werke: „K2", „The Lonely Planet Guide to Experimental Travelling"

Mehr Informationen unter: http://www.latourex.org/

Abb. 5 Steckbrief Joel Henry

einmal vor dem Eiffelturm zu stehen. Dabei übersehen sie wahrhaft spannende Aspekte einer Stadt oder eines Landes, treffen eher auf Klischees als auf die Wirklichkeit. Henry bemerkte auch, dass viele Einheimische ihre Städte nur schlecht kennen und ihren Aktionsradius auf immer dieselben Gegenden beschränken. So schlug er eine neue Methode vor, wie man eine Stadt neu entdecken könne (vgl. Anthony und Henry 2005). Drei Prinzipien sind dabei wichtig: Randomisierung, Systematisierung und Interaktion mit Menschen nach bestimmten Regeln (siehe Abb. 6).

Diese Regeln bringen es mit sich, dass man nicht nur die ausgetretenen Pfade verlässt, sondern auch Dinge tut, die man normalerweise nicht im Ansatz tun würde. Nur in Restaurants, die mit dem Buchstaben „Z" beginnen, zu essen, impliziert nicht nur eine Abweichung von den üblichen Ernährungsgewohnheiten. Brillenträger zu bitten, einen Satz über „Lebensträume" in das mitgebrachte Poesie-Album zu schreiben oder den ganzen Tag mit einer eigenwilligen Fragestellung auf Behörden zu verbringen, erzeugt möglicherweise mehr Anekdoten als der Alltag eines ganzen Jahres. An diesem Punkt wurden die Modulentwickler von Mindfracking hellhörig …

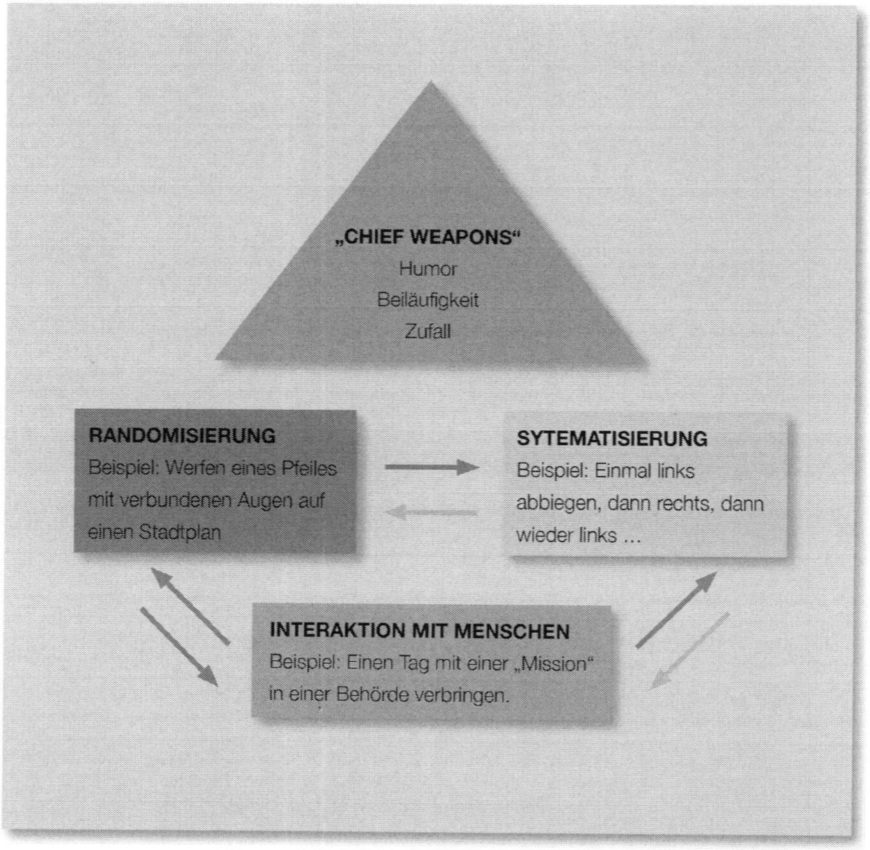

Abb. 6 Prinzipien des Experimental Travellings nach Latourex

5.2 Arbeiten gegen die Voreingenommenheit

Mindfracking nutzt experimentelles Reisen, um die Aufmerksamkeit zu trainieren und neu zu justieren. Es geht darum, Erfahrungen zu sammeln, die man ansonsten eben nicht macht. Das wird übrigens auch in jedem Projekt, das sich mit digitaler Produktentwicklung beschäftigt, erwartet. Wir verwenden experimentelles Reisen für Gruppen und bringen Teilnehmer dazu, frische Erfahrungen zu sammeln und danach zu reflektieren, wie es ihnen mit dem „Neu" ging. Wir vergleichen Erwartungen mit tatsächlichen Erlebnissen. Dabei fallen so manche Vorurteile zu Reisezielen, die Haltung der Unvoreingenommenheit wird aktiv geübt. Diese Arbeit liefert so exzellente Anhaltspunkte, um motivationale Barrieren gegenüber Veränderungen deutlich zu machen.

5.3 Augen auf!

Experimentelles Reisen entfernt Filter, die normalerweise übersehene Beiläufigkeiten aussortieren. Aufmerksamkeit für Beiläufigkeiten ist in Fragen der Innovation ein extrem wichtiger Aspekt. Dafür muss die Beobachtungsgabe geschärft werden und nichts eignet sich dafür besser als eine Veränderung des Mindsets.

Experimentelle Reisen selbst wurde inzwischen zu einem Netz-Phänomen. Es zeigt, wie eine spannende Idee sich verselbstständigen kann und weitergesponnen wird. Auch das ist ein erwünschter Lerneffekt für digitale Innovatoren.

5.4 Experimentelles Reisen und Power-Workshops

Experimental Travelling ist einfach zu organisieren und jederzeit vor Ort möglich. Die so in Bewegung gesetzten Körper helfen auch dem Geist, beweglicher zu werden. Mindfracking nutzt Experimental Travelling und entführt Menschen in ihren eigenen Städten nach für den Anlass selektierten, neu kombinierten und teilweise eigens entwickelten Regeln des experimentellen Reisens. Mit der entsprechend geschärften Aufmerksamkeit vertiefen wir die Erfahrung, indem wir sie mit Power-Workshops ergänzen.

Mindfracking kombiniert dabei „Experimental Travelling" mit speziell auf die Aufgabenstellung zugeschnittenen und portionierten Erlebnissen und fasst das Ganze zu „Experimental Mind Travelling" zusammen. Wir setzen dabei Reize und Impulse, die anregend für kommende Aufgaben wirken. Dabei erschließt sich den Teilnehmern der Zusammenhang erst viel später. Power-Workshops binden auch soziale Medien ein, manche Aufgaben können nur mithilfe des Internets gelöst werden. Auch die Dokumentation der Reise basiert auf sozialen Medien. Die Power-Workshops wirken, indem man den Zweck dahinter nicht erkennt. Sie sind kurz, roh und ungeschliffen. Es erfordert ein feines Gespür, um den Grad an Fremdheit und der damit verbundenen erforderlichen Überwindung für die Teilnehmer zu dosieren. In der Regel werden die Gruppen in Zusammenarbeit mit den Kunden zusammengestellt.

5.5 Maximale Inkompetenz als gruppendynamischer Auslöser

Die Power-Workshops bringen es mit sich, dass Teilnehmer in der Regel auf keine oder wenige Erfahrungen mit dem Thema und den gesetzten Aufgaben bauen können. Die Teilnehmer verbindet eine Gemeinsamkeit: Inkompetenz. Damit werden Hierarchien ausgehebelt, eine neue Gruppendynamik entsteht. Den Teilnehmern wird erlaubt, sich in einer zum Berufsalltag unterschiedlichen Rolle zu positionieren. Die wechselnden Themen bringen es mit sich, dass jeder mal die anderen überraschen kann und dann auch wieder überfordert ist. Maximale Inkompetenz ist eine Erfahrung, die zusammenschweißt. Experimental Mind Travelling wird so zu einer Art Powerdrink für die Aufmerksamkeit, ein Reframing der Wahrnehmung, ein Agens, das Gruppen zusammenbringt. Vor allem öffnet es ein Spielfeld für die folgende Sacharbeit.

6 Verfrühtes Outro – Macht was draus!

Wir haben viel über Erneuerung gelesen, viel ausprobiert. Als Mindfracking an den Start ging, waren wir hochmotiviert, die beste Innovationsmethode aus unseren Ärmeln zu schütteln. Und natürlich zu skalieren wie verrückt. Wir saßen zusammen, um eine Art Kochbuch zu schreiben. Dumm ist nur, wenn man nicht aufhören kann zu lesen, Verbindungslinien zu ziehen und keinen Redaktionsschluss definiert. So kam uns Paul Feyerabend in die Quere. Er hat uns gezwungen, unser Vorgehensweise komplett in Frage zu stellen.

7 Paul Feyerabend oder ein Plädoyer für die Abwegigkeit

Paul Feyerabend hat es im letzten Moment in unsere Shortlist geschafft, weil er für ein Denken eintritt, das heute im Zeitalter nicht-linearer digitaler Entwicklungen erforderlicher ist als je zuvor. Er appelliert an alle, die den Fortschritt suchen, gezielt nach Widersprüchen, nach Brüchen und Rissen zu suchen. Auch ermutigt er Innovatoren, offen für jede Form der Inspiration zu sein: Selbst in einem banalen Schundroman liegt möglicherweise ein Schlüssel zu einer tiefgreifenden Erkenntnis. Abwegig? Her damit!

> „Wer sich dem reichen, von der Geschichte gelieferten Material zuwendet und es nicht darauf abgesehen hat, es zu verdünnen, um seine niederen Instinkte zu befriedigen, nämlich die Sucht nach geistiger Sicherheit in Form von Klarheit, Präzision, ‚Objektivität', ‚Wahrheit', der wird einsehen, dass es nur einen Grundsatz gibt, der sich unter *allen* Umständen und in *allen* Stadien der menschlichen Entwicklung vertreten lässt. Es ist der Grundsatz: *Anything goes*." Paul Feyerabend (2010)

7.1 Widersprüche? Aber gerne!

Paul Feyerabend machte sich einen Namen als Erkenntnistheoretiker. Als solcher studierte er den Fortschritt des Wissens von der Antike bis in unsere Zeit und widmete sich als einer der letzten Universalgelehrten dem Fortschritt an sich. Er wies auf ein wesentliches Problem bei der Suche nach Wissen hin: Die Hoffnung auf Widerspruchsfreiheit. Keine interessante Theorie, so beschreibt er es in seinem Standardwerk „Against Method", ist in kompletter Übereinstimmung mit den Daten, die wir dazu in der Wirklichkeit gewinnen. Nichts ist perfekt, jede neue Erkenntnis nur ein Zwischenschritt (Feyerabend 2010).

7.2 Einfach mal das Gegenteil behaupten

Feyerabend (1994) rät allen, die ihren Namen mit einer neuen Entdeckung oder Erfindung verbinden wollen, sich gezielt jedem erdenklichen Widerspruch auszusetzen. Dieses Vorgehen nennt er kontrainduktiv. Feyerabend appelliert, „Antiregeln" aufzustellen und diese systematisch zu untersuchen. Auf dieser Basis lassen sich auch für digitale Produktentwicklungen beeindruckende strategische Erweiterungen und Vertiefungen gewinnen. In der Praxis bewähren sich kontrainduktive Methoden deshalb, weil sie uns erlauben, schnell einen großen Abstand zur gängigen Praxis zu gewinnen.

7.3 Vergesst die Methode!

Feyerabends Erkenntnisse bedeuten nicht weniger, als dass sich Fortschritt nicht mit einer stringenten Methode erzielen lässt. Für die Arbeit von Mindfracking bringt das mit sich, dass wir unseren Werkzeugkasten immer wieder neu erfinden und anpassen müssen. Was bleibt, ist eben keine Methode, eher eine Herangehensweise, eine Suche nach Kontrasten, Jonglieren mit Widersprüchen, Instinkten zu folgen, Pfade der Irrationalität einzuschlagen und keine Scheu vor Redundanz zu zeigen. Vor allem haben wir gelernt, mit Antiregeln zu arbeiten, um die Diversität an Denkansätzen radikal zu erhöhen. Wir drehen den Hahn auf, wir lassen nicht zu, dass Freiheitsgrade eingedampft werden.

8 Jetzt aber – Das Outro mit der Anti-Methode

Die drei goldenen Regeln der digitalen Innovation

1. Es gibt keine goldene Regel der digitalen Innovation
2. Es gibt keine goldene Regel der digitalen Innovation
3. Es gibt keine goldene Regel der digitalen Innovation (angelehnt an „Fight Club")

8.1 Die Anti-Methode

Man kann nicht Paul Feyerabend zitieren und zugleich so etwas wie eine stringente Methode an den Start bringen. Deshalb sprechen wir von unserer Anti-Methode.

Diese Anti-Methode ist eher eine Denkweise: Aus einem Set von vielen Formaten wählen wir die für eine Fragestellung und für die Rahmenbedingungen passenden Ansätze. Diese Anti-Methode skaliert nicht, sie ist kleinteilig, immer ein wenig anders und damit vorbereitungsintensiv. Wir involvieren Kunden gerne schon in der Konzeption, wenn sie das wünschen.

Wir haben uns Prinzipien verschrieben, die uns verbieten, etwas besser zu wissen und als Berater zu posieren. Wir machen Nordic Walking auf geistigen Abwegen. Natürlich hat auch diese Metapher ihre Schwächen. Wir verabscheuen das Klappern der Stöcke auf Waldwegen und Funktionskleidung. Außerdem kann es gerne etwas sportlicher sein.

8.2 Keine Rezepte für digitale Innovatoren

Immer wieder werden wir nach unseren Rezepten gefragt. Wir antworten damit, dass ein Kochbuch zu uniformen Resultaten führt, beispielsweise ein gelungener Sonntagsbraten als Best Practice. Genau darin liegt auch das Problem bei dem Vorgehen nach Rezept. Innovation basiert auf Singularität. Deshalb können und wollen wir kein Rezept formulieren und keiner Methodik folgen. Falls Sie Interesse daran haben, Mindfracking für Ihr Unternehmen zu nutzen, dann ist weder der Weg noch das Ziel klar. Damit muss man klarkommen.

Die Sache voranzutreiben, ist eine Sache. Die Menschen dabei im Blick zu behalten, die andere: Beim Verfolgen neuer Ideen und dem Einschlagen neuer Wege stößt man schnell auf Unsicherheit, ja Angst. Diese motivationalen Barrieren müssen dringend in die Arbeit einbezogen werden. Sie dürfen aber auch nicht als Ausrede für Stillstand gelten.

8.3 Der Widersinn der Zweckmäßigkeit

Alles, was die geistige Entfaltung und Beweglichkeit innerhalb einer Organisation unterbindet, wird zu unserer Zielscheibe und unserem Arbeitsfeld. In letzter Konsequenz arbeiten wir gegen den Zweck und für den Freiraum des Denkens.

> „Wir leben in einer verdammten ‚Um-zu-Zeit'!" (Serge Blondeau, nach Feyerabend 1994)

Man tut ständig Dinge, um irgendetwas damit zu erreichen. Entfernt man die Leitplanken der Zweckmäßigkeit, entstehen erstaunliche Dinge. Beobachten Sie mal kleine Kinder beim Spielen. Dann wissen Sie, was wir meinen. Und dann verstehen Sie auch, wie schwierig es ist, auf dieses höchste Niveau von Innovationsfähigkeit zu kommen und wie viel Mühe aufgewandt werden muss, um erwachsene Menschen in Organisationen zu befähigen, neue Dinge auszuprobieren.

8.4 Niedrigschwelligkeit und Aufbruchsmentalität

Die Anti-Methode von Mindfracking ist ähnlich komplex wie Fragen der digitalen Innovation. In beiden Fällen besteht eine erste Herausforderung darin, überhaupt einen Einstieg zu finden. Dieser Einstieg kann ein erstes Gespräch sein, ein Lachen über Fehler, eine Einführung in die Welt des anderen. Es ist überhaupt nicht kompliziert, mit Projekten der digitalen Innovation zu beginnen. Und weil für die beeindruckendsten Innovationen das Prinzip gilt, einfach zu sein, halten wir es mit dem Prozess ebenso. „Einfach" ist unser favorisiertes Attribut. Projekte zu digitaler Innovation müssen auch von einem mittelständischen Unternehmen bewältigt werden und neben dem Tagesgeschäft laufen können.

8.5 Optimismus ist angebracht

Wir sind überzeugt, dass auch in Ihrem Unternehmen das Potenzial für kleine oder große Ideen existiert und dass damit Grundlagen für den digitalen Wandel bereits gelegt sind. Sie müssen nur ans Licht gebracht werden. Und damit ist auch ausreichend Grund für Optimismus vorhanden.

Literatur

Anthony, R., & Henry, J. (2005). *The lonely planet guide to experimental travelling*. Melbourne: Lonely Planet.
Baecker, D. (2007). *Studien zur nächsten Gesellschaft*. Frankfurt a. M.: Suhrkamp.
Bertram, G. W. (Hrsg.). (2012). *Philosophische Gedankenexperimente. Ein Lese- und Studienbuch*. Stuttgart: Reclam.
Birnbacher, D., & Krohn, D. (Hrsg.). (2002). *Das sokratische Gespräch*. Stuttgart: Reclam.
Feyerabend, P. (1994). *Killing time*. Chicago: University of Chicago Press.
Feyerabend, P. (2010). *Against method* (4. Aufl.). New York: Verso Books.
Groys, B. (1999). *Über das Neue. Versuch einer Kulturökonomie*. Frankfurt a. M.: Fischer.
Kanfer, S. (2000). *The life and times of Julius Henry Marx*. New York: Vintage Books.
Lotter, W. (2018). *Innovation. Streitschrift für barrierefreies Denken*. Hamburg: Körber.
Marx Brothers. (1930). *Animal crackers* [Film]. New York: Paramount Pictures.
Marx Brothers. (1933). *Duck soup* [Film]. New York: Paramount Pictures.
Platon. (1981). *Theätet*. Griech./Dt. Übers. Hrsg. von Ekkehard Martens. Stuttgart: Reclam.
Scott, A. O. (7. Dezember 2009). A critics' picks: „Duck soup". *New York Times*, New York.

Dr. Stefan Max Garzarolli promovierte über Chaostheorie und Populationsdynamik am Imperial College in London. Nach Stationen in der Kommunikationsbranche und im Marketing entwickelt er Formate für Innovation im Rahmen des Netzwerkes Mindfracking. Er lebt mit seiner Familie nahe Hamburg.

Michael Kiel (M.A.) ist Philosoph, freiberuflicher Dozent für technische Aufstiegsfortbildungen und bietet als Coach philosophisch inspirierte Workshops an. Er studierte Philosophie, Germanistik und Chemie an der TU Braunschweig und lebt seitdem mit seiner Familie in Hamburg. Er ist Mitglied des Netzwerkes Mindfracking www.mindfracking.com.

Employer Branding im digitalen Marketingkontext

Ann-Christine Brockhaus und Meike Terstiege

Inhaltsverzeichnis

1 Employer Branding – Herausforderungen und Chancen ... 102
2 Die Generation Y ... 103
2.1 Die Ansprüche der Generation Y an Employer Branding und daraus resultierende Chancen für Arbeitgeber ... 103
2.2 Bespielung der digitalen Medien ... 103
2.3 Kanäle ... 106
3 Best Practice Adidas ... 107
3.1 Die Employer-Branding-Strategie von Adidas ... 108
3.2 Kampagnen ... 108
3.3 Die Adidas-Strategie und ihre Erfolgsfaktoren ... 114
4 Erfolgsfaktoren eines wirksamen Employer Brandings ... 116
5 Fazit ... 117
Literatur ... 118

A.-C. Brockhaus (✉)
Plettenberg, Deutschland
E-Mail: ann-christine.brockhaus@student.ism.de

M. Terstiege
@DOCMARKETEER, Düsseldorf, Deutschland
E-Mail: meike.terstiege@docmarketeer.de

M. Terstiege (Hrsg.), *Digitales Marketing – Erfolgsmodelle aus der Praxis*,
https://doi.org/10.1007/978-3-658-26195-5_6

1 Employer Branding – Herausforderungen und Chancen

Heutzutage wird das Employer Branding weitestgehend als elementarer Teil der Unternehmensstrategie verstanden. Entscheidungsträger haben begriffen, dass nur durch die vollständige Integration des Employer Brandings in die Unternehmensstrategie ein nachhaltiger Erfolg durch Humanressourcen entstehen kann. Dieser trägt wiederum in Zeiten des Fachkräftemangels maßgeblich zu dem allgemeinen Erfolg des Unternehmens bei (Beck 2012, S. 9).

Erstmals wurde der Fachkräftemangel zum Ende des 19. Jahrhunderts präsent und die Bezeichnung „War for Talents" kam auf. Sie beschreibt den Kampf um die qualifiziertesten Mitarbeiter zwischen den verschiedenen Arbeitgebern. Die Situation auf dem Arbeitsmarkt wandelte sich; die geburtenstarken Jahrgänge wurden von geburtenschwächeren Generationen abgelöst und die Mitarbeiter wurden zu einem raren Gut (Chambers et al. 1998). Dieser Wettkampf um die beste Belegschaft ist heutzutage aktueller denn je und wird in den nächsten Jahren immer wichtiger werden, wozu schon allein der soziodemografische Wandel beiträgt (Hesse et al. 2015, S. 57). Tatsächlich beginnen auch die Finanzmärkte, die Wichtigkeit von humanem Kapital in einer Firma mehr zu schätzen und die Erfahrungen und Qualifikationen von Mitarbeitern als eine wertvolle Ressource für die Firma und die Anteilseigner zu sehen (Mahroum 2000, S. 23).

Die nachhaltige Lösung, um dieses wertvolle Humankapital aufzubauen und zu halten, ist, durch Employer Branding der Arbeitgeber der Wahl zu werden (Tanwar und Prasad 2016, S. 186). Employer Branding hat das Ziel, die Einzigartigkeit des Arbeitgebers herauszustellen und zu kommunizieren, um eine starke Arbeitgebermarke aufzubauen. Diese Differenzierung liefert dem Unternehmen einen Wettbewerbsvorteil im Kampf um die besten Fachkräfte (Moroko und Uncles 2008, S. 1687). Schließlich hat Employer Branding das Ziel, das Unternehmen basierend auf seinen Markenwerten in den Köpfen der internen und externen Arbeitnehmerzielgruppen zu positionieren und zu profilieren (Beck 2012, S. 21).

Derzeit arbeiten vier Generationen auf dem Arbeitsmarkt zusammen: die Babyboomer und die Generationen X, Y und Z. Dabei hat jede Generation individuelle Erwartungen an den Arbeitgeber. Diese Erwartungen können nur adäquat bedient werden, indem das Employer Branding generationenspezifisch auf die einzelnen Werte, Wünsche und Bedürfnisse der verschiedenen Generationen eingeht.

Zusätzlich zum demografischen Wandel ist auch die Digitalisierung ein ausschlaggebender Grund für die Notwendigkeit eines generationsbezogenen Employer Brandings. Die Generationen Y und Z sind – im Gegensatz zu den Babyboomern und der Generation X – mit digitalen Medien aufgewachsen und haben daher ein vollkommen anderes Informationsverhalten als die älteren Generationen. Darum ist der Schlüssel für erfolgreiches Employer Branding, alle Generationen auf ihren individuell bevorzugten Kommunikationskanälen anzusprechen (Hesse et al. 2015, S. 53–57).

2 Die Generation Y

Momentan liegt der Fokus vieler Unternehmen auf der Generation Y, welche zwischen 1980 und 1995 geboren wurde und so zu der aktuellen und nächsten Mitarbeitergeneration zählt. Die Mitarbeiter dieser Generation können entscheiden, für welchen Arbeitgeber sie am liebsten arbeiten möchten. Gerade deshalb müssen die Wertvorstellungen und Lebensmodelle dieser Generation Y getroffen werden. Nur so kann sich diese Generation mit dem Arbeitgeber identifizieren – und sich gegebenenfalls für ihn entscheiden (Mattmüller et al. 2015, S. 106).

Dabei kann strategisch gut eingesetztes Employer Branding gerade bei der Generation Y besonders erfolgreich sein, da sie von einer hohen Markenaffinität geprägt ist. Ein starker Markenauftritt ist für die Generation Y ein wichtiges Indiz für Authentizität und Performance einer Marke. Die Herausforderung des Employer Brandings liegt darin, sowohl die Wertvorstellungen der Generation Y zu treffen als auch über ihre präferierten (vor allem digitalen) Informationskanäle zu kommunizieren (Welz 2018).

2.1 Die Ansprüche der Generation Y an Employer Branding und daraus resultierende Chancen für Arbeitgeber

Die Generation Y erwartet vor allem einen flexiblen Arbeitgeber. Individuelle Arbeitszeiten, abwechslungsreiche Tätigkeiten und Freiraum, um Familie und Arbeit möglichst flexibel vereinbaren zu können, sind wichtige Punkte, um die Generation Y überzeugen zu können. Sie lehnt steile Hierarchien und strenge Regeln ab und legt viel Wert auf die Arbeitsplatzkultur. Vor allem Diversität und die Möglichkeit zur Selbstverwirklichung sind entscheidungskritische Faktoren für oder gegen einen potenziellen Arbeitgeber.

Die Generation Y ähnelt in ihren Grundbedürfnissen ihren vorherigen Generationen. Sie wünscht sich ebenfalls gute Aufstiegsmöglichkeiten, ein gesichertes Einkommen und eine gute Altersvorsoge, allerdings unterscheidet sie sich auch in einigen Punkten von ihren vorherigen Generationen, wie Abb. 1 zu entnehmen ist.

Neben der Anpassung an die Werte und Kultur der Generation Y muss das Unternehmen vor allem das Informationsverhalten der Generation Y berücksichtigen, um sie effektiv erreichen zu können (Deloitte 2018).

2.2 Bespielung der digitalen Medien

Bei der Ansprache der Generation Y sind die digitalen Medien von enormer Bedeutung. Die Generation Y, auch bekannt als Digital Natives, ist mit digitalen Medien aufgewachsen, ihr Alltag ist von diesen stark geprägt. Sie hat einen selbstverständlichen, alltäglichen Umgang mit digitalen Medien, wodurch ihre Ansprüche, vor allem im Vergleich zu älteren Generationen, deutlich höher sind. Sie fordert eine qualitativ hochwertige

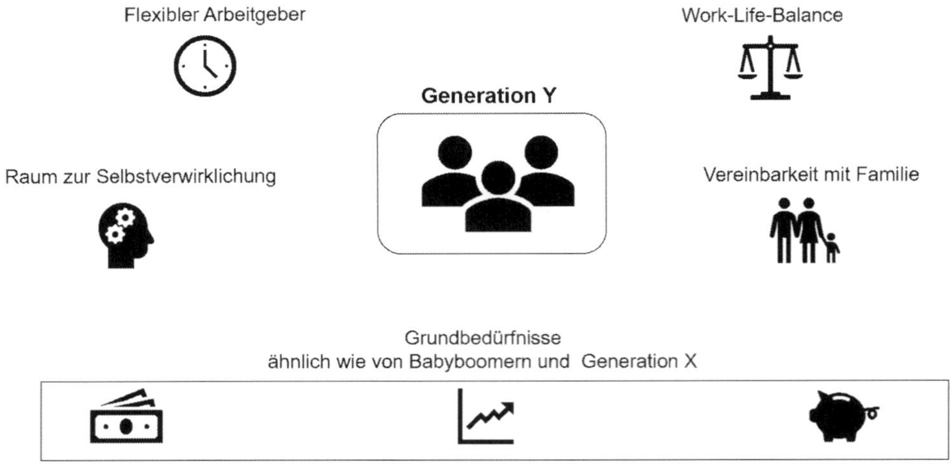

Abb. 1 Wertvorstellungen der Generation Y in Bezug auf Employer Branding

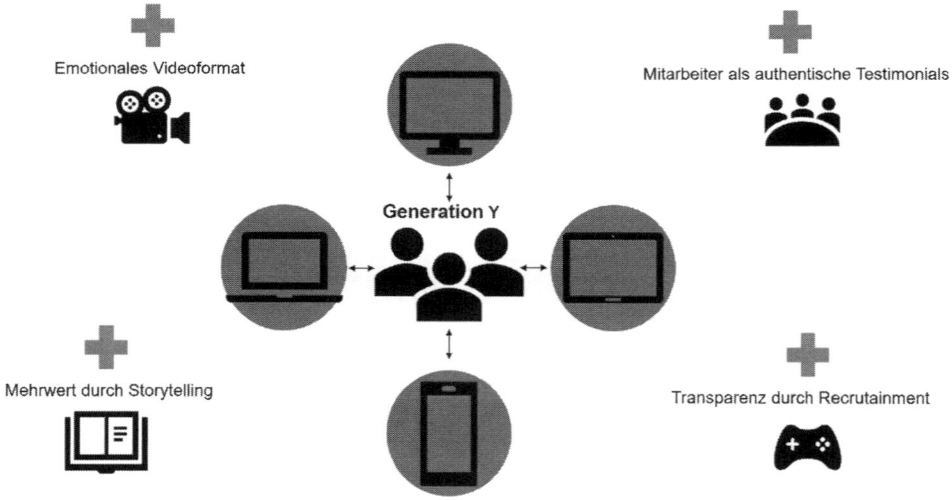

Abb. 2 Gewünschte digitale Bespielung der Employer-Branding-Kanäle

Bespielung der digitalen Medien mit einem starken Content, welcher ihr einen Mehrwert bietet. Daher haben digitale Arbeitgeberkanäle ohne nützlichen Content einen negativen Effekt auf ihre Absender bzw. Arbeitgeber, sodass diese sofort als potenzieller Arbeitgeber ausgeschlossen werden (Mattmüller et al. 2015, S. 160). Durch die richtige Auswahl und Bespielung der gewünschten Kanäle können viele Vorteile bei der Ansprache der Generation Y erzielt werden (siehe Abb. 2).

Storytelling durch Mitarbeiter im Videoformat

Aufgrund der Reizüberflutung durch Tausende von Werbebotschaften pro Tag ist es von enormer Bedeutung der Generation Y einen eindeutigen Mehrwert zu bieten, um ihre Aufmerksamkeit und ihr Involvement zu erreichen. Hierfür ist Storytelling der Schlüssel – durch inspirierende und realistische Inhalte können emotionale Stories erzeugt werden, welche bei der Generation Y im Gedächtnis bleiben (Ostler 2018).

Ein geeignetes Instrument, um starken Content zu vermitteln, sind die Mitarbeiter eines Unternehmens, welche für die Generation Y die besten Markenbotschafter sind. Ergebnisse aus der SinnDex-Studie der Karriereplattform careerloft zeigen, dass sich 86 % aller befragten potenziellen Kandidaten den Kontakt zu den Mitarbeitern eines Unternehmens wünschen. Ein Grund dafür ist, dass Mitarbeiter in der Lage sind, das Unternehmen emotionaler und authentischer darzustellen, und somit der Generation Y auf Augenhöhe begegnen (Kramer et al. 2014).

Das bestätigt sich auch in einer Studie des Karriereportals Monster, in welcher rund 60 % der befragten potenziellen Kandidaten angeben, die Mitarbeiter eines Unternehmens als attraktivitätssteigernd zu empfinden (Weitzel et al. 2018, S. 24).

Das Videoformat ist dabei momentan das beliebteste Format, um derartige emotionale Stories zu kommunizieren, und eine zentrale Bewegung gegen die üblichen text-und informationslastigen Berufsbeschreibungen. Unternehmen nutzen Videos, um die Generation Y mittels digitaler Medien vor allem emotional ansprechen und einfacher einbinden zu können (Mattmüller et al. 2015, S. 159).

Recrutainment

Ein weiterer bedeutender Trend ist das sogenannte Recrutainment, ein Kunstbegriff, welcher sich aus den Wörtern Recruiting und Entertainment zusammensetzt. Dieser Trend bezeichnet nach Diercks und Kupka (2013, S. 17) den „Einsatz spielerisch-simulativer und benutzerorientierter Elemente als Instrument zur Berufsorientierung im Employer Branding, Personalmarketing und Recruiting". Hierbei stehen die Verbesserung des bestmöglichen „Fits" zwischen Arbeitgeber und -nehmer und der Bezug zu einem Arbeitgeber im Vordergrund. Recrutainment trifft den Nerv der Generation Y, wie die Studie „Managing the Talent Crisis in Global Manufacturing – Strategies to Attract and Engage Generation Y" der Unternehmensberatung Deloitte (Koudal und Chaudhuri 2007, S. 7) zeigt. Darin wird die Generation Y als unternehmerisch, innovativ, teamorientiert und als elektronische Spiele mögend beschrieben. Des Weiteren sind Gründe für die Nutzung von Recrutainment der Wunsch nach möglichst viel Transparenz. Die Generation Y möchte vor ihrem Jobantritt wissen, ob sie zu dem potenziellen Arbeitgeber passt (Mattmüller et al. 2015, S. 165–169). Recrutainment-Events finden sowohl physisch als auch digital statt. Die entsprechenden Informationen zu diesen Events werden vor allem auf digitalen Kanälen verbreitet, über die Ereignisse der Events wird auf den sozialen Medien berichtet.

2.3 Kanäle

Die Kenntnis der präferierten Kanäle der Zielgruppe Generation Y ist die Grundvoraussetzung, um diese erfolgreich zu erreichen. Die Kandidaten informieren sich heutzutage über mehrere Kanäle, welche nur bedingt steuerbar sind, zum Beispiel über Arbeitgeberbewertungsplattformen wie Kununu (Berge 2015). Abb. 3 gibt einen Überblick über die wichtigsten Kanäle.

Im Folgenden wird auf die wichtigsten steuerbaren digitalen Kommunikationskanäle für die Generation Y eingegangen, welche anschließend im Best-Practice-Beispiel erneut aufgegriffen und analysiert werden.

Karrierewebsite

Die Karrierewebsite ist bisher das wichtigste Medium im Rahmen von Employer-Branding-Strategien. 80,2 % der Kandidaten aus der „Monster"-Studie sind der Meinung, dass eine zielgruppenspezifische Karrierewebsite maßgeblich zur Attraktivität eines Arbeitgebers beiträgt (Weitzel et al. 2018, S. 24).

Tatsächlich besuchen die meisten Bewerber bei der Suche nach dem passenden Arbeitgeber zuerst die Karrierewebsite eines Unternehmens. Dort treffen die Erwartungen der potenziellen Bewerber und die Darstellung des Unternehmens in der Regel das erste Mal aufeinander. Hier entscheidet die Generation Y, ob der Arbeitgeber zu einem passen könnte oder nicht. Nur eine zielgruppenspezifische Website, welche

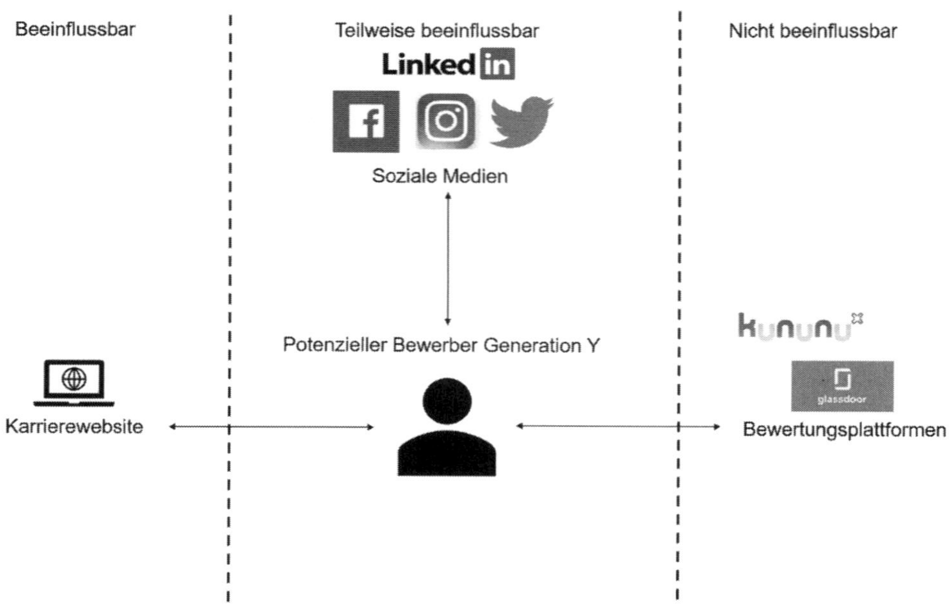

Abb. 3 Die wichtigsten Employer-Branding-Kanäle für die Generation Y

visuell und technisch modern und zielgruppenadäquat aufbereitet ist, kann bei der digital versierten Generation Y Erfolg haben (Franke und Teetz 2012, S. 133).

Soziale Medien

Soziale Medien dienen als wesentliche Informationsquellen der Generation Y. 82,5 % der Millennials (Generation Y und Z) nutzen die sozialen Medien mehrmals die Woche (VuMA 2018). Durch die Nutzung sozialer Medien ergeben sich für Arbeitgeber große Vorteile. Zum einen profitieren sie von hohen Reichweiten, die durch die sozialen Netzwerke entstehen, zum anderen ebenso von der permanenten Verfügbarkeit, die diese mit sich bringen. Außerdem bieten derartige Plattformen eine direkte Kontaktaufnahme mit potenziellen Bewerbern (Radermacher 2013, S. 9).

Um ein erfolgreiches Social-Media-Marketing zu komplettieren, indem den Kandidaten die Möglichkeit gegeben wird, sich weiter über das Unternehmen zu informieren und sich gegebenenfalls direkt bewerben bzw. mit dem Unternehmen in Kontakt und Austausch treten zu können, sind weiterführende Links auf die Karrierewebsite wichtig. Zusätzlich ergänzen Verweise auf andere Social-Media-Kanäle den gesamten Auftritt und können zu mehr Aktivität auf den anderen Kanälen führen (Sonntag 2014, S. 37).

Die meisten Unternehmen nutzen bislang Facebook und Xing (30 %) als Kanäle für Employer Branding, gefolgt von LinkedIn (15 %), YouTube und Twitter (jeweils ca. 10 %) und Instagram mit 5 % (index Internet und Mediaforschung 2018).

Dabei ist Instagram ein ebenfalls geeignetes Portal, um potenzielle Kandidaten zu erreichen. Die Interaktion mit Marken auf Instagram ist ca. zehnmal höher als auf Facebook und 84-mal höher als auf Twitter. Außerdem ist es ein adäquates Tool, um emotionale Inhalte zu vermitteln (Onaran 2018).

3 Best Practice Adidas

Eines der erfolgreichsten Unternehmen, die Employer Branding betreiben, ist der Sportartikelhersteller Adidas. 2018 wurde Adidas als bester Arbeitgeber Deutschlands gekürt (FOCUS 2018). Im Folgenden wird gezeigt, inwiefern der Employer-Branding-Ansatz von Adidas die zuvor beschriebenen Erwartungen der Generation Y trifft, diese als potenzielle Arbeitnehmer gewinnt und bindet. Die Ergebnisse dieser Analyse von Employer-Branding-Strategie und -Kampagnen können genutzt werden, um eigene Employer-Branding-Maßnahmen zu entwickeln und zu optimieren – insbesondere hinsichtlich der Arbeitnehmerzielgruppe Generation Y.

Das Durchschnittsalter der Adidas-Mitarbeiter liegt bei 31 Jahren, was zeigt, dass die Generation Y eine der internen Hauptzielgruppen darstellt. Entsprechend ist die Ambition von Adidas, auch weiterhin junge Mitarbeiter zu gewinnen (Tumas und Hofer 2017). Der Employer-Branding-Ansatz von Adidas kann daher als Vorbild genutzt werden, um Employer Branding strategisch versiert in digitale Plattformen zu übertragen.

3.1 Die Employer-Branding-Strategie von Adidas

Die Employer-Branding-Strategie von Adidas wird wesentlich durch die Personalstrategie bestimmt. Die Mitarbeiter von Adidas haben drei Eigenschaften mitzubringen, um sich erfolgreich in die Unternehmenskultur von Adidas einbringen zu können: Confidence, Collaboration und Creativity.

Diese Werte sind maßgeblich vom Sport geprägt und verbinden den Grundstein der Unternehmenskultur mit den Werten der Mitarbeiter. Sportler brauchen Vertrauen, um schnell agieren zu können. Sie können nur durch Partnerschaften, zum Beispiel mit Trainern oder Trainingspartner, erfolgreich sein. Zudem kopieren echte Athleten keine Trainingspläne oder Strategien von Wettbewerbern. Basierend auf diesen drei Cs gibt es seitens Adidas Talentprogramme und klare Richtlinien für Führungsvorbilder (Adidas AG 2018).

3.2 Kampagnen

Auch für Adidas gilt es, im „War for Talents" eine attraktive Arbeitgebermarke aufzubauen. Dabei hat Adidas entschieden, mit seiner Zielgruppe vor allem authentisch und auf Augenhöhe zu kommunizieren. Für eine große und bekannte Marke wie Adidas ist es relativ leicht, interessante Inhalte bereitzustellen; die Herausforderung liegt vielmehr im interaktiven Austausch mit potenziellen Bewerbern und Kandidaten. Ziele von Adidas sind der lebhafte Austausch mit den Kandidaten über verschiedene Kommunikationskanäle und das Verständnis der Anforderungen und Wünsche an Adidas als Arbeitgeber seitens der potenziellen Bewerber. Die Mitarbeiter sind in diesem Kommunikationskontext das Herzstück aller Employer-Branding-Maßnahmen von Adidas. Das Unternehmen vertritt die Meinung, dass nur durch eigene Erfahrungen und Meinungen der Mitarbeiter eine authentische Arbeitgebermarke entstehen kann. Konkret möchte Adidas sich in jeder Employer-Branding-Story auf die grundlegende Personalstrategie zurückbeziehen und zugleich Sport mit verschiedenen Ebenen verbinden, internationale Grenzen aufreißen, ein Wir-Gefühl entwickeln, jeden Menschen als Individuum mit eigenen Ideen und Talenten betrachten sowie jeden Mitarbeiter als ein Teil der Unternehmenskultur integrieren (Kempf 2013, S. 232–234).

Im Folgenden werden Employer-Branding-Kampagnen näher betrachtet, welche auf diese Ziele von Adidas besonders einspielen.

Make your Move

Adidas war mit seiner Employer-Branding-Strategie bereits im Jahr 2013 erfolgreich und hat dafür von der Deutschen Public Relations Gesellschaft den ersten Platz im Bereich Employer Branding und Personalkommunikation erhalten (DPRG 2013).

Bei der Kommunikationsstrategie dieser Kampagne steht die Bewerbung des Headquarters Herzogenaurach im Mittelpunkt. Die meisten Angehörigen der Generation Y haben noch nie etwas von dem Ort Herzogenaurach gehört, wenn Recruiter potenzielle Talente darauf ansprechen (Kempf 2013, S. 234). Darum wurde die Microsite http://herzo.adidas-group.com/ entworfen. Sie kann von der offiziellen Karrierewebsite der Adidas Group unter dem Punkt Locations → Headquarters → Herzogenaurach erreicht werden.

Die Microsite wird somit von einer Zielgruppe angeklickt, welche sich für den Standort interessiert und mehr darüber erfahren möchte. So kann der Content auf der eigentlichen Karrierewebsite reduziert werden, was zu einer größeren Übersichtlichkeit beiträgt. Gleichzeitig bedient die Microsite eine internationale Zielgruppe, welcher es wichtig ist, so viele detaillierte Informationen wie möglich über den Standort zu erhalten, bevor sie den Schritt und Umzug nach Deutschland wagt.

Die Microsite bietet eine sehr einfache und unverbindliche Verlinkung zurück zu der Karriere-Website von Adidas durch den Reiter „Opportunities", wodurch potenzielle Kandidaten nach einem positiven Erlebnis auf der Microsite direkt die Möglichkeit haben, sich zu bewerben. In Bezug auf potenzielle Bewerber der Generation Y bieten Microsites grundsätzlich eine gute Möglichkeit, um einen Dialog durch zielgruppenspezifischen Marken-Content aufzubauen (Croan 2015).

Adidas nutzte für diesen Content eigene Mitarbeiter aus der Generation Y als Markenbotschafter, welche über ihr Leben und ihre Arbeit bei Adidas berichten. Die Testimonials kommen aus verschiedenen Ländern und berichten über ihren Arbeitsalltag bei Adidas und ihr Leben in Deutschland. Durch die Wahl der internationalen Testimonials betont Adidas Diversität und zeigt sich durch eine internationale Kultur geprägt. Zusätzlich wird die Work-Life-Balance bei Adidas klar herausgestellt, was ebenfalls eine Wertvorstellung der Generation Y trifft (Kramer et al. 2014).

Zusätzlich erfüllt Adidas die Anforderung der Generation Y, indem die Stories der Mitarbeiter in Video-Formaten gedreht wurden. Die Microsite besteht nahezu nur aus kurzen Videos und verwendet möglichst wenig Text. Dadurch umgeht Adidas das zuvor angesprochene Problem der textlastigen Unternehmens-und Stellenbeschreibungen und nutzt zugleich die Emotionalität der Videos durch Storytelling. Dabei ist auffällig, dass die Filme äußerst authentisch gestaltet wurden und die Mitarbeiter offen über einen teils anfänglichen Kulturschock berichten. Dadurch entsteht eine glaubwürdige Kommunikation auf Augenhöhe und potenzielle Kandidaten können sich leichter mit den Mitarbeitern identifizieren, was ein zentraler Punkt in der Kommunikation mit der Generation Y ist. Die Filme sind einfach gestaltet, zeichnen sich aber gleichzeitig durch die Auswahl verschiedener Locations aus, was sie abwechslungsreich und visuell ansprechend macht.

Auf der Microsite stehen vor allem das Leben in Herzogenaurach und Adidas als sportlicher Arbeitgeber im Vordergrund, um die Generation Y abholen zu können. Durch diese Peer-to-Peer-Kommunikation und die authentischen Erfahrungen der Adidas-Mitarbeiter kann Vertrauen aufgebaut werden und potenzielle Mitarbeiter können gewonnen werden (Croan 2015).

Die Idee hinter der Microsite scheint aufgegangen zu sein; David Enser, Senior HR Manager International Mobility, bestätigt einen sowohl internen als auch externen Zuspruch in Bezug auf die Website. Grund hierfür ist vor allem die sehr authentische Darstellung, welche von den Besuchern der Website als sehr ansprechend und unterhaltsam empfunden wurde. Nicht nur die potenziellen Kandidaten wurden von der Microsite angesprochen, sondern auch die Mitarbeiter von Adidas wurden von der Seite bestätigt, indem ihnen noch einmal vor Augen geführt wurde, warum sie den Schritt nach Herzogenaurach gewagt haben. Dieser positive Zuspruch der Mitarbeiter zeigt sich darin, dass sie die Microsite unzählige Male auf Facebook geteilt haben. Letztendlich wurden potenzielle Kandidaten durch die Microsite tatsächlich überzeugt, nach Herzogenaurach zu kommen (Hesse 2013).

Gameplan A

Auf Basis der Personalstrategie wurde 2016 die Online-Plattform „Gameplan A" ins Leben gerufen (Adidas AG o. J.). Sie ist die Weiterentwicklung des Corporate Blogs von Adidas, welcher von 2011 bis 2016 Einblicke in die Geschäftsbereiche und Unternehmenskultur von Adidas durch Mitarbeiterbeiträge gegeben hat. Die Weiterentwicklung des Blogs gründet auf der Tatsache, dass rund 60 % potenzieller Kandidaten von dem potenziellen Arbeitgeber einen Blog erwarten, in welchem Mitarbeiter über ihre Arbeit berichten (Weitzel et al. 2018, S. 24).

Gameplan A hat diesen Blog zu einem digitalen Adidas-Magazin weiterentwickelt, welches über Business- und Lifestyle-Themen in Verbindung mit Sport berichtet und auf der Personalstrategie der drei Cs basiert. Die Unternehmenskommunikation hat die Plattform zwar ins Leben gerufen, arbeitet aber eng mit der Abteilung Talent Acquisition zusammen. Das zeigt sich auch bei dem Teilen der Inhalte auf Twitter, LinkedIn und dem Social-Intranet-Kanal, sodass eine Integration über alle Karrierekanäle stattfindet und der Traffic gesteigert werden kann.

Gameplan A richtet sich an Geschäftsleute, Mitarbeiter und vor allem an (potenzielle) Kandidaten, welche in ihrem Lebensstil durch Sport inspiriert werden. Potenzielle Kandidaten erreicht die Plattform wieder über die Karrierewebsite von Adidas unter dem Punkt Leadership Culture auf der Landingpage der Karrierewebsite. Dadurch ist auch hier ein einfaches Erreichen der Plattform gegeben.

Wenn die potenziellen Kandidaten dann auf die Gameplan-A-Website weitergeleitet werden, ist ein kurzes Video zum Führungsstil bei Adidas eingebettet und Statements und Artikel des CEOs und der Senior Directors werden präsentiert. Zusätzlich können Wallpaper für Desktop und Smartphone heruntergeladen werden. Diese Seite ist praktisch die Verbindung zwischen Karrierewebsite und Plattform, sie fordert durch mehrere Call-to-Actions dazu auf, sich auch die anderen Themen der Plattform anzuschauen.

Gameplan A soll allen zuvor genannten Zielgruppen einen Ort für das Aufbauen einer Community sowie eine größere Möglichkeit zur Interaktion und Partizipation bieten – und dadurch auf die beiden Adidas-Cs „Collaborative" und „Creative" einzahlen. Communities spielen eine große Rolle für die Generation Y, sie möchten sich zugehörig fühlen können und sich gleichzeitig einbringen und mitgestalten (Huber und Rauch 2013, S. 15). Das erreicht die Plattform Gameplan A durch die Möglichkeit Beiträge auf Social-Media-Netzwerken wie LinkedIn, Facebook und Twitter zu teilen.

Außerdem können direkt Kommentare unter den Artikeln hinterlassen werden. Mitgestalten kann die Community durch das Vorschlagen von Links, Zitaten, Themen oder Personen, welche auf der Plattform integriert werden könnten.

Inhaltlich ist die Plattform nicht nur auf die alltägliche Arbeit von Mitarbeitern bei Adidas ausgelegt, sondern sie ist auch ein Mix von Mindset, Lifestyle, Ideen und Karriere. Der einzige durchgehende Fokus ist das Thema Sport. Die Beiträge kommen nicht, wie auf dem alten Blog, nur von Mitarbeitern, sondern auch von Gastschreibern. Diese Mischung von privaten und beruflichen Themen sowie von spezifischen Adidas- und Nicht-Adidas-Themen und von Adidas-Mitarbeitern und Externen macht den Blog authentisch und glaubwürdig. Er generiert einen ausgeprägten Mehrwert für potenzielle Bewerber der Generation Y.

Sie kommen auf einer persönlicheren Ebene mit den Mitarbeitern in Kontakt und können sich direkt mit ihnen verbinden. Indem sie auf den Namen des Mitarbeiters klicken, erhalten sie Zugang zu dem Twitter-Profil und der Laufbahn des jeweiligen Mitarbeiters. Dadurch können sie in einen persönlichen Austausch mit den Mitarbeitern kommen und ihr berufliches Netzwerk erweitern.

Generell orientiert sich die Plattform an einer modernen Aufbereitung, indem sie sich hauptsächlich durch horizontales Scrollen führen lässt. Zusätzlich können bestimmte Themen durch das Klicken auf Hashtags angewählt werden. Diese digitale Plattform setzt also sehr auf die Einbindung verschiedenster Social-Media-Kanäle, durch die Inhalte geteilt werden können, durch die aber auch die Vernetzung mit Mitarbeitern möglich ist. Zusätzlich bietet sie durch viele Call-to-Actions eine große Möglichkeit zur Interaktion und Partizipation. Abgerundet werden diese digitalen Tools durch eine breite Themenvielfalt, welche großen Mehrwert für die potenziellen Kandidaten bringt und sehr authentisch durch die Mitarbeiter gestaltet wurde. Schließlich kann Adidas die Unternehmenskultur so auf kreative und digitale Weise der Generation Y näherbringen.

Calling all Creators

Die 2018 erschienene Employer-Branding-Kampagne von Adidas „Calling all Creators“ ist Teil der Firmenstrategie „Creating the New“ und eine Ergänzung zu der Werbekampagne „Calling all Creators“ für die Kunden von Adidas. Schon diese Ergänzung zu der Produktvermarktung für Kunden zeigt, dass Employer Branding mittlerweile fest in die Unternehmensstrategie integriert ist. Zusätzlich wurde die Kampagne durch eine Zusammenarbeit mehrerer Teams wie Digital Brand Commerce, HR, Talent Acquisition, Marketing Brand Communication, Newsrooms und Corporate Communications gestaltet. Diese Zusammenarbeit zeigt ebenfalls die Verankerung in der Unternehmensstrategie (Hogenboom 2018).

Mit dieser globalen Kampagne sollten vor allem digitale potenzielle Mitarbeiter angesprochen werden, welche unkonventionell, jung, kreativ und digital begeistert sind.

Sieben Videos sollen zeigen, inwiefern Sport Adidas-Mitarbeitern zu digitaler Kreativität verhilft. Auch für diese Kampagne hat Adidas seine Mitarbeiter als Testimonials aktiviert. Durch sieben Testimonials, genannt „Creators", sollen die Werte und die Kultur von Adidas übertragen werden. Dabei zeigen die Stories nicht nur die Fähigkeiten und das Potenzial der Mitarbeiter, sondern repräsentieren auch die digitale und kulturelle Transformation des Unternehmens (Cloudfactory 2018).

Jeder der sieben Mitarbeiter hat eine andere Jobposition im digitalen Arbeitsbereich und erzählt seine eigene Geschichte, wie Sport im Job beflügelt und für den nötigen Ausgleich sorgt. Dadurch sind die Mitarbeiter erneut das Herzstück der Kampagne und repräsentieren Adidas als Unternehmen. So schafft die Kampagne auch unternehmensintern Stolz, Identifikation und Leidenschaft. Mitarbeiter können sich besser mit den eigenen Kollegen identifizieren als mit einem normalen Imagevideo des Unternehmens.

Nach ersten Analysen ist klar, dass die Adidas-Mitarbeiter die größten Markenbotschafter für die nächste Generation sind und dass sie die digitale Transformation vorantreiben (Hogenboom 2018). Auch in dieser Kampagne werden wieder vor allem Videoformate genutzt, um die individuellen Geschichten der Testimonials möglichst emotional und authentisch abbilden zu können. Sie wurden gleichzeitig auf allen Social-Media-Plattformen von Adidas mit dem Hashtag #heretocreate ausgespielt, da sich rund jeder zweite Angehörige der Generation Y Imagefilme von Arbeitgebern auf Social Media wünscht (Weitzel et al. 2018, S. 24). Dadurch erreichen sie die Generation Y dort, wo sie am aktivsten ist, und animieren sie durch den Hashtag, interaktiv zu werden.

Mit hohem Werbedruck wurden die Stories der Kampagne einen Monat lang auf den sozialen Karrierenetzwerken Facebook, Instagram und Twitter ausgespielt. Durch die sozialen Netzwerke haben die potenziellen Bewerber die Chance, regelmäßig von Adidas zu hören, indem die Inhalte in ihrem Newsfeed erscheinen. So können sie sich ein Bild davon machen, wer Adidas ist und was Adidas als Arbeitgeber ausmacht. Zusätzlich können die Bewerber direkt mit dem Arbeitgeber in Kontakt treten und erzählen, warum sie zu Adidas passen. Neben den externen potenziellen Bewerbern von Adidas können mit den sozialen Medien auch zahlreiche Mitarbeiter erreicht und inspiriert werden (Hesse 2013, S. 233).

Instagram
Instagram ist hierbei eine weitere geeignete Plattform, schließlich ist die Interaktionsrate hier höher als auf vielen anderen Social-Media-Kanälen und die Kombination von Bildern und Stories kann emotionale Inhalte besser transportieren. Auch hier wurde wieder eine Verlinkung zu der Karrierewebsite durch den Link im Profilteil des Instagram-Nutzers geschaffen, sodass sich die Bewerber direkt ausführlicher informieren bzw. sich direkt bewerben können (Onaran 2018).

Facebook
Facebook als Plattform wurde bespielt, da die Generation Y die größte Altersgruppe ist, welche Facebook als Kanal nutzt. Auf Facebook können nicht nur audiovisuelle Inhalte platziert, sondern auch Informationen über Events geschaltet werden. Die Chatfunktion

bietet zudem eine direkte Kommunikationsmöglichkeit zwischen Bewerber und Unternehmer. Zusätzlich können Fans der Seite ihre Freunde einladen und somit die Beiträge von Adidas mit ihrer Community teilen. Auf Facebook wurden die Testimonials der Kampagne als Titelbild genutzt, um Wiedererkennungswert bzw. Aufmerksamkeit zu schaffen. Zusätzlich wurde das Manifesto-Video der siebenteiligen Serie als empfohlenes Video platziert.

Twitter

Twitter ergänzt die beiden eher persönlichen, informellen Kanäle um einen beruflich orientierteren Kanal, welcher mit den Videos vor allem eine Weiterleitung auf die Karrierewebsite und die Gameplan-A-Plattform schafft. Dadurch können Ressourcen effizient vernetzt werden.

LinkedIn

Auf LinkedIn finden sich direkte Verlinkungen zu aktuellen Jobs, außerdem können sich Nutzer mit Mitarbeitern von Adidas verbinden. Durch aktuelle Updates wie Blogs, Posts, News oder Fachartikel kann der Generation Y mehrwertiger Content geboten werden und Inhalte aus anderen Social-Media-Kanälen, wie Gameplan A, können einfach in den Newsfeed eingebunden werden. Hier wurde die #heretocreate-Kampagne im Bereich Unternehmenskultur dauerhaft eingebunden, sodass die Werte des Unternehmens emotional und authentisch vermittelt werden können (LinkedIn 2018).

Hackathons

Eine weitere Besonderheit der Kampagne sind die Hackathons[1], welche im Rahmen der Kampagne ausgetragen wurden. Vier Hackathons hatten in Barcelona, Madrid, Amsterdam und Sofia stattgefunden, jeder Hackathon hatte ein eigenes Thema, zum Beispiel die Shopping-Experience der Zukunft. Im Anschluss reisten die Siegerteams in das Headquarter von Herzogenaurach. In Verbindung mit diesen Events wurde erneut eine Microsite erstellt http://www.adidas-hack.com/. Hier konnten die potenziellen Teilnehmer sich über alle Details zu den Hackathons informieren und sich durch einen Call-to-Action direkt auf der Website für eine Teilnahme bewerben. Diese Microsite ist sinnvoll, um potenzielle Bewerber, in diesem Fall IT-Spezialisten, zielgruppenspezifisch ansprechen zu können. Zusätzlich war wieder die Möglichkeit gegeben, die Microsite auf den sozialen Netzwerken wie Facebook, Twitter oder LinkedIn mit Freunden bzw. Peer-Groups zu teilen und sich dazu auszutauschen.

---

[1]Bei einem Hackathon realisiert ein offenes Teilnehmerfeld in einem Wettbewerb Software- und Hardwareentwicklungen gemäß dem Briefing des veranstaltenden Unternehmens. Adidas suchte konkret Softwareentwickler, Studenten und Innovatoren, die Sport und Technologie miteinander verknüpfen können, indem sie beispielsweise IoT, Sensoren, Big Data usw. bestmöglich nutzen (Hengsberger 2018).

Neben der Microsite wurden die Videos der Kampagne ebenfalls auf allen Social-Media-Kanälen gepostet. Das Besondere bei dem Hackathon ist allerdings die Verbindung zwischen digitalen Medien und physischem Event. So wurden Einblicke aus den Hackathon-Events ebenfalls auf den Social-Media-Seiten geteilt. Die Online-Präsenz kann somit durch die Präsenz von Mitarbeitern vor Ort und einen persönlichen Austausch ergänzt werden (Mattmüller et al. 2015, S. 190).

Mit Recrutainment hat Adidas ein innovatives Tool zur Ansprache der Generation Y genutzt und sich dadurch deutlich vom Wettbewerb differenziert. Zusätzlich konnte Adidas sich so auf digitale Talente konzentrieren und hatte eine ideale Möglichkeit, auf spielerischem Weg auszuwählen, welcher der Teilnehmer für einen digitalen Job bei Adidas in Frage kommen würde. Die digitalen Talente haben dafür die Möglichkeit, im Vorfeld auszutesten, inwiefern sie zu Adidas passen. Diese Transparenz wird vor allem von der Generation Y gefordert.

Schließlich wurden Teile der gesamten Employer-Branding-Kampagne auch für Inhalte auf der Plattform Gameplan A genutzt, indem zum Beispiel über die Hackathons informiert wurde oder ein Testimonial der „Here to Create"-Videos ausführlich über seine Verbindung zwischen Beruf und Sport schreibt. Dadurch findet erneut eine Verbindung und Integration zwischen den digitalen Plattformen statt.

3.3 Die Adidas-Strategie und ihre Erfolgsfaktoren

Die Employer-Branding-Strategie von Adidas ist geprägt durch die Mitarbeiter als Markenbotschafter und die konsequente Einbindung von Sport in alle Maßnahmen, gemäß dem Motto „We play to win". Auch die Personalstrategie verbindet die Unternehmenswerte, welche die Kultur bei Adidas prägen, mit dem Sport und basiert auf den drei Cs „Confidence, Collaboration und Creativity", wie Abb. 4 veranschaulicht.

Werte

Diese drei Werte sind einzigartig und werden in vielerlei Hinsicht gelebt. Sie sind Basis für das Arbeitsverhalten bei Adidas und für alle Employer-Branding-Aktivitäten und gleichzeitig auch Auswahlkriterium für potenzielle Mitarbeiter von Adidas. Durch diese Werte hat sich Adidas klar definiert und zeigt, was von (potenziellen) Mitarbeitern erwartet wird. Darum ist eine Integration dieser Werte in die Employer-Branding-Kampagnen enorm wichtig, um diese gewünschten Charakteristika in die Arbeitgebermarke langfristig integrieren zu können, was anhand der drei analysierten Beispiel-Kampagnen deutlich wird. Diese Kampagnen zahlen auf alle drei Cs ein – allerdings hat jede Kampagne einen anderen Fokus und setzt verschiedene Cs als Basis.

Make your Move

Die „Make your Move"-Kampagne hat es geschafft, Vertrauen bei potenziellen Bewerbern zu wecken und diese in den Ort Herzogenaurach zu ziehen. Diversität ist

Talentierte Mitarbeiter, die sich durch Leidenschaft für Sport und die Marke auszeichnen → "We play to win"		
Strategie	**Bedeutung**	**Kampagne**
Confidence	Vertrauen haben, Risiken eingehen	"Make your Move"
Collaboration	Partnerschaften eingehen, zusammenarbeiten	"Gameplan A"
Creativity	Originielle Ideen und einzigartige Ansätze	"Here to Create"

Authentische und interaktive Kommunikation auf Augenhöhe,
Diversität ausstrahlen, jeder Mitarbeiter als einzigartiges Talent mit individuellen Ideen und Bedürfnissen,
Integration in die Unternehmenskultur → In "Das große Ganze"

Abb. 4 Employer-Branding-Strategie von Adidas. (Quelle: Nach Adidas AG 2018; Kempf 2013, S. 234)

ein grundlegender Aspekt bei Adidas und Internationalität wird großgeschrieben. Dabei wurden keine Hochglanzfotos von Herzogenaurach in den Mittelpunkt gestellt, sondern internationale Mitarbeiter, die diesen Schritt bereits gewagt haben. Die Videos sind nicht perfekt, sondern eher einfach und schlicht gehalten – aber gerade das fördert deren Authentizität. Der Mitarbeiter und seine individuelle Geschichte sollen im Vordergrund stehen. Dabei werden nicht nur die positiven Erfahrungen dargestellt, sondern durchaus auch Ängste und Zweifel, die mit diesem Schritt einhergingen. Das überzeugt und motiviert potenzielle Bewerber, Vertrauen in Mitarbeiter und Unternehmen zu haben und dieses „Risiko" ebenfalls einzugehen. Das ist der Inbegriff des Cs „Confidence". Von (zukünftigen) Adidas-Mitarbeitern wird erwartet, dass sie selbstbewusst und mutig genug sind, den Umzug zu wagen.

Gameplan A

Das digitale Magazin „Gameplan A" zielt vor allem auf den Aspekt „Collaboration" ab – nur durch Zusammenarbeit kann Großes entstehen. Diesen Punkt übersetzt Adidas mit den Beiträgen verschiedenster Mitarbeiter und Gastschreiber, welche alle durch den Sport inspiriert werden. Adidas hat verstanden, dass die heutige Kommunikation im Dialog stattfindet. Gameplan A ist die Plattform für aktuelle und zukünftige Mitarbeiter, um sich auszutauschen und gegenseitig zu inspirieren. Potenzielle Bewerber werden durch die Interaktions-und Kollaborationsmöglichkeiten „Teil des großen Ganzen", was für Arbeitnehmer und Arbeitgeber eine Win-win-Situation darstellt. Genau diese Partnerschaft ist mit dem C „Collaboration" gemeint.

Here to Create

Schließlich zahlt die aktuelle Kampagne „Here to Create" vor allem auf das C „Creativity" ein. Durch die einzelnen Geschichten und Jobpositionen der Testimonials wird gezeigt, dass jeder Mitarbeiter einen anderen Ansatz hat, um im Job erfolgreich zu sein. Sie betreiben verschiedene Sportarten und nutzen den Sport auf eigene Weise, um kreativ zu werden. Selbst kreativ zu werden und gegebenenfalls aus der Masse herauszustechen und seinen eigenen Weg zu gehen, sind hier die Schwerpunkte.

Adidas hat klare Werte und Ziele, welche das Unternehmen deutlich, konsistent und langfristig kommuniziert. Durch diese differenzierte und langfristige Employer-Branding-Strategie schafft Adidas es, sowohl intern als auch extern eine starke Arbeitgebermarke aufzubauen, was wiederum den Kern einer erfolgreichen Arbeitgebermarke ausmacht. Dadurch hat sich Adidas den Titel als bester Arbeitgeber verdient.

4 Erfolgsfaktoren eines wirksamen Employer Brandings

Im Folgenden werden abschließend die Dos and Don'ts eines erfolgreichen digitalen Employer Brandings zusammengefasst:

Dos

- **Die Generation Y dort abholen, wo sie tagtäglich aktiv ist:** in den digitalen Medien.
- **Employer-Branding-Inhalte zielgruppenspezifisch aufarbeiten:** Inhalte mit Mehrwert für die Zielgruppe posten.
- **Die Karrierewebsite als Aushängeschild betrachten:** Karrierewebsites als Basis und Verbindung zwischen allen digitalen Plattformen und direkte Möglichkeit zur Bewerbung.
- **Soziale Medien zur Interaktion nutzen:** Hashtags verwenden, um User-generated Content bündeln zu können, mit Kandidaten in einen Dialog treten.
- **Soziale Medien und Karrierewebsite verbinden:** Karrierewebsite ist erster Anlaufpunkt und kann Besucher weiterleiten.
- **Microsite nutzen, um zielgruppenspezifisch mehrwertigen Content zu schaffen:** gute Informationsplattform für Nischeninformationen und -Events, ohne allgemeine Karrierekanäle zu überladen.
- **Die digitalen Medien mit hochwertigem, differenziertem Content bespielen:** klare Unternehmenswerte konsequent in Content einfließen lassen.

- **Video als Hauptformat nutzen:** kann emotionale Stories am besten transportieren.
- **Mitarbeiter als Markenbotschafter nutzen und Geschichten erzählen lassen:** denn sie werden von Generation Y als am authentischsten empfunden und gefordert.
- **Konsistente, differenzierte Strategie aufbauen und in alle digitalen Medien integrieren:** Employer Branding muss langfristig gedacht werden.

Don'ts

- **Die gleichen Kanäle für alle Zielgruppen nutzen:** Babyboomer und Generation X haben zum Beispiel ein anderes Informationsverhalten als Generation Y.
- **Die digitalen Medien als Werbeformat nutzen:** reine Stellenanzeigen auf digitalen Medien zu posten, bringt für die Generation Y keinen Mehrwert, also keine Aufmerksamkeit.
- **Die verschiedenen Kanäle mit verschiedenen Strategien bespielen:** die Unternehmenswerte müssen sich konsistent durch alle Kanäle ziehen.
- **Mitarbeitervideos in traditionellem, faktischem Interviewstil nutzen:** rufen keine Emotionalität bzw. Authentizität hervor.
- **Employer Branding als kurzfristiges Tool sehen:** Employer Branding ist ein strategisches Tool und muss daher langfristig eine Arbeitgebermarke aufbauen.

5 Fazit

Entscheidend ist, dass die Wertvorstellungen der Generation Y berücksichtigt werden und dass die digitalen Medien als bevorzugtes Kommunikationsmedium der Generation Y genutzt werden. Der Arbeitsmarkt hat sich von einem arbeitgeberbestimmten Markt zu einem Arbeitnehmermarkt entwickelt, dementsprechend müssen die Unternehmen sich darauf konzentrieren, ihre Employer-Branding-Strategie zielgruppenspezifisch aufzubereiten.

Die Werte des Unternehmens müssen mit den Werten der Generation Y bestmöglich übereinstimmen, um sie für sich gewinnen zu können. Diese Werte müssen dann vor allem auf der Karrierewebsite und in den sozialen Medien positioniert werden, sodass die Generation Y dort abgeholt werden kann, wo sie sich am meisten aufhält.

Die Generation Y gehört zu der Gruppe der Digital Natives und ist mit den digitalen Medien aufgewachsen. Daher genügt es nicht, sie einfach mit Werbebotschaften über die digitalen Medien anzusprechen. Diese Kandidaten haben höhere Ansprüche an kreativen Content und Storytelling. Beides muss ihnen einen emotionalen und funktionalen Mehrwert bieten. Dabei sind emotionale Instrumente vor allem die eigenen Mitarbeiter, welche von der Generation Y als authentischstes Mittel empfunden werden, die richtige Wahl.

Das beste Medium, um emotionalen Content zu vermitteln, sind Videos, welche kurz und prägnant die Aufmerksamkeit der Generation Y erreichen können. Es reicht allerdings nicht aus, die Generation Y nur mit unternehmenseigenen Inhalten zu konfrontieren. Diese Generation sucht den Dialog mit dem Unternehmen und möchte sich aktiv einbringen und Inhalte mit der Community teilen. Darum sind Sharing-Funktionen mit anderen sozialen Netzwerken und somit ihren Freunden und Communities von Vorteil.

Darüber hinaus wird die Generation Y von einem modernen Ansatz, wie Gameplan A, besonders angesprochen, weil sie sich aktiv einbringen kann und eigene Inhalte und Ideen beitragen kann. Dadurch fühlen sie sich wertgeschätzt und in die Marke integriert und können dadurch einfacher eine persönliche Beziehung zu der Marke aufbauen.

Eine differenzierte und konsistente Employer-Branding-Strategie mit klaren Werten und Richtlinien, wie den drei Cs von Adidas, sind dabei die Basis aller Aktivitäten und Maßnahmen und helfen nicht nur, sich von Wettbewerbern zu differenzieren, sondern auch, dabei die richtigen Bewerber anzusprechen, welche zu dem Unternehmen passen.

Literatur

Adidas AG. (o. J.). The 3 Cs behind great leadership. https://www.gameplan-a.com/3Cs-leadership?utm_source=adidas%20careers%20website&utm_medium=adidas&utm_campaign=GPA-LFS-2018-Website-home%20campaign. Zugegriffen: 18. Jan. 2019.

Adidas AG. (2018). Unternehmenskultur. https://www.adidas-group.com/de/unternehmen/kultur/. Zugegriffen: 18. Jan. 2019.

Beck, C. (2012). Personalmarketing 2.0 – Personalmarketing in der nächsten Stufe ist Präferenz Management. In C. Beck (Hrsg.), *Personalmarketing 2.0. Vom Employer Branding zum Recruiting* (2. Aufl., S. 9–70). Köln: Luchterhand.

Berge, Marcel von dem. (2015). Employer Branding im Zeitalter der digitalen und sozialen Medien. Wie Arbeitgebermarken strategisch als Marke positioniert und in digitalen und sozialen Kanälen fokussiert gesteuert werden können. https://apgd.de/2015/02/24/employer-branding-im-zeitalter-der-digitalen-und-sozialen-medien/. Zugegriffen: 18. Jan. 2019.

Chambers, E. G., Foulon, M., Handflied-Jones, H., Hankin, S. M., & Michaels, E. G. (1998). The war for talent. *The McKinsey Quarterly, 1*(3), 44–58. http://link.galegroup.com/apps/doc/A21243610/EAIM?u=napier&sid=EAIM&xid=f2567130. Zugegriffen: 18. Jan. 2019.

Cloudfactory. (2018). Here to create. http://www.cloudfactory.nl/archives/3174. Zugegriffen: 18. Jan. 2019.

Croan, D. (2015). How brands use microsites to win millennials. http://www.mintyfreshdigital.com/thefresh/how-brands-use-microsites-to-win-millennials. Zugegriffen: 18. Jan. 2019.

Deloitte. (2018). 2018 Deloitte millennial survey. Millennials disappointed in business, unprepared for industry 4.0. https://www2.deloitte.com/global/en/pages/about-deloitte/articles/millennial-survey.html. Zugegriffen: 18. Jan. 2019.

Diercks, J., & Kupka, K. (2013). *Recrutainment. Spielerische Ansätze in Personalmarketing und -auswahl.* Wiesbaden: Springer Gabler. http://dx.doi.org/10.1007/978-3-658-01570-1.

DPRG. (2013). Die Deutsche Public Relations Gesellschaft (DPRG) und das F.A.Z.-Institut würdigen kommunikative Spitzenleistungen im Kurhaus in Wiesbaden. http://www.dprg.de/Meldungen/Die-Deutsche-Public-Relations-Gesellschaft-%28DPRG%29-und-das-FAZ-Institut-wuerdigenbr-kommunikative/1021. Zugegriffen: 18. Jan. 2019.

FOCUS. (2018). Ist Ihre Firma dabei? Das sind Deutschlands 30 beste Arbeitgeber 2018. https://www.focus.de/finanzen/karriere/job-ranking-von-focus-und-kununu-adidas-google-bayer-das-sind-deutschlands-beste-arbeitgeber-2018_id_8383808.html. Zugegriffen: 18. Jan. 2019.

Franke, C., & Teetz, I. (2012). Die Karriere-Website als Point of Recruiting. In C. Beck (Hrsg.), *Personalmarketing 2.0. Vom Employer Branding zum Recruiting* (2. Aufl., S. 133–158). Köln: Luchterhand.

Hengsberger, A. (2018). Nutzen eines Hackathons: Warum er sich für jedes Unternehmen lohnt. Lead Digital. https://www.lead-innovation.com/blog/nutzen-eines-hackathons. Zuletzt aktualisiert am 22. Nov. 2018. Zugegriffen: 2. Apr. 2019.

Hesse, G. (2013). Onboarding, Personalmarketing und Employer Branding bei adidas. Interview mit David Enser, Senior HR Manager International Mobility bei Adidas. https://www.saatkorn.com/wie-adidas-mitarbeitermobilitat-fordert-und-top-leute-bindet/. Zugegriffen: 18. Jan. 2019.

Hesse, G., Mayer, K., Fellinger, C., & Rose, N. (2015). Zur Notwendigkeit eines generationsbezogenen Employer Brandings. In G. Hesse & R. Mattmüller (Hrsg.), *Perspektivwechsel im Employer Branding. Neue Ansätze für die Generationen Y und Z* (S. 53–102). Wiesbaden: Springer Gabler.

Hogenboom, N. (2018). ‚Here to create' – Behind the scenes of biggest employer brand campaign at Adidas | ERE. https://www.ere.net/here-to-create-behind-the-scenes-of-biggest-employer-brand-campaign-at-adidas/. Zugegriffen: 18. Jan. 2019.

Huber, T., & Rauch, C. (2013). Generation Y. Das Selbstverständnis der Manager von morgen. https://www.zukunftsinstitut.de/fileadmin/user_upload/Publikationen/Auftragsstudien/studie_generation_y_signium.pdf. Zugegriffen: 18. Jan. 2019.

index Internet und Mediaforschung. (2018). Social Media im Recruiting – Ziele und Kanäle 2017 | Umfrage. https://de.statista.com/statistik/daten/studie/822718/umfrage/umfrage-zu-kanaelen-und-zielen-von-social-media-im-recruiting-in-deutschland/. Zugegriffen: 18. Jan. 2019.

Kempf, M. (2013). Strahlkraft nach außen und nach innen. Die Adidas Gruppe als Arbeitgebermarke. In H. Künzel (Hrsg.), *Erfolgsfaktor Employer Branding. Mitarbeiter binden und die Gen Y gewinnen* (S. 229–250). Wiesbaden: Springer Gabler.

Koudal, P., & Chaudhuri, A. (2007). Managing the talent crisis in global manufacturing. Strategies to attract and engage generation Y. https://www.researchgate.net/publication/305433559_Managing_the_Talent_Crisis_in_Global_Manufacturing. Zugegriffen: 18. Jan. 2019.

Kramer, B., Mayer, K., & Sauerstein, K. (2014). Karriere trifft Sinn. http://embrace.medienfabrik.de/karriere-trifft-sinn. Zugegriffen: 18. Jan. 2019.

LinkedIn. (2018). adidas: Unternehmenskultur | LinkedIn. https://de.linkedin.com/company/adidas/life?trk=nav_tab_life. Zugegriffen: 18. Jan. 2019.

Mahroum, S. (2000). Highly skilled globetrotters. Mapping the international migration of human capital. *R&D Management, 30*(1), 23–32. https://doi.org/10.1111/1467-9310.00154.

Mattmüller, R., Grote, J. H., Reif, M. K., Buckmann, J., Hesse, G., Mahlodji, A., et al. (2015). Fallstudien zu aktuellen Herausforderungen im Employer Branding und Personalmarketing. In G. Hesse & R. Mattmüller (Hrsg.), *Perspektivwechsel im Employer Branding. Neue Ansätze für die Generationen Y und Z* (S. 105–200). Wiesbaden: Springer Gabler.

Moroko, L., & Uncles, M. D. (2008). Characteristics of successful employer brands. *Journal of Brand Management, 16*(3), 160–175. https://doi.org/10.1057/bm.2008.4.

Onaran, T. (2018). Warum Instagram das Employer Branding Tool für Unternehmen ist. https://www.lead-digital.de/warum-instagram-das-employer-branding-tool-fuer-unternehmen-ist/. Zugegriffen: 18. Jan. 2019.

Ostler, J. (2018). Media and digital prediction 2018. https://www.millwardbrown.com/digitalpredictions/2018/prediction-2.aspx. Zugegriffen: 18. Jan. 2019.

Radermacher, S. (2013). Die Herausforderungen des Employer Brandings. In H. Künzel (Hrsg.), *Erfolgsfaktor Employer Branding. Mitarbeiter binden und die Gen Y gewinnen* (S. 1–16). Wiesbaden: Springer Gabler.

Sonntag, J. (2014). *Employer Branding: Mit Social Media zur erfolgreichen Personalrekrutierung im Mittelstand*. Hamburg: Diplomica.

Tanwar, K., & Prasad, A. (2016). Exploring the relationship between employer branding and employee retention. *Global Business Review, 17*(3_suppl), 186–206. https://doi.org/10.1177/0972150916631214.

Tumas, T., & Hofer, J. (2017). Adidas-Chef Rorsted im Interview: „Lieber Sport als nachts in die Bar". Handelsblatt. https://www.handelsblatt.com/unternehmen/handel-konsumgueter/adidas-chef-rorsted-im-interview-lieber-sport-als-nachts-in-die-bar/20592046.html?ticket=ST-70311-Ieb5U-JUXJD0rHYwulSiZ-ap1. Zugegriffen: 18. Jan. 2019.

VuMA. (2018). Millennials – Häufigkeit der Nutzung von Social Media (z.B. Facebook, Twitter, Instagram, WhatsApp) von Millennials im Jahr 2017 | Statistik. https://de.statista.com/statistik/daten/studie/712857/umfrage/umfrage-unter-millennials-zur-haeufigkeit-der-nutzung-von-social-media/. Zugegriffen: 18. Jan. 2019.

Weitzel, T., Maier, C., Oehlhorn, C., Weinert, C., & Wirth, J. (2018). Themenspecial 2018 EMPLOYER BRANDING. Ausgewählte Ergebnisse der Recruiting Trends 2018, einer empirischen Unternehmens-Studie mit den Top-1.000-Unternehmen aus Deutschland sowie den Top-300-Unternehmen aus der Branche IT und der Bewerbungspraxis 2018, einer empirischen Kandidaten-Studie mit Antworten von über 2.800 Kandidaten. https://media.newjobs.com/id/hiring/419/page/Recruiting_Trends_2018/Monster_Recruiting_Trends_2018_Employer_Branding.pdf. Zugegriffen: 18. Jan. 2019.

Welz, M. (2018). Wie Unternehmen erfolgreich um die Generation Y buhlen. https://www.capital.de/karriere/wie-unternehmen-erfolgreich-um-die-generation-y-buhlen. Zugegriffen: 18. Jan. 2019.

Weiterführende Literatur

Adidas AG. (o. J.). adidas Careers. Hg. v. Adidas AG. https://careers.adidas-group.com/. Zugegriffen: 18. Jan. 2019.

Adidas AG. (o. J.). adidasCareers (@adidascareers) • Instagram-Fotos und -Videos. https://www.instagram.com/adidascareers/?hl=de. Zugegriffen: 18. Jan. 2019.

Adidas AG. (o. J.). Future Talents – Adidas Careers – Startseite. https://www.facebook.com/future-talents. Zugegriffen: 18. Jan. 2019.

Adidas AG. (o. J.). Gameplan A. https://www.gameplan-a.com/. Zugegriffen: 18. Jan. 2019.

Adidas AG. (2018a). adidas Headquarters Herzogenaurach. http://herzo.adidas-group.com/. Zuletzt aktualisiert am 16. Mai 2018. Zugegriffen: 18. Jan. 2019.

Adidas AG. (2018b). adidas Hackathon | Come, experiment and dream big with us. http://www.adidas-hack.com/. Zuletzt aktualisiert am 20. Juni 2018. Zugegriffen: 18. Jan. 2019.

Ann-Christine Brockhaus ist Masterstudentin an der International School of Management in Dortmund, an der sie Strategic Marketing Management studiert. Vor ihrem Masterstudium absolvierte sie ihren Bachelor in Communications und Marketing, ebenfalls an der ISM. Während ihres Studiums hat sie bereits diverse Auslandserfahrungen und einige praktische Erfahrungen in Marketingabteilungen diverser Unternehmen sammeln können. Im Rahmen ihrer Masterthesis beschäftigt sie sich vertieft mit digitalem Employer Branding.

Prof. Dr. Meike Terstiege studierte Wirtschaftspsychologie an der Universität Mannheim und promovierte am Marketing-Lehrstuhl der TU Dortmund. Sie ist seit über 20 Jahren im strategischen Marketing tätig – in Führungspositionen auf Unternehmensseite (Henkel, Generali Holding und Allied Domecq) und auf Agenturseite (BBDO, Ogilvy, McCann und Edelman). Seit 2016 lehrt sie an der International School of Management digitales und strategisches Marketing, entwickelte den Master-Studiengang Digital Marketing und ist als selbstständige Marketing-Beraterin und -Trainerin tätig.

YouTube als aufstrebendes Marketingvehikel für mittelständische B2B- und B2C-Unternehmen – Ein Best-Practice-Vergleich

Caroline Altemeyer und Meike Terstiege

Inhaltsverzeichnis

1 Einleitung – die Digitalisierung von Millennials und Mittelstand . . . 123
2 YouTube – eine neue Ära von „Bewegtbild" beginnt . . . 124
 2.1 Hintergrund und Entwicklung von YouTube . . . 124
 2.2 YouTubes soziale Daseinsberechtigung . . . 125
 2.3 YouTube als Marketinginstrument . . . 126
3 Best Practices – YouTube im B2C- und B2B-Segment . . . 127
 3.1 B2C-Case – Dornbracht GmbH & Co. KG . . . 128
 3.2 B2B-Case – ST Gebäudetechnik . . . 130
4 Fazit – Bewegtbild-Chancen für B2C und B2B . . . 133
5 Checkliste – Charakteristika erfolgreicher YouTube-Channels . . . 134
Literatur . . . 136

1 Einleitung – die Digitalisierung von Millennials und Mittelstand

Im Zuge der fortschreitenden Globalisierung stellen Manager und verantwortliche Parteien drastische Veränderungen in der heutigen Wirtschaft fest. Es wird deutlich, dass die Digitalisierung kein einfacher Trend, sondern vielmehr eine tief verwurzelte,

C. Altemeyer (✉)
Iserlohn, Deutschland
E-Mail: caroline.altemeyer@student.ism.de

M. Terstiege
@DOCMARKETEER, Düsseldorf, Deutschland
E-Mail: meike.terstiege@docmarketeer.de

M. Terstiege (Hrsg.), *Digitales Marketing – Erfolgsmodelle aus der Praxis*,
https://doi.org/10.1007/978-3-658-26195-5_7

bedeutungsschwere Veränderung mit Auswirkungen auf das Konsumverhalten ist. Sowohl international agierende Marken als auch kleine und mittlere traditionelle Unternehmen müssen mehr denn je Flexibilität und Aufgeschlossenheit zeigen, wenn es um eine angemessene und wertvolle Antwort auf ihr zukünftige digitale Entwicklung geht.

Während ältere Generationen mit den Veränderungen zu kämpfen haben, zeigen Millennial-Nutzer eine „Always-on"-Mentalität, sind breit vernetzt und rund um die Uhr erreichbar. Online-Videodienste wie YouTube oder Netflix, Musik-Streaming-Apps wie Spotify sowie mobile Lieferdienste auf iPhones und iPads haben das Konsumverhalten nachhaltig revolutioniert. Mit der Störung alter Gleichgewichte wird eine neue Ära eingeläutet (Ipsos MORI 2018).

2 YouTube – eine neue Ära von „Bewegtbild" beginnt

YouTube ist als eine der wichtigsten Plattformen der heutigen Social-Media-Landschaft fest etabliert. Nicht nur der Amateur-Filmer, der pubertäre Teenager oder die tierliebe Katzenfreundin finden im Broadcasting-Channel das passende Video. Immer mehr Marken und Unternehmen setzen auf das Potenzial und haben die Möglichkeiten der Transportation von Emotionen und Informationen in bewegten Bildern zur Zielgruppe erkannt. Mit dem Vormarsch neuartiger Content-Plattformen werden die traditionellen Formate in Frage gestellt (Gripsrud 2012).

Gemäß Gripsrud (2012) ist Broadcasting als eine Form der Informationsverbreitung definiert, in der Informationen gezielt und kontinuierlich von einer zentralen Quelle an eine weitgehend anonyme Masse an Personen verbreitet werden, die das gleiche Material zur gleichen Zeit empfangen. Obwohl Unterschiede in Alter, Ansichten und Interessen der User die Zielgruppensegmente schmälern mögen, wird dennoch gleichzeitig eine Massenreichweite generiert (Pierson und Bauwens 2015).

2.1 Hintergrund und Entwicklung von YouTube

Durch das stetige Wachstum in den letzten Jahrzehnten steht YouTube stellvertretend für einen neuen Wirtschaftszweig, der altbekannte Muster infrage stellt und die Broadcasting-Landschaft aufwühlt.

Jawed Karim sah sich durch zwei rudimentäre Ereignisse veranlasst, eine Online-Plattform zu realisieren, auf der Videoinhalte, Live-Events und Emotionen überall auf der Welt und in Sekundenschnelle geteilt werden können: Zum einen durch den vieldiskutierten und aufsehenerregenden Auftritt von Janet Jackson beim Super Bowl, zum anderen durch den verheerenden Tsunami im Indischen Ozean, dem Zehntausende zum Opfer fielen (Karim 2006).

Im Gründungsverlauf ließ sich Chad Hurley, Mitbegründer und ehemaliger PayPal-Mitarbeiter, am 14. Februar 2005 die rechtlichen Unterlagen zur Sicherung von

Marke, Logo und Domain schützen, obwohl er sich der Tatsache bewusst war, dass YouTube nicht die erste Online-Video-Sharing-Plattform war. 1997 hatte Chase Norlin ShareYour-World.com gegründet, was sich jedoch später als Flop herausstellte (Matthew 2016).

Das erste gepostete Video mit dem Titel „Me at the zoo" dauert etwa 19 s und wurde von Karim am 23. April 2005 online gestellt. Mit amateurhaften Standards in Bezug auf Produktionsästhetik und Inhaltsqualität bietet dieses Video ein eindrucksvolles Beispiel dafür, warum YouTube auf den ersten Blick als „Sumpf aus benutzergenerierten und hausgemachten Inhalten" bekannt ist (Matthew 2016).

Wenn wir weiter an YouTube denken, kommen uns zunächst Jugendliche in den Sinn, die riskante und recht törichte Stunts für ganze Welt sichtbar veröffentlichen. Als Plattform für die „Verbreitung des digitalen Broadcasting" (Pierson und Bauwens 2015) sind vor allem Amateure und Fans gefragt, die ihre Inhalte auf YouTube erstellen, hochladen und teilen. Dabei werden die traditionellen zwischengeschalteten Rollen der Rundfunkkanäle in Frage gestellt und der Medienkonsum in Zeiten von „Binge-Watching" auf ein neues Niveau gehoben.

Das „Alpha-Männchen" Google erkannte das Potenzial in der Evolution des Internets und erwarb die Video-Sharing-Seite kurz nach ihrer Gründung im Oktober 2006 für 1,65 Mrd. US$. Zu diesem Zeitpunkt hatte YouTube rund 65 Mitarbeiter beschäftigt und befand sich noch in den Kinderschuhen (Rose Dickey 2013).

2.2 YouTubes soziale Daseinsberechtigung

YouTube bietet alles, von schockierendem Filmmaterial über akademische Forschungserkenntnisse bis hin zu „durchdachten politischen Kommentaren und historisch relevanten Momenten" (Matthew 2016), welche live festgehalten wurden. Folglich ist der Video-Streaming-Dienst zu einem unabdingbaren Werkzeug und einer Brücke zwischen Vergangenheit, Gegenwart und Zukunft geworden. Als historisch und gesellschaftlich bedeutsames Instrument verbindet YouTube Social-Networking-Technologien mit dem heutigen Fernsehprogramm und besitzt die Macht, Kulturen zu verändern (Matthew 2016).

Der Einstieg in das Rundfunkgeschäft im Jahr 2011 stellt einen wichtigen Meilenstein für YouTube dar, von Konzerten bis hin zu Nachrichtenberichten, königlichen Hochzeiten und Olympischen Spielen. Alles können die Zuschauer live in Emotionen und Farben erleben. In seiner immer noch zunehmenden Rolle als kultureller Influencer betont YouTube immer wieder das größere Anliegen der „Meinungsfreiheit, der Macht der Demokratie und der computergestützten Kommunikation" (Matthew 2016). Vor diesem Hintergrund hat die Videoplattform beispielsweise im arabischen Frühling 2011 eine zentrale Rolle gespielt. Durch die Verbreitung der Botschaften von Freiheit und Demokratie wurde die gesamte Bewegung immer wieder viral – die überwältigende und ungeheure Macht der Medien als Kommunikationsvehikel wurde deutlich (Rose Dickey 2013).

Aus diesem Grund sind auch aus kultureller und soziologischer Sicht bestimmte Risiken zu berücksichtigen. Da Geschichte, kulturelle Wertschätzung und weltweiter Einfluss YouTube zu einem Ort des Vertrauens und der positiven Erfahrung gemacht haben, muss die zunehmende Gefahr von „scheinbar unvereinbaren Themen und koexistierenden Praktiken" (Matthew 2016) überwunden werden.

Von fundamentalistischen religiösen Gruppen wie ISIS Propagandavideos über Fake-News bis hin zur Wahl von Donald Trump – eine völlig neue Welt ist mit einem simplen Mausklick für jedermann zugänglich (Matthew 2016).

2.3 YouTube als Marketinginstrument

Im Wandel zu einer neuen Medienlandschaft ist Werbung weiterhin ein Kernthema. Von der primären Rolle als „weltweiter unternehmerischer und kultureller Influencer, der von etwas Alltäglichem wie nutzergenerierten Inhalten angetrieben wird" (Matthew 2016) ausgehend, macht die Kommerzialisierung auch vor der Medienlandschaft an dieser Stelle nicht halt. Im August 2007 entschied Google, dass es an der Zeit wäre, etwas Geld zu verdienen, indem erste Werbeanzeigen auf der Video-Sharing-Plattform in Form von semitransparenten Bannern geschaltet wurden (Matthew 2016).

Seit diesem Zeitpunkt ist Advertising eine ständig wachsende Komponente der Website, die ständige Veränderungen in Aussehen, Funktionalität und Inhalt zeigt, aber dennoch die Sichtbarkeit und das Vertrauen der Nutzer in das Mainstream-Medium gewonnen hat. YouTube bietet „klare Definitionen, Regeln und Anweisungen, wie man Geld verdient" (Matthew 2016) und dient somit als kostengünstige Alternative und sozial sowie kulturell relevante Plattform für Unternehmen jeder Größe.

Doch auch darüber hinaus bietet YouTube einige Möglichkeiten, das eigene Unternehmen hervorzuheben und sich als Branchenexperte in den Köpfen der Kunden zu verankern. Die Vorzüge von Video-Content sind hierbei nicht neu. Auf der einen Seite können komplexe Inhalte nun deutlich leichter verständlich und begreifbar gemacht werden, auf der anderen Seite wird ein emotionaler Bezug generiert (BMWI 2018), welcher „inhaltlich an die Lebenswirklichkeit des Betrachters anknüpft" (Baltner 2014) und mit YouTube als Distributionskanal neue und bestehende Zielgruppen an das Unternehmen binden kann (Baltner 2014). Der vielfältige Nutzen von YouTube als Marketingvehikel für Unternehmen wird in Abb. 1 verdeutlicht.

Um genauer verstehen zu können, wie YouTube als Marketingvehikel fungiert, und um erste Handlungsempfehlungen in diesem digitalen Neuland anzusprechen, werden im Folgenden Best-Practice-Beispiele sowohl aus dem B2C- als auch aus dem B2B-Bereich genauer unter die Lupe genommen.

Abb. 1 Nutzen von YouTube für mittelständische B2B- und B2C-Unternehmen. (Quelle: In Anlehnung an BMWI 2018; Baltner 2014)

3 Best Practices – YouTube im B2C- und B2B-Segment

B2B und B2C unterscheiden sich bekanntermaßen nicht nur in einem Buchstaben, sondern vielmehr auch in Zielgruppen, Volumina sowie in Entscheidungsdauer und -prozessen. Laut dem Deutschen Institut für Marketing (DIM) ist der Kaufprozess im B2B-Segment (Business-to-Business) typischerweise komplexer, es sind mehrere beeinflussende Parteien involviert und die Produkte selbst sind häufig erklärungswürdig (Baltner 2014). Während es sich im B2C-Segment (Business-to-Consumer) häufig um Routine- und Spontankäufe handeln kann (zum Beispiel durch Heißhunger auf eine bestimmte Schokoladensorte), ist dies im B2B-Segment aufgrund verlängerter Entscheidungswege und großer Volumina (DIM 2017) von großem Seltenheitswert oder schier unmöglich. Ähnlich ist es im Marketing.

Während sich das Industrie- und Investitionsgütermarketing (B2B) primär mit der Vermarktung zum Einsatz in Organisationen und anderen Industriebetrieben beschäftigt, wendet sich das Segment der Ver- und Gebrauchsgüter im Marketing an den Endkonsumenten im Wirtschaftsprozess, das heißt an private Haushalte (DIM 2017). Nichtsdestotrotz hat sich in den vergangenen Jahrzenten das „Wie" in der Vermarktung von Produkten und Services deutlich verändert:

- Knapp 33 Mio. Deutsche nutzen auf der Suche nach Produktinformationen nunmehr nicht nur Suchmaschinen wie Google, sondern sehen sich aktiv auf Social-Media-Plattformen nach Informationen, Inspiration und Erfahrungen um (Keil 2018).
- Während Facebook (99 % Anteil von Marketinginhalten auf dem Channel), Instagram (66 %) und Twitter (62 %) in Marketingzwecken führend sind, hat sich YouTube innerhalb eines Jahres von 45 % auf einen Anteil von 50 % vorgearbeitet (Stelzner 2018) und gewinnt damit zunehmend an Bedeutung.

- YouTube alleine erreicht mehr 18- bis 49-Jährige auf mobilen Devices als jeder Kabel-TV Channel (Smith 2019). Darüber hinaus sind 75 % der Angehörigen der Generation X (35 bis 54 Jahre) mindestens einmal pro Monat auf YouTube aktiv, was zu einer Gesamtaufrufmenge von 1,5 Billionen Views pro Tag führt (Thomson 2017).
- Zudem übertrifft das Angebot auf YouTube mit über einer Billion Stunden Content sogar die Konkurrenz von Netflix und Facebook zusammen. Wie Brandwatch als global führende Social Intelligence Corporation zusammenfasst, kann YouTube zurecht als die weltweit zweitgrößte Suchmaschine direkt hinter dem Mutterkonzern Google genannt werden (Smith 2019).

Was sich diesbezüglich im B2C-Segment seit Jahren fest etabliert hat, kann auch im B2B-Segment nicht verkehrt sein: Mittlerweile setzen knapp 90 % der mittelständischen Unternehmen im Marketing auf mindestens eine soziale Plattform (Golla 2017). Die genannten Kommunikationsvehikel bieten nicht nur ein großes Potenzial, die breite Masse zu erreichen, sondern erscheinen auch als wertvolle Orientierungshilfe für Unternehmen aller Art und Größe, informative Inhalte auszutauschen und den Transport von gewünschten Emotionen beim Kunden zu erleichtern.

Um die Unterschiede zwischen B2B- und B2C-Marketing genauer zu visualisieren, werden im Folgenden zwei Best-Practice-Beispiele in Bezug auf die Videoplattform YouTube detailliert dargestellt.

3.1 B2C-Case – Dornbracht GmbH & Co. KG

Die Dornbracht GmbH & Co. KG ist ein Hersteller für Premium-Armaturen für den Bad-, Spa- und Küchenbereich. Mit mittlerweile mehr als 1000 Mitarbeitern agiert das Unternehmen deutlich im größeren mittelständischen Rahmen, sieht sich jedoch mit Firmensitz im sauerländischen Iserlohn als lokal ansässiges, jedoch international agierendes Familienunternehmen mit Manufakturqualität (Dornbracht GmbH & Co. KG 2016a). Seit mehr als 60 Jahren stützt sich die Unternehmung auf den Leitsatz „Wandel als Chance" (Dornbracht GmbH & Co. KG 2016a), welcher auch in ihrer fortschrittlichen und elaborierten Social-Media-Strategie sowie auf der Website ersichtlich wird.

Im Porträt und diversen Referenzen wird deutlich, dass die produzierten Armaturen gleichzeitig in Organisationen und Hotels wie der Hyatt-Gruppe oder dem Bayrischen Hof in München verbaut wurden, wodurch Dornbracht gleichermaßen zum B2B-Bereich gezählt werden kann (Dornbracht GmbH & Co. KG 2016b). Nichtsdestotrotz besitzt das Unternehmen auch eine große Käuferschaft in privaten Haushalten und Konsumenten (DIM 2017) und eignet sich daher stellvertretend als Beispiel für den B2C-Sektor.

Damit der YouTube-Kanal schon auf den ersten Blick authentisch, vollständig und sauber wirkt, ist die optische Gestaltung ein erster Kernaspekt (Klickpiloten 2018).

Mit knapp 1500 Abonnenten und 93 Videos bereichert die Dornbracht GmbH & Co. KG auf ihrem Kanal seit 2006 das YouTube-Geschehen mit Inspirationen, Innovationen und dem „gewissen Etwas“ im und ums Bad (Dornbracht on YouTube 2019).

Auf den ersten Blick erscheint die Landingpage bereits durchgehend aufgeräumt (siehe Abb. 2). Klare Linien und eine farblich stimmige Optik sowie thematisch passende Header und Titelbild wirken harmonisch (Dornbracht on YouTube 2019). Dies ist besonders bei der Entwicklung einer kohärenten Markenidentität oberstes Gebot (Klickpiloten 2018). Vorranging wirkt hier, wie auch im Firmenlogo, die Farbe schwarz, welche dem User etwas Geheimnisvolles und Besonderes, aber gleichzeitig auch Ästhetik vermittelt. Diese Werte werden wiederum im Trailer widergespiegelt, welcher automatisch abgespielt wird, sofern ein Nichtabonnent auf den Kanal klickt (Dornbracht on YouTube 2019). Hier wird ein erster Eindruck über das Unternehmen, seine Werte und den Schaffensbereich generiert (Klickpiloten 2018).

Um ein einheitliches Markenerlebnis für User zu verstärken, ist es essenziell, die Marke in gleicher Weise auch auf anderen Social-Media-Kanälen zu erleben (Pathel 2012). Dornbracht hat die Chance ergriffen und direkt andere Kern-Channel wie Instagram mit mehr als 18.000 Followern (Instagram 2019) oder Facebook mit rund 80.000 Abonnenten (Facebook 2019) verlinkt.

Hierdurch entsteht ein markenkonformes Gesamtbild des Unternehmens, welches fest und einfach im Kopf des Kunden verankert werden kann. Auch bei der weiteren Gestaltung des YouTube-Kanals zählt Dornbracht zu den Vorzeigebeispielen im mittelständisch verwurzelten B2C-Bereich:

In verschiedensten Playlists thematisiert der Manufaktur-Hersteller Gestaltungsmöglichkeiten für Bad, Küche und Spa, stellt herausragende „Culture Projects“ vor und fokussiert sich hierbei immer wieder auf die grundlegende Markenbotschaft des Unternehmens (YouTube 2019).

Abb. 2 YouTube-Landingpage der Dornbracht GmbH & Co. KG. (Quelle: In Anlehnung an Dornbracht on YouTube 2019)

In eigenen Playlists wie „What makes Dornbracht unique?“ und „Dornbracht Company“ gibt Dornbracht einen tieferen Einblick in das Unternehmen hinter den Kulissen und verinnerlicht und interpretiert dadurch auf mehreren Wegen die Markenwerte neu. Durch die unterschiedliche Gestaltung auf Deutsch und Englisch wird nicht nur die Käuferschaft in Deutschland, sondern auch weltweit adressiert, was wiederum die internationale Ausrichtung und den B2B-Charakter an unterschiedlichste Organisationen und Unternehmen widerspiegelt (YouTube 2019).

Hierbei bedient sich Dornbracht bereits detailgenauer Beschreibungen unter den einzelnen Videos: Beispielsweise gibt die Beschreibung bei den „Dornbracht Culture Projects: La Biennale di Venezia“ erste Einblicke über das Projekt sowie die kooperierende Künstlerin.

Eingeordnet in die Kategorie „How-to & Style“ (YouTube 2019) zielt das Unternehmen primär darauf ab, inspirierenden Content für interessierte Zielgruppen zu generieren und den Namen Dornbracht mit diesen fest im Kopf des Konsumenten zu verankern.

Laut Search Engine Watch basiert YouTube seinen Algorithmus auf Informationen aus dem Titel und der Beschreibung eines Videos (sogenannte Schlagworte/Keywords), dessen Länge sowie der gewählten Tags, die zum Verlinken und Kategorisieren eines Videos verwendet werden (Search Engine Watch 2014). Wie bereits erwähnt, kann Dornbracht mit kurzen, treffenden Beschreibungen punkten, verwendet jedoch bislang keine weiteren ersichtlichen Tags. In puncto Länge variiert das Unternehmen je nach Themenbezug von wenigen Minuten bis über einer Stunde und nimmt dadurch auch indirekt nicht nur die Position als Verkäufer, sondern auch als Informations- und Inspirationsmedium ein (YouTube 2019).

Natürlich sind auch Community Interactions in Form von Kommentaren, Likes und Abonnements für ein Unternehmen von großer Bedeutung, um in eine aktive Kommunikation mit Kunden und Kunstbegeisterten zu treten. Es scheint, dass Dornbracht bislang seinen YouTube-Channel jedoch primär als repräsentativen und informativen – und nicht als interaktiven – Kanal nutzt.

Dies spiegelt sich auch in den relativ geringen Likes und Kommentaren wider (YouTube 2019). Nichtsdestotrotz verfügt das Unternehmen über ein fundiertes Publikum, welches durch die elaborierte Verknüpfung mit anderen Social-Media-Plattformen sowie der Website selbst immer auf dem neuesten Stand gehalten wird.

3.2 B2B-Case – ST Gebäudetechnik

Mit rund 250 Mitarbeitern und einem Jahresumsatz von ca. 50 Mio. EUR gehört die ST Gebäudetechnik zum Mittelstand in Deutschland. Aufgrund des harten Wettbewerbs auf dem Bildungsmarkt und des mangelnden Bekanntheitsgrades der Gebäudetechnikbranche ist die Zahl der Bewerber für einen Ausbildungsplatz jedoch kontinuierlich gesunken. Daher mussten Maßnahmen ergriffen und ein eigener YouTube-Kanal eingerichtet werden (BVMV 2017).

Das Augenmerk des Users fällt zunächst einmal auf das Bewegbild, den Trailer (siehe Abb. 3). Optimalerweise sollte dieser über eine Länge von 30 bis 60 s verfügen (O'Neill 2017), die ST Gebäudetechnik liegt mit 54 s genau in dieser Zeitvorgabe. Wie bereits erwähnt, sind Profil- und Titelbilder mittlerweile nicht mehr nur auf Facebook von großer Bedeutung, sondern haben sich gleichermaßen auch auf anderen Social-Media-Plattformen etabliert. Diese Bilder bilden einen gewissen Rahmen und vermitteln dem User, was er auf dem Channel zu erwarten hat. Im vorliegenden Fall hat die ST Gebäudetechnik zwar einen zur Branche und dem Aufgabenfeld passenden Header gewählt, jedoch ist dieser sehr allgemein gehalten und vermittelt keine direkte Aussage über das Unternehmen.

Ähnlich sieht es im Profilbild aus. Kälte, Klima und Wärme stellen die zu vermittelnden Werte dar, sind allerdings sehr schlecht lesbar (YouTube 2018). Jedoch sind aussagekräftige und qualitativ hochwertige Bilder hier von großer Bedeutung, beispielsweise kann das Unternehmenslogo direkt in das Profilbild integriert werden (Klickpiloten 2018).

In Bezug auf weitere Social-Media-Kanäle hat die ST Gebäudetechnik die persönliche Website sowie den Facebook-Account verlinkt. Natürlich lässt sich dies auf weitere Channel wie Instagram, Snapchat, Twitter o. Ä. übertragen, um ein markenkonformes, nachhaltiges und kongruentes Social-Media- und Marken-Profil channelübergreifend zu gestalten (Klickpiloten 2014).

Um die Kernzielgruppe der Absolventen zu aktivieren und zu gewinnen, wurden bestehende Auszubildende der ST Gebäudetechnik einbezogen, um für ihren eigenen

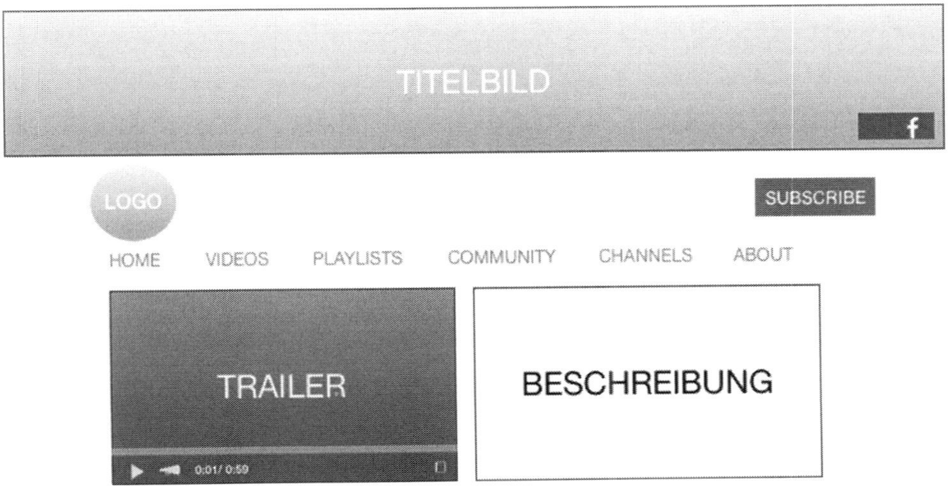

Abb. 3 YouTube Landingpage der ST Gebäudetechnik. (Quelle: In Anlehnung an YouTube 2018)

Job zu werben. Da sie täglich in Social Media aktiv und nun mit neuen Smartphones ausgestattet sind, gilt es, interessante und überraschende Aspekte ihres Arbeitsalltags aufzunehmen und zu vermitteln, um Bewusstsein und Interesse für neue Bewerber zu schaffen. ST Gebäudetechnik ist es mit Fotos und Filmaufnahmen gelungen, eine 360-Grad-Ansicht auf den Betrieb und das Unternehmen zu entwickeln (BVMV 2017).

Um einen Kanal optimal zu nutzen, ist es nicht nur grundlegend, abwechslungsreichen und relevanten Content zu generieren, sondern auch, diesen an den Kunden zu bringen. Playlists erleichtern dem Nutzer dabei das Finden und Teilen von relevanten und interessanten Videos.

Die ST Gebäudetechnik greift dabei verschiedene Themengebiete auf, welche sie als relevant für den Transport ihrer Markenbotschaft sowie für die entsprechende Branche erachtet. Wie Abb. 4 zeigt, wird dabei zunächst die „Raison d'être" des Unternehmens behandelt, nämlich durch „Azubi Clips" und „Ausbildung in der Gebäudetechnik & bei ST" (YouTube 2018) neue Auszubildende für die Branche und das Unternehmen zu begeistern. Um den Gemeinschafts-Spirit zu erhöhen, bessere Einblicke in das tägliche Leben in der Gebäudetechnik zu geben und um den Entdeckergeist und die Neugierde beim potenziellen Bewerber zu wecken, werden ebenfalls firmeninterne Events oder außergewöhnliche Baustellen thematisiert (YouTube 2018). Aber auch das spannendste und interessanteste Video auf YouTube ist nahezu nutzlos, sofern es seine Zielgruppe nicht erreicht.

Als zweitgrößte Suchmaschine hinter Google bleibt auch YouTube von „Search Engine Optimization", also der Suchmaschinenoptimierung durch gezielte Verwendung von Keywords, nicht verschont (Klickpiloten 2014).

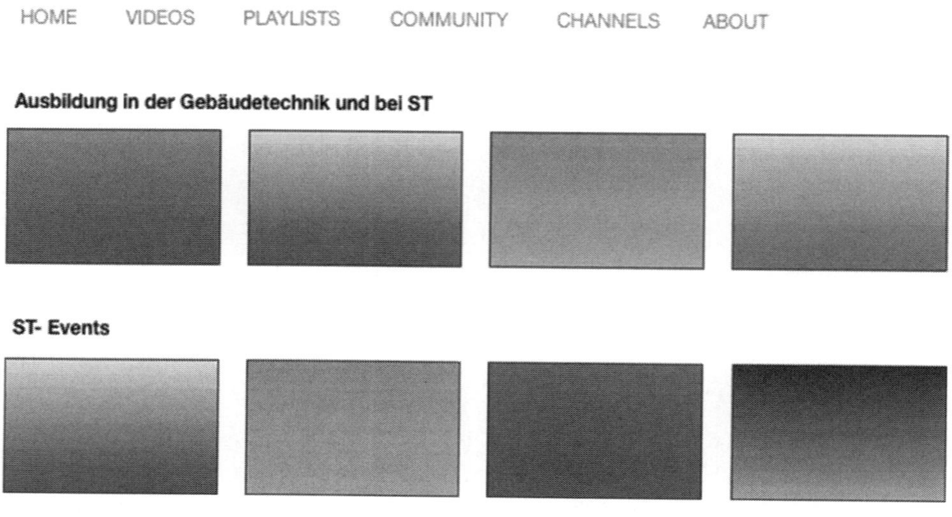

Abb. 4 Playlists der ST Gebäudetechnik. (Quelle: In Anlehnung an YouTube 2018)

Die grundlegenden Fragen, die sich ein Unternehmen also stellen muss, lauten: Wofür stehe ich? Welche Werte/Botschaften/Keywords sollen mit meiner Marke/meinem Unternehmen assoziiert werden? Und welche Videoinhalte nutze ich dafür?

In diesem Fall gilt das „Je mehr, desto besser"-Prinzip, denn je mehr YouTube über ein Video weiß, desto besser kann es bestimmten Schlagworten, Kategorien oder Themengebieten zugeordnet werden (Search Engine Watch 2014) und desto zuverlässiger trifft es das Interesse der Zielgruppe, konkret bei ST Gebäudetechnik den potenziellen Bewerber. Im vorliegenden Fall könnten Tags wie #technik, #technology, #ausbildung, #zukunft, #wirbildenaus etc. die Reichweite und damit den Bewerberkreis des Videos noch weiter erhöhen.

4 Fazit – Bewegtbild-Chancen für B2C und B2B

Zusammenfassend lässt sich festhalten, dass B2B-Unternehmen mit deutlich mehr Hindernissen zu kämpfen haben als Unternehmen im B2C-Segment. B2C-Unternehmen können ein Produkt durch eine auffallende Gestaltung, Hervorheben der Vorzüge (gegebenenfalls im Vergleich zum Vorgängerprodukt) und einen „catchy" Slogan an den Mann oder die Frau bringen.

Anders gestaltet es sich jedoch im B2B-Segment, wo nicht der Endkunde selbst, sondern andere Unternehmen zum Kauf der Produkte durch überzeugende Qualität, Preis und Innovationsgrad sowie Expertise des Unternehmens animiert werden sollen. Da Kaufprozesse keine individualisierten, sondern „kollektive und formalisierte Beschaffungsentscheidungen" (DIM 2017) sind, ergeben sich so deutlich differenzierende Schwerpunkte im Einsatz verschiedener Marketinginstrumente.

Wie es sich bereits in den Best-Practice-Beispielen andeutet, sind häufig Mittelständler in der Industriebranche nicht in gleichem Maße mit der Digitalisierung vertraut, wie es in anderen, eher design- und inspirationsgeprägten Industriezweigen der Fall ist. Häufig wirkt der Internetauftritt dann „gut gewollt, aber nur halb gekonnt". Viele Unternehmen können dadurch das vorhandene Potenzial in Social-Media-Kanälen für sich gar nicht ausnutzen und stehen als „abgehängte Verlierer" da.

Damit kontinuierliche und langfristige Effekte erreicht werden können, ist es ratsam, eine gewisse Regelmäßigkeit an den Tag zu legen. Wie es ST-Geschäftsführer Andreas Neyen auf den Punkt bringt, lebt Social Media „von Aktualität, nur ein bisschen bringt nichts" (BVMV 2017). Um nicht in Vergessenheit zu geraten, muss eine Marke oder ein Unternehmen seinen Channel kontinuierlich in Erinnerung rufen und mit neuem Inhalt „füttern", sei es durch Cross-Verlinkung auf anderen Social-Media-Kanälen, bestimmte Call-to-Action-Methoden oder einfach gesagt durch das Posten von neuem interessanten Content für das Publikum auf regelmäßiger Basis. Dies kann selbstverständlich je nach Zielgruppe, Umfang des Videos und Themenbereich variieren, sollte jedoch eine Zeitspanne von einem Monat nicht überschreiten (Baltner 2014).

Um einen YouTube-Channel nachhaltig attraktiv zu gestalten, Abonnenten zu gewinnen und mit der Community zu interagieren, bieten sich verschiedene Maßnahmen an.

- Gewinnspiele und Wettbewerbe stellen einen direkten Call-to-Action für die Zielgruppe dar. Ihr Handeln ist gefragt, sei es durch Teilen des Videos, kommentieren oder Partizipieren in einer Challenge, in der das Video mit den meisten Likes einen besonderen Gewinn erhält (Mattich 2016). Hierdurch kann das Unternehmen nicht nur Aufmerksamkeit und Klicks generieren, sondern auch von wertvollen Insights profitieren, die einen genaueren Einblick in die Zielgruppe eröffnen.
- Andere Calls-to-Action können direkte Fragen in der Beschreibung sein, welche die Community zu einer Antwort animieren oder nach Meinungen bzw. Ratschlägen fragen. Auch Web-Workshops, Abstimmungen oder andere Challenges in Verknüpfung mit weiteren Social-Media-Kanälen können effektive Maßnahmen zur Handlungsaufforderung darstellen (Mattich 2016).
- Tutorials, „Schritt-für-Schritt"-Gebrauchsanleitungen, aber auch Experteninterviews (beispielsweise auf wichtigen Messen), Firmenevents oder auch ein „Best of"-Video mit häufig gestellten Kundenfragen können Interaktionen generieren (Baltner 2014) Auch Influencer oder Brand-Testimonials stellen im größeren Rahmen eine interessante Abwechslung dar (Sinclair und Spark GmbH 2018), dabei ist Authentizität immer wieder das Stichwort.

5 Checkliste – Charakteristika erfolgreicher YouTube-Channels

Um nicht nur das eigene Unternehmen und die zu kommunizierenden Ziele besser zu verstehen, sondern sich auch als Vorreiter und Branchenexperte im Wettbewerb deutlich positionieren zu können, geben die im Vorangegangenen dargestellten „do's and dont's" zu einer erfolgreichen YouTube-Nutzung eine wichtige Orientierungshilfe anhand der folgenden Checkliste:

Checkliste für eine erfolgreiche YouTube-Nutzung

- **Branding:** Liebe auf den ersten Blick – zumindest das Gefallen und Interesse sind essenziell, um User auf dem Channel zu halten. Hilfreich hierfür ist vor allem ein in sich strukturiertes erstes Erscheinungsbild der Landingpage (ob auf YouTube oder auch auf der eigenen Unternehmenswebsite). Hierzu zählen ein aussagekräftiger Header, der die betreffende Branche bzw. das Unternehmen beschreibt oder auch anzukündigende Neuerungen, Messeauftritte etc. ankündigt, gefolgt von dem Profilbild, welches optimalerweise das Firmenlogo sein sollte, und dem Trailer.

- **Go viral:** Positionierung einer Marke – Google macht es einfach. Durch die Nutzung von YouTube hat jedes Unternehmen auch gleichzeitig Zugriff auf eine große Anzahl viraler Verbreitungswege im Google-Netzwerk. Somit können weitere bestehende Social-Media-Kanäle ganz einfach integriert und miteinander verknüpft werden.
- **Be expert:** „How-to"-Videos und Tutorials präsentieren einen ersten Touchpoint mit dem Nutzer. Anders als in simplen B2C-Videos, in denen das Produkt schlichtweg in die Kamera gehalten wird, benötigt der B2B-Bereich mehr Aufmerksamkeit. Komplexe Inhalte können so durch Produkt- und Servicevorführungen sowie Expertenvideos (zum Beispiel Demonstration eines neuen Cloud-Services) leichter der Zielgruppe kommuniziert werden. So kann sich das Unternehmen nachhaltig als Experte in der Branche positionieren.
- **Go emotional:** Aufmerksamkeit kann generiert werden durch visuellen „moving content", welcher wiederum einen emotionalen Bezug zum User herstellt und sich dadurch in der Markenbildung positiv im Kopf des Konsumenten verankert. Bei der Erstellung eines Trailers oder Imagefilms sollten zunächst die grundlegenden Fragen „Wer bin ich? Was möchte ich dem Kunden kommunizieren und worin unterscheide ich mich deutlich von der Konkurrenz?" überdacht werden, um einen roten Faden zu generieren und den User vor dem Bildschirm zu involvieren.
- **Be interesting and authentic:** Egal wie innovativ und bahnbrechend ein Produkt sein mag, die Kommunikationsstrategie muss mit der Unternehmensstrategie übereinstimmen. Wichtig ist hierbei, dass Unternehmen sich auch im Social-Media-Bereich selbst und der eigenen Blickrichtung treu zu bleiben. Gleichzeitig sind aber auch interessante Inhalte zu publizieren wie ein Einblick hinter die Kulissen (gegebenenfalls mithilfe externer Experten zu Design, Videoaufnahmen etc.), um Unternehmen und Produkte ins rechte Licht zu setzen.
- **Be consistent:** Im Dschungel der Möglichkeiten besteht immer die Gefahr, sich zu verzetteln. Gerade Social-Media-ungeübten Unternehmen ist zu raten, sich zunächst auf eine Plattform zu konzentrieren und diesen Kanal abwechslungsreich, aber mit einer festen Identität zu bespielen, damit die Marke nicht hinter einem Wust von Auftritten verschwimmt. Zudem ist eine gewisse Regelmäßigkeit ratsam, um die Zielgruppe kontinuierlich mit neuen Informationen und Anreizen zu versorgen, damit sie mit dem Unternehmen in Verbindung bleibt.
- **Don't be afraid:** YouTube ist für viele Manager ein bislang unbekanntes Terrain. Meist aus Angst vor möglichem Schaden für das Unternehmen oder fehlenden Kenntnissen wird diese Möglichkeit der Vermarktung oft außer Acht gelassen. Hierbei ist es wichtig, sich daran zu erinnern, dass Content, der auf YouTube gepostet wird, auch wieder gelöscht werden kann oder nur bestimmten Zielgruppen über einen Link zugänglich gemacht werden kann.

- **Don't loose it:** In Anlehnung an die Punkte „Be consistent" und „Be interesting and authentic" sollte zunächst ein roter Faden erarbeitet werden, nach dem die Videos der Zielgruppe präsentiert werden. „Was möchte ich kommunizieren? Welche Inhalte und Darstellungen (zum Beispiel Interview, Messeaufnahmen oder sogar Animationsfilme) verwende ich hierfür?" sind grundlegende Fragen, um ein einheitliches Bild zu generieren und den Kunden nicht zu verwirren.
- **Don't ignore feedback:** Selbstverständlich ist eine schlechte Kritik nicht immer angenehm. Dennoch stellt dieses auch direkt eine Chance für das Unternehmen dar, sich zu beweisen und dem Kunden mit Kompetenz, sicherem Auftreten und Verständnis zu begegnen. Verstehen Sie negatives Feedback nicht als persönlichen Angriff gegen das Unternehmen, sondern lernen Sie hieraus. Vieles, wenn auch eventuell emotional bzw. unprofessionell ausgedrückt, beinhaltet einen wahren Kern, aus dem konstruktive Kritik und somit eine selbstständige Verbesserung abgeleitet werden können.

Abschließend lässt sich sagen, dass YouTube als Teil der Content-Strategie eines Unternehmens bei richtiger Anwendung als eine sinnvolle Erweiterung der bislang gängigen Marketingtools gelten kann. Zuvor nur bekannt als Medium für leichte Unterhaltung, präsentierte sich der Online-Streaming-Dienst als eher schwer zugängliches Pflaster für Unternehmen. Durch seinen emotionalen Bezug, der nahtlos an die Lebenswirklichkeit des Zuschauers anknüpft und auch komplexe Inhalte schnell auf den Punkt bringen kann, stellt YouTube mittlerweile ein wertvolles Marketinginstrument für Unternehmen aller Branchen und Größen dar.

Literatur

Baltner, U. (2014). YouTube für Unternehmen I: Einstieg, Pflege, Content und Erfolgsmessung. https://upload-magazin.de/blog/9406-youtube-fuer-unternehmen/. Zugegriffen: 20. Jan. 2019.

BMWI. (2018). ‚Mittelstand 4.0. Agentur Handel – YouTube'. BMWI, Mittelstand Digital. https://handel-mittelstand.digital/wp-content/uploads/Mittelstand-4.0-Agentur-Handel_Checkliste_YouTube.pdf. Zugegriffen: 13. Jan. 2019.

BVMV. (2017). Neu Gedacht, Digital Gemacht Wie Mittelständler Digitalisieren. Berlin: BVMW – Bundesverband mittelständische Wirtschaft, Unternehmerverband Deutschlands e. V. https://gemeinsam-digital.de/app/uploads/2017/12/best-practice-broschre-_gd-2017_web.pdf. Zugegriffen: 13. Jan. 2019.

DIM. (2017). Was unterscheidet B2B-Marketing von B2C-Marketing? 31 August 2017. https://www.marketinginstitut.biz/blog/b2b-marketing-vs-b2c-marketing/. Zugegriffen: 20. Jan. 2019.

Dornbracht GmbH & Co. KG. (2016a). Unternehmen. http://dornbracht.com/de-de/unternehmen/. Zugegriffen: 19. Jan. 2019.

Dornbracht GmbH & Co. KG. (2016b). Referenzen – Hotel Adlon Kempinski. http://www.dornbracht.com//de-de/unternehmen/referenzen/?preferredItem=BB1992BDB93B409FBD400BC98EC36E53. Zugegriffen: 19. Jan. 2019.

Dornbracht on YouTube. (2019). ‚Dornbracht – YouTube' 2019. https://www.youtube.com/user/dornbracht/about. Zugegriffen: 19. Jan. 2019.

Facebook. (2019). (1) Dornbracht – Startseite. https://www.facebook.com/dornbracht. Zugegriffen: 19. Jan. 2019.

Golla, S. (2017). Wie Mittelständler Social Media in der B2B-Kommunikation nutzen können. 14 November 2017. https://www.marktundmittelstand.de/personal/wie-mittelstaendler-social-media-in-der-b2b-kommunikation-nutzen-koennen-1262291/. Zugegriffen: 17. Jan. 2019.

Gripsrud, J. (26. July 2012). *Television in the Digital Public Sphere*. Relocating Television. https://doi.org/10.4324/9780203851371-7. Zugegriffen: 20. Jan. 2019.

Instagram. (2019). Dornbracht (@dornbracht_official) • Instagram-Fotos und -Videos. https://www.instagram.com/dornbracht_official/. Zugegriffen: 19. Jan. 2019.

Ipsos MORI. (2018). Millennial myths and realities. UK: Ipsos MORI. https://www.ipsos.com/sites/default/files/2017-07/Ipsos%20-%20Millennial%20Myths%20and%20Realities.pdf. Zugegriffen: 21. Jan. 2019.

Karim, J. (2006). Surprise! There's a third YouTube co-founder – USATODAY.com USA TODAY. http://usatoday30.usatoday.com/tech/news/2006-10-11-youtube-karim_x.htm. Zugegriffen: 19. Jan. 2019.

Keil, M. (2018). Statistiken zur Social-Media-Nutzung in Deutschland. https://blog.hubspot.de/marketing/social-media-in-deutschland. Zugegriffen: 21. Jan. 2019.

Klickpiloten. (2014). SEO/Suchmaschinenoptimierung. KlickPiloten (blog). 24 July 2014. https://klickpiloten.de/leistungen/seo/. Zugegriffen: 15. Jan. 2019.

Klickpiloten. (2018). YouTube Marketing Strategie – 4 Tipps zum Start. KlickPiloten (blog). 30 April 2018. https://klickpiloten.de/lounge/youtube-marketing/. Zugegriffen: 15. Jan. 2019.

Matthew, C. (2016). *Power, surveillance, and culture in YouTubeTM's digital sphere*. Hershey: IGI Global.

Mattich, K. (2016). 11 clevere Arten, Ihren YouTube-Kanal zu promoten. Hootsuite Social Media Management. 25 July 2016. https://blog.hootsuite.com/de/clevere-arten-ihren-youtube-kanal-zu-promoten/. Zugegriffen: 15. Jan. 2019.

O'Neill, M. (2017). Top 12 Ways to Optimize Your Business YouTube Channel. Brafton, 8 November 2017. https://www.brafton.com/blog/distribution/top-12-ways-optimize-business-youtube-channel/. Zugegriffen: 15. Jan. 2019.

Pathel, N. (2012). Create a YouTube Traffic Jam with These 4 Simple Optimization Tips. Neil Patel Digital. 10 April 2012. https://neilpatel.com/blog/youtube-channel-optimization/. Zugegriffen: 14. Jan. 2019.

Pierson, J., & Bauwens, J. (2015). *Digital broadcasting: An introduction to new media*. London: Bloomsbury Publishing.

Rose Dickey, M. (15. February 2013). Key Turning Points In History Of YouTube – Business Insider. *Business Insider*. https://www.businessinsider.com/key-turning-points-history-of-youtube-2013-2?IR=T. Zugegriffen: 19. Jan. 2019.

Search Engine Watch. (2014). 5 Advanced YouTube SEO Tactics to Drive More Traffic to Your Videos & Website. Search Engine Watch (blog). 18 April 2014. https://searchenginewatch.com/sew/how-to/2340726/5-advanced-youtube-seo-tactics-to-drive-more-traffic-to-your-videos-website. Zugegriffen: 15. Jan. 2019.

Sinclair & Spark GmbH. (2018). YouTube für Unternehmen: ein interessanter Marketingkanal. Sinclair & Spark GmbH. 5 November 2018. https://sinclair-spark.com/blog/youtube-fuer-unternehmen-ein-interessanter-marketingkanal/. Zugegriffen: 20. Jan. 2019.

Smith, K. (2019). Brandwatch – 46 Fascinating and Incredible YouTube Statistics. https://www.brandwatch.com/blog/youtube-stats/. Zugegriffen: 17. Jan. 2019.

Stelzner, M. A. (2018). How Marketers Are Using Social Media to Grow Their Businesses. *Social Media Marketing, 44*.

Thomson, S. (2017). Marketing Campaign Myths Debunked by Audience Behavior. Think with Google. November 2017. https://www.thinkwithgoogle.com/consumer-insights/youtube-audience-marketing-myths/. Zugegriffen: 15. Jan. 2019.

YouTube. (2018). (1) ST Gebäudetechnik – YouTube. https://www.youtube.com/user/STGebaeudetechnik.

YouTube. (2019). Dornbracht Playlists. https://www.youtube.com/channel/UCay7PASjHwtwACR_yEW39HQ. Zugegriffen: 19. Jan. 2019.

Caroline Altemeyer befindet sich im Masterstudium (Strategic Marketing Management). Sie legte ihren B.A. International Management im English Trail an der ISM in Dortmund ab. Erste praktische Erfahrungen konnte sie in diversen Praxisprojekten (unter anderem mit Tejani NY, Fujitsu und TESCO PLC.) sowie in Praktika bei SIGNAL IDUNA und WAFIOS sammeln. Durch den elterlichen Betrieb tief mit dem Mittelstand verbunden, möchte sie sich nach ihrem Masterstudium vor allem der Digitalisierung mittelständischer Unternehmen widmen.

Prof. Dr. Meike Terstiege studierte Wirtschaftspsychologie an der Universität Mannheim und promovierte am Marketing-Lehrstuhl der TU Dortmund. Sie ist seit über 20 Jahren im strategischen Marketing tätig – in Führungspositionen auf Unternehmensseite (Henkel, Generali Holding und Allied Domecq) und auf Agenturseite (BBDO, Ogilvy, McCann und Edelman). Seit 2016 lehrt sie an der International School of Management digitales und strategisches Marketing, entwickelte den Master-Studiengang Digital Marketing und ist als selbstständige Marketing-Beraterin und -Trainerin tätig.

Digitale Markensouveränität – Wie man Marken vor Angriffen schützt

Klaus Beiermann

Inhaltsverzeichnis

1 Think Context 139
2 Brand Safety als gesamtstrategische Herausforderung 143
3 Strategie vs. Reichweite 145
4 Implikationen für eine souveräne Markenführung 146
Literatur 148

1 Think Context

Es ist unbestritten, dass die Effizienz und Effektivität in der Markenführung in den letzten Jahren durch digitale technologische Entwicklungen und Innovationen profitiert haben. Über soziale Medien und Blogs können Marken und Nutzer in vorher nie da gewesener Art und Weise miteinander kommunizieren und interagieren. Targeting-Technologien und Programmatic Advertising ermöglichen user-zentrierte Markenführung wie nahezu kein klassisches Verfahren und nicht zuletzt zeigen die vielfachen Möglichkeiten an Trackingoptionen den Markenverantwortlichen, an welchen strategischen Stellschrauben gedreht werden kann, um Ziele der digitalen Markenführung immer besser erreichen zu können. Das Beste ist: Das alles funktioniert – dank digitaler Infrastruktur – in Echtzeit. Auch Effektivitätsgrade, also der Grad, in dem, „Dinge richtig getan werden" scheint davon betroffen – nur nicht immer ganz im Sinne der Marke. In diesem Beitrag werden Phänomene der digitalen Markenführung in der Praxis aufgezeigt, die einen negativen Effekt

K. Beiermann (✉)
Frankfurt am Main, Deutschland
E-Mail: k.beiermann@gmx.de

M. Terstiege (Hrsg.), *Digitales Marketing – Erfolgsmodelle aus der Praxis*,
https://doi.org/10.1007/978-3-658-26195-5_8

auf Marken haben können. Dabei wird klar, dass die Erhaltung einer sogenannten „Brand Safety" mehr ist als eine rein technologische Herausforderung.

Als Beispiele sind in diesem Kontext Werbebanner der Shopping- und Medienplattform Amazon anzuführen, auf welchen in sehr aufmerksamkeitsstarker Art und Weise für neue Staffeln der Amazon-Serien geworben wird, so für die Serie „The Man in The High Castle". Das Werbemittel wird an den politischen Kontext des redaktionellen Inhaltes des Mediums angepasst, sodass es im Moment des Ausspielens im Content eingebettet und in der Wahrnehmung durch den Konsumenten kontextgestützt eine möglichst hohe Relevanz besitzt. Möglichkeiten des semantischen und des thematischen bzw. interessegestützten Targetings wurden hier mithilfe von Programmatic Advertising zielgenau ausgenutzt.

Insbesondere Programmatic Advertising hat allerdings auch mehr und mehr dazu geführt, dass Markenverantwortliche beim Agieren innerhalb digitaler Infrastrukturen einen gewissen Grad an Kontrolle über die Markenführung einbüßen mussten. Dies wird insbesondere deutlich, wenn Werbemittel wie Banner Ads in redaktionellen Umfeldern erscheinen, die einen negativen Imagetransfer vom Kontext auf die Marke bewirken könnten. Ein prominentes Beispiel dafür war eine Enthüllung der britischen The Times darüber, dass Online-Werbemittel der Luxury-Resorts-Marke Sandals im Umfeld eines extremistischen Videos auf YouTube ausgespielt wurden (Mostrous 2017). Dieser Fall zeigt nicht nur die Schwachstellen insbesondere von Programmatic Advertising und den womöglich damit einhergehenden Schaden für das Markenimage auf. Viel gravierender ist, dass dadurch mithilfe des Kommunikationsbudgets von Marken die Propaganda extremistischer Gruppierungen indirekt finanziell unterstützt werden könnte. Ein weiteres Beispiel zeigen Bannerausspielungen auf der US-amerikanischen News-Plattform breitbart.com, die sich zur sogenannten US-amerikanischen Alt-Right-Bewegung – also zur politisch Alternativ-Rechten – Szene zählt. Auch in Deutschland ist diese Website erreichbar und wird für Display-Werbung vermarktet. Auf dieser Plattform wurden auch Online-Werbemittel von Amazon ausgespielt (deutschlandfunk 2017). Dabei muss dieser Fall nicht zwingend ein Negativbeispiel einer Werbeplatzierung sein. Denn breitbart.com verzeichnet eine Reichweite von bis zu 127 Mio. Visits monatlich (Statista 2019). Da Amazon eine Shoppingplattform ist, kann davon ausgegangen werden, dass eines von Amazons Zielen darin besteht, größtmögliche Reichweiten abzuschöpfen, um Conversion Rates zu maximieren. Platzierungen dieser Art werden dadurch gegebenenfalls in Kauf genommen. Dennoch stellen sich Nutzer und sogar Amazon-Mitarbeiter die Frage, warum Amazon Werbemittel dort ausspielt, und protestieren öffentlich dagegen (deutschlandfunk 2017). Maßnahmen des Markenmanagements hängen allerdings immer von Zielen ab, die mit ihnen erreicht werden sollen, und diese entscheiden letztendlich über diese Fragestellungen. Wenn Medien wie The Times darüber berichten – wie im Fall Sandals geschehen – und die breite Öffentlichkeit davon erfährt, könnten allerdings unweigerlich Vermutungen über politische Hintergründe angestellt werden, was sich wiederum stark auf die Reputation der Marke auswirken könnte. Dagegen könnten Marken strategisch mehr Prävention bzw. Steuerung betreiben. Mindestens aber wird deutlich, dass die Ausnutzung digitaler Technologien in der Markenführung auch Risiken birgt.

Den weltweit größten werbungtreibenden Unternehmen wie Procter & Gamble oder Unilever ist dieses Problem längst aufgefallen (Johnson 2017). Die Konsequenzen daraus sind Forderungen nach mehr Transparenz und Qualität in der digitalen Mediastreuung bzw. Boykott der großen digitalen Werbeplattformen, insbesondere Google und YouTube (Rath 2017). Ein Dominoeffekt, der konsequenterweise auch diesen Plattformen schadet. Paradoxerweise sieht besonders das renommierte Edelman Trust Barometer aus dem Jahr 2018 starke Marken in der Pflicht, Menschen mehr Orientierung zu geben – mittlerweile nicht mehr nur bei der Kaufentscheidung, sondern offenbar auch kulturell, gesellschaftlich und politisch (Edelman 2018a). Etablierten Medien sowie Politikern wird von der Bevölkerung gemäß dieser Studie mittlerweile weniger vertraut als starken und glaubwürdigen Marken. Diese Erkenntnis birgt enorme Chancen für die Markenführung, wie man am viral gestreuten Tweet von Siemens CEO Joe Kaeser beobachten konnte. Der anzunehmend bewusst provokanten Nutzung des Begriffs „Kopftuchmädchen" in einer Bundestagsdebatte folgte ein ebenso provokanter Konter Kaesers in einem souveränen Tweet, in dem er mit cleverer Wortwahl eine liberalere gesellschaftspolitische Haltung ausdrückte (Kaeser 2018). Ob mit dieser Wirkung beabsichtigt oder nicht, Joe Kaeser hat damit im Namen der Marke Siemens eine politische Haltung eingenommen, an der Kunden, Geschäftspartner, Shareholder und Gesellschaft die Marke nun messen können. Joe Kaesers Tweet ist kein Einzelfall politischer Statements in der Markenführung der jüngeren Vergangenheit. Beispielsweise hat sich unter Mitwirkung von American-Football-Star Colin Kaepernick dem sensiblen Thema Rassismus gewidmet und sich mit seiner Kampagne „Believe in Something" jüngst klar dagegen positioniert (Rentz 2017). Eine intelligente Strategie, denn eine weitere Studie von Edelman bestätigt, dass zwei Drittel aller Konsumenten mittlerweile glaubens- oder auch wertegetriebene Kaufentscheidungen treffen und damit Marken präferieren würden, die eine deutliche politische Positionierung vertreten (Edelman 2018b). Traditionell halten Marken eher Abstand davon, sich politisch zu involvieren, da dies auch mit Risiken verbunden ist. Entsprechend negative Reaktionen lassen sich in sozialen Medien beobachten, wenn User sich dort – auch unter Verwendung von Hashtags – deutlich gegen eine Marke verorten, weil sie deren Haltung nicht teilen (Molthagen-Schnöring 2018, S. 1). Das Risiko, zugunsten eines politisch geprägten Markenimages Nutzer, Fans, Reichweiten und Kaufbereitschaft zu verlieren, ist nicht abwegig. Gleichwohl können aber auch neue Nutzergruppen und Fans auf die Marke aufmerksam werden denn politische Statements schaffen tendenziell eine relativ hohe Aufmerksamkeit in der alltäglichen Markenvielfalt. So werden Marken, die starke politische Haltung zeigen, gleichzeitig tendenziell als dynamisch und jung wahrgenommen (Molthagen-Schnöring 2018, S. 32–33).

Mit dem kontinuierlichen Anstieg an Werbeausgaben in digitalen Medien der letzten Jahre und der steigenden Nutzung von Programmatic Advertising ist auch die Sicherstellung von Markenplatzierungen in markenkonformen oder auch „markensicheren" Umfeldern immer wichtiger geworden (IAB 2017). Integral Ad Science, Anbieter von Systemen zur Kontrolle von Online-Mediaqualität bestätigte, dass 5,3 % aller deutschen Impressions von unsicherem oder unangemessenem Content umgeben sind. Besonders getrieben wird dies durch den programmatischen Einkauf. Auf diese Weise gebuchte Werbeflächen lassen Werbungtreibenden nur bedingt Kontrolle über den Anzeigenkontext (Hülse 2017). So ist die sogenannte „Brand Safety" mittlerweile ganz oben auf der Agenda von Markenverantwortlichen: Ein Unternehmenssprecher von Audi stellt zum Beispiel fest, dass der Autohersteller keine Werbemaßnahmen in Kontexten akzeptiert, die nicht im Einklang mit den Markenwerten stehen (Hern 2018). Für einige Unternehmen – besonders Finanzdienstleister, die im „Markt des Vertrauens" operieren – ist Brand Safety so wichtig, dass sie die Position des Brand Safety Officers geschaffen haben. Aus gutem Grund:

> "I get a text from my chief financial officer every time there is news about a brand safety issue," Paskalis said, according to ad industry news site The Drum. "I know why he is sending them to me … at some point he is going to say, 'gee is marketing safe to invest in?' and we don't want that. We have to clean up our house right now. (Hern 2018)

Der Terminus „Brand Safety" wird damit oftmals in Zusammenhang mit der digitalen Ausspielung von Werbemitteln in markenunsicheren Umfeldern gebracht. Er bezieht sich damit ausschließlich auf die Technologie- und Distributionsebene der Markenführung. So bemüht das Branchenportal warc.com eine sehr eng gefasste Definition:

> Brand Safety deals with issues around ad fraud, fake ads and the illegal, illegitimate and inappropriate placement of advertising content, specifically, digital display, video and native ads. (Warc 2018).

Diese Ansicht greift womöglich zu kurz, denn sie reduziert die Verhinderung von Markenpräsenz in markenschädlichem Kontext ausschließlich auf die schwierig kontrollierbare Ausspielung von digitalen Werbemitteln und überträgt die Verantwortung für eine markenstrategische Aufgabe auf Media- und Technologiepartner.

Die Organisation Werbungtreibende im Markenverband (OWM) und der Bundesverband Digitale Wirtschaft (BVDW) haben gemeinsam eine umfassende Definition entwickelt:

> Unter Brand Safety versteht man das Ausspielen von Werbekampagnen auf rechts- und markenkonformen Umfeldern. Sie dient der Prävention und Verhinderung imagegefährdender und/oder rechtsverletzender Werbeplatzierungen innerhalb eines Werbeumfelds. Das Werbeumfeld umfasst die Gesamtheit der inhaltlichen als auch werblichen Gestaltung einer Webseite/App. Brand Safety unterteilt sich in zwei grundlegende Arbeitsfelder: Legal Safety und Brand Suitability. Legal Safety umfasst dabei übergeordnete Umfelder/Inhalte, die von jedem Werbetreibenden zu berücksichtigen und/oder zu meiden sind, da Werbungtreibende ansonsten gegen geltendes Gesetz verstoßen oder Werberichtlinien nicht einhalten.(…) „Brand Suitability umfasst alle individuellen, d.h. markenspezifischen Sicherheitsanforderungen von Werbungtreibenden bspw. ausgehend von Corporate Identity, Kampagnen- oder Kommunikationszielen, die über Legal Safety hinausgehen. (…) Markenspezifische Anforderungen können die Verhinderung von Werbeauslieferungen innerhalb rechtssicherer Werbeumfelder anhand des Ausschlusses von Content-Kategorien oder Domains darstellen. (OWM und BVDW 2018, S. 1–2)

Trotz eines übergreifenden Verständnisses von Brand Safety fokussiert auch diese Definition stärker auf den Teil der Werbemitteldistribution. Brand Safety jedoch benötigt die Berücksichtigung eines strategisch-inhaltlichen Fundaments, ohne das auch die Optimierung der zielgerichteten Distribution und Platzierung in markenkonformem Kontext nicht möglich wäre: die richtige Markenstrategie, mit der über Markenmodell und -positionierung auch die Distribution in markenkonformem Kontext sichergestellt werden kann.

2 Brand Safety als gesamtstrategische Herausforderung

Das Markenidentitätsmodell von Burmann et al. (2018) bietet vor diesem Hintergrund einen wirksamen Ansatz. Im Unterschied zu anderen auch in der Praxis gängigen Markenmodellen stellen Burmann et al. ganz deutlich die wechselseitige Beziehung zwischen Marke und Nutzer in den Mittelpunkt: Die das Marketing seit langem charakterisierende Outside-in-Sicht wird hier ergänzt durch eine Inside-out-, also diejenige Perspektive, die das Selbstbild der Marke aus Sicht der internen Zielgruppen analysiert. Dieses Selbstbild bezeichnet die Markenidentität (Burmann et al. 2018, S. 14). Zeitlich versetzt formt sich dann darauf basierend ein Markenimage in der Vorstellung der Zielgruppen. Denn das Markenimage ist ein fest verankertes, verdichtetes und wertendes Vorstellungsbild externer Nachfrager von einer Marke (Burmann et al. 2018, S. 48). Von besonderer Bedeutung sind hier auch die konstitutiven Merkmale des Modells: Wechselseitigkeit, Kontinuität, Konsistenz und Individualität. Während die Wechselseitigkeit bedingt, die eigene Markenidentität mit anderen zu vergleichen und sich von anderen abzugrenzen, setzt die Individualität die Einzigartigkeit der wesentlichen und relativen Identitätsmerkmale voraus. Die Kontinuität einer Marke behält die essenziellen Markenmerkmale im Zeitablauf bei und Konsistenz in der Markenführung stellt sicher, dass Widersprüche im Markenauftritt an allen Markenkontaktpunkten vermieden werden (Burmann et al. 2018, S. 24–25). Konsistenz und Kontinuität sind bereits an dieser Stelle im Kontext von Brand Safety besonders hervorzuheben. Beide Merkmale sollen sicherstellen, dass die Wahrnehmung wesentlicher Identitätsmerkmale der Marke nicht verzerrt wird. Brand-Safety-Maßnahmen sollten daher grundsätzlich genau diese Merkmale unterstützen.

Die Markenidentität – das Selbstbild der Marke – setzt sich zusammen aus den Dimensionen Vision, Persönlichkeit, Werte, Kompetenzen und Markenherkunft. Darauf basierend werden entsprechende Markennutzenversprechen an Zielgruppen kommuniziert, die allerdings auch in der Markenleistung zum Ausdruck kommen sollten. In der Vorstellung der Zielgruppen formt sich daraufhin das Markenimage. Insbesondere kann vor dem Hintergrund des Themas dieses Kapitels die Dimension der Markenwerte hervorgehoben werden: Es handelt sich um Grundüberzeugungen der Führungskräfte und Mitarbeiter. Sie repräsentieren, woran die Marke „glaubt" und sollen insbesondere den nicht-funktionalen Nutzen der Marke transportieren (Burmann et al. 2018, S. 40).

Im Modell entsteht ein kritischer Punkt zwischen Markenidentität und vom Nutzer wahrgenommenem Markenimage: die Brand Touchpoints – also sämtliche Punkte, an denen die Nutzer mit der Marke in Kontakt kommt und die in der Lage sind, ein Markenimage nachhaltig zu beeinflussen oder auch auf ungewünschte Weise zu verzerren. Gemeint sind damit unter anderem auch – wie eingangs beschrieben – digitale Plattformen, auf denen Werbebanner ausgespielt werden können, aber auch soziale Medien, über die User-generated Content distribuiert wird. Ebenso kann es die Bildersuche bei Google sein, in der womöglich viele unterschiedliche Versionen eines Markenlogos auffindbar sind, die in der Wahrnehmung der Nutzer an Konsistenz vermissen lassen würden. Auch Social Media Influencer tragen eine hohe Verantwortung, ihre Botschaften, Bilder und Videos in einer Weise zu präsentieren, die dem Markenimage nicht schadet. Selbst wenn Imagebildung fallweise kein ausdrücklich ausgerufenes und mit Priorität verfolgtes Ziel eines Markenverantwortlichen für eine Kampagne sein könnte, so wird doch jede Maßnahme der Markenführung – unabhängig von der Zielrichtung – die Vorstellung der Nutzer beeinflussen. Dass jegliches Umfeld, in dem eine Marke sich präsentiert, Einfluss auf sie ausüben kann, ist nicht neu. Auch ohne Nutzung digitaler Plattformen oder Umfelder ist es ratsam, den Kontext einer Platzierung markenkonform zu wählen. Die Unterschiede (Werbeumfeld in klassischen Medien oder in digitalen Medien), insbesondere bei Markenführung unter Nutzung der digitalen Infrastruktur, machen die

- rasante Verbreitung von Informationen in Echtzeit und verstärkt durch nahezu omnipräsente Formen der Netzeffektverstärkung (soziale Netzwerke und Share-Funktionen) sowie
- die massive Erhöhung des Kontrollverlusts durch Netzeffekte, aber auch durch die tausend- oder auch millionenfachen nur unzureichend kontrollierbaren Platzierungen von Marken in digitalen Medien.

Während auch diverse Fachliteratur den Markenverantwortlichen bis dato empfiehlt, einen gewissen Kontrollverlust über ihre Marken zu antizipieren und sich eher Strategien der Co-Creation zu widmen, zeigen die genannten aktuellen Entwicklungen, dass es womöglich zielführender ist, die Planungs-, Steuerungs- und Kontrollmaßnahmen über die Markenführung zu verstärken. Denn notwendige Bedingungen für die Existenz von Marken sind ihre Differenzierungs- sowie Orientierungsfunktionen, die insbesondere vor dem Hintergrund der Digitalisierung erhalten, wenn nicht sogar noch deutlicher in Erscheinung treten müssen; innerhalb einer Struktur, in der die Wettbewerbsmarke – und damit die potenzielle Substitution des eigenen Angebots – nur einen Klick entfernt sein kann.

Die Distributionsebene stellt damit einen ausschlaggebenden Risikopunkt in Prozessen der Markenführung dar. Für Markenverantwortliche gilt es, alle Prozesse vor diesem Punkt ausreichend zu planen, jenseits dieses Punktes entsprechend zu kontrollieren und sofortige Optimierungsmaßnahmen ergreifen. Denn nicht einzig die Media-Distribution trägt die Verantwortung für die Verhinderung von Markenplatzierung in markenschädlichem Umfeld. In Konsequenz bedeutet dies auch, dass der Kontext – das Umfeld des Markenkontaktpunktes – viel stärker strategisch in der Markenführung berücksichtigt und sogar ausgenutzt werden muss. Marken müssen also souveräner geführt werden. Dafür müssen Markenverantwortliche sich darüber im Klaren sein, welche Qualitätsrisiken überhaupt existieren. Dies geht noch weit über Maßnahmen zur Erhaltung von

Brand Safety hinaus. Der Anbieter Integral Ad Science definiert dafür beispielsweise in seinem Integral Ad Science, Media Quality Report (o. V. 2017) die Kategorien Ad Fraud, Viewability und Brand Safety:

Ad Fraud „Methoden, die Werbebetrüger entwickelt haben, um das System zu überlisten, indem Werbeanzeigen so bereitgestellt werden, dass sie nicht von realen Nutzern gesehen werden können."

Viewability „Gemäß des Media Rating Council (MRC) gelten Display-Ad-Impressions dann als sichtbar, wenn mindestens 50 % des Werbemittels nach dem Rendering mindestens eine Sekunde auf dem Bildschirm zu sehen sind und bei Video Ads mindestens 50 % für mindestens zwei Sekunden zu sehen sind."

Brand Safety „Ein Risiko der Markensicherheit entsteht durch Impressions, die auf Webseiten ausgeliefert werden, die das Image und/oder den Ruf der Marke schädigen."

Viewability und Ad Fraud stellen damit Qualitätsrisiken dar, die größtenteils technologisch optimierbar sind. Um die Brand Safety, die auch der Anbieter IAS eher technologisch verarbeitet, sicherzustellen, muss jedoch mithilfe des Markenmodells strategisch-inhaltlich angesetzt werden, um anschließend die Technologie daraufhin ausrichten zu können.

3 Strategie vs. Reichweite

Auf den Kontext kommt es an. Eine der wohl risikoreichsten digitalen Kontextfaktoren ist Hate Speech, also beispielsweise ein mediales Umfeld, in dem Hasskommentare vorkommen. Hate-Speech-Umfeld ist besonders kritisch, da es fast unmöglich erscheint, Werbeplatzierungen so auszusteuern, dass dieses Umfeld vermieden wird (Mumbrella 2017). Jedoch lässt sich beispielsweise über Blacklisting und semantisches bzw. kontextuelles Targeting das Risiko mindern.

Mit Blacklisting werden kontinuierlich Websites und digitale Plattformen ausgeschlossen, die der Werbungtreibende als nicht-markenkonform definiert und wo infolgedessen keine Markeninhalte ausgespielt werden. Semantisches Targeting wirkt indes granularer: Nicht einfach ganze Websites werden in der Mediastrategie konsequent blockiert. Mithilfe von Keywordstrategien kann ausgesteuert werden, ob ein bestimmtes redaktionelles Umfeld zur Werbeausspielung besonders geeignet, ungeeignet oder neutral erscheint. Die Distributionsstrategie umfasst damit nicht mehr einfach Zielgruppenfaktoren, sondern verstärkt auch Kontextdimensionen – in Form von markenkonformem Kontext. White-/Blacklisting- und Targetingstrategien müssen dabei konsequent auf der Markenstrategie basieren. Besonders die im Markenmodell festgeschriebene Dimension „Werte" muss akribisch ausdefiniert werden. Markenverantwortliche müssen festlegen, mit welchen Werten und welchen unterschiedlichen Ausprägungen dieser Werte und mit welchen Stories die eigene Marke assoziiert werden soll. Dies ist ein kontinuierlicher Prozess und könnte auch – wie im angeführten Beispiel – dazu führen, dass eine Marke sich politisch positioniert.

Im gesamten Strategieprozess muss dabei klar sein: Je stärker ein Markenmodell ausdifferenziert ist und je detaillierter Markendimensionen definiert und mit Keywords semantisch verortet werden, desto stärker wirkt die Markenprofilierung in der Wahrnehmung der Nutzer, desto stärker kann die Markenidentität das Markenimage beeinflussen, desto besser für die Marke insgesamt. Aber: Je größer dieser Detaillierungsgrad wird, desto gezielter und enger wird das Targeting, desto geringer die Auswahl der infrage kommenden digitalen Plattformen und desto kleiner könnte der Kreis der Nutzer werden, die mit der Marke in Kontakt kommen. Die Folge sind mögliche Reichweitenverluste, beispielsweise können sich eine ausdefinierte Markenstrategie und das Erreichen gewünschter Reichweitenpotenziale konterkarieren. Das bedeutet auch, dass Markenrisiken und Potenziale achtsam gegeneinander abgewogen werden sollten. Die Markenführung muss genau diese Balance zielgenau managen können. Was dabei als Risiko bezeichnet wird und was nicht, kann wiederum sehr subjektiv sein. Hate Speech oder Terrorist Messaging – darin sind sich Marken einig – sind markenschädlicher Kontext. Nicht aber unbedingt auch Online-Erotikplattformen wie die Fashion-Marke Diesel das mit ihrer Online-Marketing-Strategie im Jahr 2016 belegte, als bildschirmfüllende Banner der Marke Diesel als Homepage Takeovers bei Pornhub zu sehen waren. Die Entscheidung begründet Richard Welch, Global Head of Strategy von Spring Studios, Diesels Kreativpartner, folgendermaßen: „There's a relevance here; this is intimates, underwear“, said Welch. „We're not advertising accessories, we're advertising underwear, and Diesel is a brand that has never strayed away from sexuality or sexual behavior.“ Pornhub zentriert weltweit eine beachtliche tägliche Reichweite von 60 Millionen Usern auf seiner Plattform (Monllos 2016).

Die stärkere strategische Berücksichtigung bzw. Ausnutzung des Kontexts an Brand Touchpoints und die möglichst genaue Anpassung von Markeninhalten daran kann ein Schlüssel zur Erhöhung der Qualität der Werbestreuung und -wirkung sowie der Brand Safety sein. Die Definition der Schnittmenge aus Zielgruppenanalysefaktoren (A = Audience), relevanten Markenidentitätsdimensionen (B = Brand) sowie Kontextmerkmalen (C = Context) an Brand Touchpoints bietet Hilfestellung für eine gezielte Marketing- und Kommunikationsplanung (siehe Abb. 3.1).

4 Implikationen für eine souveräne Markenführung

Der ABC-Ansatz zeigt nicht nur markenstrategische Felder auf, die bestmöglich aufeinander abgestimmt werden sollten. Dahinter stehen Akteure – Individuen und Unternehmen – sowie Technologien, die Einfluss auf diese bestmögliche Abstimmung ausüben und über Erfolg oder Misserfolg entscheiden. Dazu gehören die digitalen Technologien,

Abb. 3.1 ABC-Planung

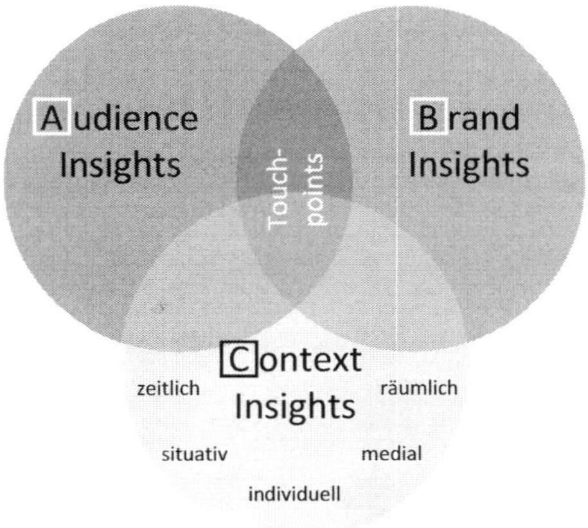

die Medien als Markenkontaktpunkte und nicht zuletzt markenführende Unternehmen, deren Verantwortliche und ihre Mitarbeiter.

1. **Technologie:** Es ist potenziell davon auszugehen, dass Programmatic Advertising, als datengestützter Handel von Online-Werbeflächen, sowie seine eigentliche Weiterentwicklung, die unterschiedlichen Targeting-Möglichkeiten, noch stärker weiterentwickelt werden und immer besser eine gezielte und markensichere Werbemittelplatzierung ermöglichen (Kamps und Schetter 2018, S. 89–91). Marketingverantwortliche rechnen damit, dass Künstliche Intelligenz zukünftig starken Einzug in den Bereich Performance-Marketing hält (Bünte 2018, S. 10). Technologische Entwicklung wird damit immer größeren Einfluss auf die Qualität der Markenführung ausüben.
2. **Medien:** Wie eingangs dieses Beitrags erwähnt, sehen sich Medien zunehmend mit Vertrauensverlust konfrontiert. Markeninhalte, die im Umfeld von Fake News erscheinen, könnten einen Reputationsschaden erleiden. Traditionelle Medienhäuser sowie digitale Medienplattformen sollten ihre Qualitätssicherungsprozesse strategisch in den Vordergrund stellen. Qualitativ hochwertige und vertrauenswürdige Inhalte werden zukünftig womöglich noch stärker über wirtschaftlichen Erfolg entscheiden. Für öffentlich-rechtliche Medien bedeutet diese Entwicklung einen signifikanten Wettbewerbsvorteil. Ihnen wird traditionell und aktuell vermehrt Glaubwürdigkeit von Nutzern zugeschrieben (ARD 2018).
3. **Markenverantwortliche und Mitarbeiter:** Markenführende Unternehmen sowie deren Mitarbeiter bekommen allerdings eine besondere Schlüsselrolle zugeschrieben. Sie und ihre Kompetenzen bilden einen Teil des Selbstbilds der Marke sowie ihre Fähigkeit zur Internalisierung der Markenidentität in Form von Brand Commitment (Burmann et al. 2018, S. 84). Wertevorstellungen und Einstellungen werden auch über sie an Kunden transportiert. Diese sollten möglichst im Einklang stehen mit Werten, die auch die Marke verkörpert. Vor allem unmittelbar markenverantwortliche

Mitarbeiter benötigen die notwendige Medienkompetenz, um einschätzen zu können, welche Medien- und anderen Markenkontaktpunkte den markenkonformen Kontext bilden können. Und nicht zuletzt wird technologische Kompetenz weiterhin immer wichtiger. Markenmanager müssen kontinuierlich Marketing-Technology-Wissen aufbauen und anwenden können, da die Verbreitungstechnologie von Markeninhalten maßgeblich die Qualität der Markenführung beeinflusst.

Die Qualität der Markenführung, beeinflusst durch Medien-, Technologie- und Wertekompetenz, und die größtmögliche Erhaltung von Brand Safety stellen damit vorrangig eine Führungsaufgabe dar. Die Unternehmensführung ist dafür verantwortlich, ihre markenverantwortlichen Mitarbeiter dahingehend zu entwickeln und zu befähigen, diese Kompetenzen in der strategischen Planung sowie im Marketing und Marketing-Controlling konsequent anzuwenden und so Marken souverän zu führen.

Literatur

ARD. (2018). Studien zu Medienvertrauen und Glaubwürdigkeit der ARD. http://www.ard.de/home/die-ard/fakten/Studien_zu_Medienvertrauen_und_Glaubwuerdigkeit_der_ARD/4113572/index.html. Zugegriffen: 27. Dez. 2018.

Burmann, C., Halaszovich, T., Schade, M., & Piehler, R. (2018). *Identitätsbasierte Markenführung* (3. Aufl.). Wiesbaden: Springer Gabler.

Bünte, C. (2018). *Künstliche Intelligenz – die Zukunft des Marketings*. Wiesbaden: Springer Gabler.

Deutschlandfunk. (2017). Mitarbeiter protestieren gegen Werbung bei Breitbart. https://www.deutschlandfunk.de/amazon-mitarbeiter-protestieren-gegen-werbung-bei-breitbart.2852.de.html?dram:article_id=383868. Zugegriffen: 27. Dez. 2018.

Edelman. (2018a). Edelman Trust Barometer 2018. https://www.edelman.de/newsroom/studien-insights/edelman-trust-barometer-2018/. Zugegriffen: 8. Mai 2018.

Edelman. (2018b). Edelman Earned Brand Global Report 2018. https://www.edelman.com/sites/g/files/aatuss191/files/2018-10/2018_Edelman_Earned_Brand_Global_Report.pdf. Zugegriffen: 22. Dez. 2018.

Hern, A. (2018). Bank of America hiring brand safety officer to ‚clean up' online ads. https://www.theguardian.com/technology/2018/feb/28/bank-of-america-brand-safety-officer-clean-up-online-ads-unilever-fake-news-racism-sexism-hate. Zugegriffen: 27. Dez. 2018.

Hülse, O. (2017). Warum Brand Safety keine Modeerscheinung ist. http://publisher-business-conference.de/warum-brand-safety-keine-modeerscheinung-ist/. Zugegriffen: 27. Dez. 2018.

IAB. (2017). IAB Internet Advertising Revenue Report. https://www.iab.com/wp-content/uploads/2018/05/IAB-2017-Full-Year-Internet-Advertising-Revenue-Report.REV_.pdf. Zugegriffen: 27. Dez. 2018.

Johnson, L. (2017). Procter & Gamble Cut Up to $140 Million in Digital Ad Spending Because of Brand Safety Concerns. https://www.adweek.com/digital/procter-gamble-cut-140-million-in-digital-ad-spending-because-of-brand-safety-concerns/. Zugegriffen: 27. Dez. 2018.

Kaeser, J. (2018). Tweet. https://twitter.com/joekaeser/status/996700947966513152?lang=de. Zugegriffen: 15. Jan. 2019.

Kamps, I., & Schetter, D. (2018). *Performance marketing*. Wiesbaden: Springer Gabler.

Molthagen-Schnöring, S. (2018). *Gesellschaftspolitisches Engagement in Zeiten von Trump & Co.* Wiesbaden: Springer VS.

Monllos, K. (2016). Why a Mainstream Fashion Advertiser Like Diesel Decided to Go Big on Pornhub. https://www.adweek.com/digital/why-mainstream-fashion-advertiser-diesel-decided-go-big-pornhub-169707/. Zugegriffen: 27. Dez. 2018.

Mostrous, A. (2017). Big brands fund terror through online adverts. https://www.thetimes.co.uk/article/big-brands-fund-terror-knnxfgb98. Zugegriffen: 27. Dez. 2018.

Mumbrella. (2017). The New Brand Safety Crisis. https://mumbrella.com.au/the-very-modern-crisis-of-brand-safety-online-533948. Zugegriffen: 27. Dez. 2018.

o. V. (2017). Media Quality Report 2017. o. O.: o. V.

OWM, & BVDW. (2018). Whitepaper Brand Safety. https://www.bvdw.org/fileadmin/user_upload/Whitepaper_Brand_Safety_BVDW_OWM_FIN.pdf. Zugegriffen: 27. Dez. 2018.

Rath, J. (2017). Analysts predict the YouTube advertiser boycott will cost Google $750 million. https://www.businessinsider.de/analyst-predicts-the-youtube-ad-boycott-will-cost-google-750-million-2017-3?r=US&IR=T. Zugegriffen: 27. Dez. 2018.

Rentz, I. (2017). OWM unterstreicht Forderung nach mehr Brand Safety. https://www.horizont.net/marketing/nachrichten/Youtube-OWM-unterstreicht-Forderungen-nach-mehr-Brand-Safety-156869. Zugegriffen: 27. Dez. 2018.

Rentz, I. (2018). Beispielsweise – die Marke mit Mut. https://www.horizont.net/marketing/kommentare/kampagne-des-jahres-beispielsweise—die-marke-mit-mut-171915. Zugegriffen: 27. Dez. 2018.

Statista. (2019). Anzahl der Visits von Breitbart.con in ausgwählten Monaten von Juli 2016 bis September 2018 (in Millionen). https://de.statista.com/statistik/daten/studie/666947/umfrage/anzahl-der-visits-pro-monat-von-breitbart/. Zugegriffen: 27. Dez. 2018.

Warc. (2018). What we know about brand safety. https://www.warc.com/content/paywall/article/bestprac/what_we_know_about_brand_safety/112546. Zugegriffen: 27. Dez. 2018.

Klaus Beiermann MBA ist seit fast 20 Jahren tätig in den Bereichen Strategie, Marketing, Markenführung und Kommunikation für Unternehmen wie Sony Music Entertainment, Publicis Pixelpark und Edelman Germany. Er beriet unter anderem internationale Marken und Unternehmen wie Siemens, BMW, Unilever, Novartis, GlaxoSmithKline und Lufthansa. Seit 2016 ist er Leiter Marketing im Hessischen Rundfunk und verantwortet dort das gesamte Medienmarkenportfolio, bestehend aus Hörfunk-, TV-, Online-, Format-, Musik-, und Personality-Marken. Als PMI-zertifizierter Project Manager und Certified Scrum Master beschäftigt er sich mit den Themen digitale Transformation und Agilität. Außerdem ist er Dozent für Strategisches & Digitales Marketing und Public Relations an der International School of Management in Frankfurt am Main und Köln. Klaus Beiermann hält einen MBA in Marketing vom renommierten Marketing Center der Westfälischen Wilhelms-Universität Münster und fokussiert sich in seinen Forschungen auf die Herausforderungen der Digitalisierung für die Markenführung.

Digitales Marketing – Herkunft, Zukunft und Trends

Sarah von Rüden, Pia Toller und Meike Terstiege

Inhaltsverzeichnis

1 Digitales Marketing – Entwicklung und aktueller Stand ... 152
2 Herausforderungen im digitalen Marketing ... 155
3 Digitales Marketing im Fokus der deutschen Wirtschaft ... 158
4 Digitale Marketing-Trends – Technologien und Content ... 158
  4.1 Technologien ... 159
  4.2 Content ... 160
  4.3 Content und Technologie ... 162
5 Customer Experience und Customer Journey im digitalen Fokus ... 163
6 Best Practices – Wirkungsvolle Umsetzung digitaler Trends ... 167
7 Checkliste – Die Dos im digitalen Marketing ... 171
Literatur ... 173

S. von Rüden (✉)
Hamburg, Deutschland
E-Mail: s-v-r@gmx.de

P. Toller
Dortmund, Deutschland
E-Mail: pia.toller.17@student.ism.de

M. Terstiege
@DOCMARKETEER, Düsseldorf, Deutschland
E-Mail: meike.terstiege@docmarketeer.de

M. Terstiege (Hrsg.), *Digitales Marketing – Erfolgsmodelle aus der Praxis*,
https://doi.org/10.1007/978-3-658-26195-5_9

1 Digitales Marketing – Entwicklung und aktueller Stand

Der Begriff digitales Marketing wurde in den 1990er Jahren das erste Mal benutzt. Digitales Marketing ist das Marketing von Produkten und Dienstleistungen, bei dem digitale Kanäle genutzt werden, um die Verbraucher zu erreichen (Information Resources Management Association 2018, S. 89 nach Dorie). Digitales Marketing zieht sich durch alle Stufen des Marketingmanagementprozesses und beeinflusst somit Analyse, Planung, Umsetzung und Kontrolle der Aktivitäten (Deutsches Institut für Marketing o. J.).

Durch die veränderte Mediennutzung hat das eindimensionale Push-Marketing an Effektivität verloren. Aufgrund der Masse an Werbung an den verschiedensten Kontaktpunkten herrscht bei den Konsumenten oft Werbeblindheit. Pull-Strategien, die die Bedürfnisse der Konsumenten ansprechen und Relevanz erzeugen, werden daher verstärkt eingesetzt (Holland 2014, S. 519).

Vorteil des digitalen Marketings ist die durch Targeting und Personalisierung gezielte und individuelle Ansprache einer bestimmten Zielgruppe. Dadurch erhalten Konsumenten Inhalte von persönlicher Relevanz und Streuverluste werden minimiert (Bauer et al. 2011, S. 8). Die Effizienz wird zusätzlich anhand der auf Erfolgsmessungen basierenden Optimierungen der Digitalmaßnahmen gesteigert (Kamps und Schetter 2018, S. 7–8). Falls Maßnahmen nicht die gewünschte Wirkung erzielen, können diese schnell angepasst und optimiert werden (Dodson 2016, S. 4).

Da Konsumenten immer öfter und intensiver digitale Medien nutzen und digitales Marketing den Unternehmen viele Chancen bietet, stellt sich nicht die Frage, ob digitale Marketingmaßnahmen genutzt werden sollten, sondern welche. Diese werden im Folgenden dargestellt:

Website

Websites sind das bislang wichtigste Element digitaler Marketingstrategien. Alle anderen Online-Maßnahmen sollen potenzielle Kunden dorthin leiten. Die Website dient dazu, die Konsumenten zu Interessenten und Kunden zu machen. Die Betreiber haben die komplette Kontrolle über ihre Website und können diese ihren Wünschen entsprechend aufbauen (Ryan 2014, S. 37–38).

Targeting

Es gibt verschiedene Arten des Targetings, wobei unterschiedliche Variablen genutzt werden, um zielgruppengenaue Inhalte und Werbemaßnahmen an die Konsumenten auszuspielen. Unter anderem werden Such- und Kaufverhalten sowie der Standort der Konsumenten beobachtet, um ihnen maßgeschneiderte Inhalte und Angebote vorzuschlagen. Dadurch werden Streuverluste minimiert (Bauer et al. 2011, S. 8).

Suchmaschinenmarketing

Suchmaschinenmarketing (Search Engine Marketing – SEM) hat für deutsche Unternehmen eine hohe Relevanz. 43 % der Unternehmen investierten 2018 mehr in diese

Maßnahmen als im Vorjahr (absatzwirtschaft 2018). Durch SEM wird eine verbesserte Platzierung auf den Ergebnisseiten der Suchmaschinen erzielt. Dadurch wird die Auffindbarkeit der Webseite für potenzielle Kunden erhöht, denn Konsumenten widmen ihre Aufmerksamkeit den vordersten Einträgen auf den Suchergebnisseiten (Greifeneder 2010, S. 27). Die Disziplinen des Suchmaschinenmarketings sind Suchmaschinenoptimierung (Search Engine Optimization – SEO), Keyword Advertising sowie das Marketing in Preissuchmaschinen und -vergleichsportalen (Lammenett 2017, S. 136).

Im Rahmen von SEO werden Websites inhaltlich und technisch optimiert, um bei der Eingabe von Keywords der Zielgruppe eine hohe Platzierung im Ergebnislisting zu erlangen (Hamacher 2010, S. 5). Dabei ist die Kenntnis über die Keywords, die für die Zielgruppe relevant sind und bei der Internetsuche genutzt werden, von Bedeutung (Ryan 2017, S. 71). Die Inhalte der Website müssen diesen Keywords entsprechend optimal angepasst werden. Keyword Advertising ist die Schaltung von bezahlten Anzeigen auf den Suchergebnisseiten, die bei der Eingabe passender Suchbegriffe hoch platziert angezeigt werden (Hamacher 2010, S. 5).

E-Mail-Marketing

Das Senden und Empfangen von E-Mails ist die am stärksten genutzte Online-Aktivität der Konsumenten (Bundesverband Digitale Wirtschaft 2018, S. 20). E-Mail-Marketing ist für die Kundenbindung von besonderer Bedeutung (Ryan 2014 S. 36). Unternehmen können dabei auf einem persönlichen Level und in beliebigen Zeitabständen mit Kunden kommunizieren (Ryan 2017, S. 152) und die Inhalte an die Bedürfnisse und Interessen der Kunden anpassen (Ryan 2017, S. 157). Diese Maßnahme ist sehr kosteneffizient und kann sowohl dazu genutzt werden, Verkäufe zu erzielen, als auch dazu, die Markenbindung zu erhöhen (Ryan 2017, S. 154).

E-Mail-Marketing hat daher für Unternehmen eine sehr hohe Relevanz (absatzwirtschaft 2018), und zwar auch aufgrund des höheren Returns on Investment im Vergleich zu anderen digitalen Kanälen (Ryan 2017, S. 152). Im E-Mail-Marketing kann das Customer-Relationship-Management helfen, Kunden zu segmentieren und sich beispielsweise auf die Kunden zu fokussieren, die am ehesten reagieren (Ryan 2017, S. 157). Mit CRM-Technologien können Kundendaten genutzt werden, um den Kunden Produkte vorzuschlagen, an denen sie voraussichtlich interessiert sind (Ryan 2017, S. 156).

Social-Media-Marketing

Über die sozialen Medien können Unternehmen mit potenziellen Kunden in Kontakt treten und Konsumenten können mit Unternehmen und anderen Konsumenten interagieren. Durch die Analyse der Zielgruppen in den sozialen Netzwerken kann individualisierter Content eingesetzt werden (Ryan 2017, S. 122). Es gibt eine Vielzahl von Social-Media-Kanälen, in Deutschland ist Facebook der am häufigsten genutzte Kanal (Initiative D21 2017). Weltweit stellt Facebook die mit Abstand wichtigste Social-Media-Plattform für Marketingverantwortliche dar (Social Media Examiner 2018).

Laut einer Bitkom-Umfrage aus dem Jahr 2017 nutzten 73 % der Unternehmen soziale Medien, 99 % von diesen nutzten Facebook, Xing und LinkedIn, 60 % Twitter oder andere Microblog-Plattformen. Video-Plattformen wie YouTube nutzten 41 % und Foto-Plattformen wie Instagram oder Flickr nur 27 %. Laut Bitkom-Hauptgeschäftsführer Dr. Bernhard Rohleder sind „Soziale Netzwerke ein wichtiges Marketing-Instrument für Unternehmen, um ihre Markenidentität zu stärken. Gerade jüngere Zielgruppen sind über klassische Kanäle wie Printprodukte kaum noch zu erreichen. Umso wichtiger ist ein starker Auftritt in den sozialen Medien." (Bitkom e. V. 2017a). Social-Media-Marketing hat für Unternehmen somit eine steigende Relevanz, die meisten Unternehmen investierten für den Einsatz dieser Maßnahme im Jahr 2018 mehr als im Vorjahr (absatzwirtschaft 2018).

Mobile-Marketing

Viele Nutzeraktivitäten finden überwiegend auf mobilen Geräten statt (Vogel 2018). Das Smartphone ist dabei das am stärksten genutzte mobile Endgerät (Frees und Koch 2018, S. 411). Durch mobile Endgeräte haben die Konsumenten zu jeder Zeit und überall Zugang zu Unternehmens-Content (Ryan 2014, S. 36) und Unternehmen können Konsumenten durch die ständige Nutzung der mobilen Endgeräte jederzeit erreichen. Bei Mobile handelt es sich nicht um einen weiteren Marketingkanal, wie Display oder Video, sondern um eine Plattform. Denn all diese Kanäle existieren auch auf Mobile (Rieber 2017, S. 27).

Mobile-Marketing wurde 2018 von 88 % der deutschen Unternehmen genutzt. Jedoch investierten 2018 nur 32 % der Unternehmen ein höheres Budget in Mobile-Marketing als 2017. Studienautor der absolit-Studie Torsten Schwarz sagt dazu: „Das deutsche Marketing zeigt eine irritierend langsame Entwicklung, wenn man die rasant zunehmende Bedeutung von Smartphones, Tablets und Co. betrachtet. Hier muss gehandelt werden!" (absatzwirtschaft 2018).

Erfolgsmessung

Ob digitale Marketing-Maßnahmen erfolgreich waren, kann während und/oder am Ende der Maßnahmen anhand von Analyse-Tools und Key-Performance-Indikatoren gemessen werden. Daraus werden Erkenntnisse für die Maßnahmenoptimierung abgeleitet (Kamps und Schetter 2018, S. 7–8). Die Learnings und Insights aus der Beobachtung des Nutzungsverhaltens von Kunden dienen der Optimierung der Maßnahmen (Dodson 2016, S. 5). Allerdings erhebon und analysierten 2017, 30 % der deutschen Unternehmen keine Kundendaten und nur ca. die Hälfte der Unternehmen nutzten die Ergebnisse der Analysen; dies traf am meisten auf Unternehmen mit 22 bis 99 Mitarbeitern zu.

Vor allem Besucherdaten von Websites und Blogs werden ausgewertet, gefolgt von Mobile-App-Daten. 32 % der Unternehmen erhoben und analysierten Social-Media-Daten und 30 % geografische Daten. Demografische Daten wurden mit 5 % am wenigsten erhoben. Laut Georg Klassen, Vorsitzender des Bitkom-Arbeitskreises Digital Analytics & Optimization, werden Unternehmen, die die Wünsche der Kunden in der digitalen Welt verstehen, einen klaren Wettbewerbsvorteil haben. Mehr als die Hälfte der Unternehmen, die Analyse- und Optimierungs-Tools nutzen, geben an, dass diese ihnen

Abb. 1 Digitale Marketingmaßnahmen. (Quelle: Darstellung Sarah von Rüden nach absatzwirtschaft 2018; Ryan 2017)

Vorteile verschaffen, um die Marketing- und Vertriebskampagnen zielgerichteter umzusetzen (Lewanczik 2017).

Die in Abb. 1 dargestellten und zuvor beschriebenen Maßnahmen haben aufgrund des Konsumentenverhaltens, das sich durch die digitalen Medien verändert hat, eine hohe Relevanz für die Werbewirtschaft.

2 Herausforderungen im digitalen Marketing

Das traditionelle Bild des Marketings als reine Absatz- und Verkaufsmethode hat sich in seiner Funktion und Form fundamental verändert (Kotler et al. 2017a, S. 29). Konsumenten werden täglich mit tausenden Nachrichten und Werbebotschaften konfrontiert; die Aufmerksamkeit, diese zu verarbeiten, nimmt jedoch ab. Aus diesem Grund wächst die Herausforderung für Unternehmen, Werbeinhalte zielgerichtet und effektiv zu platzieren.

Um aus dieser Masse an Informationen und Content herauszustechen, wächst das Interesse an wirkungsvollen Marketingformen und Entwicklungen (W&V Redaktion 2018a). Das digitale Marketing ist für viele Marketer der Schlüssel geworden, um in umkämpften Märkten erfolgreich bestehen zu können. Durch die Entwicklung neuer digitaler Kontaktpunkte eröffnen sich innovative Möglichkeiten, Kunden unabhängig von Zeit und Ort anzusprechen.

Digitales Marketing ist nicht länger ein „Nice to Have", sondern aus der Marketing- und Unternehmensstrategie nicht mehr wegzudenken. Die digitalen Medien und das Internet haben vielmehr einen globalen Wandel in Kommunikation, Wirtschaft und Gesellschaft ausgelöst.

Digitale Medien werden täglich von einem Großteil der Bevölkerung in verschiedenen Formen genutzt. Es gibt im Jahr 2019 weltweit ungefähr 3,8 Mrd. Internetnutzer und es wird prognostiziert, dass die Zahl bis 2021 auf 4,14 Mrd. ansteigen wird (eMarketer 2017). 2018 nutzten 90 % der deutschen Bevölkerung ab 14 Jahren das Internet und 77 % nutzten dieses täglich (Frees und Koch 2018, S. 399). Die tägliche Nutzungsdauer betrug durchschnittlich 196 min (Frees und Koch 2018, S. 404). 57 % der Deutschen zwischen 14 und 69 Jahren waren 2018 regelmäßig online und 34 % eigentlich immer. Besonders ein großer Anteil der jungen Generationen von 14 bis 34 war durchgängig online (Bundesverband Digitale Wirtschaft 2018, S. 18). Von der jungen Generation, besonders von den 14- bis 19-Jährigen, wird das Gerät Smartphone am stärksten genutzt (Frees und Koch 2018, S. 411). Diese Generation wächst von Kindesalter an mit dem Smartphone und den digitalen Medien auf. Bei Jugendlichen ab zwölf Jahren gehört das Smartphone bereits zur Standardausstattung (Bitkom e. V. 2017b). Auch soziale Medien werden von Konsumenten stark genutzt. In Deutschland verbringt die junge Generation zwischen 14 und 24 Jahren die meiste Zeit mit den sozialen Medien. Diese Altersgruppe nutzte die sozialen Medien im Jahr 2018 durchschnittlich 99 min wochentags und 113 min am Wochenende (Bundesverband Digitale Wirtschaft 2018, S. 49). Die Bevölkerung wird immer vertrauter mit digitalen Medien und nutzt diese immer stärker. Mit zunehmender Alterung der Bevölkerung werden die Digital Natives, die bereits mit den digitalen Medien vertraut sind, in der Mehrheit sein. Die mit den digitalen Medien aufwachsende Generation Z wird im Jahr 2020 ca. 40 % der Konsumenten ausmachen (PWC 2016). Dementsprechend müssen sich Unternehmen nach den Bedürfnissen der digital-affinen Generationen richten und es wird somit immer wichtiger, digitales Marketing zu betreiben.

Digitale Endgeräte werden sogar simultan genutzt. Die Nutzung der Vielzahl an Geräten stört die Konzentrationsfähigkeit des Konsumenten. Die durchschnittliche Aufmerksamkeitsspanne der Menschen ist von zwölf Sekunden im Jahr 2000 auf acht Sekunden 2013 gesunken (Kotler et al. 2017a, S. 40). Somit liegt die durchschnittliche Aufmerksamkeitsspanne der Menschen unter der eines Goldfisches, dessen Aufmerksamkeitsspanne neun Sekunden beträgt (Pyczak 2017). Die Menschen werden zusätzlich von einer Vielzahl an Informationen überflutet und filtern daher schnell heraus, was sie als relevant bewerten, und alles Irrelevante wird ignoriert (Ryan 2014, S. 16).

Vor diesem Hintergrund gewinnen Communities in den sozialen Medien immer stärker an Einfluss, denn Gespräche über Marken sind glaubwürdiger als gezielte Werbekampagnen. Das soziale Umfeld hat einen enormen Einfluss auf die Markenauswahl der Konsumenten und wird als wichtiger als externe Marketingkommunikation und persönliche Präferenz bewertet (Kotler et al. 2017a, S. 19). Nicht nur die Kommunikation der Kunden untereinander, sondern auch die Kommunikation zwischen Kunde und Unternehmen hat sich geändert. Der Kunde ist kein passiver Zuhörer mehr. Bei der Kommunikation zwischen Kunde und Unternehmen handelt es sich um einen Dialog auf Augenhöhe, bei dem für die Unternehmen sowohl Zuhören, als auch gut überlegtes Kommunizieren wichtig ist (Ryan 2017, S. 27).

Besonders in den sozialen Medien ist das starre Verhältnis zwischen sendenden Unternehmen und konsumierenden Kunden nicht vorhanden, meint Prof. Dieter Kempf, Bitkom-Präsident (Schüür-Langkau 2012, S. 72). Laut Thomas Koch, Inhaber der Beratungsfirma tk-one, hat sich die Kommunikation durch die Digitalisierung so verändert, dass die Bedürfnisse der Kunden früh erkannt und befriedigt werden müssen (Schüür-Langkau 2012, S. 3). Durch das digitale Marketing wird laut Aussage von Prof. Dr. Dirk Morschett von der Universität Fribourg das Marketing für Unternehmen komplexer, aber aufgrund des veränderten Konsumentenverhaltens bieten sich auch neue Chancen (Schüür-Langkau 2012, S. 75).

Die durch das veränderte Konsumentenverhalten vorhandenen Herausforderungen und Chancen werden in Abb. 2 dargestellt.

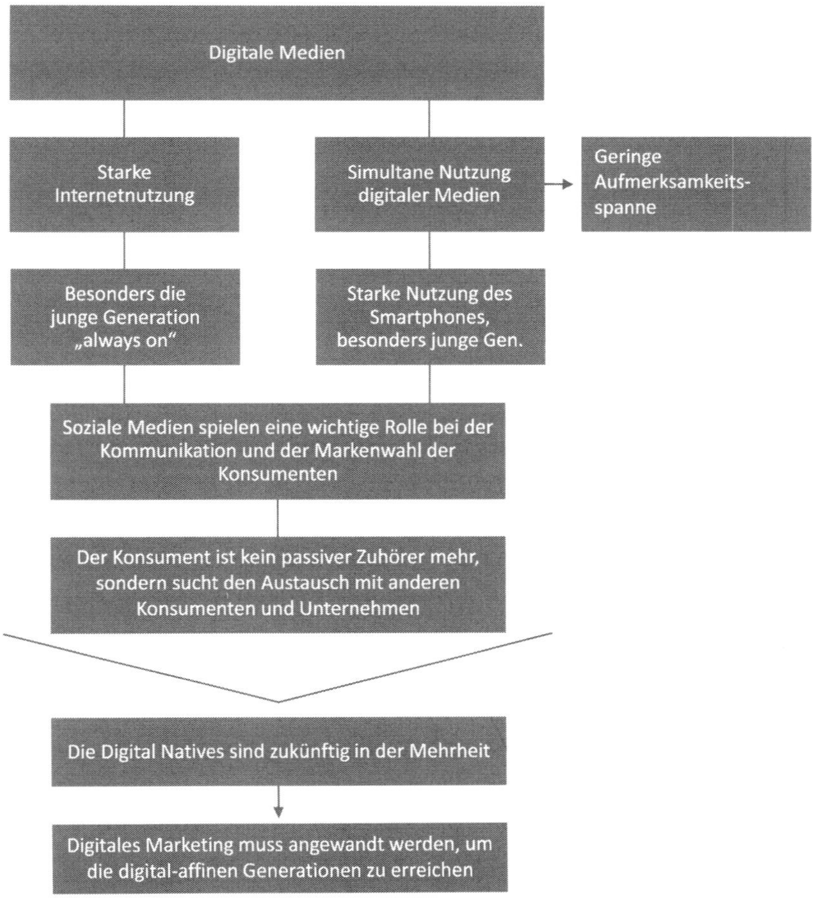

Abb. 2 Verändertes Konsumentenverhalten durch die Nutzung digitaler Medien. (Quelle: Darstellung Sarah von Rüden nach Frees und Koch 2018; Kotler et al. 2018; Bundesverband Digitale Wirtschaft 2018; Ryan 2017)

3 Digitales Marketing im Fokus der deutschen Wirtschaft

Kein Unternehmen kann auf die Vorteile digitaler Medien und Inhalte verzichten. Durch die steigende Bedeutung digitaler Medien und Inhalte wachsen die Ansprüche der deutschen Wirtschaft hinsichtlich der Qualität, Quantität und der Geschwindigkeit, digitales Marketing wirksam umzusetzen.

Bislang setzen besonders Unternehmen der Medien-, Konsumgüter-, Bekleidungs-, Nahrungs- und Automobilbranche digitales Marketing ein, um Konsumenten jederzeit und überall zu erreichen. Zugleich wächst das Interesse wirtschaftstreibender Unternehmen der Finanz-, Energie- und Telekommunikationsbranche, digitales Marketing in den Fokus zukünftiger Strategien und Investitionen zu rücken. Dabei verfügen diese Branchen über starke finanzielle Ressourcen. Sie verfolgen entsprechend motiviert die Entwicklungen der digitalen Landschaft. Digitales Marketing bietet diesen Branchen die Chance, das Unternehmen mittels einer vollständig integrierten Kommunikation zu stärken. Weiterführend fordert es gleichzeitig die Integration oder sogar Umstrukturierung traditioneller Kommunikations- und Geschäftsfelder.

Für Unternehmen gelten Neukundengewinnung, Steigerung der Bekanntheit und Leadgenerierung zu den Top-Marketingzielen, dies gilt unter anderem insbesondere für Unternehmen aus der Telekommunikationsbranche (ITK-Branche). Der Aufbau von Vertrauen und Relevanz sowie Kundenbindung sind für diese Unternehmen zusätzliche Prioritäten im Marketing (Bitkom e. V. 2018a, S. 19). 2018 nutzten Unternehmen der ITK-Branche hauptsächlich die eigene Unternehmenswebsite, Social-Media-Kanäle und SEO als Bestandteile des digitalen Marketings (Bitkom e. V. 2018a, S. 21). Unternehmen der deutschen ITK-Branche erwarten den größten Ausgabenanstieg der kommenden Jahre bei digitalen Marketingaktivitäten. Hierzu werden Leadgenerierung über registrierten Content, SEO und SEA sowie die sozialen Medien als Hauptaufgabenfelder genannt (Bitkom e. V. 2018a, S. 26). Die Digitalisierung hat erwartungsgemäß den stärksten Einfluss auf die Unternehmensbereiche Marketing und Vertrieb sowie den Aufbau und Erhalt von Kundenbeziehungen (Tata Consultancy Services Limited und Bitkom Research 2017, S. 28).

Durch die steigenden Investitionen in digitales Marketing reagieren Unternehmen auf den steigenden Druck der Digitalisierung hinsichtlich Aktualität, Kundendialog und individualisiertem Inhalt. Der Schlüssel für Unternehmen wie beispielsweise die Telekommunikationsbranche wird die Integration relevanter technischer Trends und inhaltsgetriebener Kommunikation in das digitale Marketing sein.

4 Digitale Marketing-Trends – Technologien und Content

Aktuell zählen neue Technologien und Content-Anforderungen seitens der Konsumenten zu den bedeutenden digitalen Treibern. Diese Trends leiten die Online-Marketingaktivitäten von Key Playern der deutschen Wirtschaft. Hierbei sind Technologien zur Optimierung des

Kundenerlebnisses sowie Content und die Bereitstellung personalisierter Inhalte zur effektiven Markenbildung die expliziten Ziele der digitalen Trendthemen.

Technologische Trendthemen und Entwicklungen wie das Internet of Things (IoT), die Verschmelzung von Realität und Fiktion mittels Virtual Reality (VR) und Augmented Reality (AR) sowie passgenaue Inhalte für alle Zielgruppen bestimmen aktuell zwar die Trendthemen des digitale Marketings, verlieren jedoch derzeit an Bedeutung – ganz im Gegensatz zu Content-Themen (Econsultancy und Adobe 2018, S. 10).

Durch die Verabschiedung der europäischen Datenschutzverordnung (DSGVO) erlebt das digitale Marketing starke Restriktionen. Unternehmen sind verpflichtet, die Nutzung persönlicher Daten zu dokumentieren und eine explizite Genehmigung der Werbeempfänger einzuholen (Kühnke 2018). Vor diesem Hintergrund lassen sich richtungweisende Trends im Kontext von Technologie und Content erkennen, die derzeit im digitalen Marketing Einsatz finden. Die Entwicklungen zur Aufmerksamkeitsgenerierung (mittels Technologie) und zur dialogorientierten, individuellen Kommunikation (mittels Content) ermöglichen die zielgerichtete Ansprache unterschiedlicher Kundensegmente.

4.1 Technologien

Artificial Intelligence

Artificial Intelligence (AI) stellt die computergestützte Nachbildung menschlicher Denkprozesse und Verhaltensweisen dar, die in Konsequenz menschliche Eigenschaften systematisch erfasst und auf Reize reagieren kann. Das Hauptaugenmerk künstlicher Intelligenz liegt auf der Verarbeitung menschlichen Lernens, der Entwicklung von Strategien zu Problemlösung und zusätzlich auf der Reaktion auf spontane Reize (Gentsch 2017, S. 16–18). Die Verschmelzung von Realität und Fiktion umfasst Virtual Reality, Augmented Reality und Mixed Reality. Die Außenwelt wird durch virtuelle Komponenten ergänzt und resultiert in einer erweiterten Realität, die Konsumenten durch die Nutzung eine neue Erlebniswelt offenbart (heise online 2019). Augmented Reality bleibt auch in Zukunft ein Thema für Unternehmen, um für Konsumenten erlebbar und nahbar zu werden (Falcon.io 2019). Die Integration von Produkten in das private Umfeld der Kunden dient der Vereinfachung von Kaufentscheidungen und schafft ein außergewöhnliches Kundenerlebnis (Dasey 2017).

Chatbots

Automatisierte Chatbots stützen sich als Dialogsysteme auf textuelle oder auditive Spracheigenschaften, um mit Kunden auf Plattformen zu kommunizieren. Chatbots basieren auf systematisierten Inhalts- und Frageinhalten, um Anliegen von Kunden und Interessenten (sog. Leads) nach festgelegten Schemata zu beantworten. Die Hauptaufgabe integrierter Chatbots ist die Pflege von Produkt- und Serviceanfragen von Kunden. Zusätzlich informieren Chatbots im automatisierten Dialog über individuelle Anliegen, dabei dienen sie als permanente Schnittstelle zwischen Unternehmen und Stakeholdern (Bendel 2018). Sprachgestützte Assistenten bestimmen mehr und mehr den Alltag und die Kommunikation von Kunden. Ob Amazons Alexa oder Apples Siri – Kunden steuern mit Sprache Alltag, Einkäufe und Informationssuche. Unternehmen müssen sich daher diesen neuen Informationsquellen widmen (Bitkom e. V. 2018b, S. 12–13).

Inhalte werden zunehmend mittels verschiedener Medien konsumiert, daher gewinnen Mobile-Strategien weiter an Bedeutung. Indem Unternehmen Nutzern mobil angepasste Seiten bieten, können sie die Bedürfnisse der Konsumenten medial übergreifend erfüllen und sie an allen Kontaktpunkten ansprechen (Quick 2018).

4.2 Content

Die Leitrolle der digitalen Transformation nimmt allerdings die Customer Centricity ein. Jegliche Kommunikation ist nicht mehr einseitig, sondern bildet den effektiven Dialog zwischen Unternehmen und Kunden (artegic 2018, S. 6–7). Die Mehrheit deutscher Unternehmen sieht im Rahmen der Customer Centricity Content-Marketing als entscheidenden Faktor für die erfolgreiche Generierung der Kundenaufmerksamkeit (absolit Consulting 2019, S. 7 ff.).

Content-Marketing zieht potenzielle Kunden an, wenn ihnen ein persönlicher Mehrwert geboten wird (Ryan 2017, S. 206). Durch Content-Marketing können Unternehmen entlang der gesamten Customer Journey mit potenziellen Kunden in Kontakt treten (Ryan 2017, S. 204). Den Konsumenten werden dabei individuell relevante informierende, beratende oder unterhaltende Inhalte geboten. Es handelt sich dabei um von Unternehmen publizierte Inhalte, die Konsumenten anziehen sollen. Durch Content-Marketing werden Branding und Verkaufsförderung gesteigert (Hilker 2017, S. 4–5) sowie das Customer Engagement gefördert (Ryan 2017, S. 206).

Content-Marketing hat an Relevanz gewonnen. 2017 beschäftigten sich 75 % der deutschen Unternehmen mit Content-Marketing und 2018 stieg der Wert auf 81 %. (absatzwirtschaft 2018). Lutz Frühbrodt, Professor für Fachjournalismus und Unternehmenskommunikation an der FH Würzburg, beobachtet: „Ohne Zweifel hat sich Content Marketing bei sehr vielen Unternehmen inzwischen als feste Größe im PR- und Marketing-Mix etabliert.“ (Horizont 2018).

Videos sind aktuell besonders beliebt bei Konsumenten und werden deshalb häufig genutzt, um Content zu kommunizieren. Laut einer internationalen Studie im Jahr 2017, gaben 72 % der Konsumenten an sie würden sich, um sich über ein Produkt zu informieren, eher ein Video ansehen, als einen Text zu lesen, und 81 % wurden durch die Betrachtung eines Produktvideos davon überzeugt, das Produkt zu kaufen (Hayes 2018). Video ist laut 52 % der Marketingexperten das Content-Format mit dem höchsten Return on Investment (Glöde 2017). 81 % der Unternehmen nutzten 2018 Video-Marketing, im Vergleich zu 63 % im Jahr 2017 (Hayes 2018).

Eines der wichtigsten Content-Themen sind personalisierte Inhalte. Hierbei steht die tatsächliche und individuelle Ansprache des Kunden mittels Automatismen im Vordergrund.

Dadurch können Unternehmen zeitlich und inhaltlich relevante Informationen an Nutzer herantragen, die auf der relevanten Kundenhistorie und zuvor erhobenen Daten zum Kundenverhalten basieren (Lianatech GmbH 2018).

Influencer

Vor diesem Hintergrund ist ein weiterer einflussreicher digitaler Trend die Nutzung von Influencern. Influencer berichten auf sozialen Netzwerken über Produkte und Dienstleistungen und animieren ihre Follower, mit Unternehmen in Kontakt zu treten und Käufe abzuschließen (Jahnke et al. 2018, S. 2 ff.). Sie stellen für die jeweilige Community Vorbilder und Vertrauenspersonen dar, die durch bestimmte Verhaltensweisen das Verhalten von Dritten beeinflussen können (Deges 2018, S. 3). Diese neue Welt des Marketings stellt besonders etablierte und bislang eher traditionell denkende und werbende Branchen vor Herausforderungen, bietet diesen aber gleichzeitig auch Chancen zu einer neuen Art der Zielgruppenansprache. Telekommunikationsanbieter, Banken und Energieversorger erhalten so die Möglichkeit, durch diese Wortführer auch jüngere Zielgruppen anzusprechen, die Aufmerksamkeit zu erhöhen und sie im Idealfall emotional zu erreichen.

Die Ziele der Nutzung und Umsetzung digitaler Trends sind für Unternehmen vor allem die Optimierung der Customer Experience (artegic 2018, S. 6 ff.) sowie die Steigerung der Kundenbindung und die Verankerung der Marke im Relevant Set der Konsumenten. Die Machtverschiebung seitens der Kunden formt die Akzeptanz der Marketingunternehmungen, zusätzlich nimmt die Bedeutung eines einheitlichen Unternehmensverständnisses zu. Konsumenten sind heute Kritiker der Botschaften und verlangen nach Wahrhaftigkeit und Authentizität. Demnach stehen Marketer vor der Herausforderung, den Wunsch nach authentischem Content zu befriedigen und gleichzeitig ein ganzheitliches Unternehmensbild zu zeigen (Dlugos 2019).

Dabei ist zu bedenken, dass die Digitalisierung zwar viele Vorteile für Konsumenten bietet – wie unter anderem personalisierte Angebote und Inhalte – doch stehen Konsumenten der Digitalisierung und der dazugehörenden Datennutzung zugleich weiterhin überwiegend skeptisch gegenüber. Die Mehrheit der Bevölkerung sieht die Digitalisierung zwar positiv, jedoch nutzen Konsumenten digitale Angebote teils nicht, da sie sich um die Sicherheit ihrer privaten Daten sorgen (Bundesverband Digitale Wirtschaft 2018, S. 28). Aus diesen Gründen muss die personalisierte Content-Generierung in Zukunft an Transparenz und auch an Vertrauen gewinnen. Unternehmen haben innerhalb der letzten Jahre diese „Vertrauensfrage" zu spüren bekommen. Skandale um veröffentlichte Kundendaten führten zu einer grundlegenden Forderung nach transparenten Unternehmen (globalwebindex 2018). Durch den enormen Einfluss der Digitalisierung müssen somit auch ethische Grundsätze in den Online-Aktivitäten der Unternehmen berücksichtigt werden (Dlugos 2019). Die Rahmenbedingungen Glaubwürdigkeit, Ethik und Transparenz werden somit eine zentrale Rolle im digitalen Marketing der Zukunft einnehmen.

4.3 Content und Technologie

Nahezu alle zukunftsweisenden Trends stützen sich weiterhin auf die Bereitstellung personalisierter Inhalte, gestützt von technischen Entwicklungen. Das digitale Trendthema Content stützt sich dabei auf die wirksame Integration unterstützender Technologien mit den im Folgenden dargestellten Schwerpunkten:

Customer-Data-Plattformen
Die Customer-Data-Plattformen dienen dem umfassenden 360-Grad-Ansatz, um Kauf- und Konsummotive zu erfassen. Diese Plattformen ermöglichen die Verwaltung von gesammelten Kundeninformationen und additive Systeme können auf diese Kundenprofile anschließend zurückgreifen. Die hinterlegten Informationen umfassen Daten aus digitalen Quellen wie vernetzten Geräten, Social Media, Online-Shops und Interaktionen mit Smartphones und E-Mails (Dlugos 2019).

Customer Centricity
Das Konzentrieren auf den Kunden und das Denken aus Kundensicht gewinnen an Bedeutung. Der Anspruch des Kunden an eine allgegenwärtige Erreichbarkeit des Unternehmens und an die Optimierung des Customer Life Cycles sind richtungweisende Megatrends. Um Unternehmen glaubwürdig zu präsentieren, setzen Experten hierbei auf die Kommunikation mittels glaubwürdigem Content (Dlugos 2019).

Personalisierte Inhalte
Personalisierte Inhalte werden auch in Zukunft weiter an Bedeutung gewinnen. Um in der Informationsflut herauszustechen, müssen Kunden noch spezifischer und individueller angesprochen werden (Falcon.io 2019, S. 16).

Purpose-Driven Marketing
Hierbei handelt es sich um die Vermittlung eines aussagekräftigen und konstanten Unternehmenszwecks. Konsumenten teilen im Idealfall diesen Zweck, möchten an ihm Anteil nehmen und werden final zu eigenen Markenbotschaftern. Sie werden Teil einer gemeinsamen Mission. Erfolgreiches Purpose-Driven Marketing etabliert die Marke in den Köpfen der Konsumenten und bietet im Wettbewerb einen Mehrwert (Moore 2018).

Micro Social Networks
Immer mehr Unternehmen greifen auf eigene Unternehmens-Apps und -Netzwerke zurück, um mit ihren Zielgruppen in digitalen Kontakt zu treten und zu bleiben (Falcon.io 2019).

Micro-Influencer und -Blogger
Sie haben eine vergleichsweise kleine Follower-Zahl, bestechen aber durch eine gefestigte Community. Besonders für High-Involvement-Produkte stellen sie aufgrund

ihres Know-hows eine glaubwürdige Informationsquelle für Konsumenten dar (Falcon.io 2019, S. 20).

Video-Format
Video ist das übergreifende Trendthema der digitalen Zukunft, besonders Live-Videos erreichen die gewünschte Kundennähe und bringen so jeglichen Content nahe an den Kunden (Dlugos 2019).

5 Customer Experience und Customer Journey im digitalen Fokus

Die digitalen Trends richten sich primär an die Optimierung der Erlebniswelt der Konsumenten. Hierfür nehmen Unternehmen aktiv Kontakt zu potenziellen Kunden auf, um gezielt emotional involvierende Inhalte zu platzieren. In Deutschland sehen 93 % der Unternehmen digitales Marketing als einflussreichsten Faktor für die Customer Experience (artegic 2018, S. 7).

Die Eindrücke im Rahmen der Customer Experience gestalten sich für jeden Kunden individuell entlang der unterschiedlichen Kontaktpunkte mit Unternehmen. Sie basieren auf der gesamten Kundenbeziehung, die weit über den finalen Kauf hinausgeht (Holland 2018). Durch den wachsenden Einfluss digitaler Medien auf die Entscheidungsfindung und Informationsgenerierung nimmt das digitale Marketing eine zentrale Rolle bei der Gestaltung der Customer Experience ein. Digitales Marketing erweitert hierbei die Vielfalt und Intensität einer Erfahrung der Kunden mit einem Unternehmen und einer Marke (Dörner und Edelman 2015, S. 1–2).

Unternehmen können vor allem in umkämpften Branchen wie der Telekommunikationsbranche mittels Customer Experience einem Anbieterwechsel entgegenwirken und im Idealfall Geschäftsbeziehungen ausbauen (McKinsey 2016). Um Kunden die gewünschte Experience zu bieten, ist es notwendig, Anforderungen des Kunden an Unternehmen zu erkennen. Unternehmen stehen der wachsenden Macht der Kunden gegenüber und müssen sich innerhalb der Touchpoints im digitalen Marketing konstant anpassen.

Die Zielgruppen sind und verhalten sich komplex: Die Mehrheit der Bevölkerung weiß um die personalisierten Suchergebnisse bei Google. 50 % der Deutschen schätzen das individuelle Angebot gemäß ihren Präferenzen (Bundesverband Digitale Wirtschaft 2018, S. 41). Knapp 40 % vertrauen Online-Bewertungen mehr als der Beratung im stationären Handel. Mehr als 20 % haben bereits einen Kauf aufgrund einer Influencer-Empfehlung getätigt (Bundesverband Digitale Wirtschaft 2018, S. 29). Auch gewinnen Online-Kanäle vor allem in der Telekommunikationsbranche weiter an Bedeutung. Nur 8 % der Verträge werden ohne Einfluss des Internets abgeschlossen (GFK 2017, S. 3). Bei Kunden, die zur Recherche mobile Geräte und Desktops nutzen, vergrößert sich der Umfang der Recherche durch mehr genutzte Websites sowie Suchanfragen

(GFK 2017, S. 3). Bei der Recherche nutzen Kunden unterschiedliche Geräte und Kanäle. Im Schnitt verwendet der Kunde bis zu vier Geräte und verzeichnet 13 individuelle Kontaktpunkte (GFK 2017, S. 3), bevor er eine Kaufentscheidung trifft.

Erweiterung der Customer Journey
Die Customer Journey bildet die verschiedenen Phasen eines Kaufprozesses ab, bevor der tatsächliche Kauf eines Produktes oder einer Serviceleistung vollzogen ist, inklusive der Nachkaufphase. Diese Reise beinhaltet diverse Kontaktpunkte eines Konsumenten mit einem Produkt oder Service. Die einzelnen Berührungspunkte, Touchpoints, stellen zum einen platzierte Werbemaßnahmen dar, zum anderen auch Bewertungen und vor allem digitale Medien wie Social Media und Blogs (Kruse Brandão und Wolfram 2018, S. 95). Die Aufgabe des digitalen Marketings wird es verstärkt sein, auf die Schnelllebigkeit sowie Kürze der Aufmerksamkeit zu reagieren. Dadurch müssen Unternehmen die Vielzahl an neuen Touchpoints nach ihrer Effektivität filtern und an relevanten Kontaktpunkten gezielte Inhalte ausspielen (Kotler et al. 2017, S. 75–76). Die digitale Entwicklung beeinflusst die Customer Journey in ihren Grundzügen. Digitale Medien erweitern die existierenden Touchpoints und bieten Unternehmen einen besseren Zugang zu Konsumenten (Kruse Brandão und Wolfram 2018, S. 96–97). Unternehmen erhalten somit die Chance, Konsumenten entlang des Entscheidungsprozesses vermehrt anzusprechen und eine Beziehung zu ihnen aufzubauen. Um die positiven Effekte des digitalen Marketings in die Kommunikationstätigkeiten einzubinden, sollten Unternehmen die Customer Journey nicht allein auf Kaufentscheidungen reduzieren, sondern vermehrt als Prozess ansehen, der eine wirksame Kundenbeziehung ermöglicht. Die Customer Journey entwickelt sich zu einem ganzheitlichen Markenauftritt. Durch diese Entwicklung können Unternehmen erkennen, wie digitale Trends Touchpoints erweitern und wie sie diese positiv nutzen können. Da Geschäfte in der Telekommunikationsbranche oftmals noch offline getätigt werden, ist in dieser Branche ein einheitlicher Markenauftritt verstärkt nötig. Denn nur ein konstantes Markenbild schafft Uniqueness und erregt die Aufmerksamkeit der Kunden.

Unternehmen treten mit fest verankerten digitalen Marketingmaßnahmen im Markt auf und verfügen über einen ganzheitlichen und kanalübergreifenden Markenauftritt (s. Abb. 3). Besonders glaubwürdige Influencer bieten Unternehmen eine zentrale Möglichkeit, den entscheidenden und ansprechenden Content gezielt an allen Touchpoints zu kommunizieren. Influencer begleiten Konsumenten entlang der *gesamten* Customer Journey und sprechen sich positiv für die Produkte oder Services aus. So erhält das Unternehmen eine unterscheidbare Persönlichkeit und kann seine Vorteile dem Konsumenten präsentieren. Ein weiterer Trend ist, in der Customer Journey personalisierte Inhalte zu nutzen. Da Konsumenten permanent online aktiv sind, müssen Unternehmen in jeder Entscheidungsphase individuelle Informationen liefern. Chatbots gehen hierbei in der Evaluationsphase auf individuelle Anfragen ein und können online und in Echtzeit kommunizieren. Durch Video-Formate transportieren Unternehmen besonders in der Bewertungsphase Emotionen und verankern sich in den Köpfen der Konsumenten.

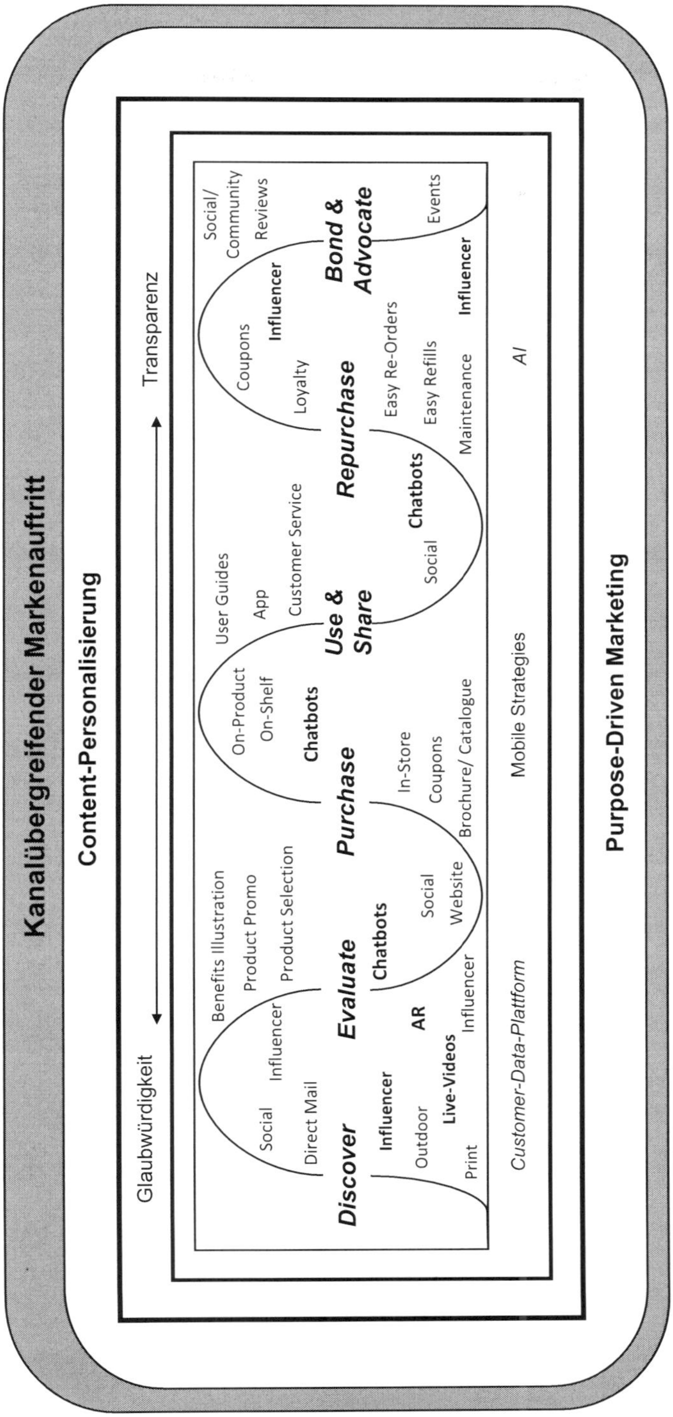

Abb. 3 Integration digitaler Trends im Rahmen der Customer Journey. (Quelle: Darstellung Pia Toller nach Kruse Brandão und Wolfram 2018; Dlugos 2019)

Über alle Touchpoints liefern Unternehmen Informationen auf mobilen Endgeräten, um Konsumenten online zu erreichen und zu informieren. Als zentraler Trend der nächsten Jahre gilt das Purpose-Driven Marketing (Moore 2018). Der Zweck des Unternehmens, die individuelle Existenzberechtigung, wird fest in der Kommunikation entlang der Customer Journey verankert. Konsumenten werden durchgehend mit dem USP der jeweiligen Unternehmen begleitet. So erreichen sie ein uniques Bild und können vor allem in stark umkämpften Märkten wie der ITK-Branche bestehen, da Marken durch digitale Trends für Kunden erlebbar werden. Der Aufbau eines uniquen und emotionalen Markenbilds mittels digitalen Marketings wird in Abb. 4 dargestellt.

Branchenübergreifend gewinnen Content-Themen weiter an Bedeutung, um Kunden im digitalen Zeitalter effektiv anzusprechen und sie während des Entscheidungs- und Kaufprozesses emotional zu erreichen (Chaffey 2018). Hierbei wird zukünftig ein besonderes Augenmerk auf die individuelle Kommunikation des Unternehmenszwecks gelegt, welcher unter anderem durch glaubwürdige Influencer vermittelt werden kann. Auch durch Live-Videos und personalisierte Angebote werden Konsumenten zielgerichtet angesprochen. Zur Unterstützung der platzierten Inhalte bleiben technologische Entwicklungen Grundvoraussetzung für erfolgreiches digitales Marketing. Auf Basis von umfangreichen Datenplattformen werden menschliche Verhaltens- und Denkweisen abgebildet und ermöglichen die authentische Kommunikation mit Konsumenten. Chatbots reagieren individuell auf Anfragen und unterstützen die Entscheidungsfindung der Kunden. Ein weiterer elementarer Trend zur Ansprache der Konsumenten sind Mobile-Strategien, welche Online-Inhalte auf Endgeräte angepasst ausspielen, um Konsumenten entlang des Entscheidungsprozesses umfangreich zu informieren. Auch bleiben realitätserweiternde Entwicklungen bedeutsam, um die umkämpfte Aufmerksamkeit der Kunden zu erlangen. Die einflussreichsten Trends im digitalen Marketing sind von

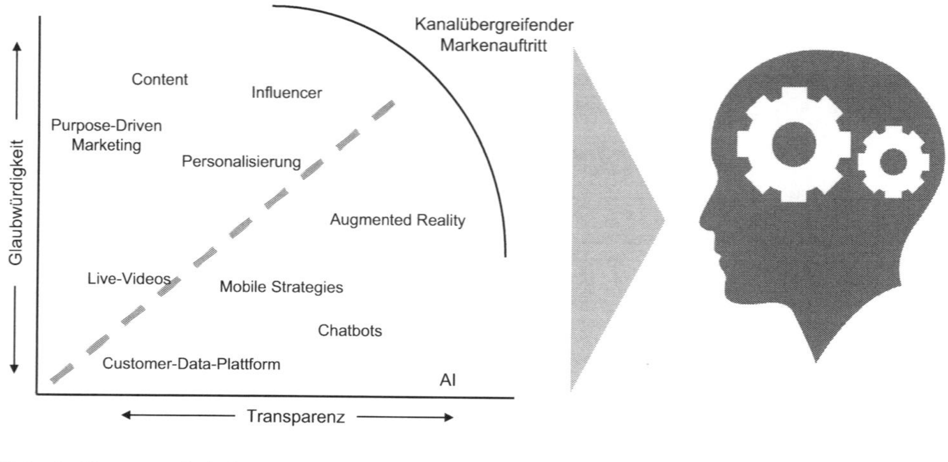

Abb. 4 Nutzung digitaler Trends zur emotionalen Kundenansprache. (Quelle: Darstellung Pia Toller nach Dlugos 2019; Falcon.io 2019; Quick 2018)

Glaubwürdigkeit und Transparenz getrieben. Durch einen übergreifenden Markenauftritt über alle Touchpoints hinweg werden digitale Trendthemen in die Unternehmensaktivitäten eingebunden und ermöglichen die Verankerung der Marke im Relevant Set der Konsumenten.

6 Best Practices – Wirkungsvolle Umsetzung digitaler Trends

Im Folgenden wird anhand von Beispielen erläutert, wie Unternehmen die Chancen des digitalen Marketings erfolgreich nutzen. Die dabei genutzten Marketingmaßnahmen orientieren sich an den zuvor beschriebenen aktuell relevanten digitalen Maßnahmen und Trends.

BMW

Da Content-Marketing eine wichtige Rolle spielt und um durch relevante Inhalte neue Interessenten zu erreichen, hat BMW Ende 2017 die zentrale Markenplattform relauncht. Auf der Webseite wird den Besuchern viel interessanter Content geboten, der über markennahe Themen hinausgeht. Realtime-Datenanalysen werden genutzt, um innerhalb von kurzer Zeit Content zu erstellen, der eine hohe Relevanz und eine starke Social-Media-Dynamik hat (Weber 2018). Aus der Website wurde eine Plattform für Kultur-, Lifestyle-, Reise- und Luxusthemen. Aufgrund der permanenten und sorgfältigen SEO-Analyse wird der Zielgruppe bei der Suche nach Themen, für die sie sich interessieren, wie beispielsweise autonomes Fahren, unter den ersten unbezahlten Suchergebnissen die BMW.com vorgeschlagen (Theobald 2018). Da sich das Unternehmen an den Wünschen und Interessen der Zielgruppe orientiert und darauf basierende Geschichten erzählt, werden auch Konsumenten angesprochen, die ursprünglich nicht an der Automarke interessiert waren (Art Directors Club 2018a).

Jörg Poggenpohl, Head of Digital Marketing bei BMW, sagt: „Die neue BMW.com ist weit mehr als ein klassischer Relaunch. Die Website wurde von Grund auf neu entwickelt und steht sinnbildlich dafür, wie wir die Kommunikation der Marke BMW konsequent neu denken und verjüngen“ (Weber 2018). „Wer sich für größere Themen aus der Welt von BMW wie das autonome Fahren oder Luxushotels informieren will, landet jetzt auf BMW.com. Wir erreichen also Menschen, die bislang BMW nicht unbedingt mit diesem Thema in Verbindung gebracht haben.“ (Theobald 2018). Die Website ist aufgrund der Progressive-Web-Apps-Technologie auf mobile Endgeräte ausgerichtet und bereichert das Nutzererlebnis durch Vollbildschirm-Videos. Die Ladezeit der Seiten beträgt aufgrund der Accelerated-Mobile-Pages-Technologie unter zwei Sekunden und ist somit dreimal schneller als die von Wettbewerbern (Weber 2018). Eine 30-prozentige Steigerung der Click-Through-Rate von Google Search wurde erzielt (Art Directors Club 2018a). Wenige Monate nach dem Relaunch gab es 50 % mehr Zugriffe auf BMW.com und auf Mobile stieg die Anzahl um 27 %. Im Schnitt bleiben die Besucher vier Minuten auf der Seite und sehen sich vier bis fünf Artikel an (Theobald 2018).

Bundeswehr

Da die sozialen Medien eine zentrale Rolle im Leben von jungen Menschen spielen, hat die Bundeswehr diese Kanäle genutzt, um das Interesse der Zielgruppe an der Ausbildung bei der Bundeswehr zu wecken. Unwissenheit und Intransparenz lösen bei jungen Menschen oft Ängste aus, die sie davon abhalten, sich bei der Bundeswehr zu bewerben. In der Kampagne „MALI die ChatBot-Serie" wurden acht Soldatinnen und Soldaten im Einsatz begleitet. Dadurch sollten die Einsätze erlebbar gemacht werden. Über den Facebook Messenger erhielten Nutzer täglich Push-Nachrichten in Echtzeit. Der größte deutschsprachige Chatbot wurde dafür eingesetzt und es handelte sich um die erste Chatbot-Serie. Nutzer konnten Informationen über den Einsatz und den Alltag erfahren und Fragen stellen, auf die der Chatbot antwortete. Der Bot reagierte auf bis zu 40.000 Anfragen täglich. 170 Chatbot-Stories wurden per Messenger versandt. Auf sechs Kanälen wurden exklusive Inhalte zu der Serie veröffentlicht.

Auf Facebook wurde zusätzlich zum Chatbot die Story angeteasert, Live Events wurden kommuniziert und Gewinnspiele veranstaltet. Auf YouTube wurde die Serie mit 41 Folgen veröffentlicht (Art Directors Club 2018b). Die Watchtime der YouTube-Videos betrug 55 min und ca. 80.000 Menschen abonnierten den YouTube-Kanal der Bundeswehr. 16 Videos schafften es in die YouTube Trends (crossmedia 2018). Eine Playlist wurde auf Spotify veröffentlicht. Die Playlist hatte 389.000 Plays und der Titelsong war auf Platz 1 der Viral Charts. Auf Snapchat wurden Teaser, Interviews und Highlights veröffentlicht und die Zielgruppe konnte spezielle Geofilter und Linsen nutzen. 2,1 Mio. Menschen nutzten die Snapchat-Linse. Starke Bilder mit einer maximalen Interaktion wurden auf Instagram gepostet. Über alle Kanäle erzielte die Kampagne 440.000 Fans und Abonnenten und die Serie wurde auf allen Plattformen ins Gespräch gebracht. 93 % der Kommentare waren positiv und die Click-Through-Rate lag bei 18,3 % (Art Directors Club 2018b).

Die Kampagne wurde crossmedial verbreitet und zusätzlich über Plakate, Kino, Print, Radio, Creative Media und Ambient ausgespielt (Castenow 2018a). Beim Deutschen Digital Award 2018 erzielte die Kampagne drei Gold- und zwei Silber-Trophäen und den Best-of-Show-Award. Jury-Präsidentin Alina Hückelkamp kommentierte: „Die Kampagne erzeugte Gänsehaut und Spannung auf YouTube, sie hat als eine der wenigen den Chatbot sinnvoll eingesetzt und rückt so noch näher ran. Die Bundeswehr beweist damit eine gelungene Fortsetzung von einem sehr schwierigen Thema." (Castenow 2018b).

Sephora

Sephora hat die Wichtigkeit von Online-Communities erkannt und nutzt diese. Das Unternehmen hat eine Sozialmediengemeinschaft aufgebaut, in der von der Community generierte Inhalte in die Plattform „Beauty Insider Community" integriert werden (Kotler et al. 2017, S. 28–29). Nutzer können sich inspirieren lassen und Gruppen beitreten, deren Nutzer beispielsweise denselben Hauttyp haben. Informationen über Erfahrungen mit Produkten können ausgetauscht und Live-Chats mit anderen Nutzern geführt werden (Arneson 2017). Die Nutzer können ihr Erlebnis personalisieren und Sephora nutzt dies, um relevanten Content zu liefern (Smart Design 2017). Diese Plattform hat sich zu einem Medium entwickelt, dem die Verbraucher vertrauen (Kotler et al. 2017, S. 28–29).

Focus Online
Der Einfluss von erfolgreich eingesetztem E-Mail-Marketing wird nachfolgend gezeigt. Auf Focus online werden stetig Artikel veröffentlicht. Diese werden automatisch an das Social-Media-Tool übergeben und in den Kanälen veröffentlicht, wobei die Headlines jeweils angepasst werden. Headline, Beitragsbild und die Reaktionen der Nutzer werden an das Social-Media-Tool geleitet. Anschließend werden die Daten der Webseite und der sozialen Netzwerke in der Middleware von sendeffect gesammelt und abgeglichen. Ein Scoring pro Artikel wird anhand eines intelligenten Algorithmus, der Likes, Shares, Klicks und Kommentare der User ermittelt. Anhand der Ergebnisse werden die Relevanz und das Ranking des Artikels im Newsletter bestimmt. Dadurch erhalten Leser relevante Informationen zeitnah. Nach sechs Monaten hatte der Newsletter 110 % mehr Abonnenten, 233 % mehr Reichweite und 758 % mehr Klicks (Marchner 2018).

Bei den E-Mail Awards 2018 gewann der Newsletter von Focus aufgrund der Verknüpfungen der Kanäle, der individuellen Ausspielung des Contents und des Erfolgs Gold (E-Mail-Award 2018).

Lancôme
Aufgrund der simultanen Nutzung der digitalen Medien ist es sinnvoll, Werbung über mehrere digitale Medien gleichzeitig auszustrahlen. Dadurch wird die Wahrnehmung der Werbung erhöht. Lancôme hat für den Duft „La Vie Est Belle" eine Targeting-Kampagne geschaltet, bei der über mehrere Bildschirme dieselben Zielpersonen erreicht wurden. Der Spot zu dem Produkt wurde im linearen TV ausgestrahlt und auf Smart-TVs in Apps und werbefinanziertem Bewegtbild angeboten. Anschließend wurden Geräte wie Laptops und Smartphones über anonymisierte IDs der Smart-TVs und Cross Device Matching in demselben Haushalt angesprochen. Thibauld Berly, der Digital und Communication Director von Lancôme, sagte dazu: „Mit dieser Kampagne sind wir erstmals in Deutschland in der Lage, die Consumer Journey vom Kontakt auf dem Smart TV bis hin zum Produktkauf im Online-Shop ohne Medienbruch abzudecken." (W&V Redaktion 2018b).

Bundesverband der Deutschen Volksbanken und Raiffeisenbanken
Als Beispiel für erfolgreiches Influencer-Marketing lässt sich die im Folgenden dargestellte Kampagne des Bundesverbandes der Deutschen Volksbanken und Raiffeisenbanken aufführen. Der Verband konzentrierte sich 2018 mit einer Online-Mediakampagne auf die schwindende Erreichbarkeit junger Zielgruppen für Angebote der deutschen Finanzindustrie. Ziel der Mediakampagne war es, die Generationen Y und Z für ein Girokonto zu interessieren. Hierbei stützte sich der Bundesverband auf digitale Marketingelemente, um digitale Trends in bestehende Kommunikationsmaßnahmen zu integrieren. Um eine crossmediale Aufmerksamkeit für die Mediakampagne zu erreichen, wurden verschiedene Maßnahmen wie Mobile, Bewegtbild und SEO sowie Remarketing verwendet

(Schobelt 2018). Um das Girokonto zielgruppenspezifisch zu vermarkten, orientierte sich der Bundesverband an den individuellen Interessen der jungen Generationen. Interessierte konnten im Rahmen eines Gewinnspiels Girokontopakte ergattern. Hierbei wurde unter anderem ein „WG Konto" angeboten, welches Mietkosten, Finanzierung für Putzleistungen sowie einen Getränkeservice beinhaltete (kontordigitalmedia 2018). Um diese individuellen Pakete zielgerichtet an junge Erwachsene zu kommunizieren, nutzte der Bundesverband der Deutschen Volksbanken und Raiffeisenbanken ausgewählte Influencer, die jeweils den Lifestyle der unterschiedlichen Girokonto-Pakete widerspiegelten. So warb beispielsweise Influencerin Anna Mari Damm für das „WG-Paket", indem sie Posts auf Instagram veröffentlichte und zusätzlich Videos auf YouTube über die Vorteile des Kontos spielte. Das Gewinnspiel wurde hierbei in alltägliche Situationen der Influencerin integriert und detailliert beworben. Zur Unterstützung der Kampagne wurden Links zur Unternehmenswebsite in die Beiträge integriert, um einen direkten Kontakt zum Unternehmen zu ermöglichen (Schobelt 2018).

Die Kampagne konnte während der dreimonatigen Laufzeit mehr als 150 Millionen Ad-Views verbuchen. Durch den Einsatz der Influencer erreichte die Kampagne über 400.000 Unique Visitors in der jungen Zielgruppe (Schobelt 2018). Zusätzlich wurde durch die Influencer-Marketing-Kampagne ein positiver Abstrahleffekt auf weitere Maßnahmen im Online-Marketing erreicht (kontordigitalmedia 2018).

Telekom

Auch die Telekom nimmt sich der Herausforderungen des digitalen Marketings an und zeigt eine umfassende Integration digitaler Komponenten in existierende Geschäftsfelder. Das Unternehmen Telekom hat eine neue digitale Telekom-hilft-Community ins Leben gerufen. Das bisherige Serviceangebot der Telekom gliederte sich in eine Business-, Feedback- und Service Community. Um auf Anfragen und Beschwerden seitens der Kunden effektiv reagieren zu können, implementierte das Unternehmen eine neue Interaktionsplattform im Kunde-hilft-Kunde-Design. Hierfür dienten die Vorteile sozialer Medien, Bewertungsportale und Expertenblogs als richtungsweisender Ansatz. Die Telekom launchte eine neue übergreifende Community, die Kunden vernetzt und dem Unternehmen schnelle Rückmeldungen über Problemfelder gibt. Zusätzlich werden Privat- und Geschäftskunden durch ein Gamification-Konzept und Systeme wie Bewertungsoptionen für Antworten, User-Rankings und Auszeichnungen zu schnellen Interaktionen angereizt. Darüber hinaus sind Facebook- und Twitter-Implementierungen gestützt und Nutzer können Social-Media-Beiträge in die Community einbinden. Um den kundenorientierten Ansatz in den Fokus zu rücken, beinhaltet die Plattform sowohl klassische Kundeninformationen als auch Beiträge. Das Design der Community ist im übergreifenden Telekom-Stil gehalten, um die Bedienung zu vereinfachen und den Wiedererkennungswert des Unternehmens zu fördern (T-Systems 2019).

7 Checkliste – Die Dos im digitalen Marketing

Forschung und Praxis zeigen Aspekte, die Voraussetzung für das erfolgreiche Umsetzen von digitalem Marketing sind. Nachfolgend werden diese anhand einer Checkliste aufgeführt:

Checkliste: Die Dos im digitalen Marketing

- **Zielgruppe und Ziele definieren**
  Vor der Umsetzung digitaler Marketingmaßnahmen müssen Zielgruppe und Ziele definiert werden. Dabei müssen KPIs festgelegt werden, um eine Erfolgsmessung zu ermöglichen.
- **Zielgruppenadäquate Maßnahmen**
  Orientiert an der Zielgruppe und den Zielen müssen eine oder mehrere Maßnahmen ausgewählt werden. Beispielsweise kann für die Neukundengewinnung Content-Marketing eingesetzt werden und für die Festigung der Kundenbindung mit bereits bestehenden Kunden kann E-Mail-Marketing von Nutzen sein. Es ist wichtig, dass die Verbraucher und ihre Bedürfnisse bei der Gestaltung der Maßnahmen im Mittelpunkt stehen (Holland 2014, S. 519). Nicht, wie das Unternehmen kommunizieren will, sondern wie der Kunde angesprochen werden will, steht im Fokus.
- **Zielgrupperelevante Inhalte**
  Die Konsumenten filtern schnell alle irrelevanten Inhalte heraus und ignorieren diese. Anhand von Targeting-Maßnahmen werden Inhalte an Konsumenten ausgespielt, die für diese relevant sind, weil sie sich an verschiedenen Variablen, wie Produktinteressen und Demografie, orientieren.
  Durch eine starke Personalisierung der Inhalte und eine zusätzliche persönliche Ansprache der Kunden steigt die Relevanz und Streuverluste werden gleichzeitig minimiert. Dabei sollte die gesamte Customer Journey betrachtet und alle möglichen Kontaktpunkte sollten weitestgehend personalisiert werden.
- **Unique und zielgruppenrelevante Mehrwerte**
  Den Konsumenten muss ein Mehrwert geboten werden, damit sie das Interesse an dem Unternehmen nicht verlieren. Deshalb müssen sich Unternehmen bei der Erstellung der Inhalte an den Bedürfnissen und Interessen der Zielgruppe orientieren. Konsumenten geht es um das Erlebnis und eine emotionale Verbindung, welche ihnen das Unternehmen bietet, und wie dieses ihnen dabei hilft, eine informierte Entscheidung zu treffen (Ryan 2017, S. 27).
- **Content vor Technik**
  Chatbots, Augmented Reality und IoT sind starke Komponenten des digitalen Marketings. Doch ist der alleinige Fokus auf technische Entwicklungen ein verlorener Posten. Technische Standards bieten für Unternehmen kein Alleinstellungsmerkmal. Nur Content schafft den wirksamen emotionalen Mehrwert.

- **Purpose-Driven Marketing**
  Loyalität entsteht zum Großteil durch Emotionen. Unternehmen müssen den Konsumenten den Zweck ihrer Existenz klar vermitteln. Wenn Konsumenten im Idealfall ein Teil der gemeinsamen Mission werden, stärkt das die Kundenbeziehung. Kunden werden zu Markenbotschaftern und beeinflussen zusätzlich ihr privates Umfeld. So können Unternehmen Kunden an sich binden und in umkämpften Märkten bestehen.
- **Content nicht um jeden Preis**
  Gerade bei vornehmlich preisgesteuerten Branchen wie Energie, Finanzen und Telekommunikation steht die emotionale Einbindung der Konsumenten meist im Hintergrund. Die Kommunikation von sachlichen Inhalten ist vernünftig, die Kommunikation eines Mehrwertes ist jedoch weitaus zukunftsorientierter. Jedoch sollten Inhalte nicht die Grundzüge der Unternehmen verändern. Emotionen helfen, sollten aber nicht die sensiblen Anforderungen und Grundsätze der Unternehmen verletzen.
- **Aufmerksamkeit erregen und Interesse wecken**
  Aufgrund der geringen Aufmerksamkeitsspanne der Konsumenten ist es wichtig, Aufmerksamkeit durch das Herausstechen aus der Gruppe der Wettbewerber zu erzeugen und das Interesse an einer weiteren Auseinandersetzung mit der Marke zu wecken. Beispielsweise sind aktuell Video-Formate bei den Konsumenten sehr beliebt. Diese müssen aber innerhalb von drei Sekunden das Interesse der Konsumenten wecken, ansonsten werden sie weggeklickt (Pyczak 2017). L'Oréal veröffentlicht beispielsweise bei Verkaufspräsentationen eine Reihe von zweisekündigen Videos, bei denen kurze Botschaften wirkungsvoll kommuniziert werden (Weinstein 2018).
- **Interaktion in sozialen Netzwerken**
  Unternehmen sollten Konsumenten dazu anregen, sich in den sozialen Netzwerken über die Marke und deren Produkte oder Services zu unterhalten. Durch mehrere Konversationen werden potenzielle Kunden auf die Marke aufmerksam. Da Empfehlungen in den sozialen Netzwerken stark die Kaufentscheidung der Konsumenten beeinflussen, ist es wichtig, dass Befürworter angeregt werden, ihre Begeisterung über die Marke in den sozialen Medien auszudrücken. Obwohl Unternehmen keine Kontrolle über die von den Konsumenten publizierten Inhalte haben, sollte keine Angst vor negativen Kommentaren bestehen. Negative Inhalte sollten nicht zensiert werden, denn dies schadet der Glaubwürdigkeit (Kotler et al. 2017a, S. 28–29). Negative Äußerungen sind nicht unbedingt schlecht, denn sie können positive Empfehlungen aktivieren. Aufgrund negativer Kommentare tendieren Markenfans nämlich dazu, ihre Marke in Schutz zu nehmen und sie vor anderen zu verteidigen (Kotler et al. 2017a, S. 43).

- **Dialog auf Augenhöhe**
  Die Kommunikation zwischen Unternehmen und Konsumenten ist ebenfalls wichtig. Die Konsumenten sind nicht mehr passive Zuhörer, sondern kommunizieren aktiv mit den Unternehmen. Es ist wichtig, einen interaktiven Dialog auf Augenhöhe mit den Konsumenten zu führen (Hilker 2017, S. 159) und sie als Gleichgesinnte zu betrachten (Kotler et al. 2017a, S. 27).
- **Mobile Präsenz**
  Smartphones werden besonders von jungen Generationen ständig genutzt. Durch die starke Nutzung der Smartphones können Unternehmen jederzeit und überall mit den Konsumenten in Kontakt treten. Das Smartphone nimmt in allen Phasen der Customer Journey eine wichtige Rolle ein. Dementsprechend ist wichtig, dass die Maßnahmen auch auf mobilen Endgeräten ausgespielt werden.
- **Crossmedia**
  Da die meisten Konsumenten mehrere digitale Geräte gleichzeitig nutzen, ist es sinnvoll, dies auszunutzen und über mehrere Medien mit ihnen in Kontakt zu treten. Dies ist auch aufgrund der geringen Aufmerksamkeitsspanne der Konsumenten sinnvoll.
- **Omnichannel: Verbindung von offline und online**
  Um Konsumenten entlang der gesamten Customer Journey effektiv zu erreichen, sollte digitales Marketing mit dem klassischen Marketing und E-Commerce mit dem stationären Handel verbunden und in Einklang gebracht werden. Digitale Trends bieten viele Möglichkeiten, Kunden effektiv zu erreichen. Jedoch bleiben physische Kontaktorte ein wichtiger Faktor bei Kaufentscheidungen. Unternehmen sollten im Idealfall offline und online im Einklang entwickeln und verknüpfen.
- **Erfolgsmessung**
  Ein wichtiger Vorteil beim digitalen Marketing ist, dass der Erfolg der Maßnahmen einfach und präzise messbar ist. Die Ergebnisse können mit den definierten Zielen und KPIs verglichen werden. Durch die Ausstrahlung mehrerer Formate und Gestaltungen kann auch getestet werden, was bei der Zielgruppe am besten ankommt. Änderungen können entsprechend den Analyseergebnissen permanent angepasst werden.

Literatur

absatzwirtschaft. (2018). Top-Studie: Marketing 2018 – keine Chance für Virtual Reality. absatzwirtschaft. http://www.absatzwirtschaft.de/top-studie-marketing-2018-keine-chance-fuer-virtual-reality-125233/. Zugegriffen: 10. Jan. 2019.

absolit Consulting. (2019). Digital Marketing Trends 2019. https://www.absolit.de/studien/trends/. Zugegriffen: 7. März 2019.

Arneson, K. (2017). Sephora Just Launched Its Own Community Platform, and We're Obsessed. Glamour. https://www.glamour.com/story/sephora-beauty-insider-community-platform Zugegriffen: 10. Jan. 2019.

Art Directors Club. (2018a). Digitale Medien > Unternehmenswebsite: BMW.com. „BMW.com – Die schnellste Automotive-Content-Marketing-Plattform der Welt". https://gewinner.adc.de Zugegriffen: 5. Jan. 2019.

Art Directors Club. (2018b). Digitale Medien > Digitale Kampagne: *Bundeswehr Kampagne „MALI die ChatBot-Serie"*. https://gewinner.adc.de. Zugegriffen: 5. Jan. 2019.

artegic. (2018). 5 Digitale Marketing Trends 2018: Analyse zur Entwicklung der Digitalen Kommunikation 2018. https://sdv-dialogmarketing.ch/wp/wp-content/uploads/2018/01/artegic-Whitepaper2018_5digitale-Trends.pdf. Zugegriffen: 7. März 2019.

Bauer, C., Greve, G., & Hopf, G. (Hrsg.). (2011). *Online Targeting und Controling: Grundlagen –Anwendungsfelder – Praxisbeispiel*. Wiesbaden: Gabler.

Bendel, O. (2018). Chatbot. Revision vom 19.02.2018. Gabler Wirtschaftslexikon. https://wirtschaftslexikon.gabler.de/definition/chatbot-54248/version-277297. Zugegriffen: 17. Jan. 2019.

Bitkom e. V. (2017a). Drei Viertel der Unternehmen nutzen Social Media. Marketing-boerse. https://www.marketing-boerse.de/News/details/1728-Drei-Viertel-der-Unternehmen-nutzen-Social-Media/139736. Zugegriffen: 13. Jan. 2019.

Bitkom e. V. (2017b). Jung, digital und immer online: Für die Generation Z gilt mobile first. https://www.bitkom.org/Presse/Presseinformation/Jung-digital-und-immer-online-Fuer-die-Generation-Z-gilt-mobile-first.html. Zugegriffen: 4. Jan. 2019.

Bitkom e. V. (2018a). Marketingbudgets und -maßnahmen in der ITK-Branche. Ergebnispräsentation der Unternehmensbefragung 2018. https://www.bitkom.org/sites/default/files/2018-12/20181010_Marketingbudget-Studie_2018_final.pdf. Zugegriffen: 18. Jan. 2019.

Bitkom e. V. (2018b). Zukunft der Consumer Technology – 2018. Marktentwicklung, Trends, Mediennutzung, Technologien, Geschäftsmodelle. https://www.bitkom.org/sites/default/files/file/import/180822-CT-Studie-2018-online.pdf. Zugegriffen: 12. März 2019.

Bundesverband Digitale Wirtschaft. (2018). Digitale Nutzung in Deutschland 2018. Abbildung der aktuellen digitalen Mediennutzung in Deutschland und Darstellung möglicher Trends, sowie Analyse des grundsätzlichen Verständnisses von Digitalisierung. https://www.bvdw.org/fileadmin/user_upload/BVDW_Marktforschung_Digitale_Nutzung_in_Deutschland_2018.pdf. Zugegriffen: 17. Jan. 2019.

Castenow. (2018a). Bundeswehr: Mali. https://www.castenow.de/cases/bundeswehr-mali/. Zugegriffen: 6. Jan. 2019.

Castenow. (2018b). Neue Preiskategorie beim Digital Award 2018 – extra für castenow. https://www.castenow.de/news/castenow-mali_digital_awards_2018/. Zugegriffen: 6. Jan. 2019.

Chaffey, D. (2018). Megatrends für digitales Marketing 2019. 10 Megatrends für digitales Marketing und Martech. https://www.smartinsights.com/advice/digital-marketing-megatrends/. Zugegriffen: 17. Jan. 2019.

crossmedia. (2018). Bundeswehr – MALI. https://www.crossmedia.de/cases/bundeswehr-mali/. Zugegriffen: 5. Jan. 2019.

Dasey, D. (2017). Try before you buy: New IKEA Place app makes home furnishing easier. https://highlights.ikea.com/2017/ikea-place/. Zugegriffen: 18. Jan. 2019.

Deges, F. (2018). *Quick Guide Influencer Marketing. Wie Sie durch Multiplikatoren mehr Reichweite und Umsatz erzielen*. Wiesbaden: Springer Gabler.

Deutsches Institut für Marketing. (o. J.). Digitales Marketing – Ein Überblick. marketinginstitut. https://www.marketinginstitut.biz/blog/digitales-marketing-2/. Zugegriffen: 5. Jan. 2019.

Dlugos, C. (2019). Marketing-Trends 2019: Das können wir nächstes Jahr erwarten. https://t3n.de/news/marketing-trends-2019-koennen-1130160/. Zugegriffen: 18. Jan. 2019.

Dodson, I. (2016). *The art of digital marketing*. New Jersey: Wiley.
Dörner, K., & Edelman, D. (2015). What ‚digital' really means; Everyone wants to go digital. The first step is truly understanding what that is. McKinsey & Company. https://www.mckinsey.com/industries/high-tech/our-insights/what-digital-really-means. Zugegriffen: 12. März 2019.
Econsultancy, & Adobe. (2018). Digital Intelligence Briefing: Digitale Trends 2018. https://wwwimages2.adobe.com/content/dam/acom/de/modal-offers/pdf/econsultancy-2018-digital-trends_de.pdf. Zugegriffen: 7. März 2019.
E-Mail-Award. (2018). E-Mail-Award 2018. https://www.e-mail-award.de. Zugegriffen: 7. Jan. 2019.
eMarketer. (2017). Anzahl der Internetnutzer weltweit in den Jahren 2013 bis 2016 sowie eine Prognose bis 2021 (in Milliarden). Statista. https://de.statista.com/statistik/daten/studie/369356/umfrage/prognose-zur-anzahl-der-internetnutzer-weltweit/. Zugegriffen: 4. Jan. 2019.
Falcon.io. (2019). 2019 Digital Marketing Trends. https://www.falcon.io/handbooks/2019-digital-marketing-trends/. Zugegriffen: 7. März 2019.
Frees, B., & Koch, W. (2018). ARD/ZDF-Onlinestudie 2018: Zuwachs bei medialer Internetnutzung und Kommunikation. http://www.ard-zdf-onlinestudie.de/files/2018/0918_Frees_Koch.pdf. Zugegriffen: 4. Jan. 2019.
Gentsch, P. (2017). *Künstliche Intelligenz für Sales, Marketing und Service; Mit AI und Bots zu einem Algorithmic Business. Konzepte, Technologien und Best Practices*. Wiesbaden: Springer Gabler.
GFK. (2017). ROPO-Studie 2017 Mobilfunk & DSL. ROPO-Studie (Research Online & Purchase Offline) zur Analyse des Online-Rechercheverhaltens vor dem Abschluss von DSL-Verträgen und Mobilfunkverträgen in Deutschland. https://www.thinkwithgoogle.com/_qs/documents/4300/ec15f_ROPO-Studie_2017_Mobilfunk_und_DSL.pdf. Zugegriffen: 12. März 2019.
globalwebindex. (2018). Trends 19. The Trends to know for 2019. https://www.globalwebindex.com/hubfs/Downloads/Trends-19-report.pdf. Zugegriffen: 17. Jan. 2019.
Glöde, T. (2017). Digitale Marketing Trends 2018: Was erwartet uns in diesem Jahr? Squared online https://www.wearesquared.de/blog/topic/digital-marketing/digital-marketing-trends-2018. Zugegriffen: 7. Jan. 2019.
Greifeneder, H. (2010). *Erfolgreiches Suchmaschinen-Marketing: Wie Sie bei Google, Yahoo, MSN & Co., Ganz nach oben kommen* (2. Aufl.). Wiesbaden: Gabler.
Hamacher, T. (2010). *Suchmaschinenmarketing: Neue Marketing-Strategien für kleine und mittlere Wettbewerber*. Marburg: Tectum.
Hayes, A. (2018). The State of Video Marketing in 2018 [New Data]. Hubspot. https://blog.hubspot.com/marketing/state-of-video-marketing-new-data. Zugegriffen: 12. Jan. 2019.
heise online. (2019). Augmented Reality – erweiterte Realität. https://www.heise.de/thema/Augmented-Reality. Zugegriffen: 12. März 2019.
Hilker, C. (2017). *Content Marketing in der Praxis: Ein Leitfaden – Strategie, Konzepte und Praxisbeispiele für B2B- und B2C-Unternehmen*. Wiesbaden: Springer Gabler.
Holland, H. (Hrsg.). (2014). *Digitales Dialogmarketing. Grundlagen, Strategien, Instrumente*. Wiesbaden: Springer Gabler.
Holland, H. (2018). Customer Experience Management. Revision vom 15.02.2018. Gabler Wirtschaftslexikon. https://wirtschaftslexikon.gabler.de/definition/customer-experience-management-54478/version-277507. Zugegriffen: 17. Jan. 2019.
Horizont. (2018). Vom Hype zur Norm: Marken geben beim Content Marketing Gas. Horizont online. https://www.horizont.net/marketing/nachrichten/Vom-Hype-zur-Norm-Marken-geben-beim-Content-Marketing-Gas-167664. Zugegriffen: 12. Jan. 2019.
Information Resources Management Association (Hrsg.). (2018). *Digital marketing and consumer engagement: Concepts, methodologies, tools and applications*. Hershey: IGI Global.

Initiative D21. (2017). Welche der folgenden sozialen Medien nutzen Sie – egal ob Sie aktiv etwas posten bzw. hochladen oder nur Inhalte/Videos ansehen? Statista. https://de.statista.com/statistik/daten/studie/800623/umfrage/nutzung-von-sozialen-medien-nach-plattform-in-deutschland/. Zugegriffen: 3. Jan. 2019.

Jahnke, M., Brix, R., Bruce, A., & Fuchs, T. (Hrsg.). (2018). *Influencer Marketing. Für Unternehmen und Influencer: Strategien, Plattformen, Instrumente, rechtlicher Rahmen: mit vielen Beispielen*. Wiesbaden: Springer Gabler.

Kamps, I., & Schetter, D. (2018). *Performance Marketing: Der Wegweiser zu einem mess- und steuerbaren Marketing – Einführung in Instrumente, Methoden und Technik*. Wiesbaden: Springer Gabler.

Kontordigitalmedia. (2018). Volksbanken und Raiffeisenbanken nutzen Influencer-Marketing in ihrer Media-Kampagne für das Girokonto. https://www.kontordigitalmedia.de/bvr-influencer-marketing-pressemitteilung/. Zugegriffen: 18. Jan. 2019.

Kotler, P., Kartajaya, H., & Setiawan, I. (2017a). *Marketing 4.0: der Leitfaden für das Marketing der Zukunft*. Frankfurt a. M.: Campus.

Kotler, P., Armstrong, G., & Opresnik, M. (2017b). *Principles of marketing* (17. Aufl.). Harlow: Pearson.

Kruse Brandão, T., & Wolfram, G. (2018). *Digital Connection. Die bessere Customer Journey mit smarten Technologien – Strategie und Praxisbeispiele*. Wiesbaden: Springer Gabler.

Kühnke, A. (2018). Was die neue Datengesetzgebung für das Online–Marketing bedeutet. Vertical Media GmbH. https://www.gruenderszene.de/business/online-marketing-dsgvo?interstitial_click. Zugegriffen: 18. Jan. 2019.

Lammenett, E. (2017). *Praxiswissen Online-Marketing: Affiliate- und E-Mail-Marketing, Suchmaschinenmarketing, Online-Werbung, Social Media, Facebook-Werbung* (6. Aufl.). Wiesbaden: Springer Gabler.

Lewanczik, N. (2017). Digitale Kundenbeziehung: Viele Unternehmen lassen Userwünsche links liegen. onlinemarketing. https://onlinemarketing.de/news/digitale-kundenbeziehung. Zugegriffen: 9. Jan. 2019.

Lianatech GmbH. (2018). 21 Digital Marketing-Trends für 2018. https://www.marketing-boerse.de/Fachartikel/details/1801-21-Digital-Marketing-Trends-fuer-2018-Infografik/142607. Zugegriffen: 17. Jan. 2019.

Marchner, V. (2018). E-Mail_Award 2018: And the winner is…sendeffect. https://www.sendeffect.de/e-mail-award-2018/. Zugegriffen: 7. Jan. 2019.

McKinsey. (2016). Das Kundenerlebnis mit dem Wert verknüpfen. https://www.mckinsey.com/business-functions/marketing-and-sales/our-insights/linking-the-customer-experience-to-value. Zugegriffen: 17. Jan. 2019.

Moore, M. (2018). Purpose-Driven Marketing: Making an Impact with a Purpose-Driven Campaign. https://www.impactbnd.com/blog/how-to-make-an-impact-with-purpose-driven-marketing. Zugegriffen: 18. Jan. 2019.

PWC. (2016). So tickt die Generation Z. PWC next. https://next.pwc.de/2016-04/from-sharing/generation-z.html. Zugegriffen: 5. Jan. 2019.

Pyczak, T. (2017). Sinkende Aufmerksamkeit: Verlieren Sie keine Zeit mit Vorreden! Sie haben nur 8 Sekunden Zeit, zu überzeugen. Focus online https://www.focus.de/finanzen/experten/pyczak/sinkende-aufmerksamkeit-sie-haben-nur-8-sekunden-zeit-zu-ueberzeugen_id_7395625.html. Zugegriffen: 4. Jan. 2019.

Quick, M. (2018). Digital Marketing Trends in 2019: Was wird wichtig? https://www.wearesquared.de/blog/digital-marketing-trends-2019-seo-content. Zugegriffen: 17. Jan. 2019.

Rieber, D. (2017). *Mobile Marketing: Grundlagen, Strategien, Instrumente*. Wiesbaden: Springer Gabler.

Ryan, D. (2014). *Understanding Digital Marketing: Marketing Strategies for Engaging the Digital Generation* (3. Aufl.). London: Kogan Page.

Ryan, D. (2017). *Understanding Digital Marketing: Marketing Strategies for Engaging the Digital Generation* (4. Aufl.). London: Kogan Page.

Schobelt, F. (2018). So profitieren die Volksbanken und Raiffeisenbanken von Influencer-Marketing. W&V. https://www.wuv.de/marketing/so_profitieren_die_volksbanken_und_raiffeisenbanken_von_influencer_marketing. Zugegriffen: 17. Jan. 2019.

Schüür-Langkau, A. (Hrsg.). (2012). *Media- und Marketingstrategien in digitalen Zeiten. Trendinterviews mit Branchen-Experten aus Wissenschaft und Praxis*. Wiesbaden: Springer Gabler.

Smart Design. (2017). Hello, beautiful: Helping Sephora become the world`s most trusted beauty platform. Smart design worldwide. https://smartdesignworldwide.com/projects/sephora-beauty-insider-community/. Zugegriffen: 10. Jan.2019.

Social Media Examiner. (2018). Welche Social Media Plattform ist für Ihr Unternehmen am wichtigsten? Statista. https://de.statista.com/statistik/daten/studie/463928/umfrage/wichtigste-social-media-plattformen-fuer-marketingverantwortliche/. Zugegriffen: 6. Jan. 2019.

Tata Consultancy Services Limited, & Bitkom Research. (2017). Digitalisierung: Deutschland endlich auf dem Sprung? https://www.bitkom-research.de/Deutschland-endlich-auf-dem-Sprung. Zugegriffen: 7. März 2019.

Theobald, T. (2018). Storytelling Abseits von Pferdestärken: Was das Content Marketing von BMW und Mercedes-Benz ausmacht. Horizont online. https://www.horizont.net/marketing/nachrichten/Storytelling-abseits-von-Pferdestaerken-Was-das-Content-Marketing-von-BMW-und-Mercedes-Benz-ausmacht-166256. Zugegriffen: 4. Jan. 2019.

T-Systems. (2019). Telekom Deutschland: Anfragen an Hotline reduzieren und Kundenzufriedenheit steigern. https://www.t-systems-mms.com/referenzen/telekom-deutschland.html. Zugegriffen: 18. Jan. 2019.

Vogel, A. (2018). Digitale Nutzung: Mobile über alles! adzine. https://www.adzine.de/2018/07/digitale-nutzung-mobile-ueber-alles/. Zugegriffen: 11. Jan. 2019.

Weber, M. (2018). Website-Relaunch: BMW geht unter die Publisher. W&V. https://www.wuv.de/digital/website_relaunch_bmw_geht_unter_die_publisher. Zugegriffen: 9. Jan. 2019.

Weinstein, D. (2018). Digitales Marketing entwickelt sich rasant – L'Oréal ist bereit. Think with Google. https://www.thinkwithgoogle.com/intl/de-de/insights/markteinblicke/digitales-marketing-entwickelt-sich-rasant-loreal-ist-bereit/. Zugegriffen: 6. Jan. 2019.

W&V Redaktion. (2018a). Wer Lovebrands will, muss mehr Geld in Content stecken. W&V. https://www.wuv.de/marketing/wer_lovebrands_will_muss_mehr_geld_in_content_stecken. Zugegriffen: 26. Jan. 2019.

W&V Redaktion. (2018b). Publicis testet für Lancôme neue Targeting-Technik. W&V. https://www.wuv.de/digital/publicis_testet_fuer_lancome_neue_targeting_technik. Zugegriffen: 10. Jan. 2019.

Sarah von Rüden hat im Bachelor Visual and Corporate Communications an der AMD in Düsseldorf studiert. Aktuell ist sie kurz vor dem Abschluss ihres Masterstudiums an der ISM in Dortmund, wo sie den Studiengang Strategic Marketing Management absolviert. Praktische Erfahrungen konnte sie unter anderem durch Praktika bei Vodafone, L'Orèal und Jung von Matt sammeln. Sie ist sehr zukunftsorientiert und interessiert sich daher für das Thema digitales Marketing, über welches sie auch ihre Masterarbeit schreibt.

Pia Toller hat ihren Bachelor in Wirtschaftspsychologie an der International School of Management abgeschlossen. Derzeit absolviert sie den Master im Studiengang Strategic Marketing Management an der ISM Dortmund. Während ihres Studiums absolvierte sie Auslandssemester am Griffith College in Dublin und an der Edinburgh Napier University in Schottland. Praktische Erfahrungen erwarb sie während diverser Praktika in Deutschland und Spanien. Neben dem Studium arbeitet sie derzeit als Werkstudentin in einer Newsroom-Agentur in Dortmund im Bereich Social Media.

Prof. Dr. Meike Terstiege studierte Wirtschaftspsychologie an der Universität Mannheim und promovierte am Marketing-Lehrstuhl der TU Dortmund. Sie ist seit über 20 Jahren im strategischen Marketing tätig – in Führungspositionen auf Unternehmensseite (Henkel, Generali Holding und Allied Domecq) und auf Agenturseite (BBDO, Ogilvy, McCann und Edelman). Seit 2016 lehrt sie an der International School of Management digitales und strategisches Marketing, entwickelte den Master-Studiengang Digital Marketing und ist als selbstständige Beraterin und Trainerin tätig.

DigitalBarometer Deutschland – Consumer Insights und Marketing im Kontext der digitalen Transformation

Meike Terstiege

Inhaltsverzeichnis

1 Einleitung 179
2 DigitalBarometer Deutschland 180
2.1 Mangelndes Vertrauen in Politik und Wirtschaft 180
2.2 Angst um den Arbeitsplatz 183
2.3 Sorge um Überwachung und Anonymität 183
2.4 Digitalisierung als Wirtschaftstreiber 184
2.5 Wissen und Bildung für alle 184
2.6 Privater Mehrwert der Digitalisierung 184
3 Fazit und Handlungsempfehlungen 185

1 Einleitung

Die Digitalisierung und digitale Transformation sind in aller Munde – aber was machen sie mit uns und unserer Gesellschaft? Was geht hierzu in den Köpfen und Herzen der deutschen Konsumenten vor?

Den Medienberichten der letzten Monate zufolge gibt es vor der Digitalisierung kein Entrinnen. Einerseits sehen sich Wirtschaft, Gesellschaft und Politik mit riesigen Herausforderungen konfrontiert, andererseits frohlockt die Wirtschaft: Die Digitalisierung und

Das „DigitalBarometer Deutschland“ ist eine Kooperation des Hamburger Marktforschungsinstitutes EARSandEYES und Prof. Dr. Meike Terstiege.

M. Terstiege (✉)
@DOCMARKETEER, Düsseldorf, Deutschland
E-Mail: meike.terstiege@docmarketeer.de

M. Terstiege (Hrsg.), *Digitales Marketing – Erfolgsmodelle aus der Praxis*,
https://doi.org/10.1007/978-3-658-26195-5_10

die damit verbundene digitale Transformation bieten Chancen. Das ist der öffentliche – und vor allem durch Politik und Wirtschaft geprägte – Konsens.

Die Wirklichkeit sieht allerdings teils anders und deutlich differenzierter aus: Aufgrund der Digitalisierung befinden sich Bildung und Beruf sowie das private und öffentliche Leben deutlich im Umbruch – und derartige Zeiten des Umbruchs sorgen für bei vielen Menschen für Verunsicherung.

Angesichts dieser Umwälzungen stehen in der Wirtschaft alle Unternehmensbereiche vor einem Umbruch, so auch Marketing und Sales. Wie aber sollen Marketing- und Sales-Experten die Digitalisierung nutzen? Wie gehen die Zielgruppen von Unternehmen mit der Digitalisierung um? Und wie stehen die Konsumenten zur Digitalisierung?

Um digitale Inhalte, Medien und Tools zielgruppenadäquat und erfolgreich einzusetzen, ist es unerlässlich, die Stimmung gegenüber der Digitalisierung in der Bevölkerung zu hinterfragen – zu wissen, wie Konsumenten gegenüber der digitalen Transformation eingestellt sind, welche Befürchtungen und Hoffnungen vorherrschen und was diesbezüglich motiviert oder verängstigt.

2 DigitalBarometer Deutschland

Das „DigitalBarometer Deutschland" gibt hierauf eine Antwort. Die Studie zeigt relevante Insights für Marketing- und Sales-Experten – als grundlegendes Know-how für die Konzeption digitaler Strategien und Maßnahmen. Für die bevölkerungsrepräsentative Studie wurden im Frühjahr und Herbst 2018 jeweils 1000 in Deutschland lebende Personen im Alter von 16 bis 69 Jahren mittels Online-Befragung durch das Marktforschungsinstitut EARSandEYES befragt. Die jeweilige Stichprobe entsprach 1000 in Deutschland lebenden Personen im Alter von 16 bis 69 Jahren.

Das im Folgenden dargestellte Stimmungsbild zu den Erwartungen, Anforderungen und Ängsten der Bevölkerung in Bezug auf die Digitalisierung basiert auf der bevölkerungsrepräsentativen Studienkooperation des Brand & Retail Management Institute@ISM, des Marktforschungsinstitutes EARSandEYES und Prof. Dr. Meike Terstiege @DOMARKETEER. Das „DigitalBarometer Deutschland" zeigt, dass die Gefühle der deutschen Bevölkerung zu den derzeitigen und zukünftigen digitalen Umbrüchen extrem gemischt sind. Die Studie beleuchtet dabei und daher die rationalen und emotionalen – und teilweise sogar irrationalen – Aspekte der Digitalisierung. Die detaillierten Ergebnisse des DigitalBarometer Deutschland sind in Abb. 1 und 2 dargestellt.

2.1 Mangelndes Vertrauen in Politik und Wirtschaft

Bei allen Chancen, die die Digitalisierung bietet, ist der Vertrauensmangel gegenüber den verantwortlichen Institutionen, die aus Sicht der Bevölkerung für die Umsetzung der digitalen Transformation verantwortlich sind, beträchtlich. Auffällig ist das fehlende Vertrauen

Abb. 1 DigitalBarometer Deutschland 2018 Teil I – Angst um den Arbeitsplatz, Vertrauen in Politik und Wirtschaft, Überwachung & Anonymität. (Quelle: @DOCMARKETEER)

Abb. 2 DigitalBarometer Deutschland 2018 Teil II – Wissen & Bildung, Wirtschaftstreiber, Angst um den Arbeitsplatz. (Quelle: @DOCMARKETEER)

der Befragten in die Politik – nur 12 % der Deutschen trauen den für die Digitalisierung verantwortlichen Politikern ein adäquates Meistern der anstehenden digitalen Herausforderungen zu. Und nur jeder Fünfte glaubt, dass die Regierung die Herausforderungen der Digitalisierung meistern wird.

Zugleich ist aber auch das Zutrauen in die Wirtschaft und in die bei der Digitalisierung beteiligten Unternehmen schwach ausgeprägt: Nur jeder Fünfte der Deutschen glaubt, die Verantwortlichen aus der Wirtschaft „schaffen das“ und werden die digitale Transformation erfolgreich managen und meistern.

2.2 Angst um den Arbeitsplatz

Jeder zehnte Befragte hat Angst, durch die Digitalisierung seinen Arbeitsplatz zu verlieren. Die Digitalisierung schafft zwar neue Märkte, Produkte, Dienstleistungen und auch Arbeitsplätze, aber die individuelle Gefahr, dabei als Verlierer dazustehen, ist präsent. Nicht überraschenderweise vertreten daher vier von zehn Befragten die Ansicht: „Die Digitalisierung vernichtet Arbeitsplätze.“ Die Befragten differenzieren somit deutlich zwischen einer positiven und einer negativen Entwicklung auf dem Arbeitsmarkt, die durch die Digitalisierung Tempo aufnehmen wird. Die Unsicherheit, ob man „mithalten“ kann, ob der eigene Job erhalten bleibt oder ob man gegebenenfalls mit neuen beruflichen Positionen sein Glück versuchen muss, ist groß.

2.3 Sorge um Überwachung und Anonymität

Eine der größten Sorgen in Bezug auf die Digitalisierung ist die Gefahr der „totalen Überwachung“. Diese Überwachung und Kontrolle werden teils wirklich erlebt, teils „nur“ gefühlt oder gar befürchtet – jeder zweite der deutschen Bevölkerung hat derartige Bedenken. Und bei der Bevölkerungsgruppe über 50 Jahre haben sogar ganze 57 % Bedenken vor „Big brother is watching you“.

Vor diesem Hintergrund überrascht es nicht, dass der Wunsch nach einer deutlich strengeren Regulierung im Hinblick auf den Daten- und Verbraucherschutz ausgeprägt ist: 60 % der Befragten halten den Schutz von Daten und Verbraucherrechten für wichtig. Interessant ist vor diesem Hintergrund, inwiefern die Umsetzung und Handhabung der Datenschutzgrundverordnung (DSGVO) sowie die Wirksamkeit dieser umstrittenen EU-Verordnung das Bedürfnis nach einer deutlicheren und potenziell strengeren Regulation beeinflussen oder gegebenenfalls sogar reduzieren wird.

Die Angst vor der Bedrohung durch (eine totale) Überwachung und Kontrolle wird ergänzt durch die Angst vor (einer zunehmenden) Anonymität. Jeder Zweite vertritt die Ansicht, die Digitalisierung führe zu einer Anonymisierung der Gesellschaft. Networking, Social Media und E-Mails führen demnach weniger zu einem Gefühl von erlebter Gemeinsamkeit als vielmehr zu wahrgenommener Oberflächlichkeit im Miteinander. Aus Sicht der Befragten schafft die Digitalisierung zwar vielfältige Möglichkeiten der Kommunikation und des Austausches, verhindert jedoch ein echtes Miteinander und Kennenlernen.

Aber es gibt auch „Good News“ und Optimismus bei der Betrachtung der Chancen, welche die Digitalisierung mit sich bringt.

2.4 Digitalisierung als Wirtschaftstreiber

Ähnlich verhält es sich bei der Bedeutung der Digitalisierung für die Wirtschaft. 60 % der Befragten beurteilen die Digitalisierung als *die* Voraussetzung für wirtschaftlichen Aufschwung. Die Mehrheit ist der Meinung, dass ohne die digitale Weiterentwicklung ein wirtschaftlicher Aufschwung in Zukunft undenkbar ist. Obwohl die Bedenken der Befragten groß sind, ist sich die Mehrheit bewusst, dass die Wirtschaft nur mittels digitaler Lösungen erfolgreich wachsen kann und man sich den digitalen Herausforderungen stellen muss.

2.5 Wissen und Bildung für alle

Im Hinblick auf die Einstellung zur Digitalisierung sind sich drei von vier Deutschen einig: „Die Digitalisierung erleichtert den Zugang zu Wissen und Bildung.“ Somit erkennen drei Viertel der Befragten die positiven Aspekte der Digitalisierung, mittels derer Wissen und Bildung für eine breite Bevölkerungsgruppe zugänglich werden. Die Digitalisierung wird somit auch als eine Art Wissensdemokratisierung, an der alle teilhaben können, betrachtet. Aus Verbraucherperspektive liegt ihr Nutzen im Bereitstellen und Verfügbarmachen von Informationen, im Möglichmachen eines bildungsbedingten „besseren“ Privat- und/oder Berufslebens.

2.6 Privater Mehrwert der Digitalisierung

Was das private Leben angeht, ist eine Mehrheit der Meinung: „Die Digitalisierung macht das Leben einfacher.“ Aus der Perspektive der Befragten erleichtert die Digitalisierung den Alltag, erspart Zeit und schafft Freiraum und Freizeit. Dank der Digitalisierung kann man sich (vermeintlich) Wichtigerem widmen. Dementsprechend ist für fast die Hälfte der Befragten die Digitalisierung ein Gewinn für das Privatleben. Ähnlich sieht es bei der Beurteilung des Berufslebens aus: Für über die Hälfte der Befragten stellt die Digitalisierung einen Gewinn für das Berufsleben dar. Dank der Möglichkeiten von E-Mail, Scans, Videokonferenzen etc. erscheint das heutige Arbeiten leichter, schneller und vernetzter.

Diese Ansichten beruhen auf der grundlegenden Überzeugung, bei der Digitalisierung den Anschluss nicht zu verlieren – ganze 85 % der Befragten sehen sich für die Digitalisierung gut gewappnet und versuchen, deren Chancen für sich zu nutzen (siehe Abb. 1 und 2).

3 Fazit und Handlungsempfehlungen

Menschen – und somit Konsumenten – gehen unterschiedlich mit Veränderungen, Neuerungen und den entsprechenden Herausforderungen um. Allerdings stellt die Digitalisierung nicht nur eine Neuerung dar, sie ist vielmehr mit drastischen Umbrüchen im Berufs- und Privatleben, in Gesundheit, Gesellschaft und Wirtschaft verbunden. Es handelt sich nicht nur um eine Transformation, sondern im wahrsten Sinne des Wortes um eine Revolution in ausnahmelos allen Lebensbereichen – und nicht um eine Evolution, an die man sich langsam gewöhnen könnte. Revolution und Disruption sind somit wesentliche Bestandteile der digitalen Transformation.

Vor diesem Hintergrund ist es nachvollziehbar, dass die Menschen teils mit Ängsten, teils mit Hoffnungen reagieren – ganz gleich, ob diese begründet oder unbegründet, rational oder irrational sind. Diese Befindlichkeiten sind seitens Marketing und Sales wahr- und ernst zu nehmen – sie müssen kontinuierlich erfasst und hinterfragt werden, um seitens Marketing und Vertrieb adäquat zu agieren.

Das Verstehen dieser rationalen und emotionalen Motive, die Konsumenten heute antreiben und deren Umgang mit digitalen Medien und Inhalten zu beeinflussen, ist eine der aktuell und in absehbarer Zukunft wichtigsten Aufgaben von Marketingexperten. Das Verständnis für Konsumenten, die den Abend nicht mehr vor dem Fernseher verbringen, sondern „netflixen", sich keine SMS mehr schreiben, sondern WhatsApp nutzen und die per Skype mit Freunden weltweit Kontakt halten, muss im Fokus von Marketing und Sales stehen.

Die heutigen Verbraucher shoppen via Multi- und Omnichannel, sind 24/7 aktiv und informieren sich mittels Influencern, Bloggern oder Mouth-2-Mouth. Sie gehen selbstverständlich und begeistert mit all diesen Informations- und Shopping-Möglichkeiten um. Gleichzeitig hegen sie jedoch gegenüber der Digitalisierung – wie die Ergebnisse des „DigitalBarometer Deutschland" zeigen – teils begründete und teils unbegründete Zweifel und Misstrauen.

Die Aufgabe digitaler Marketingexperten ist daher das Entwickeln digitaler Marketingstrategien und -maßnahmen, die sowohl den rationalen als auch den emotionalen Bedürfnissen und Erwartungen von Konsumenten entsprechen, und die zugleich jegliches Misstrauen und auch die teilweise noch vorhandene Scheu vor digitalen Angeboten nehmen.

Ansätze sind hier beispielsweise zu sehen in einer benutzerfreundlich-intuitiven Bedienung von digitalen Geräten – anstatt scheinbar endlosen Bedienungsanleitungen, in einer individuellen „tailor-made" Kundenansprache – anstatt Spam, in einer sicheren Verwahrung und Nutzung von Kundendaten – anstatt immer wiederkehrender Datenskandale oder im Beantworten offener Fragen bezüglich der Digitalisierung – anstatt des Schaffens immer neuer Risikoszenarien.

Diese Veränderungen als Chancen für Kunden und Konsumenten hervorzuheben und zu markieren sowie Neugierde für das (noch) Unbekannte im Digitalen zu schüren, ist die Aufgabe heutiger Marketingexperten. Diese müssen den Konsumenten Vorteile der digitalen Transformation vermitteln, die individuell auf die eigene Person und Lebenssituation bezogen sind – und nicht auf eine unbekannte und intransparente 08/15-Masse und Allgemeinheit. Die exakte und individuelle Beantwortung der Fragen: „Was habe ich denn von der Digitalisierung? Welche Vorteile habe ich als Verbraucher?", ist der zukünftige Fokus von Marketing- und Sales-Experten, um die Glaubwürdigkeit und den Nutzen digitaler Medien und Inhalte mittelfristig auszubauen und langfristig zu sichern.

Hier stehen Marketing und Sales vor zwar großen, aber sicherlich nicht unlösbaren Herausforderungen!

Prof. Dr. Meike Terstiege studierte Wirtschaftspsychologie an der Universität Mannheim und promovierte am Marketing-Lehrstuhl der TU Dortmund. Sie ist seit über 20 Jahren im strategischen Marketing tätig – in Führungspositionen auf Unternehmensseite (Henkel, Generali Holding und Allied Domecq) und auf Agenturseite (BBDO, Ogilvy, McCann und Edelman). Seit 2016 lehrt sie an der International School of Management digitales und strategisches Marketing, entwickelte den Master-Studiengang Digital Marketing und ist als selbstständige Marketing-Beraterin und -Trainerin tätig.

Die Bedeutung von Social Media für das digitale Marketing am Beispiel Facebook

Janina Steen und Meike Terstiege

Inhaltsverzeichnis

1 Social Media – Entwicklungen und Trends 187
2 Social Media im digitalen Zeitalter 190
3 Facebook – Der ideale Werbekanal?! 191
4 Potenziale von Facebook – Best-Practice-Beispiele 193
4.1 Coca-Cola – „Trink 'ne Coke mit“ 194
4.2 Oreo – „Daily Twist“ 194
5 Erfolgsfaktoren eines wirksamen Facebook- und Social-Media-Auftritts 195
6 Fazit – Die zukünftige Bedeutung von Facebook und Social Media 197
Literatur 198

1 Social Media – Entwicklungen und Trends

Digitales Marketing umfasst alle Marketingaktivitäten eines Unternehmens, bei denen mit der Zielgruppe über Online-Kanäle kommuniziert wird – es beinhaltet zahlreiche Kommunikationsinstrumente wie E-Mail-, Suchmaschinen- oder Social-Media-Marketing (Chaffey und Smith 2017, S. 14).

In der Fachliteratur werden soziale Medien definiert als Vernetzung und Kommunikation von Nutzern über gemeinschaftsorientierte Plattformen. Soziale Medien beinhalten

J. Steen (✉)
Bochum, Deutschland
E-Mail: janina.steen@gmx.de

M. Terstiege
@DOCMARKETEER, Düsseldorf, Deutschland
E-Mail: meike.terstiege@docmarketeer.de

M. Terstiege (Hrsg.), *Digitales Marketing – Erfolgsmodelle aus der Praxis*,
https://doi.org/10.1007/978-3-658-26195-5_11

Aktivitäten und Verhaltensweisen zwischen Gemeinschaften von Nutzern, die online über Plattformen Informationen, Wissen und Meinungen austauschen (Safko und Brake 2009, S. 6). Durch die sozialen Medien dient das Internet nun nicht mehr nur der Informationsbeschaffung, sondern auch dem Aufbau von Online-Communities (Vinerean 2017, S. 28).

Soziale Netzwerke wie Facebook, Instagram oder Twitter sind aktuell die bekanntesten und nutzerstärksten Plattformen, daneben stellen Weblogs, Wikis, Foto- und Videoplattformen wichtige Bestandteile der sozialen Medien dar (Bendel 2018).

Aufgrund der steigenden Nutzungsdauer und -intensität sowie Einbindung in den Alltag hat die Bedeutung der sozialen Medien für Marketingexperten stetig zugenommen. Aus Marketingperspektive kann Social Media als eine Form des Empfehlungsmarketings verstanden werden (Heymann-Reder 2011, S. 30). Die Botschaften werden nicht nur durch Unternehmen gestreut, sondern durch die Community geteilt und weiterverbreitet, wodurch sich ein virales Marketing entwickeln kann (Heymann-Reder 2011, S. 31). Social Media bietet Unternehmen die Möglichkeit, eine stärkere Beziehung zur Zielgruppe aufzubauen und die Markenbindung zu stärken (Vinerean 2017, S. 29). Social Media ist daher ein wesentliches Kommunikationsinstrument für Unternehmen, um zukünftig wettbewerbsfähig zu bleiben (Abb. 1).

Seit 2010 formen neuere Plattformen und Foto-Sharing-Apps den Markt – Pinterest, Instagram oder Snapchat sowie Messenger-Dienste wie WhatsApp oder der

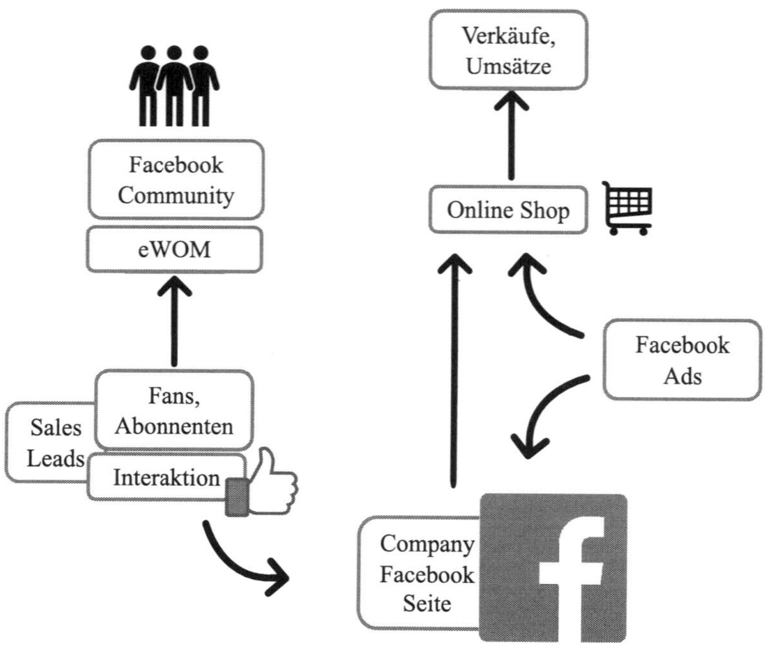

Abb. 1 Funktionen von Social-Media-Marketing

Facebook-Messenger überzeugen die Nutzer mit innovativen Funktionen und Diensten (Hilker 2017).

Snapchat fokussiert in seinen Funktionen den aktuellen Trend zu Momentaufnahmen, wobei Inhalte nur für einen begrenzten Zeitraum gespeichert und anschließend gelöscht werden (sogenannte Stories). Diese Funktion spricht insbesondere jüngere Zielgruppen an, da diese ständig online sind und neue Inhalte erwarten. Facebook und Instagram sind Snapchat gefolgt und haben derartige Story-Funktionen übernommen, deren Inhalte nach 24 h automatisch gelöscht werden und so Platz für neuen Content schaffen (Wobig 2016).

Aktuelle Umfragen zur Nutzung von Social Media in Deutschland haben ergeben, dass

- 2017 rund 90 % aller deutschen Internetnutzer Social Media nutzten. Besonders bei der Nutzergruppe der 14- bis 19-Jährigen erfreuen sich soziale Medien großer Beliebtheit. Hier gaben 100 % der Befragten an, soziale Netzwerke zu nutzen. Mit steigendem Alter nimmt die Nutzung zwar ab, jedoch nutzen 85 % der Ab-60-Jährigen Social Media (Heintze und Dick 2018).
- sich 63 % aller Facebook-Nutzer mindestens einmal täglich anmelden, 40 % sogar mehrmals täglich. Für Instagram-Anwender ist der Bedarf an diesem Medium noch größer: 75 % besuchen die Website mindestens einmal täglich und 35 % mehrmals (O'Brien und Cairns 2016, S. 207).
- deutsche Internetnutzer täglich im Durchschnitt über zwei Stunden auf Social-Media-Plattformen aktiv sind; bei 16- bis 19-Jährigen sind es sogar rund fünf Stunden. Die meiste Zeit wird hierbei auf Kanälen wie YouTube (49 min) und Facebook (47 min) verbracht (PwC 2018, S. 7).
- zu den vier beliebtesten Plattformen bei deutschen Nutzern Facebook (59 %), YouTube (59 %), Instagram (28 %) sowie Pinterest (20 %) zählen (PwC 2018, S. 6).
- ein Viertel der deutschen Konsumenten sich mittels Social-Media-Kanälen über Produkte oder Marken informiert (PwC 2018, S. 4).

Aufgrund der regelmäßigen Nutzung und der hohen Nutzungsdauer von Anwendern lässt sich eine starke Abhängigkeit zwischen Nutzern und sozialen Netzwerken feststellen, da die Plattformen heutzutage ein wichtiger Bestandteil des Alltags im privaten und im beruflichen Bereich geworden sind. Dies resultiert aus positiven Erfahrungen mit den sozialen Medien und dem sogenannten Fear-of-missing-out-Effekt (FOMO-Effekt), der den Nutzern das Gefühl gibt, etwas Wichtiges zu verpassen (O'Brien und Cairns 2016, S. 207).

Bei weiterer Betrachtung fällt auf, dass Nutzer aktuell Plattformen bevorzugen, die sich auf Foto- oder Video-Content konzentrieren. So sind die momentan beliebtesten Plattformen mit der längsten Nutzungsdauer unter deutschen Nutzern YouTube, Facebook und Instagram (PwC 2018, S. 6 f.). Facebook hat daher bei seinem Tochterkanal

Instagram die neue Video-Funktion IGTV eingeführt, um auf diesen Trend zu reagieren. Die neue Funktion bietet Nutzern nun die Möglichkeit, Videos mit einer Länge von bis zu 60 min hochzuladen und anzusehen. Diese Video-Funktion ist eine direkte Kampfansage an den Hauptkonkurrenten YouTube (Queitsch 2018).

Die Bedeutung der sozialen Medien ist Marketingexperten bewusst: Knapp 80 Prozent der Führungskräfte betrachten eine Social-Media-Präsenz ihrer Unternehmen als notwendig (Chu 2013, S. 11).

Laut Expertenmeinung von Ingo Chu (2013, S. 8 ff.), CFO der XING AG, führt kein Weg an Social Media vorbei. Mehr als eine Milliarde Menschen verbringen täglich fast ein Viertel ihrer Online-Zeit auf sozialen Netzwerken. Laut Chu wird sich die Nutzung von sozialen Medien auch im professionellen Bereich weiter durchsetzen, da es aufgrund der Innovationskraft der Branche in naher Zukunft neue Anwendungen geben wird. Daher werden die sozialen Medien auch in Zukunft weiter an Bedeutung zunehmen, wodurch eine Social-Media-Präsenz für Unternehmen langfristig unumgänglich ist.

Marketing-Experte Felix Beilharz erwartet die größte Veränderung der sozialen Medien hinsichtlich der mobilen Nutzung. Im B2B-Bereich können Unternehmen ihre Geschäftspartner und Kunden aufgrund der ständigen Vernetzung deutlich unkomplizierter und schneller über soziale Plattformen kontaktieren. Zudem werden Inhalte schnell, einfach und viral verbreitet. Social-Media-Marketing ist aus dem B2B-Bereich nicht mehr wegzudenken. In Zukunft wird die Notwendigkeit dieses Kanals weiter zunehmen (Weis 2014).

Im Bereich der bezahlten Werbung wird für 2019 ein Jahresumsatz von weltweit etwa 84.153 Mio. EUR im Segment der Social-Media-Werbung erwartet. Für das Jahr 2023 soll laut Prognose ein Marktvolumen von 197.340 Mio. EUR erreicht werden, was einem jährlichen Umsatzwachstum von 23,7 % entspräche (Statista Digital Market Outlook 2018). Die sozialen Netzwerke werden somit in Zukunft eine noch größere Bedeutung im täglichen Leben sowie in der Marketinglandschaft einnehmen.

2 Social Media im digitalen Zeitalter

Das Verbraucherverhalten verändert sich kontinuierlich: Die Verbraucher sind durch soziale Plattformen stark vernetzt, Informationen, Meinungen und Bewertungen verbreiten sich schnell und nahezu automatisch. Aufmerksamkeitsstarke Kampagnen können von der großen Community profitieren, indem ihre Botschaft durch Nutzer weiterverbreitet wird. Besonders Facebook ist aufgrund seiner weltweit größten Community eine ideale Plattform für Unternehmen, um von den Effekten des viralen oder Word-of-Mouth-Marketings zu profitieren. Hierbei gilt es zu beachten, dass Konsumenten mit positiven Markenerfahrungen viel eher zu einer Weiterempfehlung neigen als Konsumenten mit fehlender oder negativer Markenerfahrung. Die elementaren Anforderungen an Unternehmen bei der Nutzung von Social-Media-Kommunikation beinhalten daher die Vermittlung von werthaltigen und interessanten Inhalten sowie die Einbindung der Nutzer (Scott 2012, S. 312).

Bezüglich des Contents sollten Unternehmen den Einsatz von diversifizierten Medien beachten, da Beiträge mit Foto- oder Video-Inhalten im Vergleich zu reinen Textbeiträgen eine höhere Aufmerksamkeit der Nutzer auf sich ziehen und infolgedessen auch ein höheres Potenzial für Resonanz und Verbreitung besitzen (Porterfield et al. 2012, S. 2).

Im Zuge des Web 2.0 haben soziale Medien für Unternehmen völlig neue Möglichkeiten der Kommunikation und Interaktion eröffnet (Plume et al. 2017, S. 7). Die Interaktion mit den Nutzern ist in Zeiten der Reizüberflutung entscheidend, da der direkte Dialog bei adäquater Umsetzung zu einer Kundenbindung führen kann. Sobald Unternehmen in ein soziales Netzwerk eintreten, sollte daher in den direkten Dialog mit der Community getreten werden (Müller-Martini 2008, S. 44).

Um das Potenzial von sozialen Plattformen umfassend nutzen zu können, reicht eine Fanseite nicht aus. Die kontinuierliche Aktivität auf dem Unternehmenskanal ist unerlässlich, sie ist die Voraussetzung für die Interaktion zwischen der Marke und ihrer Community. Ein einzelner Like oder Kommentar von Beiträgen führt dabei nicht automatisch zu einer Einbindung der Nutzer, da es sich hierbei lediglich um eine einzige Interaktion handelt und der Nutzer dieser Aktion nur eine geringe Aufmerksamkeitsspanne widmet.

Um Interaktion zu schaffen, muss eine kontinuierliche Kommunikation zwischen Marke und Nutzer geschaffen werden. Der Ausgangspunkt kann ein Beitrag über ein neues Produkt, ein Sonderangebot oder selbst eine Kundenbeschwerde sein. Während des Dialogs sollte dem Kunden das Gefühl gegeben werden, dass er von der Marke gehört und verstanden wird. Dies führt zu einer positiven Beziehung zur Marke. Im Idealfall empfehlen die Nutzer diese positiven Erfahrungen dann über das sogenannte eWOM (elektronisches Word-of-Mouth) an die Community weiter (O'Brien und Cairns 2016, S. 180).

Der direkte Austausch mit potenziellen Kunden bietet Unternehmen zudem die Möglichkeit, ihre Zielgruppe besser zu verstehen. Im Idealfall können Unternehmen durch den direkten Dialog mit Kunden von Problemen oder Wünschen erfahren, die zur Qualitätsverbesserung oder Produktentwicklung beitragen. So ermöglichen soziale Medien Unternehmen, über den direkten Kundenkontakt Produkte gemäß den Kundenansprüchen zu entwickeln oder anzupassen (Arns 2012, S. 9).

3 Facebook – Der ideale Werbekanal?!

Die Plattform Facebook verfügt aktuell mit knapp 2,3 Mrd. monatlich aktiven Nutzern über eine der größten Online-Communities (Facebook 2018) und zählt zu einer der beliebtesten Internetseiten mit der höchsten Anzahl von Seitenaufrufen (Gamboa und Gonçalves 2014, S. 712). Der Erfolg von Facebook beruht auf gegenseitigen sog. Freundschaften zwischen den Nutzern, die dieses Netzwerk vorrangig zur privaten Kontaktpflege nutzen. Facebook dient als Marketinginstrument zunehmend auch als

Kommunikationskanal zwischen Unternehmen und potenziellen Kunden (Heymann-Reder 2011, S. 23).

Durch die dynamische Interaktion mit seinen Followern können Unternehmen die Kundenzufriedenheit und -beziehungen stärken. Beide Faktoren sind wichtige Treiber der Markenloyalität. So bietet Facebook ein immens großes Marketingpotenzial für Unternehmen (Gamboa und Gonçalves 2014, S. 709; Abb. 2).

Facebook bietet seinen Nutzern eine Reihe von Funktionen, bei denen Benutzer Beiträge in ihrem Profil verwalten und veröffentlichen können, so können beispielsweise Aktivitäten, Fotos oder Orte veröffentlicht und geteilt werden. Darüber hinaus bietet der Messenger von Facebook eine Funktion, um Freunde mit privaten Nachrichten zu kontaktieren. Die Plattform ist somit stark darauf ausgerichtet, dass Nutzer eigenen Content produzieren können (Heymann-Reder 2011, S. 23 f.).

Ergebnisse aus aktuellen Studien zur Social-Media-Nutzung in Deutschland zeigen, dass Facebook neben YouTube zu den beliebtesten Kanälen bei Nutzern zählt. Die ursprüngliche Hauptzielgruppe von Facebook ist eine junge, digital affine Altersgruppe unter 20 Jahren (Muk 2013, S. 128) sowie Nutzer zwischen 20 und 39 Jahren. Im Durchschnitt sind Facebook-Nutzer täglich 47 min auf der Plattform aktiv, bei den 20- bis 39-Jährigen sind es sogar knapp 70 min (PwC 2018, S. 7).

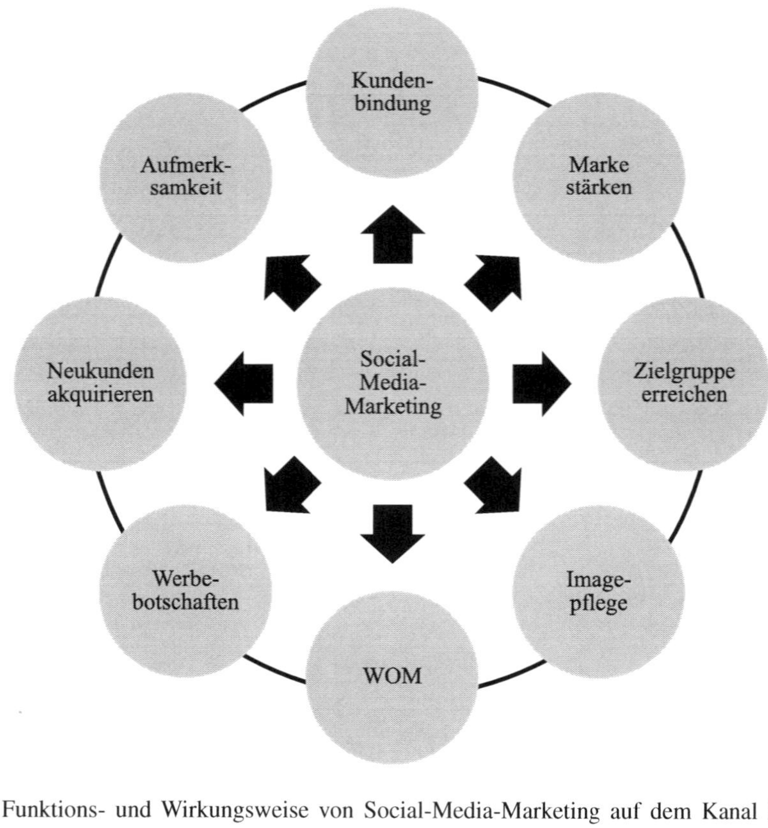

Abb. 2 Funktions- und Wirkungsweise von Social-Media-Marketing auf dem Kanal Facebook. (Quelle: In Anlehnung an OCM Internet GmbH 2019)

Aufgrund der großen Community bietet Facebook die ideale Grundlage für eine Kundenakquise. Über ihre Facebook-Fanpage können Marken ihre Produkte und Dienstleistungen bewerben, Feedback erhalten und die Markenbekanntheit erhöhen. Durch diesen Austausch entstehen Verbindungen zwischen den Mitgliedern der Community und der Marke, die sich positiv auf die Markenbindung auswirken können. Facebook gilt in diesem Zusammenhang als ein Netzwerk, das im Vergleich zu anderen Plattformen viele Möglichkeiten für Unternehmen bietet und sich auch auf den Aufbau von Kundenbeziehungen konzentriert (Pereira et al. 2014, S. 696).

Social Media ermöglicht es zudem Unternehmen, gleichzeitig mit einer Vielzahl von potenziellen Kunden zu kommunizieren. Hierbei gilt es jedoch, die Reaktionszeit zu beachten und möglichst schnell auf Feedback oder Fragen zu reagieren (Gamboa und Gonçalves 2014, S. 711).

Unternehmen sollten hinsichtlich der Interaktion mit ihren Followern beachten, dass die Anforderungen und Erwartungen von Kunden im digitalen Zeitalter immer komplexer wurden. Viele Kunden stellen Fragen in den sozialen Netzwerken und erwarten eine zufriedenstellende Antwort innerhalb kurzer Zeit. Bei schneller und zufriedenstellender Reaktion des Unternehmens kann ein Gespräch entstehen, was sich positiv auf das Image sowie die Loyalität auswirkt. Bei unzufriedener oder fehlender Reaktion des Unternehmens entsteht hingegen der gegenteilige Effekt. Eine erfolgreiche Social-Media-Präsenz beinhaltet somit nicht nur unterhaltsamen Content, sondern auch ein umfassendes Community-Management, welches sich um Kundenanfragen auf den sozialen Plattformen kümmert. Unternehmen sind daher gezwungen, viel Zeit und Ressourcen in Social Media zu investieren (Quesenberry 2016, S. 2).

Um von den Potenzialen der sozialen Medien profitieren zu können, müssen Unternehmen Wege finden, um mit ihrer Zielgruppe zu kommunizieren, zu interagieren und eine Beziehung aufzubauen. Bei einer überzeugenden und stringenten Präsenz auf dem Kanal ermöglicht Facebook den Unternehmen, ihr Image sowie ihre Online-Reputation zu verbessern.

Social-Media-Plattformen sind daher nicht nur ein gutes Instrument, um mit der Zielgruppe in Kontakt zu treten, sondern auch, um den Markenauftritt zu verbessern (Gamboa und Gonçalves 2014, S. 709).

4 Potenziale von Facebook – Best-Practice-Beispiele

Die Nutzung von Facebook als Werbekanal ist kein Selbstläufer oder gar Garant für Erfolg. Facebook kann nur als Kommunikationskanal erfolgreich wirken, wenn er mit einer zielgruppenadäquaten Kampagne bespielt und die relevante Zielgruppe mit der Botschaft auch erreicht wird.

Dass Facebook mit einer ausgefeilten Kampagne äußerst effektiv wirken kann, zeigen die hier beschriebenen erfolgreichen Beispiele der beiden Marketingkampagnen „Trink 'ne Coke mit“ von Coca-Cola und „Daily Twist“ der US-amerikanischen Keksmarke Oreo.

4.1 Coca-Cola – „Trink 'ne Coke mit"

Heute ist niemand mehr verwundert, wenn er im Supermarktregal Schokoriegel oder Nougatcremes mit Namen oder persönlichen Grüßen anstelle von Logos auf der Verpackung sieht. Coca-Cola war jedoch 2013 mit der Kampagne „Trink 'ne Coke mit" Konzept-Pionier im Bereich „Mass Customization", der individuellen Gestaltung von Massenprodukten. Bei dieser Kampagne verschwand der berühmte Schriftzug von den Coca-Cola-Flaschen und wurde durch 150 Vornamen und Begriffe aus dem Jugendwortschatz ersetzt. Daraufhin kauften Scharen von Teenagern die Supermarktregale auf der Suche nach dem eigenen Vornamen leer (Scholz und Volkmer 2013).

Die Kampagne wurde über mehrere Kanäle gespielt. Dem sozialen Netzwerk Facebook kam hierbei eine besondere Rolle zu: Coca-Cola forderte die Konsumenten auf, ihre gekauften Flaschen via Facebook unter dem Hashtag #trinknecokemit zu teilen, wodurch die Kampagne viral durch die sozialen Medien geteilt wurde. Zudem konnten Konsumenten auf der Website ihre eigenen Etiketten anfertigen, via Facebook teilen und sich schicken lassen (Effner 2014).

Die Kampagne rückte mit dem Claim „Mach dir und deinen Liebsten Freude auf!" das Thema Freundschaft in den Mittelpunkt. Klares Marketingziel dieser Kampagne war es, den Verkauf während des Sommers zu erhöhen sowie in das direkte Gespräch mit der Generation Y zu kommen. Die Marke Coca-Cola hatte bis dahin mit dieser Zielgruppe aufgrund eines eher angestaubten Images schwer zu kämpfen. Die gezielte Einbindung von Social Media sollte daher den Kontakt zwischen der Generation Y und der Marke herstellen, um so die Relevanz der Marke Coca-Cola bei der jungen Zielgruppe zu erhöhen (Codella 2018).

Die Kampagne wurde mithilfe der sozialen Medien zu einem viralen Hit, Millionen von Flaschen wurden von begeisterten Nutzern auf Facebook geteilt. Coca-Cola gelang es mit dieser Kampagne, den Umsatz um 2,5 % zu steigern, wobei die Konkurrenten Pepsi und Dr. Pepper im selben Zeitraum der Kampagne ein Minus verzeichnen mussten (Handelsblatt 2014). Diese Kampagne wurde zudem mit dem GWA Effie vom Gesamtverband der werbetreibenden Kommunikationsagenturen für erfolgreiche und nachweislich wirksame Marketingkommunikation ausgezeichnet (Effner 2014).

4.2 Oreo – „Daily Twist"

Ein weiteres Beispiel für eine erfolgreiche Facebook-Kampagne liefert die US-amerikanische Keksmarke Oreo des Lebensmittelkonzernes Mondelēz, die 2012 anlässlich des 100. Geburtstages die „Daily Twist"-Kampagne startete. 100 Tage lang veröffentlichte Oreo täglich auf verschiedenen Social-Media-Kanälen ein neues Bild des schwarzen Doppelkekses. Die Bilder auf dem Facebook-Kanal von Oreo thematisierten dabei den jeweiligen Meilenstein des Tages, wie etwa Feiertage oder aktuelle Events. Anlässlich des Kinostarts des neuen Batman-Films wurde so beispielsweise der Oreo-Keks in Fledermaus-Form gezeigt. Durch abwechslungsreichen, unterhaltsamen und teilweise amüsanten Content konnte Oreo so bei seinen Fans und Followern punkten, die begeistert die Bilder in ihren Freundeskreisen teilten und auf der Facebook-Fanpage zahlreiche Kommentare hinterließen.

Durch die virale Entwicklung dieser Kampagne konnte Oreo in kurzer Zeit viele neue Follower gewinnen und seine Community auf mittlerweile 42 Mio. Abonnenten ausbauen. So konnte die Keksmarke nicht nur ihre Reichweite steigern, sondern es gelang ihr auch, mit ihren Fans zu interagieren, was sowohl das Markenimage sowie die Kundenloyalität stärkt (Rebelko 2013). Da Oreos „Daily Twist"-Kampagne bei der Zielgruppe so erfolgreich war, wurde sie unter anderem mit dem Facebook Studio Award ausgezeichnet (Janotta 2013).

5 Erfolgsfaktoren eines wirksamen Facebook- und Social-Media-Auftritts

Die folgenden Schritte sollten bei der Nutzung von sozialen Netzwerken seitens Marketing und Vertrieb beachtet werden:

Dos

- **Bauen Sie eine überzeugende, eigenständige und stringente Social-Media-Präsenz auf:** Die Fanpage einer Marke oder eines Unternehmens ist der Hauptanlaufpunkt für Nutzer, um sich über Sie zu informieren. Die Fanpage sollte daher alle wichtigen Unternehmensinformationen sowie ansprechende Bilder und Inhalte beinhalten (Heymann-Reder 2011, S. 26).
- **Seien Sie ehrlich:** Authentizität ist das A und O auf den sozialen Plattformen. Ehrlichkeit und Offenheit gegenüber Ihrer Community schafft Vertrauen und verhindert negative (Re-)Aktionen (Heymann-Reder 2011, S. 26).
- **Vermitteln Sie Content mit Mehrwert für Ihre Nutzer:** Nutzer schenken jedem einzelnen Beitrag nur einen Bruchteil ihrer Aufmerksamkeit. Content muss daher zielgruppenadäquat und aufmerksamkeitsstark sein (Scott 2012, S. 312).
- **Verwenden Sie Bild- und Videomaterial:** Nutzer bevorzugen Plattformen, die sich auf Bild- und Video-Content konzentrieren (PwC 2018, S. 6 f.). (Bewegt-)Bild hat deutlich größeres Potenzial zur Verbreitung und Resonanz durch die Nutzer (Porterfield et al. 2012, S. 2).
- **Sprechen Sie die Sprache Ihrer Kunden:** Beachten Sie die Sprache der Zielgruppe, die Sie damit erreichen wollen. Jede Zielgruppe reagiert unterschiedlich auf Wortwahl, Tonality oder den Einsatz von Emojis (Arns 2012, S. 11).
- **Wählen Sie die passende Länge für Ihre Beiträge:** Vermutlich versuchen Sie, alle wichtigen Informationen, die den Nutzer interessieren könnten, in einem

Beitrag unterzubringen. Doch: Text ist nicht alles – ein zu langer Text wirkt anstrengend, wodurch nur die wenigsten Nutzer die Motivation zum Lesen (oder gar Teilen) finden (Arns 2012, S. 11).

- **Interagieren Sie mit Ihrer Community:** Um sich in Zeiten der Reizüberflutung die Aufmerksamkeit seiner Kunden zu sichern, ist eine gegenseitige Interaktion unerlässlich. Der direkte Dialog mit Kunden führt bei adäquater und stringenter Nutzung zu einer erhöhten Kundenbindung und -loyalität (Müller-Martini 2008, S. 44).
- **Hören Sie auf Ihre Community:** Wenn Ihre Kunden merken, dass Sie sich für ihre Meinung interessieren, fühlen sie sich wertgeschätzt und verbinden Ihr Unternehmen mit positiven Erfahrungen (Arns 2012, S. 9). Halten Sie in den sozialen Netzwerken keine Monologe, sondern hören Sie Ihrer Community zu (Heymann-Reder 2011, S. 26).
- **Geben Sie Ihren Kunden, was sie sich wünschen:** Fragen Sie Kunden nach ihrer Meinung, so erfahren Sie von Problemen, Erwartungen oder Verbesserungsvorschlägen. Durch den direkten Kontakt zu Ihren Kunden erhalten Sie Anreize, um Produkte und Services zielgruppenadäquat zu entwickeln oder anzupassen (Arns 2012, S. 9).
- **Reagieren Sie schnell auf User-Anfragen:** Eine schnelle Reaktion auf Anfragen sichert die Kundenzufriedenheit und wirkt sich positiv auf die Meinung über die Marke aus. Zufriedene Kunden sind zudem viel eher bereit, ihre positiven Erfahrungen an andere Nutzer weiterzugeben (Gamboa und Gonçalves 2014, S. 711).
- **Bieten Sie Ihren Kunden gute Produkte und Leistungen an:** Gute Produkte sind weiterhin die Grundlage für Unternehmenserfolg. Wenn Ihrem Unternehmen aufgrund von unzureichenden Produkten auf dem Markt der Erfolg versagt bleibt, hilft auch Social-Media-Marketing nicht weiter. Soziale Medien sind kein Allheilmittel und können grundsätzliche Angebotsschwächen nicht ausgleichen (Heymann-Reder 2011, S. 26).

Don'ts

- **Social Media für Ihre Unternehmenskommunikation:** Informationen bezüglich aktueller Geschäftsentwicklungen oder zum Finanzstatus gehören auf die offizielle Website eines Unternehmens und auf die Seite „Informationen für Investoren". Solche Informationen sind für Ihre B2C-Kunden uninteressant und würden Sie als Unternehmen nur von Ihren Kunden entfernen (Ramsay 2010, S. 259).
- **Einheitliche Inhalte und Tools für alle Kanäle:** Die verschiedenen Netzwerke besitzen unterschiedliche Nutzerprofile, wodurch sich Inhalte und Ton je nach

Plattform unterscheiden. Die verschiedenen Social-Media-Kanäle funktionieren daher weder gleich, noch dienen sie dem gleichen Zweck. Es ist daher wichtig, für jeden Kanal nutzerrelevante Inhalte und den richtigen Ton zu finden (Ramsay 2010, S. 259).

- **Veraltete Inhalte:** Vergessen Sie nicht, Inhalte zu aktualisieren. Stellen Sie sich vor, Ihre Kunden besuchen die Facebook-Seite Ihres Unternehmens und finden dort einen Verweis auf Events, die bereits vor Wochen stattgefunden haben … Veraltete Informationen sind für den Kunden enttäuschend, sie zeigen ihm, dass Ihr Unternehmen in mehrfacher Hinsicht nicht mehr „up-to-date" ist (Ramsay 2010, S. 259).
- **Social Media „nebenbei":** Social-Media-Marketing ist ein Full-Time-Job. Wenn sie mit Ihrem Unternehmen in den sozialen Netzwerken präsent sein wollen, brauchen Sie ausreichende Ressourcen, um alle Unternehmenskanäle kontinuierlich mit aktuellem und relevantem Content zu bespielen. Die Devise ist daher „ganz oder gar nicht" – ein halbherziger Social-Media-Auftritt besitzt entweder keine oder möglicherweise sogar negative Wirkung (Ramsay 2010, S. 259).

6 Fazit – Die zukünftige Bedeutung von Facebook und Social Media

Social-Media-Kanäle sind ein Muss für das Erreichen von Marketingzielen. Soziale Netzwerke wie Facebook sind aufgrund ihrer großen Community reichweitenstark und einflussreich.

Social Media wird weiter an Bedeutung gewinnen (Chu 2013, S. 8 ff.). Bereits 2017 nutzten 90 % aller deutschen Internetnutzer verschiedene Social-Media-Kanäle (Heintze und Dick 2018). Aktuelle Untersuchungen zur Social-Media-Nutzung in Deutschland zeigen zudem, dass Facebook (neben YouTube) zum beliebtesten sozialen Netzwerk gehört und Nutzer hier täglich viel Zeit verbringen (PwC 2018, S. 6 f.). Facebook bietet derzeit die größte Community und ist daher ein sehr reichweitenstarkes Medium (Facebook 2018). Zudem orientiert sich die Plattform mit neuen Funktionen an den aktuellen Trends der Momentaufnahme sowie dem steigenden Nutzerinteresse an Bild- und Video-Content (Queitsch 2018; Wobig 2016). Facebook stellt daher ein vielversprechendes Werbemedium für Unternehmen dar.

Experten gehen davon aus, dass eine Social-Media-Präsenz auf langfristige Sicht für Unternehmen sowohl im B2C- als auch im B2B-Bereich unumgänglich sein wird (Chu 2013, S. 8 ff.). Vor diesem Hintergrund wird erwartet, dass sich das Marktvolumen von Social-Media-Werbung in den kommenden vier Jahren mehr als verdoppeln wird (Statista Digital Market Outlook 2018).

Aufgrund der Innovationskraft dieser Branche werden sich die sozialen Medien auch in Zukunft rasant weiterentwickeln und neue Anwendungen hervorbringen (Chu 2013, S. 8 ff.). Unternehmen sind daher gezwungen, sich schnell an neue Kommunikations- und Social-Media-Trends anzupassen, um das Potenzial von Social Media frühzeitig optimal nutzen zu können.

Literatur

Arns, T. (2012). Leitfaden Social Media (2. Aufl.). https://www.saatkorn.com/wordpress/wp-content/uploads/2012/10/LeitfadenSocialMedia20121.pdf. Zugegriffen: 17. Jan. 2019.

Bendel, O. (2018). Soziale Medien. Revision vom 19.02.2018. https://wirtschaftslexikon.gabler.de/definition/soziale-medien-52673/version-275791. Zugegriffen: 17. Jan. 2019.

Chaffey, D., & Smith, P. (2017). *Digital marketing excellence: Planning, optimizing and integrating online marketing* (5. Aufl.). New York: Rotledge.

Chu, I. (2013). „An Social Media führt heute kein Weg mehr vorbei." Ingo Chu im Gespräch mit Utz Schäffer. *Controlling & Management Review, 57*(1), 8–13.

Codella, D. (2018). Die siegreiche Coca-Cola-Formel für eine erfolgreiche Kampagne. https://www.wrike.com/de/blog/die-siegreiche-coca-cola-formel-fuer-eine-erfolgreiche-kampagne/. Zugegriffen: 17. Jan. 2019.

Effner, S. (2014). Effie für die erfolgreiche Coca-Cola Kampagne „Trink 'ne Coke mit". https://www.coca-cola-deutschland.de/stories/dein-name-auf-der-coke-die-erfolgreiche-coca-cola-kampagne-erhaelt-den-effie. Zugegriffen: 17. Jan. 2019.

Facebook. (2018). Facebook Q3 2018 Results. https://s21.q4cdn.com/399680738/files/doc_financials/2018/Q3/Q3-2018-Earnings-Presentation.pdf. Zugegriffen: 17. Jan. 2019.

Gamboa, A. M., & Gonçalves, H. M. (2014). Customer loyalty through social networks: Lessons from Zara on Facebook. *Business Horizons, 57*(6), 709–717.

Handelsblatt. (2014). Coca Cola darf auf sich selbst anstoßen. https://bit.ly/2AXuFY5. Zugegriffen: 17. Jan. 2019.

Heintze, R., & Dick, M. (2018). Social-Media-Atlas 2017/2018. https://www.faktenkontor.de/tag/social-media-atlas/. Zugegriffen: 17. Jan. 2019.

Heymann-Reder, D. (2011). *Social Media Marketing: Erfolgreiche Strategien für Sie und Ihr Unternehmen*. München: Pearson.

Hilker, C. (2017). Infografik: Social Media Entwicklung. http://socialmedia-fuer-unternehmer.de/infografik-social-media-entwicklung/. Zugegriffen: 17. Jan. 2019.

Janotta, A. (2013). Facebook-Award: Das sind die 20 erfolgreichsten Social-Media-Kampagnen. https://www.wuv.de/digital/facebook_award_das_sind_die_20_erfolgreichsten_social_media_kampagnen. Zugegriffen: 18. Jan. 2019.

Muk, A. (2013). What factors influence millennials to like brand pages? *Journal of Marketing Analytics, 1*(3), 127–137.

Müller-Martini, M. (2008). *Kundenkompetenzen als Determinanten der Kundenbindung*. Wiesbaden: Gabler.

O'Brien, H., & Cairns, P. (2016). *Why engagement matters: Cross-disciplinary perspectives of user engagement in digital media*. Cham: Springer.

OCM Internet GmbH. (2019). Facebook-Marketing. https://www.ocm.de/facebook-marketing.html. Zugegriffen: 31. Jan. 2019.

Pereira, H. G., Fátima Salgueiro, M., & Mateus, I. (2014). Say yes to Facebook and get your customers involved! Relationships in a world of social networks. *Business Horizons, 57*(6), 695–702.

Plume, C., Dwivedi, Y., & Slade, E. (2017). *Social media in the marketing context: A state of the art analysis and future directions*. Amsterdam: Chandos Publishing. (Chandos social media series).

Porterfield, A., Khare, P., & Vahl, A. (2012). *Facebook marketing all-in-one* (2. Aufl.). New York: Wiley.

PwC. (2018). Zwischen Entertainer und Werber – Wie Influencer unser Kaufverhalten beeinflussen. https://www.pwc.de/de/handel-und-konsumguter/pwc-zwischen-entertainer-und-werber.pdf. Zugegriffen: 17. Jan. 2019.

Quesenberry, K. A. (2016). Social media is too important to be left to the marketing department. https://bit.ly/1WDwuOq. Zugegriffen: 17. Jan. 2019.

Queitsch, P. (2018). IGTV: Instagram erweitert Funktionen und hat es auf YouTuber abgesehen. https://www.effektiv.com/igtv-5052.html. Zugegriffen: 17. Jan. 2019.

Ramsay, M. (2010). Social media etiquette: A guide and checklist to the benefits and perils of social marketing. *Database Marketing & Customer Strategy Management, 17*(3–4), 257–261.

Rebelko. (2013). Oreos preisgekrönte Daily Twist Kampagne. https://www.rebelko.de/blog/oreos-preisgekronte-daily-twist-kampagne/. Zugegriffen: 17. Jan. 2019.

Safko, L., & Brake, D. K. (2009). *The social media bible: Tactics, tools, and strategies for business success*. Hoboken: Wiley.

Scholz & Volkmer. (2013). Warum Coca-Cola plötzlich Steffi hieß. https://www.s-v.de/de/projekte/coca-cola-trink-ne-coke-mit/. Zugegriffen: 17. Jan. 2019.

Scott, D. M. (2012). *Die neuen Marketing- und PR-Regeln im Social Web* (3. Aufl.). Heidelberg: mitp.

Statista Digital Market Outlook. (2018). Social-Media-Werbung. https://de.statista.com/outlook/220/100/social-media-werbung/weltweit#market-revenue. Zugegriffen: 17. Jan. 2019.

Vinerean, S. (2017). Importance of strategic social media marketing. *Expert Journal of Marketing, 5*(1), 28–35.

Weis, C. (2014). Social Media Kanäle als B2B Marketing- Felix Beilharz im Interview. https://bit.ly/1jsC1zn. Zugegriffen: 18. Jan. 2019.

Wobig, H. (2016). Social Media-Trends: Snapchat auf dem Vormarsch. https://bit.ly/2U09FHe. Zugegriffen: 18. Jan. 2019.

Janina Steen absolvierte ihr Bachelorstudium für International Business mit dem Schwerpunkt Marketing an der Fachhochschule Dortmund. Aktuell befindet sie sich im Masterprogramm für Strategic Marketing Management an der International School of Management in Dortmund. Parallel zum Studium ist sie als Projektplanerin für die Marketingagentur Bounty Communication Group tätig.

Prof. Dr. Meike Terstiege studierte Wirtschaftspsychologie an der Universität Mannheim und promovierte am Marketing-Lehrstuhl der TU Dortmund. Sie ist seit über 20 Jahren im strategischen Marketing tätig – in Führungspositionen auf Unternehmensseite (Henkel, Generali Holding und Allied Domecq) und auf Agenturseite (BBDO, Ogilvy, McCann und Edelman). Seit 2016 lehrt sie an der International School of Management digitales und strategisches Marketing, entwickelte den Master-Studiengang Digital Marketing und ist als selbstständige Beraterin und Trainerin tätig.

Best Practices

Goldenes Fitting – Oder wie Geberit auf Social Media ein Jubiläum feiert

Olaf Grewe und Lamya Kabbesch

Inhaltsverzeichnis

1 Der Ansatz . . . 204
1.1 Ausgangslage . . . 204
1.2 Zielsetzung der Kampagne . . . 204
1.3 Herausforderung Internationalisierung . . . 205
1.4 Lokale Umsetzungsstrategien . . . 205
2 Von der Planung zum Roll-out . . . 206
2.1 Masterplanung . . . 206
2.2 Die Phasen der Kampagne . . . 206
2.3 Kampagne auf allen Kanälen . . . 207
2.4 Ablauf der Kampagne . . . 208
2.5 Gewinnspielmechanik . . . 209
3 Ergebnisse . . . 209
4 Herausforderungen . . . 210

O. Grewe (✉) · L. Kabbesch
Geberit International AG, Jona, Schweiz
E-Mail: olaf.grewe@geberit.com

L. Kabbesch
E-Mail: lamya.kabbesch@geberit.com

M. Terstiege (Hrsg.), *Digitales Marketing – Erfolgsmodelle aus der Praxis*,
https://doi.org/10.1007/978-3-658-26195-5_12

1 Der Ansatz

1.1 Ausgangslage

Das Rohrleitungssystem Geberit Mapress ist ein international etabliertes Rohrleitungssystem für den Haus-und Wohnungsbau sowie in der Industrie. Mit den unterschiedlichen Werkstoffen und Dichtungsringen eignen sich die Rohre für eine Vielzahl an Anwendungen, vom Heizungsbau bis hin zur Versorgung mit anderen Medien wie Ölen, Druckluft oder auch Gasen. Dabei überzeugt das System vor allem wegen zwei wesentlichen Eigenschaften: Vielseitigkeit und Zuverlässigkeit.

Das Rohrleitungssystem besteht aus Rohren und Verbindungsstücken, Fitting genannt, die miteinander verpresst werden. Dazu verwenden Installateure automatische Pressgeräte, die je nach Rohrdurchmesser mit sogenannten Pressbacken oder Pressschlingen ausgestattet sind. Mit einem Presswerkzeug können dann die Rohre zuverlässig sowie einfach dauerhaft und sicher miteinander verbunden werden. Mittlerweile ist in den meisten Ländern die Verpressung von Rohrleitungssystemen Standard. Doch das war nicht immer so: Als das System „Mapress" im Markt eingeführt wurde, wurden Rohrleitungen aus Kupfer verlötet. Das Verpressen der Rohre ist wesentlich einfacher und wirtschaftlicher, weswegen diese Verbindungstechnologie sich mittlerweile im Markt durchgesetzt hat. Doch noch nicht in allen Ländern: In Großbritannien etwa ist das Verpressen noch nicht so etabliert wie beispielsweise in Deutschland oder der Schweiz. In Großbritannien vertrauen die Sanitärinstallateure mehr auf die Handwerkskunst des Lötens. Diese Situation zeigt sich auch in den unterschiedlichen Kommunikationsinhalten und notwendigen Marketingaktionen in den Märkten, um Geberit Mapress zu verkaufen und den Umsatz zu steigern.

1.2 Zielsetzung der Kampagne

Um das Thema Geberit Mapress als Produkt und die Verarbeitungsmethode an sich wieder ins Rampenlicht zu stellen, definierte Geberit einen produktbezogenen Kampagnenanlass. 2018 stand die Produktion des milliardsten Mapress Fittings im deutschen Mapress-Werk in Langenfeld an – eine Leistung, die für den Erfolg des Produkts steht, den kein Wettbewerber ebenfalls für sich reklamieren kann und der international gilt. Damit war der Inhalt für eine emotional aufgeladene internationale Kampagne beschrieben. Mit einer Feier auf allen Kommunikationskanälen wurden für den milliardsten Geberit Mapress Fitting die folgenden Schwerpunkte betrachtet:

- Geberit Mapress als ein Rohrleitungssystem, das seit Generationen erfolgreich im Markt positioniert ist
- Die Presstechnik, durch die das Fitting und das Rohr verbunden werden
- Die Zuverlässigkeit von Geberit Mapress

Dadurch war es möglich, das Kundenerlebnis mit den Mapress-Produkten sowie den Kunden ins Zentrum der Kampagne zu stellen. Dies zum einen, indem die Installateure ihren Anteil am Erfolg von Geberit Mapress mitfeiern konnten. Zum anderen, indem ihnen anhand konkreter Anwendungsfälle ein inhaltlicher Mehrwert geboten wurde. Damit war Geberit international in der Lage, das Produktportfolio sowie die Produktvorzüge zu positionieren.

Da die Kampagne sehr spitz auf die professionelle Zielgruppe der Installateure fokussierte, war es möglich, sehr fachspezifische und tiefgehende Inhalte zu verwenden. Somit konnte sich Geberit als Kompetenzträger positionieren, die Aufmerksamkeit für Mapress steigern, den historischen Erfolg belegen und mit der Zielgruppe gemeinsam feiern und den Unternehmenswert „Partnerschaft" belegen.

1.3 Herausforderung Internationalisierung

So einfach die inhaltliche Komponente schien, so komplex stellte sich das internationale Set-up dar. Um die Kampagne möglichst breit in den verschiedenen Märkten einzusetzen, wurden bei der Konzeption die unterschiedlichen Bedürfnisse der Märkte in puncto Produktfokus und Materialverfügbarkeit, Arbeitsweise sowie Marktdurchdringung eingeplant.

Geberit setzt für die Planung der international auszuführenden B2B-Kampagne auf das Set-up einer übergeordneten Kampagnenmechanik – quasi auf einen Masterplan, der von den jeweils teilnehmenden Märkten adaptiert werden sollte. Diese Adaption wurde mit dem federführenden Geberit Gruppen-Marketing abgestimmt. Die Ausführung der jeweiligen Pläne mit eigenen strategischen Ansätzen oblag den Vertriebsgesellschaften. Diese mussten sich in Folge auch an den angepassten Zielen messen lassen.

1.4 Lokale Umsetzungsstrategien

Grundgedanke der international ausgespielten Kampagne war die lokale Umsetzung. Gemäß dieser lokalen Umsetzungsstrategie variierten die kommunikativen Zielsetzungen. So diente die Kampagne in den nordischen Märkten Dänemark, Schweden, Norwegen und Finnland vor allem dazu, neue Abonnenten für Newsletter zu gewinnen und den Kundenstamm zu erweitern. Als entsprechender KPI wurde die Zahl der Newsletter-Abonnenten verwendet.

Im Großbritannien hingegen wollte Geberit die Installateure vor allem über die Vorzüge der Presstechnik informieren. Dort ist die Technik des Lötens und Schweißens noch sehr verbreitet. Dies sollte vor allem mit Content über Referenzprojekte und die Verarbeitung des Rohrleitungssystems erreicht werden. In den Niederlanden nutzte das Geberit-Team die Kampagne vornehmlich, um neue Kunden zu gewinnen und die Kundenbeziehungen zu intensivieren.

In den starken Mapress-Märkten Deutschland, Österreich und Schweiz war das primäre Ziel die Stärkung der Beziehung zur B2B-Zielgruppe. Dementsprechend wurde die Kampagne über Events, Gewinnspiele und aufmerksamkeitssteigernden Content unterstützt. Dadurch sollte vor allem Reichweite generiert werden.

2 Von der Planung zum Roll-out

2.1 Masterplanung

Die grundlegende Verantwortung der Kampagne „Der milliardste Geberit Mapress Fitting" lag beim Marketingteam der Geberit-Gruppe in der Schweiz. Inhaltlich zeichnete das Newsroom-Team von Corporate Communications verantwortlich. Mit der engen Zusammenarbeit wurde neben den Standard-Marketingkomponenten wie Creatives, Broschüren und Events auch die Kommunikation über PR sowie Social-Media-Kanäle sichergestellt.

Für die Blaupause der Kampagne erstellte das Geberit Gruppenmarketing gemeinsam mit den Marketingkollegen aus Deutschland einen Masterplan, der die Stringenz in der Kommunikation gewährleisten sollte. Dieser Plan diente den anderen Märkten als Vorlage. Gemäß der Kampagnendramaturgie entwickelte das Gruppen-Team verschiedene Assets für die Mechaniken. Diese beinhalteten Bilder, Videos, Text- und Veranstaltungselemente. Für Geberit war dieser Kampagnenansatz neu und diente als ein Versuch, ob eine zentral gesteuerte B2B-Kampagne funktionieren kann, um die lokal unterschiedlichen Ziele zu erreichen.

2.2 Die Phasen der Kampagne

Für die Kampagnenarchitektur in allen Märkten wurden drei wesentliche Phasen definiert: Aufmerksamkeits- und Launch-Phase sowie eine Transferphase.

1. **Aufmerksamkeits- oder Pre-Launch-Phase:** Teaser-Aktionen je nach Markt. So startete etwa der Markt Schweiz seine Kampagne mit den ersten Kundenevents des Jahres, während in Deutschland die Kampagne über Online-Teaser-Videos begann.
2. **Launch-Phase:** Aktionen rund um die Produktion des milliardsten Mapress Fittings im Werk Langenfeld (D).
3. **Transfer oder Referenz-Phase:** Kommunikation von Mapress-Referenzen, Fachartikeln und anderen vertiefenden Geschichten rund um Mapress.

Die eigentliche Dramaturgie richteten die Marketingteams an den Bedürfnissen sowie an den Customer-Touchpoints des Marktes aus. Zeitlich konzipierte Geberit den Kampagnenkern über drei Monate. Dieser Zeitraum lag rund um den errechneten Termin für die Produktion des milliardsten Geberit Mapress Fittings im April 2018.

Der zentral entwickelte Plan sah eine Mechanik vor, bei der in der Pre-Launch-Phase die Spannung aufgebaut und das Thema logisch in die Standardkommunikation eingebettet wurde. Gleichzeitig orchestrierte der Plan so sämtliche Maßnahmen.

2.3 Kampagne auf allen Kanälen

Geberit wollte die B2B-Zielgruppe (vornehmlich Installateure) vor allem über digitale Kommunikation ansprechen, im Speziellen über die eigenen Social-Media-Auftritte. Die direkte Kundenkommunikation durch die Geberit-Vertriebsteams sowie bei Kundenveranstaltungen verstärkte die digitale Ansprache. Die Basis dafür sah das Kampagnenteam in Social-Media-Beiträgen, aber auch in PR-Texten, die den roten Faden für die Marketingkommunikation darstellten. Die Kampagne wurde hauptsächlich über die Social-Media-Kanäle Facebook und Instagram gespielt. Eine Landingpage begleitete diese Kampagne und wurde genutzt, um mit den Kunden in Interaktion zu treten, so etwa für Anfragen für Newsletter oder die Teilnahme am international aufgebauten Gewinnspiel. Als B2B-Kampagne wurde sie auch auf konventionellen Kanälen wie Newsletter, PR und im direkten Kontakt gespielt. Das übergeordnete Timing der Kampagne „Der milliardste Geberit Mapress Fitting“ war in drei Teile gegliedert: Aufmerksamkeits- oder Pre-Launch-Phase, Launch-Phase und Transfer oder Referenz-Phase (siehe Abb. 1).

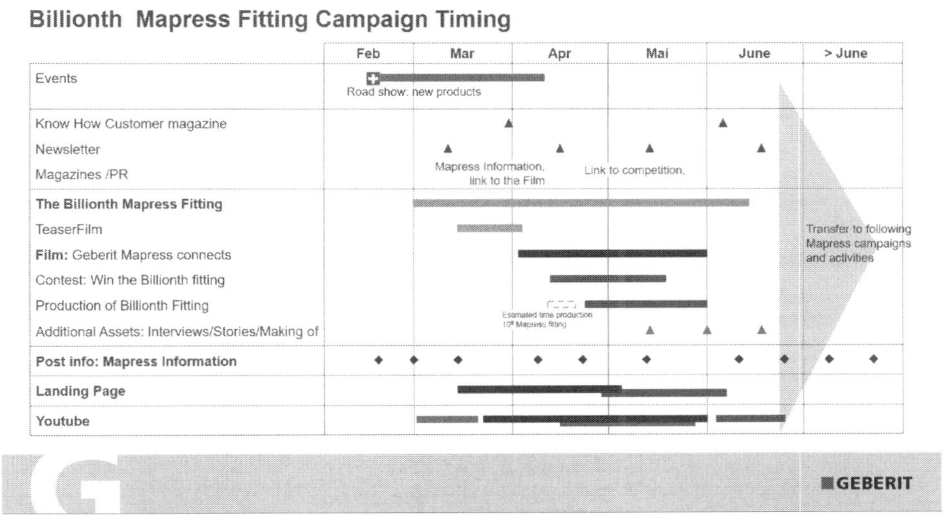

Abb. 1 Das Timing der Kampagne „Der milliardste Geberit Mapress Fitting“. (Quelle: Geberit)

2.4 Ablauf der Kampagne

Ein emotionales Teaser-Video bildete den Anfang der Kampagne. Es verwies auf die bevorstehende Produktion des Milliardsten Fittings, ohne weitere Inhalte zu verraten. In den Social Media, vornehmlich Facebook und Instagram, definierte sich die Zielgruppe durch die Hardcore-Fans von Geberit sowie Facebook und Instagram-User, die Posts von Geberit liken und kommentieren. Zudem ordneten an der Storyline orientierte Postings Mapress thematisch ein. Hierzu nutzte Geberit vor allem Postings, die die Entwicklung des Angebotsspektrums beschrieben.

PR-seitig untermauerten Artikel rund um Mapress, die Presstechnik sowie Produktneuheiten die Kompetenz von Geberit. Diese Inhalte spiegeln sich in allen weiteren Kommunikationsmaßnahmen wie Kundenanlässen oder Mailings wider. Der dafür vorgesehene PR-Plan orientierte sich ebenfalls an den Phasen und wurde sukzessive so an die Märkte ausgerollt.

Im zweiten Schritt stand der Hauptfilm „Geberit Mapress verbindet" (https://www.youtube.com/watch?v=Jyw9-19b8yc) im Vordergrund. In diesem rückte Geberit den Installateur ins Zentrum des Geschehens. Dies war auch ein Dank an die Installateure, die das Rohrleitungssystem seit einigen Generationen erfolgreich einsetzen und zum Unternehmenserfolg von Geberit beitragen. Mit dem Film und dessen Bewerbung auf Instagram und Facebook wurden alle potenziellen Personen rund um die Geberit-Kernzielgruppe der Sanitärinstallateure angesprochen: Eingegrenzt wurde diese mit Berufsbezeichnungen, Ausbildung und Interesse für Sanitärthemen. Das Ziel war, eine möglichst hohe Anzahl an Video-Views zu erreichen. Via Auswertung des Geberit Facebook-Pixels wurden auch die Kunden mit dem Film bespielt, die in den Monaten zuvor die Geberit-Webseiten zu Rohrleitungen besucht hatten (vgl. Abb. 2).

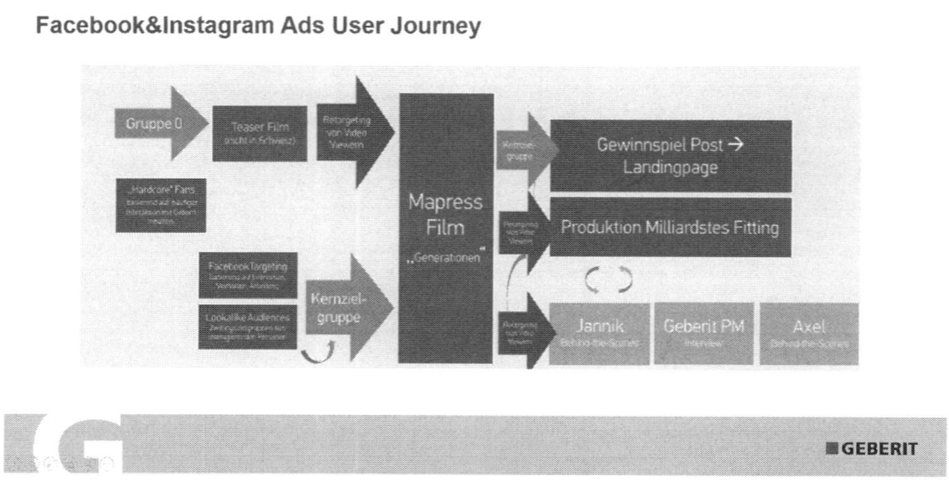

Abb. 2 User-Verhalten bei Facebook und Instagram. (Quelle: Geberit)

2.5 Gewinnspielmechanik

Da die Zielgruppe sich intensiv mit Geberit Mapress auseinandersetzen sollte, wurde ein Gewinnspiel organisiert. Das Gewinnspiel wurde wiederum über alle Kanäle beworben, in lokalen PR-Beiträgen, Anzeigen oder Newslettern. Schwerpunkt war auch hier, alle User per Facebook anzuschreiben, die das Video „Geberit Mapress verbindet" gesehen haben. Hier wurden die Anwender motiviert, auf die Webseite zu klicken, um am Gewinnspiel teilzunehmen. Hauptgewinn war der vergoldete Milliardste Fitting, der bei einer Werksbesichtigung übergeben wurde.

Anfang April war es so weit: das milliardste Fitting wurde produzierte und Geberit veröffentlichte einen Produktionsfilm. Dieser verbreitete die Neuigkeit und rief noch einmal dazu auf, am Gewinnspiel teilzunehmen, um den milliardsten Fitting zu gewinnen. Kurz vor Ende des Gewinnspiels wurde noch einmal auf das Gewinnspiel hingewiesen, teilweise mit Reminder-Newslettern direkt oder mit weiteren Videos, in denen Aufnahmen und Interviews hinter den Kulissen gezeigt wurden (vgl. Abb. 3).

3 Ergebnisse

Die Kampagne hat in allen Märkten gute bis sehr gute Ergebnisse erreicht. Neben dem hohen Reach via Facebook und Instagram konnten rund 6000 Installateure gewonnen werden, die am Gewinnspiel teilnahmen. Die Landingpage auf geberit.de wurde mehr als 8800-mal angesteuert. In den Niederlanden erzielte die Kampagne deutlich weniger

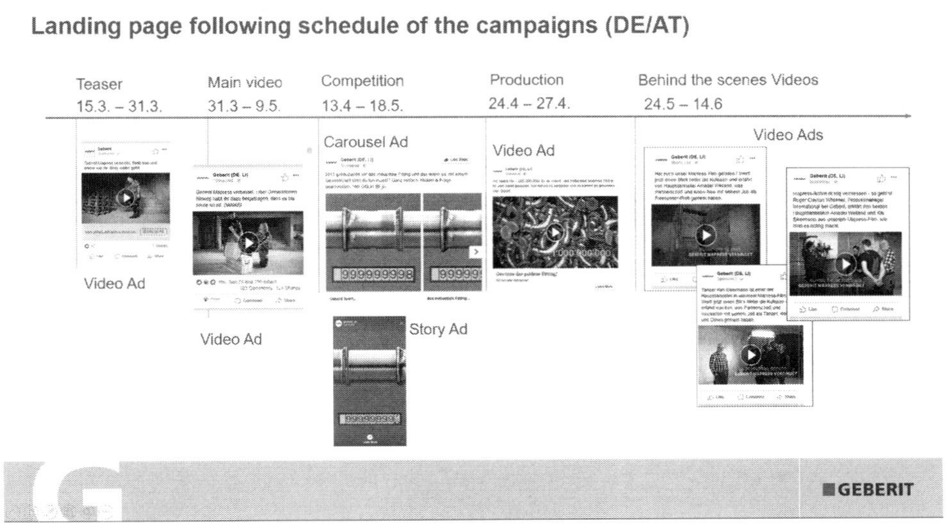

Abb. 3 Kampagnenablauf inklusive Kanälen, Formaten und Zeitrahmen. (Quelle: Geberit)

Streuverluste in der Zielgruppenansprache und mehr als 4300 User landeten auf der Landingpage.

Auch im Customer-Relationship-Management (CRM) hat die Kampagne Niederschlag gefunden. In den Niederlanden wurden 160 neue „Leads" generiert, und zwar vornehmlich über Social Media. Diese neuen Kontakte wurden im Verlaufe des Jahres durch den Außendienst besucht und konnten so mit dem Geberit Mapress Produktportfolio in Verbindung gebracht werden.

In Norwegen konnte die Kampagnen-Landingpage zwischen März und Mai rund 2500 Besucher verzeichnen, was in Relation zu den lokalen Rahmenbedingungen ein sehr gutes Ergebnis darstellte. Die meisten User wurden über Social Media angesprochen (69 %) und knapp 30 % über Newsletter. Betrachtet man die nordischen Länder insgesamt, so lag die CTR (Click Through Rate) bei rund 3 %, was ein sehr guter Wert ist. Dabei erzielte Geberit eine Abdeckung der angestrebten Zielgruppe von sehr guten 85 %. Davon war die Hälfte noch nicht im CRM erfasst, wodurch auch hier neue Kunden generiert werden konnten. Auch konnte Geberit höhere Absatzzahlen für Mapress-Produkte verzeichnen.

4 Herausforderungen

Eine zentrale Koordination einer Kampagne, die lokal in unterschiedlichen Märkten ausgespielt wurde, war insofern schwierig, als die Erwartungen und Ziele in den Märkten sehr unterschiedlich waren. Eine der Ursachen dafür ist der lokal sehr unterschiedliche Umgang mit Social Media. Zudem ist es noch nicht überall verankert, dass Social Media ein effektives Kommunikationstool im B2B-Bereich ist. In einzelnen Ländern wurde die Kampagne mit dem Hauptfokus auf Social Media gespielt, bei anderen war dieser Kanal eher ein Beiwerk zu den üblichen Tools wie Newslettern und Events.

Da sich die Kampagne um ein einzigartiges Ereignis (die Produktion des milliardsten Fittings) herum abspielen sollte, war die Terminierung fix und konnte nicht variabel in den einzelnen Märkten ausgespielt werden. Dieser Umstand war insbesondere für die Märkte mit geringen Kapazitäten eine Herausforderung, die sie sich an den engen Zeitplan halten mussten.

Bei der Definition der Zielgruppen über das Targeting im Facebook Business Manager ergab sich auch die Schwierigkeit, dass sich die B2B Zielgruppe selbst sehr unterschiedlich bezeichnet. Nicht in allen Ländern geben Nutzer ihre Berufsbezeichnung ein oder nutzen Facebook auch für Austausch im beruflichen Umfeld. Es stellte sich daraufhin die Frage, mit welchen Kriterien die Zielgruppe beschrieben werden kann.

Zielgruppengenauigkeit

Eine weitere Frage, die sich Geberit bei der Planung und Vorbereitung der Kampagne stellen musste, war die, wie das reine B2B-Publikum angesprochen wird. Dies konnte durch die reinen B2B-Inhalte realisiert werden. Eine Möglichkeit war, die Fragen schwer zu formulieren, sodass nur Installateure diese beantworten können. Dabei war das Spannungsfeld zwischen Anspruch und der kurzen Aufmerksamkeitsspanne der User abzuwägen.

Als sinnvoll stellte sich heraus, die finale Umsetzung der Kampagne in den Social-Media-Apps und deren Optimierung in den meisten Fällen von lokalen Agenturen durchführen zu lassen. Das ist grundsätzlich empfehlenswert, da sie sich im länderspezifischen Social-Media- und Kommunikationsumfeld auskennen, die Landessprache beherrschen und die Eigenheiten des Landes kennen.

Mit der Überarbeitung der Kampagnenstruktur, die im Kern gleich blieb, aber im Detail stark abwich, wurde die Kampagne unterschiedlich ausgespielt (vgl. Abb. 4) . Damit sind die Ergebnisse der Kampagne nicht eins zu eins vergleichbar und es ist schwierig, die unterschiedlichen Märkte miteinander zu vergleichen und voneinander zu lernen. Damit können die Ergebnisse nicht bewertet werden, um einzuschätzen, ob diese Zahlen ein gutes oder nur passables Ergebnis darstellen. Es ist ein Trugschluss, dass es einfacher ist, aus Social-Media-Kampagnen zu lernen und Verbesserungen abzuleiten, da hier messbare Ergebnisse verfügbar sind. Qualitativ wird die Kampagne in den Märkten aber als Erfolg bewertet, da die Zahl der Video-Views relativ hoch war, mehr Kunden als erwartet erreicht wurden und somit auch mehr Teilnehmer als erwartet dabei waren (Abb. 4).

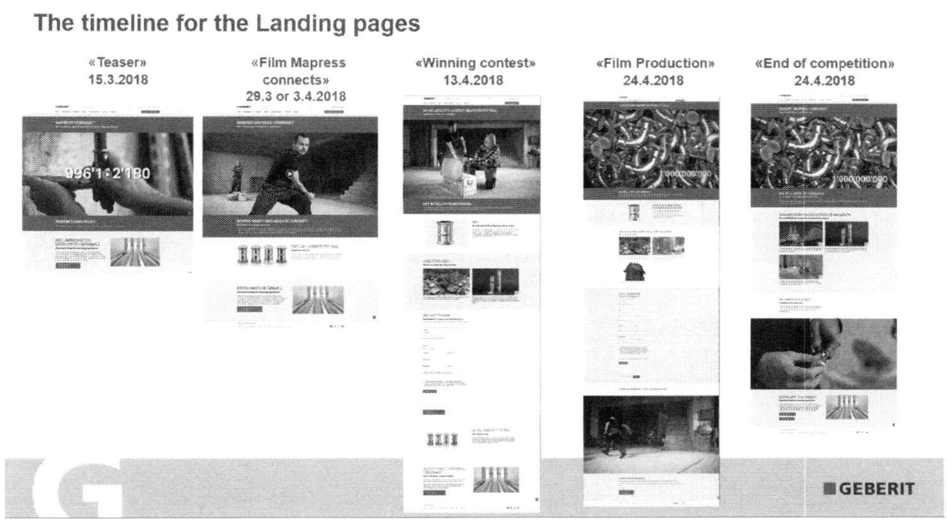

Abb. 4 Kampagnenablauf in Deutschland und Österreich. (Quelle: Geberit)

Olaf Grewe hat an der Universität Bamberg Geschichte und Kommunikationswissenschaften studiert. Er war rund 17 Jahren in internationalen Kommunikationsagenturen wie Ketchum Pleon und zuletzt Edelman Schweiz aktiv. Er hatte dort den Fokus auf Corporate Communications und Social Media gelegt und ist seit 2015 bei der Geberit Gruppe für die Koordination und Steuerung der internationalen PR und Social-Media-Arbeit tätig. Er doziert an der Universität Fribourg.

Lamya Kabbesch studierte Maschinenbau an der RWTH Aachen. In unterschiedlichen Stationen wie im Produktmanagement bei der Hilti AG in Liechtenstein, als Marketingverantwortliche bei der Aqua Lung GmbH – einem Hersteller für Tauchausrüstungen – und seit 2015 bei Geberit im Gruppenmarketing als Marketing-Kommunikation-Manager für Rohrleitungssysteme darf Lamya Kabbesch ihren technischen Background mit neuen Herausforderungen im Marketing verbinden.

Die weltweit tätige Geberit Gruppe ist europäischer Marktführer für Sanitärprodukte. Geberit verfügt in den meisten Ländern Europas über eine starke lokale Präsenz und kann dadurch sowohl auf dem Gebiet der Sanitärtechnik als auch im Bereich der Badezimmerkeramiken einzigartige Mehrwerte bieten. Die Fertigungskapazitäten umfassen 29 Produktionswerke, davon sechs in Übersee. Der Konzernhauptsitz befindet sich in Rapperswil-Jona in der Schweiz. Mit rund 12.000 Mitarbeitenden in rund 50 Ländern erzielte Geberit 2018 einen Nettoumsatz von 3,1 Mrd. Schweizer Franken. Die Geberit-Aktien sind an der SIX Swiss Exchange kotiert und seit 2012 Bestandteil des SMI (Swiss Market Index).

Chancen in der Gesundheitskommunikation durch Influencer-Strategien

Nadine Dusberger und Judith Christina Pierau

Inhaltsverzeichnis

1 Chancen beim Einsatz von Influencern im Healthcare-Marketing 214
2 Herausforderungen bei der Umsetzung von Influencer-Strategien in der Gesundheitskommunikation 215
2.1 Rechtliche Komponenten 215
2.2 Persönlicher Umgang 216
2.3 Aufwändige Recherchen 216
3 Herausforderungen bewältigen und Kampagnen entwickeln 217
3.1 Aufklärung von beiden Seiten 217
3.2 Möglichkeiten von Kampagnen 217
3.3 Workshop 218
4 Recherche und Ansprache authentischer Influencer für den Bereich Healthcare-Marketing 218
4.1 Recherche 218
4.2 Reichweite von Influencern im Bereich Healthcare-Marketing 218
4.3 Ansprache der Influencer und Aufklärung 219
5 Fallbeispiel – Zusammenarbeit mit Influencern aus dem Bereich Onkologie 220
6 Fazit 221
Literatur 221

N. Dusberger (✉) · J. C. Pierau
FleishmanHillard, Frankfurt am Main, Deutschland
E-Mail: nadine.dusberger@fleishman.com

J. C. Pierau
E-Mail: judith.pierau@fleishman.com

M. Terstiege (Hrsg.), *Digitales Marketing – Erfolgsmodelle aus der Praxis*,
https://doi.org/10.1007/978-3-658-26195-5_13

1 Chancen beim Einsatz von Influencern im Healthcare-Marketing

Influencer sind seit einigen Jahren ein fester Bestandteil der Kommunikation. Laut einer Studie (Kolo und Borgstedt 2015) bewerten ca. 30 % der Online-Nutzer in Deutschland regelmäßig Produkte und Services. Ein Drittel davon gilt dabei als „Influencer". Allein in Deutschland sind das etwa 4,6 Mio. Menschen. Wie eine Studie des Bundesverbands Digitale Wirtschaft zeigt, wurde jeder sechste Internetnutzer im Rahmen der Informationssuche über Produkte und Services schon bei Influencern fündig (BVDW und INFLURY 2017).

Auch in der Gesundheitskommunikation gehören Influencer zum festen Bestandteil der Kommunikationsklaviatur. Hier sind sie bislang allerdings unter dem Begriff der „Meinungsbildner" bekannt und primär in der Wissenschaft beheimatet. Doch die digitale Transformation macht auch vor der Gesundheitskommunikation nicht Halt. Und die zunehmende Demokratisierung von Informationen führt zum Verlust der Informationshoheit der klassischen Ansprechpartner und Kanäle. Zum Meinungsbildner, also Influencer, können heute auch Patienten werden.

Der Verlust der Informationshoheit ist für die bekannten Player im Gesundheitsmarkt, beispielsweise Ärzte, Krankenkassen oder Unternehmen, auf den ersten Blick beängstigend. Doch er birgt auch eine Chance: Es erschließen sich neue Möglichkeiten der Beratung und Führung. Dazu gehört auch, dass den emotionalen Bedürfnissen und dem Wunsch nach Orientierung für Gesundheitsinteressierte oder erkrankte Menschen Rechnung getragen wird – und Influencer darin gestärkt werden, glaubwürdige und verlässliche Gesundheitsinformationen zu vermitteln. Die Kommunikation im Gesundheitsbereich unterliegt berechtigterweise strengen Regularien. Der Einsatz von Influencern ist dennoch vielseitig und reicht von der Informationsvermittlung bis zur Produktkommunikation, z. B. im OTC-Bereich. Folgende Chancen bieten sich konkret:

- **Authentizität:** Durch Influencer haben Gesundheitsunternehmen die Möglichkeit authentisch und auf Augenhöhe mit der jeweiligen Zielgruppe zu kommunizieren. Der Influencer nimmt dabei die Position des Vermittlers in der Kommunikation zwischen Unternehmen und Zielgruppe ein. Studien zeigen, dass Informationen von „echten" Menschen vertrauenswürdiger und authentischer sind als von Unternehmen.
- **Neue Zielgruppen:** Die jüngere Zielgruppe informiert sich heute primär über das Smartphone. Daher müssen die Inhalte genau hier gut und leicht zu finden sein. Unternehmen haben die Chance, in einem rechtlich korrekten Rahmen gemeinsam mit Influencern ihre Inhalte ganz direkt zu verbreiten und zu publizieren – und zwar auf einem glaubwürdigen und authentischen Weg.
- **Zielgruppen direkt erreichen:** Inhalte lassen sich durch Influencer, die auf spezifische Erkrankungen spezialisiert sind, unmittelbar und ohne Streuverluste an die Zielgruppe kommunizieren. Anstatt also beispielsweise in einem allgemeinen Publikumsmagazin zu einer speziellen Erkrankung zu kommunizieren, bietet es sich

an, mit einem Influencer zu arbeiten, der sich monothematisch mit der Erkrankung auseinandersetzt. Zumeist hat dieser bereits eine Community aufgebaut, die nach Informationen zu genau dieser Krankheit sucht.

- **Langfristige Auffindbarkeit von Inhalten durch die Suche mit Suchmaschinen:** Dem medizinischen Laien (Patient und Angehörige) kann es in der Flut verfügbarer Informationen im Internet und auf Social Media schwerfallen, diejenigen herauszufiltern, die tatsächlich geprüft und valide sind. Heute suchen 13 % der Patienten nach ihrer Diagnose konkrete medizinische Informationen im Internet (Statista 2018). Nur 11 % nutzen allerdings direkt die Webseiten und Angebote von pharmazeutischen Herstellern.

Vor allem in Foren ist der Austausch zwischen Patienten und Angehörigen groß. Die dort „gehandelten" Informationen beruhen jedoch überwiegend auf Laien-Meinungen und Patientengeschichten und sind daher selten von medizinischem Fachpersonal geprüft. Der Suchende ist mit der Einordnung auf sich allein gestellt. Der Einsatz von Influencern in diesem Bereich bietet dagegen die Möglichkeit, Informationen auf Basis einer verlässlichen Quelle aufzuarbeiten und dem Betroffenen damit weiterzuhelfen. So geben 38 % an, dass ihnen das Internet beim Umgang mit der Erkrankung gut geholfen hat (EPatient RSD GmbH 2016). Patienten müssen die Möglichkeit haben, im Überangebot von Laien-Informationen valide, geprüfte Fakten zu finden, die leicht verständlich aufbereitet sind.

Zudem haben Blogbeiträge, die von Influencern veröffentlicht werden, den Vorteil, dass die Inhalte langfristig auffindbar sind.

2 Herausforderungen bei der Umsetzung von Influencer-Strategien in der Gesundheitskommunikation

Die Kommunikationsziele und Vorgehensweisen bei der Marken- und Produktkommunikation sind im Bereich Influencer-Strategien und im Bereich Healthcare miteinander vergleichbar. Beide verfolgen das Ziel einer glaubwürdigen und authentischen Kommunikation durch Influencer. Im Gegensatz zur klassischen Marken- und Produktkommunikation gilt es im Gesundheitsmarkt jedoch, die spezifischen regulatorischen Vorgaben wie beispielsweise das Heilmittelwerbegesetz zu beachten. Hier ist unbedingt zu berücksichtigen, dass man sich in einem Markt bewegt, in dem der Maßstab für ethisch korrekte Kommunikation sehr hoch ist.

2.1 Rechtliche Komponenten

In der Gesundheitskommunikation ist die Einhaltung rechtlicher Vorgaben unerlässlich. Besonders wichtig sind hier die Regelungen des Wettbewerbs-, Urheber- und Markenrechts. Die entsprechenden Vorschriften sind den Influencern im Bereich der Gesundheitskommunikation gerade im Erstkontakt nicht immer bekannt. Das liegt auch daran, dass häufig mit Patienten, Praktikern oder Professoren gesprochen wird, nicht aber mit Kommunikationsexperten. Hinzu kommt, dass für Patienten, Ärzte und Unternehmen zwar die gleichen rechtlichen Grundlagen, jedoch unterschiedliche Graduierungen an Informationsmöglichkeiten bestehen – je nachdem, an welche Zielgruppe sich die Kommunikation richtet. Daher sind vor dem Einsatz von Influencern die Abklärung und Einhaltung der rechtlichen Rahmenbedingungen und die garantierte Einhaltung der brancheneigenen Kodizes (z. B. FSA) und Compliance-Richtlinien (z. B. der beauftragenden Unternehmen) unerlässlich – allen voran die Einhaltung des Heilmittelwerbegesetzes. Da der überwiegende Teil der Influencer (vor allem Patienten) aus medizinischen Laien ohne entsprechende Ausbildung besteht, müssen Unternehmen die Influencer z. B. darüber aufklären, dass keinerlei Werbung für verschreibungspflichtige Arzneimittel oder Therapien gemacht werden darf, wenn es sich um bezahlte Kooperationen zwischen Influencern und Unternehmen handelt.

▶ **Pflicht zur Kennzeichnung kommerzieller Beiträge** Jegliche werbliche Kommunikation muss für den Empfänger eindeutig als solche erkennbar sein (§ 5a Abs. 6 UWG i. V. m. § 58 Abs. 1 RStV). Allerdings ist schon die Beantwortung der Frage, was alles unter den Begriff der kommerziellen Kommunikation fällt, höchst umstritten und kann nicht eindeutig und allgemeingültig beantwortet werden. So ist bei professionellen Influencern grundsätzlich davon auszugehen, dass jeder von ihnen abgesetzte Post als kommerzieller Beitrag in diesem Sinne einzustufen ist und zwar unabhängig davon, ob im Einzelfall eine bezahlte Partnerschaft vorliegt oder nicht (LG Karlsruhe, Urt. V. 21.03.2019, Az: 13 O 38/18 KfH). Um den rechtlichen Vorgaben gerecht zu werden, müssen Tweets, Posts, Blogbeiträge und Ähnliches gut sichtbar, eindeutig und in der für das jeweils verwendete Medium bzw. den jeweils verwendeten Kommunikationskanal üblichen Form als Werbung gekennzeichnet werden.

2.2 Persönlicher Umgang

Im Gegensatz zu Influencern aus dem Lifestyle-Bereich haben nicht-ärztliche Influencer in der Gesundheitskommunikation häufig eine eigene Krankengeschichte und sind teilweise noch akut davon betroffen. Im Umgang mit diesen Influencern ist eine individuelle Ansprache essenziell – von vorgefertigten Kampagnen-E-Mails ist dringend abzuraten. Optimal ist es, wenn auf die persönliche Ansprache unmittelbar ein Gesprächsangebot folgt.

2.3 Aufwändige Recherchen

Im Gegensatz zum Lifestyle-Bereich ist die Suche nach geeigneten Influencern im Bereich der Gesundheitskommunikation aufwändiger. Es gibt wenige Datenbanken, die entsprechende Filter zur Identifikation von geeigneten Personen anbieten (Tipps zur Recherche siehe Abschn. 4.1).

3 Herausforderungen bewältigen und Kampagnen entwickeln

Wer sich der Herausforderungen bewusst ist und diese vorab klärt, kann mit Influencern neue Wege in der Gesundheitskommunikation gehen.

3.1 Aufklärung von beiden Seiten

Wie in Kap. 2 aufgeführt wurde, bedarf es unternehmens- oder auch agenturseitig der Aufklärung von Influencern über die rechtlichen Komponenten sowie eines Erwartungsmanagements an die zu erbringende Leistung noch vor Kampagnenbeginn. Es empfiehlt sich, als Unternehmen zu jeder Kooperation mit einem Influencer eine Kooperationsvereinbarung aufzusetzen. Kommt der Influencer aus dem ärztlichen Bereich und ist er in einer Klinik tätig, muss zusätzlich eine Dienstherrengenehmigung eingeholt werden. Die Kooperationsvereinbarung sollte folgende Punkte beinhalten:

- Honorarvereinbarung
- Rechtliche Hinweise zum Telemediengesetz, Heilmittelwerbegesetz sowie evtl. weiterer Richtlinien, die eingehalten werden müssen
- Leistungsvereinbarung im Detail (z. B. Erstellung eines Blogbeitrags)
- Hinweise zur Kennzeichnungspflicht werblicher Beiträge gemäß Telemediengesetz
- Kampagnenlaufzeit
- Vereinbarung zur Nutzung der vom Influencer erstellten Beiträge im Rahmen von Werbe- und PR-Zwecken (Buy-outs)

3.2 Möglichkeiten von Kampagnen

Die Ausgestaltung von Influencer-Kampagnen bietet viele Optionen – von Aufklärungskampagnen zu bestimmten Indikationen über die Kommunikation von OTC-Produkten bis hin zum Sponsoring vorhandener Formate und Events. Influencer, die selbst von der Indikation betroffen sind oder waren, können gemeinsam mit Unternehmen authentische Inhalte für andere Betroffene erstellen. Auch bei Awareness- und Aufklärungskampagnen sind Influencer gut geeignete Multiplikatoren der Botschaften. Nicht zuletzt können Influencer auch als Testimonials eingesetzt werden. Im Vergleich zu klassischen Botschaftern haben Influencer den Vorteil, dass sie über eine eigene, thematisch affine Community verfügen.

3.3 Workshop

Um als Unternehmen komplexe inhaltliche Sachverhalte und Themengebiete gemeinsam mit Influencern zu entwickeln, bietet sich vor allem die Mechanik eines Workshops als erweiterte Alternative zu Briefingmaterialien an. Der Vorteil: Der Influencer bekommt die Informationen direkt aus dem Unternehmen und kann inhaltliche Details mit den Ansprechpartnern gruppendialogisch abstimmen. Darüber hinaus ist für eine langfristige Beziehung die persönliche Beziehung wichtig, die in der Regel im Zuge eines Workshoptags entsteht.

4 Recherche und Ansprache authentischer Influencer für den Bereich Healthcare-Marketing

4.1 Recherche

Nicht jeder Influencer kennzeichnet sich offensichtlich als Influencer. Vor allem im Bereich Healthcare bezeichnen sie sich häufig noch als traditionelle „Blogger", da der Begriff „Influencer" eher eine Lifestyle-Konnotation hat. Darüber hinaus wird die Bezeichnung im Bereich der Gesundheitskommunikation viel weiter aufgefasst, da auch Fachpersonal wie etwa Mediziner oder Professoren Influencer sein können. Wichtig dabei: Es sollten genau diejenigen Personen identifiziert werden, die sich mit einem speziellen Thema befassen und sowohl über die Kanäle als auch die Glaubwürdigkeit verfügen, zu diesen Themen zu kommunizieren und als Anlaufstelle für andere zu dienen.

Die Suche nach Influencern kann über eine klassische Google-Suche stattfinden, aber auch über eine Hashtag-Suche mit themenrelevanten Schlagwörtern auf den Social-Media-Kanälen (z. B. bei der Indikation Krebs: #Brustkrebs, #Krebsblogger, #Lebennachkrebs etc.). Eine Kombination verschiedener Stichwörter kann helfen, die Suche noch gezielter auszuführen. Ist eine erste Auswahl getroffen, kann diese als Basis für die weitere Recherche dienen, da sich Influencer aus einem bestimmten Themenbereich häufig untereinander vernetzen. Das hat zwei Aspekte: den gegenseitigen thematischen Austausch sowie das Bekanntmachen der entsprechenden Kanäle in der Community. Daher ist die Beobachtung der Community eine essenzielle Recherchequelle. Gerade bei Events und Workshops kann es ein Vorteil sein, Influencer auszuwählen, die bereits über Social-Media-Kanäle vernetzt sind.

4.2 Reichweite von Influencern im Bereich Healthcare-Marketing

Bei der Auswahl der Influencer ist nicht zwingend die quantitative Anzahl der Follower (Community-Größe) im Hinblick auf Social-Media-Kanäle das ausschlaggebende Kriterium dafür, ob jemand als Influencer geeignet ist. Gerade Mikro- oder Nischen-Influencer lassen sich gut einsetzen, da sie einen engeren Bezug zu ihrer Community haben und somit nicht nur ein höheres Engagement vorweisen können, sondern vor allem von den Followern als authentischer und glaubwürdiger wahrgenommen werden. Darüber hinaus ist durch Nischen-Influencer die gewünschte, spezifische Zielgruppe gut zu erreichen.

Gerade im Healthcare Bereich, in dem es bei der Zusammenarbeit mit Influencern in der Regel weniger um eine Produktplatzierung geht als vielmehr um die Kommunikation gehaltvoller Themen, überwiegen Aspekte wie Glaubwürdigkeit und thematischer Match das Kriterium einer großen Reichweite. Bei publikumswirksamen Aufklärungskampagnen gibt es verschiedene Möglichkeiten, Gesundheitsthemen durch Influencer zu kommunizieren. Insbesondere bei Themen wie Brustkrebs, die auch in den breiten Publikumsmedien stattfinden, ist für eine Awareness-Kampagne der Einsatz eines bekannten Influencers auch ohne die Indikation möglich. Der Fokus liegt hier bei der Auswahl eines glaubwürdigen, reichweitenstarken Influencers, der das Thema in der breiten Öffentlichkeit emotional überzeugend platzieren kann. Wichtig ist, dass der Influencer eine intrinsische Motivation mitbringt, das Thema glaubwürdig zu besetzen.

Beispiele von Influencern

Ein prominentes Beispiel ist die Aids-Aufklärungskampagne, die den Lifestyle-Influencer Riccardo Simonetti als Kampagnenbotschafter einsetzt. Simonetti zählt mit über 175.000 Followern zu den wichtigsten Influencern in Deutschland (Stand Februar 2019).

Auch im Bereich der Gesundheitskommunikation entwickeln sich die Influencer. So ist Samira Mousa, Bloggerin und Buchautorin mit Multipler Sklerose, mit ihrem Blog „Chronisch Fabelhaft“ (http://chronisch-fabelhaft.de/) ein Beispiel dafür, dass Influencer aus dem Gesundheitsbereich große Popularität erreichen können.

Über eine Million Aufrufe kann das deutschsprachige YouTube-Video „Haare abrasieren wegen Krebs“ https://www.youtube.com/watch?v=rgvLijhhgxQ verzeichnen. Chanel Aschenbrenner ist heute krebsfrei.

Im Bereich der Zahnmedizin ist die Studentin Sophie Hobelsberger mit über 20.000 Abonnenten auf YouTube ein Beispiel dafür, dass medizinische Themen inzwischen auf kreative und ansprechende Weise in der Social Media-Welt angekommen sind (https://www.youtube.com/user/peppermintpattyblue/featured).

4.3 Ansprache der Influencer und Aufklärung

Die Vorgehensweise der Ansprache von Influencern im Bereich Healthcare unterscheidet sich nicht von der Ansprache im Bereich Brand-Marketing. Die Kontaktaufnahme erfolgt über E-Mail oder über die Kontaktinformation auf den Social-Media-Kanälen. Empfohlen werden hier eine kurze Vorstellung der eigenen Person sowie ein kompakter Themenpitch. Es folgt das Angebot eines weiterführenden Telefonats. In beiden Bereichen sollte der Influencer zunächst zu den wichtigsten Punkten informiert werden – alle weiteren Punkte sind dann aber besser persönlich zu besprechen.

Im Unterschied zu Influencern aus dem Brand-Marketing liegt der besondere Fokus bei Healthcare auf der Beziehungsarbeit. Gerade weil Influencer zumeist selbst Patienten sind, ist eine Recherche auf den Social-Media-Kanälen über den Gesundheitszustand der jeweiligen Person elementar. Auch kommen diese Influencer häufig das erste Mal mit Agenturen und Unternehmen in Berührung. Die Kontaktperson muss in der Lage sein, die Zusammenhänge und das Erwartungsmanagement sowie die rechtlichen Komponenten aus Telemedien- und Heilmittelwerbegesetz entsprechend zu formulieren.

5 Fallbeispiel – Zusammenarbeit mit Influencern aus dem Bereich Onkologie

Ein Pharmaunternehmen möchte Patienten durch authentische Inhalte über Krebs aufklären und auf einer Webseite valide Informationen bereitstellen. Die Inhalte der Seite sollen in verschiedenen Formaten – z. B. in Expertenbeiträgen oder Interviews – dargestellt werden. Das Unternehmen wünscht sich, dass der Informationsgeber mit den Patienten auf Augenhöhe agiert. Daher bemüht sich das Unternehmen nicht nur um wissenschaftliche Meinungsbildner als Autoren, sondern auch um Blogger, die selbst an Krebs erkrankt sind.

Die Website soll durch traditionelle Maßnahmen wie SEO und SEM, aber auch durch Social Paid Ads (Facebook, Instagram) vermarktet werden. Ziel ist es, für die Webseite und die Patienten spezifische Inhalte zu schaffen sowie Angehörige und Interessierte über die Social-Media-Kanäle der Influencer aufmerksam zu machen.

Da das Unternehmen bisher noch keine einschlägigen Erfahrungen mit Influencern sammeln konnte, entstand folgende Idee des Marketing- und PR-Teams: Die Influencer treffen sich zu einem gemeinsamen Workshoptag mit dem Ziel, sich gegenseitig kennenzulernen. In diesem Rahmen können die Influencer über das geplante Projekt informiert. Die Influencer erhalten für das Projekt ein Gesamthonorar.

Bereits während des Workshops berichteten die Influencer (nach Rücksprache) auf den Social-Media-Kanälen positiv über das Unternehmen. Sie waren begeistert, dass das Unternehmen Einblicke gewährt und den Aufwand nicht scheut, um gemeinsam Themen für die Webseite zu entwickeln. Diese Begeisterung war auch in den Beiträgen spürbar, was zu sehr positivem Widerhall der Follower und zu vielen positiven Kommentaren über das Unternehmen führte.

6 Fazit

Für Unternehmen im Bereich Healthcare bieten sich durch die digitale Transformation und den Verlust der Informationshoheit klassischer Kanäle viele neue Möglichkeiten zur Kommunikation. Im Bereich der Influencer Relations sind Pioniergeist und Mut gefragt. Das Ganze befindet sich insbesondere im Hinblick auf nicht-wissenschaftliche Influencer, die gleichzeitig Patienten sind, immer noch im Aufbau. Daraus ergeben sich spannende Positionierungsoptionen für Unternehmen, die bereit sind, sich der Thematik zu öffnen, und die keine Angst vor weiterem Informationskontrollverlust haben. Diese Angst ist ohnehin unbegründet: Die Zusammenarbeit mit Influencern erfolgt auf Augenhöhe und in enger Kooperation. Dadurch ist es möglich, die rechtlichen und inhaltlichen Herausforderungen zu bewältigen und den Influencern den dringend benötigten Freiraum bei der inhaltlichen Gestaltung ihrer Beiträge zu gewähren. Der Influencer kennt seine Community und weiß, wie er Themen aufbereiten muss, damit sie glaubwürdig sind und zu einer fruchtbaren Interaktion führen. Ein erster Schritt zum Aufbau von Influencer Relations ist ein ganztägiger Workshop, in dem Inhalte vermittelt werden und ein erstes Feedback die weitere Richtung vorgibt.

Literatur

BVDW & INFLURY. (2017). Bedeutung von Influencer Marketing in Deutschland 2017. https://www.healthrelations.de/wp-content/uploads/2018/04/171128_IM-Studie_final-draft-bvdw_low1.pdf. Zugegriffen: 5. Apr. 2019.

EPatient RSD GmbH. (2016). 5. EPatient Survey 2016. https://dl.health-it-portal.de/topics/860/files/pressemappe_fachmedien_epatientsurvey2016.pdf. Zugegriffen: 5. Apr. 2019.

Kolo, C., & Borgstedt, A.-L. (2015). Digitale Meinungsmacher. https://www.macromedia-fachhochschule.de/presseraum/news-details/datum/2015/05/18/digitale-meinungsmacher-hochschule-macromedia-und-werbeagentur-webguerillas-mit-influencer-studie.htm. Zugegriffen: 5. Apr. 2019.

Statista. (2018). Anteil der Personen, die das Internet zur Beschaffung von gesundheitsrelevanten Informationen genutzt haben in Deutschland in den Jahren 2006 bis 2018. https://de.statista.com/statistik/daten/studie/158825/umfrage/internetrecherche-nach-krankheiten-und-ernaehrung-in-deutschland/. Zugegriffen: 5. Apr. 2019.

Nadine Dusberger leitet das Healthcare-Team von FleishmanHillard in Deutschland und berät Kunden aus allen Bereichen der Gesundheitswirtschaft. Ihr Schwerpunkt liegt in der strategischen Beratung sowie der Konzeption und Leitung großer nationaler und internationaler Kommunikationsprojekte. Nadine Dusberger hat mehr als 20 Jahre Erfahrung in der Gesundheitskommunikation und wurde für ihre Arbeit mit mehreren Awards ausgezeichnet. Unter ihrer Leitung entstanden die erste voll integrierte Disease Awarenesskampagne im deutschen Markt sowie eine globale Facebook-Community für Zahnärzte. Frühere Stationen der Kommunikationswissenschaftlerin waren die MCG Medical Consulting Group, Edelman sowie DENTSPLY Friadent, heute DENTSPLY Sirona Implants.

Quelle: FleishmanHillard

Judith Christina Pierau ist Vice President bei FleishmanHillard und arbeitet im Bereich Creative Strategy & Innovation standortübergreifend als Lead Social Content & Engagement. Sie berät Unternehmen und Marken aus den Bereichen Lifestyle, FMCG, Healthcare und Technologie in ihren Content- & Engagement-Strategien. Im Bereich Influencer Relations zählt Judith Christine Pierau mit ihrer Erfahrung zu den Pionieren und verfügt über ein weitreichendes Netzwerk zu den führenden Influencern in Deutschland. Sie ist heute Speaker auf Konferenzen und vor Industrieverbänden. Nach ihrem Studium der Rechtswissenschaft hat sie sich auf die Digitale Kommunikation spezialisiert und verfügt über mehr als zehn Jahre Erfahrung in der Beratung.

Diversifizierter E-Commerce in der Brauwirtschaft

Fabian O. Veltins

Inhaltsverzeichnis

1 E-Commerce-Potenziale 223
2 Status quo deutscher Online-Getränkehandel 224
3 Der deutsche Online-Getränkehandel aus Expertensicht 227
4 Der Einfluss der Digitalisierung auf den deutschen Lebensmitteleinzelhandel 228
5 Online- vs. Offline-Getränkehandel 229
6 Handlungsempfehlungen für die Praxis 231
6.1 Empfehlungen für kleine und/oder regionale Brauereien 232
6.2 Empfehlungen für mittelgroße Brauereien 232
6.3 Empfehlungen für Großbrauereien 233
Literatur 234

1 E-Commerce-Potenziale

Die Digitalisierung beeinflusst nicht nur das Marketing, sondern auch maßgeblich die Marktfähigkeit bereits etablierter Produkt- und Dienstleistungsbranchen sowie den bestehenden Handel und ebnet gleichzeitig den Weg für eine stärkere Konzentration und Bündelung von Dienstleistungen und Produkten (González und Jouanjean 2017). Mit anderen Worten: Die Digitalisierung und der damit verbundene Handel über das Internet (E-Commerce) setzen vorhandene Marktmechanismen und Regeln außer Kraft und ordnen diese neu.

F. O. Veltins (✉)
Köln, Deutschland
E-Mail: fabian.veltins@student.ism.de

M. Terstiege (Hrsg.), *Digitales Marketing – Erfolgsmodelle aus der Praxis*,
https://doi.org/10.1007/978-3-658-26195-5_14

Bereits seit 2000 steigt der Umsatz des E-Commerce in Deutschland stetig an. So wurde beispielsweise 2015 jeder fünfte Euro in Europa online ausgegeben (Furchheim et al. 2018; Schrader 2018; Tuschi 2016). Nicht nur der Online-Einkauf von Bekleidung oder Elektronik, sondern auch der von Lebensmitteln ist von steigender Bedeutung im deutschen Einzelhandel. Allerdings liegen die Online-Umsätze bei Lebensmitteln und Getränken derzeit noch weit unter denen des stationären Handels (bevh und Boniversum 2016; Eurostat 2018; Roik 2018).

Vor diesem Hintergrund wird anhand von Expertenmeinungen geprüft, ob der Online-Vertrieb von Getränken speziell für die Warengruppe Bier Umsatzpotenzial birgt oder ob er lediglich als Marketinginstrument anzusehen ist. Im Rahmen der Studie werden ausschließlich der deutsche Biermarkt und der deutsche Online-Getränkehandel in Betracht gezogen.

2 Status quo deutscher Online-Getränkehandel

Die Mehrheit der deutschen Verbraucher zieht nach wie vor den stationären Lebensmitteleinzelhandel dem Online-Einkauf von Lebensmitteln vor (Spill und Harms 2017). Deswegen erhöhen die Online-Angebote im Lebensmittelbereich kontinuierlich ihre Attraktivität (Birnbaum 2017). Auch in der deutschen Getränke- und Brauwirtschaft kommen zunehmend Online-Angebote zum Einsatz.

Ein erster Blick auf die Definition von (traditionellen) Geschäftsmodellen soll helfen, den Online-Getränkehandel vom bestehenden Getränkehandel zu unterscheiden. Ausgehend von der Grundidee, dass ein Geschäftsmodell den erwirtschafteten Wertbeitrag eines Unternehmens berücksichtigen soll, legen Sorescu et al. (2011) die folgende Definition eines Geschäftsmodells fest:

> „Ein Geschäftsmodell ist ein gut funktionierendes System von voneinander abhängigen Strukturen, Aktivitäten und Prozessen […], das als Organisationslogik für Wertschöpfung (für seine Kunden) und Wertaneignung (für sich und seine Partner) dient“ (Sorescu et al. 2011, S. 4).

Diese Definition besagt, dass alle Elemente eines Unternehmens logisch und effizient aufeinander abgestimmt sein müssen, um für den Verbraucher und das Unternehmen selbst Wert zu schaffen. Diese Definition gilt grundsätzlich auch für Online-Geschäftsmodelle. Der wesentliche Unterschied zu traditionellen Geschäftsmodellen ist die Nutzung der Digitalisierung als Kernkompetenz. Die Definition eines Online-Geschäftsmodells von Weill und Woerner (2013) basiert auf drei Schlüsselelementen: Inhalt, Kundenerfahrung und Plattform. Der Inhalt bezieht sich auf die digitalen oder physischen Produkte, die angeboten und konsumiert werden. Das zweite Element betrifft die Erfahrung, die der Kunde mit jedem einzelnen digitalen Touchpoint innerhalb des Unternehmens macht, zum Beispiel mit der Website, mit Zahlungsmöglichkeiten oder mit der Versandart. Alle digitalisierten Kanäle und die damit verbundenen Geschäftsprozesse,

Daten und Infrastrukturen sind unter dem dritten Element Plattform zusammengefasst (Weill und Woerner 2013).

Online-Geschäftsmodelle umfassen demnach alle Elemente eines traditionellen Geschäftsmodells, konzentrieren sich aber auf die Digitalisierung. Dies bedeutet auch, dass ein Online-Getränkehandel seine Geschäftsstrategie mit Fokus auf die Digitalisierung plant. Als einfaches Beispiel hierfür kann die Nutzung intelligenter Software zur Tourenplanung genannt werden. Zum grundlegenden Verständnis des Online-Bereiches des deutschen Getränkemarktes werden nachfolgend Online-Geschäftsmodelle im deutschen Getränkemarkt beschrieben.

Zunächst ist hervorzuheben, dass der Online-Getränkehandel in Deutschland ein dynamischer Markt ist, der sich noch in der Anfangsphase befindet. So könnten sich die im Folgenden dargestellten sechs Geschäftsmodelle (Tab. 1) in Zukunft dynamisch verändern, abhängig davon, ob der Online-Getränkehandel ein Nischenmarkt bleibt oder sich längerfristig etablieren wird. Zudem ist es schwierig, wesentliche Unterscheidungsmerkmale festzustellen. Sobald sich der Online-Getränkemarkt fest etabliert hat, können eindeutigere Unterschiede festgestellt werden, da dann davon auszugehen ist, dass die Anbieter ihre Geschäftsmodelle verfeinern, um sich von Konkurrenzunternehmen abzuheben.

Tab. 1 Online-Getränkehandel-Geschäftsmodelle

Business-Modell	Art des Geschäftes	Zentral-lager	Markantes Merkmal	Kosten pro Lieferung	Beispiele
1. Stationärer Getränke-lieferservice	Stationär	ja		Aufpreis, Mindest-bestell-wert	Wingchen, Hoff-mann-Bringts
2. Online-Getränkever-kaufsplattform	Online	nein	Bündelung von stationären Getränkeliefer-services	Individuell	Webdrink, Wir-liefern-Getränke
3. Online-Getränke-fach-händler-Shop	Online/sta-tionär	ja	Hohe Getränke-vielfalt	Versand- und Verpackungs-kosten, Mindest-bestellwert	Bierselect, Beerwulf, Bierothek
4. Online-Einzelhandels-lieferservice	Stationär/online	nein/ja	Supermarkt Produkt-portfolio	Liefergebühr/Versand-kosten	Allyouneed, Rewe, Bring-meister
5. Online-Lebens-mittel- und Getränke-liefer-service	Online	ja	Hohes Produkt-portfolio	Mindestbestell-wert	Amazon Fresh
6. Online-Getränkeliefer-service	Online	ja	Lieferung innerhalb von 2 bis 1 ½ Stunden	Mindestbestell-wert	Durstexpress, Flaschenpost

Jedes der sechs identifizierten Online-Geschäftsmodelle basiert auf allgemeinen Informationen über die derzeitigen Anbieter im Online-Getränkehandel[1]. Zur Unterscheidung wurden sechs Kriterien gewählt, die in Tab. 1 aufgeführt sind.

Das erste Online-Geschäftsmodell ist der stationäre Getränkelieferservice, der sich in erster Linie auf die Getränkelieferdienste bestehender Getränkegroßhändler (vorwiegend B2C) oder Cash & Carry-Märkte (vorwiegend B2B) wie „Getränke Wingchen" oder „HoffmannBringts" beschränkt. Dessen ungeachtet, dass für den Cash & Carry-Lieferservice Bier wahrscheinlich als sortimentsergänzendes Produkt geführt wird, handelt es sich bei beiden Unternehmenstypen um traditionelle Geschäftsmodelle. Das heißt, dass die Unternehmen zusätzlich zu stationären Outlets einen Getränkelieferservice betreiben. Neben der Bestellung über das Internet, meist per E-Mail, kann oftmals auch telefonisch bestellt werden. Stationäre Getränkelieferservices nutzen in der Regel ein Zentrallager, eigene Lieferfahrzeuge und berechnen einen Zuschlag für die Lieferung oder fordern einen Mindestbestellwert. Die häufigsten Lieferungsoptionen bei diesem Online-Geschäftsmodell sind Click & Collect (Online-Bestellung und Abholung im stationären Handel) und die Lieferung in einem selbst gewählten Zwei-Stunden-Fenster.

Mit der Ausbreitung des Internets sind einige Online-Getränkeverkaufsplattformen entstanden, wie zum Beispiel „webdrink.de" oder „wir-liefern-getränke.de". Diese Plattformen zeichnen sich dadurch aus, dass sie bestehende, stationäre Getränkelieferservices auf einer Website bündeln. Mit anderen Worten: Diese Online-Plattformen sind Online-Vermittler zwischen Getränkelieferanten und Kunden. Sie stellen keine eigenen Zentrallager zur Verfügung und liefern die Produkte nicht selbst aus. Es ist davon auszugehen, dass diese Plattformen eine Gebühr für die Veröffentlichung der Getränkelieferdienste und für das Vermitteln der Bestellungen erheben.

Das dritte Geschäftsmodell des Online-Getränkehandels ist der Online-Getränkefachhändler-Shop wie bei „bierselect.de" oder „beerwulf.de", letzterer wird exklusiv von Heineken unterstützt (Böhm o. J.). Dieses Geschäftsmodell verfügt in der Regel über ein eigenes Zentrallager und setzt auf ein größeres Spezialitätensortiment, höhere Preise und die Möglichkeit, einzelne Bierflaschen sehr differenziert zu bestellen. Obwohl eine Bestellung bei sechs Flaschen pro Lieferung beginnt, können keine Mehrwegkästen einer Biermarke bestellt und auch kein Pfand zurückgegeben werden, wie es bei allen anderen Geschäftsmodellen üblicherweise der Fall ist. Durch das Angebot von Getränkespezialitäten kann davon ausgegangen werden, dass vor allem Konsumenten, die nach außergewöhnlichen Getränken suchen, Kunden dieses Geschäftsmodells sind. Zusätzlich werden in der Regel Versand- und Verpackungskosten für die Paketzustellung berechnet oder es muss ein Mindestbestellwert erreicht werden. Obwohl die Hauptgeschäftsfelder des Online-Getränkefachhändler-Shops selbstredend online sind, verfügen einige dieser Geschäftsmodelle wie „Bierothek.de" auch über stationäre Geschäfte.

[1]Die Informationen wurden über die Websites allyouneedfresh.de, amazon.de, beerwulf.com, bierothek.de, bierselect.de, bringmeister.de (Edeka), durstexpress.de, flaschenpost.de, hoffmannbringts.de, shop.rewe.de, webdrink.de, wingchen.de und wir-liefern-getraenke.de gesammelt.

Das vierte Geschäftsmodell, der Online-Einzelhandelslieferservice, umfasst stationäre Lebensmitteleinzelhändler, die ihr angestammtes Angebot auch online vertreiben (zum Beispiel Rewe oder Edeka), und Online-Lebensmittelhändler (zum Beispiel allyouneed.de), die über keine stationären Verkaufsstellen verfügen. Sowohl Lebensmittel als auch Getränke können online eingekauft und mittels eines eigenen Fuhrparks oder eines Paketdienstes ausgeliefert werden. Aber auch die Liefermöglichkeit von Click & Collect ist üblich. Während stationäre Lebensmitteleinzelhändler in der Regel Online-Bestellungen direkt vom Markt kommissionieren, besitzen Online-Lebensmittelhändler üblicherweise ein Zentrallager, aus dem heraus kommissioniert wird. Obwohl Discounter wie Aldi, Lidl oder Netto einen Online-Lieferservice anbieten, finden diese dennoch keine Berücksichtigung, da sie nicht dauerhaft Bier im Online-Sortiment führen (teilweise wird die pfandfreie Fünf-Liter-Partybierdose angeboten). Hinsichtlich der Unterscheidungsmerkmale zu anderen Geschäftsmodellen bietet der Online-Einzelhandelslieferservice dem Verbraucher das gleiche Sortiment und die gleiche Preisspanne der Produkte wie im stationären Handel, verrechnet aber eine Liefergebühr oder Versandkosten.

Das fünfte Geschäftsmodell, der Online-Lieferdienst für Lebensmittel und Getränke, ist dem Online-Lieferservice Amazon Fresh gewidmet, der zurzeit in Hamburg, Berlin, Potsdam und München genutzt werden kann. Amazon Fresh bietet verschiedene Zustelloptionen, zum Beispiel Lieferung am selben Tag oder Lieferung innerhalb eines selbstgewählten Zwei-Stunden-Fensters an, um den Verbraucher mit ca. 300.000 Lebensmittel- und Getränkeartikeln zu versorgen. Ein Mindestbestellwert ist erforderlich, um zusätzliche Versandkosten zu vermeiden. Obwohl Amazon eine Partnerschaft mit DHL unterhält, stellt Amazon Fresh in den USA bereits eine eigene Lieferflotte zur Verfügung.

Neue Online-Getränkehändler, die in Online-Getränkelieferdiensten wie Durstexpress oder Flaschenpost ihre Ausprägung finden, bilden das sechste Geschäftsmodell. Diese Lieferdienste zeichnen sich durch eine Zustellmethode aus, die aus einer Lieferung innerhalb von eineinhalb bis zwei Stunden nach der Online-Bestellung besteht. Zusätzlich bezieht sich der Begriff Online-Getränkelieferservice auf Dienstleistungsunternehmen, die alle ihre Geschäfte online abwickeln (zum Beispiel Bestellungen werden nur online getätigt), keine physischen Verkaufsstellen haben und über ein starkes Logistiksystem mit eigenen Lieferflotten, Zentrallagern und eigenen entwickelten Tourensoftware-Lösungen verfügen. Momentan lässt sich dieses Online-Geschäftsmodell nur in Ballungsräumen finden.

3 Der deutsche Online-Getränkehandel aus Expertensicht

Im Folgenden sind die Ergebnisse einer Befragung mit Experten aus Brauwirtschaft, E-Commerce und Handel anonymisiert zusammengefasst. Insgesamt konnten elf Experten für die Erhebung gewonnen werden, die zum Einfluss der Digitalisierung auf den deutschen Lebensmittelhandel und zum Stellenwert des Online-Getränkehandels im Vergleich zum stationären Handel im deutschen Biermarkt befragt wurden. Eine genaue Aufteilung und Aufschlüsselung der Expertenbefragung kann Tab. 2 entnommen werden.

Tab. 2 Expertenbefragung

Experten	Geschäftsfeld	Position	Branche
A	Brauwirtschaft	Geschäftsführer	Brauereiwesen, Marketing und Vertrieb
B	Brauwirtschaft	Regionalleiter Außendienst	Brauereiwesen, Gastronomie und Handel
C	Brauwirtschaft	Regionalleiter Außendienst	Brauereiwesen, Gastronomie und Handel
D	Brauwirtschaft/ Consulting	Geschäftsführer/Berater	Brauereiwesen, Marketing, Vertrieb und Export
E	E-Commerce/ Brauwirtschaft	Geschäftsführer	Brauereiwesen, Online-Getränke Fachhändler-Shop
F	E-Commerce	Geschäftsführer Finanzen	Online-Getränkelieferservice
G	E-Commerce	Betriebsleiter	Online-Getränkelieferservice
H	E-Commerce	Geschäftsführer	Online-Getränkelieferservice
I	E-Commerce	Geschäftsführer/Berater	Telekommunikation
J	Einzelhandelsindustrie/ Consulting	Geschäftsführer/Berater	Einzelhandel
K	Einzelhandelsindustrie	Geschäftsführer	Lebensmitteleinzelhandel, Online-Einzelhandelslieferservice

4 Der Einfluss der Digitalisierung auf den deutschen Lebensmitteleinzelhandel

Die Experten sind sich einig, dass die Digitalisierung einen großen Einfluss auf den deutschen Lebensmitteleinzelhandel – und damit auch auf die Bierindustrie – haben wird. *„Wir überschreiten die Schwelle bis zu dem Punkt, an dem uns die Digitalisierung überholt“*, sagt Experte C. In diesem Zusammenhang ist der Einfluss der Digitalisierung vor allem in Großstädten erkennbar, da in den Ballungszentren bereits online bestellte Lebensmittel geliefert werden. Alle Bierexperten waren sich einig, dass sich der Einfluss der Digitalisierung ebenfalls auf die Wertschöpfungskette erstreckt. Am Beispiel des Pfandsystems (Einweg und Mehrweg) erklärt Experte D, dass die Digitalisierung bereits ihren Weg in den Lebensmitteleinzelhandel gefunden hat. *„Dieses hochkomplexe, digitale System“* ist der entscheidende Grund, warum das Pfandsystem funktioniert, *„sonst wäre die Pfandverrechnung gar nicht handlebar“*.

Die Meinung aller befragten E-Commerce-Experten stimmt im Wesentlichen darin überein, dass die Digitalisierung unaufhaltbar ist – *„wie die Dampfmaschine, die gekommen ist“* – revolutionär und niemand kann sie ignorieren, bestätigt Experte H.

Nach Ansicht der beiden Einzelhandelsexperten J und K ist ein starker und wachsender Einfluss der Digitalisierung zu erkennen. *„Es wird nur den Omni-Channel-Kunden geben, mit unterschiedlicher Ausprägung und natürlich wird das Auswirkungen haben"*, betont Experte K. Darüber hinaus erklärt Experte J, dass der gesamte Lebensmitteleinzelhandel zwar über digitale Themen reden würde, dass er jedoch *„nicht wirklich digital"* sei. Als Beispiel für die schrittweise Digitalisierung im Einzelhandel empfiehlt er, damit zu beginnen, die Online- und Offline-Aktivitäten aufzuteilen. Nach dem Erwerb von umfassendem Know-how im Bereich der Digitalisierung wäre es dann notwendig, beide Aktivitäten unter einem Dach zu bündeln. Auch Experte K ist der Meinung, dass abgesehen vom Marketing kaum ein Bereich des Einzelhandels digitalisiert ist. Zur bereits eingeführten, digitalen Datenanalyse im Handel nennen beide Experten Payback als überzeugendes Beispiel. Seit dieses Programm etabliert ist, kann eine *„direkte Verbindung zwischen dem Bon und dem Verbraucher"* hergestellt werden, erklärt Experte J. Diese aus dem System gewonnenen Daten würden dann für personalisierte Angebote verwendet. Beide Experten (J und K) sind der Meinung, dass die Personalisierung einer der wichtigsten Trends im Einzelhandel ist.

Abschließend lässt sich sagen, dass alle Experten glauben, dass die Digitalisierung enorme Auswirkungen auf den Lebensmitteleinzelhandel haben wird. Relevante Beispiele für die Einführung der Digitalisierung im Lebensmitteleinzelhandel sind das Pfandsystem und das Treueprogramm Payback. Der Vergleich zwischen der Digitalisierung und der Dampfmaschine verdeutlicht deren gewaltigen Einfluss: Die Digitalisierung und ihre Auswirkungen auf den deutschen Einzelhandelsmarkt sind nicht zu ignorieren und sollten stattdessen nicht nur akzeptiert, sondern auch für die eigenen Zwecke und Vorteile der Unternehmen genutzt werden.

5 Online- vs. Offline-Getränkehandel

Im Mittelpunkt dieses Kapitels steht die Einschätzungen der Experten dazu, ob und inwieweit sich der Online-Getränkehandel im Wettbewerb mit dem stationären Getränkehandel im deutschen Biermarkt durchsetzen bzw. behaupten wird.

Aus Sicht der Brauereibranche wird der Online-Getränkehandel in den nächsten zehn bis 15 Jahren einen Marktanteil von 10 bis 30 % erreichen. *„Ich glaube, dass sich der Online-Getränkehandel nachhaltig etablieren wird"*, prognostiziert Experte A. In diesem Zusammenhang lautete sein Ratschlag: *„Aus Sicht des Herstellers sollten wir das akzeptieren."* Es gibt jedoch unterschiedliche Meinungen darüber, in welcher Region ein Online-Getränkelieferdienst Bestand haben wird. Während Experte B davon überzeugt ist, dass Online-Getränkelieferdienste vor allem auf dem Land nachgefragt werden, verweist Experte A darauf, dass nur dicht besiedelte Gebiete für den Online-Getränkehandel infrage kommen. Zusätzlich erklärt Experte A, *„dass man im Mehrwegbereich, zumindest im ländlichen Bereich, kein wirtschaftliches Modell betreiben kann"* (bezüglich eines

Online-Getränkelieferdienstes). Darüber hinaus weist Experte C darauf hin, dass ein *„stationärer Händler in Zukunft auch ein guter Online-Händler sein muss"*.

E-Commerce-Experte H nennt die Produkte Schuhe und Bücher als Beispiele dafür, wie sich der Online-Getränkelieferservice in den nächsten Jahren entwickeln könnte. *„Wenn man sich zum Beispiel das Produkt Schuhe anguckt: Bei Zalando hat es angefangen oder mit Amazon mit seinem Buchhandel. Der ist heute der größte Online-Händler weltweit"*, erklärt Experte H. Er prognostiziert weiter, dass *„der Online-Getränkehandel ohnehin in der Lage sein wird, sich gegenüber dem stationären Handel zu behaupten und kontinuierlich zu wachsen"*. Aber aufgrund des Preisdumpings von Bier ist die Lieferung einer Kiste Bier für zehn Euro nicht rentabel. *„Also wenn du für 9,90 Euro eine Kiste Bier bekommst, dann ist es für mich schon schwer, die Kiste dann auch noch auszuliefern"*, erläutert Experte H. Dabei stellt Experte H fest: *„Am liebsten möchte der Kunde den originalen Preis aus dem stationären Handel haben und die Ware nach Hause geliefert bekommen, ohne Aufschlag."* Experte F erklärt, dass der stationäre Einzelhandel in Deutschland zu weit verbreitet wäre und dass der Online-Handel nicht die gleichen Auswirkungen habe wie in anderen Ländern: *„Allerdings ist die Dichte an stationären Händlern in Deutschland so groß, dass der Einfluss nicht so signifikant sein wird wie beispielsweise in den Niederlanden oder England."*

Die Experten K und J sind nicht der Meinung, dass sich der Online-Getränkehandel gegenüber dem stationären Getränkehandel, insbesondere im Bereich der Getränkelieferung, fest etablieren wird. *„Das wird nicht rentabel sein. Dafür ist es viel zu teuer"*, betont Experte J. In Bezug auf die Online-Lieferung von Lebensmitteln stellt Experte K fest, *„wir liefern derzeit alles [rund um Lebensmittel]. Dieser Service kann jedoch nicht langfristig finanziert werden."* Er stellt auch klar, dass eine vollständige Automatisierung im Lager erforderlich wäre, um die Kosten zu kontrollieren und zu senken. Aber für diese Umstrukturierungsprozesse *„braucht man einen gewissen Umsatz, denn die Maschinen kosten Geld"*. Ein weiteres Problem der Online-Lebensmittelzustellung ist der Aufbau eines breiten Online-Produktsortiments. Durch die Kommissionierung aus stationären Märkten, in denen nur eine begrenzte Regalfläche zur Verfügung steht, kann es zu Online-Bestellausfällen kommen, die der Verbraucher nicht befürwortet. *„Und 8 oder 9 % Fehlmengen bei Online-Bestellungen … sie [Online-Lebensmittelhändler] sind tot"*, behauptet Experte K. Er begründet seine Ansicht mit dem Argument, dass sich das Kunden-Online-Verhalten völlig vom Offline-Verhalten unterscheidet. Im stationären Handel kann beispielsweise ein anderes Produkt gewählt werden, wenn das gewünschte Produkt nicht verfügbar ist. Aber *„wenn ein Kunde Müsli bei mymüsli online bestellen will, brauchen wir ihm kein Dr. Oetker Müsli anzubieten"*, betont Experte K. Außerdem funktioniert der Online-Lebensmittelhandel in Ländern wie Großbritannien oder der Schweiz gut, *„weil die Wege zum Supermarkt viel länger sind"*, erklärt Experte K. In Deutschland sind diese Wege kürzer und die Öffnungszeiten länger. Experte K schlussfolgert: *„Ich weiß nicht, ob das [der Online-Lebensmittel- und Online-Getränkehandel] in Deutschland überhaupt akzeptiert wird."* Darüber hinaus weist er darauf hin, dass die Lieferung von Lebensmitteln an die Verbraucher weder mit einem eigenen Zustelldienst noch mit Zustelldiensten wie DHL rentabel ist. Experte J stellt klar: *„Ich glaube, der Handel sollte sich auf die Tatsache konzentrieren, dass Bier weiterhin über den Einzelhandel verkauft wird."*

Zusammenfassend lässt sich sagen, dass die Bierindustrie und E-Commerce-Experten an den zukünftigen E-Commerce von Getränken glauben. Die Einzelhandelsexperten verneinen dagegen völlig, dass sich der Online-Getränkehandel gegenüber dem stationären Einzelhandel einschließlich des Lebensmittelsektors behaupten wird. Aus Sich der Bierexperten macht vor allen Dingen das Pfandsystem das Geschäftsmodell des Online-Handels unrentabel. Die E-Commerce-Experten verweisen auf ein gleiches Preisniveau und eine kostenfreie Lieferung als auschlaggebend für den Erfolg des Online-Getränkehandels. Zwei weitere Nachteile zur Etablierung eines Online-Getränkelieferservices könnten aus Sicht der Einzelhandelsexperten die geringe Entfernung und die langen Öffnungszeiten des stationären Einzelhandels in Deutschland sein.

6 Handlungsempfehlungen für die Praxis

Der Online-Point-of-Sale (Online-POS) wird in der deutschen Brauwirtschaft in naher Zukunft nicht bedeutend an Relevanz gewinnen. Trotzdem ist davon auszugehen, dass sich der E-Commerce im Getränkemarkt in einem noch unbekannten Ausmaß etablieren wird. Daher ist zu beachten, dass in Zukunft im deutschen Biermarkt der Online-POS genauso beworben werden sollte, wie es beim Offline-POS der Fall ist. Aus dieser Entwicklung lässt sich unausweichlich die Entwicklung zum Omni-Chanel-Kunden erkennen, welcher zwangsläufig zu einem Omni-Channel-Bierkonsumenten führen wird. Aus diesem Grund müssen Brauer die „neuen" Online-Vertriebswege für Bier kennen und nach Bedarf das Potenzial ausschöpfen. Die vorgestellten Empfehlungen helfen Brauereien, sich den bevorstehenden Veränderungen im Markt besonders im Bereich E-Commerce anzupassen und Online-Vertriebskanäle optimal zu nutzen.

Zunächst ist festzuhalten, dass es für Brauereien unabhängig von ihrer Größe nicht empfehlenswert ist, die vorher genannten Geschäftsmodelle des Online-Getränkehandels allein zu betreiben. Eine einzelne Brauerei verfügt zumeist nicht über die Finanzkraft, die große Produktpalette und das notwendige digitale Know-how gleichermaßen bereitzuhalten, um ein solches digitales Geschäftsmodell zu etablieren und den Online-Getränkehandel selbst abzuwickeln. Im Hinblick auf das Sortiment ist es auch notwendig, dem Verbraucher die Produkte im gleichen Preisverhältnis wie im stationären Einzelhandel und möglichst ohne Versandkosten anzubieten. In diesem Zusammenhang stellt sich die Frage, ob sich ein solches Geschäftsmodell für eine Brauerei finanziell lohnen würde. Zusätzlich benötigt ein Unternehmen ein hohes Maß an Engagement und Ehrgeiz, um ein digitales Geschäft aufzubauen. Außerdem besteht das Risiko, von Einzelhändlern „abgestraft" zu werden, wenn die Brauerei versucht, den Einzelhandel zu umgehen. All diese Argumente lassen das Entwickeln eines eigenen Geschäftsmodells für den Online-Getränkehandel aus Sicht einer Brauerei sehr schwierig und unrentabel erscheinen.

Aus Sicht der Brauereien sollte es vielmehr um die generelle Frage gehen, ob die eigenen Produkte online angeboten werden sollen. Da die Bequemlichkeitsfaktoren für Kunden höher sind und sich der Online-Getränkehandel voraussichtlich gegen den stationären Getränkehandel behaupten wird, ist es aus unserer Sicht für Brauereien durchaus empfehlenswert, die Produkte online anzubieten. Allerdings sollten Brauereien den Online-Getränkehandel als *zusätzliches* Marketinginstrument ansehen. Diese Perspektive konzentriert sich nicht auf die Rentabilität, sondern auf die Marketing- und/oder PR-Effekte, die damit erzielt werden können. Außerdem lassen sich auf diesem Wege Daten erheben, die zur Analyse und Interpretation über die Kunden zur Erstellung von Verbraucherprofilen genutzt werden können. Entwicklungen dieser Art gehören zu den aufkommenden Themen, haben in der Branche hohe Priorität und sollten nicht vernachlässigt werden, um die Rentabilität zu optimieren.

Im Folgenden werden Handlungsempfehlungen gegeben, die aufgrund der unterschiedlichen Bedürfnisse zwischen kleinen und regionalen, mittleren und großen Brauereien zu unterscheiden sind (siehe Abb. 1).

6.1 Empfehlungen für kleine und/oder regionale Brauereien

Für kleine und regionale Brauereien mit regionalen Bierspezialitäten empfiehlt sich der Online-Vertrieb der Produkte über regionale, stationäre Getränkelieferdienste und Online-Getränkefachgeschäfte.

Auf der einen Seite können die Brauereien so ihren regionalen Absatzmarkt mit Online-Bestellungen unterstützen und ihren Stammkunden eine weitere Bestellmöglichkeit bieten. Andererseits können Verbraucher aus anderen Regionen die Produkte der Brauereien testen, indem sie Flaschenware im Online-Getränkefachhandel bestellen. Dies wird wahrscheinlich helfen, die Bekanntheit der Brauerei und des Verkaufssortiments zu stärken. Um jedoch stationäre Getränkelieferdienste nutzen zu können, müssen die Brauereien zwei Voraussetzungen erfüllen: Zum einen muss die Brauerei einen gewissen Bekanntheitsgrad erreicht haben, der es für den Großhändler interessant macht, das Bier anzubieten, und zum anderen sollte im Hauptvertriebsgebiet der Brauerei, die Online-Bestellungen anbietet, ein stationärer Getränkelieferservice zur Verfügung stehen.

6.2 Empfehlungen für mittelgroße Brauereien

Für mittelständische Brauereien empfehlen sich die Online-Vertriebskanäle über den stationären Getränkelieferservice und den Online-Einzelhandelslieferdienst.

Diese Vertriebskanäle können jedoch je nach Größe und Beliebtheit der Brauerei regional oder national genutzt werden. Entsprechend diesen beiden Faktoren wird

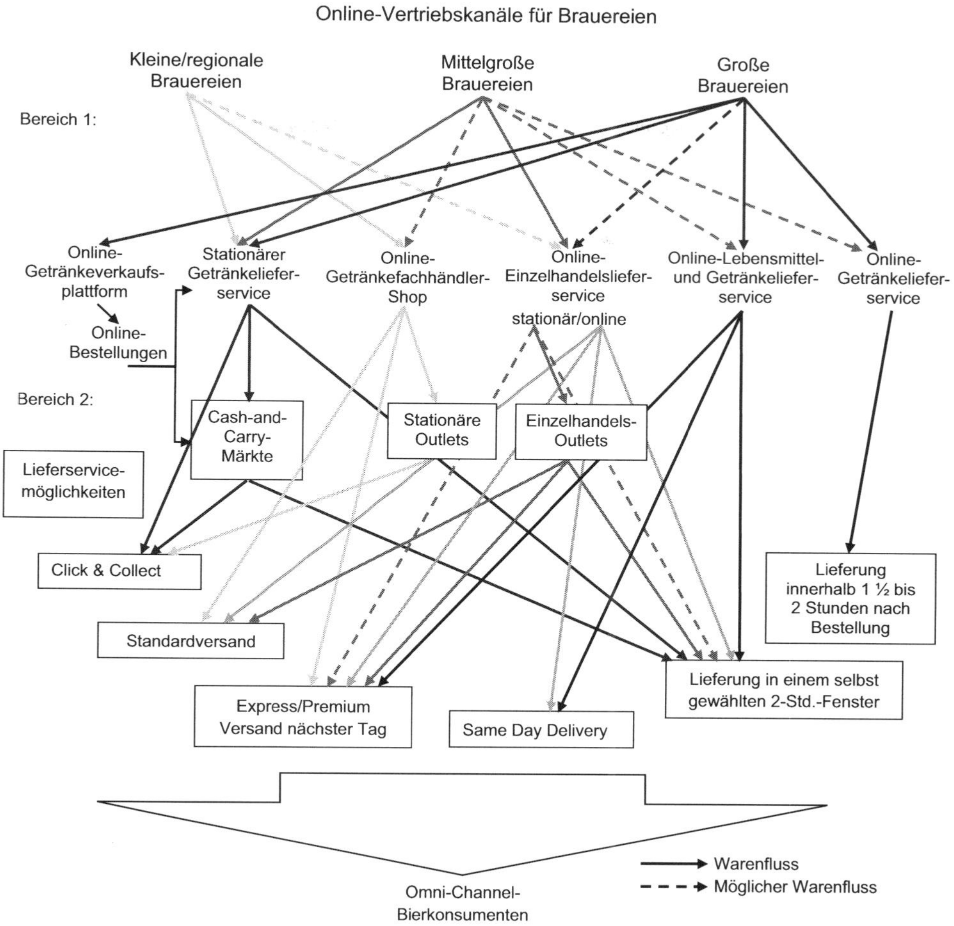

Abb. 1 Online-Vertriebskanäle für deutsche Brauereien

außerdem empfohlen, je nach den von der Brauerei angebotenen Spezialitäten zusätzliche Online-Vertriebskanäle wie Online-Lieferdienste für Lebensmittel und Getränke, Online-Getränkelieferdienste oder Online-Getränkegroßhändler zu nutzen. Diese Vertriebskanäle sollten in Abhängigkeit vom Marketingbudget und von der Einschätzung des Nutzens durch die Brauerei betrieben werden.

6.3 Empfehlungen für Großbrauereien

Für große Brauereien empfiehlt sich die Nutzung aller Online-Vertriebskanäle für Bier.

Die letztendliche Umsetzung hängt natürlich vom Marketingbudget der Brauerei und ihrer Einschätzung ab, ob all diese Online-Vertriebskanäle wirklich benötigt werden.

Die Nutzung aller Online-Vertriebskanäle bietet jedoch den wichtigen Vorteil, dass der Omni-Channel-Kunde seine bevorzugte Lieferoption wählen kann. Über den Online-Getränkegroßhandel kann jedoch nur vertrieben werden, wenn eine große Brauerei auch Bierspezialitäten anbietet. Dies würde nicht für die Hauptprodukte der Marke gelten, da sie über andere Online-Vertriebskanäle in Kästen gekauft werden können und so wahrscheinlich preiswerter sind.

Der zweite Abschnitt von Abb. 1 gibt einen Überblick darüber, welche Liefermöglichkeiten die verschiedenen Geschäftsmodelle des Online-Getränkehandels bieten. An dieser Stelle ist zu erwähnen, dass es keine spezielle Lieferform für Bier gibt, da der Verbraucher in der Regel aus einer Reihe von Lieferoptionen wählen möchte, um das Bier liefern zu lassen. Es wird daher empfohlen, den Verbrauchern unter Nutzung der bestehenden Geschäftsmodelle des Online-Getränkehandels ein möglichst breites Spektrum an Liefermöglichkeiten anzubieten.

Zusammenfassend lässt sich sagen, dass der Online-Getränkehandel und der Omnichannel-Kunde erhebliche Auswirkungen auf den deutschen Biermarkt haben werden. Daher sollten Brauereien über die verschiedenen Vertriebskanäle des Online-Getränkehandels und deren Liefermöglichkeiten informiert sein und deren Relevanz für das eigene Unternehmen abwägen. Unabhängig davon empfiehlt es sich für Brauereien, explizit die Vertriebskanäle für Online-Getränke als effektives Marketinginstrument zu nutzen.

Literatur

bevh und Boniversum. (2016). Würden Sie die folgenden Produkte lieber im Online- und Versandhandel oder lieber im klassischen Einzelhandel kaufen? https://www.boniversum.de/wp-content/uploads/2016/07/Tabellenband_Einkaufspraeferenzen-im-Online-und-Versandhandel_2016.pdf. Zugegriffen: 5. Apr. 2018.

Birnbaum, G. (2017). Online oder offline? Brauindustrie – Trendbarometer. Brauindustrie. GfK, Consumer Panel, 6(9).

Böhm, H. (o. J.). Impressum. https://beerwulf.com/de-de/impressum/. Zugegriffen: 2. Juli 2018.

Eurostat. (2018). Anteil der Personen, die Nahrungs- bzw. Lebensmittel im Internet kaufen in Deutschland in den Jahren 2007 bis 2017. eurostat.ec.europa.eu. Zugegriffen: 5. Apr. 2018.

Furchheim, G., Wenk-Fischer, C., & Manner-Romberg, H. (2018). E-Commerce-Umsatz mit Waren in Deutschland in den Jahren 2000 bis 2017 (in Milliarden Euro). https://de.statista.com/statistik/daten/studie/71568/umfrage/online-umsatz-mit-waren-seit-2000/. Zugegriffen: 5. April 2018.

González, J. L., & M.-A. Jouanjean (2017). Digital trade. Developing a framework for analysis. OECD Trade Policy, (No. 205). http://dx.doi.org/https://doi.org/10.1787/524c8c83-en. Zugegriffen: 11. Mai 2018.

Roik, O. (2018). Handel digital, Online-Monitor 2018. https://www.einzelhandel.de/. Zugegriffen: 11. Nov. 2018.

Schrader, P. (2018). E-Commerce trends 2018: Wünsche und Ängste von Online-Shoppern. https://www.idealo.de/unternehmen/wp-content/uploads/sites/33/2018/02/2018-01-23_E-Commerce-Trends-2018_Wuensche-und-Aengste-von-Online-Shoppern.pdf. Zugegriffen: 17. Apr. 2018.

Sorescu, A., Frambach, R. T., Singh, J., Rangaswamy, A., & Bridges, C. (2011). Innovations in retail business models. *Journal of Retailing, 87,* S3–S16. ISSN 00224359. https://doi.org/10.1016/j.jretai.2011.04.005.

Spill, J., & T. Harms (2017). Online-Shopping von Lebensmitteln in Deutschland. http://www.ey.com/Publication/vwLUAssets/EY_-_Online-Shopping_von_Lebensmitteln_in_Deutschland/$FILE/ey-online-shopping-von-lebensmitteln-in-deutschland.pdf. Zugegriffen: 17. Apr. 2018.

Tuschi, M. (2016). Online vs. traditional sales: Key facts for technical consumer goods (TCG) in Europe. http://www.gfk.com/fileadmin/user_upload/website_content/Connected_Consumer/Documents/2016-04-13-Infographic_Internet_Sales_Charts_final__3_.pdf. Zugegriffen: 17. Mai 2018.

Weill, P., & Woerner, S. L. (2013). Optimizing your digital business model. https://demanddrivenceonetwork.files.wordpress.com/2013/03/mit-digital-business-model.pdf Zugegriffen: 28. Mai 2018.

Fabian O. Veltins ist ausgebildeter Brau- und Malzmeister und absolvierte 2018 erfolgreich den Doppelabschluss in Strategic Marketing Management und Management. Schwerpunkt seiner Masterarbeit war der Online-Getränkehandel in der deutschen Bierwirtschaft mit dem Ziel, deutschen Brauereien Handlungsempfehlungen auszusprechen.

Digitale Geschäftsmodelle für Stadtwerke und Kommunalversorger

Die Notwendigkeit digitaler Geschäftsmodelle auf dem Weg zum Omni-Channel-Vertrieb und zur digitalen Transformation

Steve Kirchhoff, Tamara Schulz, Sascha Mull und Alexander Bohnet

Inhaltsverzeichnis

1 Die Digitalisierung des Stadtwerke-Vertriebs . . . 238
2 Auf dem Weg zum Omni-Channel . . . 238
3 Zielsetzung und Grundverständnis des digitalen Energievertriebes . . . 242
3.1 Definition der Ziele und Strategie . . . 242
3.2 Geschäftsmodelle werden neu erfunden . . . 244
4 Bedeutung der Digitalisierung für die eigentlichen Online-Aktivitäten . . . 246
4.1 Alles beginnt mit dem Kunden – Off-Site . . . 246
4.2 Inhalte On-Site aus Kundensicht gestalten . . . 248
4.3 Online-Vertriebssteuerung als Schlüssel zum Erfolg . . . 250
4.4 Aktiver Datenschutz als Chance . . . 251
4.5 Vertrieb und IT gleichermaßen unter Digitalisierungsdruck . . . 251
5 Bedeutung für die Organisation . . . 252
5.1 Gestaltung und Steuerung der Ablauforganisation . . . 252
5.2 Aufstellung in der Aufbauorganisation . . . 253
5.3 Förderung der digitalen Unternehmenskultur . . . 254
6 Zusammenfassung und Fazit . . . 254
Literatur . . . 255

S. Kirchhoff · T. Schulz · S. Mull (✉) · A. Bohnet
Next Digital Group, Meerbusch, Deutschland
E-Mail: sascha.mull@nextdigital.de

S. Kirchhoff
E-Mail: steve.kirchhoff@nextdigital.de

T. Schulz
E-Mail: tamara.schulz@nextdigital.de

A. Bohnet
E-Mail: alexander.bohnet@nextdigital.de

M. Terstiege (Hrsg.), *Digitales Marketing – Erfolgsmodelle aus der Praxis*,
https://doi.org/10.1007/978-3-658-26195-5_15

1 Die Digitalisierung des Stadtwerke-Vertriebs

Totgesagte leben bekanntlich länger – das trifft offenbar auch für Stadt- und Gemeindewerke zu, deren Massensterben seit der Liberalisierung des Strommarktes immer wieder prophezeit wurde. Prognosen sagten zu Beginn der 2000er Jahre ein Überleben von lediglich 15 bis 30 % der damals über 800 Stadtwerke voraus. 2012 belegte das Wuppertal Institut für Klima, Umwelt und Energie jedoch in einer Studie eine Stadtwerke-Gründungswelle (Berlo und Wagner 2013, S. 1). Hintergrund ist hier der Trend der Rekommunalisierung, das heißt die Rückabwicklung der Privatisierung von ehemals kommunalen Energieversorgern. 2017 existierten daher sogar mehr Stadtwerke in Deutschland als zu Beginn der Liberalisierung des Strommarktes, über 900 Unternehmen (Ebling 2018, S. 4). Zurückzuführen ist diese Entwicklung auf das Auslaufen zahlreicher Konzessionen im Strombereich, die Städte und Gemeinden durch eine Rekommunalisierung für sich nutzen wollen.

2 Auf dem Weg zum Omni-Channel

Stadtwerke und Regionalversorger werden demnach auch zukünftig eine zentrale Rolle auf dem hart umkämpften Energiemarkt spielen. Der Erfolg in den Bereichen Vertrieb und Service, aber auch Operations wird dabei vor allem davon abhängen, wie diese Versorger die Marktentwicklung, Kundenverhalten und die Möglichkeiten von digitalen Kanälen und Technologien einschätzen und für sich zu nutzen wissen. Klar zu sein scheint, dass Preisdruck und Wechselbereitschaft der Kunden auch in Zukunft zu einem verstärkten Wettbewerb führen werden, welcher vor allem über digitale Medien ausgetragen wird. Das liegt daran, dass immer mehr Versorgungsunternehmen einen Zugang zur digitalen Vermarktung erschließen, da die Instrumente von Vermarktern (zum Beispiel Google oder Facebook) zunehmend einfach zu bedienen sind und immer mehr Vermarktungsmöglichkeiten bieten. Während 2010 nur 15 bis 20 deutsche Energieversorger eine starke Präsenz in digitalen Vermarktungskanälen wie Google AdWords hatten, sind es heute zwischen 35 und 40, worunter viele neue Marken zu verzeichnen sind. Inzwischen haben im Jahr 2018 nach einer Studie des Bundesverbands der Energie- und Wasserwirtschaft e. V. (BDEW) 60 % aller deutschen Haushalte ihren Stromtarif gewechselt, wobei fast jeder zweite (42 %) auch den Anbieter gewechselt hat (BDEW 2017, S. 20). In Summe haben damit seit Beginn der Liberalisierung in Deutschland ca. 50,5 Mio. Wechselvorgänge stattgefunden – bei ungefähr 40 Millionen Haushalten in Deutschland hat somit im Schnitt jeder Kunde mehr als einmal den Versorgungstarif gewechselt. 2017 lag der Anteil der Kunden, die ihren Anbieter über digitale Kanäle gewechselt haben, bei ca. 58 % – von in Summe ca. 6,2 Mio. Wechslern aus dem Strom- (ca. 4,7 Mio.) und Gasbereich (ca. 1,5 Mio.) (Buske und Kreutzer 2018, S. 6; BNetzA 2018, S. 9–11).

Neben den Herausforderungen aus Wettbewerb, Markt und Kunden werden technologische Aspekte immer bedeutender. Zum Beispiel lassen sich durch die intensive Nutzung von Mobilgeräten die analoge und die digitale Welt nicht mehr klar voneinander trennen. Es wird zunehmend selbstverständlich, alle Geschäfte über Mobilgeräte abzuwickeln. Im Grunde findet gerade eine „Amazonisierung" des Verhaltens für alle Produktgruppen im gesamten B2C-Kontext statt. Das bedeutet – unabhängig vom digitalen Medium und somit erreichbar über wenige Klicks – die permanente Verfügbarkeit von Anbieter und Tarifen bei voller Preis- und Informationstransparenz.

Hierdurch wird deutlich, dass eine isolierte Betrachtung verschiedenster Vertriebs-, Interaktions- und Kommunikationskanäle nicht mehr zeitgemäß ist. Kanäle sollten nicht mehr nur harmonisiert (Multi-Kanal-Management), sondern in ein integriertes Kanalmodell (Omni-Kanal-Management) überführt werden. Anders als bisherige Ansätze basiert der Omni-Kanal-Gedanke hauptsächlich auf der Kundenperspektive (Bellaïche et al. 2013, S. 2; Dahlström und Edelman 2013). Es wird nicht von Kanälen ausgegangen, sondern in der Regel von Berührungs-, Interaktions- oder Kontaktpunkten aus Sicht des Kunden („Customer Touchpoints"). Die Summe dieser Punkte, die den Kunden zu einer gewünschten Aktion geführt haben, wird gemeinhin als „Customer Journey" bezeichnet (Anderl et al. 2016, S. 457; Stein und Ramaseshan 2016, S. 8).

Kunden wechseln innerhalb dieser Customer Journey, das heißt ihres Entscheidungs- und Abschlussprozesses, wie selbstverständlich ihre Interaktionsmedien, -technologien und -kanäle und werden dabei durch zahlreiche Angebote und Anbieter angesprochen. Beherrscht ein Anbieter einen Teil der Kanäle nicht, so verliert sein Angebot gegenüber dem Wettbewerb an Sichtbarkeit (somit Relevanz) und die Gefahr steigt, dass der potenzielle Kunde vom Wettbewerb gewonnen wird.

Aus Sicht von Unternehmen stellt sich die Frage, wie Vertrieb und Kundeninteraktionen in diesem Umfeld profitabel und wertorientiert[1] gesteuert werden können. Zum einen existieren inzwischen nahezu unzählige Kanäle und Kontaktpunkte, welche im nicht-linearen Entscheidungsprozess zur Informationsbeschaffung für den Kunden genutzt werden, und zum anderen ist diese Entscheidungsfindung des Kunden von unbestimmter Dauer. Während beispielsweise im Energievertrieb die Entscheidungsfindung des Kunden in der Regel zwei Wochen dauert (Google 2013), kann es in einigen Branchen, wie beispielsweise bei medizinischen Geräten, mehrere Jahre dauern, bis ein Abschluss eintritt.[2]

[1]Kundenwert (auch „Customer Value") im Sinne der weiteren Betrachtung der folgenden Ausführungen definiert sich als Saldo aus Aufwand und Erlös, die ein Kunde über die Dauer seiner Beziehung zum Anbieter „verursacht" (Mull 2018, S. 254). Es stehen sich Aufwand für Akquisition, Vertrieb & Kanäle, Service & Operations und die verbrauchsabhängigen Abschläge, die über die Vertragsdauer anfallen, gegenüber. Beispielsweise kann bei Kunden, welche über Vergleichsportale akquiriert wurden, von einer höheren Wechselaffinität ausgegangen werden, welche eine kürzere Kundenbeziehung und somit Vertragsdauer zur Folge hat. Somit könnte die Summe der Abschlagszahlungen für Kunden, die über diesen Kanal akquiriert wurden, für eine Abdeckung der entsprechenden Kosten nicht ausreichen.

[2]Projekterfahrung der Autoren und der Next Digital Group.

In den seltensten Fällen wird ein Kunde seinen Entscheidungsprozess in einer ununterbrochenen Zeitspanne bzw. nur über einen Kanal durchlaufen. So kann ein Kunde – in einem konstruierten Beispiel – offline durch klassische Plakatwerbung auf ein Produkt aufmerksam werden, sich online mittels organischer Suche über das Produkt informieren und über Foren bzw. Social Media eine Eingrenzung möglicher Anbieter vornehmen, um diese dann telefonisch zwecks eines Abschlusses zu kontaktieren.

In klassischen Marketingansätzen war es bisher üblich, dem Kanal des Vertragsabschlusses (im genannten Beispiel das Callcenter) den vollständigen Vertriebserfolg beizumessen. Dies würde jedoch der Bedeutung der anderen Kanäle innerhalb des Kaufentscheidungsprozesses keine Rechnung tragen. Vereinfacht: Wenn sich der Kunde im zweiten Schritt bezüglich des Angebots nicht auf der Website informieren kann, wie wahrscheinlich ist es, dass das Angebot noch in der Auswahl des Kunden verbleibt? Es ergibt sich dadurch eine Steuerungsherausforderung für die Vertriebsorganisation eines Unternehmens, die für den Entscheidungsprozess relevanten Kontaktpunkte und Kanäle zu identifizieren und die Budgetallokation innerhalb der Marktbearbeitung entsprechend abzustimmen. Dabei muss unbedingt auch die Rolle der Kontaktpunkte innerhalb des Entscheidungsprozesses des Kunden berücksichtigt werden. In der Praxis werden dazu inzwischen sogenannte „Attributionsmodelle" eingesetzt (siehe Mull 2018; Li und Kannan 2014 für eine ausführliche Betrachtung dieser Thematik).

Verdeutlicht wird diese Steuerungsherausforderung durch die bereits angesprochene steigende Nutzung der verschiedenen Online-Kanäle. Es ist daher erstaunlich, dass geschätzt nur ein geringer Anteil der über 900 Stadtwerke[3] in Deutschland ihren Online-Kanal für die aktive Vermarktung ihrer Produkte – regional wie national – über Wechselportale und einfache Website hinaus nutzen.

Waren es anfangs Vattenfall mit dem EasyTarif, kurz danach auch die anderen „großen" Versorger E.ON, RWE, und EnBW, die das Online-Geschäft beherrschten, setzen heute auch kleinere Marken und Regionalversorger auf die digitale Vermarktung ihrer Produkte. Aus Sicht der Autoren herrscht gerade bei den kleineren Marktteilnehmern oftmals Nachholbedarf auf dem Weg zur digitalen Marktbearbeitung, insbesondere bei der Realisierung der folgenden Grundlagen:

- Effiziente Vermarktung über digitale Kanäle und Steuerung der Kontaktpunkte
- Technisch performante und mobiloptimierte[4] Plattformen (Websites, Kundenportale etc.)

[3]Ca. 20 % der Stadtwerke, einfache Webauftritte und E-Services ausgenommen.

[4]Eine Plattform ist mobilfähig, wenn eine Nutzung mit mobilen Endgeräten (Smartphones, Tablets, Wearables) bei voller Funktionsfähigkeit möglich ist. Neben der Verfügbarkeit für den Nutzer ist dies insbesondere auch wichtig, weil Google unter dem Leitmotiv „Mobile-First-Indexierung" inzwischen anstelle der Desktopversion nur noch die mobile Websiteversion zur Bewertung des organischen Rankings heranzieht.

- Flexible, dynamische und belastbare Backendprozesse bzw. -systeme
- Datenerfassung, -aufbereitung und Entscheidungsfindung auf Basis der Daten
- Bereichsübergreifende agile Organisationsstrukturen und -kulturen
- Vernetzte Energiedienstleistungen und intelligente datenbasierte Produkte

Zurzeit profitieren Stadtwerke und Regionalversorger weitgehend (noch immer) von ihrer regionalen Stärke in Verbindung mit der traditionell hohen Markenbekanntheit vor Ort. Kurz- oder mittelfristig wird dieser Vorteil ihr Überleben allein aber nicht sichern können: Im regionalen Markt sind die Wachstumsmöglichkeiten der Stadtwerke und Regionalversorger angesichts einer sehr hohen Marktdurchdringung insbesondere im klassischen Strom-, Gas- oder Wärmevertrieb begrenzt. Unterdessen ist die Ausdehnung an den regionalen Grenzen meist nicht nur politisch problematisch, sondern wird in der Regel auch nicht von signifikanten Neukundenzahlen belohnt. Zudem positionieren sich immer mehr bundesweite Marken mit preisaggressiven bzw. innovativen Produkten am Markt und schmelzen somit den Bestands- bzw. Grundversorgungsbestand im jeweiligen Stammgebiet ab, welcher häufig den EBIT-Erbringer dieser Versorger darstellt. Eine notwendige Neukundenakquise als Ausgleich des schwindenden Kundenbestands beispielsweise über digital getriebene, bundesweite Vertriebsaktivitäten wird im Zuge dessen jedoch selten angedacht. Und wenn doch ein bundesweiter Vertrieb angestoßen wird, sind es häufig die genannten Grundlagen, welche einem Vertriebserfolg entgegenstehen.

Einige Regionalversorger haben diesen Trend bereits erkannt und zeigen eine deutliche Digitalisierung ihrer marktgerichteten Aktivitäten. Neben einer Gründung der bundesweit agierenden Vertriebstochter KlickEnergie GmbH & Co. KG gemeinsam mit der Stadtwerken Neuss Energie und Wasser GmbH im Jahr 2013 hat die NEW Niederrhein Energie und Wasser GmbH im Jahr 2016 mit einem Re-Launch ihre Online-Plattform, bestehend aus Website und Kundenportal, rundum erneuert, um alle Grundlagen für einen digitalen Vertrieb zu legen. Weitere Beispiele sind die bereits 2007 gegründete 123energie als Discounter der Pfalzwerke, die Rheinpower der Stadtwerke Duisburg, die Stadtwerke Krefeld, welche 2013 die lekker Energie GmbH vollständig übernommen hat, die Gründung der EVON Energie durch die EVO AG 2016 oder auch der 2018 durchgeführte Launch der Marke „Billig? Will ich!“ durch die Stadtwerke Augsburg.

Neben diesen Erfolgsgeschichten bleiben jedoch in der Breite Herausforderungen für Stadtwerke im Commoditygeschäft bestehen: Bei steigenden Wechselraten, sinkender Kundenloyalität, anhaltender Preistransparenz und zunehmender Informationshoheit der Kunden müssen die Energieversorger reagieren, um den Anschluss an den Wettbewerb nicht zu verlieren. Sie sind demnach zur Transformation und kontinuierlichen Weiterentwicklung ihrer Marktbearbeitung gezwungen und müssen ihren Kunden in die digitale Welt folgen.

3 Zielsetzung und Grundverständnis des digitalen Energievertriebes

Der Einstieg in eine strukturierte digitale Marktbearbeitung erweist sich meist als schwierig. Das liegt oftmals daran, dass die Entscheidungs- und Steuerungshoheit hinsichtlich der Darstellung von Marke und Content in den digitalen Kanälen zwischen Unternehmenskommunikation, Vertrieb und Marketing nicht einheitlich geregelt ist. Marketing und Unternehmenskommunikation verfolgen vorrangig Imageziele und besitzen regelmäßig keinen direkten Vertriebsunterstützungsauftrag. Auf der anderen Seite stehen die Vertriebseinheiten, welche in der Vergangenheit eher den Direktvertrieb/Strukturvertrieb steuerten oder Wechselportale mit dem Online-Kanal gleichsetzen. Sind Neukundengewinnung und Bestandskundenmanagement zudem getrennt, besteht regelmäßig kein übergreifendes und koordiniertes Arbeiten hinsichtlich übergreifender Ziele bzw. entlang einer von diesen Zielen abgeleiteten Strategie. Dieses Verständnis ist insofern wichtig, als Ziele und Strategie die Grundlage für Organisations- und Prozessausrichtung, Kampagnenmanagement und auch Produkte und Ansprache sind.

Dies verdeutlicht, dass für die Digitalisierung des Stadtwerkevertriebs zunächst Leitlinien und gemeinsame Zielsetzungen geschaffen werden müssen.

3.1 Definition der Ziele und Strategie

Zu Beginn stellt sich die Frage, welche übergreifenden Ziele in der digitalen Vermarktung erreicht werden sollen. Es lassen sich hier unterschiedliche Dimensionen nutzen: Entwicklung im Stamm- oder bundesweiten Markt, Bestandspflege/Kündigervermeidung oder auch ganz klassisch die Neukundenakquise oder Kostenreduzierungen. Daraus lassen sich notwendige Kontaktpunkte entsprechend ihrer Eignung zur Zielerreichung bewerten und ein Kampagnen- bzw. Vertriebssetup ableiten. Im Fokus eines jeden Touchpoints innerhalb der Customer Journey sollte die (stringente) Nutzeransprache jeweils zum relevanten Zeitpunkt mit der entscheidenden Botschaft stehen (Mull 2018, S. 257). Zum Beispiel eignen sich im Energiemarkt Kontaktpunkte bzw. Medien wie Facebook-Werbe- oder Google-Displayanzeigen[5], um die Marken- bzw. Produktbekanntheit zu steigern und das allgemeine Suchvolumen zu erweitern. In einem nachgelagerten Schritt kann dann zum Beispiel das entstandene Suchvolumen über die gezielte Schaltung eines stärker transaktionsorientierten Kanals, beispielsweise SEA[6], aufgegriffen und in Abschlüsse umgewandelt werden. Damit ein Kanal sein maximales Potenzial (ob für Marke, Vertrieb oder Service) entfalten kann, müssen klare Rahmenbedingungen durch Vorgaben basierend auf den definierten Zielen geschaffen werden, wonach sich die verantwortlichen Mitarbeiter richten können

[5]Schaltung von Bild- bzw. Multimediabannern auf Websites wie z. B. Blogs oder Nachrichtenportalen.

[6]Search Engine Advertising, das heißt Anzeigenschaltung in Suchmaschinen bzw. -netzwerken.

(zum Beispiel im Falle eines Kündigungsvermeidungsziels, Vorgaben hinsichtlich eines möglichen Treuebonus).

Im Zuge der Überlegungen ist zu beantworten, welche Bedeutung der Kanal haben soll, welche quantitativen und qualitativen Zielgrößen erreicht werden sollen und wie mit Zielkonflikten – zum Beispiel in der differenzierten Handhabung von Boni für Neu- und Bestandskunden – umzugehen ist. Diese Ziele müssen durch die Unternehmensleitung definiert werden und die Situation des Energievertriebes widerspiegeln. Passend dazu ist eine Strategie abzuleiten, welche der Marktsituation des Versorgers gerecht wird. Dabei können die folgenden Punkte bei der Entscheidung hilfreich sein:

- **Markensteuerung:** Während Top-Versorger über den Erhalt ihrer Markenbekanntheit nachdenken müssen, sollte ein Regionalversorger eine Strategie für die Markenbildung außerhalb des Heimatmarktes vorbereiten und diese ohne großes Werbebudget realisieren können.
- **Vertrieb:** Dem Vertrieb eines Regionalversorgers muss bewusst werden, dass Abschlüsse außerhalb des Stammgebietes schwieriger und teurer zu generieren sind, während ein Discounter mit nationalem Fokus eine Strategie benötigt, um regional angreifen zu können.
- **Produktgestaltung:** Seit einiger Zeit zeichnet sich eine erhöhte Nachfrage an Versorgungsprodukten ab, welche über eine Kombination der klassischen Gestaltungsmerkmale wie zum Beispiel Boni, Preisgarantien und Laufzeiten hinausgeht. Es werden vermehrt Produktbundles nachgefragt, welche klassische Versorgungsverträge mit physischen Produkten oder sonstigen Dienstleistungsprodukten kombinieren. Erweiterungsprodukte können zum Beispiel Unterhaltungs- oder Kommunikationselektronik (etwa Tablet oder Spielkonsole) oder Dienstleistungsverträge wie Abonnements von Bezahldiensten (beispielsweise Spotify), Gutscheine (zum Beispiel für Apples iTunes) oder der Zugang zu exklusiven Kundenvorteilen (beispielsweise Vorteilswelten von Energieversorgern) sein.
- **Interaktionsauswahl:** Grundsätzlich ist die Verfolgung einer Ein-Kanal-Ausrichtung denkbar und war in der Vergangenheit möglicherweise praktikabel. Jedoch ist diese Entscheidung vor dem Hintergrund des Omni-Kanal-Ansatzes nicht mehr zweckmäßig. Zudem sollte definiert werden, ob der Vertrieb über eine eigene Plattform und direkt steuerbare Kanäle oder über den ausschließlichen Einsatz von Vertriebspartnern erfolgen soll.
- **Pricing:** Grundsätzlich ergeben sich für die Erschließung eines erweiterten Vermarktungsgebiets drei strategische Stoßrichtungen: 1) Neukundenakquise über Boni (aggressives Pricing), 2) Tarife mit Bundleprodukten und 3) Neukundenakquise über Marken- und Servicemehrwerte (Premiumstrategie). Es ergeben sich Gestaltungsmöglichkeiten durch ein kanalindividuelles Pricing bzw. eine weitestgehende Preisparität (zum Beispiel in preistransparenten Kanälen). Stadtwerke mit bundesweiten Markenambitionen sollten sich fragen, ob sie ihre Preisposition im Regional- bzw. Grundversorgungsmarkt gegenüber dem erweiterten Vertriebsgebiet differenzieren. Sofern

keine Differenzierung stattfindet, können die Versorger Gefahr laufen, werthaltige Kunden aus der Grundversorgung an margenschwächere Sonderverträge zu verlieren, da das (Preis-)Gefälle zwischen beiden Tarifgruppen unter Umständen zu steil gestaltet wurde.
Bei der Nutzung von sehr aggressiven Preispositionen ist zudem darauf zu achten, dass ein gegebenenfalls rapider Kundenzuwachs unterschiedliche – nicht nur positive – Auswirkungen haben kann. Neben dem „Einkaufen" wechselaffiner Kunden, welche mit hoher Wahrscheinlichkeit nach einem Jahr Vertragsdauer wieder wechseln werden,[7] müssen die geregelten Wechselprozesse bewältigt werden und auch die Servicekanäle auf ein höheres Interaktionsvolumen vorbereitet sein. Zudem muss die Energiebeschaffung informiert werden und ein entsprechendes Liquiditätspolster in der Organisation vorhanden sein, um den Anstieg an Akquisitions- und Provisionszahlungen abzudecken.
- **Leistungsprozesse und -organisation:** Die Erbringung der Leistung innerhalb der digitalen Marktbearbeitung muss definiert sein. Aufgrund der beschriebenen Merkmalsausprägungen sollte evaluiert werden, welches Umsetzungsmodell am besten geeignet ist. Es ist zu klären, ob die nötigen Fähigkeiten und Kapazitäten über das bestehende Team abgedeckt werden können, ob zusätzliche Mitarbeiter rekrutiert werden müssen und/oder ob Arbeitspakete an externe Dienstleister outgesourct werden können bzw. müssen.

Das Ergebnis der Überlegungen zu Zielen und Marktbearbeitungsstrategie ist zu dokumentieren und in einer mehrjährigen Roadmap abzubilden. Diese Roadmap muss das Vertriebsteam anschließend operationalisieren und sich hierzu insbesondere mit IT, Service-Dienstleistern und Agenturen abstimmen. Es hat sich gezeigt, dass für eine Operationalisierung bzw. Bearbeitung von Maßnahmen und Projektvorhaben ein agiles Vorgehen in Kombination mit Produktivitäts- und Priorisierungstools (zum Beispiel Asana, Trello, Basecamp), Kollaborations- und Kommunikationstools (zum Beispiel Slack, Lync, Google Hangouts) und umfassenden Performance-Daten (zum Beispiel via Google Analytics) zielführend ist.

3.2 Geschäftsmodelle werden neu erfunden

Betrachtet man den Umfang und die Komplexität, welche sich aus dem Zielsystem und den dazugehörigen Strategien ergeben, so wird schnell klar, dass die digitale Marktbearbeitung das gesamte Geschäftsmodell eines Energieversorgers beeinflusst, da die Anforderungen die gesamte Organisation betreffen:

---

[7]Aus Erfahrung bis zu 60 % der über die Preisaktionen akquirierten Kunden.

- Das Produktmanagement muss der Preis-Leitungs-Transparenz genügen und marktfähige Produkte bereitstellen (zum Beispiel Produkt-Bundles).
- Die Kundengewinnung muss weniger auf Abschlüsse mit Provisionen fokussieren, sondern in der Customer Journey überzeugen und über schwankende Abschlusskosten (CPOs) gesteuert werden.
- Das Kampagnenmanagement muss Kampagnen in (digitalen) Kanälen so aussteuern, dass sich für den Nutzer zu jeder Zeit an jedem Touchpoint entlang seiner Customer Journey über den kompletten Kundenlebenszyklus ein konsistentes Bild mit den für ihn persönlich relevantesten Botschaften ergibt.
- Das Kundenmanagement muss Informationen und Services so bereitstellen, dass diese über Suchmaschinen und die On-Site-Suche bzw. über Chatbots gefunden werden und die Servicefälle ohne menschliche Interaktion fallabschließend im Self-Service erledigt werden können.
- Die IT muss eine leistungsfähige Infrastruktur[8] bereitstellen und betreiben, sodass eine performante Marktbearbeitung, konforme Wechselprozesse und Churn-orientierte Kundenbetreuung gewährleistet sind.
- Die Energiebeschaffung muss flexibel auf kurzfristige Kampagnen- und Aktionsaktivitäten reagieren können.
- Die Personalbeschaffung muss entsprechend den Vertriebsanforderungen neue, digitalaffine Kollegen ansprechen und angestellte Mitarbeiter entsprechend den notwendigen Kompetenzen weiterbilden.

Diese ganzheitliche Betrachtung bedingt nicht nur ein Umdenken in der Organisation, sondern auch die Neudefinition von Arbeitsabläufen. Budgets in Marketing und Vertrieb sind auf digital getriebene Aktivitäten zu allokieren und weniger werthaltige Aktivitäten in Offline-Kanälen zu eliminieren. Das bedeutet keine Abkehr vom Offline-Vertrieb und -Service, sondern eine kundenorientierte Verschiebung der Marktbearbeitung durch die Digitalisierung des gesamten Energievertriebes. Dazu muss ein „Kippen" der klassischen, in der Regel produktorientierten Organisation zu einem prozessorientierten Aufbau in Richtung des Kunden stattfinden. Dieses integrierte und prozessorientierte Denken innerhalb digitaler Geschäftsmodelle muss sich in allen Unternehmensbereichen sukzessive aufbauen. Eine digitale Marktbearbeitung wird in diesem Zusammenhang zu einem festen Bestandteil der DNA von Energievertrieben werden.

[8] Die hohe Bedeutung von Websiteperformance zeigt sich zum Beispiel in Studien von Google, welche zu dem Ergebnis kommen, dass 53 % aller Website-Aufrufe abgebrochen werden, wenn die Ladezeit drei Sekunden übersteigt (Trehan 2018).

4 Bedeutung der Digitalisierung für die eigentlichen Online-Aktivitäten

Sind Ziele, Strategie und Roadmap des Vertriebes neu und erfolgreich definiert, so stellt sich als erste Aufgabe, die neuen Prozesse im Tagesgeschäft idealerweise durch eine Projektorganisation umzusetzen. Digitale Exzellenz ergibt sich dabei vor allem in vier Hauptdimensionen:

1. On-Site-Effizienz und Off-Site-Performance,
2. Tracking und Steuerung sowie
3. IT-Infrastruktur und deren
4. intelligente Verknüpfung und Anknüpfung an die Offline-Welt.

4.1 Alles beginnt mit dem Kunden – Off-Site

Einfach gesprochen reist der Kunde in seiner Customer Journey durch zwei „Welten“:

1. alles, was außerhalb der Website des Versorgers passiert („Off-Site“), und
2. alles, was auf der Website des Versorgers passiert („On-Site“).

Dabei gibt es für den Kunden, wie eingangs erwähnt, keine bestimmte Nutzungsreihenfolge, sondern eher verschiedene direkte und indirekte Einflussmöglichkeiten und Zielsetzungen für den Regionalversorger.

Die Off-Site-Performance beinhaltet die Ausgestaltung und Steuerung aller genutzten Digital-Kanäle, welche auf die eigenen Websites direkt oder indirekt verweisen, denn nur selten steuert der Kunde im Internet die Seite des Energieerzeugers direkt an. Hier gibt es eine Reihe an vielfältigen Möglichkeiten, die sich am einfachsten in kostenfreie und kostenpflichtige Angebote unterteilen lassen. Der bedeutendste kostenfreie Kanal ist die organische Suche, das heißt die nicht als Anzeige gekennzeichneten Ergebnisse in Suchmaschinen (zum Beispiel bei Google mit über 90 % Marktanteil der Suchen in Deutschland). Die Höhe der jeweiligen Positionierung ergibt sich in diesem Fall durch eine Vielzahl unterschiedlicher Parameter, unter anderem die Relevanz der eigenen Seiten für die Suche des Suchmaschinennutzers, aber auch die (Ladezeiten-)Performance der Website und externe Faktoren wie zum Beispiel Anzahl und Qualität von Links anderer Websites auf die eigene. Durch anhaltende Suchmaschinenoptimierung kann dabei eine Verbesserung der eigenen Positionierung innerhalb eines gewissen Rahmens erreicht werden. Weitere kostenlose Möglichkeiten ergeben sich durch Inhalte auf themenbezogenen Websites (zum Beispiel Unternehmensprofilen in Netzwerken, Blogs) oder über Social-Media-Aktivitäten (zum Beispiel bei Facebook, Twitter, Instagram etc.).

Eine Zwischenstellung kommt dem Medium E-Mail zu, welches zwar grundsätzlich kostenlos betrieben werden kann, jedoch bei der Verwendung von Tool-Lösungen (ab einem gewissen Volumen) zumindest Lizenzkosten mit sich bringt. Klassischerweise wird das Medium von Energieversorgern aktuell mit dem Fokus der Bestandskundenbindung und -entwicklung eingesetzt. Jedoch zeigen viele E-Commerce-Unternehmen, wie das Medium auch effizient zur Neukundenakquise über mehrstufige kundenindividuelle Kampagnen eingesetzt werden kann, sollte der Abschluss nicht unmittelbar beim Erstkontakt erfolgen. Auch entsprechendes Empfehlungsmarketing, zum Beispiel durch den relativ jungen Ansatz, Influencer in sozialen Medien einzusetzen, hat sich im Energievertrieb bisher kaum durchgesetzt.

Für den Energievertrieb haben kostenpflichtige Angebote meist die höchste Relevanz und bieten deutlich mehr Individualisierungs- und Gestaltungsmöglichkeiten im Gegensatz zu kostenlosen Kanälen. Dies wird spätestens deutlich, wenn die Ansprachemöglichkeiten von bezahlten Anzeigen in Suchmaschinen mit den Einflussfaktoren von organischen Maßnahmen verglichen werden. Die klassische (bezahlte) Suchmaschinenwerbung über Keywords (auch zum Beispiel bei den Suchmaschinen Yahoo oder Bing) bietet beispielsweise eine deutlich höhere Reichweite, da nicht für jede Suchanfrage passende Seiten vorgehalten werden müssen. Auch kann die Aussteuerung des Targetings deutlich granularer erfolgen und gemessen werden, um flexibel und innerhalb kürzester Zeit Anpassungen in der Vermarktung vorzunehmen. Vor dem Hintergrund der Sichtbarkeit der Botschaft ergeben sich für bezahlte Anzeigen zudem deutliche Vorteile, da mehr Platz zum Transport von Werbebotschaften zum Beispiel über zahlreiche Anzeigeerweiterungen[9] zur Verfügung steht. Insbesondere bei der bereits angesprochenen Zunahme mobiler Webnutzung ergibt sich ein entscheidender Vorteil. Naturgemäß werden die bezahlten Anzeigen (bis zu vier) als oberste Einträge auf der Suchergebnisseite angezeigt. Da auf vielen Mobilgeräten im Bereich, welcher ohne zu scrollen sichtbar ist, nur zwei Anzeigen dargestellt werden können, entfällt ein Großteil der Klicks auf diese hier dargestellten (bezahlten) Anzeigenplatzierungen.

Hat der Nutzer einmal mit einer Website im Ökosystem des Energieversorgers interagiert, werden leicht weitere Vorteile und Möglichkeiten beim Einsatz bezahlter Anzeigen erkennbar: Dies ermöglicht den Einsatz von Remarketing, welches die Möglichkeit bietet, Nutzer entsprechend ihrem Website-Nutzungsverhalten und beispielsweise auf Basis getätigter Einkäufe mit individuellen Botschaften auch außerhalb des eigenen Ökosystems zu erreichen. Die Möglichkeit zur individuellen Adressierung von Kundengruppen ist dabei nicht allein von der Interaktion mit der Website abhängig. Es besteht zudem die Möglichkeit, Nutzer basierend auf ihren Interessen oder potenziellen

[9] Zielsetzung von Anzeigeerweiterungen: Anzeigen sollen auffälliger und attraktiver werden. Durch die Erweiterungen nehmen Anzeigen mehr Platz in den Suchergebnissen ein und heben sich dadurch von herkömmlichen Text- und Displayanzeigen ab. Übliche Erweiterungen können z. B. Käufer-Bewertungen, Telefonnummern oder auch Links sein. Es können zusätzliche relevante Informationen direkt in den Suchergebnissen dargestellt werden, welches idealerweise die Wahrscheinlichkeit erhöht, dass der Nutzer die Seite besucht.

Kaufabsichten über Listen, welche beispielsweise von Google oder aus eigenen Kundendaten wie E-Mail-Listen stammen können, zu adressieren.

Neben der Neukundenakquise können diese Funktionen sehr effizient im Rahmen der Kundenbindung und -entwicklung (zum Beispiel über Cross- und Upselling-Angebote) eingesetzt werden. Diese Funktionen sind jedoch nicht grundsätzlich exklusiv für die Schaltung von Suchanzeigen verfügbar, sondern können auch zur Schaltung von Display-Bannern bei Werbepartnern (zum Beispiel auf Blogs, auf rein kommerziellen Websites oder auf regionalen und überregionalen Nachrichten-Plattformen) oder im Rahmen der Schaltung von Werbeanzeigen bei Facebook oder Instagram einsetzt werden.

Der Einsatz von Remarketing verspricht hohe Konversionsraten (über 3 % im Vergleich zu 1 bis 3 % bei klassischen Adwords-Aktivitäten), da hier Streuverluste durch eine zuvor erfolgte Zielgruppeneingrenzung deutlich reduziert werden. Bei der Wahl der digitalen Kanäle sollte der Energievertrieb vor allem zwei Dinge berücksichtigen: Zum einen ist die Zielrelevanz des Kanals zu bestimmen – also inwiefern Marke, Vertrieb oder Service von dem Kanal profitieren. Zum anderen stellt sich für den Energievertrieb die Frage, welchen Beitrag der Kanal zur Customer Journey leistet – also inwiefern ein spezifischer Kanal den anderen beeinflusst. Sollen alle Kanäle ihre maximale Leistungsfähigkeit erreichen, so ist eine aktive Steuerung über ein umfangreiches Tracking unabdingbar. Hierbei müssen vor allem zentrale Größen wie Netto- und Brutto-Cost-per-Order, Conversion-Raten, Click-Through-Raten definiert und gemessen werden. Vor dem Hintergrund unterschiedlicher Margen bei Produkten bzw. Sparten und individuellen Kundenwerten je nach Kanal bzw. Suchabsicht sollte die Steuerung über die genannten Kennzahlen zudem um eine kundenwertorientierte Komponente erweitert werden, um die bestmögliche Investitionsentscheidung zu treffen.

4.2 Inhalte On-Site aus Kundensicht gestalten

Die On-Site-Effizienz stellt den Kunden und dessen Bedürfnisse und Präferenzen beim jeweiligen Online-Verhalten in den Mittelpunkt der Betrachtung: Was wünscht, sucht oder wonach erkundigt sich der Besucher auf der Website und welche Lösungen sollen angeboten werden. Analog zu RWE („Energiekaufhaus") oder auch Amazon können hier Energieversorger ihr gesamtes Produkt- und Serviceportfolio über eine einzelne Plattform vertreiben. Doch auch der Ansatz, je nach Anforderung komplexe Webplattform-Ökosysteme zu schaffen, erfreut sich steigender Beliebtheit. Welcher Ansatz gewinnbringender ist, lässt sich nur im Einzelfall bewerten. Grundsätzlich ist es jedoch wichtig, eine Entscheidung zu treffen, welche Geschäftsmodelle sich wie in den digitalen Kanälen darstellen, ob sie sich voneinander abgrenzen (zum Beispiel im Falle einer bundesweiten Vertriebsmarke), welche (negativen) Effekte hinsichtlich Reichweite und Sichtbarkeit in Kauf genommen werden und welche Kundenbedürfnisse adressiert werden sollen. Ziel ist es, für unterschiedliche Ausprägungen in den Dimensionen wie zum Beispiel Erklärungsbedürftigkeit des Produkts, Status der Customer Journey des Nutzers sowie individuelle Kanal- oder Toolanforderungen, auf Landingpages, Microsites, Apps sowie (Haupt-)Websites den gestellten Kundenanforderungen gerecht zu werden. Für den Kunden muss sich in jedem Fall ein in sich konsistentes und logisches Ganzes ergeben.

Bei der Gestaltung des Nutzerpfades auf den Webplattformen bis zur Conversion spielen die Ladezeiten, die technische Performance sowie die Einfachheit des Pfades aus Nutzersicht eine essenzielle Rolle. Es gilt dabei die Maßgabe, in möglichst wenigen Schritten mit Verzicht auf ablenkende Elemente zum entsprechenden Seitenziel (zum Beispiel dem Abschluss) zu gelangen.

Die persönliche bzw. individuelle Gestaltung des Nutzerpfades im Hinblick auf Inhalte sowie Angebote ist dabei ein wesentlicher Treiber aktueller und zukünftiger Entwicklungen. Der Ansatz vieler Energieversorger, Sitzungs-Cookies zur Speicherung von Eingaben in den Tarifrechner zu erheben, um bei Rückkehr des Nutzers vorausgefüllte Informationen bereitzustellen, ist nur der erste Schritt. Gängige Praxis bei großen E-Commerce-Unternehmen ist zum Beispiel die Anzeige von persönlichen Produktvorschlägen und gegebenenfalls sogar der Einsatz von individuellem Pricing basierend auf der Historie des Nutzers mit dem Unternehmen. Die Shop-Plattformen profitieren hier von Logins der Nutzer, welche eine Zuordnung von Nutzern und Kundenprofilen ermöglichen (bestes Beispiel: das Prime-Angebot von Amazon). In der Regel ist ein vergleichbarer Ansatz im klassischen Versorgungsgeschäft nicht so einfach zu realisieren, da eine Conversion zumeist keinen Login voraussetzt. Zumindest jedoch für den Bereich der Bestandskundenbindung im geschlossenen Bereich des Kundenportals können solche Ansätze jedoch sehr zielführend sein.

Wurden Websites in der Vergangenheit häufig aus Unternehmenssicht und mit starker Ausrichtung auf die Optimierung der Google-relevanten Rankingfaktoren entworfen, findet hier seit einiger Zeit ein Umdenken statt. Wie auch bei der Kanalauswahl und -gestaltung müssen erfolgreiche Webplattformen aus der Kundensicht entwickelt und die Customer Experience als Ganzes bewertet werden. In der Vergangenheit wurde aus Markensicht und auf Basis von „Bauchgefühlen" konzipiert und optimiert, heute lässt sich Plattformdesign und -optimierung am besten mit datenbasiertem „User-Centric-Design" beschreiben. An dessen Anfang stehen klar definierte, validierte und um Daten angereicherte Zielgruppen (potenzielle oder auch bestehende, zum Beispiel auf Basis von Personas). Anschließend gilt es, die Customer Journeys dieser Kundengruppen konsequent zu durchdenken und die eigene Abbildung dieser hinsichtlich Off- und On-Site-Gestaltung zu evaluieren und Konzeptions- bzw. Umsetzungspotenziale abzuleiten.

Auch die beste Konzeption kann nur für eine begrenzte Nutzergruppe optimiert sein, sodass eine klare Struktur der Inhalte auf der Seite und entsprechende Hilfestellungen gegeben werden müssen. Zusammen mit der Tatsache des hohen mobilen Suchvolumens sowie neuerdings der Nutzung von Sprache zur Interaktion mit Dienstleistungen (zum Beispiel via persönlicher Assistenten wie Alexa von Amazon, Siri von Apple oder der Google Assitant) ergeben sich völlig neue Anforderungen für Websites. Werden zur Bereitstellung von Hilfestellungen bei der Websitenutzung oder zur Beantwortung individueller Fragen aktuell häufig Website-Suchen und Live-Chats mit Service-Mitarbeitern angeboten, arbeiten einige Versorgungsunternehmen schon mit Hochdruck an der Entwicklung von persönlichen Assistenten in der Form von Chatbots. Diese können zum Beispiel in einem ersten Schritt die Navigation auf der Website vereinfachen, mittelfristig aber auch weitere Aufgaben wie die Tarifberatung oder die Beantwortung von Serviceanfragen automatisiert übernehmen.

Ein oft vernachlässigter Bereich bei Energieversorgern sind Kündigungs- bzw. Umzugsprozesse für Kunden. Eine vollständige digitale Abbildung der beiden Prozesse ist in der Regel im Markt nicht oder nur rudimentär zu finden. Vor dem Hintergrund des zunehmenden Wettbewerbes und der steigenden Wechselbereitschaft von Kunden ist die intelligente Konzeption dieser Prozesse im Sinne der Kundenbindung von hoher Bedeutung. Kunden werden im Status quo oftmals an den Kundenservice per Telefonkontakt verwiesen – jedoch ist dies im Sinne der Reduzierung des manuellen Aufwands in der Kundenbetreuung kontraproduktiv und entspricht vermutlich nicht der Intention des Kunden. Dieser hat sich häufig bewusst für den Online-Kanal entschieden und erwartet hier eine schnellstmögliche Lösung seiner Anfrage. Es gibt in diesem Zusammenhang bereits interessante Ansätze zum Beispiel bei dem Hörbuch-Anbieter Audible. Potenzielle Kündiger werden online durch ein Mini-Kündigungsportal geleitet, welches im Prozess verschiedene Treueangebote zur Verhinderung der Kündigung ausspielt. Denkbar wären Portale dieser Art auch für Energieversorger zum Angebot von Treueprodukten idealerweise auf Basis eines individuell ermittelten Kundenwertes.

4.3 Online-Vertriebssteuerung als Schlüssel zum Erfolg

Ein Großteil der Energievertriebe verzichtet häufig auf eine intensive Steuerung der digitalen Kanäle und vergibt so die Möglichkeit, den digitalen Vertrieb selbst zu erlernen. Dabei ist eine datenbasierte Koordination des digitalen Vertriebs mit einem entsprechenden Aufbau von Kompetenzen und einer stringenten Datenlogik vergleichsweise kurzfristig umzusetzen – zum Beispiel mithilfe von Datenbanken, Dashboards (z. B. Microsofts PowerBI), Data-Warehouse-Ansätzen oder auch mit K.I.-Lösungen. Die Notwendigkeit einer stringenten Datenlogik ergibt sich insbesondere daraus, dass Online-Aktivitäten eine sehr hohe Menge an Daten produzieren, und somit eine detailierte Steuerung ermöglichen. Google bietet mit seinem Tool „Analytics" sogar eine standardisierte und kostenlose Lösung an, sofern der entsprechende (standardisierte) HTML-Code auf der Website eingebunden ist. Allerdings liegt oftmals genau hier das Problem vieler Versorger – es fehlt an qualifizierten Umsetzern und Analytikern, welche die relevanten Tools beherrschen und auf Zahlenbasis zuverlässige Empfehlungen zur Online-Vertriebssteuerung geben können. Daher lautet die Empfehlung an die Vertriebsleiter, ein übergreifendes Netzwerk an externen und internen Spezialisten aufzubauen, um auf alle notwendigen Skills und Kompetenzen schnell und flexibel zugreifen zu können.

4.4 Aktiver Datenschutz als Chance

Mit Tracking einhergehend steht auch immer wieder die omnipräsente Frage nach dem Datenschutz im Raum: Was darf gemessen, gespeichert sowie genutzt werden und wo werden Persönlichkeitsrechte potenziell verletzt? Aufgrund der angespannten aktuellen Situation im Hinblick auf die Einführung der EU-Datenschutz-Grundverordnung und der erhöhten öffentlichen Aufmerksamkeit rund um dieses sensible Thema stehen auch Unternehmen unter verstärktem Druck. Dem Vertrieb bleibt hier jedoch die Möglichkeit, den Datenschutz aktiv anzugehen und über Referenzbeispiele (zum Beispiel Düsseldorfer Kreis zu Google Analytics) und der Aufstellung des Wettbewerbs die besondere Relevanz des Themas zu unterstreichen und Vertrauen zu gewinnen.

4.5 Vertrieb und IT gleichermaßen unter Digitalisierungsdruck

Digitalisierung bedeutet zu einem gewissen Teil auch Technologisierung.[10] Das bedeutet gleichzeitig auch, dass ohne eine solide IT-Basis eine digitale Marktbearbeitung kaum möglich ist. Viele Vertriebe vergessen oftmals, dass sich damit nicht nur ihr Geschäftsmodell ändert, sondern auch das der angeschlossenen IT. Die Fachanforderungen ändern sich mit zunehmender Dynamik und von der IT wird dabei erwartet, dass diese Entwicklung antizipiert wird sowie Anforderungsänderungen zeitnah aufgenommen und realisiert werden. Vertrieb und IT wachsen damit weiter zusammen und müssen gemeinsam an der zukünftigen Vertriebsausrichtung arbeiten. Hierzu gehören die Überführung der Fach-Roadmap in eine IT-Roadmap, die mehr- und unterjährige Abstimmung der Themen sowie die Allokation und oft auch die Beschaffung von geeigneten Ressourcen. Es ist zu berücksichtigen, welche Technologien der Kunde heute und in Zukunft einsetzen wird und wie diese in die eigene Infrastruktur eingebunden werden können. Gleichzeitig sollten Energievertriebe nicht kurzfristig auf Trends aufspringen, sondern diese im Gesamtkontext betrachten und nachhaltig realisieren. Beispielsweise erfordert die Umsetzung einer mobilen Seite eine durchdachte Customer Journey, die gegebenenfalls von der Desktop-Customer-Journey abweicht.

Neben den dargestellten operativen Themen ist eine Vielzahl weiterer Aspekte zu berücksichtigen, welche an dieser Stelle nicht alle genannt werden können. Hierzu zählen unter anderem die Produktgestaltung über die verschiedenen Kanäle, die Ausgestaltung von vertrieblichen Medien (Online-Anzeigen) und die On- und Offline-Verzahnung von Services (zum Beispiel Live-Chat und Callcenter) sowie der Einbau von automatisierten Service-Angeboten (beispielsweise Chatbots).

[10]Eine reine Konzentration auf Technologie und Daten ist dabei zu kurz gegriffen. Digitalisierung führt aufgrund der Verfügbarkeit von Technologie und Daten zu einer Umstellung von Arbeitsweisen, einer Änderung der Kultur, zur Befähigung und Fähigkeitsentwicklung der Mitarbeiter, zu neuen Produktformen, zu Kundenzugang etc. (siehe hierzu zum Beispiel auch Hsu und Spohrer 2009, welche Digitalisierung als ein Zusammenspiel verschiedener Aspekte verstehen).

5 Bedeutung für die Organisation

Jede Operationalisierung einer digitalen Strategie kann nur so effektiv sein, wie es die dahinterliegende Organisation ermöglicht. Dabei sollte sie prozessual effizient ausgestaltet und zielorientiert aufgebaut sein. Sie bedingt einen Wandel in der Organisation, welcher auf drei Ebenen stattfinden muss:

1. Ablauforganisation,
2. Aufbauorganisation und
3. Unternehmenskultur.

5.1 Gestaltung und Steuerung der Ablauforganisation

Die Herausforderungen der Operationalisierung einer digitalen Strategie beginnen bei der Gestaltung der Ablauforganisation. Eine der größten Herausforderungen liegt darin, dass eine zu den bestehenden Unternehmensaktivitäten parallele und unabhängige Berücksichtigung der „Online-Welt" nicht ausreicht, um den Kunden in die digitale Welt zu folgen. Es ist notwendig, sich an den rasant gestiegenen Bedürfnissen der Kunden auszurichten – dies bedingt auch eine ansteigende Reaktionsgeschwindigkeit innerhalb des eigenen Unternehmens. Während für den Kunden eine optimale Customer-Journey geschaffen wird, ist „Online" für interne Organisationsbereiche teilweise nur ein weiterer Kanal, den man zur Erreichung der eigenen spezifischen Ziele berücksichtigen kann, aber nicht zwingend berücksichtigen muss.

Im Detail bergen bestehende Organisationen häufig Strukturbrüche, Intransparenzen, Aufgabenüberschneidungen und inkonsistente Datenhaltungen. Insbesondere historisch gewachsene Stadtwerke stehen vor der Herausforderung einer steigenden Anzahl von zuständigen Teams und Unternehmensbereichen. Dadurch enstehen und vergrößern sich Datenredundanzen, was eine zeitnahe, flexible und zielgerichtete digitale Marktbearbeitung erschwert.

Wichtig ist die Definition von durchgängigen und klaren Prozessen sowie Verantwortlichkeiten, die sich nicht nur auf einen einzelnen Bereich beschränken. Wird beispielsweise der Absatz eines Produktes für Privatkunden geplant, sollten mindestens das Produktmanagement, der Privatkundenvertrieb und das Vermarktungsteam als wichtige Schnittstellen in den Prozess eingebunden werden. Die Koordination dieser Zusammenarbeit im Sinne einer ganzheitlichen Betrachtung stellt hierbei einen erfolgskritischen Faktor der Vermarktung dar.

Ein Kunde, der ein Produkt erwerben möchte, kann sich sämtliche Informationen innerhalb kürzester Zeit beschaffen. Entsprechend ist es notwendig, dass die Abläufe im Unternehmen so aufgebaut sind, dass ein potenzieller Kunde über alle Kanäle aufgenommen und ohne Strukturbrüche kanalübergreifend zum Abschluss geleitet werden kann. Anhand dessen lässt sich die zu bewältigende Komplexität für Stadtwerke im digitalen Zeitalter ansatzweise verstehen. Es wird deutlich, wie bedeutend eine Koordination der Kundenprozesse über Bereichsgrenzen hinweg für eine erfolgreiche Umsetzung von

Digitalstrategien ist. Dabei sind gerade im Rahmen dieser Anforderungen ein intensiver Wissensaustausch und der Einbezug verschiedener Sichtweisen obligatorisch. Für diese Zwecke sind agile Teams aufzustellen, die prozessorientiert zusammenarbeiten.

5.2 Aufstellung in der Aufbauorganisation

Neben einer klaren Ablaufstruktur wird eine Aufbaustruktur im Unternehmen benötigt, welche sich ebenfalls an den Marktanforderungen ausrichtet. Für eine effiziente und effektive Umsetzung von übergreifenden digitalen Strategien wird zudem eine Organisationseinheit benötigt, welche die Ziele nachhaltig verfolgt und realisiert. Auch die Organisationseinheiten sollten nicht isoliert betrachtet werden, sondern sind mit Blick auf die gesamte Organisation aufzusetzen.

Entsprechend ist zu berücksichtigen, dass die Organisationseinheiten die Interessen von unterschiedlichen Stakeholdern erfüllen müssen, wobei sie laufend diversen Zielkonflikten ausgesetzt sein werden (zum Beispiel zwischen Marken- und Vertriebskosten, Neukundenanzahl und Bestandskundenwert etc.). Die Frage, die sich daher stellt, ist, wo „Digital“ in die Organisation integriert werden soll. Viele Stadtwerke haben diese Frage in der Vergangenheit mit der Einordnung innerhalb des Konzernmarketings oder der Unternehmenskommunikation beantwortet. Bedenkt man jedoch die genannten vertrieblichen Potenziale, so ist diese Zuordnung oftmals nicht gänzlich passend.

Damit Ablauf- und Aufbaustruktur zusammen agieren und den Vertrieb stärken, ist es heutzutage angebracht, „Digital“ anders einzuordnen. Auch sollte eine entsprechende Struktur nicht separat und unabhängig aufgesetzt werden. Vielmehr sollte die Aufbaustruktur ebenfalls darauf einzahlen, die verschiedenen Prozessbeteiligten zu verbinden, um so eine ganzheitliche Steuerung zu ermöglichen.

Energieversorger müssen ihre Aufstellung demnach überdenken, wobei es vielfältige Lösungen gibt, welche von einer Umorganisation bis hin zu einer virtuellen und übergreifenden Organisationsform reichen können. Insbesondere die virtuelle Organisation bietet eine geeignete Grundlage, um in den ersten Phasen einer digitalen Strategie erste Erfolge zu generieren und agile Teams zu ermöglichen.

Erst nach Festsetzung der grundsätzlichen Prozesse und strukturellen Organisation kann die Frage nach den Kompetenzen im Digital-Team in Angriff genommen werden. Welche Sachkenntnisse tatsächlich benötigt werden, richtet sich in jedem Fall nach den entsprechenden (Online-)Zielen. Hierbei empfiehlt es sich grundsätzlich, gemäß den genannten Betrachtungsweisen mindestens folgende Rollen zu besetzen bzw. auf entsprechende externe Ressourcen für eine operative Unterstützung zurückzugreifen:

- Online-Manager mit Verantwortung für Strategie und Zielerreichung
- Online-Marketing-Manager zur Generierung von Besucheraufkommen und Abschlüssen
- On-Site-Manager mit der Optimierungsrolle für Inhalt, Prozesse und gegebenenfalls IT
- Online-Service-Manager zur Weiterentwicklung von E-Services, insbesondere für die Analyse von Kundenportalen zur proaktiven Aus- und Bewertung von Daten aus On- und Off-Site-Performance

Weitere Rollen sind abhängig von den zusätzlichen Aktivitäten des Energieversorgers (zum Beispiel Social Media) oder der Organisation der Zusammenarbeit mit den Fachabteilungen (beispielsweise im Content-Management).

5.3 Förderung der digitalen Unternehmenskultur

Neben den Strukturen der Organisation rückt ein Faktor bei der Umsetzung von Digitalstrategien immer stärker in den Vordergrund: die Förderung der digitalen Unternehmenskultur. So ist der Ausdruck „culture eats strategy for breakfast“ aktueller denn je.

Vor dem Hintergrund, dass im Bundesdurchschnitt schon mehr als jeder zweite Strom- und Gasabschluss im Privatkundensegment über digitale Kanäle abgewickelt wird und die E-Service-Quote stetig wächst, ist es erstaunlich, dass die wenigsten Energieversorger ihre Mitarbeiter auf die veränderten Marktbedingungen vorbereiten.

Aufgrund der grundsätzlichen Veränderungen, die die Digitalisierung bringt, und der notwendigen Betrachtung des Gesamtunternehmens entstehen häufig Blockaden. Diese können dazu führen, dass Mitarbeiter sich einer digitalen Unternehmenskultur verweigern. Um diesem Zustand vorzubeugen, ist bei der Umsetzung einer digitalen Strategie eine frühzeitige und vor allem regelmäßige Kommunikation in Richtung der Mitarbeiter notwendig, welche die Zielsetzung und den Rahmen des Vorgehens transparent darstellt. Ohne den Einbezug und die Unterstützung der Mitarbeiter zum Beispiel auch durch Fortbildungen, persönliche Information oder einen offenen Kanal für Fragen und Anmerkungen wird die angestrebte Veränderung zu einer digitalen Unternehmenskultur erfahrungsgemäß deutlich erschwert.

Zu viele Stadtwerke sehen „Online“ bzw. den Digitalvertrieb immer noch als einen Kanal unter vielen anderen, ohne dabei zu betrachten, welchen Einfluss er auf die Entwicklung am Energiemarkt hat: auf Kunden- und Mitarbeiterseite. Dabei werden sowohl das Potenzial als auch die Größe des Themenfeldes häufig unterschätzt. Es ist von elementarer Bedeutung, dass die Thematik ein integraler Bestandteil der Gesamtstrategie von Energieversorgern wird und seine Wichtigkeit auf allen Ebenen anerkannt wird. Dabei sind die Mitarbeiter das größte Asset der Stadtwerke. Gelingt es den Stadtwerken, ihre Mitarbeiter auf eine digitale Unternehmenskultur einzustellen, dann gelingt es den Mitarbeitern, dass die Stadtwerke ihren Kunden in die digitale Welt folgen.

6 Zusammenfassung und Fazit

Es lässt sich festhalten, dass sich der Energieversorgungsmarkt im Zeitalter der Digitalisierung weiterentwickelt und dass Kundenverhalten und -anforderungen einen Wechsel in der Marktbearbeitung und im Marktverständnis unabdingbar machen.

Die Implikationen für Ziele und Strategie zur Markenbildung, Kundengewinnung, Bestandskundenbindung und Kündigerprävention wurden beschrieben und die Bedeutung der digitalen Transformation als Ausgangslage für neue Geschäftsmodelle von Stadtwerken und Regionalversorgern hervorgehoben. Die hieraus resultierenden Kerndisziplinen (Kundenbedarfsanalyse, Kanalgestaltung, Vertriebssteuerung, Datenschutz und IT) wurden beleuchtet und deren Abbildung in der Organisation und Verankerung in der Unternehmenskultur dargestellt.

In einer abschließenden Betrachtung aller genannten Aspekte lassen sich folgende Erfolgsfaktoren für die Digitalisierung der Stadtwerke festhalten:

- Ziele und Strategie sind übergreifend zu definieren
- Digital muss als Geschäftsmodell verstanden werden
- On- und Offline-Marktbearbeitung müssen integriert erfolgen
- „Aus Kundensicht" sollte die Basis *aller* Unternehmensaktivitäten bilden
- User Experience ist vor Kreativ-Ideen zu setzen
- Technologieeinsatz des Kunden ist zu fokussieren
- Keine Sonderlösungen für Trends schaffen
- Digitalkompetenz internalisieren
- Der Digitalisierung auch in der Organisation und Kultur Rechnung tragen
- Marktbearbeitung auf Basis von Daten und Mustern leben und fördern

Berücksichtigen Energieversorger diese Faktoren, so erhöhen sie nachhaltig ihre Chancen, im Wettbewerb um den Kunden auch in den digitalen Kanälen zukünftig eine Rolle zu spielen.

Literatur

Anderl, E., Becker, I., Wangenheim, F. v., & Schumann, J. H. (2016). Mapping the customer journey: Lessons learned from graph-based online attribution modeling. *International Journal of Research in Marketing, 19*(3), 457–474.

BDEW. (2017). *BDEW Kundenfokus 2017/2018: Ergebnisbericht November 2017*. s.l: proyltics.

Bellaïche, J.-M., Chassaing, T., & Kapadia, S. (2013). *The omnichannel opportunity for retailers*. New York: The Boston Consulting Group.

Berlo, K., & Wagner, O. (2013). *Stadtwerke-Neugründungen und Rekommunalisierungen – Energieversorgung in kommunaler Verantwortung*. Wuppertal: Wuppertal Institut für Klima, Umwelt, Energie GmbH.

BNetzA. (2018). *Monitoringbericht 2018*. Bonn: Bundesnetzagentur für Elektrizität, Gas, Telekommunikation, Post und Eisenbahnen & Bundeskartellamt.

Buske, C., & Kreutzer, K. (2018). *EnergieMarktReport 2018*. Heidelberg: Verivox, Kreuzer Consulting.

Dahlström, P., & Edelman, D. (2013). The coming era of ‚on-demand' marketing. https://www.mckinsey.com/business-functions/marketing-and-sales/our-insights/the-coming-era-of-on-demand-marketing. Zugegriffen: 3. Okt 2017.

Ebling, M. (2018). Die Stadtwerke der Zukunft. *DEMO Impulse: Die Zukunft der Stadtwerke, 2018*(April), 4–5.

Google (2013). Der Weg zu Strom und Gas. https://docs.google.com/file/d/0ByUNCQuKFIx-MVEdtRlVGd094Wlk/view. Zugegriffen: 15. Sept. 2017.

Hsu, C., & Spohrer, J. C. (2009). Improving service quality and productivity: Exploring the digital connections scaling model. *International Journal of Services Technology and Management, 11*(3), 272–292.

Li, A., & Kannan, P. K. (2014). Attributing conversions in a multichannel online marketing environment: An empirical model and a field experiment. *Journal of Marketing Research, 2,* 40–56.

Mull, S. (2018). Customer-Journey-Attributionsmodelle am Beispiel der Energiewirtschaft. In I. Böckenholt, A. Mehn, & A. Westermann (Hrsg.), *Konzepte und Strategien für Omnichannel-Exzellenz* (S. 251–273). Wiesbaden: Springer Gabler.

Stein, A., & Ramaseshan, B. (2016). Towards the identification of customer experience touch point elements. *Journal of Retailing and Consumer Services, 1*(1), 8–19.

Trehan, R. (2018). Mobile Speed: Diese 6 deutschen Webseiten übertreffen die Nutzererwartung von 3 Sekunden Ladezeit. https://www.thinkwithgoogle.com/intl/de-de/marketingressourcen/daten-und-erfolgsmessung/mobile-speed-diese-6-deutschen-webseiten-uebertreffen-die-nutzer-erwartung-von-3-sekunden-ladezeit/. Zugegriffen: 17. Dez. 2018.

Steve Kirchhoff ist Gründer und Geschäftsführer der Next Digital Group, einer Unternehmensgruppe mit einer auf die digitale Transformation fokussierte Strategie- und Managementberatung sowie einer Agentur für die Vermarktung in digitalen Kanälen. Er begleitet seit über einem Jahrzehnt Unternehmen bei der Bewältigung von Herausforderungen rund um sich verändernde Geschäftsmodelle, damit verbundene Wertschöpfungsketten, Produkte und Innovationsprozesse sowie Marktbearbeitungsstrategien in wettbewerbsintensiven Branchen sowie dem Public Sector. Zu seiner Expertise zählen insbesondere die prozessorientierte Ausrichtung von Organisationen, die Einführung von Methoden des Arbeitens 4.0 sowie die Gestaltung von Veränderungsprozessen in Unternehmen. Er ist Diplom-Kaufmann und durch Google als „Squared Guru" zertifiziert.

Tamara A. Schulz ist Senior Manager der Next Digital Group in Düsseldorf. In ihrer Funktion als Managerin für Finanzen, Beteiligungen & Personal hat sie den Aufbau der Unternehmensgruppe seit Gründung maßgeblich mitgestaltet. Ihre fachliche Kompetenz liegt vor allem in der kennzahlenbasierten Steuerung sowie der Organisationsentwicklung.

Vor ihrer Tätigkeit bei Next Digital war Tamara Schulz mehrere Jahre für eine führende, mittelständische Wirtschaftsprüfungsgesellschaft tätig. Ihre Aufgabenschwerpunkte lagen im Bereich der Jahres- und Konzernabschlussprüfung nach nationalen und internationalen Rechnungslegungsvorschriften sowie in der prüfungsnahen Beratung. Zudem arbeitete Tamara Schulz als wissenschaftliche Mitarbeiterin an der Wirtschaftswissenschaftlichen Fakultät der Heinrich-Heine-Universität Düsseldorf. Ihr Studium der Betriebswirtschaftslehre absolvierte Tamara Schulz als Diplom-Kauffrau ebenfalls an der Heinrich-Heine-Universität in Düsseldorf.

Sascha Mull ist Berater und Senior Manager bei der Next Digital Group in Düsseldorf. Er verfügt über ein breites Spektrum an Erfahrungen in der Strukturierung, Organisation und digitalen Transformation von Konzernen und mittelständischen Unternehmen in den Sektoren Energiewirtschaft, IT und Handel. In seinen Projekten beschäftigt er sich mit Vertriebs- und Marktbearbeitungsansätzen, Geschäftsfeld- und Produktstrategien sowie Visions- und Geschäftsmodellentwicklungen. Vor seinem Einstieg in die Beratung studierte er für seinen Master of Science an der HHL Leipzig Graduate School of Management. Sascha Mull ist durch die SAP AG im Design Thinking zertifiziert und promoviert zudem an der Strathclyde Business School der University of Strathclyde in Glasgow zu den Einflüssen der Digitalisierung auf die Energiewirtschaft und den damit verbundenen Kundenmehrwerten.

Alexander Bohnet beschäftigt sich als Berater der Digital-Agentur der Next Digital Group vor allem mit der Weiterentwicklung der digitalen Vermarktung für Kunden in der Energiewirtschaft. Zu seinen Schwerpunktthemen zählen insbesondere die Gestaltung von Customer Journeys und der Customer Experience in digitalen Kanälen. Dabei beschäftigt er sich vor allem mit der Optimierung von Unternehmensdarstellungen in Suchmaschinen, der websiteseitigen Umsetzung von Kundenprozessen, der Gestaltung von technischen Tracking-Lösungen und der Ableitung von Data-Insights aus den gewonnenen Daten. Im Rahmen seiner wissenschaftlichen Laufbahn absolvierte er den Bachelor of Science in Betriebswirtschaftslehre an der Universität des Saarlandes und den Master of Science in strategischem Management an der Leopold-Franzens-Universität Innsbruck.

Digital-Marketing, Sportsponsoring und E-Sports – Warum E-Sports ein Blue Ocean ist

Toan Nguyen und Lukas Galinski

Inhaltsverzeichnis

1 Digital-Marketing und Sponsoring – Ein klassischer Sweet Spot 260
2 Grundlagen des Sportsponsorings. 261
2.1 Die Rolle des Sponsorings im Marketing-Mix 261
2.2 König-Fußball über alles! Oder doch nicht? 261
2.3 Die Auswahl von Sportsponsorings 263
3 Sportsponsoring im Zeitalter der Content-Überflutung 264
3.1 Die schlechte Nachricht für Fußballfans: Vielleicht existiert Exklusivität gar nicht 264
3.2 Die Digitalisierung verändert alles 265
4 E-Sports – Ein neuer Star 266
4.1 E-Sports – Das Sport- und Entertainment-Phänomen der neuen Generation 266
4.2 E-Sports – Digital by nature, campaignable by nature and scalable by nature 267
5 Die Blue-Ocean-Strategie 267
5.1 „When everyone zigs, zag!“ – Die Blue-Ocean-Strategie im Sponsoring. 267
5.2 „Out of the Box“ – Neue Märkte erobern mit einer neuen Herangehensweise 269
6 E-Sports – Ein Blue Ocean? 272
Literatur. 275

T. Nguyen · L. Galinski (✉)
Jung von Matt/Sports GmbH, Hamburg, Deutschland
E-Mail: lukas.galinski@jvm.de

T. Nguyen
E-Mail: toan.nguyen@jvm.de

M. Terstiege (Hrsg.), *Digitales Marketing – Erfolgsmodelle aus der Praxis,*
https://doi.org/10.1007/978-3-658-26195-5_16

1 Digital-Marketing und Sponsoring – Ein klassischer Sweet Spot

Aus der Sicht von Agenturen und Marketingentscheidern hat sich in den letzten zehn bis 15 Jahren etwas immer mehr herauskristallisiert: Kommunikation im Sportumfeld kann sehr, sehr mächtig sein. Aus unserer Sicht gehört der Sport zu den attraktivsten Plattformen, um damals wie auch heute Konsumenten zu erreichen. Manche sagen sogar, dass der Sport die schlichtweg attraktivste Form ist. Dafür gibt es gute Gründe – vor allem im Zeitalter des Digital- und Content-Marketings! Sport und Fanumfelder per se sind geprägt von einem inhärenten *High-Interest-Naturell,* das mehr von *Pull statt von Push* geprägt ist. Sport ist *engaging by default.* Denn Fans suchen aktiv nach Inhalten, seien es Live-Spiele, Berichterstattungen, Statistiken, News, Gerüchte u. v m. Sie kennen Anstoßzeiten, den Spielkalender und in den meisten Fällen folgen sie ihren Vereinen, Clubs und ihren individuellen Stars über diverse Kanäle. Neben den technischen Aspekten bietet der Sport aber vor allem auch ein emotionales Umfeld: Im Sport sind die Prinzipien von Gemeinschaftssinn und Loyalität seit jeher fest verankert. Man feiert gemeinsam, man leidet gemeinsam. Im Kollektiv werden Gefühle verstärkt. Dazu kommt eine ganz besondere Prise Emotion, die aktuell keine KI oder Maschine der Welt abbilden kann: Denn Sport bedeutet Drama, Drama, Drama. Es gibt Gewinner und es gibt Verlierer. Am Ende des Tages geht es immer um Geschichten und wie Jean-Remy, der Gründer unserer Agentur, stets sagte: Nichts interessiert Menschen so sehr wie andere Menschen. Dieser Pool an Geschichten ist es, der den Sport in Zeiten ständiger Debatten über Content-Marketing und neue Facebook-Algorithmen letztendlich zum Sieger machen wird. Keine andere Plattform kann fortlaufend und in einer solchen Regelmäßigkeit Inhalte produzieren oder auf natürlichem Wege jene Erwartungen schüren, wie sie beispielsweise in Vorfreude auf Spieltage, Pokalfights oder Endspiele entstehen. Und dabei ist keine andere Plattform so momentumgetrieben wie Sport, wenn sich Ereignisse überschlagen und der Zuschauer kurzzeitig vergisst, wo oben und wo unten ist. Sport ist eine Form von Unterhaltung, die kulturell bei uns Menschen verankert ist. Also genau da, wo Marketing-Kommunikation stattfinden muss. *But here's the twist, guys:* Denn so direkt wie die vorangegangenen Zeilen formuliert wurden, könnten sie zu dem Gedanken verleiten, dass mit der nächsten Marketingaktion im Sport nichts falsch gemacht werden kann. Denn wie so oft in der Welt geht es nicht nur um das *Was* und *Warum,* sondern auch um das *Wie, Wen* und *Wann.* Denn Fakt ist: Wir leben in einer Zeit, in der sich vieles verändert. Vor allem für das Marketing. Noch nie war es so wichtig, schnell zu evaluieren, schnell zu lernen und sich schnell anzupassen. *Everyone wants the next big thing.* Und dieser Beitrag nimmt eine Möglichkeit, dies zu tun, unter die Lupe. Die folgende Hypothese, dass E-Sports ein Blue Ocean ist, basiert auf praktischen Erfahrungen, Experteneinschätzungen, eigenen Studien und auch einigen Erkenntnissen einer Masterarbeit. Sie basiert aber auch auf Intuition und auf Gespür für einen Ausblick für die nächsten Jahre. Niemand kann die Zukunft voraussagen. Aber man kann, wenn man genau hinguckt, die Muster erkennen. Und diese, so viel kann man vorwegnehmen, sind unverkennbar.

2 Grundlagen des Sportsponsorings

2.1 Die Rolle des Sponsorings im Marketing-Mix

Seit Jahrzehnten investieren Unternehmen ungebrochen in Sponsoring. Dies führt dazu, dass jedes Jahr neue Ausgabenrekorde erzielt werden. Allein im Jahr 2017 betrugen die Ausgaben weltweit 62,7 Mrd. US$ (IEG 2018, S. 3). Ein großer Teil davon entfällt dabei vor allem auf den Sport. Sport stellt also, neben weiterem kulturellem Sponsoring in beispielsweise Musik und Kunst, die spürbar größte Säule des Sponsorings dar. In Deutschland dominiert dabei wenig überraschend der Fußball (Falkenau und Platten 2018, S. 9, 13). Sowohl die stetig steigenden Ausgaben als auch das hohe Interesse am Fußball spiegeln sich regelmäßig in Berichten der Deutschen Fußball-Liga (DFL) wider. Über die DFL Reports der vergangenen Jahre (DFL 2016, S. 12, 2017, S. 13, 2018, S. 11) lässt sich feststellen, dass die Werbeeinahmen seit der Saison 2012/2013 durchschnittlich um 10 % pro Jahr gestiegen sind. Die Stimmung ist gut in Fußballdeutschland. Und auch die englische Premier League verkündet jährlich neue Rekordpreise (Deloitte 2018, S. 2). Die Mehreinnahmen können verschiedene Ursachen haben: Meistens durch neu geschaffene Vermarktungsmöglichkeiten. Manchmal steigt auch einfach die Zahl der aktiven Sponsoren im Markt. Ein anderer Grund aus der Praxis für steigende Einnahmen kann allerdings auch darin liegen, dass Unternehmen für ihre Werbeplatzierungen schlichtweg höhere Preise als in der Vergangenheit zahlen. Dies tritt vor allem bei Vereinen oder Ligen ein, die sich einer steigenden Beliebtheit erfreuen (JvM/ Sports 2018). Der Optimismus erklärt sich damit, dass Fußballsponsoring – zumindest in der Theorie – umfassendere Lösungen als andere klassische oder digitale Medien und Disziplinen bietet. Sponsoring im Fußballumfeld ermöglicht Zugänge zu Fans, anstatt im Dickicht von Adblockern und Weg-Zappern unbekannten Konsumenten nachzujagen, die keine Lust auf Werbung haben – und sich somit auch nur schwer für Marken und Produkte begeistern lassen. Glaubt man der Verkaufsseite, ist und kann Sponsoring eigentlich fast alles: Image, Bekanntheit, Co-Branding, Cross-Media, Content-Source, Sales-Engine oder Stakeholder-Incentive. Es kann nicht nur alles, es wirkt gemäß Verkaufsargumentation scheinbar auch für alle Werbetreibenden gleichermaßen. Fragt man die Sponsoringentscheidungsträger, zahlen die Maßnahmen überwiegend auf Image- (88 %) und Bekanntheitsziele (78 %) ein (Falkenau und Platten 2018, S. 8). Ergo: Sponsoring lässt sich vielseitig bis ganzheitlich im Marketing-Mix etablieren.

2.2 König-Fußball über alles! Oder doch nicht?

Wer im Markt unterwegs ist, kennt auch die Muster: Denn vor allem die Relevanz des Fußballs wird immer wieder in Vermarktungsunterlagen großer Agenturen eindrucksvoll untermauert. Dort liest man, dass quasi die ganze Nation fußballinteressiert sei, von jung bis alt, und zwar über alle Gesellschaftsklassen hinweg. Diese Bedeutungskraft ist bei

Sponsoringentscheidern auch eingebrannt: 63 % geben an, im Fußball engagiert zu sein, 41 % glauben, dass die Relevanz weiter wachsen wird (Falkenau und Platten 2018, S. 13, 22). Der Blick auf die Sportnachfrage untermauert diese Dominanz ebenfalls: Nach dem Fan Monitor von Goldmedia (2017) interessieren sich 86 % der Sportfans für Fußball, immerhin noch knapp 70 % temporär für die Olympischen Sommer- und Winterspiele. Einstige Volkssportarten wie Handball (50 %), Eishockey (41 %) und Basketball (35 %) sind nach Interesse massiv abgeschlagen – Tendenz steigend. Eine einseitige Entwicklung, die sich auch in der klassischen medialen (TV-)Präsenz der Sportarten widerspiegelt – dem Rückgrat der Vermarktung. Bei all dieser Einseitigkeit muss man jedoch immer wieder konstatieren: Dem Fußball kommt eben so viel mediale Aufmerksamkeit zu, wie sich die Sportart als Produkt durch Angebot und Nachfrage im Spitzen- und Mediensport auch verdient hat. So lässt sich als Zwischenfazit feststellen, dass König Fußball ein Kaiserreich geschaffen hat, das für regional wie national ambitionierte Marken alternativlos scheint. Und dafür werden saftige Preise bezahlt. Doch woher weiß man, ob sich ein Preis rechtfertigt oder nicht?

▶ Sponsoring ist kein Selbstzweck, sondern ein dynamischer Entscheidungsbaum in einem dynamischen Wettbewerbskontext.

Die Investitionsentscheidung eines Unternehmens für oder gegen ein bestimmtes Sportsponsoringökosystem wird im Idealfall davon beeinflusst, welche Sponsoringphilosophie und -strategie innerhalb eines Unternehmens zugrunde liegt. Im Zuge der Philosophiebestimmung erfolgt eine Auseinandersetzung mit verschiedenen Fragen: Auf welcher Sport-, Sach- und Leistungsebene soll das Sponsoring stattfinden? Welche mediale Präsenz soll im Rahmen des Sponsorings vorhanden sein? Welche Position soll das Unternehmen im Vergleich zu anderen Sponsoren einnehmen? Welche geografischen und internen Faktoren sollen beim Sponsoring eine Rolle spielen? Aus der Beantwortung jener Fragen würden sich nach Bruhn (2018, S. 61–62) und Nufer und Bühler (2013, S. 276) allgemeine Sponsoringstrategien ableiten lassen. Wenngleich die strategische Sponsoringforschung noch ein verhältnismäßig junger Forschungsbereich ist, wurde die Relevanz des strategischen Einsatzes von Sponsoring bereits erkannt. So lässt sich feststellen, dass Sponsoring im Idealfall dafür eingesetzt wird, um strategische Wettbewerbsvorteile zu generieren (Amis et al. 1997; Amis und Slack 1999). Dies kann geschehen, wenn Sponsoringaktivitäten nicht als isolierte Maßnahmen, sondern als kontextuelle Taktiken und ganzheitliche Strategien umgesetzt werden. Gleichzeitig sollten die Aktivitäten der Konkurrenten stets in die eigenen Sponsoringentscheidungen einfließen. Ein gängiger Fehler in der Praxis ist daher bei vielen Marktteilnehmern der Glaube, dass eine Sponsoringstrategie bei Vertragsunterschrift abgeschlossen sei. Das Gegenteil ist aber oft der Fall. Das Sponsoring fängt manchmal erst an. Dass Aktionen auch Reaktionen herbeiführen, wird oft vergessen:

▶ Das Sponsoring fängt manchmal erst an. Denn wie in kriegerischen Situationen gilt hier auch: Der Feind schläft nicht.

2.3 Die Auswahl von Sportsponsorings

Dass Firmen Sponsoring nicht isoliert betreiben, lässt sich gut im Auswahlprozess von Sponsoring beobachten. In der Praxis können Unternehmen zunächst einmal eine große Vielfalt an unterschiedlichen Sportsponsorings anstreben. In die Entscheidung für ein oder mehrere Sportsponsorings sollte allerdings auch immer einfließen, wie sich die Umsetzung des Sportsponsorings gestalten lässt. Umgangssprachlich spricht man hier oft von Aktivierung. Die Möglichkeiten der Aktivierung können sich je nach Sportsponsoring ebenfalls wieder stark voneinander unterscheiden. Oft stehen sie überraschenderweise nicht im Verhältnis zu dem Preis, den eine Marke für ein Sponsoring bzw. die Rechte bezahlt. Die Rechte umfassen definitionsgemäß die vertraglich festgelegten Elemente, die einem Sponsor zur Nutzung gewährt werden. Sie stellen die zentralen Vertragsbestandteile dar, da sie den Rahmen für alle weiteren Aktivitäten innerhalb des Sponsorings festlegen (Nufer und Bühler 2013, S. 278). Die Kombination einzelner Rechte führt beim Rechtegeber zum Verkauf sogenannter Rechtepakete. Diese Rechtepakete werden in der Praxis häufig als Sponsoringpyramiden ausgestaltet und führen zu einer hierarchischen Anordnung der Sponsoren (Clauß 2008, S. 337–338). Dementsprechend existieren Partner auf höheren und niedrigeren Ebenen innerhalb der Sponsoringpyramide bei einem Gesponserten. Eine höhere Sponsoringebene ist mit einer höheren Exklusivität und prominenteren Platzierung verbunden. Diese Exklusivität ist dafür wiederum mit größeren Budgetausgaben des Sponsors verknüpft. Nach dieser Logik hat das Budget daher auch einen positiven Effekt auf das Ausmaß und den Erfolg eines Sponsorings (Kourovskaia und Meenaghan 2013, S. 420). Es ist keine wissenschaftliche Ausbildung notwendig, um zu erahnen, dass die meisten Unternehmen lieber am oberen Ende der Pyramide stehen als am unteren. Zumindest – und das ist entscheidend –, wenn ihr Budget das zulässt.

Ein Sponsor muss dementsprechend bei der Auswahl bereits genau abwägen, welche potenziellen Sponsorings und Rechtepakete in Anbetracht des eigenen Budgets und der Ziele sinnvoll sind. Innerhalb der Sponsoringforschung lassen sich verschiedene Parameter identifizieren, die bei der Untersuchung der Effektivität und möglichen Zielerreichung herangezogen werden sollten. Die Wahrnehmung der Marke und des Unternehmens (Grohs et al. 2004, S. 120), eines der häufigsten Ziele von Sponsoring, kann verloren gehen, wenn sich zu viele Marken gleichwertig im gleichen Feld präsentieren. Die erwähnten Sponsoringpyramiden können dem entgegenwirken. Im Umkehrschluss bedeutet dies also, dass Unternehmen sich Exklusivität zusichern lassen. Das ist sinnvoll: Man will die einzige Automarke im Umfeld eines Vereins sein. Die einzige Automarke bei der Nationalmannschaft. Am besten die einzige Automarke bei einer ganzen WM. Und diese Exklusivität wird auch verkauft: Es gibt Vermarktungsunterlagen für Vereine, es gibt Vermarktungsunterlagen für die Nationalmannschaft und es gibt Vermarktungsunterlagen für die UEFA und FIFA. Sogar teilweise für jedes einzelne Event. Exklusivität innerhalb einer Kategorie reicht aber natürlich nicht. Bei Untersuchungen der Effektivität von Sponsorings hat sich gezeigt, dass ein Umfeld mit einer Vielzahl in unterschiedlichen Kategorien angeordneten Sponsoren ebenfalls eine negative Wirkung auf einzelne Sponsorings haben kann (Walraven et al. 2016, S. 423). Wenn man die einzige Automarke in der Pyramide ist, aber Coca-Cola viel, viel präsenter ist, dann steht man wiederum vor neuen Herausforderungen.

Als wäre dies alles nicht schon kompliziert genug, kommt ein weiterer wichtiger Aspekt dazu: nämlich der berühmte Brand Fit. Es sollte also zusätzlich der Faktor der Markenverwandtheit mit dem Sponsoringumfeld in den Fokus gerückt werden (Wakefield et al. 2007, S. 72; Johnston und Paulsen 2014, S. 653). Typischerweise bedeutet eine höhere Markenverwandtheit von Sponsor und Gesponsertem eine positivere Resonanz innerhalb der Zielgruppe (Simmons und Becker-Olsen 2006, S. 165). Mithilfe dieses Faktors lassen sich auch affektive und verhaltensorientierte Ziele erreichen. Demnach kann sich ein Marken-Fit beim Sponsoring von der Einstellung zum Sponsor bis auf die Kaufentscheidung positiv auswirken (Gwinner und Bennett 2008, S. 421). Mit dem Einkauf der passenden Sponsoringrechte kann daher bereits ein Marken- und Zielgruppen-Fit erreicht werden. Klar, er kann, *aber er muss nicht.* Beispiele von seltsamen Sponsorings gibt es zur Genüge. Oft sind es personengetriebene Gründe, volkstümlich auch Mäzenatentum genannt (JvM/Sports 2018). Das Besetzen der Spitze eines Rechtegebers in einer populären Sportart bedeutet damit nicht notwendigerweise einen höheren Return of Investment (Wakefield et al. 2007, S. 71).

3 Sportsponsoring im Zeitalter der Content-Überflutung

3.1 Die schlechte Nachricht für Fußballfans: Vielleicht existiert Exklusivität gar nicht

Fallen wir mit der Tür ins Haus: Die harte Realität im Fußball ist, dass die Spitze auf der Pyramide niemals ganz umfänglichen Schutz bieten kann. Viel zu viele Faktoren beeinflussen den Erfolg von Sponsorings. Neben internen Irrungen und Wirrungen beeinflussen vor allem die externen Faktoren, also das externe Umfeld, den Erfolg von Sponsoring. „You'll never walk alone" erfährt in diesem Kontext eine völlig neue Bedeutung. Fakt ist: Der kommunikative Wettbewerb in der Fußballbundesliga ist brutal. In der Hinrunde 2017/2018 warben durchschnittlich 21 Unternehmen pro singulärem Verein im TV-relevanten Bereich. Das sind weit über 350 Marken für die erste Liga (JvM/Sports 2018). Hinzu kommt: Neben den offiziellen Partnern der Clubs und klassischen Media-Buchern konkurrieren Marken im Umfeld der TV-Berichterstattung mit den zusätzlichen Werbekunden bei ARD, Sky sowie mittlerweile auch Eurosport und DAZN. Und dann gibt es noch die sogenannten Ambush-Unternehmen auf dem Second Screen – egal ob auf Online-Medien wie Kicker.de, Sportbild.de oder One Football. In Zeiten von digitalem Marketing kommen auch Gamified Communities dazu, beispielsweise Comunio oder Kicktipp. Außerdem nicht zu vergessen sind Tech-Giganten wie Facebook und Google, die mit ausgesteuerter Werbung auch das Fußballumfeld für sich erkannt haben und sogar in Echtzeit reagieren können. Kurz: Die assoziativen Zugänge zur Werbebühne Bundesliga abseits von Partnerschaften sind grenzenlos. Ein Platz in der Pyramide mag im Binnensystem einigermaßen robust sein, doch die digitale Content-Welt da draußen hat zu einem Dschungel an unendlichen Marken und Werbebotschaften geführt. Daraus lassen sich ein Problem, ein Paradoxon und eine Abwärtsspirale ableiten, die wir aus dem Original unserer viel zitierten Studie (JvM/Sports 2018) genommen haben:

Das Problem
Wer nicht ausreichend Budget hat, um massiv in Penetration und Aktivierung zu investieren, geht sang- und klanglos im Meer von Werbebotschaften unter.

Das Paradoxon
Wer mit Ansage baden gehen möchte, muss dennoch horrende Marktpreise bezahlen.

Die Abwärtsspirale
Ein stetig wachsendes Werbeumfeld, das von markenschwachen E-Commerce-Anbietern und zweitklassigen Wettanbietern bombardiert wird, verliert für viele Premiummarken an Premiumcharakter. Einzig Marktführer und Top-Spender mit großen Kriegskassen, wie beispielsweise Telekom oder Tipico, können sich dann noch als Ausnahmen behaupten.

3.2 Die Digitalisierung verändert alles

Der heutige Sportmarketingmarkt unterliegt permanent großen Veränderungen. Diese Veränderungen nehmen durch die Digitalisierung neue Dimensionen an. Manche Veränderungen sind gut, aber eben nicht alle. Wie schnell ganze Industrien durch die Digitalisierung *disrupted* wurden, erzählt man sich mittlerweile zu Genüge. Und wie bereits beschrieben, beschleunigen viele Prozesse das Umdenken. Neben den Debatten rund um die Content-Explosion und weniger Schutz und Exklusivität gibt es kein Sportpodium, kein Panel und keinen Kongress mehr, welche ohne die Themen Social Media, VR und AR stattfinden. Wie sehr die Digitalisierung das Marketing im Sportsponsoring verändert, zeigt allerdings am besten das jüngste Hype-Thema E-Sports! So lässt sich gerade eindrucksvoll feststellen, dass Unternehmen nicht mehr gewillt sind, um jeden Preis im Ökosystem Fußball präsent zu sein, sondern dass sie Engagements hinterfragen und nach Alternativen suchen. Vodafone (Wilson 2007), Mercedes-Benz (Reuters 2017) und McDonald's (DPA 2018) sind nur drei Unternehmen, die in der Vergangenheit verstärkt im Fußball aktiv waren und Engagements nicht weitergeführt haben. Alle haben allerdings in neue Partnerschaften in das neue Sportumfeld E-Sports investiert (Rentz 2017; DPA 2018; Eberhardt 2018). Auch die deutschen Unternehmen Deutsche Post bzw. DHL sowie Warsteiner haben im Frühjahr 2018 Verträge im E-Sports abgeschlossen (Hölting 2018). Beide Unternehmen sind historisch auch im Fußball verwurzelt. In den Pressemeldungen werden für diese Investitionen bereits Beweggründe wie unter anderem die junge Zielgruppe, der Marken-Fit und strategische Neuausrichtung kommuniziert. Die Frage ist allerdings zunächst: Was ist E-Sports? Und welche Chancen bietet er?

4 E-Sports – Ein neuer Star

4.1 E-Sports – Das Sport- und Entertainment-Phänomen der neuen Generation

E-Sports umfasst das wettbewerbsmäßige Spielen von Video- und Computerspielen und die damit zusammenhängenden Übertragungen im Internet (Hamari und Sjöblom Hamari und Sjöblom 2017, S. 211). Aber was bedeutet das denn genau? Wichtig ist auf jeden Fall das: *E-Sports ist immer Gaming, aber Gaming ist nicht immer E-Sports.* Eine Gruppe von Freunden, die gemeinsam auf der heimischen Couch sitzt und auf einer Konsole beispielsweise eine Sportsimulation spielt, betreibt also nicht automatisch E-Sports. Sie sind Gamer, die gemeinsam ihr Hobby ausüben. Im E-Sports versammelt sich hingegen die professionalisierte Spitze des Gamings, um Bestleistungen zu vollbringen. Das eigentliche Phänomen liegt dabei in den Dimensionen, von denen wir sprechen. Für 2019 wird mit 454 Mio. regelmäßigen Zuschauern gerechnet (Newzoo 2019, S. 23). Bis 2022 sollen es gar 645 Mio. sein. Bei der ESL ONE Cologne 2018 strömten 15.000 Menschen täglich in die Kölner Lanxess Arena, während online über 32 Mio. geschaute Stunden gezählt wurden (ESC watch 2018; ESL 2018). Durch solche Events ist es keine Seltenheit, dass Übertragungen eines einzelnen E-Sports-Titels in einem Monat zu 40 bis 50 Mio. geschauten Stunden auf der Online-Plattform Twitch führen – andere Plattformen und Streams ausgenommen. So spielt das lineare Fernsehen beim E-Sports-Publikum, überwiegend männliche 10- bis 35-Jährige, nur noch eine untergeordnete Rolle. Verfolgt wird der digitale Sport selbstverständlich online, wo Interaktionen wesentlich vielfältiger und direkter stattfinden können. Man sieht daran auch, dass hinter E-Sports eine gewaltige Community steht, die sich für die verschiedensten Spieletitel und die Stars der Szene begeistert. Dementsprechend haben sich um die besten Spieler und Teams Strukturen entwickelt, die es den Akteuren nicht nur ermöglichen, sehr gut von ihrer Tätigkeit zu leben, sondern den Sport weltweit sowie on- und offline zu einem Erlebnis machen. Welche Größenordnung die Events im E-Sports angenommen haben, zeigt auch ein Blick auf das Preisgeld im Jahr 2018. Die in dieser Kategorie führenden Top-4-Spieletitel trugen so knapp 100 Mio. US$ zusammen, die an die konkurrierenden Spieler ausgeschüttet wurden (esportsearnings 2019). Bei diesen Zahlen übertrifft sich das E-Sports-Ökosystem Jahr für Jahr aufs Neue und stellt so immer neue Rekorde auf. So kann die Prognose, dass E-Sports im Jahr 2019 die Umsatz-Schallmauer von einer Milliarde US-Dollar knacken wird und bis 2022 auf 1,7 Mrd. US$ ansteigen soll (Newzoo 2019, S. 24), bei Akteuren innerhalb dieses Marktes schnell zur Randnotiz verkommen. Akteure außerhalb dieses Marktes könnten sich aber vielleicht die Frage stellen: „Warum bin ich noch nicht dabei?"

4.2 E-Sports – Digital by nature, campaignable by nature and scalable by nature

Digital-born Sports mit Digital-born Stars für Digital-born Natives! Wir alle wissen, wie viele Industrie- und auch Sportsegmente verzweifelt den Schulterschluss zur digitalen Transformation suchen. Für den E-Sport hingegen ist es bereits das natürliche Umfeld. Keine andere Sportart verfügt über ein so starkes Ökosystem, das sich selbst trägt und immer weiter befruchtet. Clans, Spieler, Fans, Spiele, Trainingssessions, direkter Dialog, soziale Kanäle – all diese Dinge sind hochgradig und auf ganz natürliche Weise miteinander vernetzt. Dass E-Sports über die Gamer-Grenzen hinaus immer größere Beachtung findet und auch für Sponsoren immer attraktiver wird, ist damit längst kein Geheimnis mehr. Immer mehr Fußballclubs, Sponsoren und nicht zuletzt namhafte Investoren und Prominente wie Mesut Özil, Michael Jordan oder Musiker wie Steve Aoki und die Imagine Dragons steigen ein. Fakt ist: E-Sports breitet sich rasant über verschiedene Stakeholder aus, und zwar mit wahnsinnigen Wachstumszahlen, einer Zielgruppe, die gerade erst heranwächst, und einem Ökosystem, das nicht erst digitalisiert werden muss – sondern bereits digital by nature ist. Vor allem ist der E-Sports aber auch eins: ein Blue Ocean!

5 Die Blue-Ocean-Strategie

5.1 „When everyone zigs, zag!" – Die Blue-Ocean-Strategie im Sponsoring

Wollen Marketing-Entscheider sich für ihre Sponsoring-Entscheidungen oder – Neuausrichtungen auf strategische Tools stützen, scheint es naheliegend auf altbekannte und seit Jahrzehnten etablierte Modelle wie eine ANSOFF-Matrix, ein Five Forces-Modell oder eine SWOT-Analyse zurückzugreifen und diese für die eigenen Zwecke zu adaptieren. Dass dies für einen sich ständig und in hohem Tempo wandelnden Sportsponsoring-Markt, unter Umständen eine ungeeignete Herangehensweise darstellen könnte, vermittelt die Einordnung der typischen Strategie-Tools in Abb. 1. Denn all jene aufgezählten Modelle gelten als überwiegend statische Strategie-Tools.

Die Blue-Ocean-Strategie, zu sehen als „BOS" im Quadranten der Dynamic capabilities, unterscheidet sich in ihrem Ansatz grundlegend von vielen im Sportsponsoringmarkt

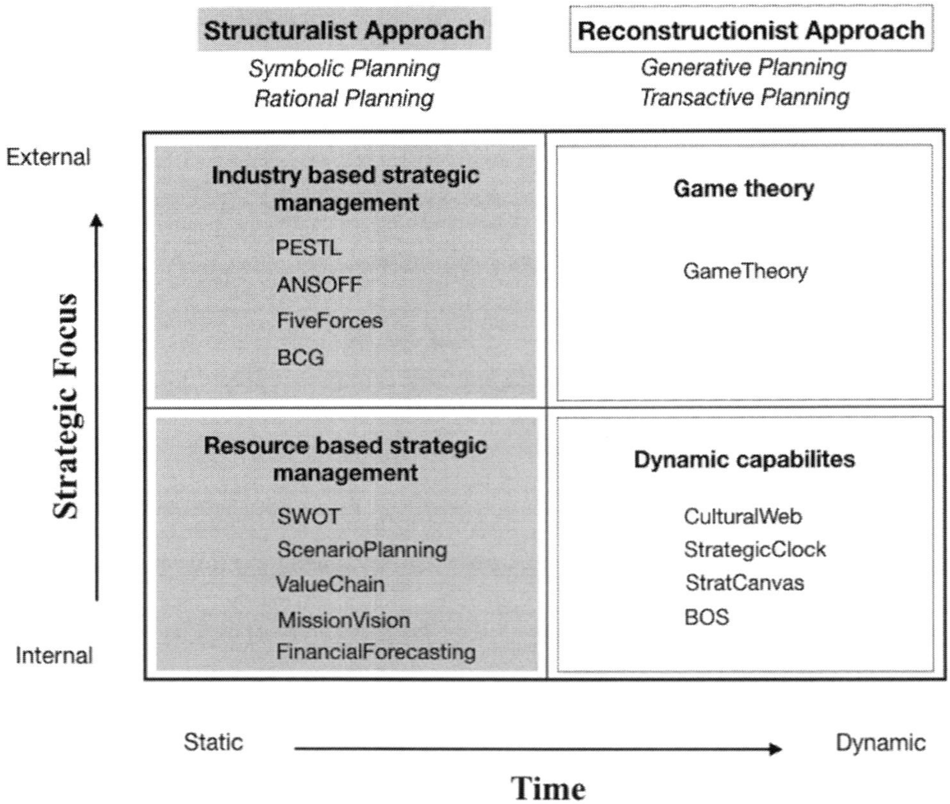

Abb. 1 Categorized strategy tools (CaST) framework. (Quelle: In Anlehnung an Tassabehji und Isherwood 2014, S. 76)

angewendeten Ansätzen. Die Strategie wurde im Jahr 2004 als eine neue Erweiterung des bis dato praktizierten strategischen Managements durch Kim und Mauborgne (2004) veröffentlicht. Die Entwicklung beruht auf Untersuchungen von mehr als 150 Fällen von Unternehmen in 30 verschiedenen Industrien. Dementsprechend liegt der Zweck der Strategie auch darin, Unternehmen branchenunabhängig ein Rahmenkonzept und verschiedene Werkzeuge für die Strategieentwicklung zur Verfügung zu stellen. Durch die Neuartigkeit und breite Anwendbarkeit entwickelte sie sich als eine nicht zu vernachlässigende Alternative in der Strategieentwicklung. Für viele Top-Manager in klassischen Industrie-Sektoren war und ist es immer noch en vogue, in Blue Oceans zu denken. Wer bei Amazon „Blue Ocean" oder „Blauer Ozean" eingibt, findet über 300 Suchergebnisse in der Kategorie „Bücher". Den Blue Ocean in einen Sponsoringkontext zu setzen, ist u. E. also relativ neu und ungesehen. Aber was macht den Blue Ocean besonders?

5.2 „Out of the Box" – Neue Märkte erobern mit einer neuen Herangehensweise

Let's swag up the science a bit: Das zentrale Element für die grundlegend andere Herangehensweise in der Strategieentwicklung lässt sich im rekonstruktivistischen Ansatz wiederfinden. Dieser ist das Gegenstück zum strukturalistischen Ansatz, bei dem alle Unternehmensaktivitäten auf das übergeordnete Ziel ausgerichtet werden, die Konkurrenz innerhalb des eigenen Marktes zu schlagen – unabhängig davon, ob zu diesem Zweck ein Wettbewerbsvorteil aus dem Resource-based View oder dem Market-based View abgeleitet wird (Kim und Mauborgne 2004, S. 77). Den eigenen, umkämpften Markt bezeichnen Kim und Mauborgne auch als Red Ocean. „Red" ist im Übrigen eine Analogie zu „Blut". Schließlich geht es im harten Wettbewerbsumfeld am Ende des Tages immer um Verdrängungsmärkte. Der Red Ocean beschreibt ultimativ die Situationen, in denen Margen aufgrund von mangelnder Differenzierung und harten Preiskämpfen geringer werden. Blut fließt in Form von Profiten, die geteilt werden müssen oder gar ganz verloren werden. Die Anwendung einer rekonstruktivistischen Herangehensweise auf die Strategieentwicklung führt im Kern dazu, dass kein Fokus mehr auf dem Schlagen der Konkurrenz im eigenen Markt liegt. Stattdessen können mit ihr nicht nur Regeln und Grenzen eines Marktes neugestaltet, sondern auch neue Branchen geschaffen werden. Der Blue Ocean beschreibt eine Situation, in der es *keine Konkurrenz* mehr gibt. Der alte, umkämpfte Red Ocean wird dadurch um den Blue Ocean erweitert. Dabei handelt es sich um eine Erweiterung, die einen bisher unbestrittenen Markt kreiert. Das können beispielsweise komplett neue Zielgruppen sein, die für ein Produkt begeistert werden, das sie vorher nicht einmal im *Relevant-Set* hatten. Oft entsteht ein Blue Ocean auf einem *Side-Track,* sprich: Opportunitäten, die der Wettbewerb gar nicht auf dem Radar hat. Vielleicht, weil sie auf den ersten Blick unattraktiv, wie eine zu starke Nische, oder zu kompliziert wirken.

Blue Ocean Beispiel #1: Nintendo Wii

Eines der berühmtesten Beispiele ist die Nintendo Wii – eine Konsole, die auf einen Markt kam, in dem exzellente, und damit teure Grafik in Videospielen ein zentraler Wettbewerbstreiber war. Genauso wie gute Storylines und aufwändiges Character-Writing. Alles Faktoren, die sogenannte Hardcore-Video-Spiel-Fans begeistern. Die Nintendo Wii verzichtete auf all diese teuren Aspekte und erschloss mit einem einfachen, spaßorientierten Konzept und neuen Controllern Zielgruppen, die sich nie für Videospiele begeistert hatten. Zum Beispiel Familien, Studenten oder Wohngemeinschaften. Mit diesem Schritt sparte Nintendo nicht nur Kosten. Auf einmal war man in einem wachsenden neuen Segment dominanter Marktführer, einzig und alleine, weil man der einzige Player war.

Blue Ocean Beispiel #2: Ryanair

Dass sich ein Blue Ocean, eine unbestrittene Erweiterung eines Marktes, auch in Umfeldern entwickeln lässt, in denen das Tagesgeschäft von gänzlich anderen Parametern dominiert wird, zeigt das Beispiel von Ryan Air. Die irische Fluggesellschaft hat sich seit seiner Gründung im Jahr 1985 zu einer der ältesten und erfolgreichsten Low-Fare Airlines in Europa entwickelt. So spöttisch die deutsche Übersetzung „Billigfluggesellschaft" auch klingen mag: Ryanair hat in seinen Anfangsjahren einen Markt erkannt, der in Europa bis zu diesem Zeitpunkt noch nicht existierte. Durch Standardisierung, ein Minimum an Service sowie die Nutzung von zum Teil weniger stark frequentierten Flugplätzen und Abflugzeiten ermöglichte die Fluggesellschaft einem völlig neuen Publikum die Flugreise. Jene neue Zielgruppe, die sich auf diese Art und Weise plötzlich eine Flugreise leisten konnte und gewillt war, die Umstände einer Reise mit Ryanair auf sich zu nehmen, wurde zuvor von anderen Fluggesellschaften beinahe vollständig vernachlässigt. Was bei Ryanair also auf dem ersten Blick wie eine typische Kostenführerschaftsstrategie anmutet, ist durch das Erkennen einer Marktsituation und das richtige Handeln zum richtigen Zeitpunkt auf den zweiten Blick eine Blue-Ocean-Strategie.

Blue Ocean Beispiel #3: Cirque du Soleil

Verständlicher werden die abstrakten Begriffe Red Ocean und Blue Ocean mit der knappen Darstellung des Beispiels von Cirque du Soleil (Kim und Mauborgne 2014, S. 3–4, 14–19). In den 1980er Jahren galt das Zirkusunternehmen Ringling Bros. and Barnum & Bailey Circus als Benchmark der Zirkusunterhaltung. Alle Wettbewerber konnten lediglich reduzierte oder abgewandelte Angebote dieses höchsten Standards darbieten. Durch die Konkurrenz alternativer Formen der Freizeitbeschäftigungen und wachsende gesellschaftliche Debatten zur artgerechten Haltung von Zirkustieren führten diese Entwicklungen zu sinkenden Zuschauerzahlen. Aus Wettbewerbssicht gestaltete sich der bestehende Zirkusmarkt dementsprechend als besonders unattraktiv. Nichtsdestotrotz schaffte es das neue Zirkusunternehmen Cirque du Soleil seit seiner Gründung im Jahr 1984, bemerkenswerte Erfolge zu feiern und wesentlich bedeutender zu werden als alle Konkurrenten von Ringling Bros. and Barnum & Bailey Circus. Doch warum konnte Cirque du Soleil dies erreichen und nicht etwa ein existierender Konkurrent? Der Erfolg beruht darauf, dass Cirque du Soleil nicht den Ansatz verfolgte, mit den bestehenden Zirkusunternehmen zu konkurrieren. Stattdessen konnte Cirque du Soleil mit einem neuen Angebot eine neue Zielgruppe ansprechen. Cirque du Soleil zielte nicht mehr auf Familien und Kinder als größte Zielgruppe ab. Sie widmeten ihr Angebot Erwachsene und Geschäftskunden. Diese stellten nicht nur eine bisher nicht explizit adressierte Zirkus-Zielgruppe dar, sie brachte zudem auch noch eine höhere Kaufkraft mit sich. Das neue Angebot bestand ähnlich wie beim traditionellen Zirkus aus Unterhaltung und Spannung (Kim und Mauborgne 2014, S. 43). Bei Cirque du Soleil wurden die Faktoren allerdings in der Zirkusbranche erstmalig durch die artistische Vielfalt des Theaters herbeigeführt, welche Harmonie und intellektuelle Elemente zur Darstellung addieren (Kim und Mauborgne 2014, S. 15). Gleichzeitig wurden auf vermeintlich klassische Zirkusaspekte wie den Einsatz von Tieren verzichtet. Der zunächst einzigartige Ansatz von Cirque du Soleil führte dazu, dass das Unternehmen den Zirkusmarkt um einen bisher unbestrittenen Markt erweiterte, in dem die Konkurrenz irrelevant war: einen Blue Ocean.

Um die Anwendbarkeit und Allgemeingültigkeit einer Strategie, die zur Kreation eines Blue Oceans führt, verständlicher zu machen, ist es von besonderer Bedeutung, die unterschiedlichen Charakteristika von roten und blauen Ozeanen hervorzuheben. In der Beschreibung von wirtschaftlichem Wettbewerb ziehen Kim und Mauborgne einen Vergleich mit kriegerischen Auseinandersetzungen heran. So kommen sie zur Feststellung der Gemeinsamkeiten des Kampfes um begrenztes Terrain (Marktanteile) sowie des Zwangs, besser als der Gegner (Wettbewerber) zu sein, um bestehen zu können (Kim und Mauborgne 2014, S. 6). Aus diesem Vergleich hat der Red Ocean seinen Namen erhalten. Oftmals lassen sich darin weitere Eigenschaften identifizieren, die für starken Wettbewerb sprechen: Das Angebot übersteigt die Nachfrage, wodurch Preise und Gewinnmargen gesenkt werden (Kim und Mauborgne 2014, S. 8). Unternehmen, die innerhalb jener Märkte agieren, verfolgen typischerweise die Strategie, sich einen Wettbewerbsvorteil über einen Value-Cost-Trade-off zu erarbeiten (Kim und Mauborgne 2014, S. 13). Das heißt, sie entscheiden sich in der Regel dafür, einen Wettbewerbsvorteil über eine der bekannten Strategien von Differenzierung oder Kostenführerschaft zu erzielen (Porter 1985, S. 12).

Der Grundstein der Blue-Ocean-Strategie hingegen findet sich im Ausbrechen aus diesem Verhalten und dem Verfolgen der Logik von *Value-Innovation.* Nach Kim und Mauborgne (2014, S. 12–13) sind bei Value-Innovation Nutzen und Innovation von gleicher Bedeutung. So würde Nutzen ohne Innovation lediglich bedeuten, dass inkrementeller Nutzen kreiert wird, welcher die Marktposition nicht nachhaltig verändern kann. Umgekehrt ist Innovation ohne Nutzen mitunter technologiegetrieben und zu futuristisch, sodass Käufer nicht bereit sind, dafür zu zahlen. Bei Value-Innovation findet daher die Paarung von Innovation mit Nutzen, dem richtigen Preis und der passenden Kostenpositionierung des eigenen Unternehmens statt. Im Gegensatz zur Entscheidung zwischen einer Strategie, die sich entweder auf Differenzierung oder Kostenführerschaft konzentriert, strebt Value-Innovation sowohl Differenzierung als auch niedrigen Kosten an. Diese Ausrichtung ermöglicht die Kreation eines Blue Oceans, der dafür sorgt, dass die Wettbewerber des bestehenden Marktes aus der eigenen Unternehmensperspektive irrelevant werden.

Die Methodik zur Anwendung der Blue-Ocean-Strategie lässt sich auf ein Rahmenkonzept herunterbrechen, welches aus acht verschiedenen Leitsätzen und mehreren analytischen Werkzeugen besteht. Ursprünglich bestand die Blue-Ocean-Strategie lediglich aus sechs Leitsätzen. Diese wurden jedoch in der späteren, erweiterten Auflage der

The eight principles of blue ocean strategy

Formulation principles	Risk factor each principle attenuates
Reconstruct market boundaries	↓ Search risk
Focus on the big picture, not the numbers	↓ Planning risk
Reach beyond existing demand	↓ Scale risk
Get the strategic sequence right	↓ Business model risk
Execution principles	**Risk factor each principle attenuates**
Overcome key organizational hurdles	↓ Organizational risk
Build execution into strategy	↓ Management risk
Align the value, profit and people propositions	↓ Sustainability risk
Renew blue oceans	↓ Renewal risk

Abb. 2 Die acht Leitsätze der Blue-Ocean-Strategie. (Quelle: In Anlehnung an Kim und Mauborgne 2014, S. 23)

Blue-Ocean-Strategie um zwei Leitsätze ergänzt, die besonders die Anwendbarkeit der Strategie weiter verbessern sollten (Kim und Mauborgne 2014, S. 22). Alle Leitsätze und damit verbundenen Ausführungen haben miteinander gemein, dass sie jeweils ein bestimmtes Risiko bei der Formulierung oder der Ausführung der Strategie minimieren sollen. Die Abb. 2 zeigt ein Übersicht über alle Leitsätze und zu minimierenden Risiken der Blue-Ocean-Strategie.

6 E-Sports – Ein Blue Ocean?

Das Zusammenführen der Kenntnisse über die aktuellen Entwicklungen im Sportsponsoring mit dem Wissen um die Blue-Ocean-Strategie kann daher an dieser Stelle nur eine zentrale Frage aufwerfen:

Ist E-Sports ein Blue Ocean des Sponsoringmarktes?

Alle Zeichen sprechen für eine Beantwortung dieser Frage mit Ja!

1. **Der bestehende Sportsponsoringmarkt ist ein Red Ocean.**
   Wenn Marketing- und Sponsoringentscheider den Sportsponsoringmarkt mit Sportarten wie Fußball, Tennis oder Wintersport evaluieren müssen, werden fünf Faktoren des Marktes deutlich. Zwei dieser Faktoren präsentieren sich positiv, drei Faktoren überwiegend negativ. Die positiven Faktoren des bestehenden Marktes, die die Entscheider

in die Sportarten locken und, wie die Praxis zeigt, auch über Jahrzehnte dort halten können, sind hohe Reichweiten und die Gewissheit, dass die Sportarten ein breites öffentliches Verständnis und Akzeptanz erfahren. Der Preis, den die Unternehmen dafür zahlen müssen, besteht dabei nicht nur aus hohen Kosten, welche einen der drei negativen Faktoren darstellen. Hinzu kommt, dass ein Unternehmen sich in der Sponsoringakquise und -kommunikation fortlaufend gegenüber der Konkurrenz behaupten muss und so einen hohen Wettbewerb wahrnimmt. Daher wundert der dritte negative Faktor weniger: Die eigene Flexibilität des Unternehmens beläuft sich auf ein Minimum. Wir erinnern uns: der Kampf um begrenztes Terrain, der Zwang, besser zu sein als der Wettbewerber. Der bestehende Sportsponsoringmarkt zeigt eine Prägung jener Merkmale, mit denen ein Red Ocean charakterisiert wird.

2. **Unternehmen erkennen die Gefahr des Red Oceans.**
So wichtig und gut die Evaluation der eigenen Position im Sportsponsoringmarkt auch ist, sie ist nutzlos, wenn daraus keine Schlüsse gezogen werden. Bei der Vergegenwärtigung, dass der Sponsoringmarkt der etablierten Sportarten immer weiter wächst und gleichzeitig die zuvor erwähnten negativen Faktoren existieren, sollten in vielen Marketing- und Sponsoringabteilungen die Alarmglocken klingeln. In den meisten Fällen scheinen diese aber weiterhin stumm zu bleiben. Dies könnte daran liegen, dass dort etwas Entscheidendes fehlt oder zumindest nur sehr schwach ausgeprägt ist: Dynamic Capabilities. Damit sind prinzipiell jene Fähigkeiten gemeint, die das Integrieren, Umgestalten, Erlangen und Freisetzen von Ressourcen zum Anpassen an oder sogar dem Kreieren von Marktveränderungen umfassen. Das Erkennen eines zunehmend umkämpften Sportsponsoringmarktes zählt genau zu einer solchen Fähigkeit. Glücklicherweise zeigt die Praxis, nicht zuletzt auch durch Ankündigungen immer neuer Sponsorings im E-Sports, dass nicht alle Hoffnung verloren ist. Einzelne Unternehmen erkennen, dass Budgets unter Umständen an anderer Stelle besser platziert sind, und leiten daher, zum Teil auch regelmäßig, Reallokationen ein.
3. **E-Sports erweitert den bestehenden Sportsponsoringmarkt um neue Faktoren.**
Wenn Sponsoringgelder vom Fußball in E-Sports fließen, dann ist das in aller Regel kein Zufall. Es beruht darauf, dass die Marketingentscheider etwas in E-Sports erkannt haben, was der Fußball, aber auch eine Vielzahl anderer Sportarten, nicht bieten kann. Dabei handelt es sich um den Faktor eines besonders hohen Zielgruppenfokus und den Faktor „digital by nature". Gepaart damit, dass die eigene Flexibilität innerhalb des Ökosystems E-Sports noch sehr hoch ist und die Kosten, um darin stattzufinden, verhältnismäßig niedrig sind, wird E-Sports zu einer echten Sponsoringalternative im Vergleich zu klassischen Sportarten. So, wie sich im bestehenden Sportsponsoringmarkt klassischer Sportarten Merkmale eines Red Oceans wiederfinden lassen, zeigt E-Sports Merkmale eines Blue Oceans. Eines davon ist die bloße, aber bemerkenswerte Tatsache, dass E-Sports neue Faktoren zum bestehenden Sponsoringmarkt addieren konnte. In verhältnismäßig niedrigen Kosten und Wettbewerb bei gleichzeitig hoher Flexibilität zeigt sich ein weiteres Merkmal: Das Merkmal eines unbestrittenen Marktes.

4. **Unternehmen gestalten und erschließen sich die Markterweiterung.**
Neben der Community und damit der für Sponsoren attraktiven Zielgruppe, die E-Sports erst zur heutigen Größe gehievt haben, liegt es allerdings nicht zuletzt auch an Unternehmen selbst, dass sich E-Sports nun als Blue Ocean präsentiert. Seit Jahren etablierte, aber auch neu in den E-Sports-Markt eintretende Unternehmen haben dort noch die Möglichkeit, neue Erlebnisse, neuen Nutzen und damit auch neue Nachfrage zu kreieren. Diese Punkte stellen ebenfalls Merkmale eines Blue Oceans dar. Unternehmen können also im E-Sports noch etwas gestalten. Dies ist etwas, das ihnen zuweilen im Sportsponsoringmarkt klassischer Sportarten verwehrt bleibt. Wie zuvor gilt hierbei allerdings auch: Voraussetzung ist, dass sie die nötigen Dynamic Capabilities aufweisen. Red-Ocean-Gefahr zu erkennen, ist eine Sache. Schlüsse zu ziehen und Veränderungen einzuleiten, eine zweite. Die Bedürfnisse eines neuen Ökosystems zu kennen, dort nicht nur präsent zu sein, sondern dazu beizutragen, die Bedürfnisse zu befriedigen, ist eine dritte Sache. Genau diese Fähigkeiten dafür mitzubringen, stellt daher die höchste Evolutionsstufe eines Sponsors dar.
5. **E-Sports steht erst am Beginn seiner Entwicklung.**
E-Sports ist in aller Munde und die meisten Marketingentscheider sollten E-Sports mittlerweile auf ihrem Radar haben. Dies lässt die Vermutung zu, dass sich E-Sports eher schneller als langsamer von einem vermeintlichen Blue Ocean in einen Red Ocean färben könnte. Die Gefahr, dass der Markt überschwemmt wird, besteht. Nichtsdestotrotz steht die Entwicklung des E-Sports-Ökosystem noch am Anfang. Dies hat mehrere Gründe. Offensichtliche Indikatoren sind Wahrnehmungen von mäßigem Wettbewerb und verhältnismäßig niedrigen Kosten. Viel bedeutender ist allerdings, dass das Ökosystem E-Sports eine einzigartige Dynamik mitbringt. Diese manifestiert sich unter anderem in ständig neuen Spieletiteln, die am E-Sports-Horizont auftauchen, die aber auch genauso schnell, wie sie gekommen sind, wieder verschwinden können. Ein weiterer Umstand der einzigartigen Dynamik zeigt sich in Events, Ligen und Turnieren, aber auch Teams und Spielern. So ist noch lange nicht das volle Potenzial der E-Sports-Erlebnisse oder der Vermarktung erreicht. Es bleibt abzuwarten, in welchem Tempo sich der E-Sports-Markt weiterentwickelt. Sicher ist jedoch, dass in den nächsten Jahren noch jeder Sponsor, der sich bemüht, im Ökosystem E-Sports etwas zu bewegen, offene Türen einrennt.

Fazit

Es lohnt sich, über den eigenen Tellerrand zu blicken, das eigene Handeln und die eigene Ausrichtung zu hinterfragen und bei einem gegebenen Anlass auch zu ändern. So kraftraubend und schwierig, manches Mal emotionsgeladen, manches Mal emotionslos dieser Akt des Verlassens der eigenen Komfortzone auch sein mag, die Ergebnisse können den betriebenen Aufwand häufig um ein Vielfaches übertreffen. Genau dies machen Unternehmen im Sportsponsoring vor, wenn sie sich ganz im Sinne von Dynamic Capabilities und der Blue-Ocean-Strategie den bestehenden

Herausforderungen stellen und es wagen, ihren einstmals eingeschlagenen Kurs zu ändern. Dann nämlich kann es gut passieren, dass man auf einen Schatz stößt – einen, der wie E-Sports für den Sportsponsoringmarkt ist. Das Motto lautet also: *Don't beat them. Make them irrelevant.*

Literatur

Amis, J., & Slack, T. (1999). Sport sponsorships as distinctive competence. *European Journal of Marketing, 33,* 250–272.

Amis, J., Pant, N., & Slack, T. (1997). Achieving a sustainable competitive advantage: A resource-based view of sport sponsorship. *Journal of Sport Management, 11,* 80–96.

Bruhn, M. (2018). *Sponsoring: Systematische Planung und integrativer Einsatz* (6. Aufl.). Wiesbaden: Springer Gabler.

Clauß, G. (2008). Vermarktung von Vereinen – Das Beispiel VfL Wolfsburg. In A. Hermanns & F. Riedmüller (Hrsg.), *Management-Handbuch Sport-Marketing* (S. 331–345). München: Vahlen.

Deloitte. (2018). Annual review of football finance 2018. https://www2.deloitte.com/uk/en/pages/sports-business-group/articles/annual-review-of-football-finance.html. Zugegriffen: 27. Febr. 2019.

DFL. (2016). Bundesliga Report 2016 – Die wirtschaftliche Situation im Lizenzfußball. https://www.dfl.de/dfl/files/dfl-report/BL_Report_2016.pdf. Zugegriffen: 27. Febr. 2019.

DFL. (2017). DFL-Report 2017. https://s.bundesliga.com/assets/doc/1130000/1120676_original.pdf. Zugegriffen: 27. Febr. 2019.

DFL. (2018). DFL Report 2018. https://www.dfl.de/de/publikationen/dfl-report-2018-profifussball-erstmals-mit-mehr-als-vier-milliarden-euro-umsatz.html. Zugegriffen: 27. Febr. 2019.

DPA. (2018). E-Sports statt Fußball: McDonald's beendet Sponsoring beim Deutschen Fußball-Bund. Spiegel Online. http://www.spiegel.de/wirtschaft/unternehmen/mcdonald-s-beendet-dfb-sponsoring-und-foerdert-jetzt-e-sports-a-1236495.html. Zugegriffen: 27. Febr. 2019.

Eberhardt, H. (2018). Globaler ESL-Deal: Vodafone investiert weiter in eSport. *Sponsors*, April 26. https://www.sponsors.de/globaler-esl-deal-vodafone-investiert-weiter-esport. Zugegriffen: 27. Febr. 2019.

ESC watch. (2018). ESL One Cologne 2018 – Stream stats and sources. https://esc.watch/tournaments/csgo/esl-one-cologne-2018. Zugegriffen: 27. Febr. 2019.

ESL. (2018). ESL One Cologne sold out for the third time in a row. https://www.eslgaming.com/press/esl-one-cologne-sold-out-third-time-row. Zugegriffen: 27. Febr. 2019.

esportsearnings. (2019). Top games of 2018. https://www.esportsearnings.com/history/2018/games. Zugegriffen: 27. Febr. 2019.

Falkenau, J., & Platten, A. (2018). Sponsor-Trend 2018. https://nielsensports.com/de/sponsor-trend-2018/. Zugegriffen: 27. Febr. 2019.

Goldmedia. (2017). Goldmedia fan monitor 2017. https://www.goldmedia.com/en/news/info/article/goldmedia-fan-monitor-2017-published/. Zugegriffen: 27. Febr. 2019.

Grohs, R., Wagner, U., & Vsetecka, S. (2004). Assessing the effectiveness of sport sponsorships – An empirical examination. *Schmalenbach Business Review, 56,* 119–138.

Gwinner, K., & Bennett, G. (2008). The impact of brand cohesiveness and sport identification on brand fit in a sponsorship context. *Journal of Sport Management, 22,* 410–426.

Hamari, J., & Sjöblom, M. (2017). What is eSports and why do people watch it? *Internet Research, 27,* 211–232.

Hölting, S. (2018). Erst Warsteiner, jetzt die DHL: Der E-Sport boomt und jeder will den neuen Markt erobern. *Absatzwirtschaft*, Mai 29. http://www.absatzwirtschaft.de/erst-warsteiner-jetzt-die-dhl-der-e-sport-boomt-und-jeder-will-den-neuen-markt-erobern-133113/.

IEG. (2018). What sponsors want & where dollars will go in 2018. http://www.sponsorship.com/IEG/files/f3/f3cfac41-2983-49be-8df6-3546345e27de.pdf. Zugegriffen: 27. Febr. 2019.

Johnston, M.-A., & Paulsen, N. (2014). Rules of engagement: A discrete choice analysis of sponsorship decision making. *Journal of Marketing Management, 30,* 634–663.

JvM/Sports. (2018). Die Sponsoringlüge. https://jvmsports.de/sponsoringluege. Zugegriffen: 27. Febr. 2019.

Kim, C. W., & Mauborgne, R. (2004). Blue ocean strategy. *Harvard Business Review, 47*(October), 69–80.

Kim, C. W., & Mauborgne, R. (2014). *Blue ocean strategy, expanded edition: How to create uncontested market space and make the competition irrelevant.* Bosten: Harvard Business Review Press.

Kourovskaia, A., & Meenaghan, T. (2013). Assessing the financial impact of sponsorship investment. *Psychology & Marketing, 30,* 417–430.

Newzoo. (2019). Global esports market report. Amsterdam. https://newzoo.com/insights/trend-reports/newzoo-global-esports-market-report-2019-light-version/. Zugegriffen: 27. Febr. 2019.

Nufer, G., & Bühler, A. (2013). *Marketing im Sport – Grundlagen und Trends des modernen Sportmarketings* (3. Aufl.). Berlin: Schmidt.

Porter, M. E. (1985). Competitive advantage: Creating and sustaining superior performance. *The Free Press, 15,* 1–30.

Rentz, I. (2017). Mercedes-Benz wird E-Sports-Sponsor. *Horizont*, August 21. https://www.horizont.net/marketing/nachrichten/Daimler-kooperiert-mit-der-ESL-Mercedes-Benz-wird-E-Sports-Sponsor-160445. Zugegriffen: 27. Febr. 2019.

Reuters. (2017). VW set to replace Mercedes as German soccer team sponsor. *dw*. http://www.dw.com/en/vw-set-to-replace-mercedes-as-german-soccer-team-sponsor/a-39681572. Zugegriffen: 27. Febr. 2019.

Simmons, C. J., & Becker-Olsen, K. L. (2006). Achieving marketing objectives through social sponsorships. *Journal of Marketing, 70,* 154–169.

Tassabehji, R., & Isherwood, A. (2014). Management use of strategic tools for innovating during turbulent times. *Strategic Change, 23,* 63–80.

Wakefield, K. L., Becker-Olsen, K., & Cornwell, T. B. (2007). I spy a sponsor: The effects of sponsorship level, prominence, relatedness, and cueing on recall accuracy. *Journal of Advertising, 36,* 61–74.

Walraven, M., Koning, R. H., Bijmolt, T. H. A., & Los, B. (2016). Benchmarking sports sponsorship performance: Efficiency assessment with data envelopment analysis. *Journal of Sport Management, 30,* 411–426.

Wilson, J. (2007). Uefa champions league cut off by vodafone. *The Telegraph*, Dezember 21 https://www.telegraph.co.uk/sport/football/2329114/Uefa-Champions-League-cut-off-by-Vodafone.html. Zugegriffen: 27. Febr. 2019.

Toan Nguyen ist Partner & Executive Strategy Director bei Jung von Matt/SPORTS. Er begann als Praktikant bei Jung von Matt und wurde im Alter von nur 28 Jahren jüngster Strategiedirektor in der Unternehmensgeschichte. Zwei Jahre später wurde er bei Jung von Matt/SPORTS zum Eigenkapitalpartner ernannt – Europas am häufigsten ausgezeichnete Sportmarketingagentur. Derzeit leitet er den Strategie-, PR-, Prominenten- und insbesondere den Gaming & E-Sports-Bereich mit Marken wie Mercedes-Benz, Vodafone, Pringles, McDonald's und adidas. Er ist außerdem Dozent an der International School of Management (ISM) in Deutschland und Co-Autor mehrerer Bücher und Publikationen. Seine Beiträge wurden in Magazinen und Zeitschriften wie zum Beispiel SPIEGEL ONLINE, DIE ZEIT, Handelsblatt, Absatzwirtschaft, Tagesspiegel und vielen mehr veröffentlicht. Im Jahr 2017 wurde er als Jurymitglied in der Kategorie Brand Entertainment der Cannes Lions nominiert. 2019 wird Toan Nguyen Preisrichter bei den CLIO Sports Awards sein. Er hat Abschlüsse der Maastricht University – School of Business and Economics (SBE), der Nanyang University Singapore sowie der Rotterdam Erasmus University – Rotterdam School of Management (RSM).

Lukas Galinski ist Project Manager bei Jung von Matt/SPORTS. Nach vorangegangenen Tätigkeiten als Praktikant und Werkstudent bei Jung von Matt/SPORTS im Bereich E-Sports ist er dort nun im Projektmanagement aktiv. Mit seinem Masterstudium der Sportökonomie an der Universität Bayreuth vertiefte er sich fachlich im Sportbusiness und insbesondere im Bereich E-Sports. Im Rahmen seiner Abschlussarbeit widmete er sich daher ebenfalls E-Sports und der Betrachtung dieser Marktentwicklung als ein Blue Ocean im Sportsponsoring. Vor seinem Fokus auf diese Themenfelder absolvierte Lukas Galinski ein Bachelorstudium der Wirtschaftswissenschaften an der Friedrich-Alexander-Universität Erlangen-Nürnberg. In dieser Zeit sammelte er verschiedene Arbeitserfahrungen im Marketing sowie in der Unternehmens- und Technologieentwicklung.

Das Geschäftsmodell der Zukunft – der klassische Automobil-Retail in einer Online-Sales-getriebenen Wirtschaftswelt

Christian Budde, Tim Charly Schmacke und Meike Terstiege

Inhaltsverzeichnis

1 Die aktuelle Situation in der deutschen Automobilbranche 280
2 Die Instrumentalisierung und Modellierung von Geschäftsmodellen in der Automobilbranche 282
3 Die Geschäftsmodelle stationärer Handel vs. Online-Handel am Beispiel von Automobil-Premiumherstellern 285
4 Handlungsbedarf und Veränderungspotenziale im deutschen Automobilhandel 287
4.1 Handlungsempfehlung: Neue Geschäftsmodelle 288
4.2 Handlungsempfehlung: Restrukturierung der internen Kommunikation und des Zielbilds 289
4.3 Handlungsempfehlung: Neue Partnerschaften 290
5 Ausblick und Zukunftsfelder des digitalen Marketings im Retail 290
Literatur 292

C. Budde · T. C. Schmacke (✉)
Mercedes-Benz Consulting GmbH, Leinfelden-Echterdingen, Deutschland
E-Mail: tim_charly.schmacke@daimler.com

C. Budde
E-Mail: christian.budde@daimler.com

M. Terstiege
@DOCMARKETEER, Düsseldorf, Deutschland
E-Mail: meike.terstiege@docmarketeer.de

M. Terstiege (Hrsg.), *Digitales Marketing – Erfolgsmodelle aus der Praxis*,
https://doi.org/10.1007/978-3-658-26195-5_17

1 Die aktuelle Situation in der deutschen Automobilbranche

Das stationäre Autohaus, wie es momentan noch existiert, wird sich in Zukunft drastisch verändern. Damit sind nicht nur Veränderungen am Point of Sale (PoS) oder Änderungen der Abwicklung von Kundenprozessen im Kaufprozess gemeint. Vielmehr wird sich die eigentliche Vertriebsstruktur verändern müssen, um auf aktuelle Bedürfnisse der Zielgruppen eingehen zu können. Demnach werden sich Bereiche des Automobil-Vertriebssystems deutlich weiterentwickeln sowie professionalisieren (Diez und Klinke 2017, S. 50–51). Gerade auf der Retail-Ebene werden sich strukturelle Veränderungen aufgrund von aktuellen Trends wie der Digitalisierung besonders im Vertriebsgeschäftsmodell widerspiegeln (Rennhak 2012, S. 126), welche im Folgenden dargestellt werden.

Bedeutende Trends in der deutschen Automobilindustrie
Gerade die Daimler AG versucht aufgrund veränderter Kundenbedürfnisse, vier wegweisende Trends in ihre Unternehmensstrategie zu implementieren, um das Vertriebssystem nachhaltig neu zu gestalten. Bereits 2016 hatte der damalige CEO Dieter Zetsche die neue strategische Ausrichtung CASE auf dem Automobilsalon in Paris vorgestellt (Friedel 2016). Das Akronym CASE steht für die folgenden vier Trends, die Mercedes-Benz zukünftig hinsichtlich Kundenorientierung und Digitalisierung verfolgt:

1. **Connectivity**
   Konnektivität stellt die Vernetzung im Rahmen der Automobilnutzung in den Mittelpunkt. Kunden werden per Smartphone digitale Services bereitgestellt, um so einen effizienten und effektiven Kontakt beispielsweise zu ihrem Ansprechpartner beim Vertragshändler gewährleisten zu können (Daimler 2018a).
2. **Autonomes Fahren**
   Das autonome Fahren ist ein weiterer Schwerpunkt. Bis spätestens 2021 möchte Mercedes-Benz Fahrzeuge konzipiert haben, welche sich selbstständig, ohne jegliches Eingreifen von Menschen fortbewegen. Dies wird vor allem mittels der Auswertung von Mobilitätsdaten und innovativer Sensorik-Tools sichergestellt (Daimler 2018a).
3. **Shared & Services**
   Diese Ausrichtung im Zuge der „hare Economy“ beschreibt vornehmlich die Aktivitäten im Bereich Car Sharing, welche die Daimler AG (car2go) gemeinsam mit der BMW AG (DriveNow) in der kooperierenden Gesellschaft „Mobility AG“ umsetzt. Darüber hinaus wurden weitere „Share“-Mobilitätsangebote wie mytaxi, Hailo und Blacklane konzipiert und in jüngster Zeit kontinuierlich umgesetzt. Der „Share Economy“-Trend wird durch den Subtrend der Urbanisierung beeinflusst. Aufgrund der sogenannten Verstädterung, d. h. des vermehrten Zuzugs von Menschen in (Groß-) Städte, sinken Bedarf und Nachfrage nach einem eigenen Automobil. Mercedes-Benz reagiert auf diese Trends mit den zuvor beschriebenen Diensten und positioniert sich nunmehr als Mobilitätsanbieter – und nicht mehr als reiner Automobilhersteller (Brünglinghaus 2015; Friedel 2016; Daimler 2018a).

4. **Elektrifizierung**
   Mercedes-Benz verfolgt das Ziel, bis zum Jahr 2025 mindestens zehn rein elektronisch angetriebene Automobil-Derivate anzubieten. Hierfür wurde die Marke EQ entwickelt, welche für das Engagement von Mercedes-Benz mit Elektromobilität steht. Zudem werden gleichzeitig weitere sogenannte intelligente Lösungen im Zuge der Elektromobilität konzipiert, die es ermöglichen, mittels neuer Ladetechnologien Energie effizienter zu speichern (Friedel 2016).

Diese strategischen Ausrichtungen stehen in engem Zusammenhang mit den relevantesten Trends im automobilen Vertrieb – globale, unternehmensrelevante Trends bedingen vertriebliche Veränderungen. Folgende Einflussgrößen und Entwicklungen, die auf das automobile Vertriebssystem einwirken, sind zu nennen (Diez 2012a, S. 34–35):

- Veränderung der Unternehmensstrategie und -ausrichtung
- Entwicklung der Wettbewerbs- und Marktsituation
- Veränderung der Kundenstruktur und -bedürfnisse
- Veränderung der rechtlichen Rahmenbedingungen

Aufgrund dieser Entwicklungen werden etablierte Automobil-Vertriebsstrukturen nachhaltig in Veränderungsprozesse getrieben. All diesen Entwicklungen liegt vorrangig der „Megatrend" Digitalisierung zugrunde, welcher mittlerweile jede Branche und jeden Wirtschaftszweig beeinflusst und u. a. vertriebliche Veränderungen nach sich zieht (Binckebanck 2016, S. 9–15). Aufgrund der Digitalisierung erfährt vornehmlich die Automobilindustrie deutliche Veränderungen hinsichtlich Kundenverhalten und Kundenbedürfnissen (Marschner 2013, S. 84 ff.). So ist mittlerweile nicht allein die Effizienz des Motors ein entscheidendes Kriterium beim Automobilkauf, sondern auch digitale Faktoren wie Multimediaanbindung und Konnektivität gewinnen an Bedeutung. Allerdings bleiben zudem das Fahrzeugdesign sowie der Fahrzeugpreis weiterhin relevante Faktoren der Kaufentscheidung (Handelsblatt 2018).

Neue Kundensegmente werden gemeinsam mit bestehenden Kundensegmenten mittels unterschiedlicher digitaler Kommunikationskanäle angesprochen: Die rein auf das World Wide Web begrenzte Suche nach grundlegenden Informationen vor und während der Suche bzw. des Kaufs von Neu- und Gebrauchtwagen ist längst von verschiedenen Services der Automobil-Online-Stores abgelöst worden. Bei den mittlerweile meisten Automobilherstellern können (potenzielle) Kunden die Modelle einzelner Fahrzeugkategorien nicht nur im Online-Konfigurator zusammenstellen, sondern diese im Anschluss ebenfalls mittels Online-Kaufvertrag erwerben (Freitag 2016). Online Stores und sogenannte Flagship-Stores oder City Hubs in City-Lagen von Großstädten finden mehr und mehr Anklang in der Automobilindustrie und bei der Käuferschaft. Für Kunden ist die Nutzung digitaler Medien zum Zwecke der Informationssuche sowie zum Kauf eine Selbstverständlichkeit (Reindl 2017, S. 5 ff.).

Beispielsweise bietet die Marke BMW ihren Kunden insbesondere bei einem Kauf des Elektrofahrzeugmodells Modell i3 über ihre Website die Option an, dieses online zu erwerben (BMW 2018) – als Ergänzung zum klassischen stationären Vertrieb. Ähnlich handhabt es der US-amerikanische Elektroautomobilhersteller Tesla, der jedes seiner Modelle sowohl im Direktvertrieb (online) als auch im indirekten Vertrieb durch stationäre Händler anbietet (Winkelhake 2017, S. 314 ff.). Entsprechend hat Mercedes-Benz Anfang 2016 den Mercedes-Benz Online Store gelauncht, um den Online-Direktvertrieb zu forcieren. Das Unternehmensziel hierfür lautet, bis 2025 über 25 % des Gesamtabsatzes in Deutschland über den Online-Absatzkanal zu generieren (Daimler-media 2018). Des Weiteren sind im deutschen Markt Online-Dienste wie die von Sixt oder Mobile.de zu nennen, welche sich vornehmlich auf den Online-Verkauf von Gebraucht- und zunehmend von Neuwagen fokussieren. Hierbei handelt es sich um herstellerunabhängige Internetportale, die keinen direkten Bezug zu einem Automobilhersteller haben (Sixt 2018; mobile.de 2018). Die Bedeutung des Online-Absatzkanals erfordert daher eine Veränderung im stationären Automobil-Retail (Reidel 2016).

2 Die Instrumentalisierung und Modellierung von Geschäftsmodellen in der Automobilbranche

Als Grundlage der Darstellung der Geschäftsmodelle in der Automobilbranche dient die Einordnung in das von den Autoren abgeleitete „Magic Square"-Modell. Als Basis dieses Ansatzes dienten unter anderem die Ansätze der Business Model Canvas und des St. Galler Business Model NavigatorTM. Die daraus abgeleiteten fünf Perspektiven bilden die Frontansicht des „Magic Squares"-Modells ab (vgl. Abb. 1). Die angedeuteten

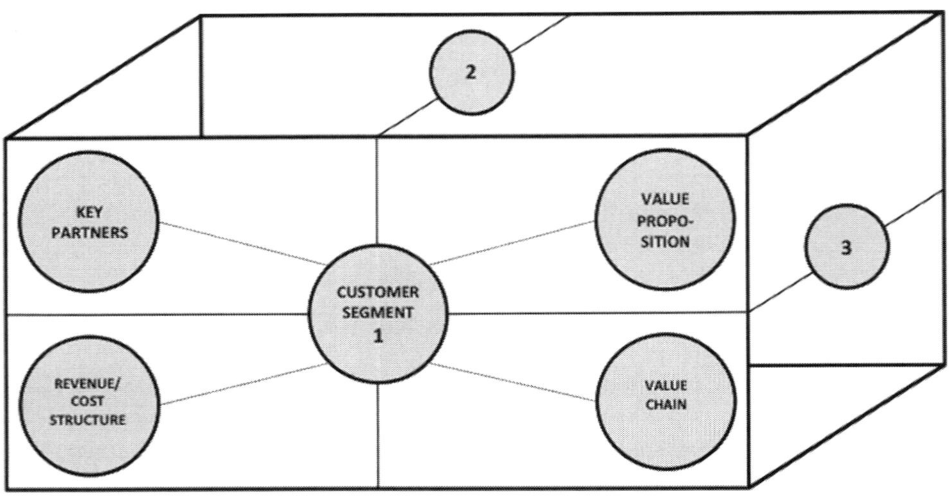

Abb. 1 Business-Model-Approach – Magic Square – Mehrdimensionalität

Linien verdeutlichen die Abhängigkeit der einzelnen Segmente (Dimensionen), sodass der Kunde im Mittelpunkt des Modells steht. Dieser Ansatz dient als Orientierung, um tatsächliche Geschäftsmodelle inhaltlich darzustellen und benennen zu können. Gerade die zentrale Positionierung von Kunden und Zielgruppen mittels mehrerer Dimensionen im Rahmen des „Magic Square" als Business-Model-Approach spiegelt die zunehmende Bedeutung der Kundenzentrierung und -segmentierung im Zuge der Digitalisierung wider. Die Ausgestaltung der Dimensionen ist somit zentral vom jeweiligen Kundensegment gesteuert. So können, wie in Abb. 1 ersichtlich, je nach Kundegruppe die einzelnen Dimensionen unterschiedliche Ausprägungen haben. Aus diesem Grund wird hier von einer Mehrdimensionalität des Business-Model-Approachs „Magic Square" gesprochen. Beispielhaft könnte für eine Unternehmung, aufgrund einer weiteren Kundengruppe, ein neues Produkt bzw. eine Dienstleistung entstehen. Mit dieser Produktneuentwicklung würden neue Partnerschaften entstehen sowie ein differenziertes Nutzenversprechen an die Kundengruppe gerichtet werden – somit entsteht eine Mehrdimensionalität des Business-Model-Approachs.

Der Business-Model-Approach des „Magic Squares" verfolgt die Einordung in fünf unterschiedliche Dimensionen/Perspektiven, die wie folgt definiert werden (vgl. Abb. 2):

1. **Customer**
   Unternehmen unterteilen ihre Zielgruppen in Kundensegmente, um so eine eindeutige Ansprache sowie Kundenbeziehung aufbauen zu können. Darüber hinaus werden ebenfalls unterschiedliche Kommunikations- und Vertriebskanäle genutzt, um einer heterogenen Segmentierung entsprechen zu können (Kamprath 2015, S. 267). Die zentrale Leitfrage lautet hier: *Wer ist die Zielgruppe und wie wird das jeweilige Zielgruppensegment bedient?*

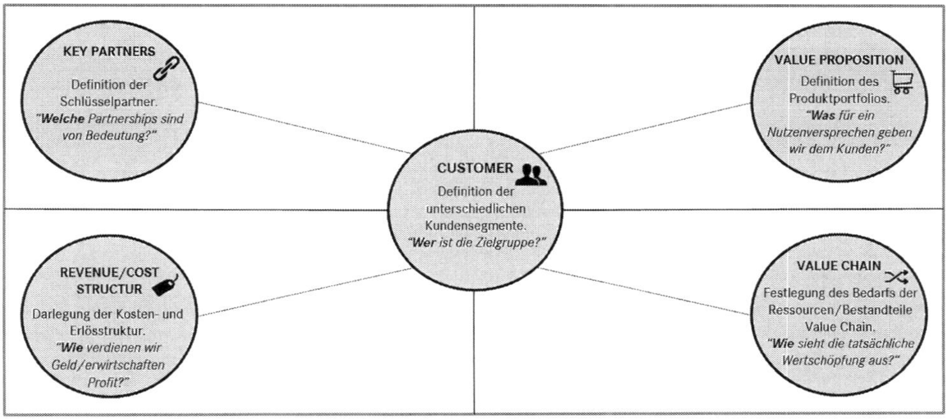

Abb. 2 Business Model Approach – Magic Square – Deep Dive Dimensionen/Perspektiven

2. **Value Proposition**
   Die Value Proposition stellt das Nutzenversprechen des Unternehmens für den Kunden dar, welches von einem entsprechenden Produkt oder einer Dienstleistung beinhaltet wird. Das gesamte Produkt- bzw. Service-Portfolio eines Unternehmens repräsentiert und transportiert eine Value-Propositon-adäqute Botschaft, die an die Zielgruppe gesendet wird (Ahlert 2005, S. 85). Die zentrale Leitfrage lautet hier: *Welches Nutzenversprechen ist für den Kunden relevant?*
3. **Value Chain**
   Die Value Chain (Wertschöpfungskette) beinhaltet Schlüsselressourcen, die von Bedeutung sind, um einen tatsächlichen Wert zu erschaffen. Die Wertschöpfungskette kann auch als „Value Creation" verstanden werden, die das Ziel hat, mit den gegebenen Ressourcen möglichst effizient Werte zu schöpfen (Reichwald und Piller 2015, S. 18 ff.). Mit ihrer Hilfe kann die Effizienz unternehmerischer interner Prozesse, Marktbewegungen, Kostenentwicklung etc. gemessen werden. Somit stellt die tatsächliche Wertschöpfung den wirtschaftlichen Mehrwert von Unternehmen dar – es kann auch von einer Wertschöpfung der Eigenleistung gesprochen werden (Strassburger 2006, S. 5 ff.). Die zentrale Leitfrage lautet hier: *Wie sieht die tatsächliche Wertschöpfung des Unternehmens aus?*
4. **Key Partners**
   Schlüsselpartner können einen essenziellen Einfluss auf die Wertschöpfung haben, da die Partner ggf. Schlüsselressourcen für u. a. Entwicklung, Produktion und/oder Vertrieb des Produkt- oder Service-Portfolios zur Verfügung stellen. Diese werden durch Allianzen bzw. Partnerschaften vermittelt, geleast oder erworben (Osterwalder und Pigneur 2011, S. 42). Die zentrale Leitfrage lautet hier: *Welche Partnerships sind von Bedeutung?*
5. **Revenue/Cost Structure**
   Die Darlegung von Geschäftsmodellen bedarf des kontinuierlichen Monitorings sowie der Gegenüberstellung von Kosten und Umsatzerlösen zur Gewährleistung der Rentabilität. Die Analyse der Kostenstruktur soll Ersparnispotenziale identifizieren, die wesentlich zum Erfolg von Unternehmen beitragen können (Doleski 2014, S. 35 f.). Die zentrale Leitfrage lautet hier: *Wie erwirtschaftet das Unternehmen Profit?*

Die Einteilung der Kundensegmente aus Unternehmensperspektive sollte präzise benannt werden, sodass offensichtliche Unterschiede zwischen einzelnen Kundengruppen verdeutlicht werden können. Diese sind essenziell für die Kundenbindung und somit gleichermaßen für den langfristigen unternehmerischen Erfolg. Gerade bei einem sehr heterogenen Produktportfolio werden meist unterschiedliche Kundengruppen angesprochen, sodass hier eine Unterscheidung der Kundenperspektiven unabdinglich ist. Demnach bedarf es der zuvor aufgezeigten Analyse und Segmentierung von Zielgruppen, unterteilt nach Kundenbedürfnissen und -beziehungen, Distributionskanälen, Rentabilität sowie Preissensibilität (Osterwalder und Pigneur 2011, S. 24).

3 Die Geschäftsmodelle stationärer Handel vs. Online-Handel am Beispiel von Automobil-Premiumherstellern

Im Folgenden werden die wesentlichen Ausprägungen des „Magic Square"-Modells dem Geschäftsmodell des Automobil-Retails (stationärer Handel) und des Online-Sales (Online-Handel) gegenübergestellt. Hierbei werden insbesondere die Unterschiede der Geschäftsmodelle von Automobil-Premiumherstellern skizziert. Zur Einordnung werden die zuvor aufgezeigten fünf Dimensionen des Business-Model-Approachs gewählt. Diese dienen für den Leser als Einordung sowie strukturierte Darstellung der beiden bisher nahezu unabhängig voneinander betriebenen Geschäftsmodelle.

Customer: Wer ist die Zielgruppe und wie wird das jeweilige Zielgruppensegment bedient?
Die Zielgruppe von stationärem und Online-Handel zeigt deutliche demografische Unterschiede auf. Grundsätzlich spricht Online-Sales eine jüngere Zielgruppe an. Diese noch recht kleine Zielgruppe wird sich im Laufe der nächsten Jahre deutlich vergrößern. Nicht zuletzt sind die Digitalisierung, veränderte Kundenbedürfnisse sowie -einstellungen und -charakteristika treibende Faktoren für den Umbruch im Informations- und Kaufverhalten (TNS Infratest und A.T. Kearney 2016, S. 1–9).

Value Proposition: Welches Nutzenversprechen ist für den Kunden relevant?
Der stationäre Handel setzt bislang auf sein (vermeintliches) Alleinstellungsmerkmal der Kundenberatung und Betreuung. Der Online-Handel hingegen verweist auf vier wesentliche Nutzenversprechen, welche einen Vorteil für den Kunden darstellen sollen (vgl. Abb. 3) – hier als Beispiel die Marke Mercedes-Benz: schnelle Verfügbarkeit, kostenlose Überführung, Lieferung an eine Wunschadresse, Online-Leasing-Finanzierungsaktionen sowie persönliche Beratung (Mercedes-Benz 2018; Mercedes-Benz Online Store 2018).

Value Chain: Wie sieht die tatsächliche Wertschöpfung des Unternehmens aus?
Die Wertschöpfungskette eines Automobilherstellers bildet alle wesentlichen Prozessschritte ab, welche bei der Erstellung eines Automobils notwendig sind. Die Prozessierung

Schnelle Verfügbarkeit	Kostenlose Überführung und Lieferung an Wunschadresse	Online kaufen, leasen oder finanzieren	Persönliche Beratung
• In unserem Store sind alle Fahrzeuge direkt für Sie verfügbar und nach circa 14 Tage nach Vertragsabschluss bei Ihnen.	• Wir liefern Ihnen das Fahrzeug direkt zu einem Mercedes-Benz Partner Ihrer Wahl oder für 199 Euro direkt an Ihre Wunschadresse.	• Wir bieten attraktive Online-Leasing- und Finanzierungskonditionen an, die Sie individuell auf Ihre Bedürfnisse anpassen können.	• Lassen Sie sich von unserem kompetenten Kundenservice persönlich beraten – telefonisch, im Live-Chat oder per E-Mail.

Abb. 3 Nutzenversprechen Mercedes-Benz Online-Store. (Quelle: In Anlehnung an Mercedes-Benz Online Store 2018)

Abb. 4 Wertschöpfungskette eines OEM. (Quelle: In Anlehnung an Schömann 2011, S. 42)

stellt somit einen entsprechenden Mehrwert dar. Abb. 4 beschreibt eine vereinfachte und auf fünf wesentliche Aktivitäten heruntergebrochene Wertschöpfungskette aus der Perspektive eines OEM (Original Equipment Manufacturer). So ist es möglich, ein „simples" Geschäftssystem mit den Aktivitäten der Produktion, Fertigung und Montage, Logistik, Pre-Sales sowie After-Sales zu beschreiben (Schömann 2011, S. 41 ff.). Wesentlich ist es, die Darstellung des Stationären Handels zusammen mit der Integration des Kundenservice bzw. Aftersales als eine weitere Aktivität in der Wertschöpfungskette zu sehen (Dannenberg und Joas 2005, S. 435).

Key Partners: Welche Partnerships sind von Bedeutung?

Die beiden Kanäle stationärer und Online-Handel sind abhängig vom jeweiligen Automobilhersteller und seiner Strategie. Grundsätzlich wird vermehrt über die Vertriebsgesellschaft der Online-Handel gesteuert. Bei diesem wird der Retail als Partner verstanden, der bei unterschiedlichen Prozessschritten wie z. B. der Auslieferung oder auch Probefahrt eines Fahrzeugs in Erscheinung tritt. Der Retail selbst, abhängig von der Klassifizierung eines Händlers in A-, B- oder C-Händler, ist Abhängig von der Lieferantenbeziehung mit dem OEM. Darüber hinaus bestehen weitere Partnerschaften, welche allerdings abhängig von der Typifizierung des Autohauses sind (Independent Retail oder Own Retail).

Revenue/Cost Structure: Wie erwirtschaften das Unternehmen Profit??

Allgemein erwirtschaften sowohl der Online-Handel als auch der stationäre Handel Erträge durch den Verkauf von Produkten, z. B. mit dem Neuwagengeschäft. Allerdings ist bei der Profitgenerierung eine deutliche Unterscheidung zu treffen. Der Online-Handel ist seitens der Vertriebsgesellschaft gesteuert und somit indirekt vom Hersteller betrieben, sodass hier keine Rabattsysteme notwendig sind (Diez 2012b, S. 2 f.). Der stationäre Handel hingegen ist abhängig vom vorhandenen Rabatt- und Margensystem, welches von der Vertriebsgesellschaft länderspezifisch vorgegeben wird. Letztlich steht auch hier der Verkauf im Vordergrund, da erst nach der tatsächlichen Vertragsunterschrift bzw. Auslieferung monetäre Einnahmen generiert werden, jedoch müssen diese immer im Verhältnis zur effektiven Marge gesehen werden. Diese ist allerdings deutlich abhängig von betrieblichen Ausgaben sowie Rabatten (Diez 2012b, S. 29 f.). So wird gerade hinsichtlich der Ertragspolitik ein Unterschied zwischen beiden Systemen deutlich.

Zusammenfassend wird aufgezeigt, dass wesentliche Unterschiede zwischen beiden Geschäftsmodellen ersichtlich werden, jedoch letztlich das Ziel bzw. das Produkt identisch ist. Dennoch sind Überschneidungen und auch mögliche Synergien bzw. Veränderungsmöglichkeiten erkennbar.

4 Handlungsbedarf und Veränderungspotenziale im deutschen Automobilhandel

Die folgenden drei Handlungsempfehlungen sind wiederum in Bezug auf den Business-Model-Approach des „Magic Squares" zu sehen. Somit sind alle drei Handlungsempfehlungen verknüpft mit entsprechenden Perspektiven bzw. Bestandteilen eines Geschäftsmodells (vgl. Abb. 5). Demnach fokussiert sich die Handlungsempfehlung der „neuen Geschäftsmodelle" auf die Dimensionen Revenue/Cost Structure und auch den eigentlichen „Value Chain". „Kommunikation und Zielbild" ist als übergeordnete Handlungsempfehlung zu verstehen, welche allerdings die Partnerschaft zwischen den einzelnen Vertriebsstufen in der Automobilbranche verstärken soll. Hingegen bilden „neue Partnerschaften" die Dimension der „Key Partners" ab. Ebenso ermöglicht die Etablierung von Partnerschaften neue Nutzenversprechen (Value Proposition) gegenüber einzelnen Kundensegmenten wie dem der Privatkunden. So ist hier eine partielle Abdeckung des Business-Model-Approachs „Magic Square" hinsichtlich der genannten Perspektiven zu erkennen.

Abb. 5 Visualisierung der Handlungsempfehlungen

4.1 Handlungsempfehlung: Neue Geschäftsmodelle

Eine Provisionierung anhand von Prozessschritten erscheint als eine praxisnahe Vorgehensweise, welche im Zuge der Fokussierung auf den Online Sales aufgenommen bzw. umgesetzt werden sollte. Demnach sind die „Learnings" aus theoretischen Grundlagen sowie Erhebungen deckungsgleich, sodass hier ein Handlungsbedarf identifiziert werden kann. Dieser könnte auf Basis der dargestellten fünf Prozessschritte begründet werden (vgl. Abb. 6). Deshalb wird die Grundausrichtung, Prozessschritten eine entsprechende Marge und demnach Wichtigkeit zuzuordnen, als eine praxis- und zukunftsnahe Modellierung verstanden. Darüber hinaus sollten weitere Prozessschritte (über die Darstellung hinaus), z. B. die Nachbetreuung der Kunden, separat aufgenommen bzw. integriert werden. Grundsätzlich wurde auf Basis von Befragungen die derzeitige Erlösstruktur des Autohandels als nicht tragbar identifiziert. Deshalb wird in Abb. 6 ein verändertes Margensystem anhand von Prozessschritten aufgezeigt. Dieses ist anhand von Experten verifiziert worden, sodass in der Abbildung ein beispielhaftes Margenmodell

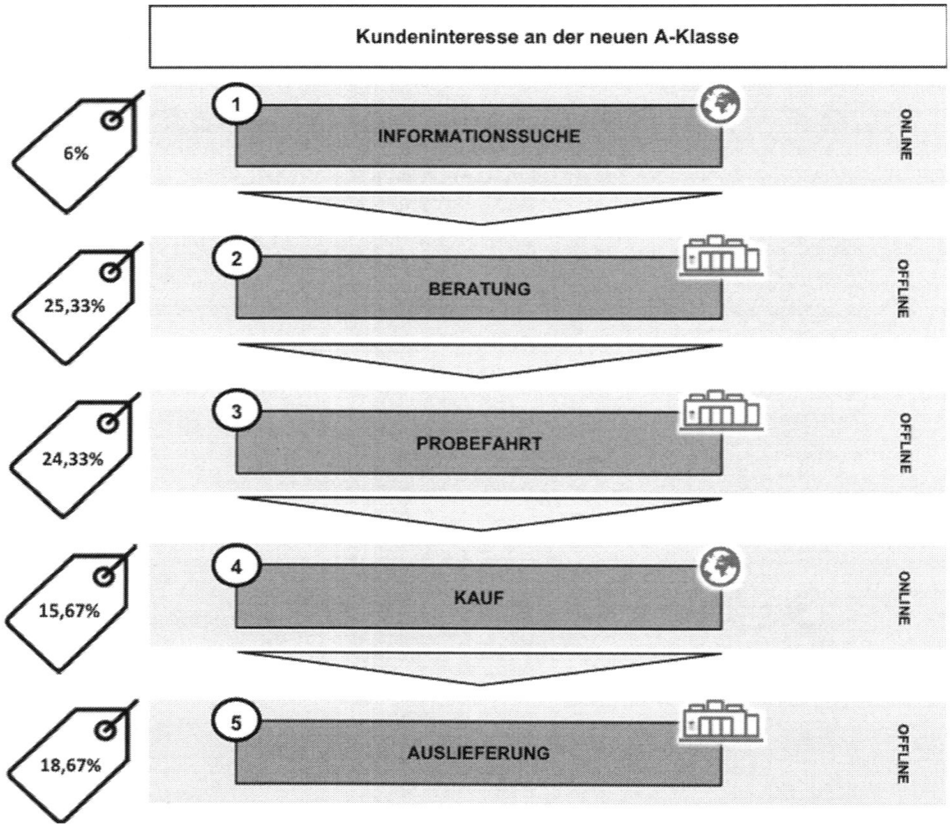

Abb. 6 Margenverteilung nach Prozessschritten in Prozent

mit der jeweiligen prozentuellen Ausprägung einer Margenverteilung dargestellt ist. Diese Margenverteilung beruht auf Forschungsergebnissen und ist als Durchschnittswert angegeben. Dieser Durchschnittswert verdeutlicht somit eine relative Verteilung einer fiktiven Marge anhand von Prozessschritten – mithilfe eines beispielhaften Kundeninteresses an der Mercedes-Benz A-Klasse.

Allerdings kann somit nicht nur eine Veränderung des aktuellen Margensystems dargelegt werden, sondern es können dank der Erhebung ebenso neue Geschäftsfelder erschlossen werden. Daher sollte sich der klassische Retail zunehmend auf die Strukturen eines Mobilitätsanbieters umstellen, um den Kunden aufgrund verschiedener Anbindungen eine gewisse Mobilität garantieren zu können. So wäre es aus Retailsicht möglich, auf bestehende Angebote des Herstellers (OEM) zurückzugreifen, um Kunden nachhaltig binden zu können. Diese Möglichkeit würde z. B. mit dem Angebot „Rent" von Mercedes-Benz einhergehen. Allerdings erscheint hier ein genereller Ausbau als sinnvoll, um so unter anderem Mobilitätsdienste (Daimler-Dienste) wie z. B. Moovel, Mytaxi oder auch Car2Go in ein gesamtheitliches Kundenerlebnis im Retail integrieren zu können (Daimler 2018b).

Vornehmlich werden die Handlungsempfehlungen aus Sicht des Retails und auf der Basis eines Pkw-Neuwagenkaufs eines Privatkunden ausgesprochen. Allerdings offenbart sich im Zusammenhang mit dem Geschäftsmodell ebenso eine Handlungsempfehlung für den Online Sales, welche es zu berücksichtigen gilt. Aufseiten des Online-Handels wurde eine Fokussierung auf ein entsprechendes Kundensegment offenbart. So würde es sinnvoll erscheinen, aufgrund der fehlenden Emotionalisierung des Online-Kauferlebnisses eine Spezialisierung des Kanals bezüglich gewerblicher bzw. Flottenkunden zu etablieren. Demnach würde der Retail seinem Fokus auf den Privatkunden weiterhin gerecht und die Online-Abwicklung würde ebenso den Ansprüchen dieser besonderen Zielgruppe dienen.

4.2 Handlungsempfehlung: Restrukturierung der internen Kommunikation und des Zielbilds

Die interne Kommunikation in der Automobilbranche zwischen den einzelnen Vertriebsstufen wird oftmals als nicht zureichend wahrgenommen. So wird gerade aus der Retailperspektive ein Missstand bei der Kommunikation erkennbar. Die Integration des Retails in die Strategie des Online-Handels ist im Querschnitt der Branche nicht ausreichend erkennbar. Demnach wird hier ein Handlungsbedarf offensichtlich, den es in Form von Dialogen bzw. gezieltem Austausch zu bewältigen gilt. Darüber hinaus ist kein eindeutiges Zielbild ersichtlich, welches allen drei Vertriebsstufen als Leitfaden bzw. Vision vorgegebenen wird. Demnach wird ersichtlich, dass jede Vertriebsstufe entsprechende KPIs zur eigenen bzw. isolierten Zielerreichung definieren sollte. Daher sollte hier ein übergeordnetes Ziel, vornehmlich vor dem Hintergrund des zunehmenden Online-Handels, benannt werden. Dies würde die Partnerschaft zwischen dem Retail sowie der Vertriebsorganisation verstärken und ein gegenseitiges Verständnis vorantreiben. Der Austausch beider bzw. aller drei Perspektiven sollte hier im Fokus stehen, sodass mögliche Herausforderungen übergreifend identifiziert und gemeinsam gelöst werden könnten. So wäre es denkbar, je Händlergruppe einen Mitarbeiter mit dem Fokus des Austausches zu benennen, welcher demnach als sogenanntes „Sprachrohr" zwischen den Vertriebsstufen dienen würde. Außerdem wäre hier der Vergleich mit ausländischen Märkten sinnvoll, um ggf. Methoden adaptieren zu können.

4.3 Handlungsempfehlung: Neue Partnerschaften

Bereits die theoretischen Grundlagen deuten auf mögliche neue Partnerschaften des Retails hin. Diese gilt es zu konkretisieren, weshalb neue Partner als zwingend notwendig erachtet werden. Demnach sollte die Möglichkeit von Drittanbietern geäußert werden, sodass mit innovativen Start-ups kooperiert werden könnte. Allerdings wird gerade vor dem Hintergrund von markenfremder Kooperation eine Evaluation notwendig, welche es näher zu definieren gilt. Wesentlich ist, dass nicht bei jedem der fünf aufgezeigten Prozessschritte eine neue Partnerschaft initiiert werden kann (vgl. Abb. 6). So sind vornehmlich die Schritte der Probefahrt und Auslieferung als sinnvoll zu benennen. Hier könnte der Retail ebenso verschiedene Erlösmodelle kreieren. Demnach wäre eine Kategorisierung der Auslieferung in verschiedenen Modellen für den Kunden eine mögliche Herangehensweise. Allerdings könnte man hier versuchen, die Auslieferung in verschiedene Paketangebote zu klassifizieren, sodass die höchste Stufe bzw. das demnach teuerste Paket, eine Lieferung mit Produktexperten, Einweisung etc. darstellen könnte. Andernfalls wäre eine „Ready to Drive"-Option jene, welche lediglich ein Auto per Spedition anliefert und dieses im Vorhinein angemeldet hat.

Die aufgeführten Empfehlungen zielen vornehmlich auf nötige Veränderung des Geschäftsmodells eines klassischen Automobil-Retails ab. So wird im Folgenden der Kontext des digitalen Marketings mit möglichen Veränderungen im Retail erläutert. Diese sind somit in Verbindung mit und ebenso als Bestandteil eines Geschäftsmodells zu sehen, bilden jedoch visuell wahrnehmbare Veränderungen des Points of Sale aufgrund des Trends der Digitalisierung ab.

5 Ausblick und Zukunftsfelder des digitalen Marketings im Retail

Der Retail muss sich wesentlich auf die eigene Digitalisierung fokussieren. Er sollte dringend in die Digitalisierung investieren und sie vielfältig im Kundenkontakt und im eigenem Unternehmen leben, um die Zukunft erfolgreich zu meistern. So würden sich Praxisszenarien wie folgend beschrieben maßgeblich verändern (Diez 2012a, S. 457–458).

„Noch eine Unterschrift auf diesem Formular, noch eine Datenschutzerklärung hier, eine Unterschrift für die Hersteller-Bank, Sie erreichen uns zu unseren Öffnungszeiten, bitte bezahlen Sie die Rechnung in bar an der Annahme."

Um Neuland zu betreten, muss sich somit der Retail auf eine sogenannte „digitale Reise" begeben. Diese sollte sich in drei wesentliche Etappen „clustern".

Erste Etappe: Digitalisierung und Dynamisierung der Preise

In Zukunft werden in den Autohäusern vermehrt elektronische Preisschilder und damit dynamische Preise Einzug halten. Individuelle Preise, wie sie in der digitalen Welt gelernt sind, werden auf den Retail übertragen. Als Erstes wird das die Produktkategorien Gebrauchtwagen, Service und Teile betreffen. Das Neuwagensegment wird in einem zweiten Schritt folgen. So wird zukünftig der Preispunkt auf Basis von Daten bestimmt werden. Informationen wie Lagerbestand, Standzeit, Konkurrenzpreis, Tageszeit, Kundendaten und Kaufhistorie fließen in die Bestimmung des individuellen Verkaufspreises ein. So kann zum Beispiel der Öl- oder Reifenwechsel am Morgen deutlich teurer sein als am Abend. Der Retail muss hierfür in Zukunft eigene Algorithmen programmieren bzw. programmieren lassen und die künstliche Intelligenz der dynamischen Preissetzung kontinuierlich weiterentwickeln (Wegener 2007, S. 207). Dies würde den Retail flexibler und wettbewerbsfähiger gestalten. Letztendlich ermöglicht die Digitalisierung der Preisbildung dem Händler, Preise als eine aktive Steuerungsgröße einzusetzen. Das wird ebenso direkten Einfluss auf die Rolle und Aufgaben des Verkäufers haben. War der Verkäufer bisher immer individuell für die entsprechende Kalkulation sowie den Nachlass zuständig, so wird in Zukunft diese Aufgabe durch künstliche Intelligenz und Daten schrittweise von Systemen übernommen werden (McKinsey 2018).

Zweite Etappe: Digitalisierung und Automatisierung der Arbeitsabläufe

Der Automobil-Retail muss in Zukunft hinsichtlich der Geschäftsprozesse effizienter werden. Viele der Geschäftsprozesse, welche es zu digitalisieren gilt, finden im sogenannten „Back-Office" (Backstage) und somit für die Kunden nicht zugänglich statt. Allerdings sind diese Prozessschritte als wesentlich zu erachten, da sie einen kritischen Einfluss auf Kundenkontaktpunkte und somit auf die Kundenwahrnehmung respektive Customer Journey haben können (Stenner 2017).

Mithilfe digitaler Workflows kann der Retail seine Geschäftsprozesse verschlanken und automatisieren. Dadurch reduzieren, eliminieren und parallelisieren sich Prozessschritte. Als Folge lassen sich Effizienzoptimierungen und Zeitersparnisse im Retail generieren. Prozesse wie die Auftragsabwicklung von Neu- und Gebrauchtwagen, die Gebrauchtwagen-Hereinnahme, Werkstattaufträge und viele weitere Arbeitsprozesse sowie -schritte lassen sich digitalisieren. Herausforderungen wie z. B. das Akten-„Ping-Pong" im Autohaus, die Vielzahl an persönlichen Unterschriften in den internen Genehmigungsprozessschritten, die Suche nach den richtigen Dokumenten würden damit der Vergangenheit angehören. Bestimmte Arbeitsschritte werden damit unabhängig von Zeit und Ort, was für die Mitarbeiter und deren Tätigkeit neue

Möglichkeiten der Arbeitsorganisation bedingt. Auf der Kundenseite kann somit ein neues Kundenerlebnis im Retail kreiert werden. Die Verkäufer bzw. Serviceberater im Kundenkontakt wären in der Lage, dem Kunden über den aktuellen Arbeitsstand dank direktem Systemzugriff Auskunft zu erteilen. Auch würden sich die Abwicklungszeiten und Wartezeiten deutlich verringern. Teile der Kundenkommunikation wie z. B. Statusinformationen oder Bestätigungen könnten automatisiert erfolgen (Faust 2017).

Dritte Etappe: Neue digitale Produkte und Services im Portfolio
Neben den klassischen Produktarten werden neue digitale Produkte im Autohaus Einzug halten. Neue Angebote wie Mobilitätsbudgets als Alternative für Mobilität werden vor allem für Firmenkunden und ihre Mitarbeiter im urbanen Umfeld nachfrageintensiver. Ein Mobilitätsbudget ist ein Angebot für Mitarbeiter von Unternehmen, das ihnen ermöglicht, dienstlich und/oder privat veranlasste Reisen mit Verkehrsmitteln ohne persönlichen Firmenwagen und mit alternativen Verkehrsmitteln anzutreten. Statt der Bereitstellung eines bestimmten Pkws hinterlegt der Arbeitgeber für den Mitarbeiter ein entsprechendes Volumen (z. B. in Geldeinheiten, in Kilogramm CO_2 oder in Streckenkilometern). So werden weitere neue Mobilitätsangebote von OEMs, Autovermietern, Leasingfirmen und Flotten-Dienstleistern in naher Zukunft auf den Markt kommen. Der Retail sollte sich somit entscheiden, welche Rolle er in diesen neuen Geschäftsmodellen einnehmen möchte. So könnte der Retail zum wichtigen Partner der genannten Hersteller und Dienstleister durch zusätzliche Services im Bereich der Elektromobilität, Infrastruktur und Operationalisierung werden. In diesem Zusammenhang muss der klassische Handel abwägen, ob er eigene digitale Produkte entwickeln bzw. vertreiben kann oder sogar seine Vertriebs- und Vertreterrolle auf die neuen Mobilitätsangebote ausweitet und weitere Erlösquellen erschließt. Letztlich steht der Retail vor der gleichen Herausforderung wie die OEMs: der Transformation seines bisherigen Retail Geschäftsmodells Vertrieb von Fahrzeugen zum Vertrieb von Mobilität (Roland Berger 2018).

Wesentlich ist, dass der klassische automobile Retail die Digitalisierung als Chance versteht und diese nutzt, um heutige wie auch künftige Kundenbedürfnisse antizipieren sowie befriedigen zu können. Die Digitalisierung ermöglicht dem Retail, effizienter mit seinen Kunden zu kommunizieren, seinen Kunden neue digitale Kundenerlebnisse und Services anzubieten und den Kunden eindeutig in den Mittelpunkt seiner Abläufe zu stellen. Eben dies muss mit den Mitteln des digitalen Marketings antizipiert und als mögliches Zukunftsfeld „bespielt" werden.

Literatur

Ahlert, D. (2005). *Distributionspolitik* (3. Aufl.). Stuttgart: UTB.

Binckebanck, L. (2016). Nutzen neuer Technologien aus Vertriebs- vs. Kundensicht. In L. Binckebank & R. Elste (Hrsg.), *Digitalisierung im Vertrieb. Strategien zum Einsatz neuer Technologien in Vertriebsorganisationen* (S. 3–27). Wiesbaden: Springer Gabler.

BMW. (2018). Die Zukunft ist jetzt. Der neue BMW i3 und BMW i3s. https://www.bmw.de/de/neufahrzeuge/bmw-i/i3/2017/auf-einen-blick.html. Zugegriffen: 30. Mai 2018.
Brünglinghaus, C. (2015). Vom Autobauer zum Mobilitätsanbieter. https://www.springer-professional.de/fahrzeugtechnik/carsharing/vom-autobauer-zum-mobilitaetsanbieter/6561608. Zugegriffen: 30. Mai 2018.
Daimler. (2018a). CASE – in neuen Zukunftsfeldern führen. https://www.daimler.com/konzern/strategie/. Zugegriffen: 30. Mai 2018.
Daimler. (2018b). Mobility Service – Unsere Angebote. https://www.daimler.com/produkte/services/mobility-services/. Zugegriffen: 21. Aug. 2018.
Daimler-media. (2018). Mercedes-Benz 2017 die Nummer 1 im Premiumsegment. https://media.daimler.com/marsMediaSite/de/instance/ko/Mercedes-Benz-2017-die-Nummer-1-im-Premiumsegment.xhtml?oid=32692930. Zugegriffen: 20. Aug. 2018.
Dannenberg, J., & Joas, A. (2005). Die Zukunft der Markenführung im Automobilgeschäft. In B. Gottschalk, R. Kalmbach, & J. Dannenberg (Hrsg.), *Markenmanagement in der Automobilindustrie* (2. Aufl., S. 407–445). Wiesbaden: Gabler.
Diez, W. (2012a). *Automobilwirtschaftliche Vertriebssysteme und die Rolle des Automobilhandels – Entwicklung und Perspektiven.* Geislingen: Institut für Automobilwirtschaft (IFA).
Diez, W. (2012b). *Automobil-Marketing – Erfolgreiche Strategien, praxisorientierte Konzepte, effektive Instrumente* (6. Aufl.). München: Vahlen.
Diez, W., & Klinke, C. (2017). *Autohaus 2025 – Die Zukunft des Automobilhandels.* Stuttgart: DEKRA Automobil GmbH und Institut für Automobilwirtschaft (IFA).
Doleski, O. D. (2014). *Integriertes Geschäftsmodell -– Anwendung des St. Galler Management Konzepts im Geschäftsmodellkontext.* Wiesbaden: Springer Gabler.
Faust, D. (2017). Mercedes will bis 2020 papierlose Autohäuser. https://www.kfz-betrieb.vogel.de/mercedes-will-bis-2020-papierlose-autohaeuser-a-594091/. Zugegriffen: 28. Nov. 2018.
Freitag, M. (2016). Verschlafen die Autokonzerne die Online-Zukunft? „Die Hersteller verspielen ihren Vorteil". http://www.manager-magazin.de/unternehmen/autoindustrie/autoindustrie-bmw-audi-mercedes-verschlafen-online-zukunft-a-1073302.html. Zugegriffen: 30. Mai 2018.
Friedel, A. (2016). CASE: Mercedes-Benz passt seine Unternehmensstrategie an. http://getmobility.de/20161004-mercedes-benz-unternehmensstrategie-case/. Zugegriffen: 30. Mai 2018.
Handelsblatt. (2018). Design und Kosten schlagen Konnektivität. Autohersteller setzen auf das vernetzte Fahrzeug. Den Kunden ist die Konnektivitäts-Technik bislang aber eher schnuppe. http://www.handelsblatt.com/auto/nachrichten/vernetzung-beim-auto-wenig-gefragt-design-und-kosten-schlagen-konnektivitaet/20929128.html?ticket=ST-2479820-Q9ADxP3TQ9dg3It-njjDU-ap3. Zugegriffen: 30. Mai 2018.
Kamprath, M. (2015). Die Konstruktion von Geschäftsmodelltypologien – Das Beispiel der Diagnostik-Industrie. In E. Eppinger, B. Halecker, K. Hölze, & M. Kamprath (Hrsg.), *Dienstleistungspotenziale und Geschäftsmodelle in der Personalisierten Medizin – Konzepte, Analysen und Potenziale* (S. 241–278). Wiesbaden. Springer Gabler.
Marschner, K. (2013). *Wettbewerbsanalyse in der Automobilindustrie. Ein branchenspezifischer Ansatz auf Basis strategischer Erfolgsfaktoren.* Heidelberg: Springer.
McKinsey. (2018). Autohersteller: Bis zu 9 Prozentpunkte höhere Rendite durch künstliche Intelligenz möglich. https://www.mckinsey.de/news/presse/autohersteller-bis-zu-9-prozentpunkte-hohere-rendite-durch-kunstliche-intelligenz-moglich. Zugegriffen: 28. Nov. 2018.
Mercedes-Benz. (2018). Das Beste oder nichts – auch beim Service. https://www.mercedes-benz.com/de/mercedes-benz/fahrzeuge/service-teile/das-beste-oder-nichts-auch-beim-service/. Zugegriffen: 22. Juli 2018.
Mercedes-Benz Online Store. (2018). Ihre Vorteile – Der Kauf im Mercedes-Benz Online Store bringt Ihnen viele Vorteile – einfach und bequem auf Knopfdruck. https://www.online-store.mercedes-benz.de. Zugegriffen: 1. Juni 2018.

Mobile.de. (2018). Deutschlands größter Fahrzeugmarkt. https://suchen.mobile.de/auto/neuwagen.html. Zugegriffen: 5. Mai 2018.

Osterwalder, A., & Pigneur, Y. (2011). *Business Model Generation: Ein Handbuch für Visionäre, Spielverderber und Herausforderer*. Frankfurt a. M.: Campus.

Reichwald, R., & Piller, F. (2015). *Interaktive Wertschöpfung – Open Innovation, Individualisierung und neue Formen der Arbeitsteilung* (2. Aufl.). Wiesbaden: Springer Gabler.

Reidel, M. (2016). Mercedes-Benz verkauft Neuwagen im Netz. https://www.horizont.net/marketing/nachrichten/Online-Handel-Mercedes-Benz-verkauft-Neuwagen-im-Netz-141552. Zugegriffen: 30. März 2018.

Reindl, S. (2017). *Autohaus-Management. Effiziente Führung und Steuerung von Autohausbetrieben* (4. Aufl.). München: Springer Fachmedien München.

Rennhak, C. (2012). *Die Automobilindustrie von morgen – Wie Automobilhersteller und -zulieferer gestärkt aus der Krise hervorgehen können*. Stuttgart: ibedem.

Roland Berger. (2018). Automobilbranche im Wandel. https://www.rolandberger.com/de/press/Automobilbranche-im-Wandel.html. Zugegriffen: 28. Nov. 2018.

Schömann, S. O. (2011). Grundlagen der Automobilindustrie mit Fokus auf die Produktentwicklung. In M. J. Ringlstetter (Hrsg.), *Produktentwicklung in der Automobilindustrie – Managementkonzepte vor dem Hintergrund gewandelter Herausforderungen*. Wiesbaden: Springer Gabler.

Sixt. (2018). Neuwagen – Clever fährt günstig. https://www.sixt-neuwagen.de. Zugegriffen: 5. Mai 2018.

Stenner, F. (2017). Digitalisierung in der Automobilindustrie reißt Barrieren ein und erfüllt Kundenträume. https://www.financebusiness.afb.de/2017/07/12/digitalisierung-automobilindustrie/. Zugegriffen: 28. Nov. 2018.

Strassburger, C. (2006). *Wertschöpfungskette – Darstellung und Bedeutung*. München: Grin.

TNS Infratest, & A.T. Kearney. (2016). Digitale Transformation stellt klassisches Neuwagengeschäft und etablierte Vertriebsstrukturen infrage: Bis 2020 wird jedes dritte Auto im Internetgekauft.https://www.atkearney.de/documents/856314/7822680/BIP+Wechsel+zum+Online-Kauf+kommt+schneller+als+erwartet.pdf/b92e95cd-bb96-4448-9e11-fb1f97f5613f. Zugegriffen: 22. Juni 2018.

Wegener, M. (2007). Erfolg durch kundenorientiertes Multi-Channel Management. In H.-C. Riekhof (Hrsg.), *Retail Business in Deutschland* (2. Aufl., S. 201–222). Wiesbaden: Gabler.

Winkelhake, U. (2017). *Die digitale Transformation der Automobilindustrie – Treiber, Roadmap, Praxis*. Wiesbaden: Springer Vieweg.

Christian Budde (Dipl.-Kfm.) ist Manager bei der Mercedes-Benz Consulting GmbH im Bereich Business Consulting. Seine Schwerpunkte sind Business Management, Customer Experience sowie Performance Management im Retail. Er hat für die diversen Business Units der Daimler AG und Handelsunternehmen erfolgreiche Strategien und deren Umsetzung realisiert. Zu Mercedes-Benz Consulting kam er von BrandTrust GmbH, dort entwickelte er werteorientierte Markenstrategien für mittelständische Unternehmen sowie DAX-30-Konzerne in einer ganzen Reihe von Branchen, darunter die Chemiebrache, der Handel und der Finanzsektor. Weitere Erfahrung sammelte er in der Umsetzung von Touchpoint-Managementsystemen (insbesondere Identifikation, Analyse und Optimierung der kundenrelevanten Kundenkontaktpunkte).

Tim Charly Schmacke (M.A.) ist Consultant bei der Mercedes-Benz Consulting GmbH. Zuvor studierte er an der International School of Management den Masterstudiengang Strategic Marketing Management (M.A.) sowie an der Business Information Technology School den Bachelorstudiengang Communication Media Management (B.Sc.). Darüber hinaus absolvierte er Auslandssemester an der Napier University in Edinburgh, Schottland und Corvinus University in Budapest, Ungarn. Die Masterarbeit mit dem Titel „Verliert das Geschäftsmodell Automobil-Retail seine Daseinsberechtigung? Die Identifikation von Zukunftsszenarien für den klassischen Retail in einer künftig Online Sales getriebenen Welt." verfasste er in Kooperation mit der Mercedes-Benz Consulting GmbH. Zudem war er im Rahmen seiner studentischen Nebentätigkeiten bei der Automobilmarke Porsche in verschiedenen Autohäusern sowie der Vertriebsgesellschaft Porsche Deutschland GmbH tätig. Außerdem erhielt er in diversen Branchen durch Praktika bei den Unternehmen Zweites deutsches Fernsehen (ZDF), RWE Vertriebs AG sowie der OBI Digital GmbH weitreichende praktische Erfahrungen in den Segmenten der Unternehmensstrategie, Marketing, Kommunikation, Controlling und Vertrieb.

Prof. Dr. Meike Terstiege studierte Wirtschaftspsychologie an der Universität Mannheim und promovierte am Marketing-Lehrstuhl der TU Dortmund. Sie ist seit über 20 Jahren im strategischen Marketing tätig – in Führungspositionen auf Unternehmensseite (Henkel, Generali Holding und Allied Domecq) und auf Agenturseite (BBDO, Ogilvy, McCann und Edelman). Seit 2016 lehrt sie an der International School of Management digitales und strategisches Marketing, entwickelte den Master-Studiengang Digital Marketing und ist als selbstständige Marketing-Beraterin und -Trainerin tätig.

Zielgruppenorientierte Kundenansprache anhand digitalen Marketings in der deutschen Automobilbranche

Fabian Degen, Tim Charly Schmacke und Meike Terstiege

Inhaltsverzeichnis

1 Digitales Marketing in der Automobilbranche 297
2 Digitales Zielgruppenmarketing anhand von Segmenten in der deutschen Automobilindustrie 299
3 Praxisbeispiele für digitales Marketing in der deutschen Automobilindustrie 302
3.1 Retail-Segment 302
3.2 Flotten-Segment 306
3.3 Digitale Medien am Point of Sale 307
4 Die Zukunft des digitalen Marketings in der deutschen Automobilindustrie 308
Literatur 309

1 Digitales Marketing in der Automobilbranche

Die Automobilbranche ist eine Schlüsselindustrie für den Wirtschaftsstandort Deutschland (Seiwert und Reccius 2017) – mit einem Jahresumsatz von über 400 Mrd. EUR (2016) pro Jahr, einem Anteil von 7,7 % an der deutschen Wirtschaftsleistung und rund

F. Degen (✉)
Unna, Deutschland
E-Mail: fabian.degen@gmx.de

T. C. Schmacke
Mercedes-Benz Consulting GmbH, Leinfelden-Echterdingen, Deutschland
E-Mail: tim_charly.schmacke@daimler.com

M. Terstiege
@DOCMARKETEER, Düsseldorf, Deutschland
E-Mail: meike.terstiege@docmarketeer.de

M. Terstiege (Hrsg.), *Digitales Marketing – Erfolgsmodelle aus der Praxis,*
https://doi.org/10.1007/978-3-658-26195-5_18

800.000 Beschäftigten. Die deutschen Automobilhersteller und Zulieferer investierten im Jahr 2016 weltweit 39 Mrd. EUR in Forschung und Entwicklung, in Deutschland allein fast 22 Mrd. EUR. Damit wurde mehr als ein Drittel der Ausgaben für Forschung und Entwicklung der deutschen Wirtschaft von Unternehmen aus der Automobilbranche getätigt (Seiwert und Reccius 2017). Dabei zeigt sich, dass globale Megatrends wie die Digitalisierung auch für die Automobilindustrie eine herausragende Bedeutung haben und so die zuvor genannten Investitionen forcieren. Die Bedeutung der Digitalisierung für die Automobilbranche wird beispielsweise in der Definition des Begriffes Digitalisierung im Gabler Wirtschaftslexikon deutlich: „[…] digitale Modifikation von Instrumenten, Geräten und Fahrzeugen […]" (Bendel 2018). Neben der Veränderung von Produkten (hier: Automobile) und Dienstleistungen (hier: mobile Services und Mobilitätsangebote) gilt es hierbei für die Automobilunternehmen, den Einfluss auf die „Umwandlung und Darstellung bzw. Durchführung von Information und Kommunikation" (Bendel 2018) aufzuzeigen und aufzunehmen.

Konkret bedeuten diese Implikationen für die Automobilbranche drastische Erneuerungsprozesse über die gesamte Wertschöpfungskette und grundlegende Veränderungen etablierter Geschäftsmodelle, die seit Jahrzenten erfolgreich am Markt etabliert wurden (Automobilwoche 2018). So verändert sich sowohl das Produkt Automobil maßgeblich durch die Elektrifizierung, Vernetzung und das autonome Fahren als auch dessen gesamte Produktion, etwa durch smarte Bedarfsplanung und digitalisierte Fertigungsprozesse (Maresch 2018). Wie tiefgreifend diese Entwicklung ist, wird durch die beiden folgenden Zitate des ehemaligen Daimler-Vorstandsvorsitzenden Dr. Dieter Zetsche aus dem Jahr 2015 deutlich:

> „Es geht um nicht mehr und nicht weniger als die vollständige Digitalisierung der gesamten Wertschöpfungskette – von der Forschung und Entwicklung über die Produktion bis hin zum Vertrieb." (Daimler AG 2018a)

> „Diese digitale Transformation ist bei uns in vollem Gange. Mercedes-Benz wandelt sich vom Automobilhersteller zum vernetzten Mobilitätsanbieter, wobei der Mensch – als Kunde und Mitarbeiter – immer im Mittelpunkt steht. Damit entwickeln wir das Unternehmen konsequent weiter und sichern unsere Zukunftsfähigkeit ab." (Daimler AG 2018a)

Hier zeigt sich, wie entscheidend digitales Marketing und neue digitale Kanäle für die Automobilbranche sein werden und welchen Einfluss sie bereits jetzt auf den Erfolg von Unternehmensstrategien haben. Um ein vernetzter Mobilitätsanbieter zu werden, wie es sich nicht nur Daimler vorstellt, müssen unterschiedliche Kanäle betreut und verschiedenste Dienstleistungen wie etwa für mobile Endgeräte zur Verfügung gestellt werden.

Darüber hinaus ermöglichen digitale Kanäle ein optimiertes Datenmanagement für die Automobilkonzerne, da die Kundeninformationen dadurch direkt beim Hersteller und nicht (mehr) beim Handelspartner hinterlegt werden (Hubik und Sommer 2018). Volkswagen hat beispielsweise bereits neue Verträge mit den Handelspartnern abgeschlossen, um den Kunden direkt kontaktieren und Kundeninformationen zu können generieren.

Für den Kunden ergeben sich dadurch beispielsweise Möglichkeiten, Upgrades und Updates zu erhalten, ohne das Fahrzeug beim Händler bzw. in einem Servicebetrieb abzugeben (Automobilwoche 2018).

Auch der Service unterliegt aufgrund der Digitalisierung verschiedensten Veränderungsprozessen. So entstehen durch die digitalisierten Prozesse neue und weitere Touchpoints für den Konsumenten und das Customer-Care-Management der Automobilunternehmen gewinnt so zunehmend an Bedeutung. Zu den weiteren Touchpoints könnten zukünftig Drop-off-Stationen gehören, an denen der Kunde bequem und flexibel Fahrzeuge abholen und abgeben kann. Und auch für die sogenannten Flottenkunden gewinnen digitale Services der Mobilitätsdienstleister zunehmend an Bedeutung, neue Dienstleistungsangebote entstehen auch hier – kritische Erfolgsfaktoren sind dabei ein koordiniertes Retail-Management und eine digitalisierte Kundenbetreuung (HPP Strategie- und Marketingberatung 2017).

Auch für den Vertrieb werden digitale Marketingkampagnen und die Online-Präsenz sowie -Shops von Automobilherstellern an Bedeutung gewinnen. Die meisten Fahrzeugkäufe werden bislang zwar immer noch in „analogen" Autohäusern abgeschlossen, doch bereits seit Jahren ist die Online-Recherche der Kunden im Vorfeld eines Autokaufs maßgeblich für den Kaufentscheidungsprozess. Kunden recherchieren online Produktspezifikationen und Kundenbewertungen sowie Produkt- und Preisvergleiche, bevor der Händler besucht wird – digitale Marketinginhalte, Kampagnen sowie Services werden demnach immer bedeutender (Gill 2017).

2 Digitales Zielgruppenmarketing anhand von Segmenten in der deutschen Automobilindustrie

Die deutsche Automobilindustrie arbeitet auf Grundlage einer deutlichen Differenzierung und Segmentierung von Kundengruppen, um ein zielgruppenorientiertes Marketing zu ermöglichen. Eine derartige Segmentierung trennt beispielsweise Flottenkunden, kleinere gewerbliche Kunden sowie Privatkunden, die wiederum unterteilt werden in die zwei Hauptsegmente Retail, bestehend aus den privaten sowie kleinen gewerblichen Kunden, sowie Flotte, wozu gewerbliche Fahrzeughalter mit einem Pkw-Bestand von über zehn Fahrzeugen zählen. Diese beiden für das digitale Marketing relevanten Kundensegmente können detailliert wie folgt beschrieben werden (Grajeweski 2009, S. 44 ff.):

- **Retail-Segment**
  Dieses Segment umfasst die Privatkunden, selbständige sowie kleine gewerbliche Kunden. Der Produktentscheidungsprozess ist hier wesentlich von diversen objektiven und auch subjektiven Einflussgrößen abhängig, der Kaufprozess eines Privatkunden wird wesentlich stärker von emotionalen Faktoren beeinflusst als der eines Flottenkunden (Grajeweski 2009, S. 45).

- **Flotten-Segment**
  Neufahrzeuge im Flotten-Segment werden sowohl über den Retail als auch über die Handelsorganisation bezogen. Mit dem Hersteller bzw. Importeur (Wholesale/Vertriebsgesellschaft) wird in der Regel ein Rahmenabkommen (ab ca. 20 Fahrzeugen im Bestand eines Kunden) vereinbart. Die Preispolitik wird von der entsprechenden nationalen Vertriebsorganisation festgelegt bzw. verhandelt. Daher ist die Identifizierung der unterschiedlichen Kundenbedürfnisse (inkl. Preissensibilität und Kaufentscheidungsfaktoren) der beiden Segmente Retail und Flotte wichtig. Die Kaufentscheidung wird beim Flottenkunden meist im Kollektiv getroffen, sodass weniger individuelle bzw. subjektive Bedürfnisse beim Automobilkauf im Vordergrund stehen. Hier sind beim Neuwagenkauf rationale Bedürfnisse von Bedeutung, diese sind in der Kommunikation entsprechend zu priorisieren. So zeichnen sich u. a. Prozesse und Kommunikation durch einen hohen Formalisierungsgrad aus, der die Rationalität dieser Zielgruppe widerspiegelt (Grajeweski 2009, S. 46).

Während Privatkunden und kleinere gewerbliche Kunden vorrangig im Retail bedient werden, werden Flottenkunden meistens durch die nationale Vertriebsorganisation betreut, da Flottenbetreiber vornehmlich überregionale Standorte haben, sodass eine isolierte Betreuung von sowohl Händlern („Own Retail") als auch Niederlassungen („Independent Retail") nicht zweckmäßig wäre. Bemerkenswerterweise sind gerade Flottenkunden sehr markentreu hinsichtlich der Servicewerkstätten, sodass ein Flottenkunde wesentlich eher geneigt ist, den Service in Markenwerkstätten durchführen zu lassen (Merten 2012).

Grundsätzlich kann festgestellt werden, dass sich das Verhältnis zwischen dem Absatzvolumen von Privatkunden und gewerblichen Kunden im deutschen Markt deutlich verändert bzw. in den letzten Jahren sogar umgekehrt hat. So hatte der Absatz seitens der Privatkunden 1990, aufgrund der Wiedervereinigung von West- und Ostdeutschland, seine höchste Ausprägung. Anschließend ist dieser stetig gesunken, sodass das Verhältnis von Privatkundengeschäft zu gewerblichem Geschäft fast 40 % zu 60 % ist. Allerdings sind hierbei Probe- und Vorführwagen, Werkswagen, Tageszulassungen, Autovermietungen und Carsharing-Firmen in das gewerbliche Geschäft eingerechnet, sodass das zuvor beschriebene Verhältnis in realiter kleiner bzw. weniger signifikant ausfällt (Domes 2014). Dennoch sind gewerbliche Kunden, d. h. Flottenkunden, nunmehr die attraktivste Zielgruppe für die Automobilbranche.

Darüber hinaus können Kunden auch nach der jeweiligen Sparte bzw. nach dem Produktsegment unterschieden werden. So wird beispielsweise zwischen Pkw-Privatkunden und Lkw-Flottenkunden bzw. im Privatkundenbereich zwischen einem Neuwagen- und einem Gebrauchtwagen-Kunden differenziert (Diez 2006, S. 60).

Um die wesentlichsten Unterschiede der automobilen Zielgruppen verdeutlichen zu können, wird auf Basis der theoretischen Grundlagen im Folgenden eine Visualisierung abgebildet. Diese verdeutlicht nochmals anhand von festgelegten Kriterien die wesentlichsten Unterscheidungskriterien der Zielgruppen: Privatkunde, Flottenkunde sowie gewerblicher Kunde. Für eine eindeutige Aussage wurde die Skalierung anhand der numerischen Werte 0 bis 10 gewählt. Bei dieser stellt 1 die geringste Ausprägung sowie 10 die höchste Ausprägung dar (vgl. Abb. 1).

Vor dem beschriebenen Hintergrund lassen sich vornehmlich die genannten drei Zielgruppen charakterisieren bzw. segmentieren. Anhand der beschriebenen Einordnung der Segmente bildet die Grafik in Abb. 1 die Kontextualisierung ab. In dieser ist die Skalierung mit einer maximalen Ausprägung von 10 gewählt worden (10 = höchste Ausprägung und 0 = niedrigste Ausprägung). Diese Quantifizierung erfolgt aufgrund von qualitativen Grundlagen, sodass eine Visualisierung zur Vereinfachung des Kontextes dient.

Wenn man die Zielgruppensegmentierung der Automobilbranche vor dem Hintergrund des digitalen Marketings betrachtet, wird auch hier eine deutliche Unterscheidung hinsichtlich der zielgruppenadäquaten Ansprache von Automobilkunden ersichtlich. Gerade Privatkunden, für die der Autokauf ein hoch emotionales Ereignis darstellt, ist die Wirkung bzw. der Einsatz von digitalen und somit individualisierten Marketingtools von großer Bedeutung. Die Kommunikationsinstrumente der Automobilbranche richten sich vermehrt nach dem Kundenbedürfnis nach einem hohen Individualisierungsgrad. Dies bedingt beispielsweise die zahlreichen Ausstattungsvarianten und Individualisierungsmöglichkeiten im Pkw-Segment.

Aber gerade hier muss nochmals zwischen Neuwagen- und Gebrauchtwagen-Kunden unterschieden werden. Pkw-Privatkunden wechseln ihr Fahrzeug meist erst nach sechs bis zehn Jahren (KPMG 2015, S. 28), sodass auch hier von einer deutlich stärkeren und

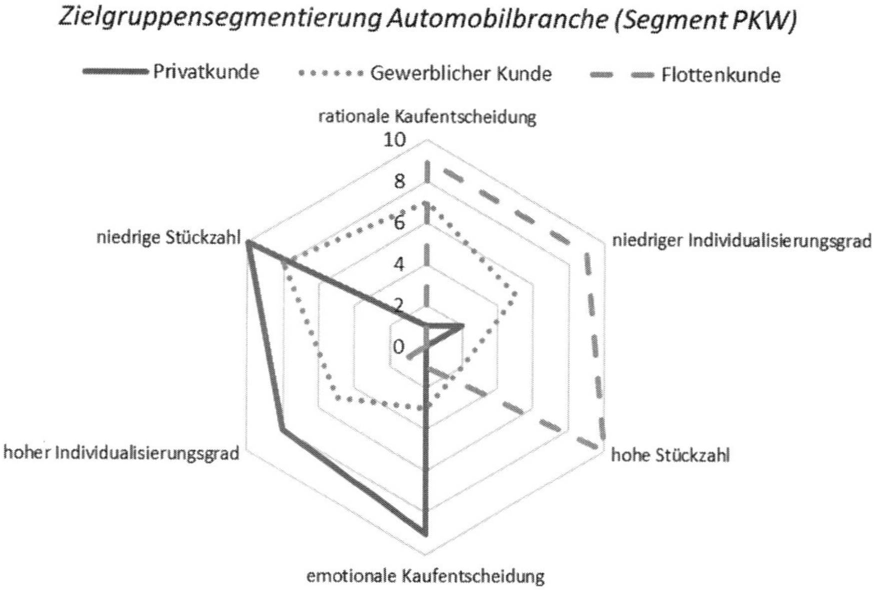

Abb. 1 Zielgruppensegmentierung Automobilbranche nach Kaufkriterien im Segment Pkw

emotionaleren Bindung zum Automobil ausgegangen werden kann, die wiederum in einer spezifischen kommunikativen Zielgruppenansprache resultiert. Gebrauchtwagenkäufer behalten ihr Fahrzeug im Verhältnis länger als Neuwagenkäufer. Beim Kauf eines Neuwagens hat auch die Zahlungsart (Finanzierung bzw. Leasing) einen entscheidenden Einfluss auf die Besitzdauer – ist die Finanzierung abgeschlossen, beginnen Bindung und Emotionalität gegenüber dem Auto abzunehmen. Gewerbliche Kunden bevorzugen aufgrund von Steuervorteilen vorrangig Neuwagen (Reich und Schmitz 2000, S. 235). Bei diesem Kundensegment ist es üblich, ein gewerbliches Leasing abzuschließen, sodass die Dauer des Besitzes des Fahrzeuges meist bei 24 bis 48 Monaten liegt. Bei einem Flottenkunden unterscheidet sich die Länge des Fahrzeugbesitzes deutlich, jedoch kann hier von einer im Verhältnis geringeren Dauer ausgegangen werden als es beim Privat- und gewerblichen Kunden der Fall ist. Jedoch gilt dies nur bei einem Automobil-Leasing, beim -Kauf werden gerade Flottenfahrzeuge mit einer langen Haltedauer beziffert, jedoch liegt dies in der Hand des kaufenden Unternehmens (Salesjob 2015).

Vor diesem Hintergrund können gerade digitale und anhand von Kundendaten entsprechend individualisierte Marketingmaßnahmen trotz der Häufigkeit und Regelmäßigkeit des Fahrzeugwechsels gewerblicher Kunden entscheidend sein, um diese Kundenzielgruppe an eine Automobilmarke zu binden. Dies ist besonders interessant, da bei einer regelmäßigen Neufinanzierung bzw. einem Leasing seitens des Autohauses nicht nur an dem Verkauf bzw. am eigentlichen Produkt Pkw verdient wird, sondern auch an der Vermittlung des Finanzierungs- bzw. Leasingvertrags der finanzierenden Bank. Obwohl Flottenkunden eine im Verhältnis hohe Stückzahl an Fahrzeugen erwerben und somit eine hochattraktive Zielgruppe darstellen, gewinnen aus der Perspektive des digitalen Marketings und Vertriebs die Privatkunden ebenfalls wieder an Attraktivität.

3 Praxisbeispiele für digitales Marketing in der deutschen Automobilindustrie

Im Folgenden werden aufgrund der identifizierten Zielgruppensegmentierung in der deutschen Automobilbranche Beispiele für das Retail- und Flotten-Segment mit Bezug zum digitalen Marketing aufgezeigt. Zudem wird ein Bezug zwischen digitalem Marketing und den aktuellen Veränderungen am Point of Sale abgebildet, um einen Einblick in den heutigen Status quo des digitalen Marketings in der Automobilindustrie zu geben.

3.1 Retail-Segment

Vornehmlich für Privatkunden werden verschiedenste Kommunikationswege gewählt. So dient das digitale Marketing in der Automobilindustrie dazu, eindeutig definierte Zielgruppen adäquat und individuell zu erreichen und anzusprechen. Diese sind je Automobilhersteller sowie je Derivat der Marke sehr unterschiedlich zu verstehen. Gerade

Social-Media-Tools im Rahmen von Inbound-Marketing-Strategien sind ein wirkungsvolles Tool zum Erreichen von Automobil-Zielgruppen. Nahezu jeder „große" deutsche Automobilhersteller verfügt über eine Facebook-Seite (t3n 2014). Hier sind meistens eine deutsche Fan-Page sowie eine internationale für die weltweite Zielgruppenansprache vertreten, Letztere ist wesentlich populärer und zeigt einen höheren Traffic. Eigens für Social-Media-Aktivitäten entwickelte digitale Kampagnen sind in der Automobilbranche vor allem bei dem Dienst Instagram zu beobachten: Gerade hier werden Unternehmen mehr und mehr aktiv, um vornehmlich Privatkunden unterschiedlicher soziodemografischer Zuordnung über eine emotionale Ansprache zu erreichen. Während Facebook trotz sinkender Nutzerzahlen und -anmeldungen noch immer die heterogenste Social-Media-Plattform darstellt. Aus Unternehmenssicht ist es allerdings äußerst attraktiv und effizient, eine Plattform zu verwenden, bei der es kaum zu Streuverlusten kommt (vgl. Abb. 2). Die nachstehenden Praxisbeispiele bieten einen Einblick in die derzeitigen digitalen Marketingaktivitäten der Automobilindustrie in Deutschland.

Beispiel: Audi – The Comeback

Audi hatte Ende 2016 im Social-Media-Bereich und mittels YouTube für Aufsehen gesorgt. Mit dem Titel „Das Comeback" stellte die Audi AG die Verbindung zu ihrem Dienst „piloted driving" und den Möglichkeiten des autonomen Fahrens vor. Audi beschrieb die abgebildete Storyline, die in einem Video zu sehen ist, wie folgt: *„Einst gehörte der T-Rex zu den am meisten gefürchteten Lebewesen auf dem Planeten. In Zeiten des Internets macht man sich allerdings nur noch lustig über seine kurzen Arme. Sehen Sie, wie Audi piloted driving wieder die Lebenslust des Sauriers erweckt und er so sein Comeback feiert!* [Übersetzung der Verfasser aus dem Englischen]" (YouTube 2016). Der Audi AG gelang damit nicht nur die Veröffentlichung eines rein Online-zielgruppenspezifischen Videos, sondern sie setzte gerade in diesem 90-sekündigen Film

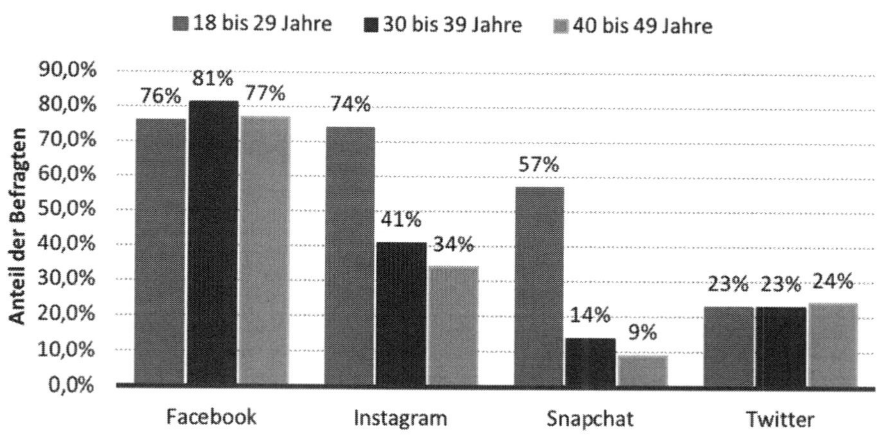

Abb. 2 Nutzung von Social-Media-Plattformen nach Altersgruppen in Deutschland 2018. (Quelle: eye Square 2018)

auf bekannte Social-Media-Memes, was wiederum die Reichweite und Popularität dieser digitalen Marketingmaßnahme positiv beeinflusste (Horizont 2016).

Beispiel: Mercedes-Benz – The best never Rest

Der Automobilhersteller Mercedes-Benz war über Jahrzehnte einer der Hauptsponsoren des Deutschen Fußballbundes (DFB) und Trikotsponsor der deutschen Fußball-Nationalmannschaft. Allerdings wurde diese Partnerschaft im Jahr 2019 beendet, da nunmehr Volkswagen eine kooperative Partnerschaft mit dem DFB beginnt (Horizont 2018). Aufgrund der Fußballweltmeisterschaft 2018 launchte Mercedes-Benz auf den Social-Media-Plattformen die multimediale Kampagne „The best never Rest". Eine Reihe unterschiedlicher Videos mit dem immer wiederkehrenden Titel-Anfang „The best …" sollte mittels verschiedener „The best"-ergänzender Endungen die Automobilmarke mit der deutschen Nationalmannschaft emotional verbinden. „The best" hat dabei einen eindeutigen Bezug zum Unternehmensslogan „Das Beste oder nichts" (Daimler Blog 2017). Dabei traten im Rahmen dieser Multimedia-Kampagne die Spieler der deutschen Nationalmannschaft mit der neuen Mercedes-Benz C-Klasse auf. Die Social-Media-Videos waren hierbei anfangs ausschließlich im Internet auf diversen Social-Media-Kanälen zugänglich. Erst mit dem Finale der Fußball Champions League wurde der Spot erstmals auf den TV-Sender Sky im TV gezeigt (Daimler AG 2018b).

Beispiel: BMW – Release X2

Digitales Marketing wird im Zuge der Nutzung sozialer Medien immer stärker mit Influencer-Marketing in Verbindung gebracht. Marken bedienen sich immer häufiger des Einsatzes von Influencern, die als Meinungsbildner und -führer das Image von Marken transportieren sollen (Lommatzsch und Schach 2018, S. 23 ff.). Zielgruppenspezifische und populäre Persönlichkeiten dienen dabei als Multiplikatoren, um Markenbotschaften zu transportieren (Lommatzsch und Schach 2018, S. 29). Im Automobilbereich nutzen gerade die Premiumsegmentmarken Mercedes-Benz, Audi sowie BMW diese Möglichkeit der Imagebildung und Vermarktung, um insbesondere jüngere Zielgruppen gezielt zu erreichen. Vor allem BMW setzt verstärkt weibliche Influencer ein, um eine weiblichen Zielgruppe anzusprechen, beispielsweise mittels der Partnerschaft mit Lena Gercke, einem bekannten deutschen Model. Auf dem Instagram-Account von Lena Gercke postet diese Fotos mit BMW-Automobilen bzw. Fotos, die sich im Kontext der Marke BMW bewegen (z. B. von Events). So besuchte sie beispielsweise die Marke BMW Motorsport im Rahmen der Deutschen Tourenmeisterschaft am Hockenheimring. Darüber hinaus setzte BMW bei der Einführung des SUVs der Modellreihe X2 in Hamburg auf eine Zusammenarbeit mit den Influencerinnen Tatjana Witte und Svenja Bubolz. Diese erhielten das Fahrzeug eine Woche vor der eigentlichen Vorstellung. Ziel dabei war es, verschiedene Posts der Influencer auf ihren Social-Media-Kanälen mit den Fahrzeugen und entsprechende Kommentare bzw. Bewertungen zu dieser Modellreihe zu erhalten. Darüber hinaus wurden Tonaufnahmen der beiden Protagonistinnen aufgenommen und anschließend beim Radiosender Radio Hamburg veröffentlicht. Diese Omnichannel-Strategie firmierte bei BMW unter der Bezeichnung „Reichweiten Turbo" (MoreMarketing 2018).

Beispiel: Mercedes-Benz „Grow-up"

2017 hat Mercedes-Benz eine Kampagne für die fünf Compact Car Modelle A-Klasse, B-Klasse, CLA Coupé, CLA Shooting Brake und GLA gelauncht, in der fünf umfangreiche Storys um das Thema „Erwachsenwerden" in den Mittelpunkt gestellt werden (Daimler AG 2017b). Im Rahmen dieser vorwiegend über digitale Kanäle kommunizierten Kampagne wird eine neue, junge, nahbare und spontane Tonalität genutzt. Über 100 Filmsequenzen und fast 100 Bilder setzen eine junge Generation von Automobilnutzern in Szene und beschreiben Spannungsfelder des Erwachsenwerdens. Die Filme dauern jeweils etwa drei bis fünf Minuten und werden vornehmlich auf digitalen Plattformen gespielt. Zusätzlich wird die Kampagne durch eine Kooperation mit dem Vice Content Network mit Content und Medieninhalten erweitert (Schröter 2017). Auch prominente, internationale Protagonisten werden in der Kampagne genutzt, etwa der US-amerikanische Rapper ASAP Rocky, verschiedene junge Schauspieler, ein Transgender-Modell und verschiedene Influencer. Im Fokus der deutschen Kampagne hingegen steht Heiner Lauterbach mit seiner bewegten Jugend. Diese deutsche Kampagne ist als Miniserie aufgelegt und zeigt Heiner Lauterbach im Umgang mit polarisierenden Persönlichkeiten und mit seiner Tochter, die zu dieser Zeit gerade selbst die Phase des Erwachsenwerdens durchlebte. Flankiert wird die Miniserie durch zusätzlichen digitalen Content und interaktive Tools in allen relevanten Social-Media-Kanälen (Schröter 2017), mit dem Schwerpunkt Instagram.

Daneben wurde diese Kampagne auch für sogenannte Nischenzielgruppen angepasst und so weiterentwickelt, dass das gesamte Konzept „Grow-up" flexibel entsprechend unterschiedlichen Zielgruppenbedürfnissen genutzt werden kann. Anfang 2018 wurde beispielsweise das E-Sports-Engagement von Daimler in die Kampagne eingebunden. Dabei wurde die Kampagne um den Hashtag #RiseOn erweitert, um den Claim „Grow-up" für E-Sportler und -Fans anzupassen (Daimler AG 2017b; Rentz 2018). Doch die „Grow-up"-Kampagne ist laut Mercedes-Benz *„[…] mehr als nur eine große Baureihen-Kampagne, sie ist mehr ein ‚Vorstoß' der Marke in Richtung Modernität, Progressivität und Dynamik"* (Schröter 2017). Die Kampagne hat 2018 einen silbernen Effie in der Kategorie „Brand Campaign" gewonnen, aufgrund der herausragenden Effizienz und Werbewirksamkeit der „Grow-up"-Kampagne (Gesamtverband Kommunikationsagenturen GWA 2018).

3.2 Flotten-Segment

Das Retail-Segment basiert auf einer emotionaleren Ebene als das eher rational geprägte Flotten-Segment. Zwar ist ein Großteil der zuvor beschriebenen Kampagnen primär auf das Retail-Segment bzw. vornehmlich auf Privatkunden ausgerichtet, dabei ist jedoch zu beachten, dass eine Kampagne immer Einfluss auf das Gesamtbild einer Marke hat und somit letztlich auch Einfluss auf das Flotten-Segment nimmt. So ist auch für Flottenkunden entscheidend, welche Werte eine Automobilmarke vertritt und wofür die Marke steht. Dabei ist auch der markenprägende Einfluss von Mitarbeitern mit Kundenkontakt zu beachten, durch welche das Marken- und Unternehmensbild geprägt wird.

Im Folgenden werden digitale Marketing-Beispiele mit Bezug zur Zielgruppe des Flotten-Segments aufgezeigt.

Beispiel: Volvo – „The Epic Split"

Volvo Trucks launchte 2013 seinen (später auch viralen) Spot The Epic Split. In diesem ist spektakulär inszeniert zu sehen, wie der US-amerikanische Schauspieler Jean-Claude Van Damme einen Spagat zwischen zwei fahrenden Volvo Trucks macht. Bemerkenswert ist, dass aufgrund des enormen Erfolgs dieses knapp 90-sekündigen Videos selbst heute noch Volvo auf seinen Social-Media-Plattformen an diesen Spot erinnert. Mit diesem Spot werden auf den ersten Blick zwar vorrangig Privatkunden angesprochen, allerdings handelt es sich bei der Zielgruppe wegen des Produktes Truck sowie der Spartenzugehörigkeit eindeutig um Flotten- bzw. gewerbliche Kunden. Privatkunden werden jedoch auf den zweiten Blick ebenfalls mittels der spektakulären Story emotional angesprochen. Im Vordergrund steht hier die innovative Stabilitätsfähigkeit der Volvo Trucks: *„This live test was set up to demonstrate the precision and directional stability of Volvo Dynamic Steering – a world first technology that makes the Volvo FM easier to drive."* (YouTube 2013). Anschließend folgten zahlreiche Memes dem „Spagat": So wurden kurz vor Weihnachten zahlreiche Videos veröffentlicht, welche eine Parodie des eigentlichen „Epic Split" abbildeten.

Beispiel: Actros Mercedes-Benz

Mercedes-Benz Trucks stellte 2018 auf der Internationalen Automobilausstellung (IAA) für Nutzfahrzeuge ein neues Produkt für Fernkraftfahrten vor. Dieses wurde nicht nur auf der Messe sowie auf der unternehmenseigenen Website beworben, sondern auch auf den etablierten Social-Media-Kanälen wie Facebook (Mercedes-Benz 2018). Bemerkenswert ist, dass sich sogar sogenannte „Fangruppen" in verschiedenen Social-Media-Diensten gebildet haben, um sich über den Actros auszutauschen. Die Bedeutsamkeit der Sparte Mercedes-Benz Trucks und somit dieser multimedialen Kampagne wird durch den Umsatz von über 35 Mio. EUR im Jahr 2017 deutlich (Daimler AG 2017a, S. 5; Facebook 2018).

3.3 Digitale Medien am Point of Sale

Strenggenommen ist die Nutzung digitaler Medien am Point of Sale nicht im direkten Zusammenhang mit dem heutigen Verständnis des digitalen Marketings zu sehen. Allerdings bedingen bzw. unterstützen sich diese beiden Marketinginstrumente oftmals, so werden digitale Medien auch am Point of Sale als „untergeordnetes" Tool des digitalen Marketings verstanden. Nachstehend wird gesondert auf die Marke Mercedes-Benz eingegangen, da hier exemplarisch gezeigt werden kann, wie sich die deutsche Automobilbranche im Zuge der Digitalisierung auch am Point of Sale derzeit verändert. So ist die Marke lediglich als Beispiel zu verstehen, da ähnliche Entwicklungen auch bei anderen Premium- bzw. Luxusherstellern in der Automobilbranche zu erkennen sind (BVDW 2018; Dräger et al. 2011, S. 209 ff.).

Beispiel: Markenauftritt Retail (MAR) 2020 Mercedes-Benz

Mercedes-Benz verfolgt die Strategie und das Ziel der „Best Customer Experience". Im Zuge dessen soll der Point of Sale zum Kundenerlebnis werden. Mercedes-Benz agiert hier u. a. mit dem Projekt „MAR 2020": Dieses sieht als Ziel die Erhöhung der Kundenzufriedenheit und infolgedessen der Customer Experience getreu nach dem Motto „Das Beste oder nichts". Letztlich spiegelt dies die Entwicklung vom heutigen Point of Sale hin zum „Point of Experience" wider. Diese werden in Zukunft z. B. dank unterschiedlicher Retail-Formate wie durch sogenannte „Flagship"- oder auch „Leuchtturm"-Stores verwirklicht (Daimler AG 2015).

Mercedes-Benz setzt im Zuge des Projektvorhabens auf die Anbindung von digitalen Medien am Point of Sales bzw. im Verkaufsraum der Autohäuser. Daher werden alle Mitarbeiter zukünftig Tablets als digitales Medium mit sich führen, sodass die Möglichkeit besteht, dem Kunden verschiedene digitale Darstellungen zu zeigen. Darüber hinaus bilden zusätzliche neue digitale Medienflächen Produkte bzw. Dienstleistungen der Marke oder auch des Autohauses in den Räumen des Autohauses ab. Die Verbindung zwischen digitalen Medien und dem eigentlichen klassischen Autohaus dient dem Ziel der Kundenzufriedenheit sowie dem unternehmensinternen Ziel der „Best Customer Experience".

Darüber hinaus wird sich die Architektur des Retails verändern. Die Fassade wird zunehmend transparent gestaltet werden, der Innenraum in eine eher dunkle Raumlandschaft verwandelt, sodass das Augenmerk auf dem eigentlichen Produkt und der Marke liegt. Zudem werden die bisherigen Jobprofile (wie die des Verkäufers) umgewandelt und im Zuge dessen „digitaler", um dem Kunden ein wirkliches Markenerlebnis – und kein reines Kauferlebnis – zu vermitteln. Das Ziel ist es, dem Kunden ein umfassendes und multimediales Markenerlebnis zu vermitteln und im Autohaus die „alte" Atmosphäre des klassischen Verkaufsraums mittels multimedialer Tools durch neue Impulse zu ersetzen (KFZ-Betrieb 2018; Domes 2014). Auch dieses Vorhaben verdeutlicht den wechselnden Fokus der Automobilbranche hin zur aktiven

Abb. 3 Zukünftiger Markenauftritt von Mercedes-Benz. (Quelle: InDesign 2018)

Nutzung digitaler Medien. Nunmehr werden digitale Medien gezielt eingesetzt, um bestehende Strukturen zu erneuern. Abb. 3 verdeutlicht den stattfindenden Wechsel im automobilen Retail. Auf diesem sind nicht nur neue Fassaden sowie CI-Vorgaben (Corporate Identity) zu erkennen, sondern auch die Verwendung von digitalen Medien wie z. B. großen LED-Screens.

4 Die Zukunft des digitalen Marketings in der deutschen Automobilindustrie

Zahlreiche Geschäftsbereiche und Prozesse der Automobilhersteller unterliegen inkrementellen Veränderungen durch die Digitalisierung und das dementsprechende digitale Marketing. Marketingkampagnen wie die „Grow-up"-Kampagne von Mercedes-Benz oder die Kampagne „The Comeback" von Audi stellen unter Beweis, dass die Automobilkonzerne erstklassige Werbekampagnen in den und speziell für die sozialen Medien entwickeln können, die weit über die Branche hinaus Aufmerksamkeit schaffen. Doch im Vergleich zu anderen Branchen gibt es noch Entwicklungspotenziale: Insbesondere in der FMCG-Branche nutzt man digitale Marketing-Tools, wie Influencer-Marketing oder Online-Vertriebswege, bereits viel stärker, als es derzeit in der Automobilbranche der Fall ist (Holland 2014, S. 432).

Mit Hinblick auf die Unterscheidung in differenzierte Zielgruppen der deutschen Automobilbranche wird eine heterogene Ansprache der Kunden mittels digitalen Marketings möglich. Wesentlicher Output der Praxisbeispiele ist die Priorisierung von Privatkunden in einer „tailor-made" Kundenansprache über digitale Medien. Digitales Zielgruppenmarketing mit Bezug auf Privatkunden ist dabei deutlich häufiger mithilfe zahlreicher Praxisbeispiele darzustellen, diese Zielgruppe wird in der Automobilbranche wesentlich intensiver mittels digitaler Marketing-Tools angesprochen. Weniger häufig und intensiv werden bislang Flottenkunden mittels digitaler Medien adressiert. Dies mag auf die zuvor beschriebenen Charakteristika der (vorwiegend rational begründeten) Kaufentscheidung der Zielgruppe zurückzuführen zu sein. Letztlich sollte deren Potenzial nicht unterschätzt und diese Zielgruppe ebenso mit den Mitteln des digitalen Marketings unterstützt werden.

Die strategische Stoßrichtung, wie sie von vielen Konzernvorständen, wie etwa ehemals von Dieter Zetsche ausgegeben, digitale Geschäftsmodelle stärker in den Fokus zu rücken, erfordert umso mehr einen verstärkten Ausbau des digitalen Marketings und der Digitalisierung innerhalb der Konzerne auf absolut alle Kundensegmente. Auch mit dem Blick auf die Diesel-Thematik und die deshalb intensivierte Bemühung um alternative Antriebsformen bieten die Chance, durch sowohl äußeren als auch inneren Druck die Geschäftsmodelle der Automobilhersteller grundlegend zu erneuern und dementsprechend digitales Marketing umso stärker als zukunftsweisendes Mittel der individuellen Zielgruppenansprache und -bindung einzubinden.

Literatur

Automobilwoche. (2018). Start im April 2020: VW digitalisiert den Autokauf. https://www.automobilwoche.de/article/20181016/AGENTURMELDUNGEN/310169983/stackmann-informiert-ueber-neues-modell-start-im-april–vw-digitalisiert-den-autokauf. Zugegriffen: 11. Nov. 2018.

Bendel, O. (2018). Digitalisierung. Revision vom 19.02.2018. Gabler Wirtschaftslexikon. https://wirtschaftslexikon.gabler.de/definition/digitalisierung-54195/version-277247. Zugegriffen: 22. Sept. 2018.

BVDW. (2018). Modernes Marketing am Point-of-Sale überwindet das Online-Offline-Denken. https://www.bvdw.org/der-bvdw/news/detail/artikel/modernes-marketing-am-point-of-sale-ueberwindet-das-online-offline-denken/. Zugegriffen: 15. Nov. 2018.

Daimler AG. (2015). Mercedes-Benz 2020 – Best Customer Experience: Erster Mercedes me Store in Asien eröffnet. https://media.daimler.com/marsMediaSite/de/instance/ko/Mercedes-Benz-2020–Best-Customer-Experience-Erster-Mercedes-me-Store-in-Asien-eroeffnet.xhtml?oid=9918475. Zugegriffen: 24. Nov. 2018.

Daimler AG. (2017a). Daimler im Überblick Geschäftsjahr 2017. https://www.daimler.com/dokumente/investoren/berichte/geschaeftsberichte/daimler/daimler-ir-daimler-im-ueberblick-2017.pdf. Zugegriffen: 15. Nov. 2018.

Daimler AG. (2017b). A Guide to Growing Up. https://www.mercedes-benz.com/de/mercedes-benz/lifestyle/growuplikethis-ueber-das-erwachsenwerden/. Zugegriffen: 10.10.2018.

Daimler AG. (2018a). Mercedes-Benz: Vorreiter des digitalen Wandels. https://www.mercedes-benz.com/de/mercedes-benz/innovation/mercedes-benz-vorreiter-des-digitalen-wandels/Zugegriffen. 10. Okt. 2018.

Daimler AG. (2018b). „Best Never Rest": Anpfiff der zweiten Kampagnen-Halbzeit. https://media.daimler.com/marsMediaSite/de/instance/ko/Best-Never-Rest-Anpfiff-der-zweiten-Kampagnen-Halbzeit.xhtml?oid=40445985. Zugegriffen: 17. Okt. 2018.

Daimler Blog. (2017). Das Beste oder nichts. https://blog.daimler.com/2010/06/10/das-beste-oder-nichts/. Zugegriffen: 15. Okt. 2018.

Diez, W. (2006). *Automobil-Marketing. Navigationssystem für neue Absatzstrategien*. Landsberg am Lech: Redline.

Domes, R. (2014). Der Autohandel verliert die Privatkunden. https://www.zeit.de/mobilitaet/2014-12/zulassung-pkw-deutschland-privat-gewerbe9. Zugegriffen: 5. Nov. 2018.

Dräger, P., Frey, U. D., & Hunstiger, H. (2011). *Shopper-Marketing. Mit Shopper Insights zu effektiver Markenführung bis an den POS*. Wiesbaden: Gabler.

Eye Square. (2018). Anteil der Nutzer von Social-Media-Plattformen nach Altersgruppen in Deutschland im Jahr 2018. Statista. https://de.statista.com/statistik/daten/studie/543605/umfrage/verteilung-der-nutzer-von-social-media-plattformen-nach-altersgruppen-in-deutschland/. Zugegriffen: 24. Nov. 2018.

Facebook. (2018). Mercedes-Benz Deutschland. https://www.facebook.com/pg/mercedesbenz-deutschland/photos/?ref=page_internal. Zugegriffen: 13. Nov. 2018.

Gesamtverband Kommunikationsagenturen GWA. (2018). Gewinner 2018. https://www.gwa.de/GWAEffie/GWAEffieAwards/Gewinner2018. Zugegriffen: 12. Nov. 2018.

Gill, O. (2017). Digital Marketing in the Automotive Industry. https://www.hallaminternet.com/digital-marketing-automotive/. Zugegriffen: 10. Okt. 2018.

Grajeweski, J. (2009). *Funktionen und Formen der Absatzfinanzierung in der Betriebswirtschaft und speziell in der Automobilindustrie*. Hamburg: Diploma.

Holland, H. (2014). *Digitales Dialogmarketing. Grundlagen, Strategien, Instrumente*. Wiesbaden: Springer Gabler.

Horizont. (2016). Wie Audi einem traurigen T-Rex zu neuer Lebensfreude verhilft. https://www.horizont.net/agenturen/auftritte-des-tages/Famoser-Online-Film-Wie-Audi-einem-traurigen-T-Rex-zu-neuer-Lebensfreude-verhilft-142779. Zugegriffen: 15. Okt. 2018.

Horizont. (2018). Mercedes-Benz bringt „Best Never Rest" nun auch ins TV. https://www.horizont.net/marketing/nachrichten/WM-Kampagne-Mercedes-Benz-bringt-Best-Never-Rest-nun-auch-ins-TV-167239. Zugegriffen: 15. Okt. 2018.

HPP Strategie- und Marketingberatung. (2017). Der After Sales der Zukunft. unter https://www.hpp-consulting.de/uploads/20180206-After-Sales-der-Zukunft.pdf. Zugegriffen: 10. Okt. 2018.

Hubik, F., & Sommer, U. (2018). Gehört Tesla die Zukunft des Automobilmarkts? Handelsblatt. https://www.handelsblatt.com/meinung/kommentare/pro-und-contra-gehoert-tesla-die-zukunft-des-automobilmarkts/23619770.html. Zugegriffen: 10. Okt. 2018.

InDesign. (2018). Zukünftiger Markenauftritt von Mercedes-Benz. https://indesigntechnologies.com.au/portfolio-item/mercedez-benz-showroom-breakfast-creek-16/. Zugegriffen: 20. Nov. 2018.

Kfz-betrieb. (2018). Mercedes-Kunden empfängt künftig ein „Star Assistent". https://www.kfz-betrieb.vogel.de/mercedes-kunden-empfaengt-kuenftig-ein-star-assistent-a-691347/. Zugegriffen: 25. Nov. 2018.

KPMG. (2015). Gibt es eine Zukunft für die KFZ Versicherung? https://www.mitteldeutschland.com/sites/default/files/uploads/2016/01/28/kpmginsurancethinkingahead-gibteseinezukunftfuerdiekfz-versich.pdf. Zugegriffen: 10. Okt. 2018.

Lommatzsch, T., & Schach, A. (2018). *Influencer Relations. Marketing und PR mit digitalen Meinungsführern*. Wiesbaden: Springer Gabler.

Maresch, R. (2018). Digitalisierung in der Automobilproduktion. https://www.fraunhofer.de/de/presse/presseinformationen/2018/Januar/digitalisierung-in-der-automobilproduktion.html. Zugegriffen: 22. Nov. 2018.

Mercedes-Benz. (2018). Erleben Sie die Zukunft des Fernverkehrs in 3D. https://www.mercedes-benz-trucks.com/de_DE/models/new-actros.html. Zugegriffen: 13. Nov. 2018.

Merten, C. F. (2012). Servicegeschäft – Bei Flottenkunden besitzen Markenwerkstätten eine besonders gute Wettbewerbsposition. https://media1.autohaus.de/fm/5011/main.1775336.pdf. Zugegriffen: 4. Nov. 2018.

MoreMarketing. (2018). Influencer meets Massenmedium: Tu Hippes und rede darüber. https://www.more-marketing.de/blog/influencer-meets-massenmedium-tu-hippes-und-rede-darueber/. Zugegriffen: 20. Okt. 2018.

Reich, D., & Schmitz, P. (2000). *Einführung in das Bürgerliche Recht. Grundlagen des BGB, Allgemeiner Teil, Allgemeines Schuldrecht, Besonderes Schuldrecht, Sachrecht* (3. Aufl.). Wiesbaden: Gabler.

Rentz, I. (2018). So spricht Mercedes-Benz die E-Sports-Community an. https://www.horizont.net/marketing/auftritte-des-tages/Grow-up-Kampagne-So-spricht-Mercedes-Benz-die-E-Sports-Community-an-164563. Zugegriffen: 15. Nov. 2018.

Salesjob. (2015). Automobilverkäufer Gehalt u. Aufgaben. https://www.salesjob.de/vertriebnews/karriere-im-vertrieb/automobilverkaeufer-gehalt-u-aufgaben/. Zugegriffen: 10. Nov. 2018.

Schröter, R. (2017). Neue Bildsprache: Mercedes und die Kampagne „Grow up". https://www.wuv.de/marketing/neue_bildsprache_mercedes_und_die_kampagne_grow_up. Zugegriffen: 10. Okt. 2018.

Seiwert, M., & Reccius, S. (2017). So abhängig ist Deutschland von der Autoindustrie. Wirtschaftswoche. https://www.wiwo.de/unternehmen/auto/diesel-skandal-und-kartellverdacht-so-abhaengig-ist-deutschland-von-der-autoindustrie/20114646.html. Zugegriffen: 10. Okt. 2018.

t3n. (2014). Inbound-Marketing. Eine Einführung in das Marketing der Zukunft. https://t3n.de/magazin/einfuhrung-inbound-marketing-marketing-zukunft-233324/. Zugegriffen: 15. Okt. 2018.

YouTube. (2013). Volvo Trucks – The Epic Split feat. Van Damme (Live Test). https://www.youtube.com/watch?v=zn1F-lzoP08. Zugegriffen: 20. Okt. 2018.

YouTube. (2016). Audi – Das Comeback. https://www.youtube.com/watch?v=I2j2-DqcPfM. Zugegriffen: 15. Okt. 2018.

Fabian Degen (M. Sc., M.A.) ist Junior Consultant bei der auf die Telekommunikations- & Automobilbranche spezialisierten Strategie- und Marketingberatung HPP. Zuvor studierte er an der International School of Management im Masterstudiengang Strategic Marketing Management (M.A.) und an der Westfälischen Wilhelms-Universität Münster den Bachelorstudiengang Betriebswirtschaftslehre (B.Sc.). Zusätzlich erlangte er an der Edinburgh Napier University einen Masterabschluss in Management (M. Sc.). Die Masterarbeit mit dem Thema „The GWA Effie – An analysis of marketing communications efficiency indicators" erstellte er in Zusammenarbeit mit der Werbeagentur BBDO und dem Gesamtverband der Kommunikationsagenturen über die Effizienz von Kreativität in der Werbung. Durch verschiedene Praktika, etwa bei der Brauerei Veltins und in der Verpackungsmittelindustrie, erlangte er umfangreiche praktische Kenntnisse im Business Development und im Markenmanagement.

Tim Charly Schmacke (M.A.) ist Junior Consultant bei der Mercedes-Benz Consulting GmbH. Zuvor studierte er an der International School of Management den Masterstudiengang Strategic Marketing Management (M.A.) sowie an der Business Information Technology School den Bachelorstudiengang Communication Media Management (B.Sc.). Darüber hinaus absolvierte er Auslandssemester an der Napier University in Edinburgh, Schottland und Corvinus University in Budapest, Ungarn. Die Masterarbeit mit dem Titel „Verliert das Geschäftsmodell Automobil-Retail seine Daseinsberechtigung? Die Identifikation von Zukunftsszenarien für den klassischen Retail in einer künftig Online Sales getriebenen Welt." verfasste er in Kooperation mit der Mercedes-Benz Consulting GmbH. Zudem war er im Rahmen seiner studentischen Nebentätigkeiten bei der Automobilmarke Porsche in verschiedenen Autohäusern sowie bei der Vertriebsgesellschaft Porsche Deutschland GmbH tätig. Außerdem erhielt er in diversen Branchen durch Praktika bei den Unternehmen, Zweites deutsches Fernsehen (ZDF), RWE Vertriebs AG sowie der OBI Digital GmbH weitreichende praktische Erfahrungen in den Segmenten der Unternehmensstrategie, Marketing, Kommunikation, Controlling und Vertrieb.

Prof. Dr. Meike Terstiege studierte Wirtschaftspsychologie an der Universität Mannheim und promovierte am Marketing-Lehrstuhl der TU Dortmund. Sie ist seit über 20 Jahren im strategischen Marketing tätig – in Führungspositionen auf Unternehmensseite (Henkel, Generali Holding und Allied Domecq) und auf Agenturseite (BBDO, Ogilvy, McCann und Edelman). Seit 2016 lehrt sie an der International School of Management digitales und strategisches Marketing, entwickelte den Master-Studiengang Digital Marketing und ist als selbstständige Beraterin und Trainerin tätig.

Online-Marketing in der Handelsblatt Media Group

Thorsten Giersch

Inhaltsverzeichnis

1 Wo? Das optimale Umfeld schaffen – auch dank Coopetition ... 314
1.1 Coopetition zum Wohl der Anzeigenkunden ... 314
1.2 Klare Regeln für Content-Marketing ... 315
2 Wer? Zielgruppen definieren und gezielt ansprechen ... 316
3 Wie? Content-Marketing auf hohem Niveau ... 317
3.1 Content is King ... 317
3.2 Strukturen und Abläufe ... 318
3.3 Ganzheitlicher Ansatz ... 320
4 Warum? Konzeptverkauf und die Verknüpfung von Content mit Events ... 321
4.1 Handelsblatt 360 Grad ... 321
4.2 Mehrwert von Veranstaltungen ... 322
4.3 Newsletter ... 323
4.4 Das Handelsblatt Research Institute ... 323
4.5 Die Wirkungsmacht von Grafiken ... 324
5 Reportings – Daten erheben und interpretieren ... 327
5.1 Klassischer Part der Reportings ... 327
5.2 Ergebnisse von Leserbefragungen ... 328
6 Zusammenfassung ... 330
Literatur ... 330

T. Giersch (✉)
Handelsblatt Media Group GmbH, Düsseldorf, Deutschland
E-Mail: t.giersch@handelsblattgroup.com

M. Terstiege (Hrsg.), *Digitales Marketing – Erfolgsmodelle aus der Praxis*,
https://doi.org/10.1007/978-3-658-26195-5_19

1 Wo? Das optimale Umfeld schaffen – auch dank Coopetition

Eine Anzeige wirkt nicht immer gleich. Das Umfeld, in dem sie steht, entscheidet über ihre Wirkung in erheblichem Maße mit. Außerdem sollen möglichst die Menschen die Ads ausgespielten bekommen, die für den Werbetreibenden relevant sind. In diesem Beitrag geht es in aller Kürze um die Bedeutung des Umfeldes für Online-Marketing und Content-Marketing: Wo stehen meine Anzeigen? Wie ticken Medienhäuser? Und welche rechtlichen Rahmenbedingungen gibt es?

1.1 Coopetition zum Wohl der Anzeigenkunden

Bei den Websites der Handelsblatt Media Group sind in der Regel Entscheider aus Wirtschaft und Politik die Zielgruppe der Anzeigenkunden. Kein anderes Medium ist hier relevanter, keines wird häufiger zitiert. Und auch im GPRA-Vertrauensindex ist das Handelsblatt klar auf Position eins. Auf Rang vier folgt die WirtschaftsWoche, übrigens als vertrauenswürdigstes Magazin Deutschlands – noch vor dem Spiegel. Und die Messungen der LAE bestätigen, dass Handelsblatt und WirtschaftsWoche ideale Umfelder bieten, um möglichst effektiv Entscheider zu erreichen.

Doch es wäre fatal gewesen, sich darauf auszuruhen. Im Gegenteil nahm die Geschäftsführung vor rund zehn Jahren die Situation als gefährlich wahr: Andere Websites hatten deutlich höhere Reichweiten und mit Google und Facebook, aber auch Xing und LinkedIn, waren neue Player dabei, enorme Werbegelder abzusaugen. Und so reagierte die Leitungsebene mit zwei Maßnahmen: Zum einen wurde 2008 die Redaktion von handelsblatt.com massiv ausgebaut. Und im Hinblick auf die Vermarktung man fand den Mut, auf bisherige Wettbewerber zuzugehen, also auf Neudeutsch Coopetition zu betreiben: die Verbindung aus Cooperation und Competition, Kooperation und Wettbewerb.

Einen Anzeigenvertrieb für Digitalprodukte hatte das Handelsblatt schon sehr frühzeitig aufgebaut. Doch 2009 gingen wir einen Schritt weiter: Angesichts der Größe von anderen Websites wandte sich die Geschäftsführung der Verlagsgruppe Handelsblatt an die (vermeintlichen) Konkurrenten der Frankfurter Allgemeinen Zeitung, der Süddeutschen Zeitung und der Zeit mit dem Vorschlag, einen gemeinsamen Digitalvertrieb aufzubauen. Und diese sagten zu. Vermutlich auch deshalb, weil sie Gesellschafter der Handelsblatt-Tochter IQ Digital wurden und von deren Know-how-Vorsprung profitieren konnten.

Zum einen sparen die Publisher nun mit dem gemeinsamen Partner IQ Digital Ressourcen. Zweitens bekam der Sales der IQ Digital eine deutlich höhere Bedeutung aufgrund der gestiegenen Reichweite ihrer Mandanten. Inzwischen sind es übrigens über 23 Mio. Unique User – und darin inkludiert sind praktisch alle Entscheider Deutschlands. Ein dritter Vorteil, an den 2009 wohl noch niemand dachte, erwies sich ab 2013 als ähnlich wichtig: Aufwändige Content-Marketing-Konzepte lohnen sich für Kunden umso mehr, wenn sie auf mehreren IQD-Mandanten ausgespielt werden können. Doch dazu später mehr.

1.2 Klare Regeln für Content-Marketing

War das Jahr 2009 der erste Meilenstein für das Online-Marketing der Handelsblatt Media Group, dann darf man 2013 als den zweiten ansehen. Handelsblatt und IQ Digital übernahmen einen Trend aus den USA genannt Native Advertising, kurz darauf Content-Marketing genannt. Bereits 2012 entwickelten Redakteure, Sales und Konzepter-steller gemeinsam die ersten Formate, der Start für die erste Kooperation gelang dann im Juni 2013.

Der First Mover war der US-Konzern General Electric, kurz GE. Das Unternehmen hatte diverse Kommunikationsziele, die mit Content-Marketing ideal erreicht werden konnten. Allerdings hatte GE auch eine Erwartungshaltung, die in den USA und UK geprägt wurde. Dort herrscht allerdings eine gänzlich andere Rechtslage im Hinblick auf die Trennung von Redaktion und Anzeigen. Zudem hatte das Handelsblatt von Beginn an strenge Regeln aufgestellt.

Im Nachhinein erwiesen sich die „sture Haltung" der Redaktion und die klare Kennzeichnung als goldrichtiger Weg. Denn Studien bestätigten in den folgenden Jahren, wie wichtig Lesern ist, dass sie redaktionelle Artikel auch mit flüchtigem Blick sofort von Branded Content unterscheiden können. Um aus unseren umfangreichen Leserbefragungen zu zitieren: „Native Advertising Content muss fortlaufend und deutlich als Werbeinhalt gekennzeichnet werden und erkennbar sein, um den Ansprüchen der Zielgruppe bezüglich Transparenz und Fairness zu entsprechen."

So dürfen bei Handelsblatt und Wirtschaftswoche ausschließlich die Wörter „Anzeige" oder „Anzeigensonderveröffentlichung" verwendet werden. Andere Medien – vor allem im Ausland – sind da nonchalanter. In Kap. 3 kommen wir ausführlich darauf zu sprechen, wer den Content für GE produziert und wie Kunden zufriedengestellt werden können. Der Kunden-Content, auch „Branded Content" genannt, sieht zugegeben dem redaktionellen täuschend ähnlich – wie die Abb. 1 zeigt. Da er bei handelsblatt.com und wiwo.de aber nur über Werbemittel zu erreichen ist, weiß der Leser ja, dass er sich in Werbeumfeldern bewegt (siehe Abb. 1).

Zum idealen Umfeld gehörten damals noch stärker als heute auch redaktionelle Speziale. Inzwischen ist die Technologie weit vorangeschritten, User inklusive ihrer thematischen Vorlieben wiederzuerkennen. Wer zum Beispiel Leser mit einer Vorliebe für Energiethemen per Anzeige oder Content-Marketing ansprechen will, tut gut daran, ein redaktionelles Spezial zu verwenden. Hier erscheint der Anzeigenkunde über einen definierten Zeitraum hinweg mit ebenfalls definierten Mindestreichweiten exklusiv rund um ein Thema. Auf den Inhalt der Artikel hat der Anzeigenpartner natürlich keinen Einfluss, aber er positioniert sich nachhaltig und senkt die Streuverluste enorm.

Abb. 1 Vergleich Hub versus Redaktion. (Quelle: IQ digital Content Marketing Research 2018)

Entscheidend ist die Qualität solcher redaktionellen Speziale. Sie vertiefen in der Regel die ohnehin stattfindende Berichterstattung zu Themen wie Energie. Selbstredend ist der Aufwand für eine Redaktion mitunter beträchtlich. Aber er lohnt sich in der Regel in zweifacher Weise: Man gewinnt eine (Energie-)Fangruppe und Anzeigenkunden.

2 Wer? Zielgruppen definieren und gezielt ansprechen

Menschen sind Menschen, aber in der Marketingbranche teilen wir sie gern ein in B2C und B2B. Ein nennenswerter Teil der Content-Marketing-Konzepte ist bei Handelsblatt und Wirtschaftswoche bei B2B einzuordnen. Also stark vereinfacht gesagt: Die Zielgruppe ist nicht primär der einzelne Autokäufer, sondern der Flottenmanager. Ergo sollte eine Kampagne auf das Thema Dienstwagen ausgerichtet sein – und zwar von A bis Z.

Es ist offensichtlich, dass die Auswirkungen für den Content und den Look der Werbemittel erheblich sind. Eine Content-Marketing-Maßnahme mit Zielgruppe private Geldanleger sieht gänzlich anders aus als eine für institutionelle Investoren oder mittelständische Firmenkunden. Diese drei Beispiele sind nicht zufällig gewählt, denn wir bedienen sie alle – und zwar für denselben Kunden, mitunter sogar gleichzeitig.

Die neuen Möglichkeiten des Targetings erleichtern die gezielte Ansprache und die Reduktion von Streuverlusten erheblich. Allerdings ist die Technik noch nicht auf dem Stand, auf dem sie Publisher, Leser und Anzeigenkunden schon gern hätten. Die Fortschritte sind aber beträchtlich, was die Ausgangslage für Publisher wie das Handelsblatt gegenüber Google und Co. verbessert.

Das beste Targeting nützt allerdings nur die Hälfte, wenn die Leser die Website nicht regelmäßig besuchen. Ein Unique User kann nur sehr schwer wiederholt angesprochen werden, wenn er nur wenige Male pro Monat kommt und dann auch nur für zwei Minuten – von Gelegenheitsnutzern ganz zu schweigen. Kunden sagen häufig: Ich käme auch mit weniger Traffic auf meinem Branded Content klar, wenn ich nur genau wüsste, wer ihn gelesen hat und ob er zu meiner Zielgruppe gehört.

Die Einführung von Paid Content hat uns diesem Ziel noch nähergebracht: Womöglich haben wir ein paar Leser verloren, aber die Zahlenden kommen weitaus regelmäßiger und bleiben länger. Der Leitgedanke der Handelsblatt Media Group ist, das User Engagement zu erhöhen. Dazu passt natürlich der Ansatz von (gutem) Content-Marketing, dass Anzeigen nicht nerven sollten, sondern sogar Mehrwert bieten. Doch jenseits aller Sonntagsreden ist es sehr schwer und tagtäglich harte Arbeit, das zu erreichen. Mehr dazu im folgenden Kapitel.

3 Wie? Content-Marketing auf hohem Niveau

Die Bandbreite der Qualitätsmaßstäbe ist im Journalismus seit jeher groß. Es begann bei den Minnesängern im Mittelalter und gilt heute mehr denn je. Leser kennen die erheblichen Unterschiede bei den Medienmarken, aber im Content-Marketing ist die Spannbreite noch einmal deutlich höher. In diesem Kapitel geht es darum, wie solche Unterschiede entstehen, worauf Auftraggeber achten sollten und warum optimale Strukturen von entscheidender Bedeutung sind.

3.1 Content is King

Komplexer, als sie auf den ersten Blick scheint, ist die Frage, wer die Artikel schreibt, Videos produziert oder Grafiken entwirft. Eines stand für die Handelsblatt Media Group von vornherein fest: Es ist eine gesonderte Redaktion notwendig. Die Redakteure von Handelsblatt oder der WirtschaftsWoche stehen dafür nicht zur Verfügung. Das mag selbstverständlich erscheinen, ist es aber nicht. Gerade im angelsächsischen Ausland gehen auch seriöse Medien mit dieser Frage recht nonchalant um.

Es ist ja auch sehr verführerisch, erfahrene Redakteure zu nehmen: Sie kennen die „Schreibe" des Hauses sehr gut und haben reichlich Erfahrung damit, wonach der Leser verlangt. Entsprechend wünschen sich auch Kunden, dass sie mit „Eigengewächsen" zusammenarbeiten statt mit externen Agenturen. Die Lösung lag für uns auf der Hand: Wir gründeten die „Business Redaktion" mit langgedienten Redakteuren von handelsblatt.com und wiwo.de inklusive meiner Wenigkeit, der bis dahin stellvertretender Chefredakteur von Handelsblatt Online war. Die Business-Redaktion wuchs in den kommenden Jahren und bildet heute ein crossmediales Gebilde mit Fachleuten für Ratgeberartikel, Reportagen, Bewegtbild, Eventberichterstattung, Grafiken und Podcasts.

Die Ansprüche, die die Redakteure an ihre Texte stellen, haben sich im Hinblick auf Qualität und Handwerk nicht verändert im Vergleich zu ihrer Zeit in der Handelsblatt-Redaktion. Natürlich ist es etwas anderes, ob man objektiv für ein Nachrichtenmedium schreibt oder für einen Kunden bestimmte Botschaften erstellt. Die Bandbreite ist hier enorm: Einige Partner lassen den Redakteuren absoluten Freiraum, sodass sie Artikel schreiben können, die auch im Hinblick auf Objektivität gängigen journalistischen Maßstäben entsprechen.

Unser Leitbild ist dabei: Branded Content sollte möglichst unique sein. Der Anspruch ist, dass es die Inhalte so, wie wir sie dem Leser präsentieren, nicht schon (for free) auf Nachrichtenwebsites gibt. Das heißt konkret, dass Branded Content mehr Tiefe bieten sollte als die Artikel der Handelsblatt- oder WirtschaftsWoche-Redaktionen. Das kommt den meisten auch entgegen, weil sie sich ohnehin an eine Zielgruppe wenden, bei der man mehr Fachwissen voraussetzen darf. Häufig sind die Verweildauern genau deshalb auch höher als bei thematisch ähnlichen redaktionellen Benchmarks.

Das Hohelied auf Qualität singt vermutlich jeder, der Content-Marketing betreibt. Aber oft spüren nicht nur, aber vor allem erfahrene Leser, dass es eine Diskrepanz gibt zwischen Anspruch und Wirklichkeit. Mal ist der Content zu werblich, mal fehlte dem Journalisten allem Anschein nach die Zeit für Exzellenz, mal sind nur SEO-relevante Keywords „aneinandergeklebt", mal versuchen sich nicht hinreichend ausgebildete „Redakteure" an Texten, die eine Nummer zu groß für sie sind. Bitte nicht falsch verstehen: Auch bei uns erscheint Branded Content, auf den wir nicht stolz sind. Aber als Journalist darf ich den Rat geben: Hört nicht auf die Versprechungen und nehmt nicht das günstigste Angebot.

3.2 Strukturen und Abläufe

In Kap. 2 wurde schon kurz dargelegt, wie wichtig klare Definitionen und Priorisierungen von Kommunikationszielen und Zielgruppen sind. Diese werden bei uns mit den Kunden sehr früh und sehr präzise besprochen. Das klingt womöglich trivialer, als es ist. In diesen Gesprächsrunden geht es durchaus hoch her, denn es nehmen Vertreter mit unterschiedlichen Interessen, Vorkenntnissen und Wissensständen daran teil: Redakteure, Marketingentscheider, PR-Vertreter, Mediaagenturen, Konzeptersteller und der Sales.

Die Redakteure denken stets vom Leser her und geben den Weg vor, wie diese am besten angesprochen und erreicht werden können. Auf der anderen Seite ist die Lage nicht immer eindeutig: Kunden wollen ihre Botschaft unterbringen, so weit klar. Große

Unterschiede bestehen beim gewünschten Grad der Direktheit. Damit ist zum Beispiel gemeint, wie werblich Content aufbereitet ist. Am anderen Ende der Skala stehen lupenreine Ratgeberartikel, in denen es gar nicht um den Auftraggeber oder seine Produkte geht. Das kann als Trigger, sprich als Einstieg durchaus geeignet sein, um Leser zu Fans zu machen. Oder wenn ein Unternehmen ein Thema besetzen will, mit dem die Zielgruppe es bisher nicht zusammengebracht hat.

Eine wichtige Frage ist auch, welche Abteilung aufseiten des Auftraggebers zuständig ist: Marketing, Kommunikation, Vertrieb – oder ein Mix aus allen. Tendenziell – die Spannbreite ist auch hier groß – ist die journalistische Fachkenntnis höher, wenn die Kommunikationsabteilung involviert ist. Denn hier sitzen oft gelernte und ehemalige Journalisten. Inzwischen sind die handwerklichen journalistischen Kompetenzen aber auch im Marketing immer mehr vertreten, was die Abnahme von Content-Pieces für die Produzierenden einfacher macht.

Auf der anderen Seite ist eine gewisse Vorsicht zu spüren, je unklarer auf Kundenseite der Unterschied zwischen PR und Content-Marketing definiert ist. Der berühmte „elephant in the room" wird dann gern mal im Raum gelassen. Ein Beispiel: Eine Airline möchte mit Branded Content davon überzeugen, dass sie sich um Nachhaltigkeit kümmert. Darf in dem Artikel stehen, dass Fliegen der Umwelt schadet? Glücklicherweise können wir unsere Partner meistens davon überzeugen, dass man dem geübten Handelsblatt-Leser kein X für ein U vormachen kann. Je „ehrlicher" der Text wirkt, je früher die Elefanten aus dem Raum gelassen werden, desto glaubwürdiger ist er am Ende auch.

Das Beispiel soll auch zeigen, dass Content-Marketing-Redakteure ihre Kunden auch durchaus „hart anpacken" sollen, also im Sinne der maximalen Glaubwürdigkeit der Artikel darauf beharren, sich auch bei kritischen Themen möglichst nah an der Wahrheit zu halten.

Die Business-Redaktion der Handelsblatt Media Group stellt eine Besonderheit dar, weil sie kein Profit Center ist. In der Regel wird Branded Content von spezialisierten Agenturen produziert. C3, Territory, planet c, Tempus Corporate, SZ Skala, FAZ Manufaktur – um nur einige zu nennen. Diese Agenturen müssen logischerweise Geld verdienen mit dem Content, den ihre Redakteure erstellen. Die Handelsblatt Business Redaktion produziert zum Selbstkostenpreis. Ein weiterer Vorteil: Wenn im Rahmen eines Pitches Agenturen Empfehlungen aussprechen, wie viel (und welcher) Content in einer Zeiteinheit benötigt wird, damit der Kunde seine Kommunikationsziele erreicht, kann (nicht muss) Folgendes passieren: Die Agentur setzt die Zahl der Content Pieces tendenziell höher an, als sie sein müsste – eben weil sie mit mehr Content mehr verdient. Kunden sollten darauf achten und die Empfehlungen der Content Marketiers infrage stellen.

3.3 Ganzheitlicher Ansatz

Gutes Content-Marketing besteht aus sehr viel mehr als „nur“ aus talentierten Redakteuren und dem, was sie produzieren. Eine Projektmanagerin oder ein Projektmanager, der ihnen den Rücken freihält, ist zum Beispiel Gold wert – natürlich auch für den Auftraggeber. Erfahrung beim Erstellen von Zeitplänen, eine gute Ansprache des Kunden und vor allem ein exzellentes Erinnerungsmanagement (intern wie extern) machen den Kern von gutem Online-Marketing aus.

Ein guter Zeitplan und seine Einhaltung sind die Basis des Erfolgs. Üblicherweise herrscht vom Moment der Buchung an hoher Zeitdruck. Bisweilen verhandelt man monatelang, aber wenn die Entscheidung dann getroffen wurde, muss es plötzlich ganz schnell gehen. Aus zwei Gründen ist aber ein vernünftiges Maß an Vorlauf notwendig – in der Regel drei bis vier Wochen: Erstens sollten die Redakteure hinreichend Zeit bekommen, um das Briefing entgegenzunehmen, die Wünsche klar zu definieren, zu recherchieren, zu produzieren und nach dem Feedback des Kunden zu optimieren. Zweitens braucht aber auch der Auftraggeber hinreichend Zeit: um den Content zu sichten und intern die Runde zu gehen, um ihn zu bewerten. Gerade Konzerne benötigen gern mal vier bis fünf Tage, um einen 3000-Zeichen-Artikel durch die Instanzen zu schicken und von „allen“ Feedback einzuholen. Je weniger geändert werden muss, desto besser. Hier liegt eine entscheidende Qualität eines Content-Marketers. Dies ist allerdings ein zweischneidiges Schwert: Über journalistische Qualität lässt sich exzellent streiten. Was dem Ressortleiter gefällt, kann den Chefredakteur vergrätzen – das kennt praktisch jeder Journalist. Und bei einem Unternehmenskunden als Abnehmendem kann der Geschmack erst recht ein anderer sein als der eigene – oder auch der des Lesers.

Deswegen ist nicht nur guter Journalismus nötig, sondern auch gutes Erwartungsmanagement: Fragen stellen, zuhören, sich anpassen: Favorisiert der Kunde szenische Einstiege oder soll es direkt zu den Informationen gehen? Wie viele Zitate soll der Text enthalten? Lieber Feature oder eher eine Reportage? Wie soll die Sprache der Bilder sein, wie der Stil der Überschrift? Wie viel darf der Teaser vorwegnehmen? Solche Fragen sollten erst recht bei Neukunden geklärt sein.

Der Content ist das eine. Aber ohne Traffic ist das nur die Hälfte wert. Das Zusammenspiel von Werbemitteln und Content ist uns sehr wichtig. Deswegen sitzen Experten beider Lager schon frühzeitig zusammen – eben wenn das Konzept erstellt wird. In welcher Taktung werden welche Werbemittel geschaltet? Wo ist das ideale Umfeld? Wie sehen die Werbemittel aus? Sind sie eher nativ oder zeigen sie den Absender besonders deutlich an? Es gibt hier zahlreiche Variable und es ist ein ganzes Team erforderlich, das den idealen Mix aussucht, um die individuellen Kommunikationsziele zu erreichen.

Content-Marketing-Konzepte haben durchaus Laufzeiten von zwölf Monaten. Doch die meisten laufen über drei bis sechs Monate. Der Aufwand, einen Kunden zu halten, ist ungleich niedriger, als der, einen Neukunden für sich zu gewinnen. Entsprechend große Mühe geben wir uns, frühzeitig Reportings zu erstellen und die Maßnahmen auf

Optimierungspotenzial zu überprüfen. Das gilt insbesondere für den Mix der Werbemittel und ihr Aussehen.

Die Belohnung: Kunden, die uns seit Jahren treu sind. Viele machen durchaus mal Pausen von einigen Wochen, aber das verzeiht der Leser. Hier eine Auswahl von unseren aktuellen und langjährigen Kunden:

Siemens, SAP, Deutsche Telekom, Deutsche Bahn, Lufthansa, Innogy, Saloodo/Deutsche Post, McKinsey, BCG, Accenture, KPMG, Deloitte, Oliver Wyman, Capgemini, GE, IBM, HP, Facebook, Google, Dell, Daimler, MAN, Ford, Peugeot, Vodafone, Hyundai, Asahi Kasai, Deutsche Bank, DSGV, BVR, Deka, Deutsche Finance Group, DWS, Blackrock, HSBC, Pimco, Lenze, Grohe, Verovis, Haworth, Veolia, Vitra, Walter Knoll, König & Neurath, Tiffany.

4 Warum? Konzeptverkauf und die Verknüpfung von Content mit Events

Die Verantwortlichen in der Handelsblatt Media Group haben frühzeitig erkannt, dass es bald nicht mehr ausreichen wird, „nur" Anzeigen zu verkaufen. Stets den Sales-Funnel ihrer (potenziellen) Kunden im Blick habend, fiel rasch auf, dass ein Medienhaus noch viel mehr kann, als Anzeigenumfelder parat zu stellen. In diesem Kapitel geht es um die Frage nach dem Warum: Wieso lohnt es sich, komplexe und hoch individuelle Kommunikationskonzepte zu entwickeln? Wann sind Events sinnvoll? Und wie verbinde ich diverse Maßnahmen miteinander?

4.1 Handelsblatt 360 Grad

2012 gründete die Handelsblatt Media Group eine neue Abteilung: Handelsblatt 360 Grad. Wie der Name schon sagt, geht es um eine ganzheitliche Betreuung von Kunden – und zwar mit diversen Produkten. Die klassische Anzeige kann eines davon sein, ist bis heute aber die Seltenheit. Content-Marketing spielt eine große Rolle, aber es gibt noch sehr viel mehr: Newsletter, Events aller Größe oder Produkte des Handelsblatt Research Institutes (HRI).

Die Integration von unterschiedlichen Maßnahmen im Rahmen eines Konzeptes stellt einen erheblichen Mehrwert für Kunden dar, um deren Kommunikationsziele zu erreichen. Was potenzielle Partner wann und wie brauchen – das ergründen die Fachleute von Handelsblatt 360 Grad. Jede Lösung wird individuell erarbeitet und teilweise über Monate hinweg intensiv mit den Kunden besprochen.

Wie entsteht ein solches 360-Grad-Kommunikationskonzept? Es beginnt mit gutem Zuhören. Und guten Fragen. Auch hier sind schon Konzeptersteller und Redakteure gefragt, den potenziellen Kunden zu challengen: Was sind die USPs? Über was möchte man am liebsten nicht sprechen? Braucht der CEO eine gekonnte Inszenierung? Geht es eher darum, die Marke zu profilieren oder Produkte anzupreisen? Wie viel Show darf sein, wie viele messbare Ergebnisse müssen dabei herumkommen? Wen wollen wir genau erreichen – und mit welchem Medium geht das am besten? Wie lautet die Priorisierungen der Ziele?

Es gibt zig Variablen und Möglichkeiten zu berücksichtigen. Entscheidend ist, dass aus den Einzelmaßnahmen eine Geschichte wird, ein stimmiges Konzept. Das Sponsoring eines redaktionellen Spezials, Content-Marketing, ein Newsletter, ein Event – all das gehört verbunden. Und zwar mit einer Gesamtstory. Je besser diese ist, desto mehr Wirkung. Auch bei der internen Entscheidungsfindung bei den potenziellen Kunden.

Es gibt Konzepte, die „nur" digital ausgespielt werden – aber das ist die Seltenheit. Mindestens eine der anderen beiden Säulen, also Print oder Veranstaltung, ist häufig mit dabei. Aufgrund der relativ kleinen Überschneidung von Print- und Digital-Lesern wirken crossmedial angelegte Konzepte erheblich stärker.

4.2 Mehrwert von Veranstaltungen

Wie in der Handelsblatt-Redaktion so gilt auch hier, dass alle drei wesentlichen Kommunikationswege verwendet werden sollten: gedruckt, digital und live. Unter Journalismus live verstehen wir Veranstaltungen unterschiedlicher Größe – vom „intimen" Kamingespräch mit 15 bis 20 Teilnehmern bis hin zur Großveranstaltungen wie dem „Bankengipfel" mit mehr als 2000 Teilnehmern.

Besonders aufregend sind völlig neu konzipierte Veranstaltungen wie „Pathfinder", bei denen sieben Unternehmen jeweils 100 Young Talents mitbringen. Der CEO steht auf der Bühne – aber nur für rund zehn Minuten. Dann macht er Platz für den eigentlichen Speaker, der das vorher abgesprochene Thema behandelt. Daimler-CEO Dieter Zetsche brachte 2017 zum Beispiel den frisch gebackenen Formel-1-Weltmeister Nico Rosberg mit. Besondere Lokalitäten sind selbstverständlich von hohem Wert. Die Spitze des Eisbergs bietet der „Giga Gipfel": Hier bringen wir rund 60 Vordenker auf über 3000 m Höhe ins gläserne Ice-Q-Restaurant in Sölden – bekannt aus dem James-Bond-Film „Spectre", wie die folgende Bild-Impression zeigt (siehe Abb. 2).

Show und Spaß gehören bei Veranstaltungen dazu, aber im Wesentlichen ist die Qualität eines Events abhängig von dem, was inhaltlich hängen bleibt. Und davon, wie gut sich die Teilnehmer vernetzen. Intelligente und bekannte Leute ziehen andere magisch an. So entsteht Kommunikation mit reichlich neuen Erkenntnissen.

So gehört zu einem Event dazu, es vorher und nachher zu inszenieren. Die Partner bekommen in der Regel Kommunikationskonzepte, zu denen auch spezielle Ad-Systematiken inklusive Content-Marketing gehören. Das Thema Video – immer mehr auch Podcast – spielt eine große Rolle. Dabei gibt es zwei Arten von Videos: Die, die vorher produziert und auf dem Event gezeigt werden. Und die, die mit auf dem Event gedrehtem Material nach dem Event ausgespielt werden. Beides effektiv zu produzieren, ist eine gewisse Kunst.

Abb. 2 Foto Giga Gipfel. (Quelle: Handelsblatt Media Group)

4.3 Newsletter

Newsletter spielen vor allem für die Marke Handelsblatt eine enorm große Rolle. Allen voran erreicht das deutsche „Morning Briefing" werktäglich mehr als 500.000 Empfänger, die englische Variante mehr als 100.000. Die Anzeigenplätze sind seit Jahren praktisch ausgebucht. Bemerkenswert ist unter anderem, dass das Engagement der Leser am frühen Morgen besonders hoch ist – vermutlich, weil sie Zeit haben.

Darüber hinaus unterhält das Handelsblatt diverse Themen-Newsletter: „Finance Today" für Finanzinteressierte oder das „Energie Briefing" oder „Zukunft Mittelstand", um nur einige zu nennen. Diese Newsletter bieten für bestimmte Kommunikationsziele ideale Umfelder, um im Rahmen eines 360-Grad-Projektes angeboten zu werden. Das Mittel der Wahl kann eine klassische Ad sein wie ein Skyscraper, aber auch gekonnte Content-Boxen. Also klar gekennzeichnete, aber optisch adrett eingebaute Plätze für Inhalte des Kunden.

4.4 Das Handelsblatt Research Institute

Das HRI erstellt unter anderem Studien und Factbooks für Partner. Viele Mitarbeiter dieser rasant wachsenden Einheit sind Wissenschaftler, aber es gibt auch mehrere Redakteure. Das HRI wird geführt von Bert Rürup, unter anderem ehemaliger Wirtschaftsweiser der Bundesregierung. Dem Institut gelingt es, eine Lücke zu füllen: Die Mitarbeiter geben Daten ein Gesicht und machen aus Daten Geschichten – genau das, was die Menschen reizt. Die Kolleginnen und Kollegen sind in der Lage, komplexe Sachverhalte verständlich darzustellen – oft auch unter Zuhilfenahme von Grafiken, wie dieses Beispiel aus dem Factbook Steinkohle zeigt (siehe Abb. 3).

Weitere Geschäftsfelder sind Branchen-Insides, zum Beispiel um die Vertriebler von Kunden „aufzuschlauen“. Entsprechende Plattformen sind gebaut und in reger Benutzung – nicht zuletzt von Dax-Firmen. Das Megathema Digitalisierung steht oft im Vordergrund. Hilfreich ist die allgemeine Entwicklung hin zum lebenslangen Weiterbilden. Früher eher eine hohle Phrase, suchen immer mehr Unternehmen hier nach praktikablen Lösungen und werden unter anderem beim HRI fündig.

4.5 Die Wirkungsmacht von Grafiken

Das Handelsblatt hat seit einigen Jahren in jeder Ausgabe eine doppelseitige Infografik. Dieser enorme Aufwand wurde 2018 unter anderem mit der Auszeichnung zum „European Newspaper of the year“ Award belohnt. Wir sind damit früh auf einen Trend aufgesprungen, der sich als extrem wichtig erwiesen hat. Damals war es eine durch Logik begründete Ahnung, heute wissen wir von umfangreichen Leserbefragungen: User schätzen Visualisierung, die einerseits optisch ansprechend ist und andererseits Inhalte klar verständlich zusammenfasst oder untermalt. Eine gute Option sind hier Infografiken, die von Usern sehr geschätzt werden.

Anzeigenkunden können davon profitieren und immer mehr tun das auch. Die Handelsblatt-Redaktion gibt rund 25 Mal pro Jahr die Platzierung in der Heftmitte frei für eine doppelseitige Anzeigengrafik. Sie wird nicht von der Handelsblatt-Redaktion entworfen, sondern von Fachleuten in der Business-Redaktion und ist klar als Anzeige gekennzeichnet. Es gibt auch klare Vorgaben, damit Leser sie als Anzeige sehen – zum Beispiel ein anderer Schrifttyp. In Abb. 4 ist eines von rund 40 Beispielen aus 2018 zu sehen, nämlich eine der Grafiken, die wir für die Deutsche Bahn erstellt haben, wie sie im Handelsblatt erschien.

Der Clou: Diese Grafiken erscheinen in der Regel nicht an irgendeinem Tag, sondern wenn sie eine enorme Wirkung entfalten. Ein Beispiel: Der mehrtägige Handelsblatt Autogipfel bringt es mit sich, dass über ihn berichtet wird. Dieses Umfeld nutzen Kunden wie Henkel, um sich mit ihren Leistungen für die Automobilwirtschaft mit einer Anzeige zu positionieren. Der Leser nimmt sie umso bewusster wahr als Ergänzung zur redaktionellen Berichterstattung. Und die Teilnehmer des Gipfels ohnehin.

Diese Advertorial-Grafiken erscheinen nicht nur im Handelsblatt, sondern auch in der WirtschaftsWoche und den weiteren Formaten Handelsblatt Magazin, ada und Edison. Außerdem gibt es praktisch immer digitale Ableger, die über Media erreicht werden. Fast immer benutzen Kunden die Grafiken auch für interne Zwecke. International tätige Kunden übersetzen die Texte in den Grafiken mitunter und positionieren sich weltweit damit.

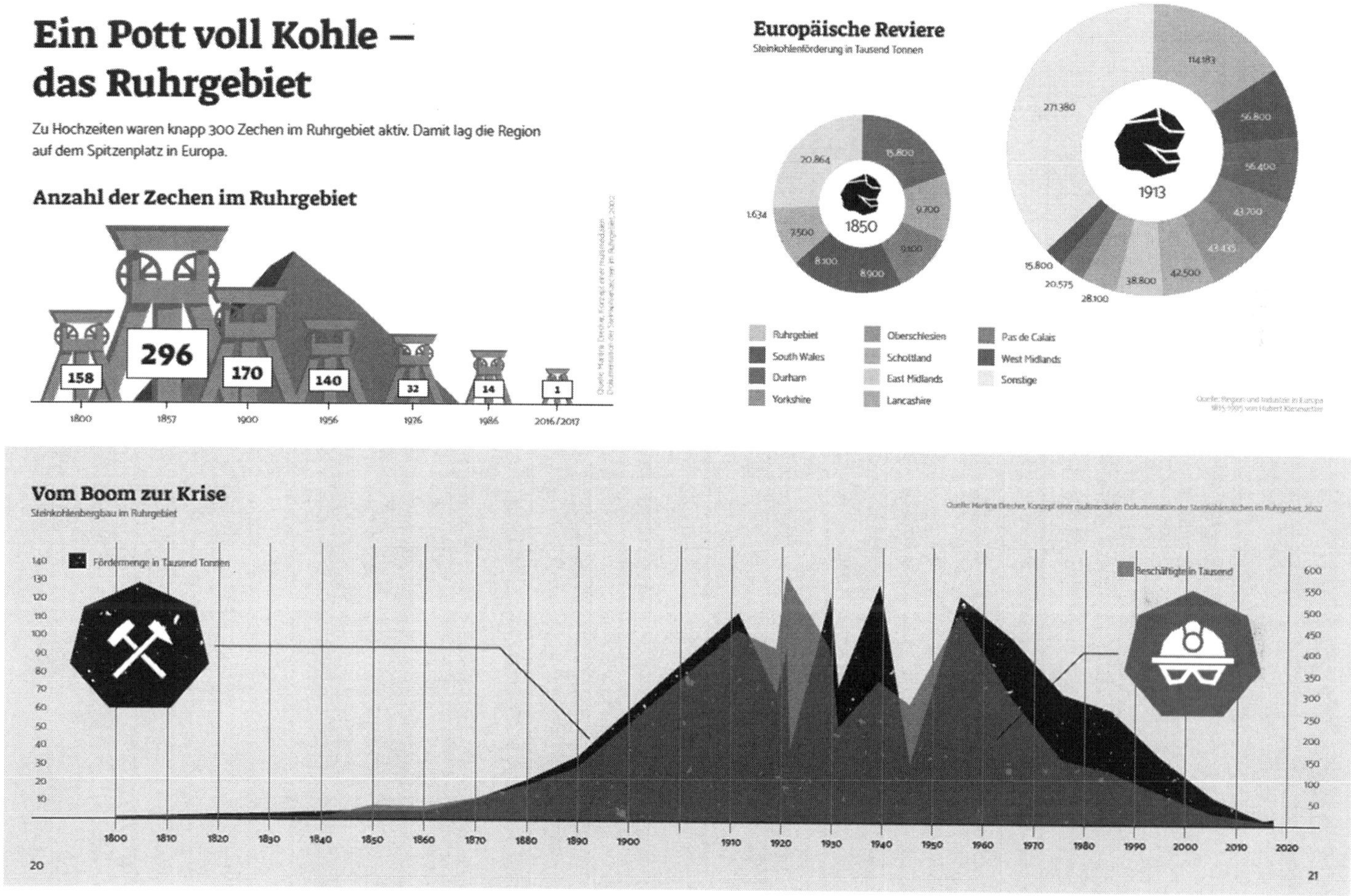

Abb. 3 HRI Ausschnitt Factbook Braunkohle. (Quelle: Handelsblatt Research Institute)

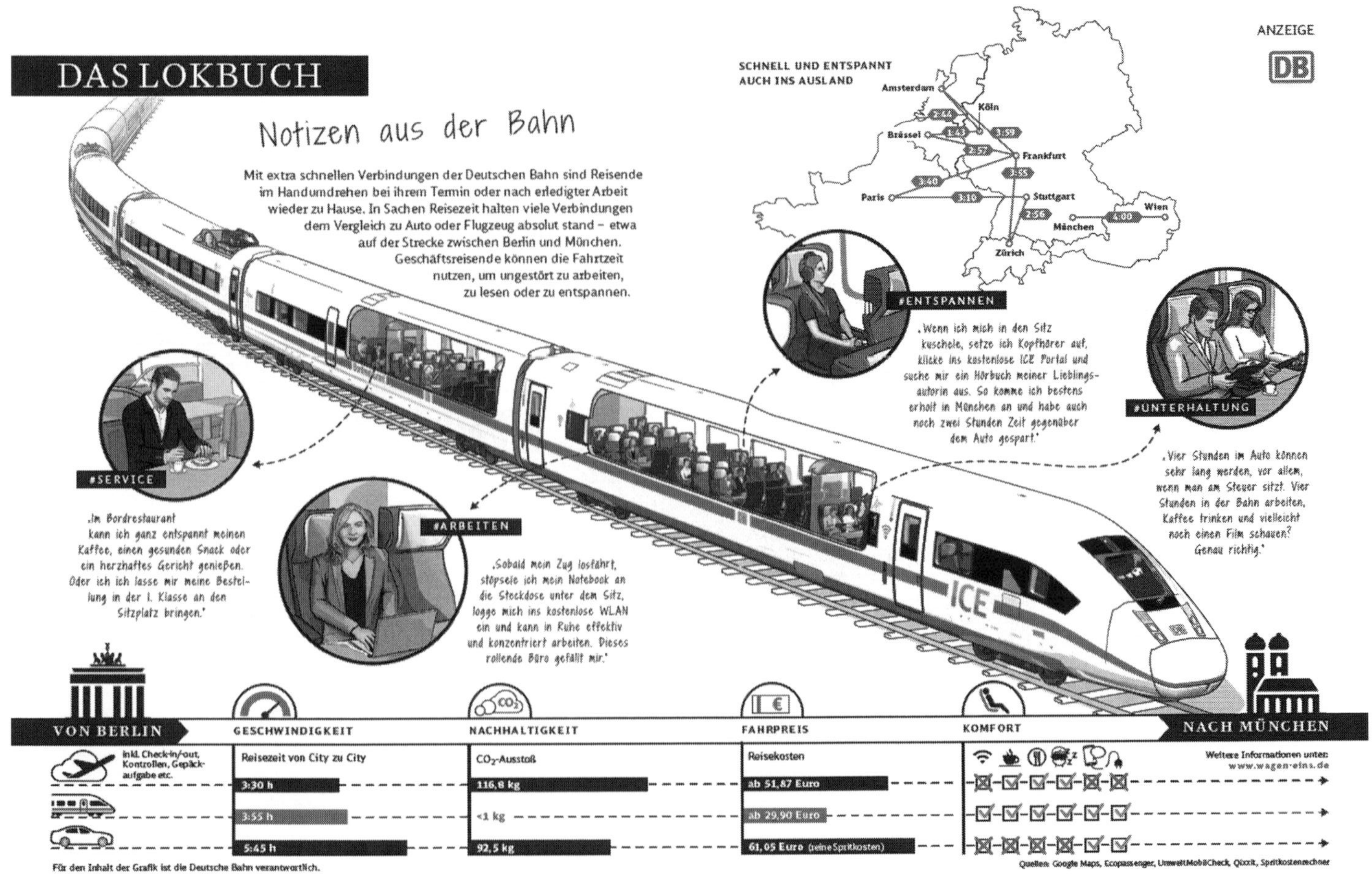

Abb. 4 Grafik zu Deutsche Bahn. (Quelle: Handelsblatt Media Group)

5 Reportings – Daten erheben und interpretieren

Wir hören häufig Sätze wie: „Sie kennen Ihre Leser besser als wir“, oder „Wir vertrauen da Ihrer journalistischen Erfahrung.“ Aber das „Prinzip Bauchgefühl“ entspricht weder unserem internen Anspruch noch den Vorstellungen vieler Kunden und Media-Agenturen. Deswegen hat die IQ Digital bereits seit 2013 gemeinsam mit der Handelsblatt Business Redaktion Verfahren entwickelt, die dem Kunden die bestmöglichen Einblicke liefern. Hier kann man grob in zwei Parts unterscheiden: zum einen gängige KPIs wie Visits, PI, Verweildauer oder Anzahl der Shares. Und zum anderen durch Leserbefragung erhobene Daten.

5.1 Klassischer Part der Reportings

Zu Recht erwarten Kunden in abgesprochener Frequenz ein attraktiv aufgebautes Reporting mit der Darstellung der wesentlichen KPIs: Ausspielung und Klickrate der Werbemittel auf der einen Seite und Performance des Contents auf der anderen. Hier sind Visits, PI, Unique Visitors und vor allem die Verweildauer wesentlich. Leider macht es die mangelnde Standardisierung unseren Partnern nicht einfach, Werte zu vergleichen. Ein Beispiel: Die Verweildauer, sprich wie lange Leser einen Artikel gelesen haben, reporten wir anhand des bekannten Analysetools Webtrekk. Die Werte hier sind aber anders als bei anderen Klicktools – und zwar erheblich. Ergo brauchen wir interne Benchmarks. Da liegt es natürlich nahe, den Wert des passenden Ressorts auf handelsblatt.com oder wiwo.de zu verwenden. Übrigens liegt die Verweildauer vieler Content-Marketing-Artikel über der redaktionellen Benchmark.

Wir reporten auch, wie oft ein Artikel per Social Media geshart wurde, aber die Zahlen sind wenig aussagekräftig: Aus Leserbefragungen wissen wir: User teilen Inhalte, die ihnen gefallen, häufig nicht aus Bedenken im Zusammenhang mit Datenschutz. Wenn sie interessante Inhalte teilen möchten, dann tun sie dies bevorzugt durch das Kopieren der Browserzeile und deren Versand via Mail oder WhatsApp, da dies als vertrauenswürdigster und seriösester Weg empfunden wird. Da wir dies natürlich nicht messen können, ist die typische Übersicht über Sharing-Werte in Abb. 5 nicht vollständig.

Viele Kunden durchschauen, welche Wirkung ein Reporting erzielen soll: Werden hier die guten Zahlen genannt, die schlechten weggelassen, um die Kampagne möglichst erfolgreich darzustellen? Oder ist der Partner wirklich daran interessiert, die Pain Points zu identifizieren, um die Kampagne zu optimieren? Allein schon deshalb lohnt es sich, entschlossen den letzteren Weg zu gehen. Bei der Handelsblatt Media Group kommt aber noch ein interner Grund dazu: Hier arbeiten Redakteure sehr intensiv an den Reportings mit – und die wollen erstens eine möglichst hohe Reichweite auf dem mit hohem Aufwand erstellten Content und zweitens genau wissen, welcher Themen am besten performt haben.

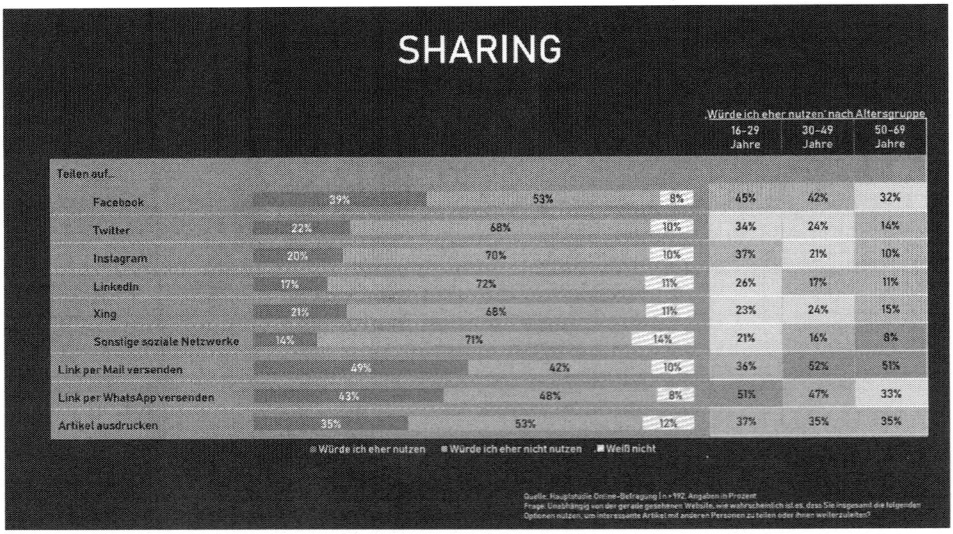

Abb. 5 Sharing. (Quelle: IQ digital Content Marketing Research 2018)

5.2 Ergebnisse von Leserbefragungen

Weitere Erkenntnisse entspringen einer zusätzlich durchgeführten Leserbefragung: User werden gebeten, sich mindestens eine Minute mit den Inhalten eines „Hubs" zu beschäftigen und bekommen danach Fragen gestellt. Darunter sind diverse Standardfragen. Wenn Kunden etwas zusätzlich wünschen, stellen wir ihnen das in Rechnung. Das machen wir nicht bei jedem Kleinstprojekt, sondern bei Konzepten ab einer gewissen Laufzeit.

Die Ergebnisse dieser Befragung werden vor der Präsentation intern umfassend aufbereitet und auch mit den Redakteuren besprochen: Denn gerade bei Messungen über mehrere Monate hinweg entstehen Ergebnisse, die direkt mit der Variable „Content" zu tun haben. In die Vorbereitung eines Reportings können schnell 20 bis 30 Arbeitsstunden fließen. Dieser Aufwand lohnt sich, denn nur so kommen Learnings zustande – und das Konzept wird besser und besser.

Neben den spezifischen Messungen rund um den Erfolg einzelner Konzepte betreibt die IQ Digital mit erheblichem Aufwand Grundlagenforschung, um allgemein verwendbare Ergebnisse zu erzielen. Beispiele sagen hier mehr als Worte, deshalb zeigt Abb. 6 eines rund um die Frage, welche der folgenden Gestaltungen für das Werbemittel am besten ankommen.

Headlines und Teaser sind das wichtigste Instrument, um Aktualität und Relevanz zu vermitteln. Sie sollten permanent überprüft und im Rahmen von A/B-Tests optimiert werden. Damit Sie es besser greifen können, folgen nun weitere Beispiele für Ergebnisse von Leserbefragungen und unsere Learnings knapp zusammengefasst:

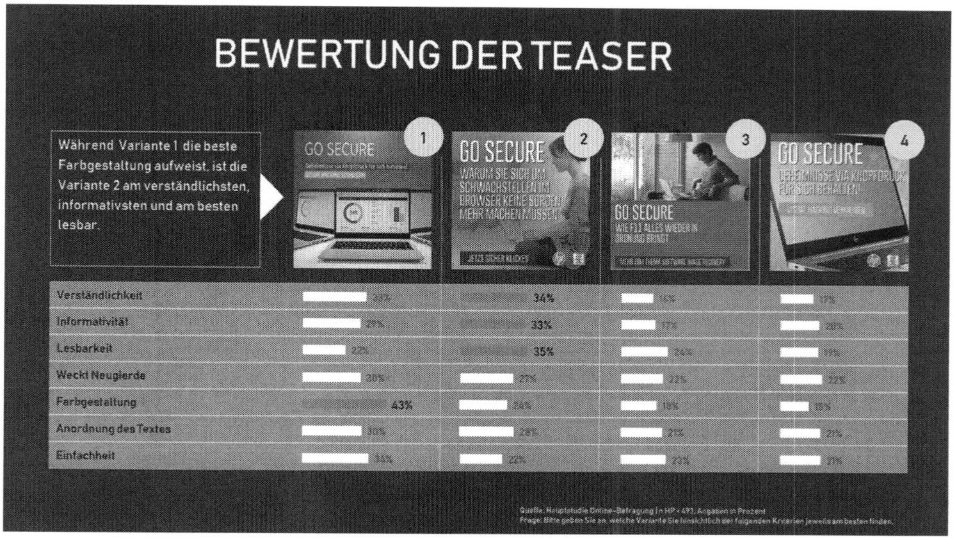

Abb. 6 Bewertung Teaser. (Quelle: IQ digital Content Marketing Research 2018)

- **Leserfeedback:** „Auch die gesponserten Inhalte müssen gut geschrieben sein. Das darf vom Stil her nicht anders sein als das, was ich vom Handelsblatt kenne. Sonst fällt das negativ auf."
  Handlungsempfehlung: Nicht nur die formale Gestaltung von Native Advertising, sondern vor allem auch die inhaltliche sollte sich so stark wie möglich am redaktionellen Umfeld orientieren!
- **Leserfeedback:** „Was ich will, sind valide Informationen und keine Selbstbeweihräucherung des Unternehmens."
  Handlungsempfehlung: Im B2B-Kontext sollte Native Advertising so seriös wie möglich sein, der Kommunikationsstil sollte dem der Medienmarke gleichen!
- **Leserfeedback:** „Auch die gesponserten Inhalte müssen große tagesaktuelle Themen irgendwie berücksichtigen."
  „Die Welt kennt die tagesaktuellen Themen und man kann nicht so tun, als gäbe es die nicht."
  „Wenn mich eine Marke interessiert und ich da reine Fakten und Infos zu der Marke geliefert bekomme, warum nicht? Aber es muss eben glaubwürdig und neutral sein und nicht geschönt."
  Handlungsempfehlung: Gerade im B2B-Kontext sollte Native Advertising so neutral wie möglich gestaltet sein und auf stark werbliche Kommunikation verzichten!
  Content Pieces sollen derart integriert sein, dass sie das Leseerlebnis optimieren. Sie sollen nicht überfordern und dem Leser eine gewisse Wahlfreiheit bei der Nutzung von Inhalten lassen.

- **Leserfeedback:** „Ich habe eine gewisse Qualitätserwartung, deshalb bin ich bei der WiWo. Wenn ich die nicht bekomme, dann war's das.“
  Handlungsempfehlung: Gerade im Umfeld von Qualitätsjournalismus muss Content-Marketing hochwertig und professionell gestaltet sein. Hier haben User dieselben Erwartungen wie an redaktionellen Content.

6 Zusammenfassung

Zeitgemäßes Online-Marketing ist zwar kein Hexenwerk, doch ich würde nie behaupten, die Thematik durchdrungen zu haben. Im Hinblick auf Content-Marketing darf ich festhalten: Versuchen Sie, den Leser nicht zu irritieren. Sorgen Sie dafür, dass er den Absender einer Botschaft auch beim flüchtigen Lesen erkennen kann. Definieren Sie ein ideales Umfeld, arbeiten Sie nachhaltig, also nicht zu kurzfristig, und betten Sie Maßnahmen ein: lieber ein großer Partner als mehrere kleine. Lieber eine große Konzeption als mehrere Einzelmaßnahmen. Nutzen Sie die Bandbreite der Möglichkeiten, also Videos, Newsletter, Grafiken, Podcast, Factbooks und Events. Als Redakteur und Seiteneinsteiger habe ich mir den wichtigsten Rat für den Schluss aufgehoben – auf die Gefahr hin, dass er nicht sehr überraschend daherkommt:

▶ Sparen Sie nicht am falschen Ende, also an der redaktionellen Qualität.

Literatur

IQ digital Content Marketing Research. (2018). Content Marketing Studie 2018: Usability, Engagement und Lead-Generierung. https://www.iqdigital.de/news/nuid/content-marketing-studie-2018-usability-engagement-und-lead-generierung-12626/. Zugegriffen: 29. Mai 2019.

Thorsten Giersch verzichtete für den Journalismus auf die Chance, Fußballprofi zu werden. Inzwischen sind 24 Jahre Berufserfahrung zusammengekommen – von der Lokalzeitung über Radio zum Nachrichtenfernsehen, wo er als Planer und Filmchef der Wirtschaftsredaktion von n-tv agierte. Seit 2008 arbeitet der gebürtige Ostwestfale beim Handelsblatt – unter anderem als stellvertretender Chefredakteur von Handelsblatt Online. Heute fungiert Thorsten Giersch als Chefredakteur Business der Handelsblatt Media Group unter anderem als Bindeglied zwischen den Redaktionen auf der einen Seite sowie Geschäftsführung, Vermarktung und dem Vertrieb auf der anderen Seite. Außerdem verantwortet er die Umsetzung von Content-Marketing-Konzepten, wofür er 2013 die Handelsblatt Business Redaktion gründete und seitdem stetig ausbaut.

Was wir tun und was wir wollen – Context-driven Insights als Input für digitale Beziehungen

Uwe H. Lebok und Florian Klaus

Inhaltsverzeichnis

1 Einleitung 331
2 Maschinen erklären noch nicht alles 332
3 Kontexte prägen Entscheidungen 335
4 Context-driven Insights für die Markenführung 4.0 338
5 Ausblick und Einladung 340
Literatur 341

1 Einleitung

Der Einzug der Digitalisierung in alle Bereiche unseres Alltags, vom Privaten über die Politik bis in alle Ebenen unseres Wirtschaftssystems, wird aus den unterschiedlichsten Perspektiven kontrovers diskutiert. Die Bandbreite reicht von Beschwichtigung und dem Herunterspielen eines vermeintlichen Hypes bis hin zur Charakterisierung als „größte Transformation der Industriegeschichte … [, die] alles bisher Dagewesene in den Schatten [stellt]“ (Joe Kaeser (2018), Vorstandsvorsitzender der Siemens AG). Zudem warnen ausgewählte Wissenschaftler, Humanisten und düstere Zukunftspropheten gleichermaßen vor den Folgen einer vollständigen Durchdringung der Gesellschaft durch Algorithmen und Künstliche Intelligenz (KI). Ein immer größerer Anteil der menschlichen

U. H. Lebok (✉) · F. Klaus
K&A Brand Research AG, Röthenbach, Deutschland
E-Mail: u.lebok@ka-brandresearch.com

F. Klaus
E-Mail: f.klaus@ka-brandresearch.com

M. Terstiege (Hrsg.), *Digitales Marketing – Erfolgsmodelle aus der Praxis*,
https://doi.org/10.1007/978-3-658-26195-5_20

Gesellschaft wird vermeintlich manipulierbar – Wünsche, Sorgen und späteres Verhalten werden „per Knopfdruck" vorhersehbar. Dies sind Entwicklungen, die Marketing und Markenpsychologie gleichermaßen noch stärker tangieren werden.

2 Maschinen erklären noch nicht alles …

Marketing steht unter ständigem Druck, möglichst hart nachweisbare und objektiv nachvollziehbare Beiträge zum Erfolg einer Unternehmung zu liefern. Die niemals enden wollende Diskussion um den ROI zeugt von diesem Dilemma. Marketing-Verantwortliche bewegen sich fast zwangsläufig innerhalb einer ganz eigenen Echobox, die in mehr oder weniger regelmäßigen Abständen von spektakulären Erfolgsgeschichten oder dramatischen Misserfolgen erschüttert wird. Um die Unwägbarkeiten eines sich ständig ändernden Marktumfelds zu meistern, suchen auch Markenverantwortliche immerzu nach Strukturen und wiederholbaren Regeln, die das Marktgeschehen verständlicher und dadurch steuerbarer erscheinen lassen. Es wird also nach Erklärungen gesucht, innerhalb derer wir mit unseren jeweils speziellen Fähigkeiten Kontrolle über ein zukünftiges Geschehen ausüben. Das ist auch zu 100 % menschlich, da es unsere angeborene psychologische Selbstwirksamkeit unterstützt: Wir wollen das „im Griff haben", was wir bewegen oder zukünftig in unserem Sinne verändern möchten.

Behalten wir diesen psychologischen Kontext im Hinterkopf, dann wird die Faszinationskraft des Digitalen für Marketeers schnell verständlich. Schließlich steht hier das Versprechen im Raum, mit dramatisch reduziertem Aufwand *(digital = kostengünstig)* in sehr viel unmittelbareren und individuelleren Kontakt zum Markt zu treten *(digital = direkt),* um dort von ausgelagerter Echtzeit-Intelligenz zu profitieren *(digital = intelligent),* für die man selbst dann am Ende gar nicht mehr wirklich verantwortlich ist. Abgesehen von der hoffentlich guten Entscheidung, auf derartige Systeme zu vertrauen. Endlich: Der komplizierte Kunde lässt sich mit selbstlernenden, autonom entscheidenden und damit ebenso komplizierten Systemen bearbeiten!

Vieles ist heute schon möglich, noch mehr wird sehr bald möglich werden. Nach allem, was wir absehen können, werden gerade Bereiche, die für Marketing zentrale Bedeutung tragen, nicht wirklich „digitalisierbar" sein. Denn für gestaltende Markenführung ist es eine wesentliche Aufgabe, auf Emotionen nicht nur zu reagieren, sondern auch proaktiv mit ihnen zu arbeiten, Kreativität und Inspiration zuzulassen und für wirklich Neues zu nutzen. Diese Herangehensweise zwingt dann aber auch dazu, Menschen als sprunghafte Wesen ernst zu nehmen und entsprechend authentisch mit ihnen zu interagieren.

Zwar sind Mensch, Gesellschaft und Wirtschaft stets bestrebt, maximale Effizienz in Systemen zu erreichen – hundertprozentige Perfektion erlangen aber letztlich nur Maschinen. Menschen werden gegenüber logisch agierenden künstlichen Intelligenzen langfristig stets den Kürzeren ziehen. Die Stärken des Menschen in einem gedachten Wettbewerbsumfeld mit Maschinen, Algorithmen und KI werden letztlich seine „perfect imperfection", seine Sprunghaftigkeit bei Entscheidungen, seine Stimmungen, Launen und Emotionen sein.

Um diese Stärken zu nutzen, müssen wir uns immer wieder vergegenwärtigen, was Emotionen letzten Endes sind. Menschen sind keineswegs Opfer ihrer in Stein gemeißelten Gefühle. Ganz im Gegenteil zeigt die psychologische Forschung eindrucksvoll, wie sehr unsere Emotionen von uns selbst und durch Umfeldfaktoren gestaltbar sind (Siegel 2010). Streng genommen handelt es sich bei emotionalen Zuständen um Be-*Wert*ungen von Informationen, die dadurch unser (zukünftiges) Handeln beeinflussen (siehe Abb. 1). Solche Bewertungen finden nicht im luftleeren Raum statt, sondern stehen in Beziehung zum jeweiligen situativen Kontext. Eine Schokoladentorte kann im Umfeld des eigenen runden Geburtstags große Freude auslösen – wird sie im Rahmen eines Weight-Watchers-Treffens präsentiert, löst sie bei derselben Person eher Scham und schlechtes Gewissen aus. Mit solchen Interaktionen kreativ umzugehen, sie zu steuern und für Marketing nutzbar zu machen, bedarf feiner menschlicher Antennen.

Auch bei Innovationen sind neben vielen fachspezifischen Voraussetzungen zunächst einmal menschliche Sprunghaftigkeit und Kreativität notwendig. Wie die akademische Forschung immer wieder beweist, führt ein besonders effektiver Weg zu kreativen Ansätzen über die Kombination von Bestehendem. Jeder, der Erfahrung mit Methoden wie Design Thinking, Kreativwerkstätten u. Ä. machen konnte, wird bestätigen, dass Formalismus, feste Strukturen und Planungssicherheiten Raum für echte Kreativität beschneiden. Wirklich kreative Ideen, die den Alltag verändern, lassen sich meistens nicht planen, sondern leben von der den Menschen eigenen Disruptivität. Angeeignetes Wissen und Alltagserfahrungen sind notwendige Basisfaktoren für Veränderungen, führen aber nur bedingt zu bahnbrechenden Neuerungen. Wir werden damit auch in naher Zukunft Welten von maschineller Automatisierung entfernt bleiben. Es scheint Stellschrauben für menschliche Kreativität zu geben, die sich der Automatisierung widersetzen.

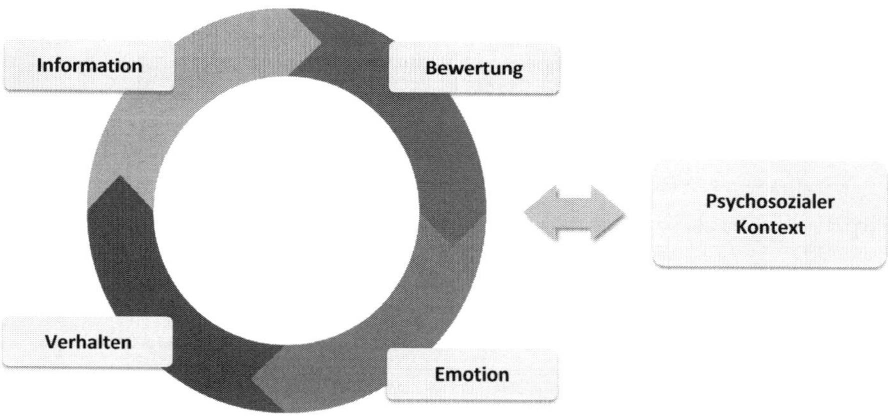

Abb. 1 Wie Emotionen situativ funktionieren

Eine davon beschreibt Robert Mertons Konzept der „Serendipität" (Schnepper 2004). Damit sind zufällige Entdeckungen von etwas Neuem und Überraschendem gemeint, die ursprünglich gar nicht gesucht waren. Auf Louis Pasteur geht das Zitat zurück: „Der Zufall begünstigt nur den vorbereiteten Geist." Er beschreibt damit im Grunde denselben Zusammenhang. Wer ein komplexes Problem zu lösen versucht, bereitet seine Psyche im Zuge dieses Lösungsversuchs darauf vor, mit dem eigentlichen Themenfeld nur lose verbundene, neue Einsichten zu gewinnen, die dann wiederum Ausgangspunkt für echte Innovation sein können. Das Grundprinzip dieser Herangehensweise: Über Umwege Inspiration für Quer- und Andersdenken zu erhalten (sogenannte „real food for thoughts"), um dann aber spontan kontextgeleitet Ansätze oder Lösungsstrategien zu entwickeln, die gegebenenfalls mit bisheriger Logik brechen. Wir sollten niemals nie sagen, aber die Vorstellung, zu neuer, „anderer" (disruptiver) Erkenntnis automatisiert oder digital autonom zu gelangen, liegt noch sehr fern.

Der Marketing-Job wird aber durch Digitalisierung nicht automatisch einfacher. Es gibt sogar sehr gute Argumente dafür, dass er dadurch noch schwieriger wird. Denn die Digitalisierung schlägt mit voller Wucht zu. Nahezu alle denkbaren Zielgruppen leben in ganz alltäglichen Umfeldern, die sich derzeit aufgrund wachsender Agilität massiv verändern. Wir sprechen in diesem Zusammenhang von der Vielfalt analoger und digitaler Kontexte, die unsere Lebenswirklichkeiten charakterisieren und sich in immer schneller werdenden Zyklen verändern. Radikal vom Menschen her gedacht, stellt das erst einmal nicht unbedingt eine Bereicherung dar. Menschen sind tatsächlich Gewohnheitstiere. Weil das evolutionär sehr sinnvoll war und ist, versuchen wir, den Aufwand zu minimieren, den unser energiehungrigstes Organ, das Gehirn, zu bewältigen hat. Dafür nutzen wir Rituale und gewohnte Routinen, gehen ausgetretene Pfade, begrenzen Risiken.

Tritt nun eine Menge neuer Informationen und Optionen auf den Plan, dann bedeutet das Stress: Eine Vielzahl an Optionen macht uns das Leben nicht leichter, sondern erschwert letztlich die Entscheidungsfindung. Es wächst und gedeiht eine prächtige FOMO (Fear Of Missing Out) anstelle genussvollen Schwelgens in der Vielfalt. Die Philosophin Renata Salecl (2017) spricht in der Folge von einer „Tyrannei der Freiheit", die aus dem modernen Menschen ein neurotisches Wesen macht: Je mehr (digitale) Information, je mehr Multioptionalität, desto weniger rationale und vernünftige Entscheidungen. Gerade bei erhöhtem Stress sucht unser menschliches Gehirn nach einfachen (Bauch-)Entscheidungen oder Shortcuts: Vereinfachungen, die uns das Leben leichter machen (Gigerenzer 2007).

Intuitives Entscheiden findet in Denksystemen statt, die der Psychologe und Wirtschafts-Nobelpreisträger Daniel Kahneman (2011) als System 1 bezeichnet. Anstelle eines sachlichen Abwägens regieren situativ Shortcuts und Analogien sowie bildliches und schematisches Denken. System 1 orientiert sich an Erfahrungswerten und an externen Reizen. Das menschliche Verhalten wird von solchen Kontext-Determinanten viel stärker beeinflusst, als wir uns selbst eingestehen wollen. Wenn Anlässe, Umgebungen, Tageszeiten, anwesende „significant others" (Bezugspersonen) etc. menschliche Entscheidungen und späteres Verhalten viel stärker beeinflussen als kontextfreie Signale,

Botschaften und Nutzenargumente, dann müssen solche Wahrnehmungsräume und Verfassungen in Zukunft viel stärker eine Rolle in einer marktentwickelnden Markenführung spielen als bisher.

3 Kontexte prägen Entscheidungen

Digitalisierung verhilft einerseits Menschen dazu, vermeintlich schneller (also: effizienter) Entscheidungen zu finden: Eine Reisebuchung ist beispielsweise heute online leichter und unter Einschluss aller möglichen Unwägbarkeiten weitreichender planbar als zu Zeiten ausschließlich stationärer Reiseanbieter. Andererseits „füttert" die Digitalisierung die „Zuvielfalt" durch ein Mehr an Möglichkeiten, zusätzliche Informationen und ablenkende, zusätzliche Inspirationen. Das können wir tagtäglich erleben, wenn wir während einer konkreten Suche in Google oder bei konkreten Tätigkeiten am Arbeitsplatz von zusätzlichen digitalen Informationen, E-Mails, Social Media etc. schnell abgelenkt werden und ohne straffe Selbstdisziplin oftmals deutlich mehr Zeit für die eigentliche Aufgabenbewältigung benötigen.

Auch für diese (digitalen) Ablenkungsmanöver gilt: Nur das, was für uns persönlich und situativ relevant ist und gleichzeitig kurz und einfach auf den Punkt gebracht gesendet wird, führt auf Empfängerseite zu einer Handlung und entsprechendem Verhalten. Wenn wir uns in Vorfreude auf einen ganz besonderen Event befinden (zum Beispiel Familienweihnacht, Hochzeitsfeier, Verliebtheit), dann wird unser Gehirn unter diesen Bedingungen besonders aufmerksam auf Reize reagieren, die in solchen Verfassungen entsprechende Relevanzmomente triggern. Umgekehrt wird ein sonst noch so loyaler Mitarbeiter während seiner Arbeitszeit auf Stimuli positiv reagieren, die ihm in einer Frustrationsphase mit seinem Arbeitgeber Hoffnung auf ein besseres Arbeitsklima anderswo versprechen. Diese Beispiele, die die meisten Leser aus eigener Erfahrung kennen, zeigen einmal mehr, dass Kontextbedingungen ganz entscheidend dafür sind, *wann* und *warum* wir uns *wie* verhalten.

Unter Kontexten verstehen wir diejenigen „Wahrnehmungsräume", in denen sich Menschen auf bestimmte Reize einlassen (wollen). Eine deskriptive Titulierung einer menschlichen Verhaltenssituation greift hier viel zu kurz (zum Beispiel Verkehrsstau, Stadionbesuch, Feierabend, Sommerurlaub). Eine Kontextbeschreibung geht psychologisch deutlich tiefer als eine allgemein gehaltene Situationsüberschrift. Wenn man so will, wird eine Art „Bühne" der Kontextbedingungen intendiert, auf der sich mit größter Wahrscheinlichkeit ein bestimmtes menschliches Verhalten abspielen wird. Für diese Choreografie ist die *„Was-Frage"* („Was sehe, erlebe, erfahre ich in einer solchen Situation?") nur eine relevante Komponente für Kontextbedingungen. Weitere „Player" sind die Fragen „Wann?" (Tageszeiten, Saison, Häufigkeiten), „Wer?" (Welche Personengruppen?), „Wo?" (Lokalität), „Warum?" (Anlässe, Bedürfnisse etc.) und vor allem „Wie?" (wie sich eine bestimmte Situation für die Protagonisten emotional anfühlt).

Kontexte bzw. die menschlich dekodierten Kontextbedingungen sind folglich zentrale Wegmarken für menschliche Entscheidungen (Gladwell 2005). Wenn das verstanden wurde, lässt sich auch die Diskussion um „Low-Interest"-Produkte ad absurdum führen: Der Kontext entscheidet immer, ob Produkte, Marken, Dienstleistungen usw. für uns relevant sind oder nicht. Kommt ein Kontext seltener vor oder kommt aus der Mode, geraten entsprechende Gegenstände oder Kategorien in Vergessenheit (zum Beispiel Cognac, Doseneintopf, Blutwurst, Herrenfeinripp) oder sterben gar aus (beispielsweise Schreibmaschine, Polaroid). Dementsprechend müssen auch Klopapier, Butterschmalz, Bleistifte oder Hosenträger nicht zum „low interest" degradiert werden (vgl. Stein 1994), sondern eben Kontexte neu, anders oder einfach „nur" relevant besetzt werden.

Abb. 2 veranschaulicht schematisch, warum Kontexte für eine Markenwahl letztlich entscheidender sind als eine noch so ausgeklügelte Markenpositionierung. Positionierungen sind zwar prinzipiell notwendig, um den Mehrwert einer Marke nach innen und außen zu definieren; sie muss aber messerscharf, auf den Punkt, zielgruppenrelevant und differenzierend sein, wenn sie unter relevanten Kontextbedingungen und an wesentlichen Touchpoints Entscheidungen beeinflussen soll. Eine Fokussierung der Positionierung auf maximal drei kurze Sätze fällt auch heute noch den meisten Unternehmen extrem schwer. Grundlagen einer Positionierung sind in der Regel Insights, die das bestehende Markenbild (Image, Markensignale, Markenbotschaften etc.) im Wettbewerbsumfeld erfassen und der Verbrauchererwartung gegenübergestellt werden (Abb. 2).

Touchpoints sind letztlich entscheidend dafür, dass eine Marke-Mensch-Interaktion erfolgen kann. Wir wissen aber über eigenen psychologischen Research mittels Psychodrama-Studien für unterschiedliche Branchen und Kunden, dass Touchpoints nur dann bei Zielkunden ihre potenzielle Wirkung entfalten können, wenn die Kontextbedingungen passen. Je klarer in einem Kontext Bedingungen für eine kanalspezifische

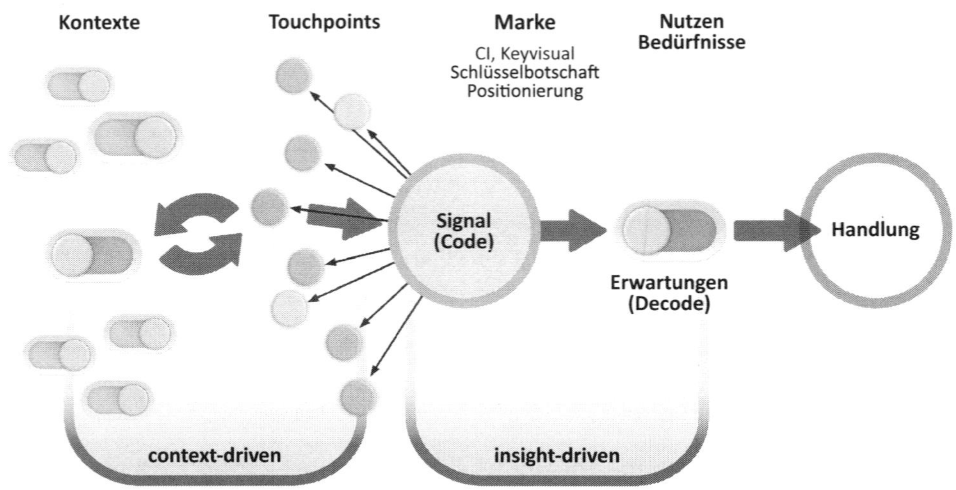

Abb. 2 Am Anfang ist der Kontext

Aufmerksamkeit vorliegen, desto stärker lässt sich der Kontext über ein fundiertes Touchpoint-Management als Category- oder Brand-Entry-Point definieren.

Wenn Marketeers den Blick noch stärker auf ihre potenziellen Kunden richten, den alltäglichen Information Overload und das „Immer-weniger-Zeit-haben" verinnerlichen, wird verständlich, warum Marken häufig an Relevanz verlieren. Sich nur auf Insights zu beschränken, greift in der heutigen Zeit zu kurz, um Konsumenten für etwas zu motivieren. Der Kontext entscheidet über die Relevanz von Kategorien, Marken und werblicher Ansprache! Gerade bei den Generationen Y und Z (Gen YZ) nehmen Markenwissen und Markenrelevanz zum Teil massiv ab (Lebok und Putz 2016). Umso wichtiger bei eingeschränkter Verarbeitungskapazität unseres menschlichen Gehirns, dass die Schlüsselbotschaften einer Marke einfach, relevant und auffallend merk-würdig im richtigen Moment platziert werden. Wer in unserer schnelllebigen Zeit die neuen Verbraucher aus Gen YZ erfolgreich zu marktwirksamen Handlungen motivieren will, hat diese Gesetzmäßigkeiten zu beachten (Wala und Lebok 2016).

Eine zielführende und Erfolg versprechende Option für ein Kontextverständnis oder die projektive Neubesetzung von Marken-Kontexten bietet die Methode des K&A Psychodrama®-Ansatzes. In der qualitativen Marktforschung gilt er gegenüber Einzelexplorationen oder Focus Groups als „Goldstandard", da über diese Methode die Probanden nicht nur auf isolierte Aussagen als „Befragte" reduziert werden, sondern ihr Verhalten in relevanten Kontexten interaktiv nacherlebt, verstanden und über mentale Hebel gegebenenfalls neu gestaltet werden kann. Dies gelingt dieser von Jacob Levy Moreno im vorigen Jahrhundert entwickelten und ursprünglich für psychotherapeutische Fragestellungen eingesetzten Methode über deren projektiv-kreative Tools und ein „Fragen, ohne zu fragen". Das wird methodisch unter anderem gewährleistet durch den Einsatz von Rollenspiel-Technologien, Imaginationen, phänomenologischen Symbolisierungen u. v. m. anstelle eines deskriptiv-rationalisierenden Frage-Antwort-Spieles. Wir stellen darüber hinaus mit dieser Methode aufgrund 30-jähriger Expertise mit bis dato ca. 60.000 Probanden für mehr als 500 Marken eine unübertroffene Benchmark weltweit auf.

Ein zentrales Suchfeld für die Neuaufladung oder Neuentdeckung relevanter Kontexte für Kategorien oder Marken ist dabei das aus der Pädagogik stammenden Konzept des Staunens. In zahlreichen durch K&A BrandResearch durchgeführten Studien stellen wir immer wieder fest, dass nachhaltige Attraktivität nur dann gelingt, wenn Markenstaunen ausgelöst wird (Ohnemus 2017). Um das zu erreichen, muss über Kontextanalysen das Relevanzmomentum für eine Kategorie definiert sein. In diesem Fall kann eine Marke, muss sich aber noch nicht hinsichtlich ihrer Kontextpräferenz von anderen unterscheiden.

Ein Kontextvorteil ist dann gegeben, wenn sich situativ für den Zielkunden ein Effizienzvorteil ergibt. Das heißt, wenn Marke A gegenüber Marke B in einem bestimmten Kontext relevanter ist, erfolgt emotional eine Effizienzsteigerung (Higgins 2013). Diese Emotion wurde lange Zeit vernachlässigt, obwohl sie zentral für die Differenzierung von Angeboten ist, wenn ein Anbieter den kontextbezogenen Komparativ für sich glaubhaft claimen kann (Effizienzvorteil = schöner, glücklicher, schneller, …, relevanter). Gelingt es dann werblich, kanalspezifisch, erlebnisreich usw. diesen Effizienzvorteil über Schemabrüche merkwürdig zu kommunizieren, dann bietet eine Marke in einem Kontext alle Vorzüge, die sie im Vergleich zu anderen positiv differenziert.

4 Context-driven Insights für die Markenführung 4.0

Digital Devices machen uns den Alltag (vermeintlich) leichter. Das hatten prinzipiell alle technologischen Innovationen zuvor in irgendeiner Weise auch getan: Handy, PC, Flugzeuge, PKW, Eisenbahn, Schulbildung für alle … Hinter jeder Innovation stehen auch Nutzen und Bedürfnisse, hinter jedem Umgang mit Innovationen Kontexte und Menschen. Mit wachsender Agilität schließen sich Digitalisierung und psychologische Research-Erkenntnisse nicht aus, sondern ergänzen sich hervorragend: Menschen hinter Smartphones werden über qualitative Forschung nicht nur gegenüber Algorithmen, Cluster und Zahlen „lebendig" und sichtbar gemacht, sondern auch über ein tiefergehendes Verständnis ihrer Bedürfnisse, Wünsche, Motive sowie ihrer Ängste und Barrieren potenzielle Zugänge erkennbar und später über digitale Umsetzungen marktwirksam.

Für stark datengetriebene Unternehmen bieten Forschungsansätze wie das K&A Psychodrama® mit seinen ethnografischen Rollenspieltechnologien „hinter der Scheibe" nicht nur eine kontextgerechte Bühne für eine Art „human zoo", sondern machen es für Kunden nachvollziehbarer, warum bestimmte Umsetzungen in der Verbrauchergunst nicht funktionieren. Zudem können experimentell neue Wege gefunden werden, wie aus bestehenden Alltagsempfinden heraus ein bestehendes Online-Angebot schneller, attraktiver und damit emotional effizienter in seiner Nutzung wird. Für zahlreiche IT-Kunden war es in der Vergangenheit ganz entscheidend, dass sie ihre Kunden psychodramatisch verstanden hatten. Der Erfolg der späteren Umsetzung gab ihnen Recht.

Vor etwas mehr als zehn Jahren war es für viele Manager nicht vorstellbar, sich mit anderen, persönlich unbekannten Businesskontakten zu vernetzen. Häufig erlebbare Jobstationen, der Nutzen der ständigen Verfügbarkeit relevanter Business-Kontakte als Effizienzvorteil und die Flexibilität der Network-Nutzung haben dafür gesorgt, dass sich XING im deutschsprachigen Raum derart profilieren konnte, dass Visitenkarten im Businessalltag eine ähnlich archaische Funktion erhielten wie Krawatten bei Männern. Die fehlende Internationalisierung von XING dürfte aber dazu beitragen, dass mittelfristig der Konkurrent LinkedIn „relevanter" sein wird.

Sehr spezifische Kontexte besetzen auch zahlreiche Online-Anbieter von Partnervermittlungen. Der bis dato erfolgreichste Anbieter in Deutschland „parship" bediente gleich mehrere von Higgins beschriebene Effizienzvorteile: Effektivität in der Verwirklichung (viele Mitglieder bei parship), Effektivität in der Zielerreichung („alle 11 min verliebt sich ein Single …") und Effektivität in der Erfolgskontrolle (Sicherheit der Anonymität am Device). Einen kleinen Schemabruch für bessere Merkfähigkeit unter Gen YZ verschafft sich parship, indem nicht direkt über „Partnersuche" gesprochen wird, sondern indem der Anlass über den Kunstbegriff „parshippen" galant umgangen wird.

Deutlich spitzer zugeschnitten ist „Elite-Partner", der als Anbieter Content bzw. Lösungsoptionen für gut ausgebildete (akademische) Frauen auf der Suche nach einem passenden Partner anbietet. Die starke biografische Karriere-Ausrichtung und der demografische „Marriage-Sqeeze"-Effekt (Frauen suchen sich im Durchschnitt etwa zwei bis drei Jahre ältere Männer und mindestens genauso gut ausgebildete Partner) verschärfen die Verknappung am Partnermarkt und erhöhen den Druck der biologischen Uhr bei diesen Frauen. Genau für diesen Kontext hat „Elite Partner" eine effiziente Lösung, um den drohenden Ängsten des Alleinseins zu begegnen.

„Unkompliziertes Dating in deiner Nähe" vermittelt C-Date erfolgreich seit zehn Jahren. Für unkomplizierte Seitensprünge gestresster Berufstätiger, mit 4,6 Mio. Mitgliedern und als Testsieger der Kategorie ist dieser Anbieter die Nummer eins für diskrete Affären. Alles, was den potenziellen Nutzern wichtig ist, wurde im Rahmen eines Relaunchs erfolgreich auf Basis psychologischer Kontext-Erkenntnisse umgesetzt. Letztlich gilt auch für Online-Portale der unterschiedlichsten Branchen: Wer die Wünsche, Bedürfnisse und Motive seiner Zielkunden in den relevanten Kontexten besser versteht, findet auch digital die beste Lösung und performt erfolgreich im jeweiligen Markt.

Am Ende geht es immer um Menschen und ihr Alltagsverhalten – ganz gleich, ob digital oder analog. Menschliche Sehnsüchte lassen sich über Online-Formate sogar noch intensiver über idealisiertes Kopfkino stimulieren: Erwartungen werden über visualisierte Traum- und Wunschwelten verstärkt, lösen übersteigerte Vorfreude aus, die sich nach dem Transfer von der virtuellen in die reale Welt bei Wunscherfüllung in tatsächlichen Erlebnissen manifestieren. Der ekstatische Glücksschrei nach dem Erhalt von Zalando-Paketen hat dieses Momentum mittels Schemabruch erfolgreich markentechnisch besetzt.

Was wir im Zeitalter der Zuvielfalt bei persönlicher Relevanz wo und wann erleben, wiegt heute viel mehr als klassische Werbung. Obwohl die Gehirnforschung schon seit Jahren beweisen konnte, dass der Wirkeffekt von teilbaren Erlebnissen signifikant nachhaltiger anhält als werbliche Visualisierungen, Audio oder Texte, setzt sich erst in den letzten Jahren eine stärker erlebnis- und kontextbezogene Konsumentenansprache durch. Insbesondere die Getränkebranche sucht immer mehr die über Events geleitete Kundenansprache und kombiniert diese Kontexte (Erlebnisgastronomie, Verwendungsanlässe, Regionalität und Verbundenheit) mit relevanten Social-Media-Kanälen für ein sich verstärkendes Word of Mouth (WoM).

Über eine WoM-Ausrichtung ist man schnell geneigt, der Aussage „Content is King" zu folgen. Wir warnen vor einer blauäugigen Content-Ausrichtung von Markenstrategien. Vielmehr sind wir Verfechter der These „Context is King". Sind beispielsweise klar definierte Kontexte für Zielkunden hochrelevant, dann lässt sich für diese Personengruppe tatsächlich Content wirksam generieren. Wir können das prinzipiell für alle spitzeren Interessenszielgruppen beobachten: Spezifische Subkulturen (Gothics, Tattoo-Interessierte, vegane Ernährung, Hundefreunde, Fan Communities usw.), aber auch Ärzte und andere spezielle Berufsgruppen, Betroffene von Beschwerden und Krankheiten.

Gerade im Healthcare-Segment finden sich vermehrt Ansätze, die aus ermittelten Kontexten heraus digital die besten Lösungen für die relevante Zielgruppe kommunizieren – mit entsprechend großem Erfolg in den spitzeren Zielgruppen. Relativ breit im Mainstream konnte sich die Marke „Anti-Brumm" im reisefreudigen Deutschland als Marktführer positionieren. Allein über Social-Media-Ansprache, überzeichnete Horror-Szenarien mit überdimensionierten Stechmücken in tropischen Ländern und eine konsequente Google-Adwords-Steuerung wurde über den Fokus auf den Kontext „Fernreisen in die Tropen" mit Ängsten und Erwartungen gespielt. Deutlich ernster sind Online-Formate von Pharma-Anbietern, die „Kinderwunsch" thematisieren – bei wachsenden Zahlen von betroffenen Paaren mit Infertilität. Auch für Krankheiten wie Diabetes, Depression, Adipositas, Angst, Grippe, HIV u. v. m. gibt es konkrete Anlässe und Kontextbedingungen, die Content-Maßnahmen zum Teil zwingend notwendig machen. Selbst für das Tabuthema „Sterben und Tod" kann digitaler Content die Beziehung zu potenziellen Kunden (oder Hinterbliebenen) angemessen, mit Würde und auch hoffnungsvoll gestalten, wie das Beispiel der Waldbestattung durch FriedWald zeigt. Für die Online-Umsetzungen rund um Trauer und Trauerbewältigung hatten aber auch hier psychodramatische Erkenntnisse über Kontext-Erwartungen rund um das Ableben den Input geliefert, was sich in einer erfolgreichen Positionierung auf allen relevanten Kanälen wieder findet.

5 Ausblick und Einladung

Die Digitalisierung wird weiter fortschreiten – „smart and robotic" wird wohl auch unsere nahe Zukunft werden. Um die daraus resultierenden neuen Angebote und Ansprachemöglichkeiten für Menschen psychologisch punktgenau zu positionieren, hilft ein fokussierter Blick auf die betroffenen Menschen, wie sie wirklich sind. Quantitatives Zahlenmaterial ist dabei absolut hilfreich, doch statistische Zusammenhänge und über Algorithmen gewonnene Insights sind nur die halbe Miete für tieferes Verständnis. Wie Menschen Innovationen und Marken erleben, wann diese für sie relevant bzw. richtig relevant werden, entscheidet sich in Kontexten.

Wer vor digitalen Umsetzungen, Marken-Relaunches oder neuen technologischen Innovationen möglichst nahe an Garantien für spätere Markterfolge kommen möchte, der sollte zunächst deutlich näher an seine potenziellen Zielkunden gelangen. Wer verstanden hat, warum wir Menschen etwas tun oder unterlassen und in ganz bestimmte Situationen anderes viel lieber tun, der hält letztlich alle Steuerknüppel einer erfolgreichen strategischen Markengestaltung in Händen. Über psychologisches Kontextverständnis und ein experimentelles Erarbeiten von Schlüsselreizen steht auch einer erfolgreichen Übersetzung dieser Erkenntnisse in virtuellen Welten nichts im Wege.

Wie Sie Ihre Marke hinsichtlich einer „digitalen Markenführung 4.0" oder besser einer „kombiniert digitalen-analogen Marktführung" unter Berücksichtigung des psychologischen Kontextverständnisses erfolgreicher führen, lässt sich nicht verallgemeinern. Dazu sind Kontexte zu verschieden. Eine kleine Checkliste (siehe Abb. 3) kann aber hilfreich sein,

Kleine Checkliste:
Kontextverständnis in der digitalen Marktführung 4.0

- Insights über Verhalten, Kauf-/Bestellhandlungen, Soziodemografie, psychografische Zielkundencluster (u. a. Big Data sowie Category-Entry-Point-Analysen)
- Tiefergehendes psychologisches Verständnis der Bedürfnisse, Wünsche, Motivstrukturen sowie der Barrieren gegenüber Positionierungsinhalten in Kontexten (z. B. K&A Psychodrama®)
- Insights über die Marktwirksamkeit der Positionierung (Soll-Ist-Abgleich)
- Ggf. Fokussierung der Positionierung: Stimmigkeit, Eindeutigkeit im Unternehmen, Einfachheit (Dreisatz-Logik), Zuspitzung (War Cry) usw. (z. B. über K&A Marken- oder Kreativwerkstatt)
- Definition von Schlüsselreizen, Hub-Mechaniken, Relevanzmomenten (z. B. Erstellung einer Kontext-Matrix)
- Definition von Kommunikationsinhalten und Kanälen: Wann befasst sich wer, wo und wie oft mit einer Kategorie/Marke (z. B. projektive Touchpoint-Analyse)?
- Klarheit in der kommunikativen Umsetzung bzw. im Agenturbriefing: Relevanzmomente („besser" als der Wettbewerb) besetzen und idealerweise mit merk-würdigen Schemabrüchen visualisieren (z. B. Markenverständnis, Prozesssteuerung).

∑ MARKTERFOLG!

Abb. 3 Checkliste

um bei zukünftigen Markenstrategien die Verfassung von Konsumenten noch stärker zu berücksichtigen. Wir helfen Ihnen in Ihrem konkreten Fall, die Checkliste marktwirksam zu bearbeiten.

Literatur

Gigerenzer, G. (2007). *Bauchentscheidungen. Die Intelligenz des Unbewussten und die Macht der Intuition*. München: Goldmann.

Gladwell, M. (2005). *Blink! Die Macht des Moments*. Frankfurt a. M.: Campus.

Higgins, T. (2013). *Beyond pleasure and pain. How motivation works*. New York: Oxford University Press.

Kaeser, J. (2018). „Die 4. industrielle Revolution stellt alles in den Schatten". https://www.tagesspiegel.de/wirtschaft/siemens-chef-joe-kaeser-die-4-industrielle-revolution-stellt-alles-in-den-schatten/21028932.html. Zugegriffen: 1. Apr. 2019.

Kahneman, D. (2011). *Thinking fast and slow*. London: Lane.

Lebok, U., & Putz, A. (2016). Vom Ende der Markenloyalität. *planung&analyse*, 1, 58–61.

Ohnemus, R. (2017). *Markenstaunen – Gewinnen im Informationstsunami*. Altenkirchen: Carthago media projects.

Salecl, R. (2017). *Die Tyrannei der Freiheit. Warum es eine Zumutung ist, sich anhaltend entscheiden zu müssen*. München: Blessing.

Schnepper, M. (2004). *Robert Mertons Theorie der self-fulfilling prophecy: Adaption eines soziologischen Klassikers*. Frankfurt a. M.: Lang.

Siegel, D. J. (2010). *Die Alchemie der Gefühle*. München: Kailash.

Stein, P.-H. (1994). *Warum ein Kloreiniger ein Genussmittel ist*. Nürnberg: Eigenverlag PS Konzept & Analyse GmbH.

Wala, H., & Lebok, U. (2016). *Schöne Neue Welt. Wie Gen YZ die Arbeitswelt und Markenwelt verändert*. München: WIR MARKEN-Verlag.

Dr. Uwe H. Lebok gilt im deutschsprachigen Raum als anerkannter und gefragter Marketing-Experte für die Positionierung von Marken und verstärkt als Impulsgeber Marken in „Sackgassen". Er ist Vorstand (CMO) beim Marktforschungs- und Markenberatungsinstitut K&A BrandResearch® und unterstützt vor allem mittelständische Unternehmen mittels researchbasierter Markenstrategien.

Florian Klaus ist Director BrandPsychology und Mitglied der Geschäftsleitung bei K&A BrandResearch. Neben der strategischen Markenberatung verantwortet er die markenpsychologische Forschung, Methodenentwicklung und die Weiterentwicklung des K&A Psychodrama-Ansatzes.

PwC goes Social Media – Beschäftigte der Wirtschaftsprüfungs- und Beratungsgesellschaft als Markenbotschafter eines Weltmarktführers

Angelika Yuki Köhler

Inhaltsverzeichnis

1 Kontextualisierung: Zum Einsatz von digital vernetzten Markenbotschaftern 343
2 Markenbotschafter und Thought Leadership im Social Web 347
3 Spezifische Herausforderungen für die digitalen Markenbotschafter von PwC 348
4 Die wichtigsten Ziele der Markenbotschafter 351
5 Das Markenbotschafter-Programm zur individuellen Unterstützung 353
Literatur 356

1 Kontextualisierung: Zum Einsatz von digital vernetzten Markenbotschaftern

Die Wirtschaftsprüfungs- und Beratungsgesellschaft PricewaterhouseCoopers (PwC) ist in 158 Ländern mit 250.930 Mitarbeitern[1] aktiv. In Deutschland hatte sie Ende 2018 11.145 Mitarbeiter – Tendenz steigend. Rund 600 davon sind Partner in eigenen Profitcentern – und somit umsatzverantwortlich. PwC vereint Experten für alle Wirtschaftsbranchen, die für privatrechtliche und öffentliche Kunden tätig sind. Die Hauptzielgruppe ist das C-Level. Im *Global 500 Index 2018* (Brand Finance 2018, S. 11) rangiert die

[1]Die in dem Artikel gewählte männliche Form bezieht sich immer zugleich auf weibliche und männliche Personen.

A. Y. Köhler (✉)
PricewaterhouseCoopers GmbH Wirtschaftsprüfungsgesellschaft, Düsseldorf, Deutschland
E-Mail: angelika.yuki.koehler@pwc.com

M. Terstiege (Hrsg.), *Digitales Marketing – Erfolgsmodelle aus der Praxis*,
https://doi.org/10.1007/978-3-658-26195-5_21

Marke PwC auf Platz 50. Damit ist sie in ihrer Peergroup die wertvollste Marke der Welt. Und: PwC versteht sich als Front Runner der Digitalisierung. Dieser Anspruch gilt auch für die Markenkommunikation.

PwC verkauft derzeit zu einem hohen Anteil Wissen in Form von Prüfungs- und Beratungsdienstleistungen und keine physischen Produkte. Klassische Markenbotschafter aus dem B2C-Bereich wie Schauspieler oder Sportler eignen sich hierfür meist nicht. Die Lösung: die eigenen Mitarbeiter als echte Markenträger, als Experten mit relevanten Botschaften. Diese Folgerung ist nicht neu, wohl aber die vielen Verbreitungskanäle, die es gibt, und die Kommunikationsfähigkeiten, die Markenbotschafter heute beherrschen müssen. Für die Positionierung im digitalen Zeitalter ist der „digitale Footprint" eines jeden PwC-Mitarbeiter von höchster Bedeutung. Nur wenn viele Mitarbeiter souverän im Internet agieren, kommt der Front-Runner-Anspruch auch bei den Zielgruppen an. Wenn sich viele Mitarbeiter untereinander vernetzen, erkennen deren externe Kontakte in sozialen Netzwerken wie LinkedIn, Twitter, Xing oder Facebook auch schnell, über welche Kompetenzen PwC in welchen Geschäftsbereichen verfügt. Zudem können diese externen Netzwerkkontakte den Kompetenzen und Leistungen von PwC dann Gesichter und Handlungen zuordnen. Dadurch bleibt das Dienstleistungsportfolio nichts Abstraktes; es wird klar, dass dahinter Menschen mit verschiedensten Kompetenzen und Kenntnissen stehen.

Digitales Marketing mit Markenbotschaftern bedeutet aber nicht, dass der persönliche, physische Kontakt ein Relikt aus analogen Zeiten ist – im Gegenteil, wie Abb. 1 zeigt, bleibt er für die späteren Phasen der Customer Journey, in denen es um Beauftragung und Kundenloyalität geht, sogar ausschlaggebend.

Die Kontaktanbahnung und die erste fachliche Auseinandersetzung, insbesondere wenn es um neue Entwicklungen und Transformationsthemen geht, beginnen heute immer öfter in digitalen Netzwerken. Das Internet ist das Tor zum Kunden. Wer es nicht öffnet, bleibt draußen. Das belegen auch diese Zahlen:

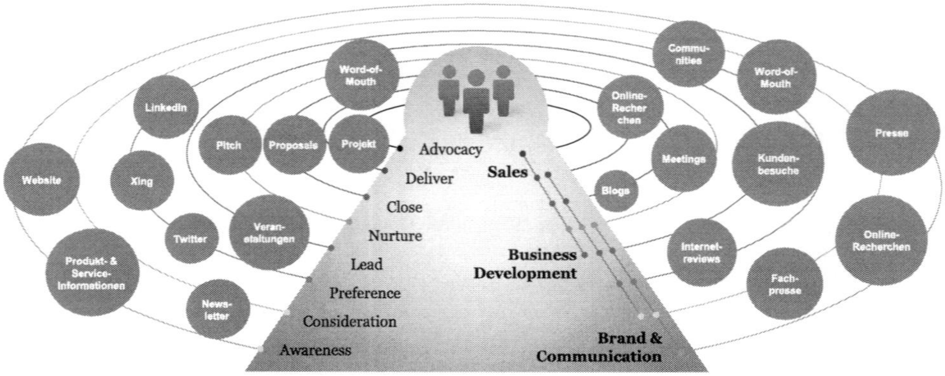

Abb. 1 Beispielhafte Customer Decision Journey. (Quelle: PwC 2019, S. 7)

- An einer Kaufentscheidung im B2B-Kontext sind heute durchschnittlich 5,4 Menschen beteiligt, die aufgrund ihrer Rolle im Buying Center bestimmte Informationsbedürfnisse haben und individuelle Nutzungspräferenzen in Bezug auf Kanäle und Formate mitbringen (Schmidt et al. 2015). Sie müssen entsprechend individuell mit Informationen versorgt werden und von einer Dienstleistung und den dahinterstehenden Menschen überzeugt sein, um zu einem Konsens zu gelangen.
- 75 % der B2B-Buyer und sogar 84 % des C-Levels gaben bereits 2014 an, vor einer Kaufentscheidung Informationen in den sozialen Medien zu recherchieren (Schaub 2014, S. 1). Das Buying Center bedient sich sozialer Medien, um sein Wissen zu erweitern und Vertrauen in Produkte und Dienstleistungen sowie deren Anbieter aufzubauen, verfolgt deren digitale Fußabdrücke und diskutiert Erkenntnisse und Fragen mit Meinungsbildnern in seinen Peers. Es versteht sich kanalübergreifend als „mündiger" Rezipient neuer Informationen und filtert sie und deren Anbieter selbstständig nach inhaltlicher Relevanz, präferiertem Format, guter Konsumierbarkeit und Sympathie.
- 90 % der Entscheider reagieren erst gar nicht auf Angebote, wenn sie das anbietende Unternehmen nicht zuvor schon im selbst oder von ihren Teammitgliedern zusammengestellten „relevanten Set" hatten (Giamanco und Gregoire 2012).

Hinzu kommt: Die Ersteller von Entscheidungsvorlagen sind meist jünger als die Entscheider und nutzen mehrheitlich digitale Informationsquellen. Ihnen kommt eine zentrale „Gatekeeper"-Funktion zu, denn ihre Empfehlungen werden zum Großteil von Recherchen im Netz beeinflusst. Wer dort nicht in Erscheinung tritt, schafft es daher unter Umständen nicht in die Vorauswahl.

Laut Hoffmann (2017, S. 43) finden Entscheidungs- und Meinungsbildungsprozesse auch im Internet – zu einem großen Teil in geschlossenen Zirkeln statt. Dies sind zum Beispiel Gruppen oder direkte Gespräche in Messengern. Zugang zu solchen entscheidenden Kreisen erlangen aber nicht gesichtslose Marken-Accounts, sondern Menschen, die für eine Marke (ein-)stehen.

Bei wichtigen Entscheidungen fragen Kunden laut Hoffmann (2017, S. 51) gerne ganz konkrete Einzelpersonen um Rat, um sich Orientierung zu holen. Sei das Vertrauen zu einem Meinungsbildner bzw. zu einer Person, die der Kunde als Autorität innerhalb eines Fachgebiets anerkenne, aufgebaut, wirke deren Wort oft mehr als viele Bewertungen, zu deren Urhebern kein persönlicher Bezug bestehe.

Die Art, wie sich Kundenbeziehungen heute entwickeln, hat sich also durch das Internet verändert. Früher begannen Kunden viel eher mit ihrem Evaluierungsprozess, da die Mitarbeiter der Produkt- und Dienstleistungsanbieter ihre wichtigste Wissensquelle waren. Heute bietet das Internet nahezu unbegrenzte Informationen über Unternehmen, Produkte, Wettbewerber und Benchmarks. Das Verkaufsgespräch folgt erst nach der Informationsbewertung. Dem Empfehlungsmarketing daher seine Bedeutung abzusprechen, ist der falsche Schluss. Vielmehr findet eine Erweiterung auf weitere Kanäle statt, um zusätzliche Kontaktpunkte zu Stakeholdern zu erschließen. Wie Abb. 2 veranschaulicht, hat sich auch

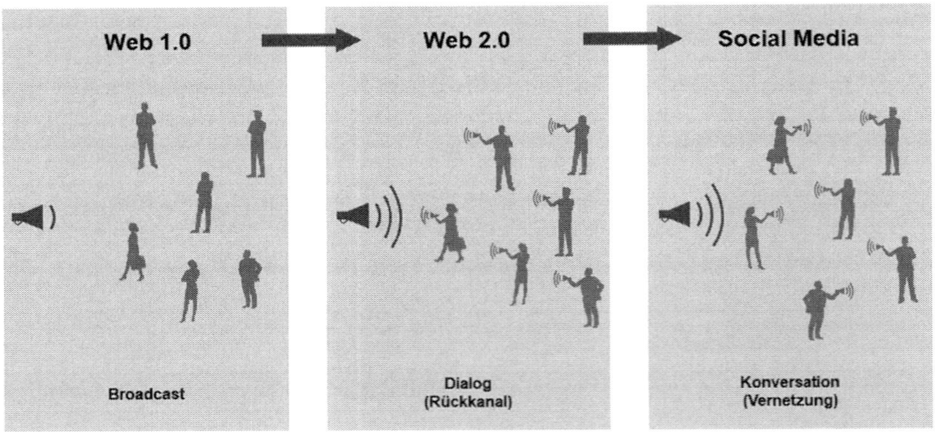

Abb. 2 Dialog im Web. (Quelle: Völcker 2012, S. 12)

die Onlinekommunikation weiterentwickelt; es gibt nicht nur einen validen Absender, etwa den Experten eines Unternehmens, sondern auch untereinander vernetzte Stakeholder. Umso wichtiger ist der konsistente, glaubwürdige und authentische Auftritt von Markenbotschaftern im Social Web.

Markenbotschafter müssen sich deshalb – wie ihre (potenziellen) Kunden – stets aktueller Technologien bedienen. Sie müssen sich in digitalen Netzwerken auf die richtigen Personen und Unternehmen konzentrieren, eigene und andere Kontaktdaten aktuell halten und in ihren Zielgruppen Vertrauen zu PwC, seinen Mitarbeitern und deren Fähigkeiten aufbauen. Dabei kommt es nicht unbedingt auf die Quantität der Kontakte an, sondern vor allem auf die Qualität. Um die gwünschten Zielgruppen über das eigene Netzwerk oder gemeinsame Kontakte zu erreichen, gilt es, überlegt mit Kontaktanfragen umzugehen und nur Personen ins eigene Netzwerk aufzunehmen, die einem wirklich bekannt sind und die die Qualität des eigenen Netzwerks erhöhen. Und es genügt nicht mehr, nur als Kontakt bei unmittelbaren Kaufentscheidungen verfügbar zu sein; vielmehr ist eine konstante, orientierungsstiftende, meinungsbildende und empfehlungsgebende Präsenz erfoderlich. Laut Hoffmann (2017, S. 45) kann nur derjenige strategisch handeln, der stets umfassend einen Blick darauf hat, wie über die eigene Marke und Leistung gesprochen wird. Dabei gehe es sowohl darum, mögliche (Kommunikations-) Krisen frühzeitig zu erkennen, als auch darum, das eigene Auftreten bestmöglich auf die relevanten Meinungsbildner und Multiplikatoren abzustimmen. Diese Verantwortung haben insbesondere Führungskräfte. Als Markenbotschafter gelten bei PwC aber auch all jene, die PwC im Internet als Arbeitgeber angeben und aus Expertensicht Stellung zu branchenspezifischen oder technologischen Trend- und Fachthemen nehmen oder Außenstehenden Einblick in die PwC-Kultur ermöglichen können.

Die Notwendigkeit für den Einsatz digitaler Markenbotschafter basiert auch auf der zunehmenden funktionalen Ausdifferenzierung von Gesellschaften und dem damit verbundenen steigenden Bedarf an Experten. Diese Entwicklung beschrieb schon der Soziologe und Gesellschaftstheoretiker Niklas Luhmann (Dobusch 2016) – und für PwC als weltweit und in allen Wirtschaftsbereichen operierendes Unternehmen ist sie heute deutlich spürbar. Der gesellschaftliche und technologische Wandel, der mit dem Internet und der Digitalisierung einhergeht, generiert einen zusätzlichen Expertenbedarf. Die Veränderungen verlaufen rasch, branchenübergreifend und disruptiv. Damit verursachen sie fundamentale Unsicherheiten, das heißt, es ist nicht nur schwieriger, die Wahrscheinlichkeit verschiedener Entwicklungsmöglichkeiten abzuschätzen, sondern auch die Art und Vielfalt möglicher Entwicklungspfade selbst sind aufgrund der wachsenden Komplexität schwer absehbar. Und je höher die Komplexität, desto größer ist der Bedarf an Experten, die Orientierung geben (Dobusch 2016). Im Internetzeitalter begründet sich der Expertenstatus jedoch nicht mehr allein auf Ausbildung und beruflicher Tätigkeit; es sind zusätzliche Aktivitäten wie beispielsweise Posten oder Bloggen erforderlich, um als Experte präsent zu bleiben.

2 Markenbotschafter und Thought Leadership im Social Web

PwC steht für Orientierung, das spiegelt sich auch im Unternehmens-Purpose wider: Build trust in society and solve important problems. Mit diesem Leitbild geht auch ein Exzellenzversprechen für ganzheitliche und nachhaltige Beratung einher – entlang der gesamten Wertschöpfungskette und über Branchen- und Ländergrenzen hinweg. Um missverständliche Botschaften zu vermeiden, die mit diesem Anspruch konfligieren, sollte das Nutzerverhalten, das im Privatbereich in den sozialen Medien Usus ist, nicht auf Profile übertragen werden, die geschäftlich relevant sein sollen.

Das repräsentative Profil im passenden Netzwerk ist der Ausgangspunkt für alle Geschäftsaktivitäten im Internet. Dort sollten Markenbotschafter laut Hoffmann (2017, S. 47) ein Teil der (Fach-)Diskurse nicht nur unmittelbar im Markenkontext, sondern in einem größeren Zusammenhang werden. Dafür müssten sie sich an relevanten Dialogen beteiligen, sich in den richtigen Gruppen aufhalten, ihre bisherigen Lebenserfahrungen auf die digitale Welt übertragen und mit den besonderen Funktionen und Gesetzmäßigkeiten im Web umgehen können. Je sicherer sie sich auf den verschiedenen Plattformen bewegten und je aktiver sie dort interagierten, desto besser gelinge dies.

Zum souveränen Auftritt im Social Web gehört es auch, Botschaften gezielt zu übermitteln. Sie wahllos zu streuen, kann kontraproduktiv sein. Es kommt darauf an, zum richtigen Zeitpunkt die richtigen Kanäle für die richtigen Botschaften in der richtigen Frequenz auszuwählen. Marken, die hier erfolgreich sein wollen, müssen ihre Zielgruppen und deren spezifische (Informations-)Bedürfnisse genau kennen. Sie müssen erfahren, was und wie über sie gesprochen wird (Hoffmann 2017, S. 46). Doch wie gelingt es, aus recht geschlossenen Kreisen und einem Überangebot an Informationen, die für ihre Strategie interessanten Quellen und Informationen herauszufiltern, um an den relevanten

Dialogen teilzunehmen? Schließlich ist Content für die PwC-Stakeholder nur dann attraktiv, wenn er Nutzen stiftet. Durch eine reine Wiedergabe des öffentlich-gesellschaftlichen und/oder politischen Diskurses wird dieses Ziel nicht erreicht. Nutzen entsteht nur, wenn Markenbotschafter die Diskursinhalte für ihre Stakeholder fachspezifisch aufbrechen bzw. um tiefergehende oder aus dem Erfahrungsschatz gespeiste – nicht überall zugängliche – Informationen ergänzen, wenn sie also Insights bieten oder Konsequenzen erläutern, und zwar maßgeschneidert auf die Fragestellungen ihrer Kundengruppen. Für PwC-Markenbotschafter geht Qualität deshalb vor Quantität. Die Glaubwürdigkeit von PwC in der digitalen Welt hängt nicht so sehr davon ab, wie viele Informationen die Markenbotschafter teilen, sondern davon, wie aktuell, relevant und zutreffend diese sind. Dies gilt insbesondere für Führungskräfte: Laut Hoffmann (2017, S. 49) beeinflusst die Glaubwürdigkeit von Vorständen und Unternehmensentscheidern den Wert eines Unternehmens. Ihre Reputation gebe häufig den Ausschlag bei Investitionen. In Krisensituationen würden die Kommunikationsfähigkeit und die Außenwirkung der Firmenleitung dazu beitragen, wie gut es aus Unternehmenssicht gelinge, die Situation wieder einzufangen. Auch für Markenbotschafter ist also eine gute Balance aus den richtigen Formaten und der richtigen Frequenz notwendig, denn zu wenig Visibilität und Konsistenz führen auch bei ihnen ins kommunikative Nichts.

3 Spezifische Herausforderungen für die digitalen Markenbotschafter von PwC

Neben den genannten allgemeinen Anforderungen an die digitalen Markenbotschafter gibt es unternehmensspezifische Herausforderungen zu meistern, die aus dem komplexen Geschäftsmodell, dem breit gefächerten Dienstleistungsportfolio, der Organisationsstruktur und der hohen Mitarbeiterzahl von PwC herrühren:

1. **„Unsichtbare" B2B-Produkte:** Ein wesentlicher Teil des PwC-Geschäfts ist im B2B-Bereich verortet. Das Zielbranchen-Set ist äußerst divers, die Dienstleistungen sind häufig weder visuell noch haptisch fassbar. Zudem sind viele Services sehr spezifisch, komplex oder ganz neu im Markt und somit selbst für viele (potenzielle) Kunden stark erklärungsbedürftig. Deshalb sind emotionale und breitenwirksame Produktinszenierungen wie bei Autos oder Reisen kaum möglich. 280 Twitter-Zeichen über ein neues Strommarktdesign für Deutschland oder eine KI-Anwendung in der Wirtschaftsprüfung allein transportieren womöglich eher missverständliche als erhellende Informationen. Die Herausforderung für Markenbotschafter von PwC ist deshalb, sich in die Empfänger ihrer Botschaften hineinzuversetzen und zu erkennen, welche der eigenen Inhalte sie wirksam kommunizieren können und welche nicht. Das Ziel: Botschaften senden, deren Missverständnispotenzial gering und positiver Wirkungsgrad hoch ist. Meist geht es daher darum, effektive Teaser für weiterführende Informationsseiten, Veranstaltungen oder Erklärvideos zu setzen, in denen das Thema detaillierter betrachtet oder ein weiterführender Austausch angeboten wird.

2. **Sensible Mehrfachkontakte:** Markenbotschafter für Unternehmen ohne Partnerschaftsmodell haben oft keine Umsatzverantwortung. Bei PwC gibt es viele Umsatzverantwortliche; diese kommunizieren eigenverantwortlich mit den Stakeholdern und das kann direkt oder indirekt umsatzfördernd sein. Die große Zahl der Mitarbeiter bei PwC, die theoretisch alle im Social Web aktiv sein könnten, stellt eine große Chance dar, denn sie birgt ein enormes Reichweitenpotenzial.
   Doch es gibt auch Risiken: Klassische PwC-Stakeholder kennen meist mehrere Mitarbeiter von PwC, häufig liegt die Anzahl der gemeinsamen Kontakte im zweistelligen Bereich. Diese sich überschneidenden Kontakte erfordern eine stringente Organisation und Fokussierung von Social-Media-Aktivitäten. Entscheidend ist hier das richtige Seeding: Content, der von anderen schon veröffentlicht wurde, wird geteilt, statt erneut originär gepostet. Wie Abb. 3 (linke Bildhälfte) verdeutlicht, gibt es so weiterhin nur eine Ausgangsquelle und die, für den Empfänger schnell anstrengende, Mehrfachansprache (rechte Bildhälfte) gemeinsamer Kontakte wird vermieden, da die Plattformen die Interaktionen für den Empfänger weitestgehend konsolidieren. Ansonsten laufen die Vertreter eines Unternehmens dieser Größenordnung schnell Gefahr, wertvolle Kontakte mit redundanten oder gar identischen Beiträgen zu überfluten. Die Herausforderung für PwC besteht also darin, den Content-Output von tausenden Markenbotschaftern so zu koordinieren, dass die Empfänger genau die richtigen Informationen in einem sinnvollen Maß erhalten.
3. **Fehlender Kauf-Button:** Ein Vorteil von vielen B2C-Produkten ist es, dass Markenbotschafter Kaufentscheidungen in fast allen Phasen der Customer Journey herbeiführen können. Im B2B-Bereich ist das meist anders: Hier agieren die Markenbotschafter überwiegend in den drei Phasen, die vor dem Kaufprozess liegen: Awareness, Consideration und Preference. Hinzu kommt, dass in diesen Phasen die Kontakthäufigkeit und die inhaltliche Vielseitigkeit naturgemäß höher sein müssen als in der Kaufabsichts- und Kaufphase, ohne jedoch durch schwache Inhalte

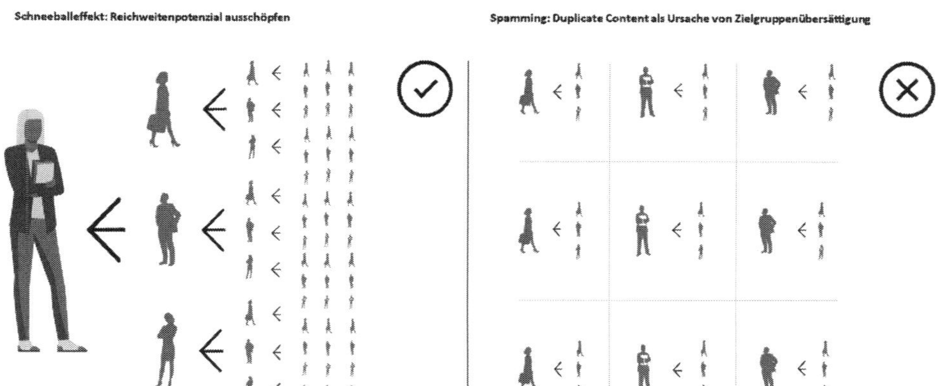

Abb. 3 Richtiges Seeding in der Theorie. (Quelle: PwC 2019, S. 21)

oder zu hohe Frequenz negativ aufzufallen. Denn wie bereits angeführt sind an einer B2B-Kaufentscheidung heute im Schnitt fünf Personen beteiligt – mit unterschiedlichen Informationsbedürfnissen (CEOs suchen andere Informationen als CFOs oder CTOs, auch wenn es um dasselbe Projekt geht) und Medienpräferenzen (Text, Bilder, Grafiken, Video, Audio). Markenbotschafter müssen daher die richtigen Empfänger im Netzwerk auswählen, deren Informationsbedürfnisse antizipieren, deren Fragen auf Augenhöhe pointiert beantworten und mit ihnen in den Dialog treten. Unterschriftlich verkaufen können sie ihren Kontakten im Social Web ohne gezielte, (bezahlte) kommunikative Maßnahmen in der Regel nichts. Doch im eigenen Netzwerk Mehrwert oder einen positiven Eindruck durch eine vertiefende Expertenmeinung zu generieren, kann einen Verkauf vorbereiten und so indirekt umsatzfördernd wirken. Sich dieses Unterschieds zum eigenen, „gewohnten" digitalen Kaufentscheidungsverhalten als Konsument bewusst zu sein, ist daher wichtig für die effektive Planung von Markenbotschafteraktivitäten.

4. **Verinnerlichte Berufsethik:** PwC ist die umsatzstärkste Wirtschaftsprüfungs- und Beratungsgesellschaft in Deutschland. Auch wenn die anderen Beratungssparten heute teilweise größer sind, ist die Unternehmenskultur durch das Berufsethos der Prüfer geprägt. Zu deren, teilweise gesetzlich verankerten, Regeln gehören Gewissenhaftigkeit, Verschwiegenheit und Unabhängigkeit. Im Social Web müssen komplexe Themen, Sachzusammenhänge und fachliche Meinungen jedoch auf begrenztem Raum dargestellt werden. Auch sind Agilität, Flexibilität und Echtzeitkommunikation gefragt. Die klassische PwC-Arbeitsweise ist durch Akribie, Zuverlässigkeit, verbindliche Information, profundes Fachwissen und Sorgsamkeit geprägt. Viele Mitarbeiter sorgen sich daher um den Verlust des eigenen Anspruchs an Informationsqualität im digitalen Umfeld. Die Motivation, mit weniger fundierten Informationen an die digitale Öffentlichekeit zu gehen, und die aus dieser Sorge resultierende Risikobereitschaft sind entsprechend geringer als bei anderen Unternehmen. Es ist daher sehr wichtig, den Markenbotschaftern Handwerkszeug mitzugeben, mit dem sie ihre Rolle als digitale Markenbotschafter unter Berücksichtigung ihrer Berufsethik motiviert und ohne Bedenken erfüllen können.
5. **„Unkontrollierte" Kommunikation:** Bevor die sozialen Medien aufkamen, war es recht einfach, die Kommunikation zwischen Unternehmen und Stakeholdern zu koordinieren. Die wesentlichen analogen Kanäle waren zweidimensional: persönlicher Kontakt, Telefon, E-Mail. Zudem war es ein begrenzter Personenkreis, der in die breite Öffentlichkeit kommunizierte – mit weniger Botschaften sowie begrenzterem Reichweiten- und Awareness-Potenzial. Dank des Internets gibt es heute viel mehr Kommunikationskanäle, die mehrdimensional und auch auf den Austausch zwischen Anwendern ausgelegt sind. Über all diese Kanäle kommunizieren hunderte von PwC-Markenbotschaftern eigenständig mit zigtausenden Adressaten. Diese teilen wiederum die Informationen der Markenbotschafter. Allein die Quantität dieses täglichen Austauschs kann eine Kommunikationsabteilung nicht mehr kontrollieren, geschweige denn die Qualität. Die Demokratisierung der Kommunikation ist dennoch eine postitive

Entwicklung, sofern sie durch die Festlegung geeigneter Rahmenbedingungen, die Vermittlung wichtiger Kompetenzen und das Vertrauen in das Verantwortungsbewusstsein der Belegschaft geprägt ist.

4 Die wichtigsten Ziele der Markenbotschafter

Bei PwC verfolgen die Markenbotschafter vor allem drei Ziele:

1. Kontakte sollen Austausch auf Augenhöhe und die damit verbundene Wertschätzung auch in der digitalen Welt jederzeit erleben können.
2. Kontakte sollen von den PwC-Mitarbeitern Antworten auf inhaltliche Fragen erhalten und mithilfe von PwC-Inhalten Probleme lösen oder infrage kommende Lösungsansätze identifizieren können.
3. Kontakte sollen PwC-Markenbotschaftern aus dem sozialen Medium heraus auf die PwC-Website oder weitere Kanäle folgen, persönlich Kontakt aufnehmen oder eine Veranstaltungsteilnahme initiieren können.

Stakeholder denken in Themen und Problemen. Content ist für sie relevant, wenn er Nutzen stiftet, indem er etwa dazu beiträgt, ihre Probleme zu lösen oder Lösungsansätze darlegt. Wenn das gelingt, erhöhen sich der Thought-Leader-Status, vor allem der Führungskräfte, und die Sichtbarkeit der Markenbotschafter, da Interaktionsrate und Reichweite steigen.

Google rankt auf Seite 1 seiner organischen Suchergebnisse vor allem Inhalte, die Informationssuchenden höchste Relevanz bieten. Markenbotschafter-Profile oder Blogbeiträge, die viel Interaktion erzeugen, ranken daher weit vorne. So erschließen Markenbotschafter mit persönlichen Accounts ein Potenzial, das sich laut Hoffmann (2017, S. 52) über Unternehmenspräsenzen allein nicht offenbaren würde.

Wie in analogen Beziehungen gilt auch im Social Web: Nur wer Aufmerksamkeit schenkt, bekommt Aufmerksamkeit zurück. Was hier wirkt, ist das psychologisch verankertes Prinzip der Gegenseitigkeit (Cialdini 2017, S. 43 ff.). Im weltweiten Netz der Reizüberflutung ist Aufmerksamkeit das höchste Gut, weil alle anderen Ziele der Markenkommunikation darauf aufbauen. Die Versuchung, die sozialen Medien mal schnell als Gratiswerbekanal zu nutzen, ist groß. Dies kann vom Empfänger allerdings schnell als unangenehm empfunden und mit Verbannung aus der eigenen Timeline oder gar aus dem Netzwerk quittiert werden.

Wie flüchtig Aufmerksamkeit ist, zeigt diese Zahl: Die durchschnittliche Aufmerksamkeitsspanne von Mediennutzern beträgt acht Sekunden (McSpadden 2015). Und: Ein LinkedIn-Nutzer verbringt im Schnitt pro Tag nur insgesamt zehn Minuten in diesem Netzwerk (Search Engine Journal 2016). In diesen kurzen Zeiten mit Firmeninhalten die Aufmerksamkeit der Adressaten zu gewinnen, ist schwierig – und sie zu halten, noch viel schwieriger. Zudem wird die Techniknutzung immer mobiler, und zwar auch für ansonsten wenig technikaffine Menschen (Hoffmann 2017, S. 43). So ist es ein weiteres Ziel der Markenbotschafter, die Verweilzeiten hoch und die Absprungraten niedrig zu halten. Die wichtigsten Gründe für hohe Absprungraten sind nach wie vor

- massive Informationsflut,
- zu werbliche Inhalte,
- veraltete Inhalte,
- schlechte inhaltliche Struktur,
- schlechte Lesbarkeit,
- unattraktives Design und
- mangelhafte Navigation.

Schon ein einziger dieser Negativfaktoren kann genügen, um Netzwerkkontakten das Gefühl zu geben, der Content würde keinen Mehrwert bieten. Fehlender Mehrwert und mangelhafte Konsumierbarkeit der Inhalte sind die häufigsten Ursachen dafür, warum sich Kunden von Unternehmensinhalten abwenden. Nach Hoffmann (2017, S. 49) suchen Menschen nach Orientierung und versuchen, sich in der Flut an Informationen zurechtzufinden. Sie wollen alle für sie relevanten Informationen finden, um den Vorteil zu nutzen, als Erste von etwas zu erfahren und sich in einer immer komplexeren Welt zurechtzufinden. Sie wollen sicher sein, dass die Inhalte korrekt sind und aus verlässlichen Quellen stammen. Deshalb suchen sie immer wieder diejenigen Quellen auf, die sich schon als zuverlässig und hochwertig erwiesen haben. Hier kann von guten Markenbotschaftern in Sachen Präferenz, Vertrauen und erster Ansprechpartner ein entscheidender Impuls für einen anschließenden, fundierteren Informationsaustausch und für künftige Geschäftsbeziehungen gesetzt werden.

Die Website von PwC Deutschland ist eine umfangreiche Quelle mit vielseitigen, häufig Studien-basierten Inhalten. Ihre Sichtbarkeit im Netz zu erhöhen und damit den Expertenstatus von PwC zu verfestigen, ist ein weiteres Ziel, zu dessen Erreichung PwC-Mitarbeiter durch ihre Markenbotschaftertätigkeit beitragen. Sie schaffen durch Verlinkungen neue Touchpoints und ermöglichen ihren Kontakten so, einfacher mit PwC zu interagieren. Laut Hoffmann (2017, S. 51) sind Menschen immer wieder bereit, aus einer Plattform heraus externen Links zu folgen. Dies zeigen auch Studien wie der ADI Report „Europe Best of the Best 2015".

Geteilte Inhalte, Verlinkungen, Netzwerkkontakte, Likes und Kommentare: All dies zahlt auf die Onlinereputation ein – und richtig arrangiert – auch auf das Suchmaschinenranking von Unternehmensinhalten. Die wichtigsten Gründe, warum Menschen Informationen über digitale Kanäle teilen, hat, wie J. R. Neidlinger (2014, S. 2) anführt, die New York Times Customer Insight Group herausgefunden:

- *85 %,* weil ihnen Feedback und Reaktionen geholfen haben, Informationen zu verstehen. Zu sehen, wie andere über etwas denken, hilft ihnen, Zusammenhänge zu verstehen und sich eine eigene Meinung zu bilden

- *49 %,* weil sie andere Menschen informieren und/oder deren Meinung ändern möchten
- *68 %,* weil sie sich mit dem Inhalt identifizieren, dadurch ein bestimmtes Bild von sich vermitteln und anderen Menschen zeigen wollen, was sie unterstützen
- *73 %,* weil sie meinen, dass der Inhalt für andere hilfreich ist

Angesichts all der genannten Anforderungen und Ziele beginnt das offizielle Markenbotschafter-Dasein bei PwC daher mit einem halbtägigen Classroom-Training, in dem die wichtigsten Grundlagen vermittelt, spezifische Herausforderungen anhand von Praxisbeispielen diskutiert und die neuen Kenntnisse in ersten Übungen angewandt werden. Das Ziel des PwC-Markenbotschafter-Programms lautet klar: Enablement.

5 Das Markenbotschafter-Programm zur individuellen Unterstützung

Kernelement des Markenbotschafter-Programms von PwC ist das halbtägige *Präsenztraining.* Bislang haben bereits mehr als 2.000 Mitarbeiter aller Unternehmensbereiche und Organisationsebenen daran teilgenommen.

Im ersten Teil des Trainings werden verschiedene Grundlagen vermittelt und Themen praxisnah diskutiert, um die angehenden Markenbotschafter für die Besonderheiten ihres neuen digitalen Wirkens zu sensibilisieren. Dazu zählen unter anderem die Kriterien für die Erstellung und Pflege eines professionellen Nutzerprofils, PwC-Brand-Compliance, Qualitätsstandards für die visuelle und inhaltliche Aufbereitung, Zweck und Merkmale einer B2B-relevanten Markenkommunikation, SEO-Grundlagen, Funktionen von Keywords und Hashtags, rechtliche Aspekte wie Datenschutz und Urheberrecht sowie der Umgang mit kritischen Kommentaren und Posts und entsprechende Moderationstechniken.

In der anschließenden Schreibwerkstatt üben die Teilnehmer, das Gelernte umzusetzen, und erhalten unmittelbares Feedback zu ihren (ersten) Entwürfen. So überarbeiten sie etwa ihr eigenes Profil und üben, wie sich ein komplexes und erklärungsbedürftiges Thema in einigen hundert Zeichen so anteasern lässt, dass der Stakeholder seine Customer Journey in der PwC-Informationswelt fortsetzt oder eine Kontaktaufnahme in Erwägung zieht. Sie versuchen, eigene kleine Kampagnen aufzusetzen, um so ihre Themen wirkungsvoll zu inszenieren. Wichtiger Bestandteil des praktischen Parts ist es auch, anhand von Fallbeispielen zu erproben, wie man professionell mit negativen Kommentaren und Meinungskonflikten im Netz umgehen oder solchen von vornherein entgegenwirken kann. Abschließend erhalten die Teilnehmer Zugang zu einem Content-Management-Tool, mit dem sie verschiedene Social-Media-Kanäle zentral und effizient verwalten können.

Zum Programm gehört auch eine interne Online-Community, in der sich auch ein „lebendiger" Leitfaden befindet. Die Community ermöglicht angehenden Markenbotschaftern, wichtige Punkte aus dem Training zu vertiefen oder Fragen zu stellen und

Ideen zu diskutieren. Die fortlaufende Aktualisierung des Leitfadens stellt sicher, dass das Wissen trotz ständiger Veränderungen im Social Web immer auf dem aktuellen Stand ist. Er dient den Markenbotschaftern als Nachschlagewerk, das Antwort auf wichtige Fragen wie diese gibt:

Was müssen PwC-Markenbotschafter bei ihren privaten Social-Media-Accounts beachten?
Ob privat bei Facebook oder beruflich bei LinkedIn – sobald Menschen in sozialen Netzwerken ihren Arbeitgeber angeben, werden sie auch als Unternehmensvertreter wahrgenommen – und folglich auch im beruflichen Kontext bewertet; selbst dann, wenn sie sich nicht beruflich äußern. Die Grenze zwischen privater und beruflicher Präsenz verschwimmt und jeder Content hat sowohl Einfluss auf die persönliche Reputation als auch auf die Marke des Arbeitsgebers. Dennoch kann ein Unternehmen seinen Mitarbeitern nicht vorgeben, wie sie sich in ihren privaten Internetprofilen präsentieren sollen. Es sollte ihnen daher plausibel vermitteln, wie sie sich privat so aufstellen können, dass sie im Sinne ihrer persönlichen Marke und gleichzeitig im Sinne des Markenversprechens ihres Arbeitgebers sicher durch das Social Web navigieren. Eins darf dabei nicht in Vergessenheit geraten: Die Verbindung zur Marke ist wichtig, darf jedoch keine werblichen Ausmaße annehmen. Hier gilt es, das richtige Feingefühl zu vermitteln. Ebenso wichtig ist ein aktuelles, professionell gestaltetes Profil; die Devise lautet: Besser kein Profil als ein veraltetes.

Welche Social-Media-Netzwerke sind für PwC relevant?
Die Should-have-Kanäle für Markenbotschafter von PwC sind Twitter, LinkedIn und Xing, weil sie für B2B-Netzwerkende besonders geeignet sind. Sie werden von Millionen Usern als Businesskanäle genutzt, Twitter und LinkedIn funktionieren zudem mehrsprachig und über Ländergrenzen hinweg. Das brauchen global agierende Marken wie PwC; schließlich sind viele deutsche PwC-Experten international im Einsatz und müssen auch Kontakte in China, Indien oder im europäischen Ausland pflegen. Insbesondere Twitter ist zudem ein Kanal mit sehr hoher Aktualität. Auch sind hier viele Journalisten aktiv und zum Austausch bereit. Gerade im Kontakt mit ihnen ist Geschwindigkeit, also Echtzeitkommunikation, sehr wichtig.

Welche Inhalte teilen PwC-Markenbotschafter und wie sollten diese gestaltet sein?
Oft teilen Markenbotschafter exklusive Studien von PwC zu aktuellen Themen. Andere stellen neue technologische Tools vor. Solcher Content sollte möglichst multimedial aufbereitet sein und eine kurze persönliche Bewertung oder einen exklusiven Einblick enthalten. Beim Erstellen sollten die Bedürfnisse der Adressaten stets im Blick behalten werden. Ebenso wichtig ist die „persönliche Note", wenn PwC-Markenbotschafter Content von Netzwerkkontakten teilen. So kann ein sinnstiftender Kommentar zu einem *Handelsblatt*-Artikel der Positionierung nutzen, weil er Journalisten und Leserschaft Mehrwert bietet. Idealerweise sind Inhalte und Kommentare so aufbereitet, dass die

Adressaten über interessante Verlinkungen zu weiteren PwC-Touchpoints gelangen. So lässt sich eine bruchlose Customer Journey schaffen. Zudem sollten Markenbotschafter den Dialog und die persönliche Kontaktaufnahme ermöglichen. Aufgrund der Immaterialität vieler von PwC angebotenen Dienstleistungen, bietet nur der persönliche Kontakt einen emotionalen Zugang zu Kunden (Kesting und Rennhak 2008, S. 137–138). Daher ist eine kontinuierliche und konsistente Kommunikation ein wichtiger Erfolgsfaktor.

Wie kann sichergestellt werden, dass die vielen PwC-Experten koordiniert im Netz kommunizieren?
Expertenteams, die gemeinsam an bestimmten Lösungen oder für den selben Kunden arbeiten, praktizieren eine Social-Medial-Arbeitsteilung. Bewährt hat sich hier die Themen-Köpfe-Matrix: Bestimmte Teams oder Teammitglieder engagieren sich im Netz nur bei bestimmten Themen, während alle anderen den Multiplikatoreneffekt fördern, indem sie deren Posts teilen. Oder die Markenbotschafter wählen eine Zeitrotation: Jede Woche kümmert sich ein Team um das digitale Marketing und die anderen um die Reichweite, indem sie teilen. Jedes Team kann sich dabei selbst koordinieren, Verantwortlichkeiten zuordnen und einen Hauptansprechpartner benennen.

Wie lässt sich die Markenbotschafter-Tätigkeit effizient ins Tagesgeschäft integrieren?
Markenbotschafter zu sein, ist keine Zusatzaufgabe, sondern bei einem Front Runner der Digitalisierung selbstverständliches Tagesgeschäft. Nach der Einarbeitungsphase nimmt der Zeitaufwand deutlich ab. Und wer bei seinen Hauptaufgaben von Anfang an auch an Social Media denkt, kann viele Inhalte zweitverwerten. Dies ist auch für das eigene Zeitmanagement von Bedeutung, denn das Projektgeschäft bei PwC ist von häufigen Ortswechseln und Zeitknappheit geprägt. Ziel ist es daher, mit wenig Aufwand maximalen Nutzen aus der Markenbotschaftertätigkeit zu ziehen. Zusatzeffekt für jüngere Mitarbeiter: Sie erhalten frühzeitig eine öffentliche Plattform, auf der sie sich in Zusammenarbeit mit Führungskräften themenspezifisch positionieren können. So gelingt der Aufbau einer digitalen Reputation sehr früh.

Was das Programm noch leistet
Selbstverständlich sind in einem großen Unternehmen wie PwC in der Belegschaft unterschiedliche Grade von Wissen, Affinität und Social-Media-Engagement vorhanden. Das Markenbotschafter-Programm macht sich dies zunutze, indem es auch als Train-the-Trainer-Programm fungiert: Digital Natives und Social-Media-Begeisterte werden zu Reverse-Mentoren ausgebildet, die älteren oder weniger affinen Kollegen zur Seite stehen. Für jüngere Mentoren ist dies eine gute Möglichkeit, ihre Führungskräfte näher kennenzulernen und von deren Wissen zu profitieren. Und die Führungskräfte profitieren davon, neben dem Support aus der Marketing- und Kommunikationsabteilung, zusätzlich einen persönlichen Ansprechpartner in ihrer Nähe zu haben.

Das Training ist nur der Anfang: Im schnelllebigen Social Web verändern sich auch die Plattformen ständig. Über neue Funktionen etc. wird in der Markenbotschafter-Community im Intranet informiert. Zudem können in Zusammenarbeit mit der Kommunikationsabteilung kanalübergreifende Redaktionspläne für das eigene Team entwickelt oder für größere Themen auch gemischte Kampagnen, die die persönlichen wie auch die Unternehmensprofile umfassen, geplant und umgesetzt werden.

Wie Erfolg aussehen kann, der auf engagierte Markenbotschafter zurückgeht, illustrieren diese kurz skizzierten Beispiele:

- In Vorbereitung auf einen Pitch nutzte ein Partner zwei Monate lang wöchentlich die Blog-Funktion einer Social-Media-Plattform, um dort regelmäßig über Erfolgsfaktoren, persönliche Erfahrungen und Empfehlungen aus einem Projekt mit ähnlicher Aufgaben- und Zielsetzung zu veröffentlichen. Sein Team erhielt den Zuschlag. Erst später erfuhr der Partner den Grund dafür: Der Kunde hatte die Blogbeiträge verfolgt und so das Gefühl bekommen, dass der Partner sein Anliegen und die bestmöglichen Lösungen bereits genau kennt.
- In einem anderen Fall gelang es, einen Partner mit seiner Expertise zu einem im öffentlichen Diskurs wichtigen Thema mehrfach in meinungsbildenden Publikumsmedien zu platzieren, da er der Erste war, der den Journalisten auf einer Microblogging-Plattform kurz nach Verkündung eines relevanten Urteils eine fundierte Einschätzung gab.

Das Markenbotschafter-Programm von PwC zielt also darauf ab, seine Mitarbeiter für die sozialen Medien rundum fit zu machen. Es will anleiten, fördern und digitale „Leuchttürme" hervorbringen, die wiederum andere Markenbotschafter inspirieren und motivieren. Es leistet damit einen Beitrag zur Stärkung der persönlichen Reputation und der Marke PwC. Darüber hinaus trägt das Programm dazu bei, kulturelle Veränderungen voranzutreiben, die in Zeiten der stetig fortschreitenden digitalen Transformation erforderlich sind.

Literatur

Brand Finance. (2018). Globe 500 2018. The annual report on the world's most valuable brands. The Brand Finance Group. http://brandfinance.com/knowledge-centre/reports/brand-finance-global-500-2018/. Zugegriffen: 28. Nov. 2018.

Cialdini, R. B. (2017). *Psychologie des Überzeugens. Wie Sie sich selbst und ihren Mitmenschen auf die Schliche kommen*. Bern: Hogrefe.

Dobusch, L. (2016). Expertenschwemme gegen die Informationsüberflutung? Expertentum und Expertise im digitalen Zeitalter. netzpolitik.org. https://netzpolitik.org/2016/expertenschwemme-gegen-die-informationsueberflutung-expertentum-und-expertise-im-digitalen-zeitalter/. Zugegriffen: 29. Nov. 2018.

Kesting, T., & Rennhak, C. (2008). *Marktsegmentierung in der deutschen Unternehmenspraxis*. Wiesbaden: Gabler.

Giamanco, B., & Gregoire, K. (2012). Tweet Me, Friend Me, Make Me Buy. Harvard Business Review. https://hbr.org/2012/07/tweet-me-friend-me-make-me-buy. Zugegriffen: 28. Nov. 2018.
Hoffmann, K. (2017). *Lotsen in der Informationsflut. Erfolgreiche Kommunikationsstrategien mit starken Markenbotschaften aus dem Unternehmen*. Freiburg: Haufe-Lexware.
McSpadden, K. (2015). You now have a shorter attention span than a goldfish. Time http://time.com/3858309/attention-spans-goldfish/. Zugegriffen: 20. Dez. 2018.
Neidlinger, J.R. (2014). Why your content will go viral. CoSchedule Blog. https://coschedule.com/blog/go-viral/. Zugegriffen: 29. Nov. 2018.
PwC. (2019). Thought Leadership und Markenbotschafter im Social Web. (eigenes Trainingsmaterial).
Schaub, K. (2014). Social buying meets social selling: How trusted networks improve the purchase experience. IDC. https://business.linkedin.com/content/dam/business/sales-solutions/global/en_US/c/pdfs/idc-wp-247829.pdf. Zugegriffen: 23. Dez. 2018.
Schmidt, K., Adamson, B., & Bird, A. (2015). Making the consensus sale. Harvard Business Review. https://hbr.org/2015/03/making-the-consensus-sale. Zugegriffen: 17. Dez. 2018.
Search Engine Journal. (2016). Durchschnittliche tägliche Nutzungsdauer von sozialen Netzwerken weltweit im Jahr 2016 (in Minuten). Statista. https://de.statista.com/statistik/daten/studie/525589/umfrage/taegliche-nutzungsdauer-von-sozialen-netzwerken-weltweit/. Zugegriffen: 20. Dez. 2018.
Völcker, B. (2012). Web-Trends & strategie. Infopark AG. https://de.slideshare.net/infoparkag/keynote-aktuelle-webtrends-bernd-vlcker. Zugegriffen: 20. Dez. 2018.

Angelika Yuki Köhler ist als Head of Corporate Communications & Strategy bei der Wirtschaftsprüfungs- und Beratungsgesellschaft PwC in Deutschland im Bereich Marketing & Communications tätig. Zuvor verantwortete sie dort als Lead Strategist Integrated Marketing Communications und Social Media Lead Projekte rund um die digitale Customer Journey und die strategische Go-to-Market-Kommunikation, nachdem sie zuvor als Marketing & Communications-Verantwortliche für die Bereiche Advisory, Data Analytics und Industry 4.0 bei PwC Deutschland an Bord kam. Bevor sie zu PwC wechselte, arbeitete sie bei der Kommunikationsagentur JP|KOM – dort beriet sie diverse Kunden aus dem B2B-Sektor.

Digitale Transformation braucht einen Herzschlag

Ein Streifzug durch die sich täglich verändernde digital gestärkte Kundenwelt, ein Ansatz für die erstklassige Customer Experience und ein Zukunftsblick auf die Dimensionen der Persönlichkeits- und Karriereentwicklung

Marina Sverdel

Inhaltsverzeichnis

1 Marke und Konsumenten im Dialog 361
2 Kunden konsequent in den Mittelpunkt stellen 362
3 Vom Kundenfokus zum Kundenerlebnis 363
4 Praxisblick auf Customer-Experience-Modelle 363
5 Mensch und Technologie 366
6 Vom Bauchgefühl hin zu begründeten Entscheidungen 367
7 Man lernt nie aus 367
Literatur 368

Rund zehn Grundschüler sitzen zusammen mit ihren Eltern in einem hell beleuchteten Büroraum. Voller Neugier schauen sie auf die extra für sie aufgebauten grünen Rechner mit dem leckeren Namen Raspberry Pi. Ein sportlich gekleideter junger Mann hat sich an diesem Samstag eine wichtige Aufgabe vorgenommen. Er wird der Gruppe Digitalkompetenzen vermitteln. Hauptberuflich leitet er eine Software-Entwicklungsabteilung und macht nebenbei seinen Master. „Family Coding Day" heißt ein dreistündiger Kurs, bei dem Kinder gemeinsam mit ihren Eltern die Welt des Programmierens erkunden können. Es wird getüftelt, gebastelt und gemalt, um dem Miniroboter „Ozobot" mittels Farbcodes Befehle zu erteilen.

Alle, die dabei sind, finden es spannend, auf kreative und spielerische Weise digitales Verständnis aufzubauen. Für Erwachsene ist noch mehr drin als lustige Spielereien mit

M. Sverdel (✉)
Düsseldorf, Deutschland

M. Terstiege (Hrsg.), *Digitales Marketing – Erfolgsmodelle aus der Praxis*,
https://doi.org/10.1007/978-3-658-26195-5_22

der Technik. Die größte Herausforderung unserer Zeit besteht darin, eigene Fähigkeiten und Fertigkeiten mit den sich schnell verändernden Marktanforderungen in Einklang zu bringen. Dafür reicht ein vor Jahren abgeschlossenes Studium alleine nicht mehr. Heute gilt, sich immer wieder infrage zu stellen, im Gespräch zu bleiben und neue Themenfelder zu erkunden.

In der Tat befinden wir uns gerade in einer der bemerkenswertesten Epochen der Menschheitsgeschichte, in einem nie dagewesenen Wandel – und wir werden diese Zeit nicht nur erleben, sondern auch mitgestalten dürfen. Viele bisher erfolgreiche klassische Geschäftsmodelle – ob im Handel, in der Autoindustrie, in der Medien- und Werbebranche – durchlaufen einen disruptiven Transformationsprozess und suchen nach Erfolgsstrategien, Innovationen und Wachstumspotenzial.

Der starke Treiber hinter den wirtschaftlichen und gesellschaftlichen Veränderungen ist Digitalisierung. Unbestritten bieten digitale Technologien radikal neue Möglichkeiten zur Verfügbarkeit von Informationen und zur Vernetzung von Menschen. Sie beeinflussen, wie wir miteinander kommunizieren (Snapchat, Alexa), wie wir reisen (Airbnb, trivago & Co.), einkaufen und bezahlen (Amazon, WeChat), wie wir den richtigen Arbeitgeber finden und bewerten (Indeed, Glassdoor), wie unsere Kinder lernen (Scoyo, Sofatutor), und sogar, in wen wir uns verlieben (Parship, Tinder & Co.). Auch unsere Arbeitswelt bleibt von diesen Veränderungen nicht unberührt.

Das Thema der Digitalisierung ist in aller Munde. Knapp 70 Mio. Suchergebnisse liefert Google in Bruchteil von Sekunden aus für den Begriff Digitale Transformation in Deutschland (Stand März 2019). In den USA gibt es zum Begriff das Fünffache an Ergebnissen.

Wer bei Digitalisierung an Telekommunikation, IT-Infrastruktur oder Software-Entwicklung denkt, liegt falsch. Es ist keine Frage der Technologie, sondern der Unternehmenskultur,der Organisationsstrukturen und jedes einzelnen Individuums. Neue Modelle der Gegenwart wie „Flexibility", „Agility" und „Collaboration" leiten die neue Arbeitskultur ein. Immer mehr Unternehmen bieten ihren Mitarbeitern flexible Arbeitszeitmodelle mit unbegrenztem Home Office, Co-Working Spaces und Desk Sharing. Vier von zehn Arbeitgebern in Deutschland (39 %) lassen ihre Mitarbeiter ganz oder teilweise von zu Hause aus arbeiten (Vier von zehn Unternehmen erlauben Arbeit im Homeoffice 26. Februar 2018).

Die Chancen der digitalen Transformation sind nicht nur der Generation Y oder Z vorbehalten. Vielmehr geht es um die Bereitschaft, sich der Möglichkeiten der Digitalisierung bewusst zu werden, wissbegierig und neugierig gegenüber Neuem sein.

Digitale Transformation ist kein Sprint, sie ist ein Marathon auf einer unvorhersehbaren Strecke und ohne ein klar definiertes Fitnessprogramm. Es geht nicht (nur) darum, Produktionsmaschinen mit Sensoren auszurüsten, ein neues Design für die Website anzubieten oder einen Chatbot zu launchen. Sondern im Vordergrund steht, die eigene Zukunftsfähigkeit im digitalen Zeitalter zu sichern und auszubauen – als Unternehmen und als Individuum.

Gastronomen oder Hotelinhaber sollten sich die Frage stellen, ob deren Business auf die digitale Gesellschaft und Kundenerwartungen vorbereitet ist und wie sie es nach vorne bringen. Es muss nicht unbedingt der modernste Putz-Roboter sein, den sie in ihren Hotels einsetzen. Es fängt viel einfacher an mit der Frage: „Wie gut ist mein Restaurant bei Google sichtbar oder bei Yelp bewertet, und biete ich meinen Gästen eine bequeme Online-Reservierung an?" Ein Finanzcontroller sollte sich dafür interessieren, wie er die letzten Technologien zu Datenvisualisierung verwenden kann, um die Entscheidungen des Top-Managements einfacher und schneller herbeiführen zu können. Marketingverantwortliche sollten den Fokus darauf setzen, wie Marketing- und Vertriebsaktivitäten mithilfe von Daten – idealerwiese in Echtzeit – optimiert werden können. Neun von zehn von der BITKOM im Rahmen einer Studie befragten Unternehmen sehen in der Digitalisierung eine Chance (Berg 2018, S. 2).

1 Marke und Konsumenten im Dialog

Wir leben in einer digitalen Welt, in der jedes Markenerlebnis in den Händen eines Kunden liegt. Egal, wo er ist. Jeder Kunde verfügt über Informationsmacht, Selbstbestimmtheit und hat einen Anspruch auf volle Kontrolle. Alle Angebote sind weltweit 24/7 zugänglich. Deren Exklusivität nimmt dadurch ab, während Transparenz und Vergleichbarkeit stetig steigen. Für jedes Angebot gibt es eine oder mehrere Alternativen, die sprichwörtlich nur einen Klick entfernt sind. Somit werden Wechselhürden von Marke zu Marke, von Produkt zu Produkt, von Dienstleister zu Dienstleister, von Plattform zu Plattform zunehmend verringert. Der Weg eines Kunden zum Kauf oder zur Service-Nutzung war früher vorhersehbar und linear. Nun wurde der Marketing-Funnel durch ein neues, von digitalen Technologien angetriebenes Modell abgelöst. Die Customer Journey von heute ist dynamisch, sodass Kunden ihre Kaufoptionen ständig neu bewerten können (Edelman und Singer 2015). Sie wischen, tippen, klicken, liken, teilen. Pro Minute verschicken sie 38 Mio. Nachrichten per WhatsApp, erstellen 2,4 Mio. Snaps, swipen 1,1 Mio. Mal bei Tinder (Internet-Minute 2018).

Kurzum: Sie konsumieren und kreieren Inhalte und haben sich schnell an die Möglichkeit gewöhnt, die Medienkultur zu beeinflussen.

Gerade in der anonymisierten digitalen Welt wird der emotionalen Verbindung mit der Marke eine große Bedeutung zugeschrieben. Auch pure Online-Player ergreifen die Chance, die Erfahrung für ihre User personalisierter und emotionaler zu machen. Spotify erstellt für Nutzer Playlists nach ihrem Lauftempo. Google überrascht und gratuliert bei einer Suche mit personalisiertem Gruß zum Geburtstag. Gerade unsere Erfahrungen mit den vier GAFA-Unternehmen – den US-amerikanischen Tech-Riesen Google, Apple, Facebook und Amazon – prägen Kundenerwartung von anderen Marken und unsere Marken-Loyalität.

Wie Jeff Bezos an seine Aktionäre geschrieben hatte:„There are many advantages to a customer-centric approach, but here's the big one: customers are always beautifully, wonderfully dissatisfied, even when they report being happy and business is great. Even when they don't yet know it, customers want something better, and your desire to delight customers will drive you to invent on their behalf. No customer ever asked Amazon to create the Prime membership program, but it sure turns out they wanted it, and I could give you many such examples“ (Bezos 2017).

Im April 2018, zum ersten Mal seit der Gründung von Amazon Prime vor 13 Jahren, veröffentliche Bezos konkrete Prime-Mitgliederzahlen. Analysten spekulierten seit Jahren über den Umfang des Amazon-Premium-Services. Demnach nutzen den kostenpflichtigen Abonnement-Service weltweit 100 Mio. Kunden. Laut Bezos habe Amazon Prime 2017 zudem sein bestes Jahr verzeichnet und mehr als fünf Milliarden Artikel auf der ganzen Welt verschickt (Imre 19. April 2018).

2 Kunden konsequent in den Mittelpunkt stellen

Konsumenten verändern die Regeln der Markenführung. Aber nicht alle Marken können mit der Erwartungshaltung der Nutzer Schritt halten. Die größte Herausforderung sehe ich darin, Kundenwünsche zu antizipieren, sie vorauszusehen und beeindruckende Momente zu schaffen. Denn Kunden kommen nicht selbst mit innovativen Ideen. Oder wie Henry Ford einst sagte: Hätte ich meine Kunden gefragt, was sie wollten, hätten sie: ‚Ein schnelleres Pferd‘, gesagt. Marken können ihre Chance ergreife, Konsumenten zu involvieren, ihre Produkte, Dienstleistungen aber vor allem ihre Geschichten zu prägen.

Samsung macht es seit einigen Jahren erfolgreich vor. In Zusammenarbeit mit einem der bekanntesten YouTuber, Casey Neistat, verwirklicht Samsung seine Brand-Philosophie „Do what you can't“, auf Deutsch: „Tu, was du nicht (lassen) kannst“. Samsung berührt bei dem Menschen die Sehnsucht, sein Potenzial auszuschöpfen und sich zu trauen, über seine Grenzen hinweg zu gehen, und macht damit der Kreativität jedes Einzelnen eine Liebeserklärung.

Auch Adidas spricht die Generation der „Creators“ an und rückt Kundenbedürfnisse in den Fokus. Der Marketingvorstand Eric Liedtke intensiviert den Aufbau direkter Beziehungen mit Konsumenten. Er konzentriert Ressourcen und Kampagnen – weg von klassischer Werbung – auf soziale Medien und physische Präsenz – eine Mischung aus lokalen Veranstaltungen und digitalen Aktivierungen.

Die genannten Herausforderungen erfordern grundlegend neue Ansätze im Marketing – vom traditionellen Monolog hin zum Community-Building. Damit können Marken relevant, nützlich und unterhaltsam bleiben.

Besonders hervorzuheben ist Nike. Es ist nicht nur eine Marke, für die sich Konsumenten entscheiden, um sportlich zu wirken, sondern auch eine Marke, die sie zum Sport anregt. Einst eine Bekleidungsmarke, erzählt Nike Geschichten über die Willenskraft von Athleten. Durch die Einführung von Markenerlebnissen wie Nike Plus, den Nike Plus Training Club und den Nike Plus Running Club hat Nike ein Eco-System für die Nutzer geschaffen. Nike Plus bietet die Möglichkeit, mit der Marke zu interagieren, auch wenn sie kein Produkt kaufen. Daher führen Menschen nicht nur Transaktionen mit Nike durch, sondern bauen auch Beziehungen zu Nike auf. „The Nike brand is not only what

Nike tells or sells you. Nike is what you do with Nike.“ (Kocheilas 15. Mai 2018). Damit lebt Nike seine Markenpositionierung aus, die vom Mitbegründer Bill Bowerman einst ausgesprochen wurde: „If you have a body, you are an athlete“. (Ajaz 2015, S. 211).

3 Vom Kundenfokus zum Kundenerlebnis

Auch wenn wir alle das Gefühl haben, dass Smartphone, Smart Tools und Smart Homes unser Leben beherrschen, sollte differenziert werden, wie „digital savvy“ Konsumenten sind. Sie haben unterschiedliche digitale Erfahrungen, Intensität und Berührungspunkte im Umgang mit Technologien. In Anlehnung an die Studie von Accenture werden folgende Gruppen unterschieden (Wollan et al. 2014):

- **Die Traditionellen:** Sie verlassen sich auf klassische Kanäle.
- **Die Experimentellen:** Sie nutzen selektiv digitale Angebote.
- **Die Übergangswilligen:** Sie sind bestrebt, digital stärker zu nutzen.
- **Die Fortgeschrittenen:** Digitale Technologien sind Teil ihres Lebens.

Wenn heute mehr von allem vorhanden ist – mehr Kanäle, mehr Auswahl, mehr Geschwindigkeit, mehr Verwirrung, mehr Rauschen und weniger Signale –, ist es gerechtfertigt zu fragen: Welche Rolle kommt dem Marketing zu?

Um sich der relevanten Zielgruppe richtig zuwenden zu können, bedarf es einer grenzenlosen Vernetzung der Kundenkontaktpunkte mit einem absoluten Fokus auf Kundenbedürfnisse. Keine reine Kanal-Strategie, kein rein technologisches Spiel, sondern eine Veränderung von Massenwerbung per Gießkannenprinzip hin zu der individuellen Ansprache des Konsumenten.

Hierbei spielen die Fachgebiete des digitalen Marketings eine bedeutende Rolle. Durch die Verfügbarkeit und die Analyse von Kunden-, Produkt- und Absatzdaten sowie die Messbarkeit der Marketing- und Vertriebsaktivitäten wird ein System geschaffen, in dem die Vermarktungsaktivitäten laufend optimiert werden können: von Online Plattformen und Marktplätzen hin zu Social Media, Communities, Suchmaschinenmarketing, zur programmatischen Werbung und nicht zuletzt zu ausgereiften Methoden der Messbarkeit von Performance wie Attributionsmodellen. Die Beherrschung und konsequente Anwendung auf diesen Fachgebieten bilden die Grundlage für die Etablierung einer konsistenten Omnichannel Customer Experience.

4 Praxisblick auf Customer-Experience-Modelle

Als Konsumenten erleben wir täglich – unsere Bereitschaft, Daten zu teilen, vorausgesetzt – wie Personalisierung und Automatisierung uns beeindrucken können. Ob Produktempfehlungen bei Amazon oder Google-Maps-Berechnungen für die Strecke und

Zeit vom Büro nach Hause – solange diese Dienste als relevante Dienstleistung empfunden werden, nutzen wir sie intensiv. Der Megatrend Personalisierung ist jedoch nicht für jede Marke geeignet. Berechtigt ist die Frage: Wie viel Individualisierung darf es sein?

Für die Marke METRO, einen weltweit führenden Großhändler für Gewerbetreibende wie Gastronomen, Hotelinhaber, Tankstellen- und Kioskbetreiber, ist der Wunsch, einen Kunden noch persönlicher zu betreuen, in der DNA des Unternehmens verankert. METRO ist eine Beziehungsmarke mit einer einzigartigen Mitgliedskarte, die es ermöglicht, Kunden ganzheitlich zu verstehen und personalisierte Informationen und Kanäle hinweg anzubieten. Die beste Voraussetzung, um eine individuelle METRO-Welt für jeden der 21 Mio. Kunden weltweit zu schaffen. Oder mit anderen Worten – ein erstklassiges Omnichannel-Kundenerlebnis mit dem Ziel, METROs Rolle als Unterstützer des Erfolges aller selbstständigen Unternehmerinnen und Unternehmer unter Beweis zu stellen. Damit steht METRO nicht alleine da. Viele Unternehmen setzen seit Jahren sogenannte Customer-Success-Manager oder Customer-Happiness-Manager ein, um zum Erfolg ihrer Kunden beizutragen. Für den Global Player wie METRO, der in 25 Märkten präsent ist, ist es eine Herkulesaufgabe. Entscheidende Voraussetzungen sind

- Engagierte Top-Fachleute und offene Unternehmenskultur
- Erstklassige Technologie, Innovationsspirit und Time to Market
- Der absolute Fokus auf Nutzer – sowohl auf Kunden als auch auf Anwender
- Beratung, Implementierung und Lokalisierung – konsistent, aus einer Hand
- Messbarkeit der Performance, Evaluierung, Optimierung – jederzeit

Auf diesem Weg können sich viele Unternehmen wie METRO auf zahlreiche Modelle stützen und die Schritte zur Omnichannel Customer Experience selbst bestimmen. Um nur einige Modelle zu nennen:

- **Gartner Customer Experience Management Maturity Model mit fünf Stufen der sogenannten Maturität:** initial, developing, defined, managed and optimizing
- **Sitecore Customer Experience Maturity Model mit sieben Stufen in drei übergeordneten Phasen:** Anziehen, Konvertieren, Fürsprechen (A Tour of Sitecore's Customer Experience Maturity Model 2017)
- Omnichannel-Exzellenz-Kreislauf (Westermann et al. 2018, S. 40)

Aus den genannten Modellen lassen sich zusammenfassend fünf Stufen des Reifegrades und der Transformation hin zur Omnichannel Customer Experience erkennen, die ich hier aus der Kundenperspektive aufzeigen möchte (vgl. Abb. 1)

- **Stufe 1:** Online Experience – Kunde interagiert mit der Marke über einen einzigen digitalen Kontaktpunkt mit dem Ziel, die Marke kennenzulernen sowie Produkte und Services zu entdecken – in einer natürlichen intuitiven Verbindung von Content und Commerce. Mehrwert: Personalisierung an einem Kontaktpunkt mit Single-Channel-Daten.

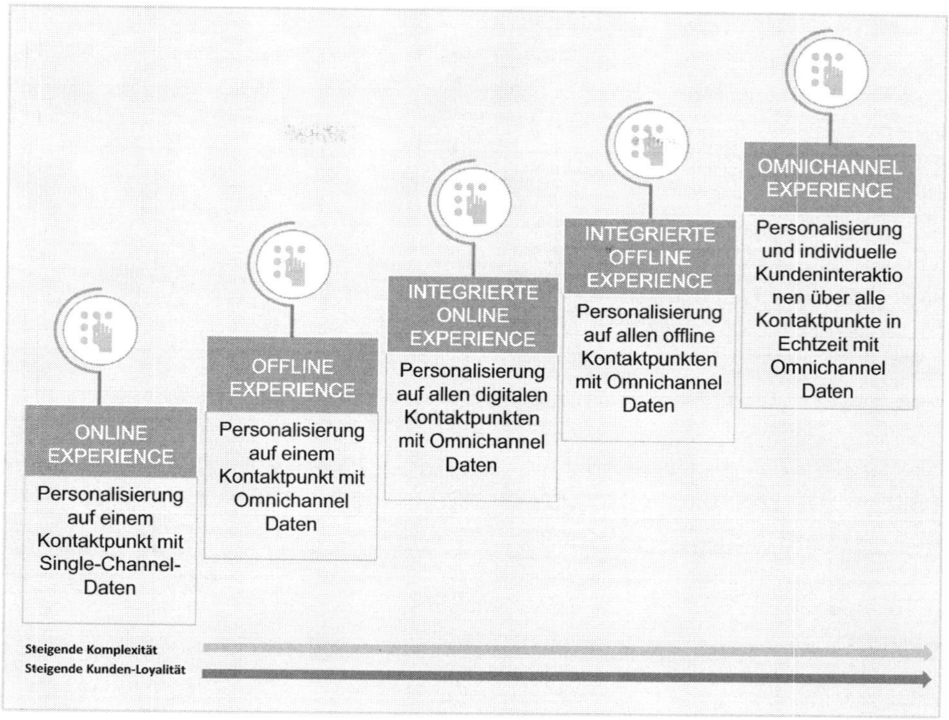

Abb. 1 Stufen des Reifegrades und der Transformation hin zur Omnichannel Customer Experience

- **Stufe 2:** Offline Experience – Kunde erlebt an einem Kontaktpunkt ein verbessertes Erlebnis aufgrund der Nutzung von Segmentdaten aus mehreren Quellen. Dadurch erhält das Unternehmen einen besseren Überblick über die individuellen Kunden und das Verhalten der Gruppe.
  Mehrwert: Personalisierung an einem Kontaktpunkt mit Omnichannel-Daten.
- **Stufe 3:** Integrierte Online Experience – Kunde wird über mehrere digitale Kanäle (nicht nur über einen einzigen Kontaktpunkt) angesprochen, indem Omnichannel-Daten für alle digitalen Kontaktpunkte genutzt werden.
  Mehrwert: Personalisierung an allen digitalen Kontaktpunkten mit Omnichannel-Daten.
- **Stufe 4:** Integrierte Offline Experience – Kunde wird über mehrere physische Kontaktpunkte angesprochen, wie etwa im stationären Geschäft oder Callcenter.
  Mehrwert: Personalisierung an allen Offline-Kontaktpunkten mit Omnichannel-Daten.
- **Stufe 5:** Omnichannel Experience – Kunde genießt inspirierende und ansprechende Erlebnisse, die auf seine Bedürfnisse zugeschnitten sind. Diese werden ermöglicht durch die Anbindung aller Kanäle und Bereitstellung konsistenter personalisierter Kundenerfahrungen.
  Mehrwert: Personalisierung und individuelle Kundeninteraktionen über alle Kanäle und Kontaktpunkte hinweg in Echtzeit.

5 Mensch und Technologie

Der wichtigste Faktor im System der erstklassigen Omnichannel Experience und der Digitalisierung ist der Mensch. Dabei muss er nicht unbedingt absolut technikverliebt und datengetrieben sein. Es reicht nicht aus, eine herausragende Software auszuliefern, sondern wir sollten sicherstellen, dass die Technologie dem Menschen dient. Das greift Sheryl Sandberg, US-amerikanische Geschäftsfrau und seit zehn Jahren Co-Geschäftsführerin von Facebook Inc, in ihrer Rede am Massachusetts Institute of Technology (MIT) auf: „It's not the technology you build that will define you. It's the teams you build – and what people do with the technology you build." (Sheryl Sandberg's Commencement address 2018).

Dafür sind Eigenverantwortung, Initiative und Vertrauen notwendig, meint Führungsexperte Reinhard K. Sprenger. Er spricht dem Menschen eine wichtige Rolle im Prozess der Digitalisierung zu: „Zukünftig gewinnt nicht der, der produziert, sondern der verbindet [...] Das eröffnet unendliche Vernetzungen und erzwingt neue Anschlussfähigkeiten." (Grapp 19. Oktober 2018).

Es geht darum, Informationen einordnen, beurteilen und in einen Kontext setzen zu können. Das Internet steht jedem als die größte Datenbank der Welt zur Verfügung. Meinung von Tatsachenbehauptung, Sachinformationen von Fake News zu differenzieren, ist die menschliche Leistung. Richard David Precht unterscheidet in diesem Zusammenhang zwischen dem Verfügungswissen, das per Mausklick zugänglich ist, und dem Orientierungswissen, das die Fähigkeit erfordert, dem Wissen „einen Sinn, eine Klangfarbe, eine Bedeutung und eine Tiefe" zu geben (Precht 2014). Er nennt das die „wahre Bildung des 21. Jahrhunderts".

Es erfordert menschliche Empathie, die technologisch gestärkte anonyme digitale Welt und das emotional geladene physische Umfeld miteinander zu verbinden. Ein anschauliches Beispiel bietet das Projekt Zanzibar, in dem die Grenzen zwischen der digitalen und der physischen Welt durch greifbare Interaktion verwischt werden. Es waren wohl die Liebe zu Spielzeug und die Wertschätzung der Schönheit physischer Objekte mit dem Bedürfnis, sich mehr mit Technologien auseinanderzusetzen, die das Forscherteam von Microsoft bewegt hatten, die beiden Welten zusammenzubringen. Die Früchte dieser Arbeit mündeten in das Projekt Zanzibar – eine völlig neue Plattform in Form einer flexiblen, tragbaren Matte, die die Fähigkeit hat, Objekte zu lokalisieren, mit ihnen zu kommunizieren und deren Berührung zu erfassen. Die Forscher sind von dem Gedanken fasziniert, wie die Interaktion mit der Technologie so natürlich wie möglich gemacht werden kann. Das Projekt animiert Kinder, ihr Spielzeug in ein interaktives Spiel zu versetzen und durch Geräusche und Spezialeffekte lebendig werden zu lassen (Project Zanzibar 2018).

6 Vom Bauchgefühl hin zu begründeten Entscheidungen

Ein tragendes Element für den Omnichannel-Erfolg sind aussagekräftiges Kundenwissen, das zwischen Teams, Systemen und Kontaktpunkten ausgetauscht wird. Grundvoraussetzung dafür ist die Organisation rund um und mit Big Data – das Aggregieren und Analysieren von Daten aus verschiedenen Anwendungen und Kanälen, um ein umfassendes Profil jedes einzelnen Kunden (Omnichannel-Daten) zu erstellen, und die Verwendung dieser Daten, um inspirierende Erfahrungen über mehrere Kanäle (Omnichannel-Kontaktpunkte) zu erzeugen. Fortschritte bei Analyseplattformen, Customer-Relationship-Management-Tools, Web-Reporting und Social-Media-Analysen liefern Unternehmen mehr Daten als je zuvor. Daten sind wie das neue Öl – sie bedürfen effizienter und zielgerichteter Verarbeitung. Im Kern steht die vernetzte Datenbasis, welche mittels intelligenter Analyseverfahren zu neuem Wissen führt, um strategische Entscheidungen (in Echtzeit) zu treffen. Das ist Neuland für viele Organisationen und Marketingverantwortliche. Laut BITKOM-Studie räumt jedes vierte von rund 600 befragten Unternehmen ein, dass er sich durch die Digitalisierung überfordert fühlt. Und jeder zehnte sagt sogar, dass er lieber in einer Welt ohne digitale Technologien arbeiten würde (Berg 2018).

7 Man lernt nie aus

Bei der Einführung von neuen auf Omnichannel Experience ausgerichteten Prozessen, Tools und Kommunikationskanälen gilt es, Teams bezüglich ihrer Digitalkompetenz und Nutzung von digitalen Technologien zu trainieren und tech-savvier zu machen. Gerade aufgrund des rasanten technischen Fortschrittes müssen sich Menschen zunehmend mehr Wissen aneignen. Man spricht vom lebenslangen Lernen, im Englischen von life-long learning. Auch wenn lebenslang eher bedrohlich als inspirierend klingt, muss es nicht unbedingt anstrengend und langweilig sein. Neues Wissen kann sich jeder durch Beobachten, Ausprobieren, Überwinden, durch Nachdenken und nicht zuletzt durch Scheitern aneignen. Das macht stark, glücklich, lebensfroh, erfolgreich und hält den Geist fit und frisch. Das auf der Welt verfügbare Wissen verdoppelt sich alle 13 Monate, und IBM prognostiziert, dass sich das Informationsvolumen in den nächsten Jahren alle elf Stunden verdoppeln wird (Selingo und Simon 9. Oktober 2017).

Im Sinne von Precht sollte es dann heißen es, dass wir unser Orientierungswissen durch selbstmotiviertes Lernen erweitern sollen, da wir mit unserem vorhandenen Verfügungswissen mit der rasanten Informationsentwicklung nicht mithalten können werden.

Zurück ins Klassenzimmer beim „Family Coding Day". Erschöpft, aber glücklich packen die Kinder und deren Eltern ihre Sachen ein. Viel geschafft und gelernt – und nicht nur die Grundlagen von Scratch and Python. Vor allem aber hat der Kurs Experimentierfreude geweckt, strukturiertes Denken gefördert und Teamarbeit erlebbar gemacht. Vielleicht geht der ein oder andere Teilnehmer später in die Codingferien. Wer kann es schon heute wissen, welche Jobs wir und unsere in den kommenden Jahren übernehmen werden.

Literatur

Ajaz, A. (2015). *Limitless. Leadership that endures*. London: Vermilion.

A Tour of Sitecore's Customer Experience Maturity Model. (2017). https://www.arrowdigital.com/insights/2017/03/a-tour-of-sitecores-cx-maturity-model. Zugegriffen 28. Nov. 2018.

Berg, A. (2018). Digitalisierung der Wirtschaft. https://www.bitkom.org/Presse/Anhaenge-an-PIs/2018/Bitkom-Charts-Digitalisierung-der-Wirtschaft-06-06-2018-final.pdf. BITKOM. Zugegriffen: 21. Nov. 2018.

Bezos, J. (2017). 2016 Letter to shareholders. https://blog.aboutamazon.com/company-news/2016-letter-to-shareholders. Zugegriffen: 28. Nov. 2018.

Edelman, D., & Singer, M. (2015): The new consumer decision journey. Resource document. https://www.mckinsey.com/business-functions/marketing-and-sales/our-insights/the-new-consumer-decision-journey. Zugegriffen: 21. Nov. 2018.

Grapp, A. (19. Oktober 2018). Chance Digitalisierung – Warum Unternehmen in Zukunft wieder menschlicher werden. Huffington Post. https://www.huffingtonpost.de/entry/chance-digitalisierung-warum-unternehmen-in-zukunft_de_5b421cfde4b0ea80e9406468. Zugegriffen 28. Nov. 2018.

Imre, M. (19. April 2018). Amazon nennt erstmals Zahlen – Mehr als 100 Millionen Prime-Kunden. Handelsblatt. https://www.handelsblatt.com/unternehmen/handel-konsumgueter/aktionaersbrief-von-jeff-bezos-amazon-nennt-erstmals-zahlen-mehr-als-100-millionen-prime-kunden/21190388.html?ticket=ST-6564737-fxOomxArhdY5f5bqaviU-ap3. Zugegriffen: 28. Nov. 2018.

Internet-Minute. (2018). This is what happens in an internet minute. https://www.visualcapitalist.com/wp-content/uploads/2018/05/internet-minute-2018.jpg. Visual Capitalist. Zugegriffen: 2. Nov. 2018.

Kocheilas, A. (15. Mai 2018). The ways customers use products have changed – But brands haven't kept up. Harvard Business Review. https://hbr.org/2018/05/the-ways-customers-use-products-have-changed-but-brands-havent-kept-up. Zugegriffen: 28. Nov. 2018.

Precht, R. D. (2014). *Anna, die Schule und der liebe Gott: Der Verrat des Bildungssystems an unseren Kindern*. München: Goldmann.

Project Zanzibar. (2018). Blurring the distinction between the digital and the physical worlds via tangible interaction in a portable implementation (April 2018). https://www.microsoft.com/en-us/research/blog/project-zanzibar-blurring-distinction-digital-physical-worlds-via-tangible-interaction-portable-implementation/?OCID=msr_blog_zanz_tw. Zugegriffen 28. Nov. 2018.

Selingo, J. J., & Simon, K. (9. Oktober 2017). The Future Of Your Career Depends On Lifelong Learning. https://www.forbes.com/sites/schoolboard/2017/10/09/the-future-of-your-career-depends-on-lifelong-learning/#21f1434f1bd7. Zugegriffen 28. Nov. 2018.

Sheryl Sandberg's Commencement address. (2018). http://news.mit.edu/2018/sheryl-sandberg-commencement-address-0608. Zugegriffen 28. Nov. 2018.

Vier von zehn Unternehmen erlauben Arbeit im Homeoffice. (26. Februar 2018). https://www.bitkom.org/Presse/Presseinformation/Vier-von-zehn-Unternehmen-erlauben-Arbeit-im-Homeoffice.html. BITKOM. Zugegriffen: 21. Nov. 2018.

Westermann, A., Wirtz, V., & Zimmermann, R. (2018). Ein theoriebasierter Ansatz zur Erlangung von Exzellenz im Omnichannel-Vertrieb. In I. Böckenholt, A. Mehn, & A. Westermann (Hrsg.), *Konzepte und Strategien für Omnichannel-Exzellenz. Innovatives Retail-Marketing mit mehrdimensionalen Vertriebs- und Kommunikationskanälen* (S. 37–70). Wiesbaden: Springer Gabler.

Wollan, R., Honts, R., & Angelos, J. (2014). Accenture-Customer-2020. https://www.accenture.com/t00010101T000000__w__/es-es/_acnmedia/Accenture/Conversion-Assets/DotCom/Documents/Global/PDF/Dualpub_6/Accenture-Customer-2020-Future-Ready-Reliving-Past.pdf. Zugegriffen: 28. Nov. 2018.

Marina Sverdel entwickelt als Führungskraft im Digitalen Marketing und in der Customer Experience innovative Konzepte, deren Ziel eine relevante Erfahrung mit Marken über alle Kanäle hinweg ist. In ihrer globalen Funktion für METRO, einen der weltweit führenden Großhändler für Gastronomen, treibt sie als Change Managerin die digitale Transformation des Konzerns voran, indem sie den Kundenfokus in bestehende Marketing- und Serviceprozesse integriert und Teams zur Nutzung von digitalen Technologien weltweit coacht. Derzeit baut Marina Sverdel einen Bereich auf, in dem sie die Omnichannel Customer Experience für METRO-Kunden verantworten wird. Die Erfolgsbilanz von Marina Sverdel reicht von der Entwicklung und Steuerung von Investitionen in kundenorientierte digitale Lösungen, deren bestmöglichen Nutzung weltweit, Re-launch und Harmonisierung der Kunden-Website bis hin zur Etablierung des ersten globalen Kennzahlensystems zur Messung von Effektivität der Multikanal-Kommunikation.

Digital kommunizieren und User kompetent erreichen

Hanns-Ferdinand Müller

Inhaltsverzeichnis

1 Digitales Marketing als Instrument zur Optimierung der Kundenbeziehung 371
2 FORIS AG – die 4 Ps des juristischen Finanzdienstleisters 372
2.1 Product & Price 372
2.2 Place & Promotion 373
3 Kunden mit Verstand und Herz dort abholen, wo sie stehen 374
4 Online-Marketing nach Plan 375
4.1 Das digitale Hoheitsgebiet – die Unternehmenswebsite 375
4.2 Die Menschen im Unternehmen kommunizieren authentisch 376
4.3 Geschichten erzählen und Nachrichtenwert multiplizieren 376
5 Reichweite erzielen mit Social-Media-Marketing 379
6 Digitales Werbeplakat 381
Literatur 382

1 Digitales Marketing als Instrument zur Optimierung der Kundenbeziehung

Schon viele Jahrzehnte lang suggerieren die gängige, populärwissenschaftliche Management-Literatur und Management-Trainer vor allem eins: wie ambitionierte Akteure der Wirtschaft Visionen und Strategien für Unternehmen entwickeln und Prozesse effizient und effektiv gestalten. Sie mahnen, Unternehmensstrukturen zu optimieren und Vertriebskonzepte absatzstark umzusetzen. „Richtige Entscheidungen“

H.-F. Müller (✉)
FORIS AG, Bonn, Deutschland
E-Mail: hanns-ferdinand.mueller@foris.com

M. Terstiege (Hrsg.), *Digitales Marketing – Erfolgsmodelle aus der Praxis*,
https://doi.org/10.1007/978-3-658-26195-5_23

entstehen ihrer Rede nach im Kalkül. Gut, dass ein Umdenken einsetzt: Erfreulich ist der Kulturwandel, der im Zuge der Digitalisierung im Wirtschaftsleben Einzug hält. Der Wandel von ausschließlich harten Werten hin zu weichen Faktoren zieht Kreise. Ein Change, ohne die unternehmerisches Handeln nicht mehr auskommt. Es zählen längst nicht mehr nur der Verstand und die Fähigkeit, strukturiert zu arbeiten. Auch das Herz ist zentral; nämlich Leidenschaft und Begeisterung, Freude, Humor und der Mut, Entscheidungen zu fällen. Mehr und mehr geht es darum, Kompetenz und ein gesundes Bauchgefühl miteinander zu kombinieren. Starke Marken richten ihre Unternehmenskommunikation darauf aus, genau diese fachlichen, wirtschaftlichen und emotionalen Qualitäten zu vermitteln.

Genau hier übernimmt das Digitale Marketing eine Schlüsselrolle. Digitalisierung auf breiter Front und E-Commerce haben den B2B-Vertrieb und das Marketing in den letzten Jahren stark verändert. Die Digitalisierung hat folgerichtig das digitale Marketing verstärkt in den Fokus der Aktivitäten gerückt. „Information im Netz", „Markt- und Wettbewerbsscreening", „Content for free" – diese Schlagwörter verdeutlichen, was heute bei der Gestaltung einer „Business to Business"-Schnittstelle – dem persönlichen Kontakt zum Geschäftspartner und Absatzmittler – State of the Art oder Must-have ist. Digitales Marketing eröffnet der FORIS AG die Möglichkeit, ihre *Zielgruppen schnell und kosteneffizient zu erreichen. Digitales Marketing schafft es, nicht nur faktisch Botschaften und Content zu vermitteln,* sondern es übersetzt *die Emotionen und „das Herz" des Absenders in eine Form, die das Gegenüber berührt.* Denn die Bandbreite der Medien, der Kanäle und der gestaltbaren Inhalte ist groß. Ganz klassisch orientiert sich die FORIS AG an den 4 Ps nach McCarthy, dem Produkt (Product) und Preis (Price), Markt (Place) und Vertriebsweg (Promotion).

2 FORIS AG – die 4 Ps des juristischen Finanzdienstleisters

1996 gegründet, startete die FORIS AG 1998 als Pionier am Markt mit der gewerblichen Prozesskostenfinanzierung. In Folge des Börsengangs 1999 gründete das Unternehmen über die Jahre mehrere Tochterunternehmen, um das Portfolio an Rechtsdienstleistungen zu erweitern, beispielsweise um den Vertrieb von Vorratsgesellschaften. Im Jahr 2016 bündelt die Unternehmensgruppe als FORIS AG ihre Leistungen.

2.1 Product & Price

Porters *Product*-Begriff beschreibt die Schaffung eines im besten Fall innovativen Produkts; eines Produkts, das Fortschritt, Nutzen und Mehrwert bringt und deshalb Kunden überzeugt und Absatzmärkte erschließt. Das Produkt der FORIS AG, das diese Kriterien erfüllt, ist die Prozesskostenfinanzierung. Das Unternehmen hat dieses Produkt erfunden und als erster Prozesskostenfinanzierer in Deutschland aktiv in den Markt gehoben. Der Geschäftszweck der Prozessfinanzierung ist es, Anspruchsinhabern zu ermöglichen, einen Zivilprozess zu führen, ohne sich von finanziellen Engpässen einschränken zu lassen. Das Prozedere läuft wie folgt ab: Der Anwalt des Klägers kontaktiert die FORIS AG. Der Prozessfinanzierer prüft, ob der Fall für eine Finanzierung geeignet ist. Fällt die Prüfung positiv aus, übernimmt der Prozesskostenfinanzierer die finanziellen Mittel für den Prozess. Im Erfolgsfall folgt eine Beteiligung auf Basis des Streitwerts. Das FORIS Case Management entlastet das Management und die Rechtsabteilung ihrer B2B-Kunden weitgehend. Hier übernehmen Juristen des Prozesskostenfinanzierers die Verantwortung. Ein weiterer Geschäftszweig ist die Veräußerung von Vorratsgesellschaften. Was heißt es, Vorratsgesellschaften zu vertreiben? Die FORIS AG gründet Gesellschaften in größerer Stückzahl und „lagert" sie als fertige, wenn auch noch nicht geschäftlich aktive Gesellschaften. Das geschieht so lange, bis ein Kaufinteressent zum Zuge kommt und eine Gesellschaft erwirbt. Handlungsfähig ist diese Gesellschaft bereits 24 h nach dem Eingang der Starksagung oder des Kaufpreises, also direkt nachdem die Änderungen beim Handelsregister angemeldet sind. Zum Stichwort *Price:* Hier geht es zum einen um den Preis, den der Kunde zu zahlen hat. Die Erlösbeteiligung bei der Prozessfinanzierung und Monetarisierung ist ein Beispiel dafür. Zum anderen umfasst die Kategorie „Preis" auch Zahlungs- und Lieferungsmodalitäten wie Overnight-Versand.

2.2 Place & Promotion

Die FORIS AG bewegt sich zwar als Unternehmen in einem Nischenfeld. Sie ist jedoch in einem hart umkämpften Markt aktiv. Erfolgsentscheidend ist es, die Alleinstellungsmerkmale, also die „Unique Selling Proposition" (USP), herauszustellen und die Faktoren zu kommunizieren, die den Marktteilnehmer und seine Produkte einzigartig machen. Die Digitalisierung hat längst einen Wandel in der Marketinglandschaft eingeläutet, der als Kontinuum Unternehmen herausfordert – und auch künftig weiter fordern wird. Es ist also ein Muss, das digitale Marketing zielgerichtet voranzutreiben. Das gilt auch für ein Unternehmen, das seinen Vertriebsfokus auf das B2B-Geschäft lenkt. Der Großteil der FORIS-Kunden erfährt von den Chancen der Prozessfinanzierung durch Vermittler wie Steuerberater oder Rechtsanwälte. Eine Herausforderung ist es, den Anteil derjenigen Neukunden zu steigern, die FORIS aktiv anspricht und direkt akquiriert. Auch in diesem Kontext nimmt das digitale Marketing eine zentrale Rolle ein. Die Vertriebswege stellen auch gleichzeitig das dritte P, nämlich *Place* für Platzierung, dar. Ein Produkt zielgerichtet zu platzieren und die richtigen Absatzkanäle zu erschließen, ist richtungsweisend dafür, erfolgversprechende Werbung zu gestalten und zielgruppennahe Plattformen zu belegen. Das vierte P, *Promotion,* beschäftigt sich mit der Kommunikation. Im Zentrum stehen die Promotion der eigenen Marke und ihrer Produkte genauso wie die Wahl aufmerksamkeitsstarker Werbekanäle. Das digitale Marketing bietet vielfältige Möglichkeiten einer Marktkommunikation, die sachlich und emotional trägt.

3 Kunden mit Verstand und Herz dort abholen, wo sie stehen

Das Marketing der FORIS AG zielt darauf ab, das Unternehmen in dem relativ überschaubaren Markt der Anbieter von juristischen Finanzdienstleistungen positiv wahrnehmbar zu positionieren. Die Aktivitäten dienen dazu, ein unverwechselbares Profil herauszuarbeiten, sich einen Namen zu machen und Marktführerstatus zu erreichen. Bei der Prozessfinanzierung handelt es sich um ein sehr besonderes Angebot, das dementsprechend spezielle Kunden nachfragen. Das sind Interessenten, die Gefahr laufen, sich als Kläger einem hohen finanziellen Risiko auszusetzen. Oder es handelt sich um Organisationen oder Privatpersonen, die mit der Entscheidung hadern, überhaupt Klage einzureichen. Dieses Kundensegment zu identifizieren und bei diesen potenziellen Neukunden Bekanntheit zu erlangen, ist die Basis für den Erfolg. Präsenz am Markt ist eine Grundvoraussetzung dafür. In Zeiten des digitalen und medialen Wandels zählen Schnelligkeit, Marktnähe und Einzigartigkeit im Auftritt, den tragfähige fachlich überzeugende und emotional ansprechende Botschaften stützen. Eine Website zu betreiben, ist in digitalen Zeiten gleichbedeutend damit eine Website, ihre Inhalte und Struktur ständig weiterzuentwickeln. Diese Aufgabe wird zum Dauerbrenner für alle, die digitales Marketing ernst nehmen. Für FORIS heißt das: Gerade im Wandel von Print- zu Online-Marketing ist es das Gebot der Stunde, Kontaktpersonen wirksam und verbindlich anzusprechen. Dazu gehört es, ein Qualitätsversprechen des Unternehmens zu transportieren und nachhaltig in den Köpfen und Herzen der Dialoggruppen zu verankern. Die FORIS-Website ist der Kontaktpunkt Nummer eins und das Herzstück der Markenbildung. Es geht darum, positive Assoziationen in Bezug auf das Produkt der Prozessfinanzierung und das Unternehmen zu wecken. Hinzu kommt: Der Begriff Prozesskostenfinanzierung mutet bei Unerfahrenen geheimnisvoll an oder er wirft Fragen auf. Dieser Terminus hält womöglich sogar Kläger mit offensichtlich guten Erfolgsaussichten vor Gericht davon ab, von der Prozesskostenfinanzierung zu profitieren. Deshalb besteht die Aufgabe der Kommunikation auch darin, aufzuklären. Es geht darum, Vertrauen zu schaffen, um die Scheu vor dieser für viele noch unbekannten juristischen Finanzdienstleistung zu nehmen.

Eine wertvolle Atmosphäre schaffen und Beziehungen fundiert begründen

Einer kraftvollen und wirksamen Außendarstellung liegt ein kraftvolles und wirksames Selbstverständnis zugrunde. Zu wissen, welche Werte ein Unternehmen tragen und welche Werte seine Mitarbeiter antreiben, spielt dabei eine wichtige Rolle. Die FORIS AG proklamiert für sich „innovative Produkte“, „fundierte Arbeitsweise“, „Unabhängigkeit“, „Verlässlichkeit“, „persönliche Betreuung“ und „Offenheit“. Das Unternehmen verfügt über langjährige Erfahrung. Aus gesicherten Erkenntnissen aus der Praxis resultiert seine fundierte Arbeitsweise. Im Kern steht die Maxime: Ein offener Umgang mit dem Kunden begründet Verlässlichkeit und schafft Vertrauen. Die Onlinepräsenz ist ein zentrales Instrument dafür, diese Werte zu kommunizieren und neue Produkte zu verbreiten.

Die Website der FORIS AG vermittelt individuelle Positionen und rückt zentrale Botschaften in den Vordergrund. Das Unternehmen untermauert seine Identität online. Die Kunden leiten daraus ihre Vorstellung über das Unternehmen und seine Produkte ab, die ihre Entscheidungsprozesse bewusst oder unbewusst beeinflussen. Offenheit, Verlässlichkeit und Vertrauen – dafür stehen der Name FORIS und die Mitarbeiter des Unternehmens. Die Aktivitäten im Zuge der Online-Kommunikation sind ganzheitlich geplant, immer mit dem Blick, Inhouse-Juristen und Entscheider in Unternehmen zu erreichen, die bestenfalls Kontakt mit dem Unternehmen aufnehmen. FORIS ist auf Social-Media-Plattformen wie LinkedIn oder Xing aktiv und nutzt die Netzwerke als Dialogplattform. Im Zentrum stehen Fallszenarien, etwa mit Klägern, die ohne Prozessfinanzierung an das Existenzminimum gelangt wären. Das Alternativszenario mit FORIS als Partner legt deutlich den Nutzen für Unternehmer, Privatpersonen und deren Anwälte dar. Es hat sich bewährt, dass Rezipienten praxisnah und Schritt für Schritt verstehen, wie Prozesskostenhilfe funktioniert. Eine weitere zentrale Aussage dabei ist, dass die FORIS AG Rechtsanwälten eine Hilfe ist und in keinem Konkurrenzverhältnis zu der Berufsgruppe steht. So rücken Anwälte in ihrer Rolle als Vermittler neuer Kunden in den Fokus der Kommunikation.

4 Online-Marketing nach Plan

4.1 Das digitale Hoheitsgebiet – die Unternehmenswebsite

Die Website eines Unternehmens ist weit mehr als eine Visitenkarte. Sie ist Absatzmarkt und die Tür zum Unternehmen und den Menschen dahinter. Sie ist das Instrument für digitales Marketing. Ohne sie geht nichts (Appelles 2013). Bei der Pflege der Seite ist es wichtig, Kriterien wie die Suchmaschinenoptimierung (Search Engine Optimization – SEO), zu achten. Wer seine Website suchmaschinenoptimiert betreibt, arbeitet mithilfe relevanter Keywords daran, das Ranking in den Suchergebnissen zu verbessern: ein Garant für mehr Klicks. Und Klicks sind gleichbedeutend mit potenziellen Neukunden. Neben dem keywordbasierten Texten ist es wichtig, die Title-Tags zu optimieren. Der Title bezeichnet die Überschrift des Treffers, den die Suchmaschine für den besagten Begriff landet. Es empfiehlt sich, an die erste Stelle des Titles das relevante Keyword zu stellen. Für FORIS ist das die „Prozessfinanzierung". Das wirkt sich positiv auf das Ranking aus (Seokratie 2017a). Auch Social-Media-Aktivitäten im Allgemeinen und Bewegtbildformate zahlen auf die Sichtbarkeit im Netz ein. Suchmaschinen sind ein längst etabliertes Instrument, das bei Suchenden eine große Glaubwürdigkeit genießt. Suchmaschinenoptimierung ist also vertriebsfördernd und reputationsstärkend zugleich. Unterstützen kundenfreundliche URLs die Suche, erkennt der Nutzer sofort, mit wem und womit er es zu tun hat. Die FORIS AG nutzt sprechende URLs, um die Website optisch und algorithmisch relevanter zu gestalten. Beispiele sind:

- https://www.foris.com/prozessfinanzierung.html
- https://www.foris.com/monetarisierung.html
- https://www.foris.com/vorratsgesellschaften.html

Wer im Netz flaniert und eher zufällig auf die URL stößt, erkennt direkt, worum es auf der Seite geht. Informationen sind damit leichter einzuordnen. Außerdem sind URLs deutlich einprägsamer, die eine eindeutige Verbindung zum Unternehmen und dem Produkt herstellen. Es ist von Vorteil, den Namen eines Unternehmens in die Domain zu schreiben. Als empfängerorientiert erweist es sich außerdem, die Headlines und Zwischenheadlines auf der Website klar und verständlich zu benennen. Starke Überschriften ziehen den Kunden in den Text, Zwischenheadlines strukturieren sinnvoll und machen Appetit auf mehr. Selbstverständlich sind Keywords in diesen prominenten Textzeilen sehr gut aufgehoben (Seokratie 2017b).

4.2 Die Menschen im Unternehmen kommunizieren authentisch

Stammkunden vertrauen ihrem Dienstleister, weil sie eine starke Geschäftsbeziehung haben. Das Unternehmen weiß, was der Kunde braucht, und hat im Laufe der Zeit gelernt, wie er gestrickt ist. Und der Kunde weiß, welche Qualität er erwarten darf. Menschen gestalten Beziehungen. Deshalb sind es die Menschen in Unternehmen, die dem Qualitätsversprechen und dem Vertrauen ein Gesicht geben. Beziehungsstarke Unternehmen geben ihren Werten ein Gesicht und lassen Menschen sprechen. Die Website der FORIS AG beinhaltet deshalb Text und Information sowie Bilder mit den Menschen, die das Unternehmen erlebbar machen. Die Farbgebung der Bildwelt strahlt Vertrauen aus und macht die Menschen hinter dem Produkt nahbar. Die Website der FORIS AG rückt die Mitarbeiter in den Fokus. Die erste Begegnung findet anhand der Fotos und Porträts im Netz statt. Wer bei der FORIS anruft oder eine E-Mail schreibt, hat ein Gesicht seines Ansprechpartners vor sich. User, die visuell wahrnehmen, fassen leichter Vertrauen und stellen eine gefühlte Verbindung zu einem Unternehmen her. Bestenfalls wirken Menschen auf Fotos authentisch, sympathisch und zugewandt (Sens 2017, S. 16). Alle FORIS-Mitarbeiter sind mit Fotos auf der Website unter „Unser Team" zu finden. Wer den Cursor über die Bilder bewegt, sieht Namen und Funktion.

4.3 Geschichten erzählen und Nachrichtenwert multiplizieren

Die Währung in Zeiten der Digitalisierung heißt Content. Wer Interessantes, Überraschendes, Nützliches oder Unterhaltsames bietet – in allen mobilen Formen und Darstellungsweisen – stärkt seine Online-Präsenz. Es geht nicht nur um Bilder, Audio- und Videopodcasts, Produktinfos oder Aktuelles zur Unternehmensentwicklung. Was zählt, ist eine zielgruppengerechte Themenvielfalt in attraktiven Formaten und mobile-tauglichen

Varianten. Medienaffine Player bauen ihren Content auf einem Themenplan auf und folgen einer konsistenten Linie, die auf die Markenbildung abzielt und die Einzigartigkeit des Unternehmens fachlich, wertebasiert und emotional untermauert. So erweitern Marktteilnehmer von heute das Spektrum ihrer Möglichkeiten, sich reichweitenstark zu vernetzen. Denn dank eines Contents wie YouTube-Videos, Questions & Answers oder dank greifbarer Praxisbeispiele ist die Chance groß, Backlinks von anderen Seiten auf die eigenen Inhalte zu kreieren. Diese Verlinkungen wirken sich positiv auf das Ranking der Website bei Google, Bing und Co. aus.

Zielgruppenrelevanten Content kreiert die FORIS AG auch mit Kurz-Case-Studies. Sie schafft Transparenz über Anwendungsfälle und vermittelt Usern dadurch den Nutzen und Mehrwert des Produktes praxisnah. Besonders abstrakte Produkte und Dienstleistungen wie die Prozesskostenfinanzierung werden mit Beispielen aus der Praxis für ausgesuchte Zielgruppen greifbar und nachvollziehbar. Die Best-Practice-Beispiele (Abb. 1) beziehen sich sowohl auf Fälle aus dem B2B-Segment als auch auf Verfahren, die FORIS für Privatpersonen begleitet hat. Mehrheitlich unterscheiden sich die Fälle in Bezug auf das Rechtsgebiet und den Streitgegenstand. Im B2C-Segment überwiegen persönliche Themen. Einzelfallschicksale und Emotionen diktieren die Erzähllinie und appellieren an das Mitgefühl der Rezipienten. Eine authentische Aufbereitung und menschennahe Kommunikation sind enorm wichtig, damit sich die Rezipienten mit den Protagonisten identifizieren. Die Chancen stehen gut, dass die User die Vorteile der Prozesskostenfinanzierung erkennen und das Produkt für sich als chancenreich im Bedarfsfall registrieren. Auch B2B-Praxisbeispiele sprechen Unternehmer mitunter emotional an, gerade wenn die Prozesskostenfinanzierung Existenzen sichert.

Dennoch wiegen bei Unternehmensentscheidungen Fakten schwerer. Die B2C-Beispiele für die Zielgruppe der Unternehmer legen Zahlen offen, zum Großteil die Summe des Erlöses. Zahlen bleiben bei Anwendungsfällen aus dem privaten Kontext hingegen bewusst unerwähnt. Hier steht die Tragweite des Urteils für die finanzielle Situation des Klägers an sich im Vordergrund, die meist einen entscheidenden Einfluss auf die Lebenssituation hat. Die dargestellten – selbstverständlich anonymisierten – Fälle zeigen deutlich, wie unterschiedlich Anspruchsgegner sein können. Die Kernbotschaft dahinter ist: Mit der FORIS AG an der Seite der Kläger ist kein Gegner zu groß. Vertrauen zahlt sich aus. Die enge Zusammenarbeit mit Kunden ermöglicht es, Fälle in ihrer finanziellen, unternehmerischen oder emotionalen Situation zu begreifen. Zur Struktur der Fallschilderungen: Auf die Ausgangslage des Kunden folgen Maßnahmen, die FORIS zur Lösung des Problems ergriffen hat, die Finanzierung und der Erfolg vor Gericht. Fälle universal zu schildern, hilft dabei, das Produkt der Prozessfinanzierung für andere Kundengruppen attraktiv zu machen und einen flexiblen Transfer in die Breite möglicher unternehmerischer und privater Zusammenhänge zu generieren. Im B2B-Bereich sind die Branchen genannt, in denen sich die Anspruchsgegner bewegen. Die Reihenfolge der Kurz-Case-Studies ist ebenfalls bewusst gewählt. Das Hauptaugenmerk liegt auf dem B2B-Bereich, deshalb stehen Praxisbeispiele für Unternehmer an erster Stelle (siehe Abb. 1).

ANWENDUNGSFÄLLE

BEISPIELE AUS DER PRAXIS

In unserer langjährigen Tätigkeit als Prozessfinanzierer haben wir schon in vielen Fällen das Prozesskostenrisiko übernommen und unsere Kunden, Unternehmer wie Privatpersonen, mit unserem juristischen Sachverstand unterstützt. Einige ausgewählte Beispiele machen deutlich, wo sich die FORIS auch für Sie stark machen kann.

Unternehmer, für die wir uns stark gemacht haben

Egal, wie stark Ihr (möglicher) Prozessgegner ist: Wir haben Erfahrung, wenn es gegen große Gegner geht. Doch überzeugen Sie sich selbst.

Unternehmer gegen Versicherung

Ein Gebäudeversicherer weigerte sich, den Brandschaden in einem Betrieb in Höhe von 800.000 EURO zu bezahlen, weil der Unternehmer angeblich keine ausreichenden Vorsichtsmaßnahmen getroffen hatte. In dem von FORIS unterstützten Prozess stellten die Richter das Gegenteil fest und verurteilten den Versicherer zur Zahlung.

Unternehmer gegen Konzern

Ein Bauunternehmer erhielt den Auftrag, einen Straßendamm zu entfernen. Bei den Arbeiten stellte sich heraus, dass das Erdreich kontaminiert war. Weil der Auftraggeber, ein Konzern, trotz Zahlungszusagen drei Millionen EURO schuldig blieb, kam die Baufirma in arge finanzielle Bedrängnis. Nach vier Jahren Rechtsstreit – FORIS übernahm das Kostenrisiko – über drei Instanzen wurde der Konzern jedoch zur Zahlung verurteilt.

Unternehmer gegen Hersteller

Ein Autozulieferer hatte für seine Produktion eine Drehmaschine gekauft. Nach drei Monaten blieb die Anlage wegen eines Motorschadens stehen. Der Importeur der Maschine verweigerte wegen der angeblichen Bedienungsfehler den geforderten Ersatz. In dem von FORIS unterstützten Prozess verwies das Gericht auf die Produkthaftung und verurteilte den Importeur zu Schadensersatz.

Privatpersonen, für die wir uns stark gemacht haben

Als Privatperson bringt man meist zu wenig Wissen mit, um einen Sachverhalt juristisch sicher einschätzen zu können. Das führt dazu, dass sich viele – auch bei guten Chancen und wenn der Anwalt dazu rät – davor scheuen, rechtliche Schritte zu unternehmen oder gar einen Prozess zu führen. Wir können Ihnen diese Scheu nehmen. Schließlich haben Sie mit uns einen starken Partner, der Ihnen den Rücken frei hält.

Erbe gegen Pflegeheim

Eine Frau vermachte ihr gesamtes Vermögen dem Pflegeheim. Nach ihrem Tod focht der zuvor als Alleinerbe eingesetzte Neffe das Testament an und verlangte Einsicht in die Vermögenswerte sowie einen Eintrag in das Grundbuch für ein Grundstück. Mit Hilfe der FORIS AG setzte der Erbe seine Ansprüche durch und einigte sich mit dem Pflegeheim auf einen sehr guten Vergleich.

Ehefrau gegen Ehemann

Zur Absicherung ihrer Altersvorsorge überschrieb der Ehemann seiner Frau ein Haus inklusive Grundstück. Als nach 24 Jahren die Ehe in die Brüche ging, wollte der Mann von der Vereinbarung zur Rentenabsicherung nichts mehr wissen und verkaufte die Immobilie auf eigene Rechnung. Ein Fall für die FORIS: Das Gericht verurteilte den Mann zur Zahlung des gesamten Verkaufserlöses an die Frau.

Bauherr gegen Architekt

Eine Bauherrin beauftragte einen Architekten zur Erstellung einer Bauantragsplanung für ein Einfamilienhaus. Als das Haus auf dem leicht abfallenden Grundstück stand, traten sehr schnell Wasserschäden auf. Der Architekt verweigerte Schadensersatzleistungen, da die Bauherrin keine vollständige Planung gefordert hatte. Weil der Architekt aber den Wassereintrag hätte berücksichtigen müssen, verurteilten ihn die Richter in dem von FORIS unterstützten Prozess zur Zahlung.

Abb. 1 Best Practice überzeugt: Die Anwendungsfälle auf der FORIS.Website. (Quelle: FORIS o. J.)

5 Reichweite erzielen mit Social-Media-Marketing

Bei der FORIS AG zählen Social-Media-Aktivitäten zum stabilen Strang des Marketings. Es geht um Dialog, um Nähe und darum, die Nutzer direkt anzusprechen. Die Interaktion mit Usern ist zentral. Das Social-Media-Marketing im Bereich der juristischen Finanzdienstleister folgt dem Kriterium, die Menschen hinter dem Produkt erlebbar zu machen. Die Aktivitäten werden kunden- beziehungsweise menschenzentriert geplant. Dabei ist es durchaus gewollt, auch Privates durchschimmern zu lassen, um – sofern die Mitarbeiter dahinterstehen – die Persönlichkeiten, die sich bei FORIS engagiert einbringen, sympathisch und menschlich zu zeigen. Außerdem symbolisieren starke Marken Nähe und Vertrauen. Ein Unternehmen in seiner Einzigartigkeit und Unverwechselbarkeit am Markt zu positionieren, ist entscheidend. Auf Plattformen wie LinkedIn und Xing treten Führungskräfte und Mitarbeiter mit bestehenden Kunden oder potenziellen Neukunden in Kontakt. Sie informieren über das Unternehmen und die Produkte, kommunizieren persönlich, diskutieren mit potenziellen Kunden und leben Dialog vor. Auch Journalisten oder Netzwerkpartner aus Politik und Wirtschaft sind relevante Kontakte in den sozialen Netzwerken. Sie erweitern das Aktionsfeld und heben das Netzwerk auf ein Niveau, das die gesellschaftliche Stellung des Unternehmens genauso erkennbar darlegt wie seine begründete vertriebsorientierte Ausrichtung.

Netzwerke gestalten und starke Verbindungen erhalten

Im B2B-Geschäft ist die Business-Plattform LinkedIn von großem Wert. LinkedIn-Aktivitäten sind ein Türöffner zu den Zielgruppen der Unternehmer, vornehmlich zu mittelständischen Organisationen, und Anwälten. Sehr bewusst sind verantwortliche Entscheider der FORIS AG und Mitarbeiter in den sozialen Netzwerken aktiv (Abb. 2). Erfolgsentscheidend ist die Qualität des Contents genauso wie die Bereitschaft, kontrovers Dialog zu führen und proaktiv Themen zu besetzen. Auch bieten Business-Plattformen wie LinkedIn oder Xing eine gute Bühne für ein Unternehmen, um sich als attraktiver Arbeitgeber zu präsentieren. So erfahren auch potenzielle Bewerber von dem Unternehmen, das als erster Prozessfinanzierer in Deutschland bis heute einen Sonderstatus im Markt einnimmt. Wichtig ist eine regelmäßige Kommunikation, die fachliche Themen zielgruppengerecht und aktuell so fundiert wie durchaus unterhaltsam und überraschend auf den Punkt bringt. Sympathiepunkte sammeln Social-Media-Akteure, die es schaffen, lebensnah, wertschätzend und emotional ansprechend aufzutreten. Das gelingt im Sektor der juristischen Finanzdienstleistungen besonders gut, wenn Juristendeutsch wegfällt. Denn kundenorientiert zu agieren, heißt auch, Content für Laien verständlich zu übersetzen. News über Juristisches oder Unternehmensnachrichten laufen in der Timeline der FORIS AG. Ein Beispiel: Mitarbeiter posten über relevante Rechtsfragen wie das Bierkartell. Bewusst geht die FORIS AG den Weg, Werdegänge der Mitarbeiter transparent zu machen und veröffentlicht auch Stellenausschreibungen auf LinkedIn und Xing, um potenzielle Bewerber zu adressieren. Hinzu kommen Meldungen,

Abb. 2 Vorstand der FORIS als Multiplikator der Unternehmensnachrichten der FORIS AG. (Quelle: FORIS AG)

die die Unternehmenskultur bei FORIS stützen, wie Berichte von Betriebsfeiern, oder Investitionen in das Humankapital des Unternehmens, wie Weiterbildungen der Mitarbeiter. Gepostet werden außerdem Reden und Vorträge der Vorstände oder Fachleute aus dem Hause, deren Teilnahme an Podiumsdiskussionen oder Fachartikel und andere, fremd- oder selbstinitiierte Medienberichterstattungen. Informationen über soziales Engagement, Weihnachtsspenden, Aktivitäten in Verbänden, wie Unternehmerverbänden oder dem Mittelstandsverband, runden die Inhalte der Online-Kommunikation ab (siehe Abb. 2).

6 Digitales Werbeplakat

Werbung zu schalten, kommt auch im digitalen Marketing nicht aus der Mode – ganz im Gegenteil. Es geht darum, mit Bedacht reichweitenstarke und zielgruppenrelevante Kanäle zu wählen und diese erfolgversprechend zu bestücken. Grundlegend ist eine kundenoptimierte Unternehmenswebsite. So steigt die Chance, dass Interessenten auf den Link klicken, zur verlinkten Website gelangen und auch dort bleiben. Bestenfalls nehmen sie Kontakt auf und werden Kunden. Für mehr Bekanntheit verknüpft die FORIS AG ihr Logo mit den Websites ihrer Kooperationspartner; eine weitere Möglichkeit, Unternehmensvertreter und ihre Inhouse-Juristen zu adressieren. Wichtig ist auch, relevante Suchbegriffe in den Suchmaschinenergebnissen anzuzeigen. Die FORIS AG setzt auf SEO, um die Zugriffe auf ihre Website zu erhöhen und um das Ranking in den nicht bezahlten Suchergebnissen zu verbessern. Parallel dazu schaltet das Bonner Unternehmen Anzeigen via Google AdWords. Digitales Marketing zahlt sich aus. Im Jahr 2018 nehmen knapp 90 % der Websitebesucher den Weg über eine Suchmaschine. 10 % davon sind über die Paid Search auf das Unternehmen aufmerksam geworden. Die Qualität der verlinkten Inhaltsseiten entscheidet darüber, ob und wie lange User auf den Seiten verweilen. Deshalb verlinkt die FORIS AG gezielt auf Landingpages, die zielgruppengerecht und auf den Punkt relevanten Content liefern. Auf guten Landingpages finden potenzielle Kunden das, was sie suchen, und sind motiviert, Kontakt aufzunehmen. Keywords sind auch auf Landingpages wesentlich. Wer nach „Prozessfinanzierung" sucht, findet bestenfalls diesen Terminus in der Überschrift der verlinkten Seite.

Nach diesen Kriterien hat die FORIS AG die Landingpages ihrer Online-Anzeigen bewusst geändert. Das Ergebnis spricht für sich: Innerhalb eines Jahres verweilten Websitebesucher, die sich dank Anzeigen bei Google oder Bing dort aufhalten, um nahezu 50 % länger – annähernd zwei Minuten. Auch wenn nicht jeder Websitebesuch automatisch neue Geschäftsbeziehungen besiegelt, hinterlässt das Unternehmen seinen digitalen Fußabdruck und stärkt seine Reputation. Die Wahrscheinlichkeit, dass User Prozessfinanzierung und Vorratsgesellschaften bewusst verinnerlichen und die FORIS AG weiterempfehlen, besteht zweifellos. Sinnvoll ist es, mehrere Marketingkanäle miteinander zu verbinden, um Kunden in ihrer Wahl zu bestätigen, sie also zu binden, und um neue Kunden zu gewinnen.

Wer Display-Banner und Anzeigen professionell in Suchmaschinen schaltet, analysiert die Klickraten und erkennt, ob der Marketing-Plan aufgeht. Google Analytics wertet den Traffic auf der eigenen Website aus und analysiert die Herkunft der User. Die Klickanalysen sind ein wertvoller Berater, um die Netzaktivitäten in der Werbung zielführend anzupassen. Interessant ist es durchaus zu verfolgen, wie viele Besucher über die jeweiligen Kanäle auf die FORIS-Website gelangen und wie ihr Anteil am Gesamtpool der Website-Besucher ausfällt. Auch kann im Sinne einer Heatmap zurückverfolgt werden, wie User sich nach dem Klick auf die Anzeige verhalten.

Auf Unternehmensseite stellen die Messbarkeit und das gezielte Targeting einen enormen Vorteil des digitalen Marketings dar. Es vereinfacht, Maßnahmen gezielt zu steuern und Netzaktivitäten zeitnah und zielgruppengerecht zu optimieren (Sens 2017, S. 99 ff.). Google AdWords oder Bing Ads erfassen, wie oft Interessenten nach relevanten Suchbegriffen suchen und wie häufig sie tatsächlich die Anzeige anklicken. Die FORIS AG hat bereits zwei Monate nach den Online-Werbeaktivitäten monatlich im Schnitt über 1200 Klicks verbucht. Auf Basis des AdWords-Marketings ist die Zahl der Websitebesuche innerhalb eines Jahres um 25 % gestiegen. Mehr denn je sind Werbemaßnahmen messbar. Das heißt im Umkehrschluss: Digitales Marketing ist eine Daueraufgabe und erfordert kontinuierliche Pflege. Das bedeutet: Personalkapazitäten und Online-Know-how sichern die notwendige Flexibilität. Egal ob LinkedIn, GoogleAds oder SEO – der Marketing-Mix ist ausschlaggebend. Die FORIS AG integriert das digitale Marketing in allen Ebenen ihres Marketingkonzeptes. So nutzt der Prozesskostenfinanzierer die Chancen der Online-Kommunikation sehr bewusst, um die Conversion im Netz zu verbessern und sich gezielt am Markt zu präsentieren. „FORIS? – Davon habe ich schon einmal gehört!", dieser Ausruf ist ein Zwischenziel auf dem Weg und wir nähern uns ihm. Und um es in drei kurzen Aussagen auf den Punkt zu bringen:

1. Die Website ist mehr als nur Visitenkarte.
2. Der Marketing-Mix macht's.
3. Digitales Marketing ist eine Dauerbaustelle.

Für international agierende Dienstleister im B2B-Markt ergeben sich im digitalen Marketing effiziente und effektive Möglichkeiten, mit dem Kunden oder Absatzmittler in Kontakt zu treten:

Literatur

Appelles, T. (2013). Was ist eigentlich Digitales Marketing? https://onlinemarketing.de/news/was-ist-eigentlich-digitales-marketing. Zugegriffen: 31. Okt. 2018.

FORIS. (o. J.). Anwendungsfälle. https://www.foris.com/prozessfinanzierung/anwendungsfaelle.html. Zugegriffen: 31. Okt. 2018.

Seokratie. (2017a). Titles und Descriptions optimieren: Mehr Klicks für bessere Rankings. https://www.seokratie.de/snippet-optimierung/. Zugegriffen: 31. Okt. 2018.

Seokratie. (2017b). 9 Dinge, die Du über URLs und SEO wissen solltest. https://www.seokratie.de/urls-und-seo/. Zugegriffen: 31. Okt. 2018.

Sens, B. (2017). *Schluss mit 08/15 Websites – so bringen Sie Ihr Online-Marketing auf Erfolgskurs. 79 Tipps für Ihren Online-Auftritt.* Wiesbaden: Springer Gabler.

Hanns-Ferdinand Müller studierte Wirtschaftswissenschaften an der Helmut-Schmidt-Universität Hamburg sowie Musik an der Hochschule für Musik und Theater in Hamburg und ist seit Februar 2017 im Vorstand der FORIS AG für die Bereiche Strategie, Vertrieb, Marketing und E-Commerce verantwortlich. Hanns-Ferdinand Müller war bis zu seinem Eintritt bei der FORIS AG für goetzpartners, München, tätig, eine der führenden, internationalen Beratungsgesellschaften für die Kernfragen unternehmerischen Handelns: Strategie, M&A, Transformation. Von 2001 bis 2014 war er für den RWE-Konzern tätig, zuletzt als Vorstandssprecher (CEO und CFO) der RWE Vertrieb AG, Dortmund. Führungs- und Organfunktionen bei Kienbaum und der WestLB runden sein berufliches Portfolio ab – die Entwicklung neuer Märkte und Kundengruppen sowie neue Geschäfts- und Vertriebsmodelle standen dabei immer im Mittelpunkt seines beruflichen Wirkens. Zudem ist er Beiratsvorsitzender DZ-4, Hamburg, Beiratsvorsitzender der mnoplus marketing GmbH, Bochum, Mitglied des Beirats VENTUSOLAR Global Capital GmbH, München, und Mitglied im Kuratorium der ISM – International School of Management, Dortmund.

Wie Content-Marketing die Werbewelt verändert

Oder: Advertising is fucked. But do we know how to fix it?

Patrick Holtkamp und Michelle Bange

Inhaltsverzeichnis

1	Von alten Mustern, die wir überwinden sollten	385
2	Von Konsumenten, die wir gewinnen wollen	387
3	Von Denkweisen, die wir institutionalisieren können	391
4	Von Anforderungen, die wir erfüllen müssen	397
5	Fazit	400
Literatur		401

1 Von alten Mustern, die wir überwinden sollten

Die Tatsache, dass die Reichweiten klassischer Werbekanäle genauso sinken wie die Aufnahmebereitschaft (vor allem jüngerer Zielgruppen) von (vor allem digital kommunizierten) werblichen Botschaften, ist keine Neuigkeit. Das stellt die klassische Werbung, die für ihre Kampagnen auf reichweitenstarke Kanäle und aufmerksame Zielgruppen angewiesen ist, vor große Herausforderungen. Die Penetration von Botschaften durch den wiederholten Kontakt zu definierten Zielgruppen ist in der fragmentierten digitalen Medienlandschaft aufwändig und bei falscher Planung ineffektiv und damit teuer geworden.

P. Holtkamp (✉)
Territory CTR GmbH, Köln, Deutschland
E-Mail: holtkamp.patrick@territory.de

M. Bange
Territory CTR GmbH, Gütersloh, Deutschland
E-Mail: bange.michelle@territory.de

M. Terstiege (Hrsg.), *Digitales Marketing – Erfolgsmodelle aus der Praxis*,
https://doi.org/10.1007/978-3-658-26195-5_24

Eine Antwort bietet das Content-Marketing, die Distribution von für die Zielgruppe relevanten Inhalten, die die Aufmerksamkeit der Zielgruppen gewinnen und so den Kontakt zu Produkt oder Marke auf andere Weise herstellen. Content-Marketing ist kein Trend mehr, sondern ist in deutschen Unternehmen angekommen: Die Unternehmen im deutschsprachigen Raum (DACH) investierten im Jahr 2017 rund acht Milliarden Euro in Content-Marketing; damit sind die Investitionen seit 2010 (damals lagen sie bei 4,4 Mrd. EUR) um 82 % gestiegen (vgl. Content Marketing Forum 2018).[1] Content-Marketing ist jedoch keine Spezialdisziplin, die zusätzlich zu Marketingprozessen eingesetzt wird und die wie ein weiterer Kanal „zugeschaltet" wird, sondern verändert die Werbekommunikation und damit die Arbeitsweisen in Agenturen und Unternehmen grundlegend. Denn Content-Marketing denkt nicht in einzelnen Kanälen, sondern in Themen, die für die angepeilten Zielgruppen eine Relevanz und für die Marke bzw. das Unternehmen eine Bedeutung haben – und spielt diese Themen kontinuierlich, dialog- und anschlussfähig aus, über alle diejenigen Kanäle, auf denen sie für die Zielgruppen einen Mehrwert bieten. Content-Marketing-Strategien, die wirksam sein wollen, müssen daher kanalübergreifend und langfristig entwickelt werden. Die strategische Planung dieser Strategien, die kontinuierliche Themenfindung, -produktion, -distribution und -vermarktung sowie deren fortlaufende Optimierung, verändern nicht nur die Art der Ausspielung von Kommunikation, indem sie beispielsweise Kampagnenrhythmen aufbrechen. Sie verändern die Prozesse und Abläufe der auf Agenturseite agierenden Teams – und die Anforderungen an die Fähigkeiten der beteiligten Köpfe: Denen wird neben kreativem und strategischem Handwerk nun an verschiedenen Stellen im Prozess auch tiefgehendes Wissen über Themen wie Performance-Management, digitale Infrastrukturen und Technologien oder auch Prozessberatung für die Teams auf Unternehmensseite abverlangt.

Und obwohl bereits viel über Content-Marketing und Zielgruppenfokussierung, über Relevanz und Mehrwerte geschrieben wurde, steht die Veränderung der Denk- und Arbeitsweisen, der Prozesse und Strukturen in den Agenturen erst am Anfang. Auch, weil alte Muster nicht überwunden werden. Seit Jahrzehnten gilt eine goldene Regel bei fast allen großen Kreativagenturen in Deutschland: Die Kreation ist das höchste Gut und steht über allem. Es geht darum, die eine kreative Idee zu finden, die die größtmögliche Aufmerksamkeit der Zielgruppen packt. Dazu wird ein Modell angewendet, das sich seit Jahrzehnten nicht verändert hat: Creative Teams, bestehend jeweils aus einem Texter und einem Grafiker, entwickeln eine Idee – die eine kreative Idee, die „Big Idea", aus der heraus dann eine ganze Kampagne gestaltet wird. Im Normalfall werden bei der Erarbeitung einer Kampagne mehrere Creative Teams mit der Ideenentwicklung beauftragt, um später aus mehreren Ideen die beste auszuwählen. Die Ideen werden in wenigen Sätzen beschrieben, durch eine Headline und eine Visualisierung dargestellt; außerdem wird natürlich eine – mal sinnvolle, mal konstruierte – Verbindung der Idee zu Produkt und Marke beschrieben.

[1]Laut dem Zentralverband der deutschen Wirtschaft lagen die Gesamtinvestitionen in Werbung 2017 in Deutschland bei 26,12 Mrd. EUR. (ZAW 2017).

Diese – zugegeben etwas überspitzt dargestellte – Grundorganisation von klassischen Kreativagenturen hat einen Haken: Sie hat sich über Jahrzehnte bewährt. Und aus diesem Grund fällt es schwer, sie zu überwinden und durch ein neues Modell zu ersetzen. Allerdings haben sich die relevanten Einflussfaktoren grundlegend gewandelt: Die Digitalisierung verändert das Nutzungsverhalten der Konsumenten, was wiederum zu einem Shift von Etats auf Kanäle führt, deren wirkungsvolle Bespielung neue Anforderungen mit sich bringt.

Diese veränderten Rahmenbedingungen erfordern es, die Arbeitsweise in Agenturen, und damit verbunden auch auf Unternehmensseite, neu zu denken und neue Denkweisen und Perspektiven – die sich vielfach in der Theorie bereits durchgesetzt haben – zu institutionalisieren und in passende Strukturen zu überführen. Anders gesagt: „Before you can design an amazing customer experience, you must design a team to create the customer experience.“ (Evans 2017)

2 Von Konsumenten, die wir gewinnen wollen

Was sich mit dem Mediennutzungsverhalten der Menschen grundlegend verändert hat, sind die Möglichkeiten, sie durch Markenkommunikation zu erreichen und zu ihnen durchzudringen. Die Zahl der Internetnutzer liegt in Deutschland in den Altersgruppen unter 59 Jahren durchweg bei über 95 %, in der Altersgruppe der 14- bis 19-Jährigen bei 100 % (ARD/ZDF-Onlinestudie 2018). Zu der intensiven Nutzung der großen Social-Media-Plattformen wie Facebook (über 32 Mio. monatlich aktive deutsche Nutzer laut eigener Aussage), Instagram (10 Mio. wöchentlich aktive Nutzer in Deutschland (ARD/ZDF-Onlinestudie 2018), Snapchat (6 Mio. wöchentlich aktive User in Deutschland (ARD/ZDF-Onlinestudie 2018)) und anderen kommt eine große Zahl kleinerer Social-Media-Plattformen. Diese erreichen in jüngeren Zielgruppen in kürzester Zeit Trendstatus, beispielsweise Shots, Taptalk, Yo, We heart it, Lego Life, TikTok oder Jodel. Wollen Unternehmen die Chancen dieser Entwicklung nutzen, müssen sie ständig nah an der Zielgruppe sein und redaktionelle Prozesse haben, die sich schnell auf neue Kanäle und Formate ausweiten lassen.

Gleichzeitig verändern abonnementfinanzierte Business-Modelle klassische Vertriebs- und Kommunikationswege. Aktuell geben die Privathaushalte der EU jährlich bereits rund 350 Mrd. EUR ihres Haushaltsbudgets für abonnierte Dienstleistungen oder Waren[2]

[2]Als sogenannte „Subscriptions“ versteht die Studie Produkte, die regelmäßig geliefert bzw. zur Verfügung gestellt, und Services, die langfristig abonniert, nach einem bestimmten Preismodell abgerechnet werden und die zudem vertraglich über einen bestimmten Zeitraum geregelt und kündbar sind. Inkludiert sind beispielsweise Video- und Musikstreamingdienste, Sport, Lebensmittel oder Abonnements des öffentlichen Nahverkehrs. Ausgeschlossen sind einmalige Mieten wie Ferienhäuser oder Fahrradverleih sowie Mieten und Bildungsangebote. Siehe für detaillierte Definitionen und weiterführende Informationen https://think.ing.com/uploads/reports/Subscriptions_from_music_to_tools_and_toiletries_ST_ING_Economics_April_OT.pdf.

aus – vor allem für Video- oder Musikstreaming, Sport oder Lebensmittel (ING Economics 2018). Die Subscription Economy verändert damit nicht nur das Informations-, sondern auch das Kaufverhalten und verschiebt damit den Markt ganzer Industrien. Rund 18 % der deutschen Haushalte verfügen heute bereits über ein bezahltes – häufig in weiten Teilen werbefreies – Video-on-Demand-Abonnement (Goldmedia 2018), Prognosen gehen von deutlichen Steigerungen in den nächsten Jahren aus. In den USA, dem Vorreiter-Markt für Streamingdienste, liegt der Anteil aktuell bei 43 % (Goldmedia 2018). Die 14- bis 29-Jährigen in Deutschland schauen, unabhängig vom Endgerät, aktuell bereits mehr als die Hälfte der Zeit on demand statt live.[3]

Einhergehend mit diesem Shift von werbefinanzierten hin zu abonnementfinanzierten Medien sowie dem veränderten Nutzerverhalten werden auch die Werbebudgets der Unternehmen neu verteilt. Während die Werbebudgets für TV in Deutschland – anders als in Gesamteuropa und den USA – stabil bleiben, steigen die Werbebudgets für Onlinekommunikation stetig (Gründel 2017). Außerdem steigen die Budgets für das Format Bewegtbild: In einer aktuellen Umfrage der Organisation für Werbetreibende im Markenverband (OWM) unter ihren Mitgliedern geben 33 % der Befragten an, dass ihre Werbebudgets für Online-Displays 2019 sinken werden, während gleichzeitig 78 % angeben, dass ihre Werbebudgets für Mobile-Videos steigen werden (bzw. 67 % für Online-Videos) (OWM 2018, S. 16). Außerdem sehen die Unternehmen steigende Budgets vor allem in den Bereichen Influencer-Marketing (60 %), Social Media (59 %) und Search (47 %).

Die dem veränderten Mediennutzungsverhalten folgende Steigerung digitaler Kommunikationsbudgets steht jedoch vor zentralen Herausforderungen – vor allem der des effektiven und effizienten Einsatzes der Budgets. Gemeint ist das Ziel der Markenkommunikation, die Menschen nicht nur zu erreichen (das heißt Reichweite und Kontakte zu erzielen), sondern auch zu ihnen durchzudringen und die Ziele der Kommunikation zu erfüllen. Der Informationsüberfluss auf den digitalen Kanälen ist so groß, dass die Vermeidung von Werbung durch Ad Blocker, systematisches Ignorieren oder standardmäßiges Überspringen für die User zur Gewohnheit geworden ist: Der Anteil der auf dem Desktop geblockten Online-Display-Werbung lag in Deutschland im 3. Quartal 2018 bei 23,7 % (BVDW 2018a). Rund die Hälfte der 16- bis 19-Jährigen geben zudem an, Werbung – sofern möglich – physisch zu vermeiden, das heißt, den Blick vom Bildschirm abzuwenden oder sich mit etwas anderem zu beschäftigen, wenn ein Werbespot läuft (Kantar Millward Brown 2018). Eine US-amerikanische Studie beobachtete und befragte

[3]Dafür wird die gesamte Nutzungsdauer (brutto) für Bewegtbild (inkl. linearem TV) zugrunde gelegt und mit dem Anteil der „Live"-Nutzung, also zeitgleich zur Fernsehausstrahlung, ins Verhältnis gesetzt. In der Gesamtbevölkerung entspricht das einem Verhältnis von 81 zu 19 % (163 min durchschnittliche Live-Nutzung zu 39 min durchschnittlicher On-demand-Nutzung). In der Altersgruppe der 14- bis 29-Jährigen liegt das Verhältnis von live zu on demand bei 46 zu 54 %.

in diesem Zusammenhang in einem experimentellen Design 11.300 User, um Gewohnheiten bei der Videonutzung zu analysieren. Das Ergebnis: Rund zwei Drittel der Pre-Roll-Werbung wurden übersprungen (geskippt) (MagnaGlobal IPG Media Lab 2016, S. 9). Drei Viertel der Befragten gaben später an, dies einfach aus Gewohnheit zu tun (MagnaGlobal IPG Media Lab 2016, S. 11). Der Umgang mit digitalen Kanälen hat die Menschen also gelehrt, Werbung auszublenden. Die Zeit von Massenwerbung mit eindimensionalen, werblichen Botschaften ist auf vielen Kanälen vorbei.[4]

Selbst wenn Unternehmen also über Banner, Posts oder Videocontent einen Kontakt erzielen, sind Inhalt, Aufbereitung und Ansprache entscheidend für die Wirkung der werbenden Kommunikation. 81 % der Millennials, also der 22- bis 37-Jährigen, finden Werbung „durchaus okay, wenn sie skippable ist", 75 % akzeptieren Werbung, wenn sie „abwechslungsreich ist" (Ipsos 2017). 64 % finden Werbung okay, sofern sie eine Gegenleistung wie Gratis-Content erbringt (Ipsos 2017). Diese grundsätzliche Offenheit für Kommunikation durch Marken und Unternehmen macht sich das Content-Marketing zunutze. Damit Werbung kein Störfaktor ist, sondern wahr- und angenommen wird, zielt Content-Marketing darauf ab, dem Nutzer echte Mehrwerte zu bringen, die er im Moment und im Kontext der Informationsaufnahme sucht, braucht, benötigt oder wertschätzt (BVDW 2018b). Das Content-Marketing entwickelt Themen und Inhalte für die Kommunikation sowie Ansprache und Aufbereitung stringent aus Perspektive des Konsumentennutzens. Damit ist Content-Marketing als Teil des Inbound-Marketings die Disziplin der Marken- und Unternehmenskommunikation, die die technologischen und sozio-kulturellen Herausforderungen der Digitalisierung erfolgreich begleitet.

Die Ansprache interessant zu gestalten, ist in diesem veränderten Umfeld nicht mehr nur eine Frage von besserer oder schlechterer Kommunikation, sondern vielmehr die alles entscheidende Frage danach, ob man überhaupt zum User durchdringt: „the battle that we have in our hands, is the consumer's time. We need to convince them to dedicate time to us. […] if we cannot convince consumers to spend their time on an ad, they're not going to, therefore we don't have a chance to spend a second in front of them" (Pereira 2016).

Mehrwerte, mit denen die Zeit und damit die Aufmerksamkeit der Konsumenten verdient werden, können dabei ganz unterschiedlicher Art sein. Einen echten Nutzen für den User zu transportieren, kann beispielsweise bedeuten,

---

[4]Eine interessante Ausnahme ist beispielsweise Out-of-Home – ein Medium, das in klassischer und digitaler Variante zusammengenommen weltweit kontinuierlich steigende Werbebudgets verzeichnet (Schobelt 2019). Hier ist keine Tendenz der Werbeermüdung oder des Ausblendens durch die Konsumenten erkennbar. Daher stellt Axel Wiehler, Geschäftsführer von Rapport, der globalen OOH-Einkaufs- und Planungsagentur von IPG Mediabrands, fest: Die Out-of-Home-Medien „rücken Werbebotschaften ins Blickfeld von Konsumenten direkt in deren Lebensumfeldern. Daher brauchen wir hier auch keine Diskussion um Content" (zitiert nach Schobelt 2019).

- passende Antworten auf genau die Fragen, die der User mitbringt, einfach konsumierbar aufzubereiten,
- Information und Wissen zu relevanten Themen übersichtlich und vergleichend darzustellen,
- Inhalte in ansprechender, teilbarer Form zu liefern (beispielsweise Infografiken oder Video-Clips),
- Tipps, Hinweise, Anleitungen und Tutorials zum Umgang mit bestimmten Problemstellungen zu liefern,
- fachliche Themen in Form von Whitepapern oder Studien fundiert aufzubereiten und so spezialisiertes Wissen zugänglich zu machen (vor allem in der B2B-Kommunikation),
- Services oder Produkte zu kuratieren und zu bewerten (beispielsweise über Linksammlungen),
- aktuelle Neuigkeiten oder Neuheiten einer Branche oder eines Themenfeldes als Service zur Verfügung zu stellen,
- die Nutzungsmotive von Rezipienten wie Eskapismus, Mood-Management, Sensation Seeking oder Identitätsstiftung anzusprechen und im richtigen Moment zu bedienen,
- Unterhaltung zu bieten, sofern der Unterhaltungswert aus Perspektive des Nutzers (und nicht der Marke) groß genug ist, um eine Rezeption oder sogar ein Teilen der Inhalte zu rechtfertigen.

Die Distribution der Content-Marketing-Elemente über bezahlte Werbeplätze (Paid Channels) setzt dabei nicht auf klassische Online-Banner oder Ähnliches, sondern vor allem auf native Formate. Native Werbeformate bieten eine natürliche, weniger obstruktive Art der Werbung – sie fügen sich optisch und strukturell in den Aufbau der Plattformen ein und erscheinen so als Teil der User Experience im Feed oder Stream und nicht als Unterbrechung oder Randerscheinung. Die inhaltliche Form der nativen Werbeformate ist dabei vielfältig, greift jedoch auf die Wirkweise von Content-Marketing zurück: Native Formate zielen immer auf relevanten Content ab, der kommunikativ die Nutzungsmotive der jeweiligen Plattform bedient. So finden sich bei Google Native Ads als Antwort auf die individuelle Suche des Users, während auf Facebook Native Ads beispielsweise den Interessen und der Region des Users entsprechend ausgespielt werden. Ein Beitrag von einem Influencer auf Instagram gehört genauso dazu wie vergleichende oder bewertende Beiträge in Blogs, die dem User helfen, sich für ein Produkt, eine Reise oder ein Gericht zu entscheiden. Native Werbeformate werden responsiv für alle Endgeräte (im Normalfall Mobile-First oder Mobile-Only) entwickelt und sind, wenn sie gut gestaltet sind, kaum zu unterscheiden von einem nicht bezahlten Post oder Video im Stream des Users.[5]

[5]Die Bedeutung der nativen Formate spiegelt sich auch in der Entwicklung der Werbeeinnahmen der großen digitalen Plattformen wie Amazon, Google und Facebook wider. Google beispielsweise steigerte die weltweiten Werbeeinnahmen seiner Websites von 0,07 Mrd. US$ im Jahr 2001 über 29,44 Mrd. US$ 2010 auf 77,79 Mrd. US$ 2017 (Alphabet Inc. 2018, S. 28).

Bei der inhaltlichen Entwicklung dieser Art von Kommunikation stehen in jedem Fall die Motivationen und Informationsbedürfnisse des Users im Fokus – die Marke tritt als Lösungsanbieter auf und steht nicht als inhaltlicher Aufhänger im Vordergrund. Es geht um Geschichten, die erzählt werden und die der User als relevant, interessant, unterhaltsam oder hilfreich wahrnimmt und konsumiert oder sogar teilt. Der Schlüssel ist es, Geschichten zu finden, mit denen die Menschen interagieren, die authentisch sind und dennoch glaubwürdig für die Kommunikation der jeweiligen Marke: „None of this storymaking stuff matters unless it is done a way that's true to the brand and resonates with the stories people really tell" (Berkowitz 2015). Die Anforderungen an das Storytelling sind dabei hoch: Die Geschichten müssen in der Lage sein, die Aufmerksamkeit der Zielgruppen zu gewinnen und ihr Interesse zu wecken, dabei auf die Marke und die dahinterliegenden Kommunikationsziele einzuzahlen und gegebenenfalls eine gewünschte Aktion auszulösen. Werden die Kommunikationsziele nicht unterstützt, ist die Kommunikation – so ansprechend sie auch sein mag – eine Investition, die sich nicht auszahlt.

3 Von Denkweisen, die wir institutionalisieren können

Content-Marketing-Maßnahmen sind dann erfolgreich, wenn sie nicht singulär geplant werden, sondern auf einer langfristigen und kanalübergreifenden Content-Marketing-Strategie beruhen. Dafür gibt es mehrere Gründe: Zunächst müssen Marken, wenn sie ein für ihre Zielgruppen relevantes Thema besetzen wollen, sich die Rolle als glaubwürdiger und aussagefähiger Absender zu diesem Thema erarbeiten und das Thema für einen nachhaltigen Impact auf die Marke langfristig kommunizieren.

Zudem kann einmalige Kommunikation über ein Themenfeld, zu dem die Zielgruppen ansonsten keine Antworten auf den markeneigenen Kanälen finden werden, keine nachhaltige Wirkung entfalten. Der Wert von Content-Marketing liegt nicht im einmaligen Ausspielen und Konsumieren eines Artikels, eines Influencer-Videos auf YouTube oder einer Fotostory auf Instagram, sondern in seiner Anschlussfähigkeit. Content-Marketing bietet den Zielgruppen die Möglichkeit, in den Dialog und Austausch über ein bestimmtes Themenfeld einzutreten, Antworten auf daraus resultierende Fragen zu bekommen, sich nach einem Erstkontakt tiefergehend zu informieren und inspiriert zu werden. Und gegebenenfalls auch, in den Kompetenzen, Services und Produkten einer Marke am Ende Antworten auf die eingebrachten Bedürfnisse zu finden.

Nehmen wir als fiktives Beispiel ein produzierendes Unternehmen, das sich zum Ziel setzt, seine ergänzenden Services für digital vernetzte Warenlager zu vermarkten. Über gezieltes Content-Marketing kann es sich eine Rolle als Experte für digitale Lösungen für die Lagerlogistik erarbeiten und hier zum zentralen Ansprechpartner für potenzielle Kunden werden. Um das zu erreichen, reicht es nicht aus, ein einzelnes Whitepaper zu verfassen und auf der eigenen Website zu veröffentlichen. Stattdessen kann ein Weg sein, über mehrere Monate mehrere Fachartikel auf verschiedenen Fachportalen zu veröffentlichen und die Verfasser (Experten aus dem eigenen Unternehmen) zusätzlich zu Kongressen zu schicken, um darüber zu debattieren. Zudem könnten die unternehmenseigenen Kanäle die Herausforderungen bei der Digitalisierung von Lagerlogistik aufzeigen und Antworten darauf liefern – sodass alle User, die auf einen der Fachartikel aufmerksam geworden sind und die digitalen Kanäle des Unternehmens aufrufen oder auch über Suchmaschinen relevante Fragen dazu stellen, hier hilfreichen Content finden. Ein entscheidender Schritt des Content-Marketings ist der nächste: Dem User, der über eines der gezielt distribuierten Content-Elemente aufmerksam geworden ist und Kontakt aufnehmen möchte, muss die Kontaktaufnahme sehr leicht gemacht werden. Über die Website müsste beispielsweise die Telefonnummer eines Ansprechpartners im Unternehmen für das Thema digital vernetzte Lagerlogistik angeboten werden. Dem auf dem Kongress auf das Unternehmen aufmerksam gewordene Besucher muss, wenn er das Thema zusammen mit dem Unternehmen online sucht, zum Beispiel eine Landingpage angeboten werden, die ebenfalls zum Ansprechpartner oder auch direkt zu entsprechenden Serviceangeboten und einer Angebotsabfrage führt.[6]

Ein letzter Punkt kommt hinzu: Eine langfristige und kanalübergreifende Strategie ist wichtig, weil aus Perspektive der Marke das Ziel im Vordergrund stehen muss, alle Berührungspunkte des Konsumenten entlang der gesamten Customer Journey – auch über die digitalen Kanäle hinaus – differenzierend, glaubwürdig, relevant, prägnant, konsistent und mit hohem Wiedererkennungswert zu gestalten. Das gelingt nur dann, wenn eine übergeordnete Content-Marketing-Strategie auf jeden relevanten Kanal durchdekliniert wird und die gesamte Kommunikationsinfrastruktur durch sinnvolle Verbindungen und Verlinkungen verzahnt arbeitet.

Das Beispiel des produzierenden Unternehmens zeigt, wie viele verschiedene Touchpoints aus der Markenidentität heraus – und dennoch mit Freiheitsgraden, die das Content-Marketing benötigt – gestaltet werden müssen, um als Experte für digital vernetzte Warenlogistik glaubwürdig aufzutreten.

[6]Dieser Schritt – zentrale Ansprechpartner benennen, Serviceangebote und Produkte digital so aufbereiten, dass der User ohne Umschweife hingeführt wird und sie unkompliziert in Anspruch nehmen kann – kurz gesagt: die direkte Anbindung des Produkt- und Leistungsportfolios sowie der vertrieblichen Infrastrukturen an das Content-Marketing, ist in der Praxis ein Schritt, der sehr viel schwieriger ist als in der Theorie. Im Business-to-Business-Segment deckt die strategische Auseinandersetzung gerade in großen Konzernen oder Unternehmensgruppen häufig Schwachstellen auf wie unübersichtliche Websitestrukturen, unklare Rollen von Ansprechpartnern oder zu lange Bearbeitungsprozesse für Anfragen, die einem wirkungsvollen Content-Marketing im Weg stehen. Im Business-to-Consumer-Bereich hingegen liegt die Herausforderung eher darin, Themen zu finden, deren Auflösung tatsächlich im Produkt- und Leistungsportfolio liegt oder mit diesem zumindest wirkungsvoll verbunden ist, ohne dass der Content die Anmutung einer plumpen Produktwerbung hat.

Abb. 1 VASCO-Prozessmodell. (Quelle: In Anlehnung an Li und Bernoff 2008)

Neben der infrastrukturellen ist die inhaltliche Komponente entscheidend für die Tragfähigkeit von Content-Marketing-Strategien. Bei der Entwicklung relevanter Themenfelder und Formate ist der Wechsel von der Marken- in die Zielgruppenperspektive entscheidend für die inhaltliche Entwicklung. Statt einer (häufig nahezu egozentrischen) Erzählweise klassischer Werbeformate, bei der die Geschichte einzig aus Perspektive von Marke oder Produkt erzählt wird, müssen Zielgruppenbedürfnisse und Mehrwerte für den Rezipienten in den Fokus der inhaltlichen Entwicklung gerückt werden. Werden für die Lebenswelt der Rezipienten relevante Themen behandelt und zudem das psychologische Grundbedürfnis nach sozialer An- und Einbindung im Storytelling berücksichtigt, findet der Rezipient die gewünschten Mehrwerte in der Kommunikation. Ein partizipatorisches Moment beispielsweise der dialogorientierten Kommunikation kann zudem ein höheres Identifikationspotenzial beim Rezipienten erzeugen.[7] Zwei Dinge sind nötig, um die Voraussetzungen für eine zielgruppenorientierte Themen- und Content-Entwicklung zu schaffen: Man muss passgenaue Analysen in den Strategieentwicklungsprozess einbinden und strukturierte Prozesse entwickeln, um die verschiedenen, aufeinander aufbauenden Fragestellungen zu erarbeiten. Prozessuale Rahmenbedingungen schafft beispielsweise das modulare VASCO-Prozessmodell (angelehnt an Li und Bernoff 2008), das für die Entwicklung von kanalübergreifenden Content-Strategien relevante Fragestellungen in fünf Schritten erarbeitet (siehe Abb. 1).

[7]Dieser Perspektivwechsel ist medientheoretisch keine Erkenntnis, die erst mit dem Paradigmenwechsel der Digitalisierung Einzug gehalten hat. Bereits Auseinandersetzungen beispielsweise mit dem Uses-and-Gratifications-Ansatz der 1960er Jahre (Katz und Foulkes 1962) fragten im Zusammenhang mit den Massenmedien nicht mehr danach, was „die Medien mit den Menschen machen", sondern stellten im Umkehrschluss die Frage, „was die Menschen mit den Medien machen". Damit wurden die Bedürfnisse der Rezipienten als aktiv-partizipierende Individuen radikal in den Fokus der wissenschaftlichen Auseinandersetzung gerückt. Knapp 60 Jahre später, in Zeiten der fortschreitenden Fragmentierung der Medien und einer nahezu überfordernden Informationslast, sind beide Fragestellungen hochaktuell.

Das VASCO-Modell entwickelt das POST-Modell von Li und Bernoff weiter und stellt die Strategieentwicklung wieder in den notwendigen business- und vertriebsstrategischen Kontext. Das Modell beschreibt einen agenturseitig gesteuerten, beteiligungsorientierten, flexibel einsetzbaren Prozessablauf, in den notwendige Analysen kundenindividuell integriert werden können. Wie das POST-Modell (Li und Bernoff 2008) sieht es Commitments und inhaltliche Freigaben aller relevanten Entscheidungsträger nach jedem Prozessschritt vor, was die schrittweise und strukturierte Erarbeitung zahlreicher verzahnter, strategischer Entscheidungen in sinnvoller Reihenfolge ermöglicht.

Im Modul *VISION* wird, abgeleitet aus den Businesszielen des Unternehmens, der Stellenwert definiert, den das Content-Marketing in der Marketingstrategie zukünftig einnehmen soll. Daraus leiten sich die Kommunikationsziele für die Content-Strategie ab. Mögliche Kommunikationsziele des Content-Marketings reichen von CRM-orientierten Zielen der Kundenbindung und dem Aufbau von Communities über markenorientierte Ziele wie Awareness, Wissensvermittlung und Imageaufbau bis hin zu performanceorientierten Zielen der Leadgenerierung.

Darauf aufbauend beinhaltet das Modul *AUDIENCE* den Blick auf Zielgruppen und ihre Bedürfnisse. Für die Entwicklung von Content-Strategien ist eine researchbasierte Zielgruppenanalyse wichtig. Denn nur so können fundierte Erkenntnisse darüber aufgebaut werden, auf welche Bedürfnisse und Erwartungen, Nutzungsverhalten, Nutzungsmotive und Nutzungskontexte der Content abgestimmt sein sollte. Aus diesem Grund gehen Zielgruppenanalysen im Content-Marketing im Normalfall über die Beschreibung von soziodemografischen Merkmalen und rein quantitative Potenzialauswertungen hinaus und beschreiben psychografische und verhaltensorientierte Merkmale, Haltungen und lebensstilübergreifende Megatrends.

Im Modul *STRATEGY* werden Ziel- und Zielgruppenerkenntnisse zusammen- und kreativ weitergeführt zu einer tragfähigen Content-Strategie. In diesem Schritt werden Themenwelten definiert, die für die Zielgruppe relevant sind, die marken- und zielkonform sind und die die Marke zukünftig besetzen möchte. Als Grundlage für die konkrete Content-Entwicklung werden kreative Leitlinien für Wort- und Bildsprache der zukünftigen Kommunikation entwickelt. Letztere werden zwar aus der Corporate Identity abgeleitet, benötigen aber mehr Freiheitsgrade, als die aus dem Corporate Design abgeleitete, werbliche Kommunikation im Normalfall zur Verfügung hat. Diese Freiheitsgrade gewährleisten, dass Inhalte später nicht nur marken-, sondern auch zielgruppengerecht gestaltet, immer wieder neu interpretiert und auch innerhalb kurzer Zeit erstellt werden können.

Im nächsten Schritt erarbeitet das Modul *CHANNELS* eine integrierte Kanal- und Reichweitenstrategie. Dazu werden bei vorhandenen und potenziellen Kanälen eine Relevanzbewertung hinsichtlich der Kommunikationsziele und der Zielgruppenpassung sowie eine Reichweitenbewertung durchgeführt. Neben der Auswahl der Kanäle wird die Rolle jedes einzelnen Kanals für die spätere Kommunikationsinfrastruktur definiert und

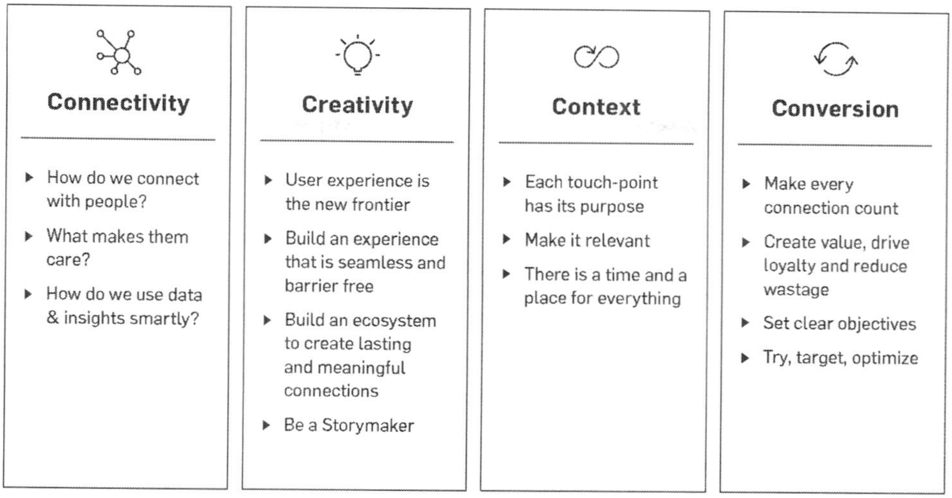

Abb. 2 Die 4 C des Content-Marketings. (Quelle: In Anlehnung an Camas Media 2016)

die geplante Kanalinfrastruktur mit einem Wirkungsmessungskonzept und relevanten Ziel-KPIs unterlegt.

Im letzten Schritt werden im Modul *OPERATIONS,* basierend auf einer Status-quo-Analyse, notwendige strukturelle und prozessuale Veränderungen auf Kundenseite gemeinsam definiert sowie die Implikationen für die Rollen- und Ressourcenverteilung zwischen Kunde und Agentur evaluiert. Iterative Prozesse der Content-Entwicklung, -Produktion und -Evaluation werden mit entsprechenden Workflows und Freigabeschleifen unterlegt. Zudem kann in diesem Schritt eine erste Bewertung benötigter Technologien erfolgen.

Der regelmäßigen Content-Produktion ist ein einmaliger Prozess vorgeschaltet. Ergebnis dieses Prozesses sind niedergeschriebene Content-, Kanal-, Wirkungsmessungs- und Reichweitenstrategien sowie projektierbare Umsetzungspläne und prozessuale Handlungsempfehlungen. Nach dem einmaligen Strategieentwicklungsprozess beginnt der sich wiederholende redaktionelle, sich ständig optimierende Prozess der Content-Erstellung und -Distribution. Dieser eröffnet Marken die Möglichkeit, auf aktuelle Trends, Events und Geschehen einzugehen, zu agieren und zu reagieren, ohne die Markenpassung oder Zielausrichtung im alltäglichen Geschehen aus den Augen zu verlieren. So wird aus Content Kommunikation, aus Kommunikation Resonanz und aus der Resonanz letztlich ein Return on Invest für die Marke.

Neben solchen prozessualen Rahmenbedingungen braucht das Content-Marketing inhaltliche Modelle, die die Anforderungen an Themen, Formate, Ansprache und Platzierung in Kriterien übersetzen, anhand derer Content entwickelt und bewertet wird. Solche Kriterien liefert das Modell der 4 Cs des Content-Marketings (entwickelt in Anlehnung an Camas Media 2016). Es definiert die vier Dimensionen, aus denen Content-Elemente[8] innerhalb der Content-Strategie inhaltlich entwickelt und konzipiert werden sollten – und damit gleichzeitig eine einfache und effektive Vorlage, anhand derer entwickelte Content-Elemente bewertet werden können (siehe Abb. 2).

Die Dimension der *CONNECTIVITY* fragt danach, über welche Motivationen eine Marke eine Verbindung zu den Menschen aus der Zielgruppe herstellen kann und welcher Aufhänger für eine Story der richtige ist. Diese Dimension fordert, immer den Nutzwert von Content-Elementen für die Menschen zu überprüfen. Sie stellt zudem die Frage, welche Daten und Insights bei der Entwicklung von Themen und Formaten Hilfestellung leisten können. Ist das Kriterium der Connectivity erfüllt, erreicht das Content-Element Menschen aus der relevanten Zielgruppe und packt ihre Aufmerksamkeit und ihr Interesse.

Die Dimension der *CREATIVITY*, der Kreativität, stellt die Frage, wie für den Nutzer ein möglichst interessanter, barrierefrei und nahtlos konsumierbarer Touchpoint kreiert werden kann. Diese Dimension fordert, dass bei der Entwicklung von integrierten Kommunikationsinfrastrukturen konsequent das Nutzererlebnis und die Regeln des Storytellings in den Fokus gerückt werden. Creativity fordert zudem kreative Wege bei der Datennutzung und -auswertung, die als Impulse in kreativen Prozessen helfen, auf aktuelle Trends und Entwicklungen spontan reagieren zu können. Ist das Kriterium der Creativity erfüllt, konsumieren die Menschen aus der Zielgruppe das Content-Element ohne Einstiegshürden und auch ohne Vorwissen problemlos und empfinden es als verständlich, ansprechend, inspirierend und teilenswert.

Die Dimension *CONTEXT* fordert, der Zielgruppe jedes Content-Element im richtigen Moment über die passenden Kanäle und auf den Nutzungskontext angepasst zu liefern. Vor allem das Zusammenführen und Analysieren von (Nutzungs-)Daten hilft bei der Content-Planung dabei, Formate, Aufhänger, Ansprache und Distributionswege aufeinander und auf die Story abzustimmen. Ist das Kriterium des Contexts erfüllt, findet oder empfängt der Nutzer das Content-Element zu einem passenden Zeitpunkt auf dem für ihn sinnvollen Kanal in einer ihn ansprechenden Tonalität und Aufmachung.

Die Dimension *CONVERSION* zielt darauf ab, dass jedes Content-Element mit einem Ziel unterlegt ist und eine bestimmte Aufgabe erfüllt – an der es sich später messen lassen muss. Damit ist es das Kriterium, das der Zielgruppenperspektive die Unternehmensperspektive hinzuaddiert. Es geht dabei nicht zwangsläufig um Leadgenerierung. Conversion ist hier vielmehr breiter gefasst zu sehen als Forderung, dass jeder Kontakt auf das ihm zugedachte Kommunikationsziel zugeschnitten wird und auch dafür passende Freiheitsgrade gelassen werden. Ist beispielsweise reine Awareness für eine Marke das hinterlegte Kommunikationsziel, sollten sich die ausgespielten Content-Elemente

[8]Mit Content-Elementen sind einzelne Stories unabhängig vom Format gemeint. Content-Elemente können Artikel, Posts, Videos, Bilder oder auch Infografiken sein - also jede Art von erzählten Geschichten oder aufbereiteten Inhalten, die eine Marke für ihre Zielgruppen produziert.

auch genau daran messen lassen. Ist das Kriterium der Conversion erfüllt, lassen sich anhand festgelegter KPIs Zielerreichungsgrade von ausgespielten Content-Elementen bestimmen; außerdem lassen sich Rückschlüsse auf die Effizienz des Budgeteinsatzes ziehen und Optimierungspotenziale für Inhalte und Content-Distributionswege ableiten.

Das 4C-Modell bringt nicht prozessuale, sondern inhaltliche Anforderungen zusammen, auf Basis derer die kontinuierliche, „datengestützte Planung, Erstellung, Distribution, Messung und Optimierung von Inhalten" (BVDW 2018b) im Content-Marketing stetig kritisch geprüft, hinterfragt und optimiert werden kann. Es ist damit ein Hilfsmittel, um sich bei der Auswahl, Konzeption und Bewertung von Themen und Stories nicht nur inspirieren zu lassen, sondern sich auch – bei allen Einflussfaktoren komplexer Erstellungsprozesse – letztlich auf die wesentlichen Kriterien konzentrieren zu können.

4 Von Anforderungen, die wir erfüllen müssen

Diese Denkmodelle und Anforderungen des Content-Marketings müssen kontinuierlich befolgt und nach der initialen Strategieentwicklung agenturseitig nicht nur einmalig, sondern anschluss- und dialogfähig umgesetzt werden. Das erfordert neben prozessualen und inhaltlichen Anforderungen unterschiedlichste Kompetenzen und Fähigkeiten der verantwortlichen Teams. Unabhängig von dem komplexen System der im Agenturgeschäft verwendeten Rollenbezeichnungen sind im Prozess verschiedene handwerkliche Fähigkeiten und Gewerke notwendig, die die richtigen Fragen stellen, Antworten finden und daraus gemeinsam tragfähige Kommunikationsstrategien, -konzepte und -maßnahmen entwickeln:[9]

- *Spezialisten für Consumer Insights, Zielgruppen- und Datenanalysen,* die beantworten, wer die Zielgruppen sind und wie sie sich abgrenzen; die Zielgruppen so lebhaft beschreiben, dass alle handelnden Akteure im Prozess dasselbe Bild der Zielgruppe vor Augen haben; die beantworten, wonach Konsumenten suchen, welche Fragen und Bedürfnisse sie haben, welche Nutzungsmotive und Erwartungen; die beantworten, auf

[9]Spätestens bei der Auseinandersetzung mit den Rollen stellt sich häufig die Frage nach der Abgrenzung des Content-Marketings zu anderen Disziplinen der klassischen Werbe-, Marken- und Unternehmenskommunikation. Die Frage kann in diesem begrenzten Rahmen nicht aufgelöst werden. Wenn Content-Marketing jedoch konsequent zu Ende gedacht und die Content-Strategie über alle als relevant identifizierten Touchpoints ausgerollt werden soll, ist der Übergang zu anderen Spezialdisziplinen fließend. Der Wert liegt dann gerade im integrierten Ausspielen und Denken – und nicht in der Abgrenzung der Disziplinen. Im Beispiel des produzierenden Unternehmens, das als Experte für digitale Lagerlogistik auftritt, müssen die fachlichen Inhalte sowohl in digitale als auch in klassische Formate integriert werden, im Vertriebsmaterial aufgegriffen, auf der nächsten Messe mindestens thematisiert und vom Außendienst glaubwürdig erklärt werden.

welchen Kanälen sich die Zielgruppen bewegen, wie, wann und wo sie vorzugsweise bestimmten Content konsumieren und welche Formate ihnen weiterhelfen.

- *Kreative Ideengeber* und *Entwickler integrierter Kommunikationskonzepte,* die ein Verständnis nicht nur für einzelne Kanäle, sondern auch für den Aufbau und das Zusammenspiel kommunikativer Infrastrukturen mitbringen und die Konzepte in Einzelmaßnahmen übersetzen.
- *Content-Spezialisten,* die mit dem verinnerlichten Wissen über Kommunikationsziele, Markenidentität und Zielgruppenbedürfnisse immer wieder passende und relevante Themen finden, erstellen und fortführen.
- *Designspezialisten,* die das ästhetische Gespür für die Gestaltung von Touchpoints mit dem sorgfältigen Handwerk der Corporate-Design-Entwicklung zusammenbringen und immer wieder neue, inspirierende und dennoch konversionsoptimierte (Content-) Welten erschaffen.
- *User Experience und Interface Designer,* die das kreative Gespür von Webdesignern mit einem technologischen Verständnis der Funktionalitäten verschiedener Plattformen, Kanäle und Devices sowie einem tiefgreifenden Wissen über Userbedürfnisse und -verhalten zusammenbringen.
- *Technologiespezialisten,* die an der Schnittstelle zu IT-Anforderungen und Programmiersprachen eine der wichtigsten Anforderungen für eine nahtlose User Experience schaffen: die Brücke zwischen Technologie und Kreation.
- *Spezialisten für Distribution, Mediaplanung und Reichweitenmaximierung,* die belastbare und langfristige Reichweiten- und Mediastrategien entwickeln und im ständigen Austausch mit den Content-Spezialisten und Tracking-Experten dafür sorgen, dass der entwickelte Content die gewünschte Sichtbarkeit in der Zielgruppe hat.
- *Spezialisten für Analytics und Performance-Messungen sowie (Social-Media-)Monitoring und Reportings,* die integrierte Wirkungsmessungskonzepte und Kennzahlensysteme entwickeln, erheben, interpretieren und in Handlungsanweisungen zur Optimierung übersetzen – und deren Beratung bei der Auswahl und Implementierung entsprechender Tools bereits in frühen Projektphasen essenziell ist.
- *Spezialisten für Content-Management und Digital Services,* die nach dem Launch einzelner Kanäle, Medien und Plattformen deren kontinuierliche Bespielung, Betreuung und Optimierung sicherstellen.
- Zusätzlich zu den Disziplinen mit Spezialwissen braucht die Planung und Umsetzung von Kommunikationsstrategien und -konzepten den Blick von *generalistischen Beratern, Strategen und Kreativen,* die mit übergeordneten Visionen und Leitlinien den Weg in die Projektierung ebnen und die zum passenden Zeitpunkt die Notwendigkeit weiterer, mit der Content-Ausspielung verbundener Handlungsfelder wie beispielsweise Rechtemanagement oder Datenschutzaspekte erkennen und dem Kunden bereitstellen.
- Schließlich *Projektmanager,* die die verschiedenen beteiligten Gewerke (in welchen Rollen und Profilen diese sich auch immer ausdrücken) verstehen, koordinieren, projektieren und kaufmännisch begleiten.

Diese Kompetenzfelder haben keinen Anspruch auf Vollständigkeit, denn durch die ergebnisoffene Kanal- und Maßnahmenplanung von Content-Marketing können je nach Art des entwickelten Kommunikationskonzepts zahlreiche weitere benötigte Fähigkeiten und Spezialdisziplinen dazukommen.[10] Wichtig ist, dass die Kompetenzen nicht nur in den Prozess eingebracht werden, sondern auch interdisziplinär zusammenspielen.

Damit die einzelnen Fähigkeiten sich im Ergebnis niederschlagen, brauchen diese Kompetenzfelder strukturelle Voraussetzungen, um ihre Anforderungen aufeinander abzustimmen, ihre Erkenntnisse gegenseitig zu verwerten, Ideen gegenseitig zu hinterfragen und in einem kontinuierlichen Prozess die Kommunikationsstrategie und -planung immer wieder zu verfeinern. Nur wenn diese unterschiedlichen Perspektiven zusammengeführt und in Kommunikationsstrategien und -maßnahmen überführt werden, können Zielgruppenbedürfnisse, Kommunikations- und Markenziele gleichermaßen bedient werden. Allein eine solche interdisziplinäre Zusammenarbeit verschiedener Perspektiven kann, was die Ansprache der anspruchsvollen und werbekritischen Zielgruppen angeht, Hürden überwinden, die ein Creative Team aus Grafik und Text alleine nicht bewältigen kann.

Die Arbeit an übergeordneten und langfristigen Content-Marketing-Strategien erfordert allerdings nicht nur die passende Zusammensetzung von Kompetenzen sowie von generalistischen und spezialisierten Fähigkeiten auf Agenturseite, sondern auch ein Commitment zu dieser Arbeitsweise von Kundenseite. Um die nötigen Prozesse und die interdisziplinäre Abstimmung von Anforderungen und Ergebnissen erfolgreich abbilden zu können, müssen sowohl die Agenturen als auch die Unternehmen auf Kundenseite passende Strukturen und Verantwortlichkeiten definieren. Die auf Unternehmensseite handelnden Akteure für Content und Kreation, Kommunikationsinfrastruktur- und Technologiethemen sollten handlungs- und entscheidungsfähig sein. Gleichzeitig ist es nötig, Strukturen zu schaffen, um abteilungs- und bereichsübergreifende Commitments und Freigaben über Projektabschnitte oder Maßnahmen zu erzielen, die Teil von vergleichsweise komplexen Strategien und Konzepten sind. Da Content-Marketing-Konzepte kanalübergreifend funktionieren, müssen Silo-Strukturen aufgebrochen werden, bei denen je Kanal ein Verantwortlicher eigene inhaltliche und infrastrukturelle Entscheidungen trifft.

Content-Marketing ist auch ein Commitment zu iterativen Prozessen: Anders als beim Launch analoger Maßnahmen, bei denen beispielsweise einmalig kreiert, umgesetzt, gedruckt, konfektioniert und verschickt wird, erfordern digitale Prozesse, Themen, Konzepte und Reichweitenstrategien ein wiederkehrendes Testen, eine fortwährende Evaluation und eine darauf basierende, iterative Optimierung. Um diesen Kreislauf effizient zu gestalten, sind inhaltliche Freiheitsgrade, effiziente Abläufe und Freigabeschleifen, eine

[10]Hier ist beispielsweise zu denken an Spezialisten für bestimmte Formate (wie Bewegtbild-Konzepte), für bestimmte Disziplinen (wie Influencer-Marketing) oder bestimmte Touchpoints (wie Eventplanung).

enge Anbindung der Spezialisten für Tracking- und Performancemanagement an die redaktionellen Prozesse von Themenfindung, Content-Produktion und -Distribution und eine Rückkopplung von der Agentur an den Kunden notwendig. Erfahrungen aus dem agilen Arbeiten, das in der Softwarebranche mittlerweile vielfach eingesetzt wird, können helfen, Prozesse entsprechend schlank und stringent zu gestalten.

Diese anders gelagerten Anforderungen verändern die Zusammenarbeit und auch die Rolle von Kommunikationsagenturen gegenüber den auftraggebenden Unternehmen. Der hohe Anteil an Beratungsleistung sowie der notwendige stetige Austausch führen zu einem partnerschaftlichen Agieren. Das fortwährende Testen – im tatsächlichen Sinne von Ausprobieren – und stetige Weiterentwickeln von Themen und Strategien führt zu einer transparenten, schnellen und offenen Zusammenarbeit. Ohne dieses Commitments an eine veränderte Arbeitsweise sind ganzheitliche Strategien in der Praxis kaum umsetzbar.

5 Fazit

Die veränderten Rahmenbedingungen digitaler Kommunikation und die Wirkweise von Content-Marketing stellen an Agenturen (und auch an die steuernden Teams auf Unternehmensseite) ganz neue Herausforderungen, die mit den herkömmlichen Arbeitsweisen und Rollenaufteilungen eines Teams aus Art und Copy nicht mehr zu beantworten sind. Wirkungsvolle Ideen werden heute nicht mehr singulär und für einen begrenzten Zeitraum in eine Kampagne verpackt, sondern werden in die kontinuierliche Kommunikation mit den Zielgruppen eingebettet und dialogisch fortgeführt. Kreative Ideen geben der Markenkommunikation immer wieder neue Impulse, sind jedoch nur dann nachhaltig, wenn sie für die unterschiedlichen Marken-Touchpoints interpretiert werden können – und das heißt bei digitalen Kanälen eben, dass sie eine Story erzählen, Mehrwerte transportieren, in unterschiedliche Formate verlängert werden und mit der SEO-Strategie verzahnt werden können (sofern sie nicht sogar aus ihr heraus entwickelt wurden).

Dem veränderten Umgang der Konsumenten mit digitaler Kommunikation, ihrem geübten Ausblenden und Ignorieren werblicher Kommunikation können Agenturteams nur mit einem tiefen Zielgruppen- und Markenverständnis entgegentreten. Die Fragmentierung der digitalen Kommunikationswege und die komplexen Möglichkeiten beispielsweise des Social-Media-, Suchmaschinen-, Affiliate- und Influencermarketings bietet viel Potenzial, das Agenturteams allerdings nur durch eine Kombination aus ganzheitlichem Beratungswissen und Spezialwissen in verschiedenen Disziplinen heben können. Die Entwicklung und Umsetzung datengetriebener und touchpointübergreifender Kommunikationsstrategien erfordert die Verknüpfung kreativer, analytischer, technischer und infrastruktureller Fähigkeiten. Nicht zuletzt verlangen die Notwendigkeit der stetigen Analyse und Optimierung sowie der Legitimationsdruck auf Kommunikationsbudgets von Agenturen ein hohes Verständnis von Performance-Management, Analytics und betriebswirtschaftlichen Zusammenhängen. Das Content-Marketing der letzten Jahre hat diese strikte Zielgruppenorientierung nicht erfunden, aber die aktuelle Entwicklung bedeutet einen budgetären, prozessualen und inhaltlichen Shift der Unternehmen von Outbound- zu Inbound-Marketing-Strategien und diese Entwicklung verändert die Anforderungen an das Agenturgeschäft maßgeblich.

Um den vielfältigen skizzierten Anforderungen gerecht zu werden, müssen die Agenturen sich neu aufstellen: Sie müssen die institutionellen und strukturellen Voraussetzungen schaffen, um ihre interdisziplinären Teams vor dem Hintergrund dieser neuen Anforderungen arbeitsfähig zu machen. Um Kunden den nötigen übergeordneten und ganzheitlichen Blick auf Content-Marketing-Strategien zu bieten, müssen sie die gesamte Wertschöpfungskette der Contentplanung, -erstellung, -ausspielung und -optimierung abbilden oder zumindest in der Lage sein, Spezialdisziplinen an die eigenen Prozesse übergangsfrei anzudocken. Zudem muss es gelingen, Rahmenbedingungen für die gemeinsame Arbeit zu schaffen, die die wirkliche Verzahnung des Wissens, deren stetige Anwendung auf die einzelnen Disziplinen und die stetige Weiterentwicklung der Strategien und der Kommunikationsinfrastruktur erlauben.

Literatur

Alphabet Inc. (2018). Form 10-K. Annual Report (…) for the fiscal year 2017. https://abc.xyz/investor/pdf/20171231_alphabet_10K.pdf. Zugegriffen: 5. Jan. 2019.

ARD/ZDF-Onlinestudie. (2018). Zuwachs bei medialer Internetnutzung und Kommunikation. Deutschland, 2018. http://www.ard-zdf-onlinestudie.de/files/2018/0918_Frees_Koch.pdf. Zugegriffen: 03. Jan. 2019.

Berkowitz, D. (2015). Revenge of the storymakers: How brands are battling storytelling. https://www.slideshare.net/davidberkowitz/revenge-of-the-storymakers-how-brands-are-battling-storytelling/33-INBOUND154_UnpredictableNot_everyones_going_to. Zugegriffen: 6. Dez. 2018.

BVDW. (2018a). OVK-Messung: Adblocker-Rate ist im ersten Quartal gesunken. Deutschland 2018. https://www.bvdw.org/presse/detail/artikel/ovk-messung-adblocker-rate-ist-im-ersten-quartal-gesunken/.Zugegriffen: 3. Jan. 2019.

BVDW. (2018b). KPIs im content marketing. A never ending story. https://www.bvdw.org/fileadmin/bvdw/upload/publikationen/content_marketing/BVDW_LF_KPIs_Content_Marketing_ES_20181122.pdf. Zugegriffen: 3. Jan. 2019.

Camas Media. (2016). 4 C's of content marketing. Präsentation vom 25.10.2016. www.slideshare.net/CamasMedia/4-cs-of-content. Zugegriffen: 3. Jan. 2019.

Content Marketing Forum. (Hrsg.). (2018). Content marketing in einer neuen Dimension: Die CMF-Basisstudie 2018, SCION, München. http://www.cpwissen.de/tl_files/2018/06/CMF_Basisstudie_2018_180614_kurz.pdf. Zugegriffen: 2. Jan. 2019.

Evans, W. (2017). Lean DUS #32: Leading organizational design & transformation. https://www.youtube.com/watch?v=JkiZH4qETwM&feature=youtu.be. Zugegriffen: 11. Dez. 2018.

Goldmedia. (2018). Pay-VOD in Germany – Forecast 2018–2023. Deutschland, 2018. https://www.goldmedia.com/produkt/study/pay-vod-in-deutschland-2018-2023. Zugegriffen: 3. Jan. 2018.

Gründel, V. (2017). Werbemarkt 2017: Online überholt erstmals TV. Horizont Juni 2017. https://www.wuv.de/medien/werbemarkt_2017_online_ueberholt_erstmals_tv. Zugegriffen: 5. Jan. 2019.

ING Economics. (2018). Now that we subscribe to music, are tools and toiletries next? Opportunities and challenges for tangible goods subscriptions. Survey based analysis. April 2018. https://think.ing.com/uploads/reports/Subscriptions_from_music_to_tools_and_toiletries_ST_ING_Economics_April_OT.pdf. Zugegriffen: 2. Jan. 2019.

IPSOS. (2017). #MeetTheMillenials, Aktuelle Insights zu Einstellungen, Mediennutzung und Markenkommunikation. Deutschland, 2017. https://www.ipsos.com/sites/default/files/%23MeetTheMillennials_Teaser.pdf. Zugegriffen: 3. Jan. 2019.

Kantar MillwardBrown. (2018). AdReaction: Engaging Gen X,Y and Z. USA, 2018. http://www.millwardbrown.com/adreaction/genxyz/global/what-people-think-about-advertising/preferred-traditional-ad-formats. Zugegriffen: 3. Jan. 2019.

Katz, E., & Foulkes, D. (1962). On the use of the mass media as‚escape' – Clarification of a concept. *Public Opinion Quarterly, 26,* 377–388.

Li, C., & Bernoff, J. (2008). *Groundswell: Winning in a World Transformed by Social Technologies*. Boston: Harvard Business Review Press.

MagnaGlobal IPG Media Lab. (2016). Turbo Charging. Your Skippable Pre-Roll Campaign. USA. https://www.magnaglobal.com/wp-content/uploads/2017/02/Magna.IPGlab_Turbocharging-Your-Skippable-Pre-Roll-Campaign_external.pdf. Zugegriffen: 3. Jan. 2018.

OWM. (2018). Mitgliederbefragung 2018. Horizont, 47 (22.11.2018), S. 16. https://de.statista.com/statistik/daten/studie/207300/umfrage/umfrage-unter-werbungtreibenden-zur-entwicklung-der-werbeausgaben. Zugegriffen: 5. Jan. 2019.

Pareira, P.-J. (2016). Branducers goes global. Think like a Marketer, behave like an Entertainer, move like a tech startup. Branded Content Marketing Association. http://bcma.es/think-like-a-marketer-behave-like-an-entertainer-move-like-a-tech-startup-pj-pereira-pereira-odell/. Zugegriffen: 11. Dez. 2018.

Schobelt, F. (2019). Out of Home braucht keine Diskussion um Content. Werben und Verkaufen-Artikel vom 7. Februar 2019. https://www.wuv.de/medien/out_of_home_braucht_keine_diskussion_um_content. Zugegriffen: 8. Dez. 2019.

ZAW. (2017). Wirtschaft und Werbung 2017. Pressemitteilung von April 2018. http://www.zaw.de/zaw/branchendaten/wirtschaft-und-werbung/?navid=986495986495. Zugegriffen: 6. Dez. 2018.

Patrick Holtkamp ist als Managing Director der Territory Webguerillas Experte für digitales Marketing. Er bringt über 15 Jahre internationale Erfahrung im Bereich Digital Brand Marketing & Communication mit. Zu seinen Stationen gehören unter anderem BBDO Düsseldorf, Heye, DDB Europe und Parasol Island. Patrick Holtkamp führt seither übergreifende Agenturteams, leitet Kundenbeziehungen und entwickelt kreative Strategien für kanalübergreifende Kampagnen. Er ist verantwortlich für erfolgreiche und preisgekrönte Business- und Kommunikationslösungen, verfügt über umfassende Kenntnisse über datengesteuertes Multi-Channel-, Content- und Social-Media-Marketing und versteht sich als kreativer Denker und digitaler Stratege. Zu seinen Kunden zählten über die Jahre unter anderem: McDonald's, Mars, Lidl, Aldi, Bayer, Toom Baumarkt, Carlsberg, Generali, Barclays Bank, Premier Foods, Universal, Sony Music, Microsoft, Mammut, Dr. Oetker, SKY, Mozilla Firefox, Postbank und Allsecur.

Dr. Michelle Bange ist als Lead Strategic Planner bei TERRITORY CTR verantwortlich für die analytische und strategische Entwicklung von kanalübergreifenden Content-Strategien in interdisziplinären Teams. Sie leitet Kundenbeziehungen und begleitet Marken- und Kommunikationslösungen von der ersten Analyse bis in die prozessuale Umsetzung. Zuvor war sie Research Executive in der Marken- und Werbeforschung bei Ipsos Connect in Hamburg und betreute internationale Marken bei Zielgruppenanalysen, globalen Markenpositionierungsstudien und Werbetrackings. Promoviert hat sie am Institut für Kommunikationswissenschaft der Westfälischen Wilhelms-Universität Münster bei Prof. Dr. Armin Scholl. Sie arbeitete bei ihren Stationen unter anderem für Mercedes-Benz, C&A, Volkswagen, Ferrero, Warsteiner, GMH Gruppe, Böllhoff, KWS und Makita.

TERRITORY ist die Agentur für Markeninhalte. Rund 1000 Mitarbeiter arbeiten mit Leidenschaft und Überzeugung daran, für Unternehmen und ihre Marken inhaltliche Territorien zu definieren, diese kontinuierlich mit Inhalten, Aktionen und Services zu beleben und so Relevanz und Aufmerksamkeit zu erzielen. Wir sind überall da, wo Content entscheidenden Einfluss auf den Unternehmenserfolg hat, der beste Partner. Als Content-Kreations-Haus, Influencer-, Social- und Digital-Marketing-Spezialist, Mediaagentur, Vermarkter, Handelsexperte, Employer-Branding-Berater und Plattformbetreiber. Wir nennen das „Content to Results".

Probleme sind die neue Kreativität

Willkommen in der neuen, digitalen Welt

Gordon Euchler, Nils Haseborg und Nils Liedtke

Inhaltsverzeichnis

1 Die digitale Revolution ist da – Wo bleibt das Wachstum? . . . 406
2 Der Kult der Lösung . . . 407
3 Die Kraft des Problems . . . 407
4 Gute Probleme entdecken . . . 409
4.1 Von „Trendwatching" zu „Problemwatching" . . . 409
4.2 Von „Design Thinking" zu „Designing Problems" . . . 410
4.3 Der roteste aller roten Ozeane . . . 410
4.4 Von „Higher Purpose" zu „Deeper Problems" . . . 411
4.5 Jobs to be done – Problem anyone? . . . 411
5 Bessere Probleme . . . 412
6 Werde Teil des Problems . . . 413
Literatur . . . 414

Die Originalversion dieses Kapitels wurde revidiert. Ein Erratum ist verfügbar unter https://doi.org/10.1007/978-3-658-26195-5_28

G. Euchler (✉)
BBDO, Düsseldorf, Deutschland
E-Mail: g.euchler@mac.com

N. Haseborg
Bridgehouse Chapter Three, Hamburg, Deutschland
E-Mail: n.haseborg@bridgehouse.de

N. Liedtke
McKinsey Company, Brüssel, Belgien
E-Mail: nils_liedtke@mckinsey.com

M. Terstiege (Hrsg.), *Digitales Marketing – Erfolgsmodelle aus der Praxis*, https://doi.org/10.1007/978-3-658-26195-5_25

1 Die digitale Revolution ist da – Wo bleibt das Wachstum?

Digitalisierung verändert von Anfang an alles. Es ist die Revolution, die Business und auch Marketing umwälzt: völlig verändertes Verbraucherverhalten, digitale Medien, soziale Netzwerke, digitale Customer Journey und digitales automatisiertes Targeting. Als Nächstes steht schon der Menschheitstraum AI vor der Tür.

Allerdings zeigt sich ein beunruhigendes Phänomen mit dem Namen „Solow Paradox" (Krishnan et al. 2018) in Abb. 1 deutlich: All die digitalen Innovationen haben bis jetzt noch nicht zu durchschlagendem Produktivitätswachstum geführt.

Im Gegenteil: Wenn man sich die Wachstumsraten der Wirtschaft weltweit innerhalb des Jahrzehnts der digitalen Revolution anschaut, dann sind sie konstant im Sinkflug und mit 1,4 % auch deutlich unter dem Wachstum der vorangegangenen analogen Jahrzehnte (Remes et al. 2018).

Kurz: Bis jetzt ist das digitale Wachstumspotenzial noch nicht voll ausgeschöpft. Mindestens 2 % zusätzliches Wachstumspotenzial durch digitale Innovationen sind bis heute ungenutzt (Remes et al. 2018).Um dieses Potenzial freizulegen und das Wachstumstempo zu erhöhen, verstärkt sich der Drang nach immer neuen Lösungen. Und das gibt den Blick frei auf ein größeres Phänomen.

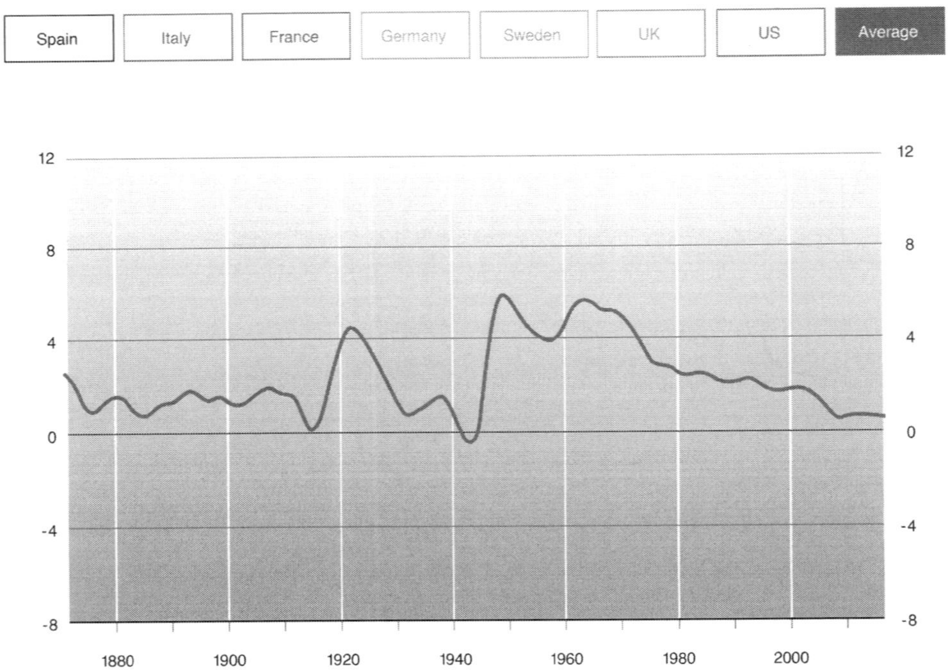

Abb. 1 Solow-Paradox: Unterdurchschnittliches Produktivitätswachstum während der Digitalen Revolution (in %). (Quelle: Remes et al. 2018)

2 Der Kult der Lösung

Lösungen sind in aller Munde. Was als politischer Slogan begann und schon lange im Marketing galt, ist in der digitalen Welt zu einem Marketing-Mantra geworden: „Wenn du nicht Teil der Lösung bist, bist du ein Teil des Problems." (Eldridge Cleaver zit. nach Singer 2009) Niemand möchte Teil des Problems sein.

Beratungen, Medienunternehmen, digitale Dienstleister, datenberauschte Start-ups – in Marketing und Vertrieb erheben alle den Anspruch, Teil der Lösung sein. Mit immer neuen Tools und Konzepten wie beispielsweise Design Thinking, Purpose und Customer Journey werden Lösungen wie am Fließband produziert – gerne auch mithilfe Künstlicher Intelligenz. Dann lehnen wir uns gemütlich zurück und lassen Modellings, A/B-Tests und selbstlernende programmatische Algorithmen herausfinden, welche am besten funktioniert. Und: Die digitale Welt erlaubt, immer schneller immer neue Lösungen nicht nur auszudenken, sondern zu entwickeln, marktfertig zu produzieren und zu skalieren (Krishnan et al. 2018).

Allerdings wird Eines immer deutlicher: Lösungen gibt es mehr als genug. Aber was nützt die beste Lösung ohne ein wirklich bedeutsames Problem?

Schon Douglas Adams zeigte, dass jede Lösung sinnlos ist, wenn man nicht das Problem kennt (Adams 1979). Und unter Schachspielern werden die Komponisten von Problemen als die wahren Meister des Spiels verehrt. Aber wann haben Sie zuletzt ein wirklich spannendes Problem in Marketing oder Sales gesehen? Vor der Problemfindung drücken wir uns. Schon das Wort „Problem" will niemand hören: „Wir können doch nicht Problem schreiben, dann denkt der Kunde, er hat tatsächlich ein Problem. Lass uns doch lieber ‚Challenge' schreiben."

3 Die Kraft des Problems

Wie kann man wissen, dass man etwas Besonderes gefunden hat, wenn man nicht weiß, wonach man sucht? Plato zeigte dieses auch als „Menons Paradox" bekannte Problem schon vor mehr als 2000 Jahren auf,[1] und es ist heute genauso rätselhaft für uns, wie es für die großen Denker des alten Athens war. Dabei gilt: Wer sich nicht gleich in die Exekution stürzt, sondern Probleme richtig identifiziert, gibt den Kurs für die Lösungsversuche vor – wie Abb. 2 zeigt.

Oft führt erst ein klar benanntes, so bisher noch nicht gefasstes Problem zu wirklich neuen Lösungen. Und ein größeres Problem führt oft zu einer größeren Lösung. Und wenn ein CMO dringende Probleme seines oder ihres Unternehmens angeht, ist ihm oder

[1] „Und auf welche Weise willst du denn dasjenige suchen, Sokrates, wovon du überhaupt gar nicht weißt, was es ist? (…) Oder wenn du es auch noch so gut träfest, wie willst du denn erkennen, daß es dieses ist, was du nicht wußtest?" Plato: Menon, 80d-e.

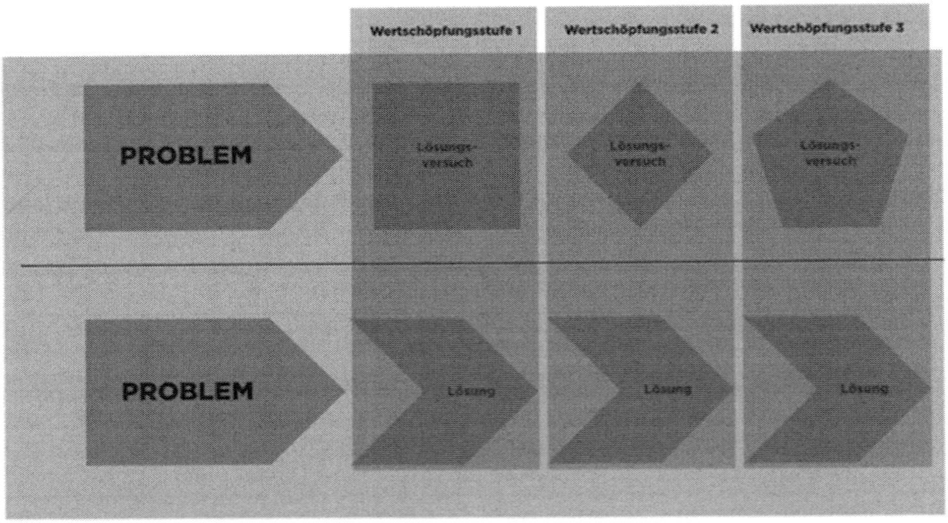

Abb. 2 Das Problem leitet die Ausgestaltung aller folgenden Stufen der Wertschöpfungskette. (Quelle: BBDO)

ihr die Aufmerksamkeit des CEOs gewiss (Fournaise 2012). Wenn Strategien und Ideen die größten Probleme des Unternehmens angehen, so steigt ihre Chance, es zu mehr als zu einer PowerPoint-Präsentation zu bringen und vielleicht tatsächlich das Licht der Welt erblicken und umgesetzt werden (für verwandte Daten: Ewenstein et al. 2015).

Probleme sind also Wachstumschance und strategischer Wettbewerbsvorteil zugleich. Während es nicht an Literatur darüber mangelt, wie wichtig das richtige Problem ist – insbesondere in der digitalen Welt, in der alle Lösungen noch schneller und noch einfacher kopiert werden können,[2] – so gibt es doch kaum Vorschläge und Strategien zum Entdecken von neuen Problemen.[3] Aber solche Strategien werden gebraucht. Denn gute Probleme liegen nicht einfach herum. Schon gar nicht werden sie mit dem Briefing frei Haus geliefert. Man muss sie sich erarbeiten.[4]

Das vielleicht beste Beispiel für die Wirkmacht großer Probleme ist das Mandat, das Kennedy 1961 der NASA erteilte: Bringt binnen zehn Jahren einen Menschen auf den Mond und heil zurück zur Erde. Dieses gigantische Problem inspirierte nicht nur Millionen Menschen in aller Welt. Es löste auch einen wahren Innovationstaumel aus, von

[2]Einstein braucht man hier nicht zu zitieren; es reicht die Harvard Business Review: Markman (2017).

[3]Selbst das fast allumfassende Strategiepapier von Davis et al. (2007) widmet bei über 40 Seiten Umfang dem Problem nur einen kurzen Absatz.

[4]Einer der Autoren hat zweieinhalb Jahre seiner Promotion damit verbracht, das richtige Problem zu finden.

Mathematik und Informationsverarbeitung bis Logistik und Prozessmanagement. Der Legende nach ist dabei sogar die Teflon-Pfanne abgefallen.[5]

4 Gute Probleme entdecken

Was die besten Player im Marketing seit jeher auszeichnet, ist ihr Antrieb, immer wieder neue und ungesehene Wege zu gehen und Neues zu entdecken. Meist nutzen wir diese geballte Kreativität, um die spannendsten Lösungen zu entwickeln. Was würde passieren, wenn wir dieselbe Kreativität einsetzten, um die spannendsten Probleme zu entdecken? Im Folgenden zeigen wir Ideen auf, wie man die besten kreativen und strategischen Tools nicht mehr (nur) anwendet, um eine Lösung zu entwickeln. sondern um das beste Problem zu identifizieren.

4.1 Von „Trendwatching" zu „Problemwatching"

Fast alle Unternehmen beobachten die Trends in ihrem Markt und in ihren Zielgruppen, um herauszufinden, wie man diese Trends für zukünftiges Wachstum nutzen kann. Wir schlagen vor, dieselbe Regelmäßigkeit und Tiefe auf die Beobachtung aufkommender Probleme anzuwenden. Also nicht mehr nur zu versuchen, als Erster einem Trend hinterherzulaufen, sondern um die spannendsten, frischesten und aufregendsten Probleme aufzuspüren, bevor aus deren Lösung ein Trend entstehen kann.

Als der Frühstücksabsatz bei McDonald's stagnierte, erschloss nicht ein Trend, sondern ein Problem den Weg zurück zum Wachstum. Das Problem, dass Menschen selbst das beste Frühstück bei McDonald's nur kaufen, wenn sie einen zumindest akzeptablen Kaffee zu ihrem Egg McMuffin, McCroissant und McToast erwarten könnten. Dieses Problem war die Wurzel des Vier-Milliarden-US-Dollar-Geschäfts McCafé – und brachte auch das Frühstücksgeschäft wieder auf die Wachstumsspur (Bansal und Sgro 2004).

Gatorade entdeckte das Problem, dass Menschen zwar an der Uni Sport treiben – ihnen danach aber das Leben in den Weg kommt und sie dann keinen Grund mehr haben, Energy-Getränke wie Gatorade zu trinken. Daraufhin entwickelte Gatorade mit „Replay" eine Reihe von Events, bei denen ehemalige Uni-Sportler das große Spiel ihrer Jugend noch einmal austragen konnten. Gegen dieselben Gegner. Im selben Stadion. Mit denselben Cheerleadern. Und sich dafür fit machen mussten. In den Regionen, in denen die Gatorade-Replay-Kampagne ausgespielt wurde, stieg der Absatz um 63 % (D&AD o. J.).

[5]Bei näherer Betrachtung hat die Menschheit der NASA lediglich die Popularisierung eines Materials zu verdanken, das bereits 1938 patentiert worden war.

4.2 Von „Design Thinking" zu „Designing Problems"

Design Thinking ist „a method of meeting people's needs and desires in a technologically feasible and strategically viable way" (Brown 2008). Bei Design Thinking geht es darum, für den Bedarf der Nutzer iterativ immer bessere Lösungen zu entwickeln. Und zu viele selbsterklärte Design-Thinker vergessen dabei, dass es gleichzeitig darum geht, mit jeder neuen Lösungshypothese auch das Problem noch einmal auf den Prüfstand zu stellen. Und zu verbessern. Ein scheinbar allgemeines Problem kann nämlich Runde für Runde immer weiter angereichert und verbessert werden.

Ein sehr gutes Beispiel für die iterative Verfeinerung eines Problems zeigt sich im Kampf der Regierung Singapurs gegen das Rauchen. Wie fast allen Rauchern fiel es auch den Bürgern des Stadtstaats sichtlich schwer, mit dem Rauchen aufzuhören. So weit, so ungreifbar. Aber unterhalb dieses Problems versteckte sich ein ganzer Baum untergeordneter Probleme (Davis et al. 2007). Das erste Problem: Rauchen war zu einfach. Also erließ die Regierung Verbote. Zusätzlich war Rauchen attraktiv. Also führte man zusätzlich abschreckende Kampagnen ein. Und dann merkte man, dass zwar sehr viele Raucher versuchen aufzuhören, aber dass sie es nicht lange genug durchhalten. Das Ergebnis war eine Kampagne, die das Rauchen nicht etwa verteufelte. Sondern Menschen, die gerade versuchten aufzuhören, motivierte. Anfeuerte. Zu Helden erklärte. Jeden Tag und öffentlich. Diese Anreicherung des Problems verdreifachte die Zahl der erfolgreichen neuen Nichtraucher (Narain und Loke 2012).

4.3 Der roteste aller roten Ozeane

Die bekannte Blue-Ocean-Strategie (Kim ind Mauborgne 2004) soll Unternehmen helfen, Innovationen zu entdecken. Nach dieser Theorie sollen Unternehmen den wettbewerbsintensiven Red Ocean verlassen und einen neuen, freien, unberührten, wachstumsträchtigen Blue Ocean entdecken. Aus unserer Sicht liegt der Blue Ocean aber nicht immer vor uns. Sondern mitunter hinter uns – da, wo das größte anzunehmende Problem einer Kategorie zu finden ist. Das Problem, das so groß ist, dass niemand sich traut, es anzugehen oder nur zu erwähnen.

Tesla begab sich in den Red Ocean der Autoindustrie. Das Problem, das bis dato niemand angegangen war: die Entwicklung eines luxuriösen Elektroautos. Tesla brachte es auf den Markt und verkaufte in den USA in 2018 bereits mehr Autos als der Platzhirsch Mercedes und im 4. Quartal auch als BMW. Und mit dem günstigen Model 3 dürfte der Vorsprung weiter wachsen (Dobush 2018).

4.4 Von „Higher Purpose" zu „Deeper Problems"

Der „Purpose" ist laut Forbes mittlerweile das Herz des Marketings (Craig 2018). Er ist es auch, der besonders erfolgreiche Unternehmen auszeichnet (Euchler und Lehmann 2018). Alle jagen ihm nach, denn der wohlbeschriebene Purpose ist der Grund für die Existenz eines Unternehmens. Aus ihm lassen sich alle weiteren Handlungen, Produkte, Services und Prozesse ableiten. Und man findet ihn, indem man – ausgehend von den Unternehmensaktivitäten – fragt, warum diese so sind, wie sie sind. Wenn man eine Antwort hat, fragt man nach Kinderart wieder: „Warum?" Mindestens fünf Mal. So kommt man zu immer profunderen Antworten. Analog dazu schlagen wir Entscheidungsträgern im Marketing vor, sich von einem Ursprungsproblem immer tiefer zu immer besseren Problemen durchzufragen.

Der CEO der Supermarktkette Sainsbury's hatte ein höchst ambitioniertes Ziel: 1,2 Mrd. Britische Pfund mehr Umsatz pro Jahr. Eine Herkulesaufgabe. Um dieses Ziel zu erreichen, hätte Sainsbury's mehr als 100.000 Kunden anderer Ketten für sich gewinnen müssen. Ein beinahe unlösbares Problem, denn Einkäufer sind träge und gehen vor allem danach, welcher Laden für sie besonders günstig liegt – nah an der eigenen Wohnung, nah am Arbeitsort oder auf dem Weg von A nach B. Aber Sainsbury's gelang es, das Umsatzproblem durch Vertiefung in ein Verhaltensproblem umzuformen. Denn Millionen von Menschen kamen schon zu Sainsbury's. Regelmäßig. Alles, was man erreichen musste, war, dafür zu sorgen, dass sie bei jedem Einkauf ein kleines bisschen mehr in den Einkaufskorb legten. Durchschnittlich 1,14 Britische Pfund, um genau zu sein. Und so wurde die Herkulesaufgabe lösbar. Die Kampagne versuchte nicht, Menschen von ihrem Stammsupermarkt loszueisen, sondern machte Menschen einfach Vorschläge, wie sie ihre ganz normalen Standard-Kochgerichte mit einem kleinen Twist, einem zusätzlichen Gewürz, ein wenig besser machen konnten. Das zeigte große Wirkung: Die dazugehörige Kampagne generierte 1,35 Mrd. Britische Pfund zusätzlichen Umsatz im ersten Jahr und übertraf damit sogar das kühne Ziel des CEOs (Roach et al. 2008).

4.5 Jobs to be done – Problem anyone?

„Jobs tob e done" ist einer der wenigen strategischen Ansätze, die das Problem der Kunden in den Mittelpunkt stellen (Christensen et al. 2016). Es wird explizit gefragt: „What progress, struggle and circumstance is the customer hiring you for?" Das ist gut, denn so stehen das Problem und die Suche danach im Mittelpunkt. Dieser Ansatz führt zu interessanten und vor allem relevanten Lösungen. Aber manchmal kann das entdeckte Problem sogar so wichtig und spannend sein, dass es selbst zur Lösung wird.

Jahrelang bot die Londoner Polizei potenziellen Bewerbern den Beruf des Polizisten als Lösung ihres persönlichen Problems – der Arbeitssuche – an, mit Vorteilen wie Jobsicherheit und Altersabsicherung. Trotzdem blieben viele wichtige Stellen unbesetzt, denn den Bewerbern mangelte es an den nötigen Qualifikationen. Bis jemand merkte, dass man den richtigen Menschen diesen Beruf nicht als Lösung anbieten musste. Sondern als Problem. Wie schwer man es als Polizist hat. Wie viel man einstecken muss. Pöbeleien. Prügeleien. Und wie gefährlich es ist. Eine solche Kommunikation würde alle ungeeigneten Bewerber abschrecken. Und diejenigen, die echte Herausforderungen suchen, besonders ansprechen. Und genau diese Probleme des Polizistenjobs wurden Thema der Recruiting-Kampagne. Einer der Claims: „I couldn't do it." Und „Rewarding but challenging" (Spectrecom (o. J.) Die Kosten pro besetzter Stelle sanken so um 9 % (Feldwick 1988).

5 Bessere Probleme

Mit all diesen bekannten strategischen Tools kann man also nicht nur Strategien entdecken, sondern auch Probleme. Aber ein Problem zu entdecken, ist natürlich nicht das Ziel. Das Menon-Paradox gilt auch hier: Wie erkennt man, was ein gutes Problem ist, wenn man nicht weiß, wonach genau man sucht? Es mangelt bis jetzt – anders als bei Strategien – noch an Methoden, um zu bewerten, wie gut ein Problem ist. Meist begnügt man sich damit, zu sagen, sie müssten SMART sein: specific, measurable, achievable, relevant, time-bound. Das ist ein Anfang, reicht aber bei Weitem nicht. Nur weil eine Strategie SMART ist, würde man ja auch nicht sagen, sie sei gut. Dafür muss sie schon deutlich mehr leisten.

So wie die in Kap. 4 aufgeführten Beispiele. An ihnen zeigen sich entscheidende Merkmale guter Probleme (siehe Abb. 3). Vier, um es genau zu sagen. Kaum ein

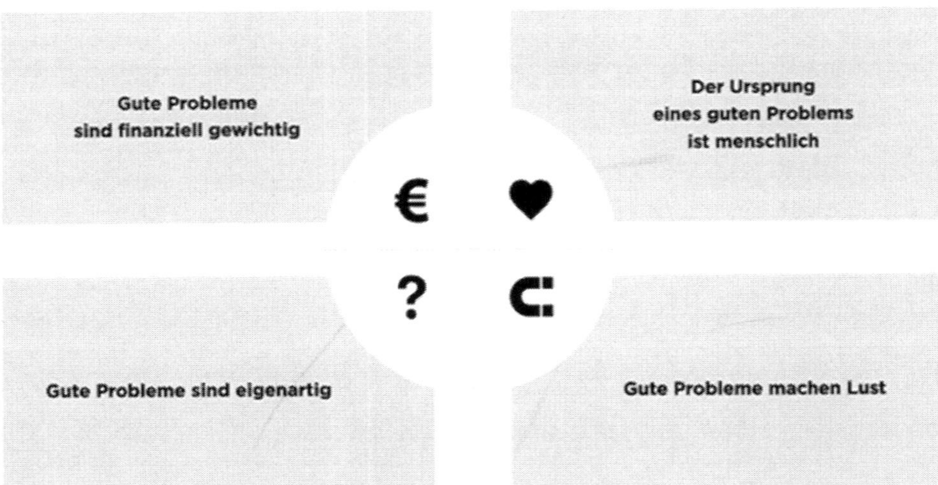

Abb. 3 Was ein gutes Problem ausmacht. (Quelle: BBDO)

Problem wird auf Anhieb alle erfüllen. Schon zwei erfüllte Kriterien zeigen aber in der Regel, dass man auf einem guten Weg ist.

1. **Gute Probleme sind finanziell gewichtig:** Die besten Probleme haben ihren Ursprung in der Business-Strategie und wirken sich auf die wirtschaftliche Performance eines Unternehmens aus. So wie bei McDonald's, wo man im Frühstücksbereich unterdurchschnittliche Wachstumsraten erzielte. Oder bei Sainsbury's, wo 1,2 Mrd. Britische Pfund Umsatz fehlten.
2. **Der Ursprung eines guten Problems ist menschlich:** Der Ursprung des wirtschaftlichen Problems sind Menschen, genauer: ihr Verhalten und ihre Einstellungen. Wie bei der Londoner Polizei. Wo Menschen sich nicht ins gemachte Nest setzen wollten, sondern eine Herausforderung suchten. Oder wie in Singapur, wo es darum ging, eine ebenso lästige wie hartnäckige Gewohnheit zu bekämpfen.
3. **Gute Probleme sind eigenartig:** Weil sie in unbekannte Bereiche vorstoßen und Wege erschließen, die noch nicht beschritten wurden.
4. **Gute Probleme machen Lust:** Auf Lösung. Und zwar bei möglichst vielen Beteiligten. Wie die Reise zum Mond, die 1961 unvorstellbar erschien und gerade deshalb ungeahnte kreative Kräfte freisetzte. Solche Probleme sind unbezahlbar. „Not because they are easy, but because they are hard." (Kennedy 1962)

6 Werde Teil des Problems

Wer ein solches Problem entdeckt, gewinnt gleich mehrere Vorteile. Denn die Lösungsentwicklung beginnt in einem Bereich, in dem sich nicht schon rudelweise Wettbewerber drängeln. Und jede Lösung ist in der digitalen Wirtschaft noch schneller kopierbar und skalierbar. Ein Problem jedoch beeinflusst die gesamte folgende Wertschöpfungskette. Eben all das, was ein Unternehmen anstellt, um das Problem endlich wieder loszuwerden. Und damit wird ein Problem zu einem großen Wachstumshebel. Dieser ist vielleicht nicht einfach zu entdecken, aber für Wettbewerber gerade deswegen auch nicht einfach zu imitieren. Anders als ein Design oder eine Kampagne kann man ein Problem nicht einfach sehen und kopieren. Man muss schon sein eigenes finden.

Zugegeben: Sich eines guten Problems anzunehmen, erfordert auch eine ganze Menge Mut und Vertrauen. Entscheidungsträger in Unternehmen müssen sich auf die Suche nach Problemen machen und diese dann auch ihren Dienstleistern offenbaren. Oder diese sogar dazu aufzufordern, ihrerseits gute Probleme zu suchen. Gute Dienstleister geben sich nicht mit dem im Briefing beschriebenen Problem zufrieden. Sie suchen auf eigene Faust nach besseren, größeren Problemen und sprechen diese offen an – auch, wenn es wehtut. Wer als Entscheider oder Dienstleister solchen Wagemut aufbringt und dem Unternehmen dadurch zu einem echten Wachstumssprung verhilft, wird nie wieder um einen Platz auf der Agenda des Vorstands kämpfen müssen.

Es lohnt sich also, Teil des Problems zu sein. Und während Alexa, Siri und Co. schon jetzt ganz passable Antworten geben, fehlt ihnen einstweilen noch die schöpferische Kraft, die nötig ist, um jenseits von „Did that answer your question?" wirklich gute Fragen zu stellen. Vielleicht gibt es demnächst ja einen Löwen für das „beste Problem". Oder einen Effie. Wir würden uns freuen. Wir würden ihn gerne den Frost Award nennen – in Anlehnung an Robert Frosts kürzestes und rätselhaftestes Gedicht: „We dance round in a ring and suppose, but the secret sits in the middle and knows."

Literatur

Adams, D. (1979). *The Hitchhiker's guide to the galaxy*. London: Pan Books.

Bansal, P., & Sgro, L. (2004). *McDonald's and the McCafe Coffee Initiative. Harvard business review case study*. London: Richard Ivey School of Business Foundation.

Brown, T. (2008). Design thinking. *Harvard Business Review, 86*(6), 84.

Christensen, C. M., Hall, T., Dillon, K., & Duncan, D. S. (2016). Know your customers' „Jobs to be done". *Harvard Business Review, 94*(9), 54–62.

Craig, W. (2018). Purpose becomes the heart of marketing. Forbes. https://www.forbes.com/sites/williamcraig/2018/02/13/purpose-becomes-the-heart-of-marketing/#5a59a8814420. Zugegriffen: 18. Dez. 2018.

D&AD. (o. J.). Case study: Gatorade REPLAY. https://www.dandad.org/en/d-ad-gatorade-replay-case-study-insights/. Zugegriffen: 18. Dez. 2018.

Davis, I., Keeling, D., Schreier, P., & William, A. (2007). The McKinsey approach to problem solving. *McKinsey Staff Paper, 66*, 27.

Dobush, G. (2018). Who needs German engineering? Tesla Outsells Mercedes-Benz for the first time—And has a plan to pass bmw too. Fortune.com. http://fortune.com/2018/10/12/tesla-mercedes-benz-sales-bmw-tax-credits/. Zugegriffen: 18. Dez. 2018.

Euchler, G., & Lehmann, S. (2018). *Kreativität schlägt Krawall*. (Intern).

Ewenstein, B., Smith, W., & Sologar, A. (2015). Changing change management. *McKinsey Quarterly, 2015*(2), 75–93.

Feldwick, P. (1988). Fitting the bill – Metropolitan police recruitments 1987–1988. In P. Feldwick (Hrsg.), *Advertising Works 5* (S. 88–103). London: IPA.

Fournaise. (2012). Marketing effectiveness news & releases. https://www.fournaisegroup.com/ceos-do-not-trust-marketers/. Zugegriffen: 26. März 2019.

Kennedy, J. F. (1962). Text of President John Kennedy's rice stadium moon speech. https://er.jsc.nasa.gov/seh/ricetalk.htm. Zugegriffen: 18. Dez. 2018.

Kim, W. C., & Mauborgne, R. (2004). Blue ocean strategy. *Harvard Business Review, 2004*(11), 76–84.

Krishnan, M., Mischke, J., & Remes, J. (2018). Is the Solow Paradox back? *McKinsey Quarterly, 2018*(2), 24–38.

Markman, A. (2017). How you define the problem determines whether you solve it. *Harvard Business Review, 2017*(6), 16–18.

Narain, S., & Loke, N. (2012). Health promotion board Singapore: I QUIT – From anti-smoking to pro-quitting. In M. Oldham (Hrsg.), *Advertising works 21* (S. 56–77). London: IPA.

Remes, J., Manyika, J., Bughin, J., Woetzel, J., Mischke, J., & Krishan, M. (2018). Solving the productivity puzzle. Report/McKinsey Global Institute https://www.mckinsey.com/featured-insights/regions-in-focus/solving-the-productivity-puzzle. Zugegriffen: 18. Dez. 2018.

Roach, T., Mawdsley, C., & Dorsett, J. (2008). Sainsbury's – How an idea helped to make Sainsbury's great again. In M. Oldham (Hrsg.), *Advertising Works 17* (S. 110–156). London: IPA.
Singer, B. (2009). Becoming part of the solution. https://www.forbes.com/2009/07/28/commentary-singer-solution-intelligent-investing-regulation.html#5d2d6d6e48df. Zugegriffen: 26. März 2019.
Spectrecom. (o. J.). Films. https://www.spectrecom.co.uk/project/metropolitan-police. Zugegriffen: 18. Dez. 2019.

Dr. Gordon Euchler promovierte an der University of Cambridge. Danach tat er das einzig logische und startete als Planner in der Werbung und entwickelt Strategien für Marken wie o2, die Deutsche Telekom, Allianz, Electrolux, Aspirin oder Postbank. Er ist seit 2017 Head of Planning bei BBDO in Düsseldorf.

Nils Haseborg ist bei BRIDGEHOUSE® Trainer für Kreativität, Innovation und kreative Führungskräfte. Er arbeitete bis vor Kurzem als Executive Creative Director für eine der besten Agenturmarken Deutschlands. Davor arbeite er über 10 Jahre als Creative Director für verschiedene führende Agenturen in Hamburg und Berlin.

Nils Liedtke ist Senior Expert (Associate Partner) im Brüsseler Büro von McKinsey & Company. Er berät Klienten sektorübergreifend zu Marketing- und Wachstumsthemen und hat in seinen ~15 Jahren bei McKinsey mehr als 30 der 100 wertvollsten Marken der Welt auf alle Kontinenten, außer dem kältesten, beraten. Er leitet die Branding Service Line, McKinseys Klientenarbeit zu den Themen Markenstrategie und -management sowie McKinsey Creative Studios.

Ökonomisierung des Customer-Experience-Managements mit dem „Return-on-Experience"-Ansatz

Claudia Masuch, Fabian Nguyen, Anja Stolz und Christian von Thaden

Inhaltsverzeichnis

1 Einleitung – Der „Return on Experience" bringt Licht in die Blackbox der Erfolgsmessung 418
2 Herausforderungen und Chancen für Customer-Experience-Management im digitalen Marketing 421
2.1 Externe Herausforderungen 421
2.2 Interne Herausforderungen 421
2.3 Chancen 422
3 Erfolgreiches und werthaltiges CX-Management mit dem ROX 422
3.1 Kunden verstehen 424
3.2 Performance messen 424
3.3 Return on Experience optimieren 425
3.4 Vorteile durch den Einsatz von ROX 425

C. Masuch · F. Nguyen (✉) · C. von Thaden
Batten & Company GmbH, Düsseldorf, Deutschland
E-Mail: fabian.nguyen@batten-company.com

C. Masuch
E-Mail: claudia.masuch@batten-company.com

A. Stolz
Frankfurt am Main, Deutschland
E-Mail: anja.stolz@prorelations.de

C. von Thaden
E-Mail: christian.vonThaden@batten-company.com

M. Terstiege (Hrsg.), *Digitales Marketing – Erfolgsmodelle aus der Praxis*,
https://doi.org/10.1007/978-3-658-26195-5_26

4 Praxisbeispiel aus der Bankenbrache – Der „Return on Experience“ bringt Licht in die Blackbox der Erfolgsmessung bei der Commerzbank 426
4.1 Ausgangslage 426
4.2 Methodik 426
4.3 Ergebnisse 428
5 Fazit 433
Literatur 434

1 Einleitung – Der „Return on Experience“ bringt Licht in die Blackbox der Erfolgsmessung

Die Digitalisierung hat den Kontakt und die Beziehung zwischen Kunden und Unternehmen in vielen Bereichen grundlegend verändert. Unternehmen wissen: Solide Produkte und wettbewerbsfähige Preise begeistern den Kunden längst nicht mehr, sondern werden vorausgesetzt. Um wahre Loyalität und Mehrwert für ein Unternehmen zu schaffen, muss der Kunde begeistert und seine Erwartungen müssen übertroffen werden. Mit Customer-Experience-Management (CXM) kreiert man diese begeisternden Erlebnisse an den richtigen Kontaktpunkten der Customer Journey. Es gilt, sowohl die Offline wie auch die Online-Kontaktpunkte zwischen Kunde und Unternehmen so zu orchestrieren, dass eine nahtlose und durchweg positive Erfahrung kreiert wird. Digitales Marketing spielt dabei eine entscheidende Rolle, da es die zahlreichen Kundeninformationen verarbeiten und dann entsprechend für die Personalisierung und Optimierung der Kundenkontaktpunkte nutzen kann. Die positiven Erlebnisse entlang der Customer Journey haben dann das Potenzial, ein Unternehmen für den Kunden einzigartig und besonders zu machen, sodass es sich am Markt nachhaltig differenzieren kann.

Die heutige Messlatte zur Begeisterung der eigenen Kunden wird dabei auch durch Unternehmen wie Google, Amazon Facebook und Apple (GAFA) sehr hoch gesetzt. So unterschiedlich die Wertschöpfung dieser dominanten Online-Player auch sein mag, so teilen sie alle eine entscheidende Gemeinsamkeit: Sie stehen für herausragende Customer Experience (CX). Prämisse für GAFA-Unternehmen: Kundenvertrauen gewinnen und Kundenzufriedenheit steigern. Apple-Gründer Steve Jobs (1997) betonte diesen Experience-Gedanken stets mit seinem Leitsatz: „You’ve got to start with the customer experience and work back toward the technology – and not the other way around.“ Benutzerfreundliche User Interfaces, qualitativ hochwertige Produkte, schneller Service und holistische Ökosysteme zur Verknüpfung aller Kontaktpunkte sind die kundenbegeisternde Konsequenz. Customer Experience ist jedoch kein „One-size-fits-all“-Modell, sondern ein Optimierungsprozess, der für jedes Unternehmen anders aussieht und individuell erarbeitet werden muss. Und die Vorreiter in diesem Bereich haben sich radikal auf die Optimierung der Kundenerlebnisse ausgerichtet. Nicht nur für Technologiekonzerne ist strategisches Customer-Experience-Management von großer Bedeutung: Insgesamt sind mehr als zwei Drittel der befragten Unternehmen der Meinung, dass sie aktuell bereits überwiegend oder vollständig auf der Basis von Customer

Experience miteinander konkurrieren. 2017 erwarteten 81 %, dies in zwei Jahren zu tun. 2012 waren es vergleichsweise erst 36 % (Ray et al. 2017).

Für zahlreiche Unternehmen aus allen Branchen zeigen sich positive Ergebnisse von CXM: So steigert die Optimierung der Kundenerlebnisse entlang der Customer Journey die Markenbeliebtheit und -loyalität (Stone et al. 2014) bei gleichzeitiger Senkung der Preissensitivität (Buljan 2018), sie steigert die Kundenzufriedenheit (Forrester Research 2016), führt zu erhöhter Kaufabsicht und gesteigertem Umsatz (Temkin 2016). Zahlreiche Praxisbeispiele zeigen diese positiven Auswirkungen eines auf der Customer Journey basierenden Kundefeedbacks und dessen Umsetzung anhand relevanter KPIs. So gelang es beispielsweise der Schweizer Airline „Swiss", ihre Prozesskosten um 30 % zu reduzieren (15below 2018), während das Londoner Modehaus Burberry seinen Umsatz auf diese Weise verdreifachte (Marketingweek 2018). Diese positiven Beispiele von Customer-Experience-Management verdeutlichen die Bedeutung kundenzentrierter Maßnahmen für unternehmensrelevante Ziele.

Das Messen und Quantifizieren der Customer Experience in einem Unternehmen ist in den meisten konsumentenorientierten Industrien schon lange Standard. Von Kundenzufriedenheitsstudien bis hin zum häufig verwendeten NPS (Net Promoter Score) existieren diverse Metriken, welche die subjektive Einstellung der Konsumenten erheben. Bislang fehlt jedoch der direkte Bezug zum tatsächlichen Erleben und Verhalten der Kunden und somit auch zum Unternehmenserfolg. Der Wirkungszusammenhang zwischen Customer-Experience-Maßnahmen und den messbaren Resultaten stellt für die meisten Unternehmen noch eine „Blackbox" (siehe Abb. 1) dar. Die bisherigen Vorgehensweisen im CXM-Tracking stellen somit keinen Bezug zum Wertbeitrag für ein Unternehmen dar und helfen nicht, CXM ökonomisch auszurichten.

Vor diesem Hintergrund gilt es, strategisches Customer-Experience-Management so zu gestalteten, dass ein signifikanter Wertbeitrag zur Erreichung der eigenen Unternehmensziele möglich ist. Ein Modell, welches die Messung und Ökonomisierung

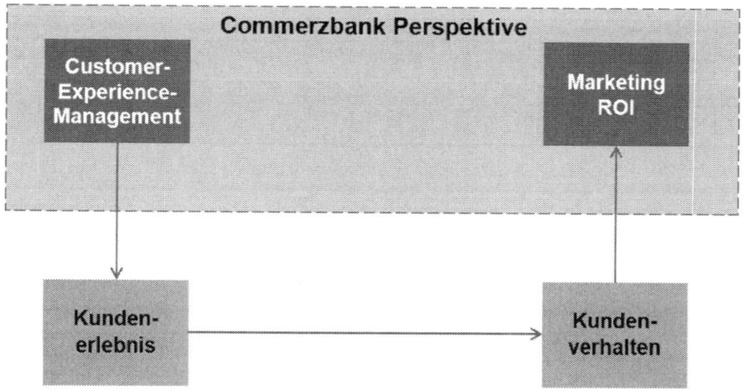

Abb. 1 Die Blackbox zwischen Marketing und Return on Investment aufklären und CXM mess- und planbar machen

des Kundenerlebnisses ermöglicht und somit die Lücke zwischen Marketing und ROI (Return on Investment) schließt, wurde im Zuge eines Kundenprojektes von Batten & Company mit der Commerzbank im Jahre 2017 (Batten und Company 2017) entwickelt. Dabei wurde die grundsätzliche Idee des bestehenden ROI als neue Kennzahl, dem Return on Experience (ROX), auf das Customer-Experience-Management übertragen. Mit der Verwendung des ROX als KPI zur Bewertung von Leistungstreibern und Kontaktpunkten sowie zur Prognose des Returns on Customer Experience können zwei Effizienzhebel bedient werden:

1. Wie Unternehmen bei gleichbleibenden Investitionen effizienter ihre Umsatzziele erreichen können, zum Beispiel durch mehr Neukundengewinnung oder erfolgreicheres Cross-Selling bei Bestandskunden.
2. Wie im Bereich Customer Experience geplant de-investiert werden kann, ohne in der Wahrnehmung des Kunden im positiven Leistungserleben zu verlieren und somit mit weniger Budget trotzdem die gleiche Leistung zu erreichen.

Im digitalen Marketing ist der Wertbreitag des ROX besonders groß, da digital messbare KPIs die Mehrheit der Leistungstreiber einer heutigen Customer Journey ausmachen. Selbst in nicht digitalen Customer Journeys findet in fast jeder Phase, die der Kunde durchläuft, der Kontakt mit digitalen Kanälen statt. Conversion Rates, Leads, Likes, NPS, Kundenzufriedenheit oder Customer Lifetime Value sind nur wenige der möglichen KPIs, die digitalen Marketern zwar Erkenntnisse über die Reaktionen der Kunden liefern, jedoch keine Aussagen über die internen Kaufentscheidungen, Einflüsse und Treiber machen.

Zusätzlich können durch den ROX die Kerntreiber für Customer Experience identifiziert werden. Die Ertragssteigerung einzelner Customer-Experience-Maßnahmen kann durch den ROX-Ansatz auf diese Treiber heruntergebrochen werden und ermöglicht somit, Customer-Experience-Maßnahmen gezielt auf die Pain Points eines Unternehmens auszusteuern und in konkrete Empfehlungen für eine Umsetzungs-Roadmap zu übersetzen. Dieser Beitrag verfolgt und belegt daher die These, dass der signifikante Effekt von Customer-Experience-Maßnahmen monetär bewertet werden kann und zu einer deutlichen Ertragssteigerung bei Unternehmen führt. Dieses Kapitel hat daher zum Ziel zu veranschaulichen, wie der ROX-Ansatz es möglich macht, eine direkte Verknüpfung zwischen Kundenerlebnis, Kundenwahrnehmung und tatsächlichen Verhaltensänderungen (Kundenwachstum, Kundenbindung/Churn-Reduktion und Cross-/Up-Sell) zu quantifizieren und daraus konkrete Handlungsempfehlungen für das Unternehmen und seine Customer-Experience-Management-Strategie abzuleiten. Nachdem zuerst die Herausforderungen und Chancen für digitales Customer-Experience-Management für Unternehmen beleuchtet werden, folgt die Beschreibung des ROX-Ansatzes von Batten & Company. Dieser wird im Anschluss anhand des Beispiel-Praxisprojektes mit der Commerzbank praktisch diskutiert und die Kernergebnisse werden präsentiert.

2 Herausforderungen und Chancen für Customer-Experience-Management im digitalen Marketing

Wer heute begeistern will, steht vor der großen Herausforderung, den Kunden und seine Wahrnehmung der Customer Experience konsequent in den Mittelpunkt zu stellen. Bei der Etablierung eines umfänglichen digitalen Customer-Experience-Ansatzes stellen sich Unternehmen dabei sowohl externen als auch internen Herausforderungen.

2.1 Externe Herausforderungen

Durch die Vielfalt neuer Möglichkeiten für Unternehmen steigen gleichzeitig auch die Anforderungen der Kunden. Die heutige Erwartungshaltung ist geprägt von digitalen Game Changern. Alles muss auf einen Klick, binnen Millisekunden funktionieren und sofort verfügbar sein. Nicht zuletzt durch Vergleichsportale ist die Transparenz für Kunden über Produkte und Angebote von Unternehmen enorm gestiegen. Fühlt sich ein Kunde benachteiligt, steigt das Risiko schlechter Ratings oder gar Shitstorms in Social Media. Eine negative Äußerung eines reichweitenstarken Influencers reicht aus, das Kaufverhalten hunderttausender Menschen zu beeinflussen. Dieser nachhaltigen Konsequenzen externer Einflussfaktoren müssen sich Marketer stets bewusst sein.

2.2 Interne Herausforderungen

Die meisten Unternehmen haben Schwierigkeiten, klare und konsistente Strategien mit Prozessen und Kennzahlen für ein nachhaltiges Customer-Experience-Management ganzheitlich im Unternehmen zu etablieren. Strategisches Customer-Experience-Management bedeutet, dass alle Aktivitäten am Kunden und seinen Bedürfnissen ausgerichtet werden, ungeachtet der bestehenden Organisations- und IT-Infrastrukturen. Gleichzeitig besteht die Erwartungshaltung, die eigenen internen Prozesse auf ein höheres Effizienzniveau zu heben und insgesamt eine konstante Verbesserung vorzuweisen. Um die Vorteile von neuen digitalen Kontaktpunkten, Agilität und Kundendaten effizient und gezielt zu nutzen, müssen erst Customer Journeys verstanden, Kunden adressierbar und Kundenkontaktpunkte im Sinne eines Omnichannel-Gedankens verknüpft und messbar gemacht werden. Gemäß den eigenen Business- und Marketing-Ziele müssen die wichtigsten Customer-Experience-KPIs aufgestellt und gemessen werden. Darüber hinaus ist CXM eine Aufgabe für alle Unternehmensbereiche, da sich die Customer Experience und Wahrnehmung der Kunden aus allen Erlebnissen an allen Kontaktpunkten entlang der Journey zusammensetzt.

2.3 Chancen

Wer eine optimale und wertstiftende Customer Experience schaffen will, für den ergeben sich aber auch zentrale Chancen im Zuge der digitalisierten Customer Experience. Drei Entwicklungen sind in puncto Customer Experience besonders hervorzuheben:

1. **Neue Kanäle und Möglichkeiten**
   Neben bereits bewährten digitalen Kontaktpunkten wie Online-Shops, Social Media, Vergleichsportalen & Co. bieten wachsenden Technologien wie Marktplätze, Chatbots und Sprachassistenten nachhaltige Möglichkeiten, dem Kunden ein positives Leistungserlebnis zu bieten. Doch besonders das Smartphone, als ständiger Begleiter der Kunden, ist für viele Unternehmen zum zentralen Medium in einer kundenzentrierten Omnichannel-Strategie geworden. Gießkanne war gestern – die neuen Kanäle und Medien bieten Marketern vielzählige Möglichkeiten, Kunden gezielt und persönlich zu erreichen und eine begeisternde Experience zu erzeugen.
2. **Schnelligkeit und Dynamik**
   Durch die digitale Vernetzung dreht sich das Rad von Inbound- und Outbound-Kommunikation heute mit einer viel höheren Geschwindigkeit, oft bereits in Echtzeit. Besonders online können Unternehmen agiler handeln und schneller oder proaktiv auf Kunden reagieren. Lange Planungs- und Lebenszyklen von eher statischen Medien sind passé. Durch A/B-Tests können Unternehmen etwa ohne große Aufwände in Erfahrung bringen, ob bei ihren Zielkunden die Kampagne oder das User Interface (UI) in Variante A oder Variante B besser ankommt.
3. **Mehr Kundendaten und -insights**
   Gleichzeitig erlauben digitale Kontaktpunkte und die richtige IT-Infrastruktur, das Verhalten von Kunden (in Echtzeit) zu messen und daraus deren Bedürfnisse und Interessen abzuleiten. Diese Prognosen dienen wiederum zur Optimierung der eigenen Prozesse, Angebote und Services, um Kunden an allen Kontaktpunkten stets positive Erlebnisse zu bieten.

3 Erfolgreiches und werthaltiges CX-Management mit dem ROX

Der Customer-Experience-Ansatz von Batten & Company verknüpft Customer Experience mit wirtschaftlichen Zielen und gibt somit eine Antwort darauf, wie Customer Experience einen zentralen Wertbeitrag zu den ökonomischen Zielen eines Unternehmens sicherstellt. Der Wertbeitrag zur Erreichung der strategischen Unternehmensziele und Profitabilität basiert dabei auf dem Prinzip des Return-on-Experience-Ansatzes, der die Aufklärungslücke zwischen Marketing und ROI schließt, um CXM mess- und planbar zu machen. Durch diese Metrik wird es Unternehmen möglich, echte Umsatzeffekte mit jeder Investition in ihre Customer Experience zu verknüpfen. So können Manager genau identifizieren, in welchen Kontaktpunkten oder Leistungstreibern der Customer Journey sie investieren müssen, um eine gezielte Ertragssteigerung zu erreichen.

In dieser Wirkungskette (siehe Abb. 2) zahlt das Kundenerlebnis gemessen an Leistungstreibern direkt auf die Kundenwahrnehmung ein. Diese hat wiederum einen direkten und signifikanten Effekt auf das Kundenverhalten. Die Schaffung positiver Leistungserlebnisse und deren Wahrnehmung beim Kunden, gemessen durch Customer-Experience-Tracking an allen Kontaktpunkten, bilden das Gerüst der Customer Experience. Das Verhalten wird dabei durch die fünf genannten Zielvariablen (Kundenzufriedenheit, Weiterempfehlungsbereitschaft (NPS), Wiederwahlbereitschaft, Cross-Selling-Bereitschaft, subjektiver Marktvorteil) gemessen. Als letzter Schritt in der Wirkungskette lässt sich nachweisen, dass die Erreichung von Unternehmenszielen durch ein verändertes Kundenverhalten auf die Gesamtprofitabilität eines Unternehmens einzahlt. Der Wertbeitrag des Customer-Experience-Managements, und somit der Return on Experience, kann so mithilfe dieser Wirkungskette bis hin zur Profitabilität des Unternehmens nachgewiesen und identifiziert werden.

Eine systematische, empirische Untersuchung des ROX ist als repräsentative Studie für den Bankensektor im Rahmen der Zusammenarbeit mit der Commerzbank erfolgt. Im Zuge dieser Studie wurde die Customer Experience detailliert in alle Kontaktpunkte (zum Beispiel Webseite, telefonische Beratung) und zugehörige Leistungstreiber (zum Beispiel Kompetenz der Berater) ausdifferenziert. Diese Teilelemente der Customer Journey wurden in einer quantitativen Befragung systematisch durch den Kunden bewertet. Der monetäre Effekt des ROX konnte so im Zuge der Customer-Experience-Studie kalkulatorisch hergeleitet und belegt werden. Entsprechend ist es mit der Anwendung des ROX zu jeder Zeit für ein Unternehmen möglich, fundierte Handlungsempfehlungen zur Optimierung der Customer Experience abzuleiten und Maßnahmen zu definieren.

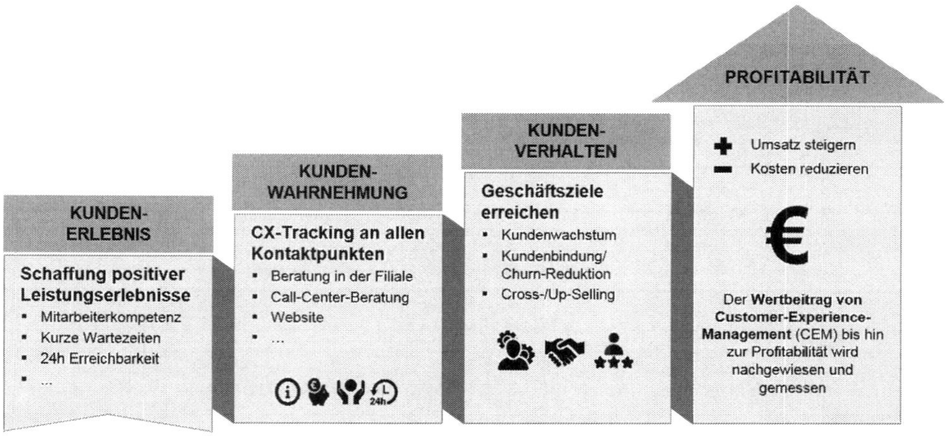

Abb. 2 Wirkungskette Return on Customer Experience (ROX)

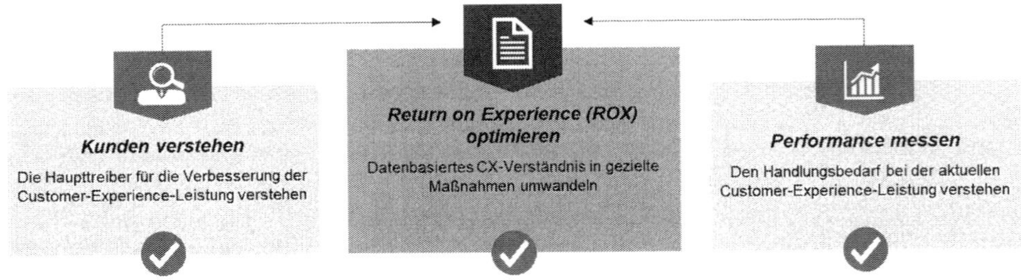

Abb. 3 Der CX-Ansatz von Batten & Company verknüpft Kundenverständnis mit Performance Messung und identifiziert die Rendite von CX-Maßnahmen

Der CX-Ansatz von Batten & Company (siehe Abb. 3) liefert eine umfassende Perspektive und Bewertung des Customer-Experience-Managements aus Kunden- und Unternehmenssicht. So bietet er neben der Möglichkeit der monetären Bewertung des Customer-Experience-Managements durch den ROX noch das grundsätzliche Verständnis für die Kunden und deren Erwartungen sowie die Leistungsmessung von Customer-Experience-Maßnahmen.

3.1 Kunden verstehen

Entlang der Elemente Kundensegmente, Produkte und präferierte Kanäle lassen sich typische Customer-Journey-Routen ableiten. Die Customer Experience bildet sich dabei durch die Summe aller Erfahrungen entlang der Customer-Journey-Kontaktpunkte und der dabei wahrgenommenen Leistungen, die ein Kunde mit einem Unternehmen hat. Positive Leistungserlebnisse (zum Beispiel kurze Wartezeiten, kompetenter Service, schnelle Problemlösung) werden durch die konkrete Experience, aber auch durch Wahrnehmungsfaktoren und individuelle Kundencharakteristika geprägt. Die einzelnen Elemente und Treiber gilt es, im CX-Management pro Kundensegment zu verstehen.

3.2 Performance messen

Um die Performance von Customer-Experience-Management zu messen und Handlungsbedarfe abzuleiten, werden pro Kunde zu jedem erlebten Kontaktpunkt (zum Beispiel Callcenter, Filialbesuch, Online-Banking) und dessen Leistungstreibern die Zufriedenheit und Wichtigkeit erhoben. Dabei lassen sich verschiedene Typen von Leistungstreibern identifizieren. Da sich die Wirkung spezifischer Leistungstreiber auf die Zufriedenheit einzelner Kundengruppen unterscheiden kann, ist eine kundenspezifische Betrachtung der Leistungstreiber essenziell. Was beispielsweise den einen Kunden begeistert, ist für den anderen irrelevant. Kontaktpunkte mit ihren konkreten Leistungstreibern werden anhand einer Ampellogik im Hinblick auf Handlungsbedarf priorisiert und können klar mit Optimierungsmaßnahmen verknüpft werden.

3.3 Return on Experience optimieren

Nach dem Verständnis von Erwartungen, Treibern und Performance zu einzelnen Leistungen und Kontaktpunkten wird berechnet, welchen Einfluss diese auf die Verhaltensbereitschaft (zum Beispiel Cross-Selling oder Wiederwahlbereitschaft) unterschiedlicher Zielgruppen haben. Somit kann für die Performance einzelner Leistungen und Kontaktpunkte der monetäre Beitrag auf übergeordnete Unternehmensziele, wie etwa Ertrag pro Kunde, berechnet werden. Durch diesen belegten Zusammenhang wird der Return on Experience bestimmt und es ergeben sich wesentliche Vorteile für Marketer und CX-Manager.

3.4 Vorteile durch den Einsatz von ROX

Durch den Return-on-Experience-Ansatz wird es Unternehmen möglich, genau zu identifizieren, in welche Kontaktpunkte oder Leistungstreiber der Customer Journey sie investieren müssen, um eine gezielte Ertragssteigerung zu erreichen bzw. welcher Kontaktpunkt oder welcher konkrete Leistungstreiber auch de-priorisiert werden kann. Entsprechend ist es zu jeder Zeit möglich, fundierte Handlungsempfehlungen zur Optimierung der Customer Experience abzuleiten und ökonomisch wirksame Maßnahmen zu definieren. Somit bietet der ROX-Ansatz drei wesentliche Vorteile, das Customer-Experience-Management gezielt und werthaltig zu optimieren (siehe Abb. 4).

Abb. 4 Drei wesentliche Nutzen für Unternehmen durch den Einsatz des ROX. (Return on Experience)

4 Praxisbeispiel aus der Bankenbrache – Der „Return on Experience" bringt Licht in die Blackbox der Erfolgsmessung bei der Commerzbank

4.1 Ausgangslage

Der Finanzsektor steht insbesondere durch zunehmende Digitalisierung, neue Kundenanforderungen sowie ein schnelllebiges Wettbewerbsumfeld besonders unter Druck. Nicht nur GAFA-Unternehmen, sondern auch „FinTechs" machen den etablierten Banken vor, wie innovative Bankdienstleistungen und Services aussehen können. Diese Player entwickeln disruptive Geschäftsmodelle, die die Bedürfnisse der Kunden besser zu bedienen scheinen. Ein immer transparenter werdender Markt, regulatorische Vorgaben sowie eine anhaltende Niedrigzinsphase setzen die Branche zusätzlich unter Druck. Nur Banken, die diese Entwicklungen erfolgreich miteinander in Einklang bringen und dabei einen systematischen Fokus auf Customer Experience Management legen, werden in Zukunft bestehen bleiben.

Auf dem Weg zu einem digitalen Technologieunternehmen strebt die Commerzbank maximale Einfachheit für den Kunden auf allen Kanälen an. Im Zuge dieser Transformation wird ein tiefes Verständnis für die Bedürfnisse und Erfahrungen der Kunden geschaffen. Gleichzeitig darf die Wirtschaftlichkeit der Commerzbank nicht vernachlässigt und eine steigende Profitabilität muss daher sichergestellt werden. Die Commerzbank versucht stets, die Aspekte „Customer Experience" und „wirtschaftliche Ziele" konsequent miteinander zu verknüpfen und so eine langfristige Erfolgsmessung sicherzustellen. Doch selbst wenn eine Bank diese Erkenntnisse für sich verinnerlicht hat, so bleibt der direkte Effekt von Customer Experience auf den Unternehmenserfolg am Ende häufig eine Blackbox. Genau diese sollte für die Commerzbank mithilfe des Customer-Experience-Ansatzes von Batten & Company geöffnet und im Detail beleuchtet werden.

Unter dieser Prämisse wurde innerhalb von fünf Projektphasen für die Commerzbank eine CX-Studie durchgeführt und zentrale Hebel und Maßnahmen zur ökonomischen Optimierung des Customer-Experience-Managements wurden entwickelt. Das übergeordnete Projektziel mit der Commerzbank war die Identifizierung des Wertbeitrags von einzelnen Leistungserlebnissen und dementsprechend die Stützung der Unternehmensziele durch eine optimierte Customer Experience. Der monetäre Effekt von Customer Experience konnte im Zuge der Studie von Batten & Company für die Commerzbank aufgezeigt werden. Zusätzlich wurden sechs werthaltige Kerntreiber für das Customer-Experience-Management identifiziert und die Ertragssteigerung im Detail auf diese Treiber heruntergebrochen.

4.2 Methodik

Im Rahmen der CX-Studie von Batten & Company mit der Commerzbank wurden über fünf Projektphasen hinweg Unternehmens- und Kundendatenanalysen mit einem

Mixed-Method-Ansatz bestehend aus quantitativen und qualitativen Befragungsmethoden kombiniert:

Die erste Phase diente der Analyse von aktuellen Kundenstrukturen/-daten und Interviews mit internen Stakeholdern der Commerzbank. Auf Basis dieser quantitativen und qualitativen Daten wurden gemeinsam mit der Commerzbank eine Customer Experience Roadmap validiert sowie relevante Leistungstreiber pro Phase der Customer Journey ermittelt.

In der zweiten Projektphase wurden Insights im Rahmen einer Vorstudie generiert. Ausgewählte Kunden der Bank nahmen hierzu an einem sogenannten „Biotic Web Lab" teil. Diese innovative Form der digitalen Fokusgruppe ermöglicht es, ohne persönliche Anwesenheit der Diskussionsteilnehmer über eine Chatgruppe gezielt Themen zu diskutieren und Kundenmeinungen einzuholen. Die mehr als 700 Beiträge innerhalb von einer Woche wurden im Anschluss per Inhaltsanalyse ausgewertet und nach Kernthemen, Leistungstreibern und Kontaktpunkten geclustert.

In der dritten Phase wurde zur Validierung der qualitativ generierten Erkenntnisse eine quantitative Onlinebefragung mit 2400 Kunden der Commerzbank in drei Kundengruppen (Privatkunden, Private Banking und Geschäftskunden) der Bank durchgeführt. Die Kunden wurden randomisiert und repräsentativ für den tatsächlichen Kundenstamm der Commerzbank ausgewählt. Methodisch wurde die Befragung als CATI-Studie (Computer Assisted Telephone Interview) mit allen Bankkunden durchgeführt. Die repräsentative Stichprobe wurde über festgelegte Quoten sichergestellt. Die 20-minütige Befragung von Kunden begann mit der übergeordneten Einstellung gegenüber der Bank anhand fünf genannter Zielvariablen. Daraufhin wurden die erlebten Kontaktpunkte entlang der Customer Journey erfasst und auf einer Likert-Skala von 1 (sehr unzufrieden) bis 5 (sehr zufrieden) bewertet. Für die jeweils meistgenutzten Kontaktpunkte bewerteten die Befragten zusätzlich ihre Zufriedenheit entlang von definierten Leistungstreibern sowie der Wichtigkeit dieser Leistungstreiber nach dem KANO-Modell (Kano 1984).

Die vierte Phase beinhaltete die umfassende, toolbasierte Auswertung aller Leistungstreiber und Kundengruppen. Für die Customer-Journey-Analyse wurden die 448 Leistungstreiber (zum Beispiel Kompetenz der Berater oder Cross-Channel-Verzahnung) entlang von 14 Kanälen (zum Beispiel Online-Banking oder Beratung in der Filiale) und fünf Journey-Phasen durch Kunden bewertet. Die Analyse der einzelnen Leistungstreiber erfolgte anhand der KANO-Methode, was der systematischen Erschließung von Kundenzufriedenheit bei einem Produkt oder Dienstleistungen dient. Dabei können Dienstleistungsmerkmale – die sogenannten Leistungstreiber – auf fünf Qualitätsebenen unterschieden werden: Basismerkmale (grundlegende und selbstverständliche Erwartungen an eine Dienstleistung), Leistungsmerkmale (beseitigen Unzufriedenheit und schaffen Zufriedenheit), Begeisterungsmerkmale (nutzenstiftende Merkmale, die den Kunden überraschen), unerhebliche Merkmale (irrelevant für Zufriedenheit oder Unzufriedenheit) und Rückweisungsmerkmale (führen bei Vorhandensein zu Unzufriedenheit). Jedem einzelnen Leistungstreiber kann mit dieser Einteilung eine Bewertung zugeteilt werden, inwiefern er einen positiven oder negativen Einfluss auf das Gesamtkundenerlebnis hat und auch wie stark dieser Einfluss ist. Zusammen mit der Bewertung der Zielvariablen und Kontaktpunkte ergibt sich so ein sehr genaues Bild der Customer Journey der Bank (siehe Abb. 5).

In der fünften und letzten Phase werden die Befragungsergebnisse mit vorhandenen monetären Unternehmenskennzahlen sowie Markteinflüssen verknüpft, um den signifikanten Effekt der Customer Experience auf den Unternehmenserfolg in Form des „Returns on Experience" zu quantifizieren und belegen (siehe Abb. 6). Hierzu werden die hierarchischen Wirkungsbeziehungen der einzelnen Einflussfaktoren auf die Zielvariablen sowie den Unternehmenserfolgen aus den Befragungsergebnissen berechnet. So kann etwa der Einfluss einzelner Leistungstreiber (zum Beispiel Wartezeit + Mitarbeiterfreundlichkeit + Sauberkeit des Schalters) auf die Zufriedenheit mit einem Kundenkontaktpunkt (zum Beispiel Filialbesuch) ausgedrückt werden. Ebenso werden der Einfluss der Kontaktpunkte (zum Beispiel Filialbesuch + Nutzerfreundlichkeit der Website + Call Center Service) auf die Zielvariablen (zum Beispiel Kundenzufriedenheit) sowie der Einfluss der Zielvariablen auf den Unternehmenserfolg (zum Beispiel Mehrumsatz pro Kunde) berechnet.

Der numerische Einfluss der verschiedenen Faktoren je Ebene (Leistungstreiber bis ökonomische Ziele) wird dabei als relative Wichtigkeit auf einer Skala von 0 bis 100 % wiedergegeben, wobei alle Faktoren einer Ebene jeweils zu 100 % summiert die Leistung einer Zielvariable der nächsten Ebene ausdrücken. Ein separater Wert spiegelt den Gesamteinfluss aller Einflussfaktoren auf die Zielvariable wider. Die relative Wichtigkeit wurde auf Basis einer Shapley-Value-Regression (Grömping 2006) je Kundengruppe berechnet, um einfach zu interpretierende und statistisch stichhaltige Kennzahlen zu erhalten. Kombiniert mit der tatsächlichen Leistung können so in einem Excel-Tool regelbasierte Empfehlungen zur Priorisierung und Optimierung verschiedener Leistungsbereiche generiert werden.

Die Identifikation des quantitativen Zusammenhangs der Kundenzielvariablen (zum Beispiel Kundenzufriedenheit und Weiterempfehlungsbereitschaft) mit den ökonomischen Zielvariablen (zum Beispiel Ertrag pro Kunde) erlaubt es zuletzt, das monetäre Potenzial der Customer Experience zu beziffern. Dies geschieht ebenfalls anhand einer Shapley-Value-Regression, welche als Kernergebnis den Gesamtbeitrag der Customer Experience zum ökonomischen Unternehmenserfolg beziffert.

4.3 Ergebnisse

Durch die Bestimmung des Einflusses auf die ökonomischen Ziele und die Gesamteinstellung der Kunden gegenüber der Commerzbank konnten die wichtigsten Kanäle entlang der Customer Journey identifiziert werden. Dabei zeigte sich, dass trotz der fortschreitenden Digitalisierung klassische Kanäle wie der Berater oder die Filiale weiterhin die wichtigsten Treiber der Customer Experience für alle Kundengruppen sind. Digitale Kanäle wie zum Beispiel das Online- und Mobile-Banking werden jedoch immer wichtiger

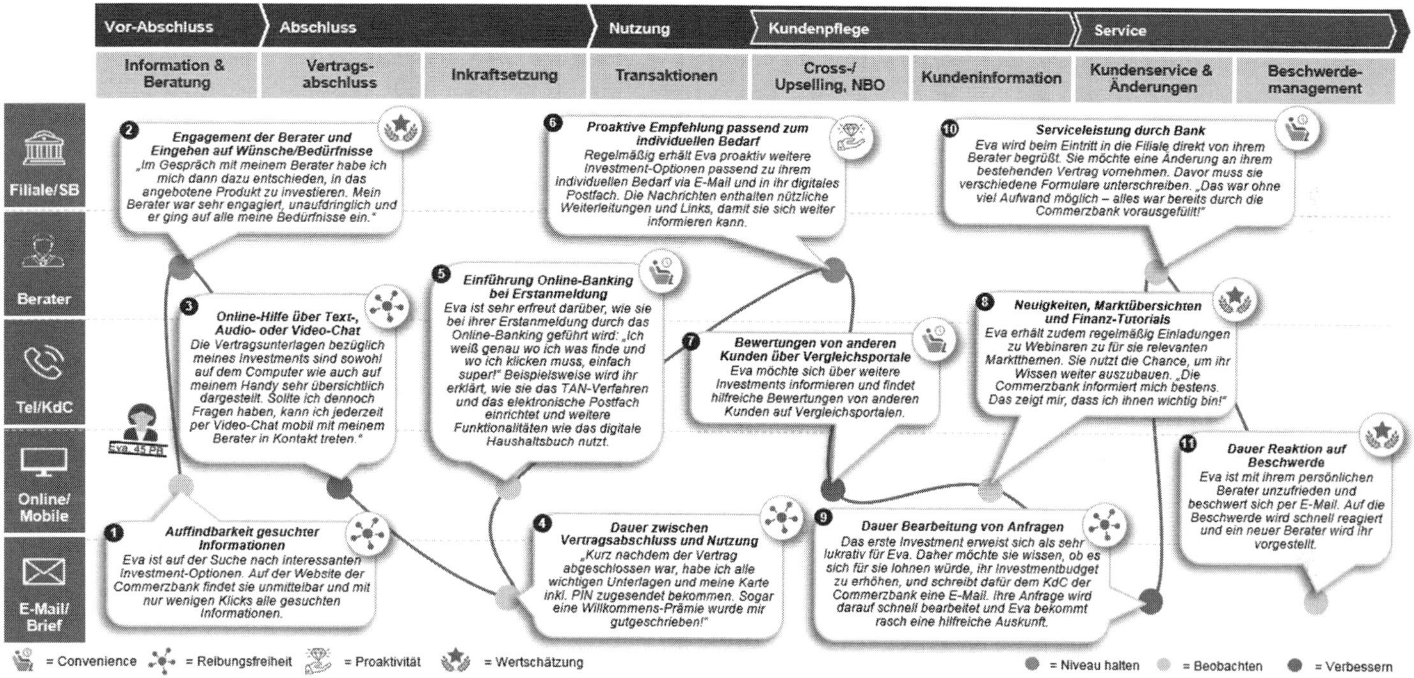

Abb. 5 Beispielhafte Darstellung einer Customer Journey bei der Commerzbank

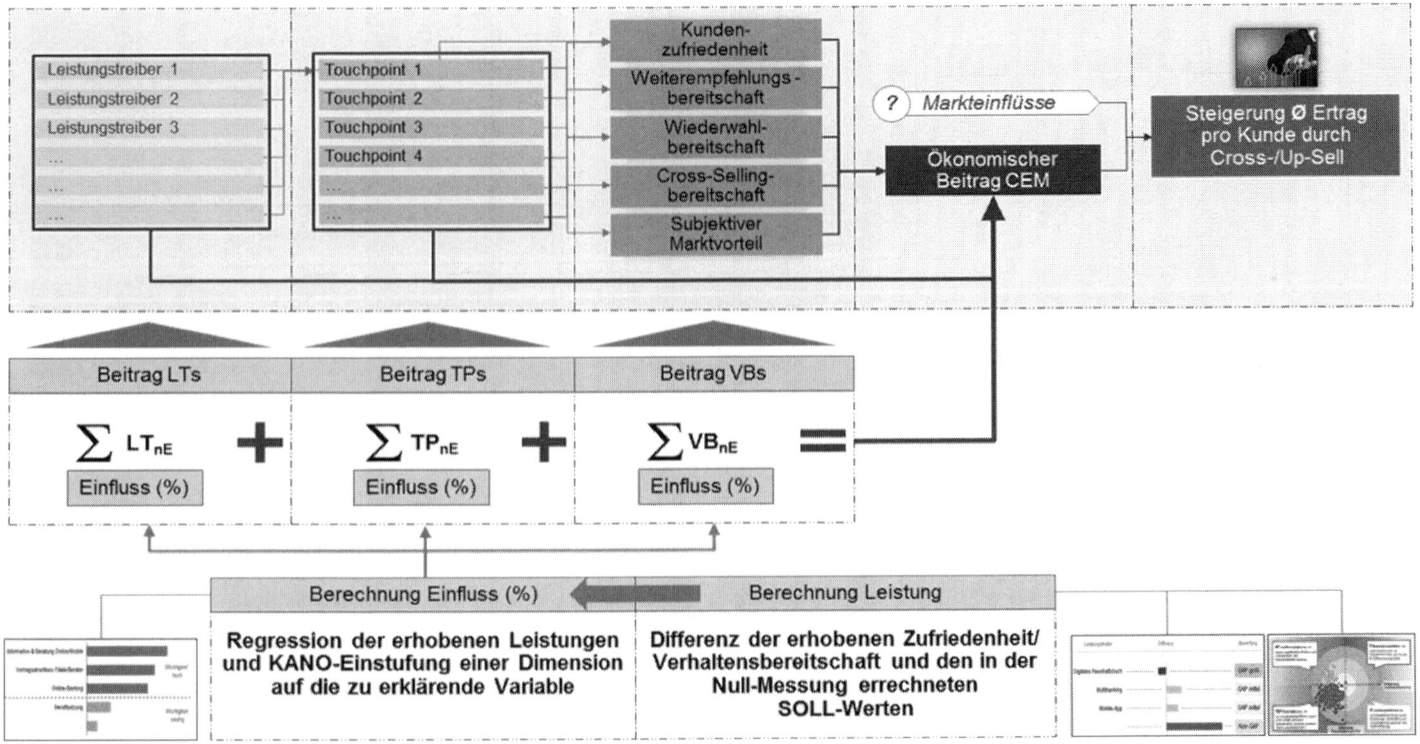

Abb. 6 Hierarchische Wirkungsbeziehung der verschiedenen Customer-Experience-Ebenen

und sind insbesondere für die Bildung eines Alleinstellungsmerkmals sowie die Stärkung der Kundenloyalität wichtig.

Durch die Verknüpfung der Wichtigkeit der einzelnen Kanäle sowie der gemessenen Leistung der Commerzbank konnten Optimierungspotenziale identifiziert und Handlungsempfehlungen priorisiert werden. Zum Beispiel gab es bei den wichtigen Kanälen Berater und Filiale große Stärken der Commerzbank in Leistungstreibern assoziiert mit fachlicher Kompetenz und Kundennähe. Hingegen konnten wichtige Optimierungspotenziale in den Bereichen Proaktivität auf digitalen Kanälen oder Reibungsfreiheit zwischen verschiedenen Kanälen aufgedeckt werden. Ebenso wichtig waren Erkenntnisse zu Kanälen, die aufgrund ihrer geringen Relevanz für die Customer Experience keinerlei Optimierung bedurften wie zum Beispiel die mobile Webseite.

Zu den weiteren Kernerkenntnissen der Studie gehört die Identifikation von sechs wesentlichen Customer-Experience-Treibern, die auf den Markenkern und die Strategie der Commerzbank einzahlen (siehe Abb. 7). Die sechs CX-Treiber wurden durch Gruppierung der wichtigsten Einflussfaktoren auf die Customer Experience identifiziert und auf die Bankenkundengruppen heruntergebrochen, um sie in konkrete Empfehlungen für eine Umsetzungs-Roadmap zu übersetzen. Darüber hinaus konnte die Wirkung zwischen Kundenerlebnis und monetärem Ertrag mittels des CX-Ansatzes aufgezeigt werden, da sich das identifizierte Ertragspotenzial den einzelnen Treibern einer idealen, mehrwertstiftenden Customer Experience direkt zuordnen lässt.

Die sechs Kerntreiber im CX-Management von Filialbanken sind:

1. **Reibungsfreiheit:** Sicherstellung reibungsfreier Übergänge durch Integration von Online und Offline-Kontaktpunkten, beispielsweise durch gleiches Datensystem für Kundencenter und Filialberatung.
2. **Kompetenz:** Übermittlung hoher fachlicher Kompetenz durch geschulte Mitarbeiter sowie klare, zeitgemäße Gestaltung jeglicher Kundenkontaktpunkte.

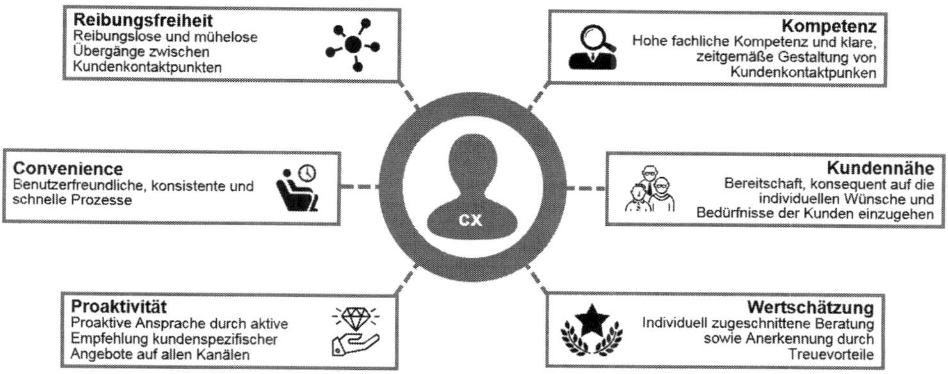

Abb. 7 Sechs Kernhebel im CX-Management

3. **Convenience:** Einrichtung benutzerfreundlicher, einheitlicher und schneller Prozesse entlang der gesamten Customer Journey.
4. **Kundennähe:** Bereitschaft und Engagement, konsequent auf die individuellen Wünsche und Bedürfnisse der verschiedenen Zielgruppen einzugehen.
5. **Proaktivität:** Proaktive Ansprache des Kunden, etwa durch aktive Empfehlung kundenspezifischer Angebote.
6. **Wertschätzung:** Ausdruck von individueller Begleitung, Beratung und Unterstützung sowie Anerkennung durch Treuevorteile (zum Beispiel Einladung zu Events).

Eine optimale Gestaltung dieser Kerntreiber würde zu einer idealen Customer Experience führen, welche die für die Kunden relevanten Faktoren priorisiert.

Um zusätzlich zu diesen für Kunden wichtigen Faktoren die monetären Einflüsse zu analysieren, wurde abschließend der „Return on Experience" der Commerzbank berechnet. Hierzu wurde die Leistungserhebung mit vorhandenen, monetären Unternehmenskennzahlen verknüpft. Durch den ROX-Ansatz konnte so aufgezeigt werden, dass die Customer Experience einen signifikanten Einfluss auf die Cross-Buying- und Weiterempfehlungsbereitschaft der Kunden hat. So führen Verbesserungen in der Customer Journey zu einem relevanten Mehrertrag pro Kunde sowie zu einem gesteigerten Neukundenwachstum. Der so quantifizierte Effekt beträgt bei einer hypothetischen Bank mit ca. zehn Millionen Kunden (erfahrungsgemäß die Größe eines Finanzdienstleisters mit Potenzial zur Verbesserung der CX) etwa 10 bis 20 % zusätzlichen Umsatzes (siehe Abb. 8).

Durch das Projekt konnte die wichtige Rolle des Customer-Experience-Managements bei der Commerzbank belegt werden. Um die aufgezeigten Verbesserungspotenziale effizient auszuschöpfen, konnten darüber hinaus aufgrund der detaillierten Analyse spezifische Handlungsempfehlungen entwickelt werden, welche auf die wichtigsten Leistungstreiber und Kundenkontakte abzielen.

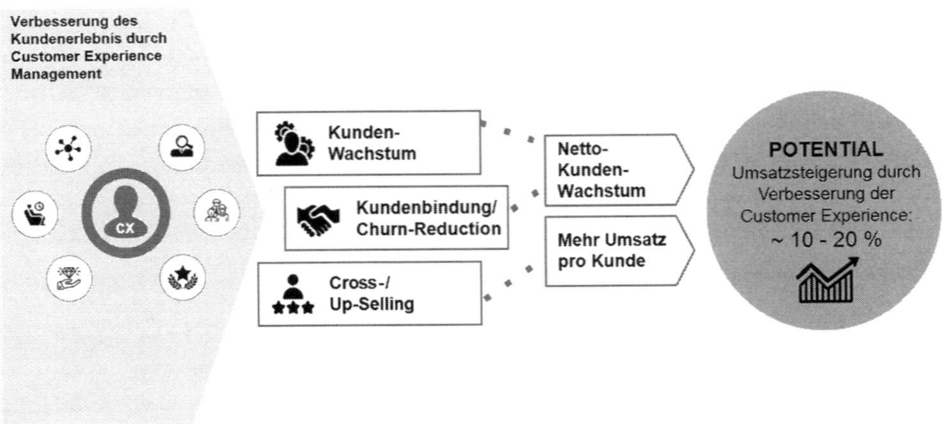

Abb. 8 Monetärer Beitrag CX-Managements

5 Fazit

Die CX-Studie und Projekterfahrungen von Batten & Company machen deutlich, wo die zentralen Ansatzpunkte im erfolgreichen Customer-Experience-Management für Unternehmen liegen. Für Marketingleiter und Customer-Experience-Manager lassen sich daher folgende Erfolgsfaktoren zusammenfassen:

Erfolgsfaktor I: Konsequente Ausrichtung am Kunden
Eine aus den Ergebnissen und auf Basis der Markenpositionierung abgeleitete, kundenzentrierte Customer-Experience-Vision dient als zentrale Leitlinie zur konkreten Ausgestaltung und Optimierung der Kontaktpunkte (zum Beispiel Kundenservice, Filiale oder Webseite) durch die verantwortlichen Abteilungen und ihrer Mitarbeiter. Unternehmen müssen sich zu jedem Zeitpunkt darüber im Klaren sein, wie ihre aktuelle Customer Experience tatsächlich vom Kunden wahrgenommen wird und an welcher Stelle Optimierungen notwendig sowie effektiv sind.

Erfolgsfaktor II: Kontinuierliche Messung an den Kontaktpunkten
Es ist entscheidend, dass eine kontinuierliche Messung der Unternehmensleistung stattfindet, um den monetären Effekt einer optimierten Customer Experience langfristig messbar zu machen. Kontinuierliche Rückmeldung an die unternehmensinternen Funktionen und agile Reaktion auf negative Abweichungen sind zentral, um den monetären Effekt einer optimierten Customer Experience nachhaltig sicherzustellen. Nur so kann der Erfolg von Experience Investitionen über schnelle Reaktionen zu Kundenfeedback gewährleistet und ein genaues Bild der aktuellen Leistung sowie von Stärken und Schwächen eines Unternehmens dargestellt werden.

Erfolgsfaktor III: Verknüpfung von Customer-Experience-Analysen
Im Kontext der Customer Experience sollte zu keinem Zeitpunkt in Silos gedacht werden. Eine Messung der Kundenzufriedenheit über alle Kontaktpunkte hinweg oder des tatsächlichen Leistungserlebnisses je Kontaktpunkt sind an sich bereits hilfreich, aber sollten nie unabhängig voneinander passieren. Zusätzlich müssen diese Analysen stets mit einem Ertragseffekt verknüpft werden. Nur so kann langfristig eine gezielte Allokation der Investitionen in Customer Experience realisiert werden.

Erfolgsfaktor IV: Verteilung des Customer-Experience-Budgets auf die richtigen Treiber
Im Zuge der CX-Studie von Batten & Company konnten sechs Kerntreiber für Customer Experience identifiziert werden, auf die das entsprechende Budget eines Unternehmens verteilt werden sollten. Diese sechs Treiber sind Kompetenz, Kundennähe, Reibungsfreiheit, Convenience, Proaktivität und Wertschätzung. Die klare Priorisierung der Kernreiber der Customer Experience in Abhängigkeit von ihrem Beitrag zu den

Geschäftszielen dient als klare Orientierung für die Budgetallokation. Die gewichtete Verteilung des Budgets auf diese Treiber wird auf Basis unternehmensindividueller Schwerpunkte und Kompetenzen festgelegt.

Erfolgsfaktor V: Kundenindividuelle Aussteuerung von Customer-Experience-Maßnahmen
Neben der initialen Ableitung von Maßnahmen zur Optimierung der Customer Experience aus den genannten sechs Customer-Experience-Treibern müssen diese auch direkt auf die Zielgruppen eines Unternehmens zugeschnitten sein. Um Streuverluste zu vermeiden, sollte die Ausgestaltung der Maßnahmen über eine detaillierte Analyse der Customer Journey sowie Identifikation von Customer Insights entlang der Journey passieren. Eine quantitative Validierung der Insights sollte im Zuge der Gestaltung sichergestellt werden.

Erfolgsfaktor VI: Klare Zuordnung und Vernetzung von verantwortlichen Abteilungen
Die für den Kontaktpunkt verantwortlichen Funktionen müssen klar mit der Messung ihrer Performance verknüpft werden und entsprechend notwendige Optimierungen vornehmen. Zusätzlich müssen Analysen stets mit einem Ertragseffekt in Verbindung gebracht werden. Nur so kann langfristig durch gezielte Allokation der Investitionen eine an Unternehmenszielen orientierte Customer Experience implementiert werden.

Der CX-Ansatz von Batten & Company bringt Licht in die Black Box der Erfolgsmessung von CX-Management und ermöglicht Unternehmen somit, werthaltige CX-Treiber zu identifizieren, gezielte Investitionen zu tätigen und den Gewinn für Unternehmen positiv zu beeinflussen.

Literatur

15below (2018). SWISS case study: Driving efficiency with automated check-in and home-printed bag tags. https://15below.com/news/view/swiss-international-airlines-case-study-driving-efficiency-with-automated-c. Zugegriffen: 20. Dez. 2018.

Batten & Company. (2017). Beratungsprojekt, customer experience Management als Wertbeitrag zur Strategie Commerzbank 4.0.

Buljan, S. (2018). CX: Kunden-Management mit Erfolgsgarantie. Blogbeitrag und Interview. http://blog.buljanandpartners.de/. Zugegriffen: 20. Dez. 2018.

Forrester Research. (2016). CX Drives Revenue Growth. https://go.forrester.com/blogs/16-06-21-customer_experience_drives_revenue_growth_2016/. Zugegriffen: 20. Dez. 2018.

Grömping, U. (2006). Relative importance for linear regression in R: The Package relaimpo. *Journal of Statistical Software, 17*(1), 1–27.

Jobs, S. (1997). World Wide Developers Conference. May 1997, San José, California.

Kano, N., Seraku, N., Takahashi, F., & Tsuji, S. (1984). Attractive quality and must-be quality. *Journal of the Japanese Society for Quality Control, 14*(2), 147–156.

Marketingweek. (2018). Burberry hires former Calvin Klein marketer as CMO. https://www.marketingweek.com/2018/12/17/everything-matters-this-morning-17-december-2018/. Zugegriffen: 20. Dez. 2018.

Ray, A., Manella, J. A., & Yates, S. (2017). Customer Experience in Marketing Survey 2017: Greater Expectations, Greater Challenges. Gartner Recommended Reading.

Stone, D., Pulido, A., & Strevel, J. (2014). *McKinsey Customer satisfaction survey.* https://www.mckinsey.com/business-functions/marketing-and-sales/our-insights/customer-satisfaction-survey-who039s-up-and-who039s-down. Zugegriffen: 20. Dez. 2018.

Temkin (2016). *Net Promoter Score Benchmark Study 2016.* https://temkingroup.com/product/net-promoter-score-benchmark-study-2016/. Zugegriffen: 20. Dez. 2018.

Claudia Masuch ist Associate Partner bei Batten & Company. Sie studierte Psychologie und Marketing an der Universität Mannheim. 1997 begann sie ihre Karriere bei der GfK in Nürnberg. 2000 wechselte Claudia Masuch auf die Beratungsseite und baute dort eine spezialisierte Marktforschungseinheit auf. Daher steht seit 20 Jahren die Übersetzung von Branchen- und Kundenverständnis in Strategien und Lösungen mit Business-Impact im Zentrum ihres Handelns. Ihre große Erfahrung für die passgenaue Kombination aus analytischen, digitalen und kreativen Methoden setzte maßgebliche Impulse für den vorgestellten Ansatz.

Fabian Nguyen ist Senior Consultant bei Batten & Company. Er studierte Psychologie und Marketing an der Technischen Universität Darmstadt und der Universität Kopenhagen. Während des Studiums legte er bereits einen Fokus auf den Bereich statistischer Attributionsmodelle zur Analyse der Kommunikations- und Medienwirksamkeit. Seit seinem Einstieg bei Batten & Company 2014 beschäftigt er sich vornehmlich mit der Analyse von Kunden und marktrelevanten Daten. Dabei steht insbesondere die datengetriebene Identifikation von handlungsleitenden Treibern, etwa von Markenwahrnehmungen, Kundenzufriedenheit etc., im Fokus.

Anja Stolz ist Bereichsleiterin Kundenmanagement & Kommunikation bei der Commerzbank AG. Sie hat eine nachweisliche Erfolgsgeschichte in dynamischen und komplexen Unternehmensumfeldern. Sie bringt über 15 Jahre Leadership-Erfahrung mit und verfügt zudem über einen starken Consulting-Background gepaart mit eigener Gründer- und Start-up-Erfahrung. Bevor Anja Stolz 2007 zur Commerzbank kam, war sie national und international leitend im Bereich Marketing und Corporate Communications tätig. Als Bereichsleiterin Kundenmanagement & Kommunikation Privat- und Unternehmerkunden verantwortet sie heute unter anderem die Themen CRM/Predictive Analytics, Marketing, Customer-Experience- und Change-Management.

Dr. Christian von Thaden ist CEO bei Batten & Company. Er beschäftigt sich seit 20 Jahren intensiv mit Marketing Science – zunächst wissenschaftlich an der Universität Eichstätt-Ingolstadt, später als Berater für Kunden in unterschiedlichsten Branchen. Dabei liegt ihm der Transfer von wissenschaftlichen Methoden in die unternehmerische Praxis besonders am Herzen. Er arbeitet seit 2004 bei Batten & Company als Management-Berater, seit 2017 als CEO.

Der Einfluss disruptiver Geschäftsmodelle von InsurTechs auf das digitale Marketing von Versicherungen

Frauke Feess

Inhaltsverzeichnis

1 Einleitung 437
2 Die Marketingorganisation in Zeiten digitaler Transformation 438
2.1 Customer Centricity – Der digitale Kunde im Zentrum des Marketings 438
2.2 Vier Szenarien für die digitale Marketingorganisation 440
3 Die Geschäftsmodelle von InsurTechs 444
3.1 Innovative, evolutionäre und disruptive Ansätze 444
3.2 Case Study: Der erste voll digitalisierte Direktversicherer – Die Deutsche Familienversicherung 445
4 Zusammenfassung 447
Literatur 447

1 Einleitung

Versicherungen werden *ver*kauft und nicht *ge*kauft. Auf diesem altbewährten Grundsatz basiert seit Jahrzehnten der Erfolg einer Branche, die täglich mehr als eine halbe Millionen Menschen in Deutschland beschäftigt und von denen knapp die Hälfte im Vertrieb als selbständige Versicherungsvermittler, Makler oder Berater tätig sind (GDV 2017). Auch in Zeiten der Digitalisierung werden heute noch rund 90 % des Neugeschäfts über den persönlichen Kontakt mit einem Versicherungsvermittler abgeschlossen, denn Menschen wollen Beratung von Menschen (GDV 2018). In den kommenden Jahren wird sich dies jedoch stetig wandeln (Feess und Mihm 2008). Die digitale Transformation bietet

F. Feess (✉)
FFEESS Consulting Group, Düsseldorf, Deutschland
E-Mail: ff@ffeess.de

M. Terstiege (Hrsg.), *Digitales Marketing – Erfolgsmodelle aus der Praxis*,
https://doi.org/10.1007/978-3-658-26195-5_27

ganz neue Geschäftsmodelle, die vor allem von Technologie-Start-ups aus der Versicherungsbranche – sogenannten InsurTechs – genutzt werden und die den Druck auf die etablierte Versicherungswirtschaft sukzessive erhöhen. Der Markt ist höchst attraktiv, denn die Versicherungswirtschaft wächst und zählt mit fast 200 Mrd. EUR Beitragseinnahmen im Jahr zu den umsatzstärksten Branchen in Deutschland (GDV 2018). InsurTechs werden daher oft von denen als digitale Bedrohung verstanden, die bisher sehr vom traditionellen Modell profitiert haben. Für die Zukunft gilt jedoch – ganz gleich, ob Start-up oder traditioneller Anbieter: Nur wer Produkte und Dienstleistungen anbietet, die Kunden in einer digitalen Welt haben wollen, wird überleben. In dieser Phase der Marktveränderung stellen sich für das digitale Marketing von Versicherungen zwei grundlegende Herausforderungen:

- Wie sollte sich die Marketingorganisation in Zeiten digitaler Transformation aufstellen?
- Welchen Einfluss haben disruptive Ansätze von InsurTechs auf das digitale Marketing von traditionellen Versicherungsunternehmen?

2 Die Marketingorganisation in Zeiten digitaler Transformation

Nach herkömmlichen Strukturen und Verantwortlichkeiten aufgestellte Marketingbereiche stoßen beim Thema Digitalisierung an ihre Grenzen, da sie nicht mehr zu einer vernetzten und agilen Kommunikation und Lebenswirklichkeit passen. Um digitales Marketing erfolgreich betreiben zu können, müssen sich Marketingbereiche grundlegend neu aufstellen, um flexibler zu sein, den Vertrieb aktiver unterstützen und Mehrwerte für Kunden gestalten zu können. Die über Jahrzehnte entstandene, isolierte Marketingzuständigkeit fördert Kompetenzstreitigkeiten, lähmen die Vernetzung und Weiterentwicklung und führen im Unternehmen zu konkurrierenden Zuständigkeiten, beispielsweise in der Produktentwicklung. Wichtige Zukunftsaufgaben wie beispielsweise Kundenerlebnisse, Omni-Channel-Marketing, digitale Transformation oder Geschäftsmodellinnovationen verlaufen quer zur heutigen Linienstruktur. Strukturen, Prozesse und Kompetenzen brauchen eine Neuordnung, um den zukünftigen Herausforderungen der Kundenanforderungen gewachsen zu sein (Bathen und Jelden 2014, S. 9).

2.1 Customer Centricity – Der digitale Kunde im Zentrum des Marketings

Marketing sieht sich klassischerweise als „Kundenversteher“, Medienexperte und Impulsgeber für neues Wachstum. Viele Marketingorganisationen sind nach Kanälen organisiert und die Mitarbeiter denken auch in Kanälen. Viel wichtiger für digitales Marketing ist aber ein Denken in Endprodukten und Kundennutzen. Die Aufteilung in Kanäle ist obsolet und das Zusammenspiel verschiedener Bereiche wird wichtiger. In Zukunft ist Customer Centricity – dass der Kunde im Mittelpunkt steht – der wesentliche Erfolgsfaktor für das digitale Marketing von Versicherungen (Kingsnorth 2016). Um den Kunden zu erreichen und langfristig zu binden, bräuchten Unternehmen langfristig einen Chief Marketing Technology Officer (CMTO), der die Bereiche Marketing, Vertrieb und IT nicht nur versteht, sondern in sich vereint und gleichermaßen verantwortet. Der Versicherungsabschluss ist für Kunden nur noch einen Klick oder einen Sprachbefehl an einen Smart Speaker wie „Alexa" entfernt und verbindet sich zunehmend mit anderen Lebensbereichen und einer Use-on-demand-Einstellung. Die Versicherungsbranche rangiert bei der Nutzung digitaler, mobiler Geräte zwar im Mittelfeld, jedoch ist auch diese Entwicklung noch vor ein paar Jahren wenig vorstellbar gewesen (Gothaer Versicherungen 2017).

Dem allzeit digital verbundenen Kunden, dem Connected Customer, muss zukünftig noch mehr Inhalt und Mehrwert geboten werden, damit er die Marke positiv wahrnimmt. Versicherungen werden zu einem lebensbegleitenden Partner, mit dem man interaktiv agiert. Sieben Stellhebel stehen im Zentrum des digitalen Erfolgs:

1. **Customer Centricity – Der Kunde rückt ins Zentrum**
   Zufriedene und loyale Versicherte sind der Treiber des Erfolgs im digitalen Zeitalter. Im Fokus muss unweigerlich das Verständnis der individuellen Bedürfnisse sowie des spezifischen Verhaltens stehen. Ermöglicht wird dies durch eine intelligente und weitreichende Segmentierung nach Zielpersonen, statt nach ganzen Zielgruppen. Jede erfolgreiche Digitalisierungsstrategie setzt damit auf einer klaren Kundendatenanalyse und Kundenstrategie auf.
2. **Omni-Kanal – Kommunikation, Information und Transaktion verschmelzen**
   Im digitalen Zeitalter macht der Kunde keinen Unterschied mehr zwischen einzelnen Kommunikationskanälen einer Versicherung. Er erwartet, dass alle Informationen permanent überall für ihn abrufbar sind und er selbst entscheiden kann, wann und wo er mit der Versicherung in Kontakt tritt. Eine weitere Ausrichtung des Unternehmens auf den Ausbau der digitalen Kommunikationskanäle ist erforderlich.
3. **Multi-Channel-Distribution – Die Befähigung der bestehenden Vertriebsmannschaft**
   Selbständige Agenturen und Makler zählen für den Kunden weiterhin zu den wichtigsten persönlichen Ansprechpartnern einer Versicherung und bleiben ein zentraler „Moment of Truth" im Gefüge der vielen Kundenkontaktpunkte. Versicherungen sollten daher ihre Vertriebspartner beim Übergang ins digitale Zeitalter intensiv und proaktiv unterstützen und die technologischen Möglichkeiten für eine effektive Betreuung und ganzheitliche Beratung sicherstellen.
4. **Efficiency – Die laufende Steuerung und Optimierung der operativen Kernaktivitäten**
   Der richtige Einsatz digitaler Technologien steigert Effizienz und Profitabilität. Self-Service-Angebote für Kunden leisten einen genauso wichtigen Beitrag wie die Nutzung

von Kundendaten für eine Prämienkalkulation. Außerdem lassen sich digitale Kundenzugangskanäle einwandfrei hinsichtlich ihrer Effizienz und Effektivität messen und danach steuern.

5. **Customer Application – IT und Marketing werden Partner**
   Eine erfolgreiche Digitalisierung erfordert die Weiterentwicklung der IT bis hin zu disruptiven Block-Chain-Technologien. Geklärt werden muss, welche Funktionen Kunden über welchen Kanal nutzen und welche Daten hierfür bereitgestellt bzw. verarbeitet werden sollen. Am Ende steht fast zwangsläufig eine serviceorientierte Applikationsarchitektur. Welche Applikationen wann umgebaut werden, ergibt sich aus der Kundenstrategie sowie der Notwendigkeit, Altsysteme und Datenbestände ganz oder teilweise in zukunftsgerichtete Prozesse zu überführen.
6. **Change-Management – Anpassung der Organisation an die neuen Rahmenbedingungen**
   Den Wandel hin zu einer kundenzentrierten Organisation sollten Versicherer mit einem umfassenden Change-Management-Prozess begleiten. Digitalisierung wird im Innen- und Außendienst traditionell verankerter Versicherungsunternehmen, die ihren Erfolg bisher auf dem „Faktor Mensch" basiert haben, von Unsicherheit und Ängsten um die Zukunft des Arbeitsplatzes begleitet.
7. **Market-View – Kontinuierliche Marktbeobachtung und Reaktion auf externe Veränderungen**
   Neue Technologien und neue Anbieter bilden eine Bedrohung für bestehende Geschäftsmodelle im Versicherungsmarkt. Eine kontinuierliche Marktbeobachtung trägt dazu bei, potenzielle Angriffe frühzeitig zu erkennen und zu parieren.

2.2 Vier Szenarien für die digitale Marketingorganisation

Die digitale Transformation sorgt für eine unternehmensweite Umgestaltung auf sämtlichen Ebenen. Sie ist ein Kulturwandel, der alle kundennahen Abteilungen selbständiger operieren lässt und das Unternehmen experimentierfreudiger macht. Sie ist ein Effizienzsteigerungsprogramm, das digitale Instrumente einsetzt, um Kosten zumindest mittelfristig einzuspielen. Sie ist ein zentrales Element der Unternehmensstrategie, die für die künftige Marktposition bestimmend sein wird. Die Bedeutung der Digitalisierung wird häufig noch unterschätzt und auf Leuchtturmprojekte beschränkt, so dass Implementierung und Kompetenzaufbau nur langsam erfolgen. Ob sich die Marketingorganisation einer Versicherung eher zum *digitalen Innovationsführer* oder zum *messbaren Vertriebsunterstützer* entwickelt, hängt von der Veränderungsbereitschaft und digitalen Transformationsstrategie des jeweiligen Versicherers ab. Die in Abb. 1 dargestellten vier schematischen Szenarien zur Neuaufstellung der Marketingorganisation in Zeiten digitaler Transformation gehen auf die Marktherausforderungen für Versicherungen ein (FFEESS Consulting Group 2016).

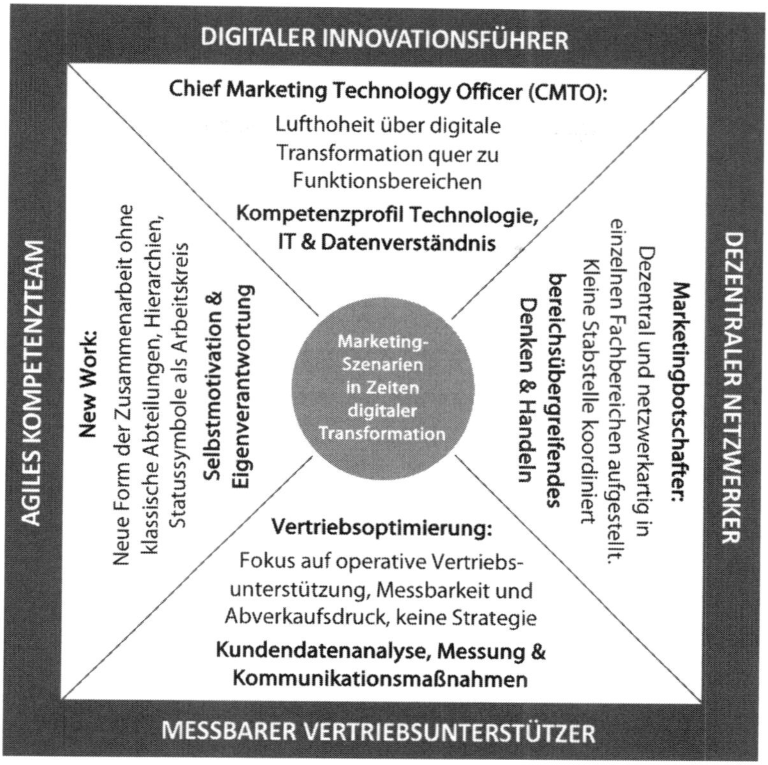

Abb. 1 Die Rolle der Marketingorganisation in Zeiten digitaler Transformation von Versicherungen, schematische Darstellung

1. Szenario: Digitaler Innovationsführer

Der Marketingbereich etabliert sich mit einem Chief Marketing Technology Officer quer zu klassischen Funktionsbereichen und übernimmt die „Hoheit" über die digitale Transformation. Die Marketingorganisation, die es schafft, die digitalen Transformationen des Unternehmens voranzutreiben, gewinnt an Relevanz und übernimmt zentrale Funktionen im Unternehmen. Sie wird damit zum Innovationstreiber für die Gesamtorganisation, kümmert sich um neue Geschäftsmodelle und hat Einfluss auf die Unternehmensstrategie. Die Grundhaltung spiegelt „Transformation", „Innovation" und „Beschleunigung" wider.

Hintergründe für dieses Szenario sind die Explosion der (digitalen) Kanäle, Datenvolumen, höhere Geschwindigkeit sowie kürzere Innovationszyklen von Technologien und Produkten.

2. Szenario: Dezentraler Netzwerker

Der Marketingbereich stellt sich dezentral und netzwerkartig im Unternehmen auf, jenseits klassischer Abteilungsstrukturen. Marketing wird nicht mehr als Abteilung organisiert. Eine kleine Stabstelle kümmert sich um die strategische Arbeit und koordiniert die Vielzahl der Marketingbotschafter, die dezentral in den einzelnen Fach- und Unternehmensbereichen arbeiten. Die Marketingabteilung verliert an Größe und gewinnt an Relevanz, indem eine Marketingdenkweise als Grundhaltung und unternehmensinternes Netzwerk in die Gesamtorganisation getragen wird.

Hintergrund für dieses Szenario ist die zunehmende Fragmentierung und Ausdifferenzierung von Funktionen nach Kanälen und Kompetenzen und damit einhergehend ein fehlendes Gesamtverständnis. Infolgedessen ist die Organisation heute schwer koordinierbar und steuerungsfähig.

3. Szenario: Agiles Kompetenzteam
Die Marketingorganisation agiert als selbstorganisierte, agile Unternehmenseinheit, deren Sinnhaftigkeit im Fokus steht. Hierzu stellt sich das Unternehmen grundlegend neu auf und gibt sich ein neues organisatorisches Betriebssystem. Statt exklusiver Abteilungen gibt es dynamische Arbeitskreise. Statt in Effizienz und Kosten wird in Potenzialen und Wertbeiträgen gedacht. Dieser Wandel geht nicht von der Marketingorganisation aus, sondern entspricht einem disruptiven Vorgehen des gesamten Unternehmens und betrifft genauso andere Abteilungen.

Hintergrund für diesen Ansatz sind vor allem neue Arbeitskulturen, die sich stark an der Start-up-Szene und InsurTechs orientieren, aber auch dem Trend nach Sinnhaftigkeit, Eigenverantwortung und Freiheit als Steigerung der Attraktivität als Arbeitgeber nachkommen.

4. Szenario: Messbarer Vertriebsunterstützer
Die Marketingorganisation agiert als Verkaufsoptimierer, bei dem Effizienz klar im Fokus steht. Sales-Marketing gewinnt in diesem Szenario an Bedeutung. Strategische Fragestellungen und nicht messbare Aspekte des Marketings verlieren an Relevanz oder wandern in andere Abteilungen. Die Marketingorganisation agiert operativ und fokussiert auf Vertriebsunterstützung. Effizienzprogramme und KPI-Berechnungen bestimmen die Budgetallokationen und Maßnahmenpläne.

Hintergrund dieses Szenarios sind vor allem verschärfter Wettbewerb, steigender Erfolgszwang und Verkaufsdruck und stagnierendes Wachstum.

Betrachtet man die vier Modelle und ihre strategischen Treiber in Abb. 2 im Vergleich, so wird deutlich, wie unterschiedlich digitales Marketing in Unternehmen umgesetzt werden kann und welchen weitreichenden Einfluss es auf Strukturen, Prozesse und Kompetenzen hat (FFEESS Consulting Group 2016).

	DIGITALER INNIVATIONSFÜHRER	DEZENTRALER NETZWERKER	AGILES KOMPETENZTEAM	MESSBARER VERTRIEBSUNTERSTÜTZER
Rolle	Die Marketingorganisation versteht sich als Beschleuniger und Initiator für Transformation und Innovation im Unternehmen	Die Marketingorganisation versteht sich als unternehmensinternes Netzwerk, bei dem die Diffusion der Denkweise im Fokus steht	Die Marketingorganisation versteht sich als selbstorganisierte, agile Unternehmenseinheit, bei der die Sinnhaftigkeit im Fokus steht	Die Marketingorganisation versteht sich als Verkaufsoptimierer, in dessen Fokus die Effizienz steht
Grund	Explosion digitaler Datenkanäle, höhere Geschwindigkeit, kürzere Innovationszyklen von Technolgien und Produkten	Zunehmende Fragmentierung und Ausdifferenzierung von Marketing-Funktionen, Silodenken, fehlendes Gesamtverständnis, erschwerte Koordination, sinkende Steuerungsfähigkeit	Neue Arbeitswelten und Arbeitskulturen in Anlehnung an die Start-up-Kultur, Steigerung der Attraktivität als Arbeitgeber, Suche nach Sinnhaftigkeit, Eigenverantwortung und Freiheit	Ökonomische Unsicherheit und steigende Komplexität, verschärfter Wettbewerb, steigender Erfolgszwang und höherer Verkaufsdruck, stagnierendes Wachstum in gesättigten Märkten
Attribute	Technologiegetrieben, strategisch, visionär, wachstumsorientiert	Abteilungsübergreifend, integrativ, netzwerkartig, koordinierend	Eigenverantwortlich, ganzheitlich, dynamisch, wertorientiert	Zahlenorientiert, technologiegetrieben, produktbezogen, kurzfristig
Anforderung an...				
Struktur	Integration von Themen und Verantwortungsbereichen, die quer zu heutigen Funktionsbereichen/ Abteilungen liegen	Dezentrale Organisation der operativen Marketingarbeit in den einzelnen Fachbereichen und an allen relevanten Kundenkontaktpunkten, zentrale Stabstelle mit strategischen Aufgaben	Evolvierende Strukturen ("responsive organizations"), Abschaffung funktionaler Silos, dynamische und lose gekoppelte Teams statt Abteilungen und Linienorganisation, distribuierte Autorität	Starke Orientierung am Vertrieb, klassische Marketingaufgaben wie Markenführung, Innovation und Strategie finden nur noch "bei Bedarf" statt, höherer Leistungsdruck durch Zurechenbarkeit von Erfolgen
Prozesse	Automatisierung von Prozessen und Abläufen, zentraler Aktionspunkt für den digitalen Wandel des Unternehmens, Freiräume für Veränderung und für innovatives, strategisches Arbeiten	Ausgeprägte Gremien- und Abstimmungsarbeit, abteilungsübergreifende Synchronisation von Prozessen, Arbeitsweisen und Tools	Hohe Flexibilität und Anpassungsfähigkeit, agiles Arbeiten, iteratives Lernen, transparente und nachvollziehbare Prozesse, Selbstorganisation von Teams	Umsetzungsorientierung, Fokus auf kurzfristigen Erfolg, Ausrichtung am Mikro-Kundenverhalten, Automatisierung von Prozessen und Abläufen, Messbarkeitsfokus, Orientierung an KPI-Systemen, Effizienzinnovationen
Kompetenzen	Mut und Kreativität, Offenheit und Eigenverantwortlichkeit, Agilität und Fehlertoleranz, Growth Hacker und Creative Technologists	Integrative und ganzheitliche Denkweise, Moderations- und Entwicklungskompetenz	Eigenverantwortliche Mitarbeiter mit Blick auf das Ganze, Lernbereitschaft und Weiterentwicklung, Vertrauen und Empathie, Führungsarbeit statt Führungskräfte, Enabling statt Kontrolle	Betriebswirtschaftliche Orientierung, Effizienzdenken, Data-Scientists, Marketing-Controller, Statistiker und Analysten, "Ingenieure statt Philosophen"

Abb. 2 Digitale Marketingorganisationen im Vergleich

3 Die Geschäftsmodelle von InsurTechs

Als InsurTech werden vor allem Geschäftsmodelle bezeichnet, die innovative, digitale Technologien nutzen, um bestehende Geschäftsmodelle der Versicherungsbranche in vielerlei Hinsicht effizienter zu gestalten. InsurTech-Unternehmen glauben daran, dass der Markt reif ist für ihre Innovationen, und adressieren Möglichkeiten und Veränderungen im Kundenverhalten und lösen diese erfolgreich (Bun und Sopot 2018).

3.1 Innovative, evolutionäre und disruptive Ansätze

Nur die wenigsten InsurTechs sind im engeren Sinne disruptiv. Vielmehr nutzen die meisten Start-ups gezielt digitale Technologien und Kundenzugangskanäle im Sinne einer Neuerung, also Innovation, oder einer Weiterentwicklung, also Evolution (Grösser et al. 2016). Der spezielle Innovationstypus der disruptiven Innovation bezeichnet hingegen eine wirtschaftliche Neuerung im Sinne einer „schöpferischen Zerstörung", die eine sprunghafte, innovative Entwicklung und infolge dessen eine marktführende Stellung eines Unternehmens ermöglicht (Bower und Christensen 1995). Disruptive Innovationen entstehen in unternehmerisch entkoppelten Strukturen, um dem „Innovator's Dilemma" auszuweichen, da der Handlungsrahmen, der Managern in bestehenden Unternehmensstrukturen zur Verfügung steht, eine Diskrepanz zu innovativen Prozessen aufweist (Christensen 1997). Wer also unternehmerisch handeln will, muss eigenständige und losgelöste Strukturen schaffen, was erklärt, warum Start-ups die Versicherungsbranche verändern und nicht die traditionellen Branchenführer. Außerdem laden immer mehr etablierte Versicherungen zu sogenannten Hackathons oder Insurhacks ein, mehrtägigen Workshops, in denen an neuen Ideen für die Versicherungswirtschaft gehackt wird.

Auch wenn vielen InsurTechs-Start-ups die „schöpferische Zerstörung" fehlt, derer es bedarf, um Versicherung völlig neu zu definieren, so hält die Digitalisierung dennoch zahlreiche Innovationen bereit. InsurTechs gestalten Produkte von vornherein einfacher und kommunizieren diese digital und modern. Außerdem helfen direkte Vergleichsmöglichkeiten und Kundenbewertungen, in einem ansonsten intransparenten Markt schnelle Entscheidungen zu treffen (Rode 2017). Kunden profitieren vor allem von zunehmender Transparenz, Vereinfachung, Schnelligkeit und individuellerer Ansprache. So verstehen sich viele InsurTech-Start-ups als Helfer und setzen sich zum Ziel, die Versicherungsbranche zu unterstützen. Vergleichsportale wie Check24 vereinfachen beispielsweise den Abschlussprozess (Eckstein et al. 2018) und setzen damit am größten Hebel von InsurTechs an, am Vertrieb, der Schnittstelle zwischen Kunde und Versicherung.

Insbesondere die vereinfachte Gestaltung und Darstellung von Komposit-Produkten ermöglicht erfolgreiches digitales Marketing. Die größten Innovationshebel generieren InsureTechs entlang des Geschäftsmodells insbesondere im digital aufgestellten Vertrieb. Hier liegen auch die größten Wettbewerbsvorteile gegenüber herkömmlichen

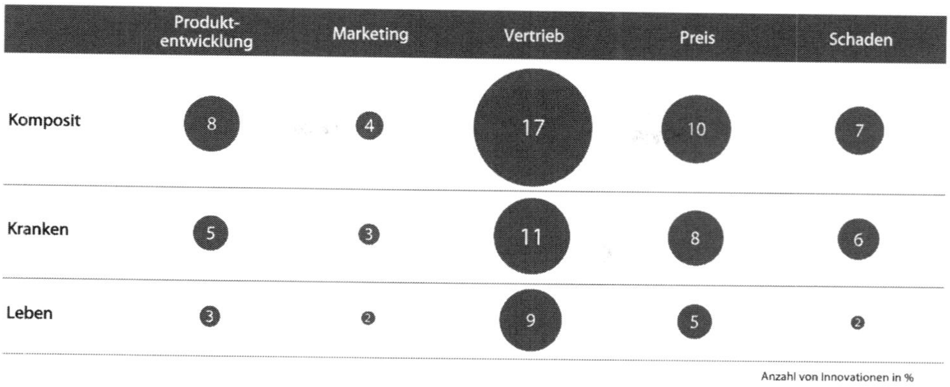

Abb. 3 Innovationshebel von InsurTechs entlang des Geschäftsmodells von Versicherungen

Versicherungen, die in einigen InsureTech-Konstellationen als „White-Label"-Produktgeber oder Risikoträger im Hintergrund agieren. Abb. 3 zeigt hier eine spartenübergreifende Übersicht für Komposit-, Kranken- und Lebensversicherungsprodukte auf (FFEESS Consulting Group 2017).

Lange haben Versicherer sich auf dem ROPO-Effekt *(research online purchase offline)* ausgeruht, nach dem Kunden sich online nur informieren und den Abschluss letztendlich doch bei ihrem vertrauten Versicherungsvermittler persönlich abschließen (Kreutzer 2018). Im Rahmen des digitalen Marketings wurden daher lediglich Basisinformationen online gestellt und neue Kanäle, zum Beispiel Social Media, integriert, ohne jedoch digital mit dem Kunden zu interagieren. Inzwischen lässt sich jedoch eine Vielzahl unterschiedlicher InsurTech-Geschäftsmodelle identifizieren, die in der Lage sind, einen Mehrwert für den Kunden zu schaffen (FFEESS Consulting Group 2018), der für die Konkurrenz nur schwer zu kopieren ist und ganz eigene Anforderungen an die digitale Umsetzung von Marketing und Kundenansprache mit sich bringt. InsureTechs agieren online kundenorientierter als traditionelle Versicherer. Die unterschiedlichen InsureTech-Geschäftsmodelle werden in Abb. 4 aufgezeigt.

3.2 Case Study: Der erste voll digitalisierte Direktversicherer – Die Deutsche Familienversicherung

Die Deutsche Familienversicherung, mit Sitz in Frankfurt am Main, ist wahrscheinlich das erste deutsche InsurTech, ein voll digitalisierter Direktversicherer, der mittlerweile über 500.000 Kunden betreut. In den ersten elf Jahren der Geschäftstätigkeit hat sie sich vor allem mit Hilfe von innovativen, flexiblen Produkten am Markt durchgesetzt. Digitalisierung beginnt nicht beim Frontend oder einem hippen Look & Feel, sondern beim Produkt, denn nur einfache und verständliche Produkte machen eine Digitalisierung sinnvoll. Um das zu erreichen, wurde das ursprüngliche Angebot von 106 verschiedenen

Kategorie	Beschreibung
Vergleichsportale	Online-Vergleiche zwischen Versicherungspolicen (über Anbieter hinweg)
Digitale Broker	Vermittlung von Versicherungspolicen über Internetportale oder Apps
Versicherungs-Cross-Selling	Verkauf von Versicherungen als Komplementärgut zu anderen Produkten (am Point-of-Sale/via App)
Peer-to-Peer-Versicherung	Bildung von Versicherungsgruppen, deren Prämien im Nichtschadenfall verteilt werden können
On-Demand-Versicherung	Versicherungsschutz für einen bestimmten Zeitraum
Digitale Versicherung	Vollständig digitale Versicherungslösungen, welche nur online zugänglich sind
Big Data Analytics & Versicherungssoftware	Softwarelösungen
Internet of Things	Datenübertragung durch intelligente Objekte
Blockchain & Smart Contracts	Manipulationssichere Lösungen für Transaktionen basierend auf einer dezentralen Datenbank

Abb. 4 InsurTech-Geschäftsmodelle

Krankenzusatzversicherungen auf 16 reduziert. Für ein Angebot braucht ein Kunde heute nur noch sein Alter einzugeben und erhält unmittelbar 16 verschiedene Angebote in der 16er-Matrix. Darüber hinaus wird auf Basis eines hochmodernen Bestandsführungssystems gearbeitet. Für die Beratung werden Alexa, Google Home sowie Chatbots genutzt und Amazon Log-in, Amazon Pay und PayPal sind eine Selbstverständlichkeit. Für das Auslesen von Schaden- und Leistungsmeldungen kommt künstliche Intelligenz zum Einsatz.

Die Zukunft skizziert Gründer, Inhaber und Vorstandsvorsitzender Dr. Stefan Knoll wie folgt: Der Kunde wird zu Alexa & Co. sagen: „Ich will eine Haftpflichtversicherung", und Alexa wird schlichtweg antworten: „Du hast eine." Die Systeme werden im Namen der Kunden Versicherungen suchen und abschließen, ohne nennenswerte Kommunikation mit dem Versicherer. Umso wichtiger ist es daher, in diesem Bereich so früh wie möglich dabei zu sein. Bei komplexen Vorsorgethemen wird aber weiterhin der Vermittler oder Makler zum Einsatz kommen, so Dr. Knoll. Das kann keine Maschine, und kein Mensch vertraut bei derartigen Zukunftsentscheidungen einem digitalen Sprachassistenten (Genheimer 2018). Hinzu kommt, dass Menschen auch weiterhin unterschiedliche Versicherungsniveaus besitzen und unterschiedliches Nachfrageverhalten zeigen werden (Feess 1999).

4 Zusammenfassung

Die Versicherungsbranche ist kontinuierlichen Veränderungen unterworfen. Aufgrund der stetig wachsenden Anzahl von Start-ups sollten die etablierten Versicherer diese Entwicklung ernst nehmen, zumal sich immer mehr Start-ups als Risikoträger sehen und nicht mehr nur als pfiffige, digitale Marketinginnovatoren und Distributionsoptimierer. Die Mehrzahl der InsurTechs fokussiert sich derzeit noch auf die traditionelle Produktlandschaft und wertet diese durch digitale Geschäftsmodelle und E-Commerce auf, sodass hier eher von innovativen oder evolutionär weiterentwickelten Geschäftsmodellen die Rede ist, die den Markt nicht grundlegend verändern. Ein im wirklichen Sinne disruptiv, also den Versicherungsmarkt komplett umstrukturierendes und von einem neuen Ansatz heraus denkendes Unternehmen gibt es bisher in Deutschland noch nicht. Im internationalen Umfeld sind jedoch erste revolutionäre Ansätze erkennbar.

Literatur

Bathen, D., & Jelden, J. (2014). *Marketingorganisation der Zukunft*. Düsseldorf: Deutscher Marketing Verband.

Bower, J. L., & Christensen, C. M. (1995). Disruptive technologies. Catching the wave. *Harvard Business Review, 69,* 19–45.

Bun, E. U., & Sopot, M. A. (2018). *Insuretech: The Future of Insurance*. Polessky State University.

Christensen, C. M. (1997). *The Innovator's Dilemma*. Boston: Harvard Business School Press.

Eckstein, A., Funk-Münchmeyer, A., & Liebetrau, A. (2018). *Insurance & Innovation 2018: Ideen und Erfolgskonzepte von Experten aus der Praxis*. Karlsruhe: Verlag Versicherungswirtschaft.

Feess, F. (1999). *Der Einfluss des Versicherungsniveaus auf die Versicherungsnachfrage – Eine Untersuchung zur Übertragbarkeit von Modellen der Rückversicherung auf Individualentscheidungen zur Risikoabsicherung*. Diplomarbeit. Frankfurt a. M.: Universität Frankfurt am Main.

Feess, F., & Mihm, O. (2008). *Wachstumsstrategien für Versicherungen: Chancen und Herausforderungen aktueller Markttrends und Entwicklungen*. St. Gallen: Institut für Versicherungswirtschaft, Hochschule St. Gallen.

Feess, F. (2016). *Die Marketingorganisation von Versicherungen im Jahr 2020*. Studie. Düsseldorf: FFEESS Consulting Group.

Feess, F. (2017). *Die Marketingorganisation von Versicherungen im Jahr 2020*. Studie. Düsseldorf: FFEESS Consulting Group.

Feess, F. (2018). *Die Marketingorganisation von Versicherungen im Jahr 2020*. Studie. Düsseldorf: FFEESS Consulting Group.

GDV. (2017). *Die deutschen Versicherer, Zahlen & Fakten, Erwerbstätige*. Berlin: Gesamtverband der Deutschen Versicherungswirtschaft e. V.

GDV. (2018). *Fakten zur Versicherungswirtschaft*. Berlin: Gesamtverband der Deutschen Versicherungswirtschaft e. V.

Genheimer, F. (2018). Das wahrscheinlich erste deutsche InsurTech. Interview mit dem Gründer und CEO. *new insurance business,* 19. April 2018.

Gothaer Versicherungen. (2017). *Versicherung Digital 2017 – Wie Versicherte die neue Versicherungswelt sehen*. Studie. Frankfurt a. M.: Frankfurt Business Media – Der F.A.Z. Fachverlag.

Grösser, S., Beer, L., & Müller, R. (2016). Nur die wenigsten Insurtechs sind wirklich disruptiv. *Versicherungswirtschaft, 10*, 22–28.
Kingsnorth, S. (2016). *Digital Marketing Strategy – An integrated approach to online marketing*. London: Kogan Page.
Kreutzer, R. T. (2018). *Praxisorientiertes Online-Marketing*. Wiesbaden: Springer Gabler.
Rode, L. (2017). InsurTech: Wie Versicherungskunden dank Digitalisierung zu Markenbotschaftern werden. *IT Finanzmagazin*, 10. November 2017.

Frauke Feess (Jahrgang 1973) hat ihr Studium in Colorado (USA) mit BWL und Informatik begonnen und sowohl an der Universität Frankfurt am Main als auch an der Université Paris-Dauphine mit einem deutsch-französischen BWL-Doppel-Diplom abgeschlossen.

Als Unternehmensberaterin begleitete sie zu Beginn ihrer beruflichen Laufbahn zahlreiche nationale und internationale Start-up- und Telekommunikationsprojekte. Im Jahr 2001 wechselte sie in die Versicherungsbranche, in den Generali Deutschland Konzern (vormals AMB Generali), wo sie in der Konzernentwicklung für zahlreiche strategische Konzernprojekte mitverantwortlich war (Fusionen, Marken-, Wachstums-, IT-, Change-Management-Projekte). Später leitete sie über mehrere Jahre das Strategische Marketing, insbesondere das Marken-Management des Konzerns. Im Jahr 2008 wurde Frauke Feess Direktorin der *Practice Group Insurance* einer renommierten Unternehmensberatung in Frankfurt am Main. Seit 2009 ist sie in Düsseldorf selbständig tätig und wurde mit dem Unternehmerinnenbrief des Landes NRW ausgezeichnet.

Erratum zu: Probleme sind die neue Kreativität

Willkommen in der neuen, digitalen Welt

Gordon Euchler, Nils Haseborg und Nils Liedtke

Erratum zu:
Kapitel „Probleme sind die neue Kreativität" in:
M. Terstiege (Hrsg.), *Digitales Marketing – Erfolgsmodelle aus der Praxis,*
https://doi.org/10.1007/978-3-658-26195-5_25

Trotz sorgfältiger Erstellung unserer Bücher lassen sich Fehler nicht vermeiden, daher weisen wir auf Folgendes hin:

Kapitel 25, S. 415: Die Zuordnung der Fotos von Herrn Nils Haseborg und Herrn Nils Liedtke wurde korrigiert. Die Vita von Herrn Nils Liedtke wurde ausgetauscht.

Die korrigierte Version des Kapitels ist verfügbar unter
https://doi.org/10.1007/978-3-658-26195-5_25

M. Terstiege (Hrsg.), *Digitales Marketing – Erfolgsmodelle aus der Praxis,*
https://doi.org/10.1007/978-3-658-26195-5_28

Printed in Poland
by Amazon Fulfillment
Poland Sp. z o.o., Wrocław

68017422R00262